Roland Sachs • Sigrun Mittl

Bienenbau und Bienenbeute

Die Bedeutung des Kleinklimas für gesunde Honigbienen

Haupt Verlag

Inhaltsverzeichnis

Vorwort

Wenn Sie dieses Buch in Händen halten, dann wahrscheinlich aus genau dem gleichen Grund, aus dem wir es geschrieben haben! Ein Unbehagen, das uns plagt und eine bislang ungestillte Wissbegier, die uns treibt angesichts der vielen ungelösten Fragen rund um das Thema «Wie soll die Bienenwohnung gestaltet sein?»: Gedämmt oder ungedämmt, Boden offen oder geschlossen, diffusionsoffene Bauweise oder nicht, Leerzarge im Winter oder eingeengt, Flugloch oben oder unten – Fragen über Fragen. Heizen die Honigbienen den leeren Raum mit oder nicht, steigt die Wärme nach oben oder nicht, sinkt das CO_2 nach unten oder nicht, ist die Schimmelbildung im Winter normal oder egal – es ranken sich viele Mythen um diese Fragen, aber es finden sich nur wenige verlässliche Fakten.

Vielleicht haben Sie genau wie wir Nächte über Nächte in Internet-Foren nach Antworten auf Ihre Fragen gesucht. Mit rauchendem Kopf nach stundenlangem Lesen waren Sie genauso schlau wie zuvor und frustriert und verwirrt zurückgeblieben angesichts der sich oft widersprechenden Meinungen, vorgeblichen Fakten, Ratschlägen und Erklärungen. Das Ergebnis lautete dann oft: Dann lass ich es wie es ist und gut ist! Dass es sich dabei um einen Trugschluss handelt, spüren wie Sie jedoch viele. Wenn wir uns vergegenwärtigen, dass unsere Westliche Honigbiene *Apis mellifera* zur Untergattung der Höhlenbrütenden Honigbienen gehört und zumeist in Baumhöhlen lebt, die keine sperrangelweiten offenen Böden oder 2 cm dünne Wände aufweisen, dann können wir unschwer daraus ableiten, dass unsere ungedämmten Bretterbeuten nicht bienengemäß sein können.

Völlig ernüchtert ob der unbefriedigenden Lösungsvorschläge beschloss ich, Sigrun Mittl, mich solange in meine alte Universitätsbibliothek in Erlangen zu setzen, bis ich Fakten zum Kleinklima in Bienenwohnungen aus den Tiefen verstaubter Keller zutage befördert hätte. Ich war davon überzeugt, dass es darüber Wissen geben musste, oder vielleicht hatte ich auch nur eine Ahnung. Ich arbeitete Stapel über Stapel von vor mir aufgetürmten Büchern durch, über Monate – bis ich endlich auf den Schatz stieß, den ich gesucht hatte. Ich war glücklich, aufgeregt, aber dann vor allem fassungslos ob der wissenschaftlichen Erkenntnisse, die seit 1946 dem Imker in den Imkerzeitschriften angeboten wurden, aber heute nicht mehr bekannt sind – es war doch alles da! Warum weiß davon niemand? Warum wird das nicht gelehrt? Warum gibt es darüber keine Imkerbücher? Die nächsten Monate verbrachte ich damit, alle Imkerzeitschriften, die es nur gab, durchzuarbeiten und alle Artikel über Bienenphysik und fachverwandte Themen herauszukopieren. Und mir wurde klar: Darüber würde ich irgendwann ein Buch schreiben und alle wesentlichen Fragen rund um die bienengemäße Bienenwohnung endlich wissenschaftlich fundiert erklären.

Bienenphysik – so nannte der studierte Meteorologe Dr. Anton Büdel sein Wissenschaftsfeld; 1946 gründete er in München die «Versuchsstelle für Bienenphysik», die er 20 Jahre lang leitete, unterstützt von seinem Kollegen Josef Grziwa. Dort erforschten sie das Kleinklima im Bienenstock und gingen den Fragen nach Wärme- und Feuchtetransporten in der Bienenwohnung nach, auf höchstem wissenschaftlichem Niveau: Die Messungen erfolgten mit bis zu 100 Messstellen innerhalb einer Beute. Sie führten viele Tausende von Messungen bei Tag und bei Nacht durch, um auf die Fragen der Imkerschaft nach der richtigen Beute und den richtigen Imkertechniken genaueste Antworten geben zu können. Dr. Büdel veröffentlichte seine Ergebnisse in über 260 Artikeln in den wichtigsten Imkerzeitschriften und hielt etwa ebenso viele Vorträge im In- und Ausland. Er warb unermüdlich dafür, die technisch gewordene Imkerpraxis nicht über die biologischen Bedürfnisse der Honigbienen zu stellen. Als er 1964 seine Versuchsstelle schloss, war kein Nachfolger gefunden, der die Forschungsarbeit fortsetzte, wie eine Bienenzeitschrift bedauernd feststellte.

In den nächsten 2 Jahren arbeitete ich mich tief in diese Materie ein und sammelte neben weiteren älteren Veröffentlichungen zu den Themenkreisen «Wärmehaushalt» und «Stoffwechsel» der Honigbienen noch alle aktuellen wissenschaftlichen Studien, die es dazu gab. Für mich war klar, dass Wärmeschutz, Hitzeschutz, Temperatur, Luftfeuchte und Kohlendioxid im Bienenstock entscheidene Faktoren für die Gesundheit der Honigbienen darstellten. Es war mir aber auch klar, dass ich ein Fachbuch wie dieses niemals allein würde schreiben können.

Und so bat ich im Geiste die Honigbienen, sie mögen mir einen Bauphysiker schicken, der genauso fasziniert von ihnen und ebenso fakten- und detailverliebt wäre wie ich. Es mag unglaublich klingen, aber ein paar Monate später fanden Roland Sachs und ich zusammen. Das war 2018. 2020 fragte ich ihn dann, ob er sich vorstellen könne, mit mir zusammen ein Buch über das Kleinklima im Bienenstock zu schreiben und er sagte zu! So nahm die Geschichte des Buches ihren Anfang.

Wenn Sie mein Buch «Nachhaltig imkern mit gesunden Honigbienen» gelesen haben, wissen Sie, dass die Gesundheit der Honigbienen nicht durch bestimmte Erreger gefährdet ist, die Krankheiten auslösen können, sondern vor allem durch Imkerpraktiken und Haltungsbedingungen. Honigbienen lebten in Baum-, Fels- oder Erdhöhlen, ernährten sich von Nektar und Pollen aus reichhaltigstem Blütenangebot, wohnten weit genug von ihren Artgenossen entfernt und wurden außer von Bären, Vögeln und Mardern von niemandem gestört. Sie lebten in natürlichen Höhlen, die ganz bestimmte Temperatur- und Luftfeuchteverhältnisse sowie bestimmte CO_2-Konzentrationen aufwiesen. In und auf den Honigbienen lebten und leben die verschiedensten Mikroorganismen, ohne die sie nicht überleben können. Wer sind diese Mikroorganismen, die die Wissenschaft als «Mikrobiom» bezeichnet und welche Rolle spielen sie im Rahmen von Entwicklung, Verhalten und Ausbildung von Krankheiten? Es war mir ein tiefes Anliegen, in diesem Buch noch einen Sonderteil zu schreiben, der das Zusammenspiel von Honigbienen, Mikroorganismen und Umwelt beleuchtet und Ihnen neue Einblicke in die Entstehung von Krankheiten bietet, oder besser gesagt, einen ganzheitlichen Blick auf Gesundheit und Krankheit der Honigbienen wirft. Sie können diesen farblich vom Hauptteil des Buches abgehobenen Sonderteil «Das große Ganze» als Erstes lesen oder auch später.

In unserem Buch «Bienenbau & Bienenbeute» widmen wir uns einem Umweltfaktor, der zentral auf die Honigbienen einwirkt, nämlich ihrer Bienenwohnung. Ist sie nicht die Voraussetzung für ein naturgemäßes Leben der Honigbienen? Wurde ihre Bedeutung vielleicht unterschätzt? Sind deshalb alle Bemühungen um die Gesundung der Honigbienen wenig erfolgreich? Da wir der Überzeugung sind, dass das so ist, möchten wir uns in diesem Buch ausführlich einem Bereich widmen, der unserer Ansicht nach bis heute sehr stiefmütterlich behandelt wird, nämlich der Bedeutung der Bienenwohnung samt ihren kleinklimatischen Bedingungen für die Gesundheit unserer Honigbienen. Die Westliche Honigbiene gehört zur Untergattung der «Höhlenbewohnenden Honigbienen» und hat sich somit über Millionen von Jahre an die Bedingungen in diesen Höhlen angepasst. Welcher Natur sind solche Höhlen, kann man sich fragen? Welche kleinklimatischen Bedingungen herrschen in solchen Höhlen und welche ausgefeilten Methoden haben die Honigbienen vielleicht erlernt, um dieses Kleinklima für sich und die Erhaltung ihrer Art zu nutzen oder vielleicht sogar an ihre Bedürfnisse anzupassen?

Eines ist klar: In diesen natürlichen Höhlen herrschten Bedingungen, an die sich die Honigbienen im Zuge der Evolution perfekt angepasst haben und die es ihnen ermöglichten, bis auf den heutigen Tag gesund zu überleben und ihre Art zu erhalten. Wir möchten daher ganz gezielt die Frage aufwerfen und beantworten, ob die kleinklimatischen Bedingungen in diesen Höhlen einen Einfluss auf Gesundheit und Krankheit der Honigbienen haben und ob die Bienenwohnungen, die wir Imkerinnen und Imker heute verwenden, diesen notwendigen Bedingungen gerecht werden.

Viele Studien weisen heute darauf hin, dass Umweltfaktoren, die auf die Lebewesen einwirken, sehr großen Einfluss auf Gesundheit und Krankheit nehmen, indem sie unter anderem deren Immunsystem entweder stärken oder schwächen. In unserem konkreten Fall möchten wir anhand von wissenschaftlichen Studien zeigen, dass der Einfluss eines ausgefeilten Hitze- und Wärmeschutzes, durch den sich die von der Natur bereitgestellten Bienenwohnungen auszeichnen, sowie der Einfluss der Temperatur- und Luftfeuchteverhältnisse einschließlich des CO_2-Gehaltes in den Bienenwohnungen nachweisbare Auswirkungen auf die Entwicklung der Brut, das Verhalten der erwachsenen Honigbienen und den Ausbruch von Krankheiten haben, und dafür werben, bienengemäße Bienenbeuten in Einsatz zu bringen.

Nach 3 Jahren intensiver Arbeit können wir aus tiefster Überzeugung sagen, dass die Honigbienen die beiden Richtigen zusammengeführt haben: Eine Diplom-Biologin und einen Diplom-Bauingenieur, die beide für die Honigbienen, die Bienenphysik und die Wissenschaft überhaupt brennen. Wir hatten und haben eine unglaubliche Freude an dieser Arbeit und haben unser Bestes gegeben, so viele Fragen wie möglich rund um die bienengemäße Bienenbeute fundiert zu beantworten. Jetzt übergeben wir unser Buch «Bienenbau & Bienenbeute» an Sie, liebe Imkerin und lieber Imker, und hoffen, dass Sie viele neue Erkenntnisse gewinnen und viel Freude mit diesem Buch haben mögen – zum Wohle unserer Honigbienen.

Wir widmen unser Buch hiermit Dr. Anton Büdel, ohne dessen präzise und fundierte wissenschaftliche Forschung es niemals geschrieben worden wäre. Auf seiner Arbeit baut «Bienenbau & Bienenbeute» auf, aus seinen Quellen schöpfte es.

Januar 2024

Sigrun Mittl & Roland Sachs

Das große Ganze

Das Zusammenspiel von Honigbienen, Mikroorganismen und Umwelt

Sigrun Mittl

1 «Behandelt die Bienen ihrer Natur gemäß, dann werden die Sorgen um ihre Krankheiten ganz von selber schwinden.»[1]

Die Aussage von Dr. Steche (Landesanstalt für Bienenkunde Hohenheim) aus dem Jahr 1961 wird uns Imkerinnen und Imker doch sehr überraschen, da wir in der Imkerpraxis davon ausgehen, dass für den Ausbruch einer Erkrankung ein bestimmter Erreger verantwortlich ist. Für die Bekämpfung der Erreger stehen dann verschiedenste Behandlungsmittel zur Verfügung, die mit dem Ziel angewandt werden, die Krankheit zu besiegen. Diese Strategie habe ich in meinem Buch «Nachhaltig imkern mit gesunden Honigbienen» als «Ausrottung des Feindes» bezeichnet. Anhand der vier bekanntesten Erreger, der Tracheen-Milbe *(Acarapis woodi)*, des Erregers der Amerikanischen Faulbrut *(Paenibacillus larvae)*, der Nosema-Pilze *(Nosema apis; Nosema ceranae)* und der Varroa-Milbe *(Varroa destructor)* habe ich nachgewiesen, dass diese Strategie nicht zum erwünschten Erfolg geführt hat, d. h., die Gesundung der Honigbienen zu erreichen.[2]

Abb. 1: Gesunde Honigbienen benötigen hochwertige Nahrung aus einem vielfältigen Blütenangebot. Sie versorgen sich dort auch mit den im Nektar und in den Pollen jeweils vorhandenen Mikroorganismen und gliedern sie ihrem eigenen Mikrobiom ein.

Als zweite Ursache für eine Erkrankung wird häufig die genetische Ausstattung eines Organismus angesehen. Trotz aufwendiger Forschung konnte man allerdings bis heute nicht nachweisen, dass die Anwesenheit eines bestimmten Genes direkt für den Ausbruch einer Krankheit verantwortlich ist.[3] «Als Bestandteile eines größeren Ganzen wirken sie [die Gene] an der Entwicklung von Organismen und ihrem Verhalten mit,»[4] sind aber keine Programme oder Anweisungen für den Aufbau des Organismus oder die Auslösung einer Krankheit; die DNA-Moleküle sind nur Moleküle und «geben einfach nur die Abfolge der Aminosäuren in Eiweißmolekülen vor.»[4] Natürlich prägen die Gene den Organismus entscheidend mit. Sie bilden aber nur einen Baustein im Gesamtgefüge des Organismus und seiner Fähigkeit, seine Art zu erhalten. Welche Gene wann abgelesen werden, um die verschiedensten Zellstrukturen oder Organe aufzubauen oder Krankheiten auszulösen, wird gemäß der Forschungen der letzten Jahrzehnte wahrscheinlich auf verschiedenen übergeordneten Ebenen gesteuert: zum einen durch bioelektrische Gradienten, die im flüssigen Milieu innerhalb der Zellen und dem der Zellzwischenräume herrschen[5][6][7] und diesen Gradienten übergeordnete morphogenetische Felder.[8][9][10] Zum anderen aber auch durch die verschiedensten Umweltfaktoren wie – um nur vier zu nennen – Temperatur, Luftfeuchte, Kohlendioxid innerhalb des Bienenstocks oder Haltungsbedingungen.

Was also führt zu einer Erkrankung? Die Forschung der letzten 100 Jahre hat den Blick auf andere Zusammenhänge gerichtet, die sich aus bestimmten Beobachtungen in Honigbienenvölkern ergeben haben: In dem einen Volk lässt sich ein bestimmter Erreger zwar nachweisen, seine Anwesenheit führt aber nicht zum Ausbruch von klinischen Symptomen, das Volk ist gesund und munter. In einem anderen Volk löst der gleiche Erreger mit der gleich hohen Sporenlast eine schwere Erkrankung aus. Daraus haben die Forscher geschlossen, dass alleine die Anwesenheit eines Erregers nicht die Ursache für eine Erkrankung sein kann. Es müssen andere Faktoren ebenfalls eine Rolle spielen: Ändern sich diese, kann eine Erkrankung ausbrechen. Der sehr renommierte Bienenforscher Prof. Borchert hat dies für die Nosema-Seuche 1930 so formuliert:

> «Dem Parasiten kommt niemals eine primäre, sondern immer nur eine sekundäre Bedeutung zu. Als primäre Ursache für das Zustandekommen der Nosemaseuche ist vielmehr eine Verschlechterung der Disposition des Volkes anzusehen, eine Verschlechterung seiner gesamten biologischen und physiologischen Verhältnisse.»[11]

Die Forschung hat verschiedene Wirkfaktoren ausfindig machen können, die diese Disposition beeinflussen. Zum einen sind dies die Vitalität der Organismen und ihre genetische Ausstattung. Zum Zweiten die Gemeinschaft der Kleinstlebewesen, die in und auf diesen Organismen leben, das sogenannte «Mikrobiom». Dieses Mikrobiom erfüllt unter anderem eine wichtige Funktion im Rahmen des Immunsystems, welches für die Aufrechterhaltung der Gesundheit wesentlich ist. Es spielt aber auch eine wichtige Rolle bei der Entwicklung und dem Verhalten der Lebewesen. Und zum Dritten die innere und äußere Umwelt, in der die Honigbiene und ihr Mikrobiom leben. Als innere Umwelt gilt das Milieu im Inneren des Lebewesens, also physiologische Verhältnisse und Eigenschaften der Körper- und Zellflüssigkeiten, die unter anderem durch den Säuren/Basen-Gehalt, die Anwesenheit von bestimmten Salzen und Nährstoffen sowie die chemischen und elektrischen Gradienten bestimmt werden. Als äußere Umwelt werden unter anderem Land- und Forstwirtschaft, der Artenreichtum sowie das Mikrobiom der Landschaft, der mikrobielle Zustand der Böden und im Fall der Nutztierhaltung der Honigbienen die Haltungsbedingungen, die Imkerpraxis und die Bienenwohnungen (Bienenbau) samt dem darin herrschenden Kleinklima (Temperatur, Luftfeuchte, Kohlendioxidgehalt) definiert. Diese äußeren Umweltfaktoren, die auf die Honigbienen und ihr Mikrobiom einwirken, nehmen sehr großen Einfluss auf Gesundheit und Krankheit. In unserem Buch «Bienenbau & Bienenbeute» konzentrieren wir uns auf den Umweltfaktor «Bienenbau». Die Umweltfaktoren «Haltungsbedingungen» und «Imkerpraxis» streifen wir nur, da sie in meinem Buch «Nachhaltig imkern mit gesunden Honigbienen»[2] ausführlich besprochen werden.

Die Aufrechterhaltung der Gesundheit hängt also vom Zusammenspiel von Honigbienen, Mikroorganismen und Umwelt ab. Wenn dieses Zusammenspiel aufgrund von bienengemäßen Bedingungen harmonisch ist, bleibt die Population der Honigbienen gesund und das über Millionen von Jahre, wie die Westliche Honigbiene *(Apis mellifera)* beeindruckend bewiesen hat. Erreger, die es schon immer gab, werden auf diese Weise in Schach gehalten und stellen kein Problem dar; mehr noch, in vielen Fällen sind sie Teil des Mikrobioms der Landschaft und der Honigbiene selbst.

Abb. 2: Jenseits aller Debatten dürfte eines klar sein: Je struktur- und artenreicher eine Landschaft ist, desto gesünder können alle Lebewesen in ihr leben.

Die Strategie, einen Erreger bekämpfen und ausrotten zu wollen, greift zu kurz, wenn wir die Heilung einer Krankheit bewirken möchten. Es genügt auch wegen des oben skizzierten komplexen Zusammenspieles nicht, sich auf nur einen Faktor zu konzentrieren, um die Gesundheit der Honigbienen wiederherzustellen und zu erhalten. Der Bienenbau ist «nur» ein Baustein der bienengemäßen Haltung, wenn auch ein wesentlicher. Imkerpraxis und Haltungsbedingungen sind ebenso wichtig. Ermutigend jedoch ist eine weltweit gemachte und wissenschaftlich abgesicherte Beobachtung: Wild lebende Honigbienen können gesund und krankheitsresistent werden und bleiben, auch in nicht wirklich naturnahen Landschaften.[12][13][14][15][16][17] Daraus können wir trotz allem die hohe Bedeutung der drei Umweltfaktoren «Bienenbau», «Imkerpraxis» und «Haltungsbedingungen» ableiten, die wir in der Hand haben und so bienengemäß wie möglich gestalten können. Es lohnt also, sie in ihren jeweiligen Dimensionen in Bezug auf Gesundheit und Krankheit zu verstehen und umzusetzen.

Nach Bruder Adam muss die Bienenzucht das Ziel verfolgen, das Immunsystem der Honigbienen so zu stärken, dass sie mit allen Krankheiten selbst zurechtkommen.[18] Dies kann gelingen, wenn wir die Honigbienen ihrer Natur gemäß behandeln. Wenn die Aussage von Dr. Steche stimmt, können wir als Imkerinnen und Imker sehr viel dafür tun, unsere Honigbienen am Imkerstand gesund werden zu lassen und gesund zu erhalten. Das Verständnis für die Zusammenhänge von Honigbienen, Mikroorganismen und Umwelt bildet die Grundlage dafür. Es kann uns darlegen, an welchen Stellschrauben wir erfolgreich drehen können, zeigt uns aber auch, welche Strategien keinen Erfolg haben und warum nicht. Lassen Sie uns also in medias res gehen.

Ich möchte mit Ihnen zusammen einen völlig neuen Blick auf sogenannte Erreger und Keime, auf die Funktion des Immunsystems und auf die Einflüsse der Umwelt, zu der auch wir Imkerinnen und Imker gehören, werfen und scheinbar gesicherte Annahmen hinterfragen. Beginnen möchte ich damit, wie sich das Mikrobiom herausgebildet hat und warum es so wesentlich für die Aufrechterhaltung der Gesundheit der Honigbienen ist. Dazu müssen wir weit in die Geschichte zurück.

2 Bakterien, Viren und Pilze sind tragende Säulen unseres Organismus

OHNE BAKTERIEN, VIREN UND PILZE KEIN LEBEN AUF DER ERDE UND IM ORGANISMUS

Die Erde war vor 4,5 Milliarden Jahren als fester Gesteinskörper mit Atmosphäre und Ozeanen entstanden. Nach nur 1,1 Milliarden Jahren entstanden wahrscheinlich die ersten Bakterien, wie Fossilienfunde vermuten lassen. Ob Viren schon vor den Bakterien da waren oder aus ihnen entstanden sind, wird noch diskutiert. In den darauffolgenden mehr als 2 Milliarden Jahren finden sich nur Einzeller und Viren auf der Erde, bevor sich aus diesen Organismen alle weiteren Lebewesen der Erde entwickelten.[19] Die Rolle der Viren wurde lange unterschätzt; statt als Krankheitskeime, als die sie nach wie vor gerne bezeichnet werden, wird ihnen in der neuesten Forschung die Rolle der Treiber der Evolution zugeschrieben: «Viren verbreiten heute Gene unter Bakterien oder menschlichen oder anderen Zellen, wie sie es immer getan haben. Wie die symbiontisch lebenden Bakterien, so sind auch die Viren eine Quelle der entwicklungsgeschichtlichen Vielfalt.»[19] Sie transportieren wie auch die Bakterien Genabschnitte in rasender Geschwindigkeit zu anderen Organismen und spielen daher eine unverzichtbare Rolle in der Evolution und der Anpassung aller Arten an veränderte Umweltbedingungen.[20][21][22]

Abb. 3: Sammlerin bei der Arbeit. Ein observiertes Versuchsvolk in den USA tätigte 95 % der Sammelflüge innerhalb von 6 km Entfernung, im Schnitt flogen die Sammlerinnen 1,7 km weit.[23]

DER ORGANISMUS ALS META-ORGANISMUS MIT HOLOGENOM

Die Zusammenarbeit aller Bakterien, Viren, Pilze und sonstigen Mikroorganismen hat alle Lebewesen erst hervorgebracht und damit natürlich auch die Honigbiene. Die Genomforschung hat festgestellt, dass der Mensch mehr Bakterien und Viren aufweist als körpereigene Zellen. Wahrscheinlich gilt das für die Mehrzahl der Organismen. Wir sind nicht allein in unserem Körper, sondern beherbergen eine Vielzahl von verschiedensten Mikroorganismen, die wir in ihrer Gesamtheit als Mikrobiom bezeichnen, ohne die wir gar nicht leben könnten. Aus diesem Grund versteht die Forschung die Organismen nicht mehr als individuelle Einheiten, sondern als eine «Wohngemeinschaft» von vielen Organismen. Der Fachbegriff dafür ist «Holobiont» oder «Meta-Organismus». Und die genetische Ausstattung des Organismus, also dessen Genom, plus die seines Mikrobioms wird zusammengenommen als «Hologenom» bezeichnet.[24]

> «Mikroben haben damit wahrscheinlich jede Entwicklungsphase des Lebens vom einfachen Einzeller bis zum Wirbeltier und Mensch maßgeblich begleitet. Wenn wir unsere genetische Ausstattung, das Genom, als ein Teleskop in die Vergangenheit des Menschen benutzen, stellen wir zu unserer großen Überraschung fest, daß etwa 37 % der Gene in unserem eigenen Genom sich auf unsere bakterielle Vergangenheit zurückführen lassen.»[25]

Das bedeutet, dass sich auch 37 % der Honigbienen-Gene auf ihre bakterielle Vergangenheit zurückführen lassen.

Holobiont: Alle tierischen und pflanzlichen Organismen bilden mit sie kolonisierenden Bakterien, Pilzen und Viren eine Einheit, einen sogenannten ‚Holobiont'. Der Begriff setzt sich aus den griechischen Wortstämmen ‚holos' (= ganz) und ‚bios' (= Leben) zusammen und bezeichnet damit etwas unscharf eine Art Lebensgemeinschaft.
«Meta-Organismus: Ein Zusammenschluss aus einem pflanzlichen oder tierischen Wirtsorganismus und der synergetischen Interaktion mit Bakterien, Archaeen, Pilzen, Viren sowie auch zahlreichen eukaryotischen Arten wie den symbiontischen Algen der Korallen.»[25]
Mikrobiom: Das Mikrobiom bezeichnet die Gesamtheit aller Mikroorganismen, die einen Organismus besiedeln. Diese Mikroorganismen setzen sich zum Großteil aus Bakterien, aber auch Pilzen, Viren und anderen Mikroben zusammen.
Hologenom: Die genetische Ausstattung des Organismus (= Genom) plus die des Mikrobioms wird zusammengenommen als Hologenom bezeichnet.[24]

«Selbst in jedem Liter Meerwasser befinden sich eine Milliarde Bakterien und zehn Milliarden Viren. Die meisten von ihnen sind keine Krankheitskeime, sondern essentieller Teil der ‹lebenden Welt›. Millionen von ihnen besiedeln das Gewebe von Pflanzen und von Tieren.»[25] Die Wissenschaftler, die sich damit beschäftigen, stellten zu ihrer Überraschung fest, dass es weder keimfreie Organismen noch keimfreie Organe gibt. «Wir sind ganz offensichtlich mit den Mikroben eine evolutionäre Partnerschaft eingegangen, die für unsere Stoffwechsel-, Entwicklungs- und Abwehrprozesse von entscheidender Bedeutung ist.»[25] Diese unglaubliche Vielfalt der Mikroben in allen Lebewesen ist der Grund dafür, dass sich Organismen innerhalb kürzester Zeit an veränderte Umweltbedingungen (= Milieu) anpassen können. Die Forschung zeigt, dass die Evolution nicht in erster Linie durch Mutation und Selektion vorangetrieben wird, sondern durch Veränderungen in der Mikroorganismen-Gemeinschaft, die ein Organismus beherbergt.[26]

3 Das Immunsystem als «Vermittler zwischen Wirt und Mikroben»

Das Immunsystem wurde lange Zeit ausschließlich als Abwehrsystem gegen Erreger betrachtet. Die Ergebnisse der Forschung an einem Süßwasserpolypen *(Hydra spec.)* haben allerdings eine Frage aufgeworfen, die das bisherige Bild der Aufgabe des Immunsystems vollkommen verändern sollte: Aus welchem Grund verfügt ein so einfach aufgebauter Organismus über «eine enorme Komplexität des angeborenen Immunsystems und ungemein vielfältige Abwehrwerkzeuge»[25] angesichts der Tatsache, dass es doch Millionen mal mehr lebenserhaltende Mikroben als Krankheitskeime gibt? Es scheint doch wenig sinnvoll, ausschließlich für ein paar Hundert Krankheitskeime, die es weltweit gibt, ein solch ausgeklügeltes Abwehrsystem ein Leben lang am Laufen zu halten.[27] Vertiefte Forschungen lieferten eine bahnbrechende Erkenntnis: Das Immunsystem erweist sich als ein uraltes System, welches in allererster Linie dazu dient, «die vielfältigen Lebensgemeinschaften und zwischenartlichen Interaktionen in diesem ‹Meta-Organismus› aufrechtzuerhalten.»[25] Dem körpereigenen Mikrobiom kommt damit eine entscheidende Bedeutung zu, die Gegenstand umfassender Forschung geworden ist.[26]

Abb. 4: Zu unterschiedlichen Tageszeiten werden unterschiedliche Blüten angeflogen, da diese sich jeweils zu unterschiedlichen Tageszeiten öffnen.

4 Die Rolle des Mikrobioms im und auf dem Lebewesen und sein Einfluss auf Entwicklung, Verhalten, Gesundheit und Krankheit

WIE DIE HONIGBIENEN IHR MIKROBIOM ZUSAMMENSTELLEN

Honigbienen haben im Laufe ihrer Evolution gelernt, sich ihr Mikrobiom anhand der zur Verfügung stehenden einheimischen Flora und Fauna zusammenzustellen. Der Nektar sowie der Pollen jeder Pflanzenart weisen ein einzigartiges Mikrobiom auf, jedes Blatt wird von einem Mikrobenfilm überzogen, der die Pflanze vor Krankheiten schützen soll[28]. Nektar und Pollen, die in den Bienenstock eingetragen werden, impfen sowohl den Bienenstock mit Mikroorganismen als auch die Honigbienen selbst, die sich davon ernähren. Wenn die Larven der Honigbienen aus den Eiern schlüpfen, sind sie keimfrei. Ihr typisches Mikrobiom erhalten sie durch die Aufnahme des Futtersaftes, den ihnen die Ammenbienen reichen. Aber auch die Flüssigkeit, die aus Misthaufen austritt, scheint für die Honigbienen interessant zu sein. Imker beobachten immer wieder Honigbienen, die diese Flüssigkeit aufnehmen und vermuten, dass sie wichtige Nährstoffe enthält. Vielleicht enthalten sie aber auch bestimmte Mikroorganismen, die die Honigbienen ihrem Mikrobiom «einverleiben». Wir wissen, dass Sauerkraut mithilfe von Milchsäurebakterien vergoren, also fermentiert wird. Diese Milchsäurebakterien müssen nicht extra zugesetzt werden, da sie sowohl auf den Blättern des Kohls als auch in der Luft in rauen Mengen vorhanden sind. Solche Bakterien finden sich auch im Pansen von Wiederkäuern. Ich habe Honigbienen dabei beobachtet, wie sie Flüssigkeit aus einem unverschlossenem und dem Regen ausgesetzten Eimer aufnahmen, der vergorenes, zwei Wochen altes Gras enthielt. (Eigene Beobachtung, August 2023) Hierbei handelt es sich um den Panseninhalt eines Walachen-Schafes (alte Haustierrasse), das in Hütehaltung sehr naturnah gehalten wird und daher sehr hochwertiges Futter (samt den darauf lebenden Mikroorganismen) frisst.

■ **Abb. 5:** Honigbienen versorgen sich über die Aufnahme von Flüssigkeit aus vergorenem Gras, das aus Schafpansen entnommen wurde, möglicherweise auch mit im Pansen enthaltenen Mikroorganismen.

Wir können vermuten, dass diese Schafe ein wesentlich artenreicheres Mikrobiom enthalten als Schafe, die mit Silage und Kraftfutter gefüttert werden und im Stall stehen. Alle Wiederkäuer verfügen über ein Hohlorgan, den Pansen, der als Gärkammer dient und das gefressene Gras aufnimmt. Die Pansenflora und -fauna, also das Mikrobiom des Pansens (vergleichbar dem Darmmikrobiom), spalten die Kohlenhydrate und Proteine auf und stellen auf diese Weise dem Organismus Energie, Proteine und Vitamine zur Verfügung. Auch die Milchsäurebakterien sind Teil dieser Flora. Es könnte sein, dass sich die Honigbienen über die Aufnahme der Flüssigkeit neben Nährstoffen und Vitaminen auch mit Mikroorganismen versorgen. Die Erforschung dieser Hypothese könnte in die eine mögliche Strategie münden, die Gesundheit der Honigbienen über die Gabe verschiedenster Nährstoffe und Probiotika zu steigern.

DER EINFLUSS DES MIKROBIOMS AUF ENTWICKLUNG UND VERHALTEN VON ORGANISMEN

Das beste Forschungsdesign zur Untersuchung der Aufgaben des Mikrobioms für den Wirt besteht darin, den Organismus auf künstliche Weise keimfrei zu machen, ihm also sein Mikrobiom vollständig zu entnehmen und die Entwicklung von Gesundheit und Verhalten in der Folge zu studieren. Was die Wissenschaft im Zuge dieser Forschung erlebt, stellt einen Paradigmenwechsel im Verständnis von Gesundheit und Krankheit dar:

> «Ein Entfernen der Bakteriengemeinschaft, eine Reduktion der Vielfalt der Bakterien und auch jede Störung der Kommunikation zwischen dem Wirtsorganismus und den Bakterien wird für das rapide Ansteigen von einer Fülle von komplexen meist chronisch entzündlichen Erkrankungen verantwortlich gemacht.» [25]

Eine von vielen Studien zeigt diese Zusammenhänge in eindrucksvoller Weise auf: Eine Gruppe keimfrei gemachter Mäuse wurde mit dem Mikrobiom von Wildmäusen besiedelt, eine zweite mit dem von Labormäusen; danach wurden beide Gruppen mit einem Virus infiziert. Aus der Gruppe mit dem Wildmikrobiom überlebten 92 %, aus der Gruppe mit dem Labormikrobiom lediglich 17 %. Viele Wildmäuse waren zudem mit bekannten Krankheitserregern besiedelt, zeigten aber keine klinischen Symptome, was darauf hindeutet, dass das Mikrobiom von Wildmäusen die Toleranz gegenüber bestimmten Krankheitserregern fördert. Das Mikrobiom der Wildmäuse wies auch eine wesentlich höhere Diversität (Artenvielfalt) auf als das von Labormäusen, und zwar sowohl hinsichtlich der Anzahl verschiedener Arten als auch der Anzahl Individuen.[29][30] Es zeigt sich also: Das Mikrobiom von Wildtieren unterscheidet sich offensichtlich dramatisch von dem von in Gefangenschaft gehaltenen Tieren. Ich werde später in diesem Buch auf diesen Sachverhalt zurückkommen.

Aber auch das gesamte Verhalten eines Lebewesens hängt mit seinem gesunden Mikrobiom zusammen, wie Studien an Mäusen belegen: Das Verhalten keimfrei gemachter Mäuse ist vollständig verändert. Sie wurden ängstlich, putzten sich nicht mehr, ihre Gedächtnisleistung nahm rapide ab, die Bewegungsabläufe wurden chaotischer und das soziale Verhalten ging zum Teil vollständig verloren.[31] Zudem sorgt das Mikrobiom für eine effiziente Nährstoffversorgung, kontrolliert die Krankheitserreger, löst Entwicklungsprogramme aus wie z. B. die Einleitung der Fortpflanzung und gestaltet das Immunsystem. «Geruch, Gesundheit, Verdauung, Entwicklung und Dutzende weiterer Eigenschaften, die wir dem ‚Individuum' zuschreiben, sind in Wahrheit das Ergebnis einer komplexen Interaktion zwischen Wirt und Mikrobiom.»[32]

Schon zu Beginn des letzten Jahrhunderts wurde auch am Mikrobiom der Insekten geforscht, die Ergebnisse aber z. T. bis heute in ihrer Tragweite unterschätzt oder gar ignoriert.

> «Symbionten gibt es nicht nur beim Menschen und bei den Säugetieren, sondern auch bei anderen Tieren. Buchner und A. Koch haben in umfangreichen und sehr sorgfältigen Arbeiten nachgewiesen, dass die Insekten viele Symbionten-Arten besitzen und sie oft in ganz speziellen Einrichtungen (Mycetomen) beherbergen; sie pflegen sogar ihre Symbionten mittels raffiniertester Methoden auf die Nachkommenschaft zu vererben, und wenn man sie ihnen wegnimmt, so beobachtet man teils leichtere, teils schwere Schäden der Entwicklung.»[33][34][35]

Die Mikrobiom-Forschung fand und findet auch beim Nutztier «Honigbiene» *(Apis mellifera)* statt. Allerdings müssen wir uns immer darüber im Klaren sein, dass hier nur gezüchtete und bewirtschaftete Honigbienen untersucht werden können. Die in Deutschland wilde einheimische Dunkle Biene *Apis mellifera mellifera* hatte vermutlich ein völlig anderes Mikrobiom, das als Goldstandard

Abb. 6: Ungebetener Besuch eines Hirschkäfers in der Baumhöhlen-Bienenwohnung. Foto: © Wolfgang Schwarz

zum Vergleich mit den Imkerbienen hätte dienen können, deren Mikrobiom durch den Einsatz von Antibiotika, Zuckerwasser, schwermetallhaltigen Behandlungsmittel und durch Stress im Lauf der letzten 100 Jahre vermutlich schwer geschädigt worden ist und damit stark verändert sein dürfte. Leider fand damals noch keine Mikrobiom-Forschung an der Dunklen Biene in freier Wildbahn statt, weshalb Aussagen, dass das Mikrobiom der Honigbiene so oder so aussieht, immer unter dieser Einschränkung betrachtet werden müssen.

Es ist keine Überraschung, dass die aktuelle Forschung bei den Honigbienen zu den gleichen Ergebnissen kommt wie die Mikrobiom-Forschung an anderen Organismen. Die meisten Honigbienenvölker sind mit zahlreichen Bakterien, Viren und Pilzen bevölkert, ohne Krankheitssymptome aufzuweisen. Im Gegenteil, die meisten Mikroorganismen, die ein Organismus beherbergt, sind für die Aufrechterhaltung des Stoffwechsels und des Immunsystems absolut notwendig.[(36)(37)(38)] Studien über das Darmmikrobiom der Honigbiene *Apis mellifera* (aber sicher nur aus Imkerbeständen entnommenen oder verwilderten) zeigen, dass Honigbienen im Gegensatz zu den meisten anderen Insekten ein hochgradig spezialisiertes Kernmikrobiom besitzen, welches «eine Rolle für den Stoffwechsel, die Immunfunktion, das Wachstum und die Entwicklung sowie den Schutz vor Krankheitserregern spielt. Die Forscherin Martha Gilliam hat in gesunden Bienenvölkern über 6000 Mikrobenstämme isoliert und identifiziert, die den Honigbienen verbunden und für das Immunsystem entscheidend sind.[(39)] Eine Störung des Darmmikrobioms hat nachweislich auch schädliche Auswirkungen auf die Gesundheit der Bienen. Insgesamt deutet vieles darauf hin, dass das Darmmikrobiom eine wichtige Rolle für die Gesundheit und Krankheit der Bienen spielt.»[(40)(41)]

Eine neue Studie von 2022 zeigt sehr eindrücklich die positiven Effekte von im Bienenvolk anwesenden bestimmten Milchsäurebakterien, die auch Teil des Mikrobioms sind, auf die Vitalität der Honigbienen: Eine erhöhte Langlebigkeit, eine verringerte Sterblichkeit, gesündere Kolonien, eine erhöhte Honigproduktion, eine gesteigerte Bruttätigkeit und eine erhöhte Genexpression von antimikrobiellen Enzymen.[(46)]

Maggi und andere (2013) konnten zeigen, dass durch die Fütterung der Stoffwechselprodukte eines Milchsäurebakteriums sowohl die Bruttätigkeit im Bienenvolk gesteigert werden konnte als auch die Fettkörper der einzelnen Honigbiene zunahmen.[(47)] Studien belegen auch die Anwesenheit vieler gesundheitsfördernder Mikroorganismen in Brutzellen, Pollen, Bienenbrot und Nektar.[(48)(49)] Die Qualität des Pollens hat einen entscheidenden Einfluss auf die Zusammensetzung des Mikrobioms im Darm der Honigbiene und damit auf die Entwicklung hin zu einer gesunden erwachsenen Biene und einer langen Lebensdauer. Wurden frisch geschlüpfte Honigbienen mit altem Pollen gefüttert, entwickelten sie sich schlecht, hatten eine niedrigere Lebenserwartung und ein ungesünderes Mikrobiom als Honigbienen, die mit frischem Pollen gefüttert wurden.[(50)]

Ein verändertes Mikrobiom führt zu verschiedensten Auswirkungen auf das Leben der Honigbienen. Nicht nur die Entwicklung von Brut und erwachsenen Honigbienen ist betroffen, sondern auch das Verhalten innerhalb und außerhalb des Bienenstocks. Diese Veränderungen sind das Ergebnis eines veränderten Immunsystems und gestörter Stoffwechselprozesse, welche wiederum die Wahrscheinlichkeit des Ausbruchs von Krankheiten erhöhen.[(40)(36)(37)] Wenn wir daran denken, dass bei Mäusen auch das Putzverhalten vom Mikrobiom gesteuert wird, wäre auch vorstellbar, dass auch das «VSH-Verhalten» (Ausräumen von mit Varroa-Milben belasteten Brutzellen), das «Grooming»

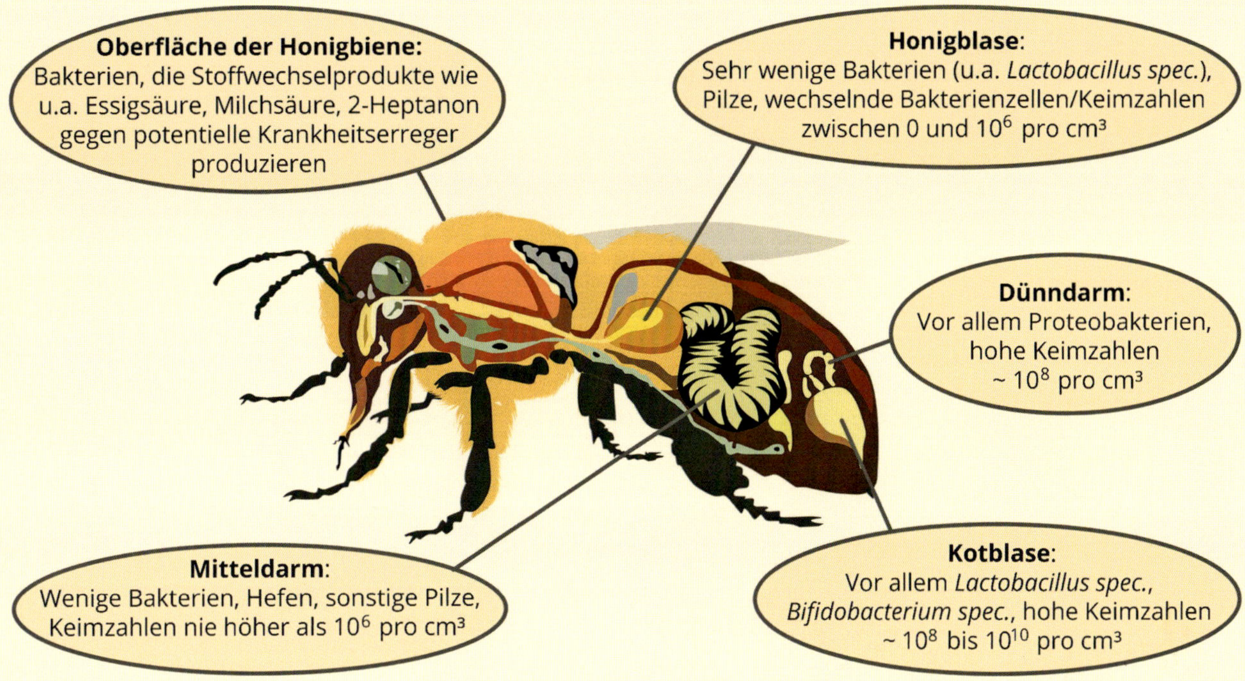

Abb. 7: Das Mikrobiom der Honigbiene *Apis mellifera:* Wir finden gesundheitsfördernde Mikroben nicht nur im Darm, sondern auch in der Honigblase, in der Futtersaftdrüse sowie auf der Oberfläche der Honigbienen. Sie produzieren unter anderem Stoffwechselprodukte, die eine schützende Rolle gegen Krankheitserreger wie die Varroa-Milbe spielen wie zum Beispiel Essigsäure, Milchsäure und 2-Heptanon (Pheromon).[42][43] Datengrundlagen der Grafik: (Kluge, 1963)[44], (Kesnerová et al., 2017)[37],(Kwong et al., 2017)[36], (Raymann & Moran 2018)[40]. Auch die Futtersaftdrüse (Anderson et al., 2022)[45] sowie die Mandibeldrüse weisen eine eigene Mikrobengemeinschaft auf. Zeichnung der Biene von adendedi345 über Pixabay.

(das sich selbst und andere Putzen) sowie das «Recapping» (Öffnen und Verschließen von Brutzellen) vom Mikrobiom mit gesteuert werden und entsprechend bei einem reduzierten Mikrobiom nicht mehr so effektiv funktionieren. Diese Hypothese müsste noch überprüft werden.

DIE BEDEUTUNG DER SYMBIOTISCHEN MIKROBENGEMEINSCHAFT FÜR GESUNDHEIT UND KRANKHEIT

Die Zahl der Studien, die einen Zusammenhang zwischen dem Mikrobiom der Honigbiene bzw. bestimmten Bakterien dieses Mikrobioms und deren Wirksamkeit gegen «Krankheitserreger» herstellen, ist beeindruckend. Allein die Anwesenheit von bestimmten Milchsäurebakterien und anderen Bakterien im Mikrobiom der Honigbiene *Apis mellifera* und/oder im Mikrobiom von Pollen kann die Resistenz gegen die «Erreger» der Amerikanischen Faulbrut, der Europäischen Faulbrut, der Nosema, der Kalkbrut bis hin zur Varroa-Milbe bewirken.[39][40][51][52][53][54][47][55][46][42][43][56][49][57] Sacca & Lodesani (2020) sammelten auf der Oberfläche der Honigbienen Bakterien, die möglicherweise milbenschädigende Stoffwechselprodukte ausscheiden. Sie kultivierten vier ausgewählte Bakterien, damit auch die Stoffwechselprodukte in der Lösung vorhanden waren und besprühten damit Varroa-Milben. Drei der vier Bakterienlösungen töteten die Milben innerhalb von drei Tagen. Es scheint einen doppelt vorteilhaften Wirkmechanismus zu geben: Die Inhaltsstoffe (antimikrobielle Peptide) stärken die Immunität der Bienen und hemmen zugleich die Varroa-Milbe über die organischen Säuren und Bacteriocine, die die Bakterien bilden. Der pH-Wert hatte keinen Einfluss auf die Sterblichkeit der Milbe.[42]

Sogar gegen bestimmte Viren wie das Flügeldeformations-Virus hilft ein gesundes Mikrobiom, wie Dosch und andere (2021) herausgefunden haben: Die Überlebensrate von Honigbienen, die mit einem artenreichen Mikrobiom geimpft wurden, war im Vergleich zu solchen, die mit einem gestörten Mikrobiom geimpft wurden, nach einer

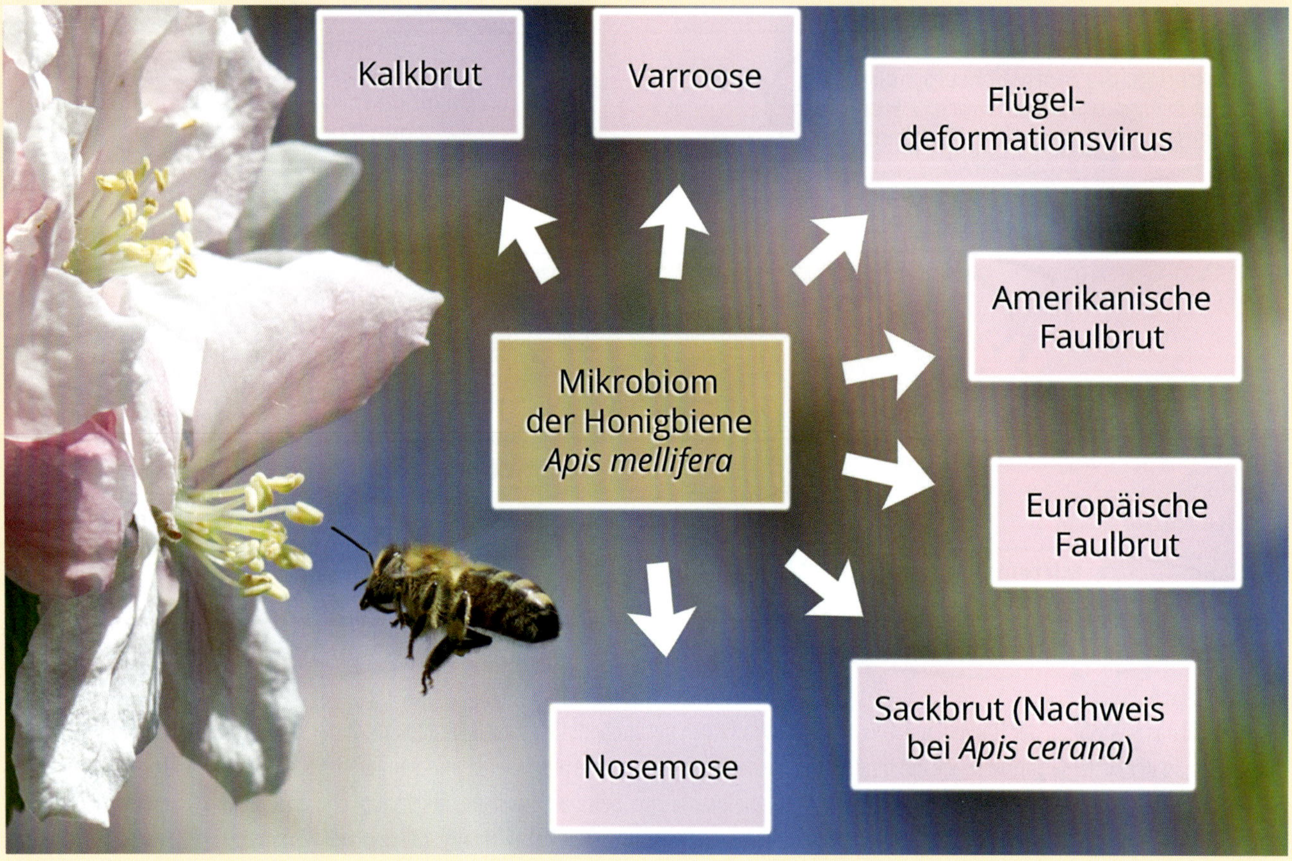

Abb. 8: Der Einfluss des Mikrobioms der Honigbiene *Apis mellifera* auf Krankheiten. Datengrundlage: (Forsgren et al., 2010)[51], (Daisley et al., 2020)[53], (Killer et al., 2014)[54], (Maggi et al., 2013)[47], (Iorizzo et al., 2020)[55], (Saccà et al., 2020)[42], (Dosch et al., 2021)[58], (Yun et al., 2022)[59]

Virusgabe deutlich erhöht. Interessant dabei war zudem, dass beide Gruppen eine ähnlich hohe Viruslast aufwiesen, dass es also nicht die Menge an Viren ist, die den Unterschied ausmacht, sondern der Umgang des Immunsystems mit der Anwesenheit der Viren.[58]

Schon 1963 untersuchte Roswitha Kluge die Darmflora der Honigbiene *Apis mellifera* und deren Auswirkung auf die Gesundheit mithilfe des folgenden Forschungsdesigns: Sie fütterte Honigbienen mit Pollen, der mit Antibiotika versetzt war, um die Darmflora abzutöten.

> «Hierbei zeigte sich, dass die Lebensdauer der bakterienfreien Versuchsbienen einiger Versuchsgruppen gegenüber den Kontrollen mit normaler Darmflora stark herabgesetzt war. Bei den Bienen einzelner Käfige war die durchschnittliche Lebensdauer gegenüber den Kontrollen um 70 % gesenkt, bei anderen war die Beeinträchtigung bei gleicher Konzentration desselben Antibiotikums sehr viel geringer.»[44]

Auffallend war zudem die starke Pilzentwicklung in der Kotblase; aufgrund der fehlenden Bakterien konnten die Pilzsporen auskeimen, durchdrangen teilweise sogar die Darmwandung und waren im Fettgewebe zu finden.[44]

Die mit den Honigbienen vergesellschafteten gesundheitsfördernden Mikroorganismen können durch den Einsatz von Antibiotika, Ameisen- und Oxalsäuren (auch Thymol) reduziert werden. Ritter (2014) stellte in einem Vortrag auf einer Bienenkonferenz in Wien 2014 die Ergebnisse einer Studie von Murali Nayudu und Sheba Khan (2007) vor, die die Auswirkungen der Behandlungsmittel gegen die Varroa-Milbe auf die Darmflora der Honigbiene erforscht haben: Es zeigt sich, dass gesunde, unbehandelte Bienenvölker im Vergleich zu behandelten Völkern im Darm nicht nur wesentlich mehr Arten von Bakterien aufweisen (Diversität), sondern auch noch ungleich mehr Individuen dieses Arten.[60]

MIKROBIOM UND GESUNDHEIT NATÜRLICH LEBENDER UND GEZÜCHTETER TIERE

Das Mikrobiom wild lebender Tiere unterscheidet sich sehr stark von dem im Labor oder in Gefangenschaft gehaltener Tiere.[61][62][63] Wissenschaftler untersuchten 2017 das Mikrobiom gesunder Wildmäuse und das von Labormäusen, die zudem noch schlechtes, einseitiges Futter bekommen hatten. Es unterschied sich deutlich voneinander: Die Wildmäuse wiesen mehr Proteobakterien und Bacteroidetes-Stämme auf, die Labormäuse mehr Bacteroidetes- und Firmicutes-Stämme. Die Mikrobiota der Wildmäuse enthielt auch wesentlich mehr Arten als die der Labormäuse.[29] Es wäre interessant zu erforschen, inwieweit sich das Mikrobiom von Honigbienen unterscheidet, je nachdem, ob die Honigbienen mit Honig oder mit Zuckerwasser bzw. invertiertem Zuckersirup gefüttert werden. Vielleicht ist das dadurch veränderte Mikrobiom die Ursache für die deutlich unterschiedliche Lebenserwartung der Honigbienen, die in einer Studie mit Futter unterschiedlicher Qualität versorgt wurden.[64]

Es liegt nahe zu vermuten, dass auch das Mikrobiom wild lebender Honigbienen in Bezug auf die Diversität wie auch die Individuendichte der jeweiligen Art oder des Stamms stark von dem des Nutztieres «Honigbiene» abweicht. Die Ursache liegt im unterschiedlichen Zugang zu den Mikroorganismen und den sich massiv unterscheidenden Umweltbedingungen: Honigbienen in Imkerhand sind trotz aller Einschränkungen im Vergleich zu Labormäusen noch mit ihrer Umwelt verbunden; aufgrund der künstlichen Zucht- und Haltungsbedingungen ist aber davon auszugehen, dass sich das Mikrobiom der Imkerbienen erheblich von dem der wild lebenden Honigbienen unterscheidet. Leider haben wir keine Kontrollstudien von wilden Honigbienen der einheimischen Dunklen Biene, mit der wir das Mikrobiom der verwilderten oder der Honigbienen in Imkerhand vergleichen und damit die vermutliche Änderung und Reduktion des Mikrobioms verdeutlichen könnten.

Für meine Vermutung, dass wild lebende Honigbienen in der Regel viel gesünder sind als gezüchtete Honigbienen, finden sich sowohl in der alten Imkerliteratur[12] als auch in der neuesten Forschung[65][17] starke Hinweise. Die wild lebenden Honigbienenvölker überlebten und überleben trotz Tracheen-Milbe, Nosema und Amerikanischer Faulbrut (AFB). Es gab zwar in früheren Zeiten noch keine wissenschaftlichen Untersuchungen über die Art und Anzahl von Erregern auf wild lebenden (d. h. in unserem Fall verwilderten) Honigbienen, aber die Berichte, die wir aus den Imkerzeitschriften der 1950er-Jahre in Deutschland haben, geben uns klare Hinweise auf die Gesundheit oder Krankheit dieser Völker. Trotz der flächendeckenden Ausbreitung und Behandlung von Bienenkrankheiten wie Amerikanischer Faulbrut, Nosemose und Tracheen-Milben-Seuche mit chemischen Arzneimitteln lebten parallel zu den Völkern in Imkerhand durchgehend gesunde verwilderte Honigbienenvölker in Baum- und Erdhöhlen.[66][67]

	Gesunde Bienenvölker	Kranke Bienenvölker
Anzahl Bakterien pro Darm	100.000.000 bis 1.000.000.000	10.000 bis 100.000
Bakterienarten pro Darm	25 bis 30	10 bis 15

Tab. 1: Auswirkungen der Behandlungsmittel gegen Varroa auf die Darmflora der Honigbiene. Nach: (Ritter, 2014)[60]

Herr Fischer (Württemberg) schrieb 1938 in seinem Beitrag «Sind hohle Bäume Faulbrutherde?»:

> «Nach meiner langjährigen Erfahrung sind Faulbrutherde in 99 von 100 Fällen auf den Ständen der sogenannten Bienenhalter zu suchen. 36 Jahre habe ich meinen Bienenstand neben einem großen Park gehabt, in dessen Mitte sich viele große Linden und Eichen befanden, die jahrein und jahraus, bald hier, bald dort Bienenschwärme aufnahmen, die oft viele Jahre dort ihre Heimstätte hatten. Nie aber habe ich auf meinem Stande auch nur eine Spur von Faulbrut gehabt. In vielen Dörfern habe ich aber auf den Ständen die Faulbrut aufgestöbert und radikal ausgerottet. War dieses geschehen, so gab es in der betreffenden Gegend keine Faulbrut mehr, und die Stände gingen wieder hoch, obwohl es auch hier viele hohle Bäume gab. Es liegt nun in der Natur der Sache, daß die Faulbrut sich nicht so leicht in die ‚Naturbeuten' einnistet.»[12]

Zu dem Thema «Wildbienen und Krankheiten» finden wir in der Zeitschrift «Südwestdeutscher Imker» von 1954 eine sehr interessante Aussage. Dr. Klink hat in der Rubrik «Auslands-Rundschau» die Äußerungen des Direktors des französischen Forschungsinstitutes von Nancy, Dr. Moreaux, 1954 zum Thema «Wildbienen und Krankheiten» übersetzt und zusammengefasst:

«Die ansteckenden Krankheiten sind sicherlich bei den Wildbienenvölkern viel seltener als bei den Hausbienenvölkern. Diese Annahme stützt sich auf Beobachtungen und Untersuchungen, die bei 37 abgefangenen Wildbienenschwärmen gemacht wurden. Alle Proben von diesen Schwärmen waren gesund. Dasselbe galt von den Schwärmen, die von Imkern gefaßt und eingeschlagen worden waren. Dr. Moreaux glaubt, daß die zum Teil unsachgemäße Behandlung der Bienen in den Mobilbeuten die Ausbreitung der Krankheiten begünstigt und hält es für erwiesen, daß die künstliche Fütterung der Bienen mit Zuckersirup einer der Gründe für die fortschreitende Schwächung und Degenerierung ist, die ihrerseits wieder die Ansteckung mit Mikroben und Parasiten begünstigt.»[66]

Wild lebende Honigbienen waren also überall zu finden und wurden nicht als Bedrohung angesehen. Im Gegenteil, die Schwärme solcher Völker wurden von den Imkern sehr gern eingefangen. Der Imkerfreund gab 1952 Tipps, wie mit wilden Völkern umzugehen sei.

Auch die aktuellen Untersuchungen zeigen, dass wild lebende Honigbienen gesünder sind als Imkerbienen, was nicht weiter verwunderlich ist. In der Natur überleben kranke Völker nicht lange! Wild lebende Honigbienen bilden innerhalb von ein paar Jahren ein stabiles Gleichgewicht mit allen möglichen Krankheitserregern aus. Dies gilt nicht nur für die gefürchtete Varroa-Milbe, sondern auch für den Erreger der Amerikanischen Faulbrut. Weltweit werden Bienenvölker beobachtet, die ohne jegliche Varroa-Behandlung und ohne Zuckerfütterung überleben. Es handelt sich entweder um verwilderte Honigbienen in Wäldern oder Mauerritzen oder um Völker auf aufgelassenen Bienenständen. Sie unterlagen der natürlichen Selektion und haben nach anfänglichen hohen Verlusten ein Gleichgewicht in Form von stabilen Populationen aufgebaut.[13][69][70][16][71][72] Das Forscherteam um Goodwin (2014) hat zur Amerikanische Faulbrut interessante Studien zusammengetragen und kommen zu folgendem Resumée: «Vielleicht haben die verwilderten Völker ein größeres Risiko, sich mit AFB von Völkern in Imkerhand zu infizieren, als es andersherum der Fall ist» und «Das geringe

Abb. 9: «Beim Baumfällen im Winter stößt man manchmal auf wilde Völker. Meistens sind sie dann durch Störung und Honigraub verloren. Ein Imker aber kann sie retten. Am besten durch Ausschneiden des ganzen Stammteils als Klotzbeute. Aber auch durch vorsichtiges Umschneiden in Rähmchen. Doch muß man mit baldiger Drohnenbrut durch Kälteschaden der Königin rechnen.» Foto: © Herr Doering. Aus: (Der Imkerfreund 12/1952).[68]

Vorhandensein dieser Krankheit in verwilderten Völkern deutet darauf hin, dass ein Großteil der AFB-Fälle, die von den beimkerten Völkern berichtet werden, auf die Imkertechniken zurückzuführen sind anstatt auf die Überkreuz-Kontamination von verwilderten Völkern».[15] Hornitzky und andere (1996) haben wie das Forscherteam um Goodwin (1994) verwilderte Honigbienen auf die Anwesenheit von Sporen der Amerikanischen Faulbrut untersucht und kamen zu übereinstimmenden Ergebnissen: Von 60 verwilderten Völkern enthielt nur ein Volk Sporen von AFB, und dieses Volk lebte in der Nähe von Imkervölkern. Alle anderen 59 Völker lebten weit von Imkervölkern entfernt, was sie zu der Aussage bringt, «(…) dass die Populationen der verwilderten Honigbienen ein unwahrscheinliches Reservoir von AFB für Bienen in Beuten darstellt».[14] Neue Untersuchungen bestätigen, dass wild lebende Völker häufig weniger Nosema-Sporen aufweisen als Imkervölker; weisen sie aber ähnlich hohe Werte an Sporen auf, bricht die Krankheit dennoch seltener aus.[73]

5 Der Einfluss von Umweltfaktoren auf den Organismus und sein Mikrobiom

DAS ZUSAMMENSPIEL VON LEBEWESEN, MIKROORGANISMEN UND UMWELT IM RAHMEN DER EVOLUTION

Wir haben uns in einem ersten Schritt erarbeitet, dass ein Lebewesen nicht allein existiert, sondern eine Mikrobengemeinschaft beherbergt, ohne die es nicht überleben kann. Die Forschungsergebnisse, die den Einfluss des Mikrobioms auf Entwicklung, Verhalten und Erkrankung dokumentieren, sind sehr beeindruckend und könnten uns nun auf eine ebenso geniale wie simple Idee bringen: Wir stärken einfach das Mikrobiom der Honigbiene und lösen damit alle Probleme im Bienenstock. Das klingt erst mal vernünftig, greift aber zu kurz. Im Laufe der letzten Jahrzehnte hat die Wissenschaft erkannt, dass die genetische Ausstattung des Organismus samt seinem Mikrobiom allein die Anpassung der Organismen an die Umwelt nicht erklären kann. Alle Versuche, die Veränderungsprozesse auf die genetische Ausstattung eines Organismus zurückzuführen, griffen zu kurz, weshalb die neueste Forschung auf komplexe Zusammenhänge schaut und diese beschreibt.

> «Gene und genetische Faktoren allein reichen daher als Erklärung des Selbstseins eines Organismus nicht aus. Wir müssen auch die unmittelbare Umgebung und das persönliche Milieu berücksichtigen, wenn wir komplexe und individuelle Lebensprozesse wie auch etwa das individuelle Verhalten verstehen wollen. Das ist das Kernanliegen von Eco-Evo-Devo.»[25]

Die Abkürzung «Eco-Evo-Devo» bedeutet «ecological evolutionary developmental biology» oder «Ökologische evolutionäre Entwicklungsbiologie» und beschreibt unter anderem die Einflüsse des Mikrobioms eines Organismus sowie verschiedener Umweltfaktoren auf Entwicklung und Verhalten eines Lebewesens sowie auf die Ausbildung von Krankheiten. Die Forschung zeigt auf, dass ein Lebewesen nicht allein entscheidet, welche seiner Gene an- oder abgeschaltet werden, um den Organismus und die Nachkommen aufzubauen; auch die Umweltfaktoren wie Temperatur, Ernährung usw. bestimmen mit, welche Gene an- und abgeschaltet werden und damit, wie sich alle Entwicklungsstadien eines Organismus wie Ei, Larve, Puppe und erwachsene Organismen entwickeln.[74][75][76] Wir haben es also mit einem Zusammenspiel von Lebewesen, vergesellschafteten Mikroorganismen und Umweltfaktoren zu tun.

Abb. 10: Ein wichtiger Beitrag zur Gesundung unserer Honigbienen ist die Wiederherstellung einer naturnahen Landschaft.

WELCHE UMWELTFAKTOREN NEHMEN EINFLUSS AUF DEN ORGANISMUS SAMT SEINER MIKROBENGEMEINSCHAFT?

Unsere Honigbiene steht wie alle Organismen in Wechselwirkung mit anderen Lebewesen in ihrem Ökosystem sowie in Wechselwirkung mit dem Klima, dem Boden und der Landschaft insgesamt. Diese Wechselwirkungen werden durch bestimmte Umweltfaktoren veranlasst. Ein Umweltfaktor ist eine Größe, die auf die Lebensbedingungen eines Organismus Einfluss hat. Die Wirkung kann entweder fördernd oder schädigend sein. Wir unterscheiden abiotische (unlebendige) Faktoren, wie z. B. Temperatur, Feuchtigkeit, CO_2-Konzentration innerhalb des Bienenorganismus und im Bienenstock oder die Bienenwohnungen, und biotische (lebendige) Faktoren, wie z. B. Fressfeinde, den Imker selbst sowie die Mikroorganismen der Landschaft. Alle diese Umweltfaktoren können wir auch als äußeres Milieu bezeichnen, in dem die Honigbienen leben.

Schädliche abiotische Umweltfaktoren
Ungeeignete Bienenwohnungen, die in ihren Parametern nicht den natürlichen Bienenwohnungen wie Baum-, Erd- oder Felshöhle entsprechen (ausreichender Hitze- und Wärmeschutz) *
Veränderte Temperatur- und Feuchteverhältnisse sowie eine veränderte CO_2-Konzentration in den nicht artgerechten Bienenwohnungen *
Fütterung mit unnatürlichem Futter wie Zuckerwasser, Futterteig
Einsatz künstlicher und häufig pestizidbelasteter Mittelwände
Ausgeräumte Landschaft mit Monokulturen in Feld und Wald
Gifte in den Trachtpflanzen durch den Einsatz von Pestiziden in der Landwirtschaft
Einsatz von Milbenbehandlungsmitteln, Antibiotika, Säuren etc. gegen andere «Krankheiten»
Künstliche Zucht von Königinnen

Tab. 2: Schädliche abiotische Umweltfaktoren, die auf die Gesundheit der Honigbiene Einfluss nehmen. Die mit einem * gekennzeichneten geschriebenen Faktoren betrachten wir in diesem Buch.

Biotische Umweltfaktoren
Mikrobiom der Landschaft
Mikrobiom der Bienenwohnung
Mikrobiom der Trachtpflanzen (Kräuter/Bäume)
Mikrobiom der Bäume, an denen Propolis gesammelt wird
Wachsmotten, Kleiner Beutenkäfer, Varroa-Milbe, Amerikanische Faulbrut, Sackbrut-Virus, Nosema etc. *
Imker*innen
Einsatz von Milbenbehandlungsmitteln, Antibiotika, Säuren etc. gegen andere «Krankheiten»
Künstliche Zucht von Königinnen

Tab. 3: Biotische Umweltfaktoren, die auf die Gesundheit der Honigbiene Einfluss nehmen. Die mit einem * gekennzeichneten Faktoren betrachten wir in diesem Buch.

6 Der Einfluss der Umweltfaktoren «Temperatur», «Luftfeuchte» und «CO_2» auf den Organismus und sein Mikrobiom und deren Gesundheit und Krankheit

In diesem Kapitel möchte ich drei Umweltfaktoren in den Blick nehmen, die eine zentrale Rolle für die Beurteilung einer für die Honigbienen geeigneten Bienenwohnung spielen, nämlich Temperatur, Luftfeuchte und CO_2. Sie haben große, bislang noch wenig beachtete, aber entscheidende Auswirkungen auf den Organismus und sein Mikrobiom. Die Forschungsergebnisse weisen sehr klar darauf hin, dass diese drei Umweltfaktoren sowohl das Genom der Honigbiene, das Genom des Mikrobioms als auch die Entwicklung, das Verhalten und den Ausbruch von Krankheiten mit beeinflussen. Was aber nicht heißt, dass es nicht auch noch ganz andere Faktoren gibt, die für die Gesundheit unserer Honigbienen verantwortlich sind, die wir einfach noch nicht kennen. Dies verdeutlicht einmal mehr, dass nicht in erster Linie einzelne Faktoren für den Ausbruch einer Erkrankung verantwortlich sind, sondern ein komplexes in sich verschachteltes Gefüge, das in seinen Einzelheiten sehr schwer zu verstehen ist. Aus diesem Grund macht es auch keinen Sinn, seinen Blick auf die mögliche Manipulation eines einzelnen Faktors zu richten, also zum Beispiel eine Stockheizung im Bienenstock zur Verhinderung möglicher Schimmelbildung einzubauen. Die Zusammenhänge sind so komplex, dass der Fokus auf einen Faktor zur Verschlimmbesserung der Auswirkung anderer Faktoren führen kann. Wir müssen lernen, das große Ganze zu sehen und genau zu überlegen, ob und auf welche Weise wir in das fein austarierte lebendige System der Honigbienen samt ihrer Bienenwohnung eingreifen bzw., was wir tun können, um den Honigbienen die bestmöglichen Bedingungen zu bieten, wenn wir sie schon außerhalb ihrer natürlichen Umgebung halten möchten.

TEMPERATUR, LUFTFEUCHTE UND CO_2 KONTROLLIEREN DIE AKTIVIERUNG VON GENEN MIT: DER EINFLUSS DER EPIGENETIK

Die Fachdisziplin der Epigenetik befasst sich mit der Frage, welche Faktoren die Aktivität eines Gens und damit die Entwicklung einer Zelle zu einem bestimmten Zelltyp festlegen. Sie erforscht aber auch die Prozesse, die dazu führen, dass im Laufe des Lebens eines Lebewesens neu erworbene Eigenschaften oder Verhaltensweisen, die durch bestimmte Umweltveränderungen ausgelöst werden, entstehen, gelöscht werden und erneut entstehen, je nach dem Wechsel von inneren und äußeren Einflüssen. Zu diesen inneren und äußeren Einflüssen gehören Umweltfaktoren wie Temperatur, Luftfeuchte, Kohlendioxid-Gehalt, Nahrung, Stress, Lärm, aber auch die Zusammensetzung oder Beschaffenheit der Körperflüssigkeit wie auch der Flüssigkeiten innerhalb und außerhalb der Zellen. Die Gesamtheit dieser Faktoren können wir als Milieu, in dem ein Lebewesen lebt, bezeichnen.

Anderson & Maes zeigen in einer Studie, dass zum Winter hin, ausgelöst durch anhaltend niedrige Temperaturen, andere Gene der Honigbienen aktiviert werden, um die den Imkern wohlbekannten Winterbienen zu erzeugen. Deren Aufgabe ist es, diese widrigen Umweltbedingungen so lange zu überleben, bis sich das Wetter wieder bessert. Diese Umstellung von der Sommer- auf die Winterbiene erfolgt über die Expression von bestimmten Genen des Wirts in Zusammenarbeit mit dem Mikrobiom der Honigbiene, um eine Honigbiene zu «schaffen», die einen völlig anderen Stoffwechsel aufweist als die Sommerbiene.[45]

Abb. 11: Die Honigbiene sammelt auf der Blüte nicht nur Nektar und Pollen, sondern auch für ihr Überleben notwendige Mikroorganismen, die ihr eigenes Mikrobiom bereichern.

Ma et al. (2019) haben die Genaktivität bei Hitzestress untersucht, dem sie die Honigbienen ausgesetzt haben. Die unterschiedliche Aktivität der Gene, die an- und ausgeschaltet wurden, führte zu verschiedensten Stoffwechselreaktionen, die den Stoffwechsel der Zellmembranen und die Nervensignalübertragung gestört haben.[77]

Kohlendioxid (CO_2) hat ebenso wie Temperatur und Luftfeuchte einen erheblichen Einfluss auf die Aktivierung von bestimmten Genen der Honigbiene und damit auf die Entwicklung ihrer Eier, Larven und Puppen und im Weiteren auch auf das Verhalten, wie einige Studien zeigen. So werden durch Änderungen der CO_2-Konzentration unter anderem die Entwicklung der Futtersaftdrüsen, des Fettkörpers, der Wachsdrüsen, der Eierstöcke, der Hormondrüsen, der Gehirnchemie, ein verändertes Verhalten bei Pollensammlung und -nutzung, bei der Nektarsammlung sowie bei der Lebensdauer beobachtet.[78][79][80][81][82][83]

AUSWIRKUNG VON TEMPERATUR, LUFTFEUCHTE UND KOHLENDIOXID AUF ENTWICKLUNG, VERHALTEN UND KRANKHEITEN

Die Eier der Honigbienen können sich nur bei bestimmten Temperaturen vollständig entwickeln. Bei 29,8 °C schlüpften laut einer Studie nur aus 1 % der Eier Larven. Damit 50 % der Eier sich vollständig entwickeln können, muss die Temperatur in der Zelle zwischen 29,8 °C und 31,3 °C liegen.[84] Zu geringe Bruttemperaturen bei der Aufzucht von Eiern, Larven und Puppen führen zu zahlreichen Störungen bei erwachsenen Honigbienen mit gravierenden Folgen: Der Bienentanz ist unvollständig, das Gehirn ist schlechter ausgebildet, die Nervenleitbahnen sind unvollständig, die Vorderflügel sind kürzer und die Flügel können verkrüppelt sein. Die Honigbienen werden älter, bevor sie zu Sammelflügen aufbrechen, die auch seltener stattfinden. Bezüglich der relativen Luftfeuchte (rF) kann festgestellt werden, dass Eier sich nur bei 90–95 % rF innerhalb der Brutzellen gut entwickeln können. Bei einer Luftfeuchte in den Wabengassen von 50 % rF und mehr ist die Entwicklung in den Brutzellen behindert, bei einer Luftfeuchte in den Wabengassen von 30 % rF und weniger können sich die Eier in den Brutzellen nicht mehr entwickeln. Auch die Larven sind für eine gute Entwicklung auf eine relative Luftfeuchte innerhalb der Brutzellen von 90–95 % angewiesen.[85] [86]

McAfee konnte bei ihren Untersuchungen nachweisen, dass 50 % der Drohnen starben, wenn sie 6 Stunden einer Temperatur von 42 °C ausgesetzt waren. Nach nur 2 Stunden bei 42 °C geht etwa ein Drittel der Samenzellen im Ejakulat der Drohnen zugrunde. Und da Drohnen sich in der Regel außerhalb des von den Arbeiterinnen temperierten Brutnests aufhalten bzw., bei drohender Überhitzung der Bienenwohnung, teils auch vor dem Flugloch, ist es insbesondere bei ungedämmten Beuten ein realistisches Szenario, dass sie solchen Temperaturen ausgesetzt sind. Nach einer Hitzewelle haben demnach unbegattete Königinnen weniger Möglichkeiten zur Paarung. Die Lebensfähigkeit der gespeicherten Spermien in der Königin sinkt auch auf ein dramatisch niedriges Maß, wenn sie 2 Stunden oder länger Temperaturen über 38 °C ausgesetzt ist.[87]

Paschke (1942) stellte einen Zusammenhang zwischen der Feuchtigkeit im Bienenstock und verschiedensten Krankheiten her: «Als Folgeerscheinung der Stockfeuchtigkeit stellen wir den starken Totenfall, das langsame Erstarken der Völker im Frühjahr, das Auftreten der Ruhrkrankheit, das Umsichgreifen der Nosema und den erhöhten Futterverbrauch fest. (…) Die feuchte Luft bietet günstige Lebensbedingungen für Bazillen und Schmarotzer aller Art. Durch den Aufenthalt in der feuchten Luft wird der Organismus der Bienen geschwächt. Die Bienen kommen nicht durch den Winter und können nicht teilnehmen an der Erzeugung der Wärme für die Brutpflege. Wie viele Bienenvölker werden durch die Stockfeuchtigkeit zugrunde gerichtet.»[88]

Versuche mit Bienen, die in Behältern mit Luft verschiedener Feuchtigkeitsgrade gehalten wurden, zeigten eine sinkende Lebenserwartung bei steigender Luftfeuchte: Bei 26 % rF lebten die Bienen durchschnittlich 35 Tage, bei 51 % rF 31 Tage, bei 57 % rF ebenfalls 31 Tage, bei 74 % rF 25 Tage und bei 97 % rF nur noch 8 Tage.[89]

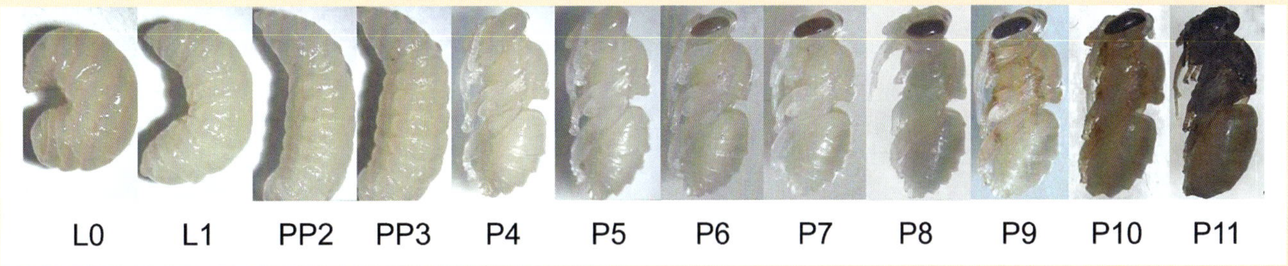

Abb. 12: «Körperbau und Farbänderung der verdeckelten Brut im Verlauf der 12 Tage dauernden Verdeckelungsphase. Das Larvenstadium (L) dauert 2 Tage (da die Autoren die 0 Std. verdeckelte Brut mit zu der einbezogen haben, die am selben Tag verdeckelt wurde, LO), die Phase der Praepuppe (PP) dauert 2 Tage und der Rest sind Puppen-Stadien (P4-P11). Am Tag 12 schlüpft die Arbeiterin als Erwachsene (Adulte Phase)» (Wang et al., 2016)[90]

Wang und andere (2016) untersuchten die Folgen von niedriger Temperatur (20 °C) im Hinblick auf die Sterberaten der Brut und das Überleben der geschlüpften Bienen. Ihr Ziel war es, herauszufinden, worauf bei der Bienenhaltung in diesem zentralen Punkt geachtet werden muss. Sie setzten Brut in unterschiedlichen Stadien (L0–P11) einer Temperatur von 20 °C für eine Zeitdauer von 12 Std., 24 Std. bis hinauf zu 96 Std. aus und fanden heraus, dass die Streckmaden PP3 und PP2 bezüglich der Sterblichkeit durch Kälte am meisten bedroht sind, während hingegen P8 gefolgt von P9 und LO von Kälte am wenigsten bedroht sind. Erwachsene Honigbienen leben weniger lang, wenn sie als Puppen der Kälte ausgesetzt waren. Wenn verdeckelte Brut der Kälte ausgesetzt ist, drehen sich die Maden darin nicht nach oben, sodass die Puppen mit dem Kopf nach unten liegen, was das Schlüpfen verhindert. Die ersten 24 Stunden nach Verdeckelung sind bezüglich der Auswirkung von Kälteschäden auf die Brut am sensibelsten.[90] Auch Missbildungen von Flügeln, Beinen und Hinterleib können Zeichen von Unterkühlung sein. Wenn Sammlerinnen weniger lang leben, werden Pflegebienen gezwungen, Brut im Stich zu lassen, um die verlorengegangenen Sammlerinnen zu ersetzen.[90]

Es gibt auch einen, wenn auch indirekten, sehr interessanten Zusammenhang zwischen dem möglichen Ausbruch der Amerikanischen Faulbrut (Erreger: das Bakterium *Paenibacillus larvae*) und unterkühlter Brut. Matuka & Topolnik (1952) haben herausgefunden, «dass im Medium, dessen pH dem pH des Futtersaftes ungefähr gleicht, die Verhältnisse nicht nur ungeeignet, sondern sogar schädlich für die vegetativen Formen des Bac. larvae sind, sodass sie in einem derartigen Medium schon nach sechs Stunden zugrundegehen. (…) Nur wenn die unverdeckelte Bienenbrut gehungert hat, ist die Infektion mit den vegetativen Formen des Bac. larvae gelungen.»[91]

Abb. 13: Von einer Arbeiterin vor die Bienenwohnung abtransportierte Bienenpuppe, die vermutlich Kälteschäden aufweist. 7. Mai 2023. Die Puppe lebte zum Zeitpunkt des Abtransports noch.

Eine Ursache für hungernde Brut liegt darin, dass Honigbienen bei Kälteeinbrüchen in ungedämmten Bienenwohnungen die am Rand gelegenen Brutbezirke aufgeben müssen, um die notwendige Temperatur wenigstens im Zentrum des Brutnestes noch aufrechterhalten zu können. In diesem Fall wird die Brut in den Randbereichen nicht mehr gefüttert, der pH-Wert verändert sich, was dem Erreger der AFB die Möglichkeit gibt, die Brut zu infizieren.

Die CO_2-Konzentration in der Bienenwohnung hat eine besondere Bedeutung für das Wohlbefinden der Honigbienen. Wie wesentlich der CO_2-Gehalt ist, zeigt bereits eine Studie aus dem Jahr 1960. So ist belegt: Eine bessere Überwinterung, eine geringere Wintersterblichkeit, eine um bis zu 20 % geringere Zehrung, ein bis zu 13,4 % geringerer Anfall von Kot im Darm der Bienen und eine um bis zu 77 % höhere Frühjahrsbrutentwicklung. Dies zeigt sehr deutlich, dass der CO_2-Gehalt einen Einfluss auf den Stoffwechsel der Honigbienen hat.[92] Darüber hinaus zeigen erste Studien signifikante Auswirkungen der CO_2-Konzentration auf die Sterblichkeit der Varroa-Milbe.[93][94][95] Wir gehen im Hauptteil unseres Buches «Bienenbau & Bienenbeute» ausführlich darauf ein. Der CO_2-Gehalt hat also einen ähnlich tiefgreifenden Einfluss auf Entwicklung, Verhalten und den Ausbruch von Krankheiten wie die Umweltfaktoren Temperatur und Luftfeuchte.

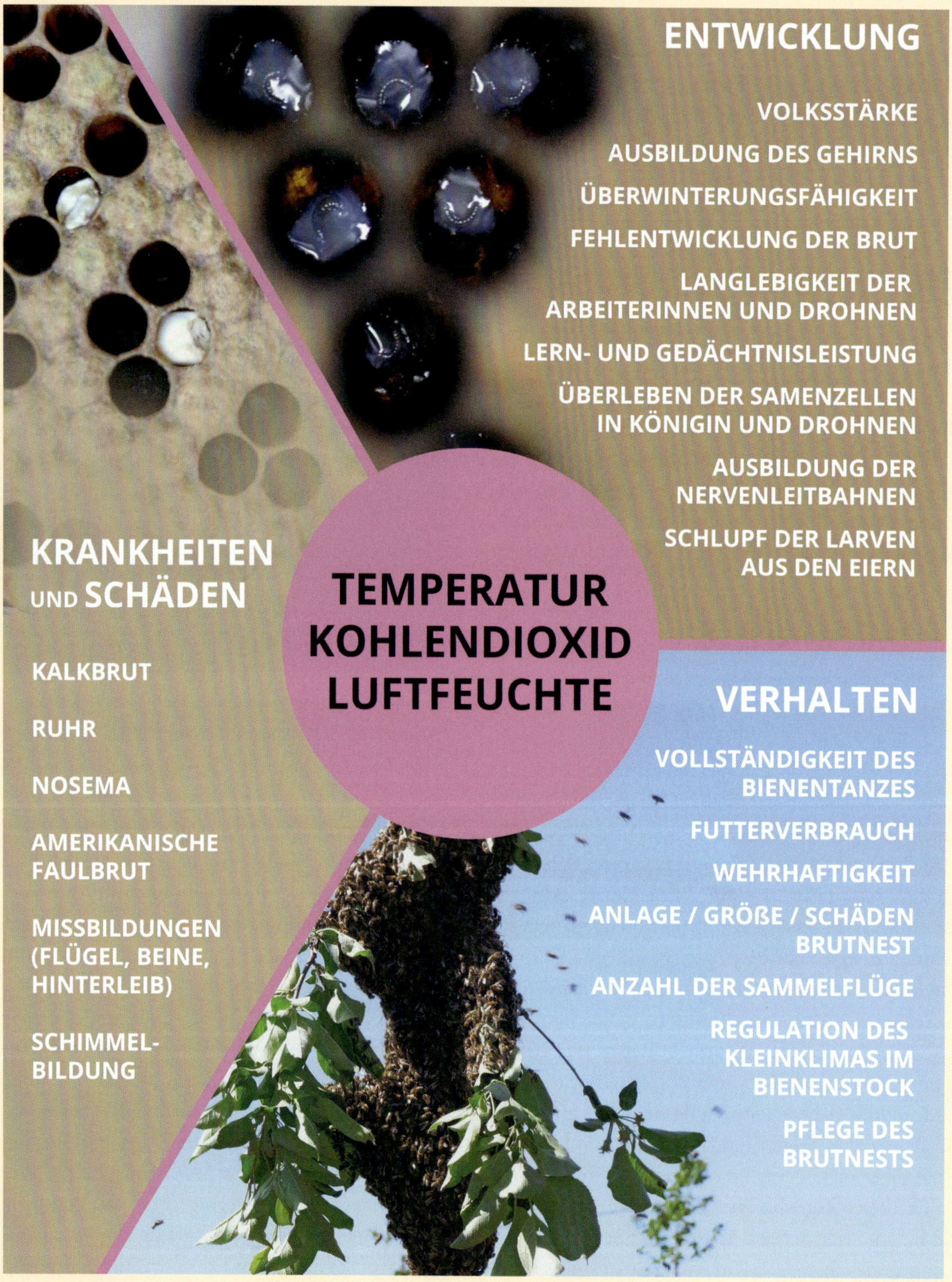

Abb. 14: Auswirkungen von Temperatur, CO_2 und Luftfeuchte auf Entwicklung, Verhalten und Ausbildung von Krankheiten bei der Honigbiene *Apis mellifera*.

7 Das Zusammenspiel von Honigbienen, Mikrobiom und Umweltfaktoren und seine Auswirkung auf Entwicklung, Verhalten, Gesundheit und Krankheit

Wenn wir die Ergebnisse aller Studien, die wir ausgewertet haben, in einen großen Zusammenhang bringen, also einen Blick von oben auf das große Ganze werfen, können wir aus meiner Sicht sehr schlüssig ein in sich zusammenhängendes Gefüge aus sich jeweils direkt beeinflussenden Faktoren erkennen, welches ich in der folgenden Grafik als «Kaskade» veranschaulichen möchte.

Die Umweltfaktoren «Temperatur» und «Luftfeuchte» am Standort der Bienenwohnung wirken sich auf das Kleinklima im Bienenstock aus. Die Eigenschaften der Bienenwohnung (Hitzeschutz, Wärmeschutz, Geometrie, Belüftung etc.) sind entscheidend für diese Auswirkungen, wie wir ausführlich in diesem Buch darlegen werden: Sie können selbst für bienengenehme Verhältnisse sorgen und/oder den Bienen die Klimaregulation erleichtern. Temperatur, Luftfeuchte und CO_2-Gehalt innerhalb der Bienenwohnung wirken sich direkt auf das Genom der Honigbiene und das Genom des Mikrobioms der Honigbiene aus. Ebenso direkt beeinflussen sie das Mikrobiom der Honigbiene und verändern auf diese Weise die Zusammensetzung des Mikrobioms. Das Mikrobiom der Honigbiene dient zusammen mit dem Genom der Honigbiene dem Aufbau und der Aufrechterhaltung des Immunsystems und des Stoffwechsels der Honigbiene. Diese beiden herausragenden Funktionen nehmen wiederum direkten Einfluss auf Verhalten, Lebensdauer, Entwicklung des Organismus und seiner Nachkommen, auf Resilienz, Vitalität, Resistenz bzw. Toleranz gegenüber Parasiten wie der Varroa-Milbe sowie auf den Ausbruch oder die Verhinderung des Ausbruchs von klinischen Krankheitssymptomen.

Alle Studien, die die Auswirkungen von ungeeigneten Temperatur- und Luftfeuchteverhältnissen bzw. CO_2-Konzentrationen in Bienenwohnungen auf Entwicklung, Verhalten und Krankheit der Honigbienen dokumentieren, deuten darauf hin, dass immer eine Palette von Störungen auftritt, von denen eine klinisch nachweisbare Erkrankung nur eine ist. So kann nach einer Beobachtung Paschkes allein die Stockfeuchte, also ein Umweltfaktor, sowohl zu erhöhtem Totenfall, zur Ausbreitung der Ruhr und der Nosema, zu einem langsamen Erstarken der Völker im Frühjahr und einer erhöhten Winterzehrung führen.[88] Die verschiedenen Krankheiten und Störungen sind «nur» verschiedene Ausdrucksformen einer zugrunde liegenden, durch ungeeignete Bedingungen ausgelösten Störung der normalen Körper- oder Stoffwechselfunktionen, die sich in einer Vielzahl verschiedener Symptome zeigt.

Diese Zusammenhänge ermöglichen es uns, das Phänomen «Krankheit» ganz neu zu bewerten und machen deutlich, warum die Strategie «Ausrottung des Feindes» nicht zur Gesundung der Honigbienen führen kann und warum es auch keinen Sinn macht, an einzelnen Stellschrauben zu drehen, um diese zu erreichen.

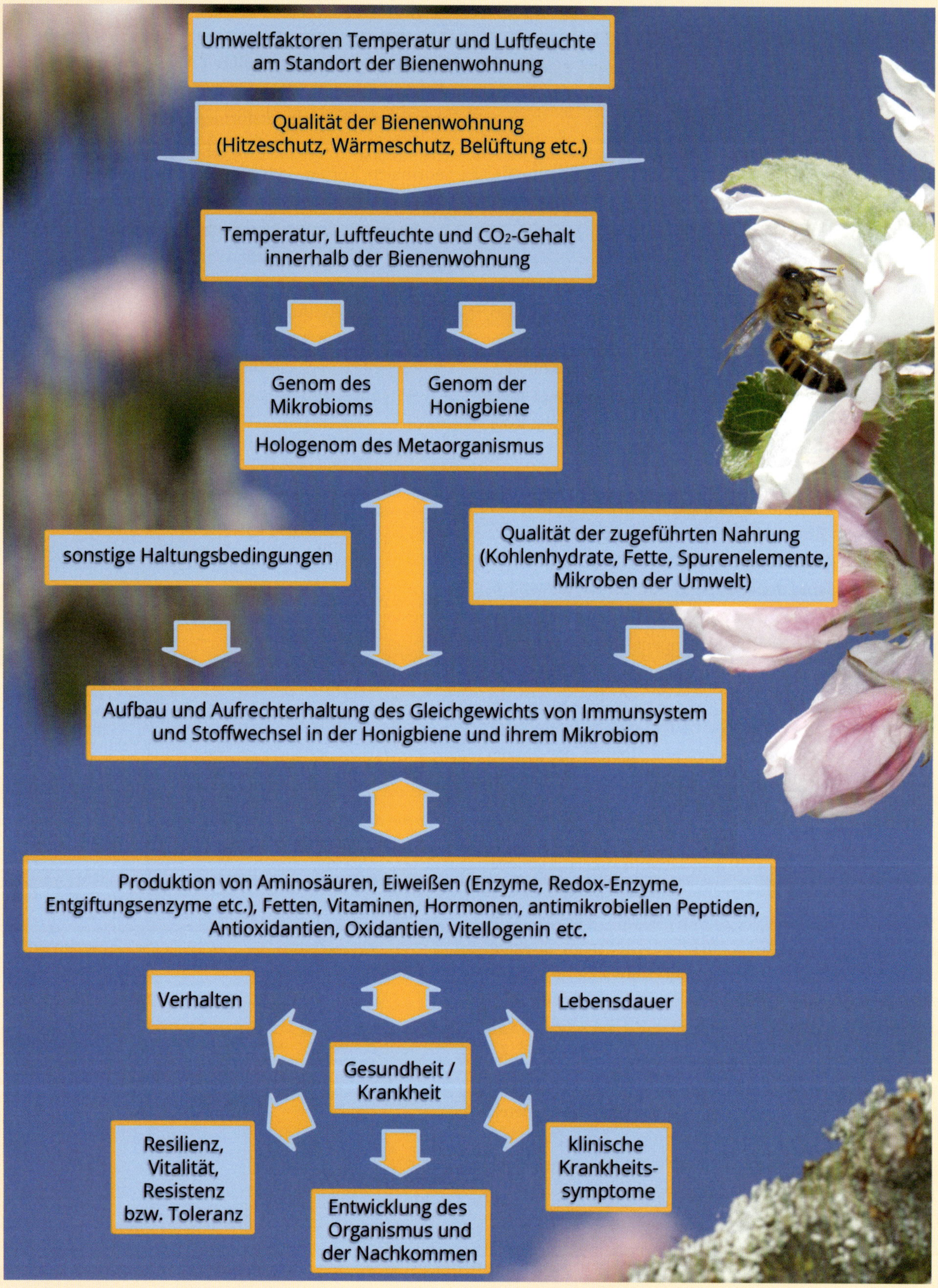

Abb. 15: Einfluss der Umweltfaktoren Temperatur, Luftfeuchtigkeit und Kohlendioxid auf das Hologenom der Honigbiene und damit auf Stoffwechsel, Immunsystem und auf Entwicklung, Verhalten, Lebensdauer der Honigbiene *Apis mellifera* sowie auf den Ausbruch von Krankheiten.

8 Ein ganzheitlicher Blick auf Gesundheit und Krankheit der Honigbienen

Dieser ganzheitliche Blick ist nicht neu. Viele berühmte Bienenwissenschaftler und Züchter wie Prof. Zander, Dr. Steche, Guido Sklenar und Bruder Adam haben in der ersten Hälfte des letzten Jahrhunderts davor gewarnt, die Grundsätze einer gesunden Bienenhaltung zu missachten und sich ausschließlich auf die Bekämpfung einer Krankheit zu konzentrieren. Sie sahen in der Missachtung dieser Grundsätze den Hauptgrund für die seuchenhafte Ausbreitung von Bienenkrankheiten seit 1860.[2] Leider wurden ihre Warnungen bis heute weitgehend ignoriert, weshalb ich ihre Stimmen noch einmal zu Wort kommen lassen möchte. Das Studium der ersten Kapitel dieses Sonderteiles hat uns schon nahegelegt, den Erreger nicht mehr als den Schuldigen einer Krankheit zu betrachten. Ich möchte aufzeigen, dass er in der Regel nur ein Ungleichgewicht im Organismus selbst anzeigt und uns auffordert, unsere Imkerpraxis so anzupassen, dass das Honigbienenvolk in sein Gleichgewicht zurückfinden kann. Wie Dr. Steche so treffend formulierte: «Behandelt die Bienen ihrer Natur gemäß, dann werden die Sorgen um ihre Krankheiten ganz von selber schwinden.»[1] Vertiefen wir uns also in die Zusammenhänge von Erreger (Keim), Milieu, Gesundheit und Krankheit.

KEIM ODER MILIEU – DIE STREITFRAGE

Bis heute beherrscht eine Kontroverse die wissenschaftliche Debatte: Verursacht ein Mikroorganismus oder Keim eine Krankheit (Keim-Theorie) oder wird der Ausbruch einer Krankheit durch die Veränderung der inneren oder äußeren Umgebung, in der ein Organismus lebt, ausgelöst (Milieu-Theorie)? Folgt man der Keim-Theorie, liegt der gesamte Fokus auf der Bekämpfung und Auslöschung eines Erregers. Legt man hingegen die Milieu-Theorie zugrunde, liegt der gesamte Fokus auf der Aufrechterhaltung eines gesunden Gleichgewichts bzw. auf der Wiederherstellung des Gleichgewichts eines Organismus, welches durch innere oder äußere Faktoren aus der Harmonie geraten ist.[96]

Je nach Zeitgeist bestimmt mal die eine und mal die andere Theorie die öffentliche Meinung. So spielt die Angst der Menschen vor Krankheiten und ihr Wunsch nach schnellen Lösungen immer wieder den Keim-Theoretikern in die Hände. Schließlich versprechen sie durch die Eliminierung des Keims einen unmittelbaren Schutz. Nun hat die Wissenschaft allerdings längst nachgewiesen, dass der Keim nicht zwingend eine Krankheit auslöst. Es genügt in der Regel nicht, einen Erreger mit einem Wirt zusammenzubringen, um eine Krankheit zu verursachen.[97][96] Es gibt lediglich eine geringe Anzahl unter allen weltweit bekannten Keimen (bei den Bakterien z. B. sind es etwas weniger als 200), die ausschließlich krankheitserregend sind.[25] Dieser fehlende zwingende Zusammenhang zwischen Keim und Krankheitsausbruch zeigt die Schwäche der Keim-Theorie auf und widerlegt sie als alleinige Erklärung für den Ausbruch von Krankheiten. Aber auch die strengen Milieu-Theoretiker, die nach dem Motto «Das Milieu ist alles, der Keim ist nichts» argumentieren, können nicht gänzlich im Recht sein. Sie können beim Ausbruch mancher Krankheiten eine gewisse Rolle des Keims nicht wegdiskutieren, denn tatsächlich würden ja einige Krankheiten bei Abwesenheit des Keims nicht ausbrechen. So liegt die Wahrheit, wie so oft, vermutlich in der Mitte, wie auch die Ausführungen der Bienenwissenschaftler Prof. Zander und Dr. Jordan aus den Jahren 1947 bzw. 1964 belegen:

> «Doch muß man sich wohl davor hüten, den Erregern alle Schuld an einem Seuchenschaden zuzuschieben. Die Anwesenheit von Krankheitserregern im Tier- oder Menschkörper ist noch lange nicht gleichbedeutend mit seiner Erkrankung. Die Erreger sind nur die eine Ursache der Erkrankung und oft nicht die Erste. Die andere, nicht minder wichtige, liegt im Wirtskörper, dessen angeborene oder unter ungünstigen äußeren Lebensverhältnissen erworbene ‹Krankheitsbereitschaft›, Anfälligkeit (Disposition) den Erregern ihr verderbliches Werk erst ermöglicht.»[98]

Dr. Jordan von der Bundesanstalt für Bienenkunde Wien hat im Jahr 1964 die Fokussierung auf die Ausrottung eines angeblichen Feindes, damals der Tracheen-Milbe, kritisiert. Anstatt die Imker in der Anwendung der Milbenbekämpfungsmittel zu schulen, sollten die Bieneninstitute eine bessere Ausbildung der Imker in Bienenpflege organisieren, die darauf ausgerichtet sein sollte, auf welche Weise man das Bienenvolk in seiner natürlichen Abwehr gegen parasitäre Krankheiten wirkungsvoll unterstützen könnte. Der Einsatz von Behandlungsmitteln könnte dann auf Notzeiten beschränkt bleiben.[99] Auch Bruder Adam, der Züchter der Buckfast-Bienenrasse, plädierte schon 1953 dafür, den Krankheitsbegriff anders zu fassen:

«Eine der wichtigsten Aufgaben der Züchtung ist die Entwicklung von Bienenstämmen, die im weitesten Maß krankheitsfest sind, die also den Krankheiten widerstehen und demnach jede Heilmittelbehandlung ersparen. Alle Heilmittelbehandlung hat den Nachteil, daß ihre Wirkung – so eine Ausschaltung der Krankheit tatsächlich erfolgt – von vorübergehender Dauer ist. In anderen Worten: Sobald man zu Heilmitteln greift, bedingt deren Gebrauch ständige Anwendung. Ein anfälliges Volk wird erneut infiziert und erneut der Krankheit zum Opfer fallen. Die Milbenresistenz ist ein leuchtendes Beispiel in dieser Hinsicht.» (18)

Er spielte damit auf den weit verbreiteten Umgang mit der Tracheen-Milbe an, die über Jahrzehnte mit immer stärkeren Medikamenten bekämpft und dennoch kaum geheilt werden konnte. (2) Dass eine solche Imkerpraxis nicht zielführend ist, hat auch Prof. Zander ausgeführt und die beiden Professoren Morgenthaler und Borchert zu Wort kommen lassen:

«Gewiss ist die wissenschaftliche Erforschung des Krankheitserregers, seines Verhaltens und seiner Wirkungen im Bienenvolke die erste Grundlage für die Bekämpfung (100), aber mit der Vernichtung der Seuchenerreger allein ist wenig getan, wenn es nicht gelingt, die Abwehrkräfte der Bienenvölker durch planmäßige Zucht und sorgsame, naturgemäße Pflege zu heben. Auch Borchert (101) vertrat jüngst die Ansicht, daß es bei der Auswirkung von Schadursachen nicht auf deren Vorhandensein allein ankomme, sondern auch auf die Beschaffenheit des Bienenvolkes.» (98)

DAS GESUNDE GLEICHGEWICHT ZWISCHEN WIRT, PARASIT UND MILIEU

Die beschriebenen Zusammenhänge machen eine differenziertere und ganzheitlichere Sicht der Dinge erforderlich. Gesetzt den Fall, dass Honigbienen unter bestimmten Umständen krank werden und sichtbare klinische Symptome ausbilden, dann aktivieren vitale und gesunde Völker alle ihnen innewohnenden Abwehrmaßnahmen gegen die Erreger: Kranke Bienen verlassen den Stock, um außerhalb zu sterben, die Arbeiterinnen säubern mit Sporen verunreinigte Wabenzellen, erkennen befallene Brut und räumen diese aus («Hygiene-Verhalten»), sie befreien sich selbst und gegenseitig von Sporen und Milben, sie erhöhen kurzfristig ihre Körpertemperatur, um Erreger zu töten oder deren Fortpflanzung zu drosseln, sie schwärmen und reduzieren auf diese Weise die Anzahl der Erreger. (102)(103)(104) Sind diese Maßnahmen erfolgreich, überlebt das Volk. Die Völker, die zu diesen Maßnahmen nicht ausreichend gut in der Lage sind, erweisen sich damit als sehr anfällig für einen oder mehrere Erreger und sterben. (105) Auf diese Weise greift die natürliche Selektion. Es überleben nur die Völker, die gegenüber den Erregern stark genug sind, und die Erreger sind nicht in der Lage, überhandzunehmen. Ein neues Gleichgewicht entsteht.

Grundsätzlich müssen alle Mikroorganismen das Bestreben haben, ihren Wirt gesund zu erhalten, um selbst zu überleben. Im besten Fall bilden Wirt und Mikroben ein gesundes Gleichgewicht aus, das es beiden ermöglicht, ihre Art zu erhalten. Parasiten, also Mikroorganismen, die nicht Teil des Mikrobioms sind, haben ebenfalls dieses Bestreben. Das Geheimnis der natürlichen Selektion beruht nicht auf einem simplen «Friss oder stirb» oder dem

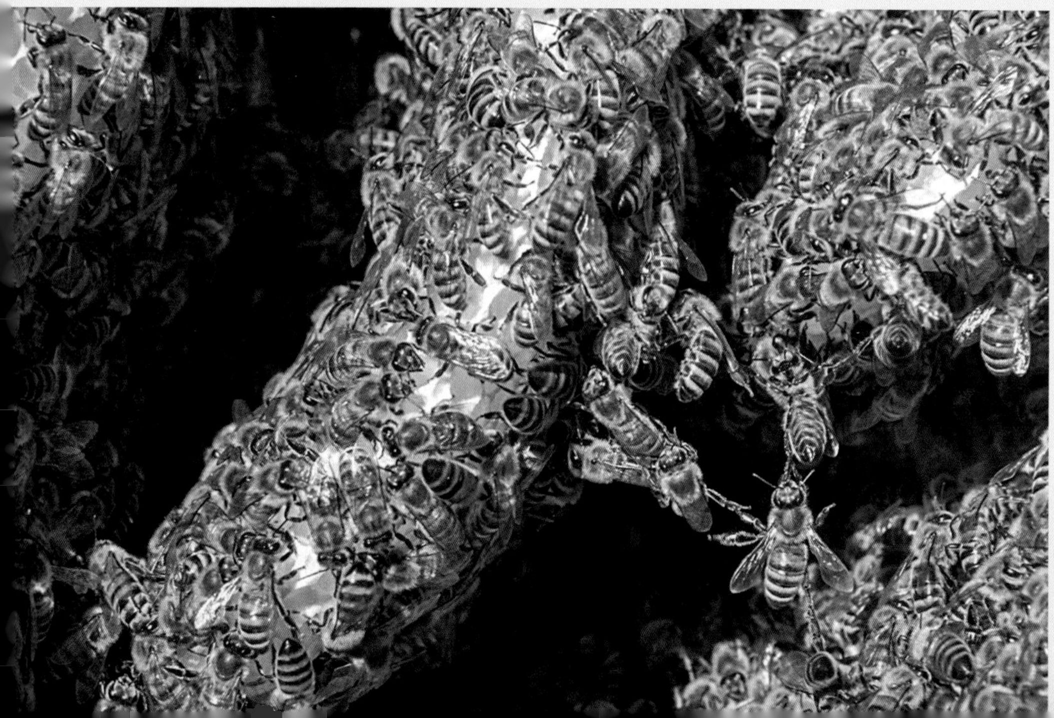

Abb. 16: Naturwabenbau, ein Baustein naturgemäßen Verhaltens im Leben der Honigbiene

«Überleben des Stärkeren». Es beruht auf einem lebendigen kreativen Prozess des sich Anpassens auf die gegebenen Bedingungen, auf dem Zusammenspiel aller beteiligten Lebewesen und Kräfte. Das Geheimnis des friedlichen Zusammenlebens von Wirt und Parasit liegt letztendlich darin, dass der Parasit seine Entwicklung an die natürliche biologische Entwicklung seines Wirtes anpasst.

In gesunden Honigbienenvölkern kann man dieses Phänomen beobachten. Dr. Steche vom Zoologischen Institut Hohenheim beschrieb das 1961 für den *Nosema*-Erreger so: «Der Parasit ist während der Wintermonate im ‹gesunden› Volk nur in geringer Anzahl vorhanden, beginnt dann aber mit dem Einsetzen der Brutphase sich unglaublich zu vermehren und erreicht das Häufigkeitsmaximum etwa zur Schwarmzeit, um dann in der Phase der sog. Selbstheilung relativ schnell wieder zurückzugehen, bis vor dem Winter nur noch einige wenige Bienen befallen sind.»[1]

Für das Paar Östliche Honigbiene *(Apis cerana)* und die Varroa-Milbe *(Varroa destructor)* gilt genau das gleiche. Die Entwicklung der Populations- und Fortpflanzungsdynamik der Varroa-Milbe hat sich exakt an die der *Apis cerana* angepasst, sodass beide überleben.[70] Die Völker haben zusammen mit ihren Parasiten ein Gleichgewicht gefunden, das beiden das Überleben ermöglicht. Damit ist eine Resistenz oder Toleranz gegenüber dem Erreger entwickelt. Bailey formulierte das 1964 so: «Das Ergebnis ist, dass Infektionen, insbesondere von erwachsenen Bienen, sehr weit verbreitet sind – und doch ist eine durch sie verursachte offensichtliche Krankheit selten.»[106] Er beschrieb damit schon damals das Wesen einer Faktorenkrankheit (siehe unten).

Ausführlicher und tiefgreifender werden die Studien und Zusammenhänge in meinem Buch «Nachhaltig imkern mit gesunden Honigbienen»[2] beschrieben. Daher verzichte ich an dieser Stelle auf eine ausführliche Würdigung der Studien.

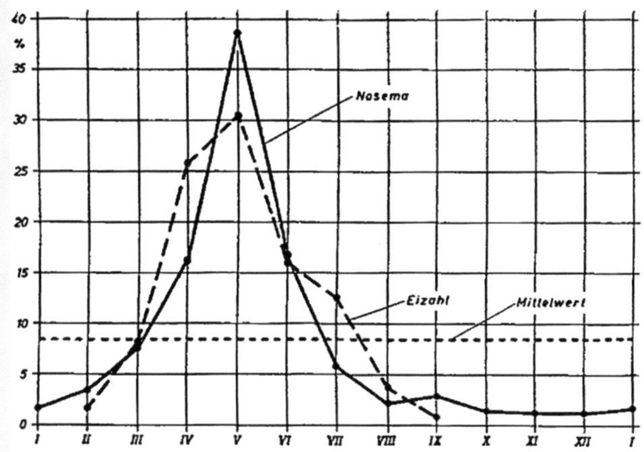

Abb. 1: Bruteinschlag und Parasitenentwicklung im Ablauf eines Jahres.
Nach O. MORGENTHALER.

Abb. 17: Entwicklung des Brutverlaufs der Honigbiene und der des Nosema-Erregers im Ablauf eines Jahres. Die beiden Kurven zeigen sehr schön die gegenseitige Anpassung von Wirt und Parasit, die beiden das Überleben garantieren. (Steche, 1961)[1]

ES GIBT KEINE SCHÄDLINGE – NUR ORGANISMEN, DIE EIN UNGLEICHGEWICHT ANZEIGEN

Sogenannte Schädlinge zeigen häufig nur eine Störung im Gleichgewicht des Organismus an. Studien an Pflanzen zeigen, dass sogar vom jeweiligen Erreger auf die Art des Ungleichgewichts im Organismus geschlossen werden kann. Die Forschung hat gezeigt, dass das Ungleichgewicht sehr häufig durch das Fehlen von Spurenelementen ausgelöst wird, welche für die Synthese von Enzymen absolut notwendig sind. Ohne diese Enzyme kann das Immunsystem nicht aufgebaut und betrieben werden.[107] Es ist denkbar, dass das für die Honigbienen in ähnlicher Weise gilt. Möglicherweise saugt die Varroa-Milbe nur an einem Fettkörper der Honigbiene, der eine andere Zusammensetzung von Stoffwechselprodukten und damit ein anderes Milieu aufweist, was mit einem veränderten pH-Wert und E_H-Wert (Reduktions-Oxidations-(Redox-)Potenzial) einhergeht, je nach Zusammensetzung des Mikrobioms. Es wäre interessant, dies zu erforschen.

Nach dem ganzheitlich-biologischen Denken, das Dr. Rusch und viele andere Ärzte, Pflanzen-, Tier- und Bodenkundler schon in den 1950er-Jahren in die wissenschaftliche Debatte eingebracht hatten, sieht man in einem Schädlingsbefall, verursacht durch Insekten, Bakterien, Pilze oder Viren, ein Zeichen dafür, dass die Natur diesen befallenen Organismus als nicht überlebensfähig erkannt hat und aus ihrem Kreislauf entnehmen möchte. Wenn ein Organismus einen Schädlingsbefall meistert, wird er resistent oder dem Schädling gegenüber tolerant und dadurch für die Natur und die Evolution wertvoll. Gelingt ihm diese Anpassung nicht, wird die Natur dem Schädling die Gelegenheit geben, den Organismus aus ihrem Gefüge zu entfernen.[33] In Bezug auf Insekten hat Prof. William Albrecht diese Beobachtung in ein bekanntes Zitat gefasst:

Abb. 18: Weiden an Bach- und Flussufern zu pflanzen garantiert vielen Insekten im zeitigen Frühling die erste wichtige Nahrung. Foto: © Marco Warstat

«Insects are Nature's garbage collectors – diseases are her cleanup crew»[108], «Insekten sind die Müllsammler der Natur – Krankheiten ihr Aufräumkommando».

OBLIGAT UND FAKULTATIV PATHOGENE KEIME UND DIE INFEKTIÖSE FAKTORENKRANKHEIT

Entscheidend für die Aufrechterhaltung der Gesundheit ist also die Aufrechterhaltung der inneren Ordnung eines Organismus, welche für ein intaktes Immunsystem sorgt. Vermutlich ist es das Zusammenspiel von Milieu und Mikroorganismen innerhalb und auf der Oberfläche eines Organismus, welches die Grundlage der Gesundheit darstellt.[25] Die meisten Mikroorganismen, deren Anwesenheit zum Ausbruch von Krankheiten führen können, sind im Körper der Lebewesen dauerhaft anwesend und zur Aufrechterhaltung der Gesundheit absolut lebensnotwendig. Aber auch Erreger, die nicht Teil des Mikrobioms sind, leben häufig im Organismus oder werden von ihm aufgenommen, da sie überall in der Umwelt vorhanden sind, und verursachen keinen Krankheitsausbruch. Was muss also geschehen, damit Mikroben sich zu Krankheitserregern wandeln? Bevor ich diese Frage kläre, möchte ich an dieser Stelle drei dafür notwendige Begriffe einführen. Erreger, die schon bei reiner Anwesenheit im Honigbienenvolk klinische Symptome einer Krankheit auslösen, sind als «obligat pathogen» zu bezeichnen. In der Bienenkunde sind mir solche nicht bekannt, weshalb alle bisher bekannten Erreger, die Steinbrut, Sackbrut, Nosema-Erkrankung, Tracheen- und Varroa-Milbenerkrankung und sogar die Amerikanische Faulbrut auslösen, «nur» als «fakultativ pathogen» eingestuft werden. Sie treten also nur dann auf, wenn verschiedenste Stressfaktoren innerhalb oder außerhalb des Organismus dessen Immunsystem so weit schwächen, dass der Organismus nicht mehr in der Lage ist, sein Gleichgewicht zu erhalten und/oder einen oder mehrere Erreger in Schach zu halten. Solche Erreger, die sich im Wirtsorganismus aufhalten, nutzen dann die günstige Gelegenheit, vermehren sich und können klinische Symptome auslösen. Mikroorganismen, die Bestandteil des Mikrobioms sind, können ebenfalls in einer solchen Situation überhandnehmen und möglicherweise Krankheitssymptome ausbilden.[25] Die Bienenwissenschaftler des letzten Jahrhunderts listeten schon damals folgende Umweltfaktoren auf: Stress, Hitze, Kälte, mangelnde oder einseitige Tracht, nicht artgerechte Bienenwohnungen und nicht artgerechte Imkerpraktiken.[2]

Die durch «fakultativ pathogene» Keime ausgelösten Krankheiten werden als «Faktorenkrankheiten» bezeichnet. Dabei handelt es sich um Erkrankungen, die sich nicht genau einer Ursache zuordnen lassen, sondern für deren Auftreten mehrere begünstigende Begleitumstände erforderlich sind. Unter einer «infektiösen Faktorenkrankheit» versteht man eine gestörte Leistungsfunktion, die dadurch zustande kommt, dass normalerweise harmlose Infektionen über nicht mikrobielle Faktoren gehäuft zu klinisch fassbaren Krankheiten führen.[109] In diesem Fall reicht die krankheitsauslösende Kraft eines Erregers allein nicht aus; Es bedarf der weiteren oben erwähnten Bedingungen, die zur Schwächung des Immunsystems führen. Der Krankheitsausbruch zeigt, wie oben schon ausgeführt, nur ein verlorengegangenes Gleichgewicht an.

EINE NEUE ALTE DEFINITION VON KRANKHEIT

In der Definition, die Dr. Liselotte Seifert im Lehrbuch «Imkerliche Fachkunde» 1968 für eine Krankheit vorschlug, tauchte auch damals schon kein Erreger auf, der für die Krankheit verantwortlich gemacht wird: «Als Krankheit bezeichnet man den gestörten Allgemeinzustand eines Organismus, der durch innere Vorgänge oder belebte oder unbelebte Außeneinflüsse hervorgerufen wird und zu einem vom Normalen abweichenden Aussehen und Verhalten führt.»[110]

Ich schlage vor, diese Definition von Krankheit wieder zu verwenden, allerdings aufgrund der in dieser Abhandlung herausgearbeiteten Zusammenhänge in leicht abgewandelter Form: Als Krankheit bezeichnet man den gestörten Allgemeinzustand eines Organismus, der durch innere Vorgänge und belebte und/oder unbelebte Außeneinflüsse hervorgerufen wird und zu veränderter Entwicklung sowie zu einem vom Normalen abweichenden Aussehen und Verhalten führt.

HEILUNG WIRD NUR MÖGLICH DURCH EINEN ANDEREN BLICK AUF KRANKHEIT

An dieser Stelle möchte ich die in diesem Sonderteil «Das große Ganze» vorgestellten Erkenntnisse zusammenführen. In einem ersten Schritt haben wir den Einfluss des Mikrobioms eines Lebewesens auf dessen Gesundheit und Krankheit betrachtet. Die zitierten Studien zeigen, dass das Mikrobiom entscheidend auf den Organismus einwirkt, und zwar direkt auf das Immunsystem und den Stoffwechsel, auf das Wachstum und die Entwicklung von Ei, Larve und Puppe, auf das Verhalten und auch auf die Kommunikation zwischen den Honigbienen und deren Orientierung in der Landschaft. In einem zweiten Schritt haben wir die Rolle der Umweltfaktoren betrachtet: Die abiotischen (unbelebten) und biotischen (belebten) Umweltfaktoren wirken zum einen auf die Aktivierung der Gene der Honigbienen ein und damit direkt oder indirekt auf Entwicklung und Verhalten sowie auf die Ausbildung von Krankheiten.

Abb. 19: Unbelebte und belebte Umweltfaktoren wirken direkt auf die Aktivierung der Gene der Honigbiene ein. Aber auch die Zusammensetzung des Mikrobioms der Honigbiene hängt entscheidend von diesen Umweltfaktoren ab. Das Mikrobiom der Honigbiene wiederum wirkt sich auf die Entwicklung, das Verhalten und auf den Ausbruch von Krankheiten aus. Nach: (Raymann & Moran, 2018)[40], stark verändert und erweitert durch Einbeziehung weiterer Studien

Abb. 20: Nektar und Pollen jeder Pflanzenart enthalten verschiedenste Mikroorganismen, die die Honigbienen mit in ihren Stock tragen und so das stockeigene Mikrobiom bereichern.
Foto: © Wolfgang Schwarz

Ebenso direkt beeinflussen sie das Mikrobiom der Honigbiene und verändern auf diese Weise dessen Zusammensetzung, was ebenfalls Auswirkungen auf Entwicklung, Verhalten und Ausbildung von Krankheiten hat. Insgesamt können wir also folgern, dass neben der genetischen Ausstattung der Honigbiene sowohl ihr Mikrobiom wie auch die auf beide einwirkenden Umweltfaktoren für Gesundheit, Vitalität und Widerstandskraft (Resilienz) der Honigbienen von herausragender Bedeutung sind. Alle diese Aussagen geben deutliche Hinweise darauf, dass eine Krankheit als ganzheitliches, komplexes Geschehen zu betrachten ist und somit auch deren Heilung eines umfassenden Blicks auf die innere und äußere Umgebung eines Organismus bedarf.

Die Honigbiene hat ihre Art erhalten, indem sie sich an die jeweiligen Umweltbedingungen perfekt angepasst hat. Wenn also die Umweltbedingungen, auch die innerhalb des Bienenstocks herrschenden, denen entsprechen, die die Honigbienen für die Aufrechterhaltung ihrer Gesundheit benötigen, ist die Chance für die Erhaltung der Gesundheit am höchsten. Das heißt, dass wir als Imkerinnen und Imker «nur» dafür sorgen müssen, den Honigbienen die ihnen gemäßen Bedingungen zu bieten. In meinem ersten Buch «Nachhaltig imkern mit gesunden Honigbienen» habe ich die wichtigsten imkerlichen Maßnahmen dafür vorgeschlagen und ausführlich begründet.(2) In unserem Buch «Bienenbau & Bienenbeute» finden Sie jetzt noch die ebenfalls wissenschaftlich begründeten Vorschläge für geeignete Bienenwohnungen. So denke ich, dass wir alle wesentlichen Komponenten zusammengefügt haben, die es uns Imkerinnen und Imkern ermöglichen, uns an wirklich gesunden Honigbienen an unserem Imkerstand zu erfreuen. Dann brauchen wir uns nach der Aussage Steches' keine Sorgen mehr um Krankheiten machen.

Abschließend noch ein Zitat, das zeigt, dass nicht die Erreger, sondern wir Imkerinnen und Imker die Verantwortung für den schlechten Gesundheitszustand unserer Honigbienen tragen – was aber auch bedeutet, dass wir es in der Hand haben, alles wieder gut zu machen:

«Bienenvolk und Umwelt gleichen einem sehr feinen Räderwerk, das in Unordnung gerät, wenn an einem Rädchen ein Zahn verbogen ist. In der neuzeitlichen, rein rationalistisch orientierten Bienenzucht aber werden ganze Räder verbogen! Es ist sehr schwer, die Grenze zu erkennen, bis zu der Mißhandlungen noch ausgeglichen werden können. Fast stets aber werden die Folgen später sichtbar, zu einer Zeit, in der der Imker die ursächlichen Zusammenhänge nicht mehr zu erkennen vermag.»(111)

In diesem Sinne wünsche ich Ihnen viel Mut und Freude auf dem Weg hin zu gesunden Honigbienen.

Einleitung:

Die Wissenschaft vom Bienenbau

Wir besprechen in diesem Buch unter dem Begriff «Bienenbau», welcher an sich die natürliche Bienenwohnung meint, auch die sich mit der Bienenwohnung befassende Wissenschaft. In Anlehnung an den Ingenieurbau und Fachbereiche des Bauingenieurwesens (Hochbau, Tiefbau, Grundbau etc.) umfassen wir so alle Themenbereiche, die sich mit naturwissenschaftlichen Zusammenhängen in und um die Bienenwohnung herum beschäftigen.

Schwerpunkt unserer Betrachtungen in diesem Buch sind die bauphysikalischen Prozesse zwischen dem Außenklima der Bienenwohnung und dem Kleinklima innerhalb der Bienenwohnung bzw. genauer, dem Kleinstklima in den Brutzellen des Brutnests. Mit «bauphysikalischen Prozessen» sind analog zur Bauphysik im Häuserbau Wärme-, Gas- (insbesondere Wasserdampf) und Schalltransporte gemeint, die zwischen diesen Lufträumen getrennt durch die Konstruktion der Bienenwohnung und teils auch getrennt durch die Konstruktion des Wabenbaus und der Bienenkörper ablaufen.

Die Begriffe «Kleinklima» und «Kleinstklima» (oder auch «Mikroklima») nutzen wir nach Anton Büdel:[112] Das Kleinstklima bezeichnet die klimatischen Bedingungen in kleinen Lufteinheiten, beispielsweise in offenen Zellen oder innerhalb von Bienengruppen in den Wabengassen. Dieses Kleinstklima wird von einzelnen Bienen gezielt reguliert. «Kleine Luftpartikelchen, deren Mikroklima von den Bienen mitgestaltet wird, befinden sich in einer dauernden unregelmäßigen Bewegung (= Turbulenz) wobei ihre Eigenschaften mit verpflanzt werden (Scheinleitung). Die Gesamtheit dieser Elementarvorgänge bezeichnet man als Massenaustausch.»[113] Das Kleinklima der Bienenwohnung setzt sich zusammen aus der Vielzahl dieser mikroklimatischen Bausteine.

Der «Massenaustausch», also die Bewegungen von Molekülen und kleinster Lufteinheiten, die zu einem Austausch von Gaskonzentrationen (auch Wasserdampf) und Wärme führen, ist ein wichtiger Bestandteil der für die Bienen notwendigen Lufterneuerung, der keine vollständigen Luftwechsel erfordert. Es findet laufend eine Lufterneuerung im Bienenstock durch das Flugloch auch ohne vollständige Luftwechsel statt.

Entscheidenden Einfluss auf die bauphysikalischen Prozesse zwischen Innen- und Außenluft haben das Klima der Außenluft (Temperatur, Luftfeuchte, Dampfdruck) und seine Schwankungen, die Eigenschaften der Bienenwohnung (Geometrie, Wandstärke, Material etc.) und das Bienenvolk selbst durch seine Anwesenheit und Tätigkeit (Abgabe von Wärme und Feuchtigkeit, Auslösen von Luftbewegungen etc.). Das Bienenvolk und seine Tätigkeiten stehen also den Einflüssen des Wetters auf der Außenseite gegenüber, getrennt von der Bienenwohnung. Diese Faktoren bestimmen das Kleinklima in allen Bereichen der Bienenwohnung. Am Flugloch kommt es zu einer Mischungszone, in der die klimatischen Bedingungen in der Regel Zwischenwerte von Innen- und Außenklima annehmen. Diese Mischungszone kann bei unbesetzten Wabengassen auch tief in den Wabenbau hineinreichen, beispielsweise im Winter bei einer zusammengezogenen Bienentraube. Grundsätzlich stellt sich das Kleinklima in den unbesetzten Wabenbereichen des Bienenstocks gemäß den physikalischen Gesetzen ein und wird eben auf der einen Seite von den mit Bienen besetzten Bereichen und auf der anderen Seite vom Außenklima beeinflusst. So werden beispielsweise auch die umliegenden, nicht von Bienen besetzten Bereiche des Wabenbaus durch den Sitz der Bienen erwärmt. Die Imkerweisheit «Bienen heizen nur ihren Sitz und nicht die Beute» ist nicht richtig und wäre ein physikalisches Kuriosum.[114][115][113]

Die Bienenwohnung als Bindeglied zwischen den klimatischen Räumen (Außenluft und Bienensitz) hat entscheidenden Einfluss darauf, wie effektiv die Honigbienen das Kleinklima regulieren können und welchen Arbeits- und Energieaufwand (Honig) sie dafür einsetzen müssen. Sie trennt den von den Bienen regulierten Raum vom Außenklima und schützt den Innenbereich vor den verschiedenen Wettereinflüssen. Im besten Fall erleichtert sie den Honigbienen die klimaregulierenden Tätigkeiten und bewahrt sie vor jeglichen Überforderungen.

Es ist faszinierend, in welcher Vollkommenheit Bienen in der Lage sind, das Kleinklima innerhalb der Bienenwohnung zu regulieren, wenn die Bienenwohnung ihnen die Möglichkeit bietet, so wie es natürliche Bienenwohnungen immer getan haben. Insbesondere der den Bienenstock umgebende massive Wärmespeicher, der gemeinsame Nenner aller natürlicher Bienenwohnungen, sorgt für konstante Verhältnisse, innerhalb derer sie sich mit ihrem hausgemachten Wärmeschutz, dem Wabenbau, perfekt einrichten können. Darüber hinaus ist ihnen in solchen Bienenwohnungen teils sogar eine effektive Entfeuchtung der Stockluft möglich, selbst wenn die klimatischen Außenbedingungen sich dagegen sperren.

Die Temperatur- und Feuchteverhältnisse im Bienenstock sind eng miteinander verbunden und beeinflussen sich gegenseitig. So kann zum Beispiel warme Luft mehr Feuchtigkeit tragen und verdunstendes Wasser erzeugt Kälte. Honigbienen nutzen diese gegenseitigen Abhängigkeiten geschickt für die Regulation des Kleinklimas: So tragen sie beispielsweise zum Kühlen des Bienenstocks Wasser ein und lassen es gezielt verdunsten.[116] Und sie be-

Abb. 21: Dieser Bienenstock war in einer wärmegedämmten Beute zu Hause und konnte als Ganzes zu Beobachtungszwecken entnommen werden. Mit ihm wurden Filmaufnahmen für den Dokumentarfilm «Tagebuch einer Biene» (Dennis Wells, 2020) gedreht.

ginnen unverzüglich zu heizen, um eine zu hohe relative Luftfeuchte zu bekämpfen.[117]

> «Es spielt sich also in den Wabengassen einer Bienenwohnung ein ständiges Ringen ab zwischen den klimaregulierenden Maßnahmen der Bienen, der Störung dieser Maßnahme durch das Wetter und dann wiederum der Abwehr der Bienen gegen etwaige dem Bienenvolk nicht genehmen Einflüsse.»[118]

Insbesondere kleinklimatische, rasch wechselnde Gegensätze machen den Bienen zu schaffen und können sie überfordern. Der Beutenbau mit der Gestaltung der Bienenwohnung bietet das beste Mittel, die äußeren Klimaeinflüsse zu dämpfen.[119]

Das Verständnis dieser komplexen Zusammenhänge, insbesondere die Art und Weise, wie Bienen das Kleinklima im Bienenstock regulieren, gibt uns die Möglichkeit, Bienenwohnungen zu konstruieren, die den Bedürfnissen der Honigbiene entsprechen und sie bei der Klimaregulation unterstützen und entlasten. Bei der Betrachtung der komplexen Zusammenhänge des Kleinklimas innerhalb der Bienenwohnung beginnen wir mit den klimatischen Bedingungen in der Außenluft, betrachten Wärmetransporte im Allgemeinen und im Bienenstock, besprechen dann die Gastransporte (insbesondere Wasserdampf), erklären die Klimaregulation der Honigbienen, zeigen den Einfluss der Eigenschaften der Bienenwohnung auf die Gesundheit der Honigbienen und kommen schließlich zu konkreten Hinweisen für den Beutenbau.

Teil I

DIE WÄRMETRANSPORTE

1 Regionales Klima und örtliche Gegebenheiten der Bienenwohnung

Klimabedingungen haben in Millionen von Jahren das Verhalten und die Eigenschaften der Honigbienenarten und -unterarten geprägt und ihre Verbreitung über die verschiedenen Kontinente ermöglicht.(2) Einen besonderen Einfluss auf das Klima und somit die Verbreitungswege der Honigbienen haben Flüsse, Meere und Ozeane, die wie riesige Wärmespeicher wirken und die Temperaturschwankungen der Luft auch über große Entfernungen dämpfen und für ein mildes Klima sorgen können. In Europa wird das Klima insbesondere vom Atlantik und dem Golfstrom beeinflusst, wodurch vor allem in westlichen und nördlichen Regionen das Klima abgemildert wird. In Richtung Osten verliert der Golfstrom an Einfluss und das Klima wird rauer.

Aber auch die örtlichen Gegebenheiten der Bienenwohnung sind von großer Bedeutung für das an der Bienenwohnung anliegende Außenklima: So bildet beispielsweise ein Wald sein eigenes Klima aus, welches von der darüberliegenden Atmosphäre mehr oder weniger stark isoliert ist. Bei einem hohen und dichten Kronenschluss bildet sich ein gleichmäßiges Bestandsklima mit geringen Tagesschwankungen aus.(120) Dies dürfte vor allem auf das Kronendach zurückzuführen sein, welches die darunterliegenden Bereiche vor der Sonneneinstrahlung abschirmt und einen Widerstand für Luftströmungen bildet. Auf diese Weise kommt es zu einer Verringerung der Extremwerte der Temperatur: Temperaturspitzen werden gekappt. Darüber hinaus spielt in der Vegetationsperiode auch die Transpiration der Bäume eine Rolle und es kommt insgesamt zu einer geringeren durchschnittlichen Temperatur.

Umfangreiche Messungen in einem Nationalpark in Thüringen belegen beispielhaft den Einfluss des Waldes auf das örtliche Klima: Im Sommer 2020 betrug die Differenz der Extremwerte innerhalb und außerhalb des Laubwalds «Nationalpark Hainich» bis zu 6 °C.(121) Es kam in dieser Zeit zu einer Dämpfung der Ausschläge der Temperaturkurve im Wald um den Faktor 1,4 (siehe auch «Phasenverschiebung und Amplitudendämpfung»). Unabhängig davon kam es in den Sommermonaten Juni bis August 2020 auch zu kühleren Durchschnittstemperaturen: Unter dem Kronendach in 10 m Bodenhöhe war die durch-

Abb. 22: Kronendach ca. 300–400 Jahre alter Buche und Eiche im Königsforst bei Köln

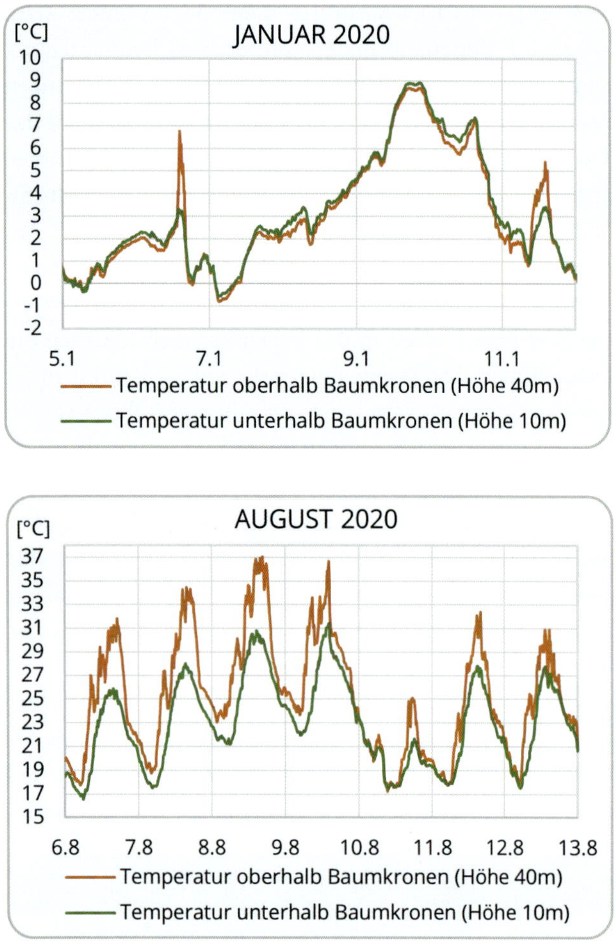

Abb. 23: Temperaturverläufe im Buchen dominierten unbewirtschafteten Laubwald (Nationalpark Hainich) in einem Winter- und einem Sommermonat. Daten der Messstation Nationalpark Hainich. (Knohl, 2020)[121]

schnittliche Temperatur um 1,4 °C niedriger als oberhalb des Kronendachs. In den Wintermonaten Januar, Februar und Dezember 2020 war die Durchschnittstemperatur nahezu identisch, die Kurven wichen nur selten voneinander ab. Aber auch hier wurden die vereinzelten Temperaturspitzen – vermutlich bei Sonneneinstrahlung und Windstille – gekappt und nur gedämpft durch die Baumkronen übertragen. Kurzzeitige Kältespitzen wurden ebenfalls abgefedert, sie fallen allerdings naturgemäß weniger heftig aus als Hitzepeaks.

Weitere örtliche Gegebenheiten wie die Nähe zu Oberflächengewässern und eine Berg-, Tal- oder Hanglage beeinflussen die durchschnittliche Temperatur und vor allem die Schwankungsbreite des täglichen Temperaturverlaufes ebenfalls.[122] Auch vorhandene Gebäude können das Umgebungsklima der Bienenwohnung beeinflussen. Und sogar die Lage über dem Boden beeinflusst das Kleinklima: In der bodennahen Luftschicht (<50 cm) herrschen unter mitteleuropäischen Verhältnissen die größten kleinklimatischen Schwankungen zwischen Tag und Nacht, sie stellt daher eine kleinklimatisch ungünstige Zone für die Fluglöcher von Bienenwohnungen dar.[123][119][124]

Die bodennahe Luftschicht erwärmt sich vor allem infolge direkter Sonnenbestrahlung des Bodens tagsüber mehr.[124] Und durch die starke Auskühlung des Bodens in der Nacht durch überwiegend langwellige Strahlung ist die bodennahe Luftschicht morgens kühler als höher liegende Luftschichten.[125] Die gemessenen Temperaturverläufe in Abb. 24 (obere Grafik) zeigen diese Zusammenhänge auf. Diese starken Temperaturschwankungen in der bodennahen Luftschicht können über die Eigenschaften der Bienenwohnung abgefedert werden, da diese sich hauptsächlich über die Wände der Bienenwohnung auf das Innere auswirken. Aber nicht nur die Temperatur ist in der bodennahen Luftschicht den stärksten Schwankungen ausgesetzt, sondern auch die absolute Luftfeuchte (siehe Abb. 24,

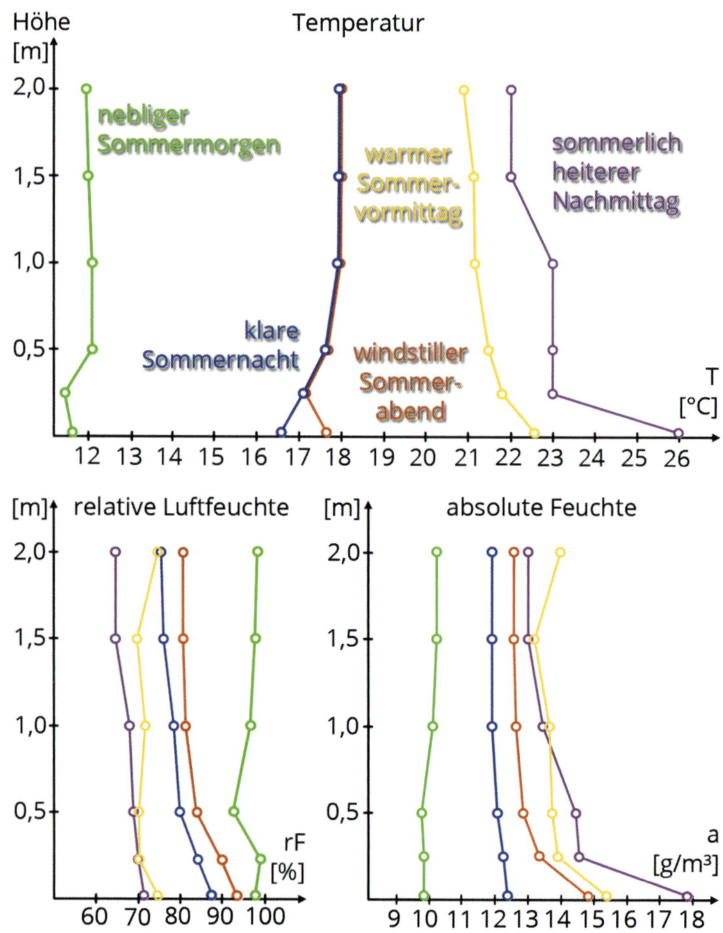

Abb. 24: Temperaturprofil und Profile der Luftfeuchte über dem Boden bis in 2 m Höhe. (Grziwa, 1951)[124] – aufbereitet und koloriert

Grafik unten rechts). Und diese beeinflusst, wie wir später noch ausführlich darlegen werden, über das Flugloch die Feuchteverhältnisse in der Bienenwohnung. Eine Aufstellung der Bienenwohnung im Schatten (idealerweise im Wald) reduziert diese Effekte. Aber auch hier ist es bei üblichen Beuten ohne Wärmedämmung und mit kurzen Fluglochtunneln sinnvoll, 50 cm Abstand zum Boden einzuhalten.

2 Übertragungswege von Wärme

In allen Stoffen kommt es bei unterschiedlichen anliegenden Temperaturen zu einer Wärmediffusion, d. h. anliegende Temperaturunterschiede wollen sich ausgleichen. Die grundsätzlich möglichen Transportmechanismen für einen solchen Temperaturausgleich sind Wärmeleitung, Wärmeströmung und Wärmestrahlung.[(126)(127)] Unterschiedliche Stoffe lassen diese Wärmetransporte in unterschiedlichem Maße zu. Die Wärmeleitfähigkeit λ beschreibt die Eigenschaft einzelner Stoffe, die Wärmetransporte zuzulassen: Sie gibt an, welche Wärmemenge durch eine 1 m dicke Schicht eines Stoffs pro Sekunde und pro Grad Temperaturdifferenz in Richtung des Wärmestroms durch eine Fläche von 1 m^2 fließt.[(126)(128)] Sie ist das Maß für die Eignung des Stoffes als Wärmedämmung. Je kleiner die Wärmeleitfähigkeit ist, desto besser ist die Eignung als Wärmedämmung. Der rechnerische Wert λ der Wärmeleitfähigkeit berücksichtigt Wärmetransporte durch Wärmeleitung, Wärmeströmung und Wärmestrahlung.

Der Wert der Wärmeleitfähigkeit ergibt sich bei Feststoffen ausschließlich aus der echten molekularen Wärmeleitung. In Flüssigkeiten und Gasen wird Wärme auch durch Strömung und Strahlung übertragen, der Wert der Wärmeleitfähigkeit berechnet sich hier aus allen drei Wärmetransportmechanismen und ist nicht mehr allein von den Eigenschaften des Stoffs selbst abhängig. So nehmen beispielsweise auch die Strömungsgeschwindigkeit im Stoff und die Strahlungseigenschaften benachbarter Stoffe Einfluss.[(129)]

WÄRMELEITUNG

Der Wärmetransportmechanismus, der in allen Stoffen wirkt, ist die molekulare Wärmeleitung. Sowohl in Gasen als auch in Flüssigkeiten und in Feststoffen kommt es zur Energieübertragung durch Stöße zwischen den kleinsten Teilchen des jeweiligen Stoffs, ohne dass dafür erkennbare Bewegungen des Stoffes erforderlich sind. Die einzelnen Teilchen sind immer in Bewegung (temperaturbedingt) und stoßen umso häufiger miteinander zusammen, je dichter sie beieinanderstehen. Metalle beispielsweise haben eine sehr hohe Dichte und leiten daher Wärmeenergie sehr gut. Gase wie Luft dagegen haben nur eine sehr geringe Dichte und sind daher sehr gute Isolatoren, in ihnen kann sich die Wärme nur schlecht durch molekulare Wärmeleitung ausbreiten. In einem Vakuum kann keine Wärme mittels molekularer Wärmeleitung übertragen werden: Es sind keine Teilchen vorhanden, die aneinanderstoßen könnten.[(129)]

Die echte molekulare Wärmeleitung beschreibt die Energie, die durch die Schwingungen der kleinsten Teilchen und Gitter bei einem anliegenden Energiegefälle durch einen Stoff übertragen wird. Je dichter die kleinsten Teilchen stehen, je höher die Dichte (Masse pro Volumen) des Stoffes ist, desto besser ist die Wärmeübertragung.

Holzarten mit unterschiedlicher Dichte leiten Wärme aufgrund dieser Zusammenhänge unterschiedlich gut. So leiten beispielsweise die dichteren (schwereren) Harthölzer Wärme besser als Weichhölzer. Pappel- und Fichtenholz stellen daher meist eine bessere Wärmedämmung dar als das Holz von Kiefern, Eichen und Buchen. Wassergehalt und Wuchs können das beschriebene Verhältnis aber auch umkehren. Besonders leicht und im Beutenbau beliebt ist das Holz der bei uns nicht heimischen Weymouths-Kiefer, seine Wärmeleitfähigkeit ist nur etwa halb so groß wie die von Buchen und Eichen (siehe Abb. 34).

Einen großen Einfluss auf die Fähigkeit der Wärmeleitung hat der Wassergehalt der Stoffe:[(127)] Mit steigendem Wassergehalt steigt auch die Wärmemenge, die über die Wassermoleküle geleitet wird. So leitet Grünholz (saftfrisches Holz bzw. lebender Baum) Wärme etwa doppelt so gut wie lufttrockenes Holz.

Und auch die Struktur der Stoffe wirkt sich auf die Eigenschaft der Wärmeleitfähigkeit aus: So leitet Holz Wärme entlang der Faserrichtung (also entlang der Baumachse bzw. axial) etwa doppelt so gut wie senkrecht zu den Fasern (radial oder tangential).[(130)] Dieser Zusammenhang spielt im Beutenbau aber normalerweise keine Rolle: Üblicherweise werden Bretter aus Bäumen längs zur Baumachse gesägt (siehe Abb. 25). Der Grund dafür liegt einerseits in der Möglichkeit längerer Bretter und andererseits in der höheren Stabilität. Bretter aus «Baumscheiben» würden bei einer Biegebeanspruchung früher brechen. Im Beutenbau werden die so produzierten Bretter als Außenwände benutzt (siehe Abb. 26, links). Wärme- und Feuchtetransporte laufen daher üblicherweise senkrecht zur Faserrichtung des Holzes ab.

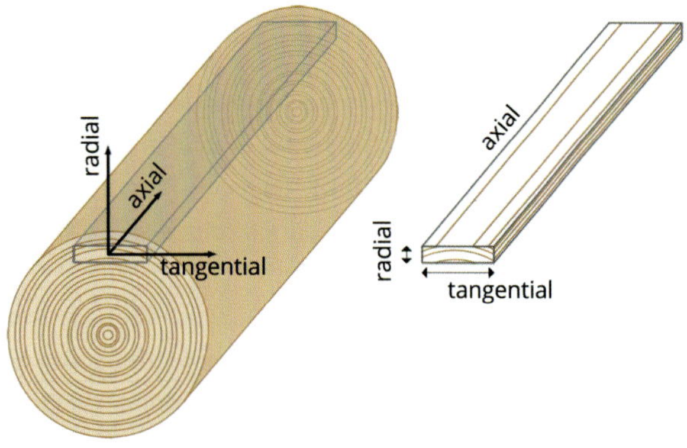

Abb. 25: Kennzeichnung der anatomischen Hauptrichtungen von Holz

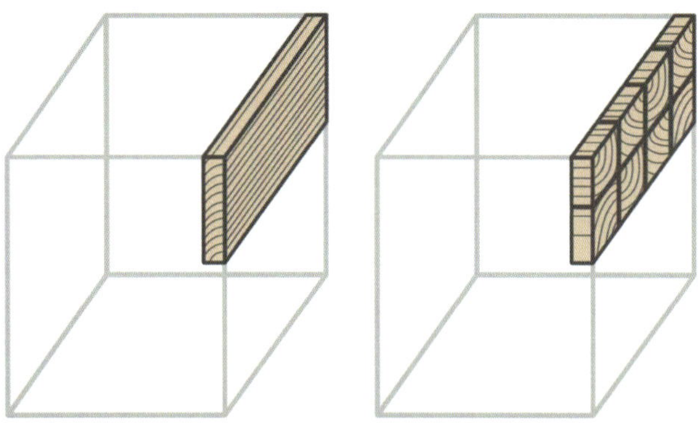

Abb. 26: Links: Üblicher Faserverlauf gesägter Bretter im Beutenbau – Rechts: Faserverlauf bei Verwendung von Stirnholz

Würde man dagegen Bretter aus «Baumscheiben» verbauen, dann würden die Fasern senkrecht zur Bretterebene verlaufen und man würde von Stirn- oder Hirnholz sprechen (siehe Abb. 26, rechts). Üblicherweise gibt es Stirnholz in der Bauindustrie nur in Form von Stirnholzparkett, also bestehend aus vielen verleimten Einzelstücken in Verwendung als Bodenbelag. Aus wärmetechnischer Sicht wäre die Verwendung von Stirnholz im Beutenbau wegen der höheren Wärmeleitfähigkeit in Faserrichtung von Nachteil. Bei Bodenbelägen im Häuserbau kann die Verwendung von Stirnholz aber auch vorteilhaft sein: Bei vorhandenen Fußbodenheizungen wird die Wärme mit Stirnholzparkett im Vergleich zu gleich dickem normalem Parkettboden schneller an die Raumluft abgegeben.(131)

In Baumhöhlen gibt es an Decke und Boden natürlicherweise Stirnholz: Hier gibt es aber auch die größten Schichtdicken und das geringste anliegende Temperaturgefälle, wodurch die höhere Wärmeleitfähigkeit keine negativen Auswirkungen für den Bienenstock in einer Baumhöhle hat.

WÄRMESTRÖMUNG

Ein Wärmetransportmechanismus, der ausschließlich in gasförmigen und flüssigen Stoffen stattfinden kann, ist die Wärmeströmung bzw. Wärmekonvektion. Hierbei wird die Wärme von dem strömenden Medium transportiert, indem die mit Wärmeenergie geladenen Teilchen den Ort wechseln. Die Wärme wird hier also nicht geleitet, sondern mit den Teilchen fortbewegt.(127) Diese Form der Wärmeübertragung wird auch als Scheinleitung bezeichnet.(132)

Die Strömungen in Gasen, Gasgemischen und Flüssigkeiten werden unterschieden nach ihrer Ursache und nach ihrer Strömungsform. Die Ursache der Strömungen kann von außen erzwungen sein (erzwungene Konvektion) oder in den Eigenschaften des Stoffs selbst begründet liegen (freie Konvektion, Eigenkonvektion). Die Strömungsform wird unterschieden zwischen chaotischen Bewegungen kleiner und kleinster Lufteinheiten (turbulente Strömung) und gleichgerichteten (laminaren) Strömungen größerer Lufteinheiten. Die Turbulenz meint also Strömungen unterschiedlich großer Einheiten des Stoffs in verschiedene ungeordnete Richtungen. Gleichgerichtete (laminare) Strömungen bedeuten, dass der Großteil der Teilchen und Einheiten des Stoffs in die gleiche Richtung strömt.(126)(128)

Eine gewisse Turbulenz der Luft liegt immer vor, die Luft ist nie vollkommen in Ruhe. Bei sehr dünnen Luftschichten mit gleichmäßigen Gaskonzentrationen und einer gleichmäßigen Temperaturverteilung ist sie aber sehr gering. Mit steigender Luftschichtdicke und steigenden Unterschieden von Gaskonzentration oder Temperatur steigt auch die Turbulenz (freie Turbulenz). Turbulenz kann aber auch durch äußere Kräfte erzwungen werden, im Bienenstock beispielsweise durch die einfachen Bewegungen der Bienen (erzwungene Turbulenz). Bei großen Luftschichtdicken, großen Gasdruck- oder Temperaturgefällen in der Luft können sich auch größere Lufteinheiten in Bewegung setzen und so zu einer gleichgerichteten Strömung führen (freie laminare Strömung), wie es beispielsweise beim Aufsteigen feuchter Luft über dem Meer geschieht. Und auch laminare Strömungen können durch äußere Kräfte aufgezwungen werden, im Bienenstock beispielsweise am Flugloch durch die Ventilation der Bienen (erzwungene laminare Strömung).

Gut veranschaulichen lassen sich die beiden Strömungsformen bei der Betrachtung von Zigarettenrauch (siehe Abb. 27): Die Strömung oberhalb der Glut ist zunächst gleichgerichtet und wird nach einer gewissen Wegstrecke turbulent. Die Turbulenz bewirkt immer eine Durchmischung eventuell vorhandener unterschiedlicher Eigenschaften (z. B. Energiegehalt, Temperatur) oder Konzentrationen (auch Gasdrücke).(133) Sie bewirkt somit

Abb. 27: Zigarettenrauch. Bild: © Freepik.com

eine Beschleunigung der echten Wärmeleitung oder anderer Diffusionsprozesse und kann diese um ein Vielfaches übersteigen.

Gleichgerichtete Strömungen können Schichtungen von Temperatur und Gaskonzentrationen bewirken, bevor Turbulenz und Diffusion für eine Durchmischung sorgen. So kennt jeder das Aufsteigen der warmen Luft über Heizkörpern aufgrund ihrer größeren Ausdehnung und ihres damit einhergehend geringeren Gewichts gegenüber kühlerer Luft. In der Folge kommt es auch zu einer Schichtung der Temperatur nach der Höhe. Diffusion und Turbulenz wirken dann aber wieder auf einen Temperaturausgleich hin bzw. in unserer Atmosphäre auf ein natürliches Temperaturgefälle von unten nach oben mit etwa 1 °C über 100 m Höhenunterschied.

Grundsätzlich kommt es zu Luftströmungen jeder Art immer dann, wenn die auslösenden Kräfte größer sind als die zu überwindenden Widerstandskräfte. Das gilt gleichermaßen für erzwungene und freie Strömungen.

Die Turbulenz findet in Bienenstöcken immer statt und spielt eine große Rolle, vor allem in der Brutzeit durch die Vielzahl der Tätigkeiten/Bewegungen der Bienen und zu jeder Jahreszeit durch physikalische Gegensätze am Flugloch. Sie ist auch, wie wir später noch ausführlich darlegen werden, der Motor für die Lufterneuerung im Bienenstock. Bezüglich der Wärmetransporte beschleunigt sie die Wärmeleitung in der Luft des Bienenstocks in alle Richtungen. Die Luft im Bienenstock ist nie in absoluter Ruhe.[132]

Damit es über turbulente Strömungen kleiner Lufteinheiten hinaus durch Eigenkonvektion zu gleichgerichteten Strömungen kommt, müssen sich größere Lufteinheiten in Bewegung setzen. Im Bienenstock müssten für solche Bewegungen größerer Lufteinheiten auch die Reibungskräfte an den Wabenflächen überwunden werden, dafür reichen die im Bienenstock anliegenden Temperaturunterschiede in der Regel nicht aus. Und das ist auch der Grund, warum es im Bienenstock nicht zu einer Schichtung der Temperatur nach der Höhe kommt. Die Temperatur fällt von der Bienentraube aus gesehen in alle Richtungen stetig ab.[134][135][113][136] Es gibt in der Regel keine gleichgerichtete freie Luftströmung im Bienenstock, es sei denn, es fehlen Waben oder es gibt nicht ausgebaute Bereiche. Gleichgerichtete Strömungen im vollständig mit Waben ausgebauten Bienenstock können nur von den Bienen selbst mittels Ventilation oder durch äußere Windkräfte erzwungen werden. Eine Ausnahme dieser Regel kann bei einem oberen Flugloch und kühlen Außentemperaturen auftreten (siehe «Das Flugloch»).

Honigbienen haben mit den etwa 1 cm breiten Wabengassen aus wärmetechnischer Sicht eine gute Wahl getroffen. Erst bei dickeren Luftschichten sind bei den üblichen Temperaturverhältnissen im Bienenstock freie gleichgerichtete Strömungen möglich und vermindern die wärmedämmende Wirkung der Luftschicht. Auch im Fensterbau werden aus diesem Grund bei doppelt verglasten Scheiben Abstände von maximal 1 bis 2 cm gewählt.[137]

WÄRMESTRAHLUNG

Jeder Körper hat immer und überall eine Temperatur größer als 0 Kelvin (–273,15 °C) und strahlt mittels elektromagnetischer Wellen Wärme an seine Umgebung ab.[138] Diese Form der Wärmeübertragung kann im Gegensatz zu Wärmeleitung oder Wärmeströmung auch im Vakuum stattfinden (z. B. Wärmestrahlung von der Sonne zur Erde). Verantwortlich für diese Eigenschaft sind die in jedem Körper vorhandenen inneren mechanischen Molekülbewegungen. Die Stärke dieser Bewegungen ist abhängig von und steigt mit der Temperatur der Körper. Molekülbewegungen bedeuten gleichermaßen auch Ladungsbewegungen, wodurch mit steigender Temperatur vermehrt Energie in Form elektromagnetischer Strahlung ausgesendet wird. Diese Strahlung bewegt sich mit Lichtgeschwindigkeit und gehorcht den optischen Gesetzen: Sie lässt sich umlenken, mit Linsen bündeln oder an spiegelnden Flächen reflektieren. Für das menschliche Auge ist die infrarote Wärmestrahlung nicht sichtbar. Nur bei sehr hohen Temperaturen erreicht ein Teil der Strahlungseigenschaften den für Menschen sichtbaren Bereich. So können wir bei erwärmtem Stahl ab etwa 650 °C einen Teil der Strahlung durch ein dunkelrotes Glühen wahrnehmen. Und die Wärmestrahlung der Sonne mit ihrer hohen Oberflächentemperatur von etwa 5500 °C können wir besonders gut wahrnehmen.[139]

Neben der Eigenschaft, Wärme auszustrahlen, können alle Körper auf sie gerichtete Wärmestrahlung aus ihrer Umgebung zum Teil aufnehmen. Die Wärmestrahlung, die nicht aufgenommen wird, wird reflektiert. Wie gut ein Körper Wärmestrahlen aufnimmt, aussendet und reflektiert, liegt in seinen Materialeigenschaften begründet und wird unter «Thermografie im Bienenbau» ausführlich besprochen.

Ein Energieverlust einer Wärmequelle durch Wärmestrahlung ergibt sich also nicht allein durch das Aussenden der Wärmestrahlen. Er ergibt sich, wenn ein Körper mehr Wärme an seine Umgebung abstrahlt, als er von dieser in der gleichen Zeit empfängt.[137] Die einzelne Biene im Brutbereich des Bienenstocks erfährt beispielsweise keinen nennenswerten Energieverlust durch Wärmestrahlung, obwohl sie viel Wärmestrahlung aussendet. Sie nimmt aber etwa ebenso viel Wärmestrahlen von ihrer Umgebung auf, wie sie aussendet. Eine Flugbiene außerhalb des Bienenstocks verliert dagegen viel Wärmeenergie durch Wärmestrahlung, zumindest bei Außentemperaturen unterhalb ihrer Körpertemperatur.

3 Wärmetransporte im Bienenstock

Im Bienenstock kommen alle beschriebenen Wärmetransporte mal mehr und mal weniger stark zum Tragen. Diese Prozesse sind auch in der Bienenhaltung keine neue Erkenntnis, sie werden beispielsweise in «Der neue Baurahmenimker» bereits 1953 umfangreich beschrieben.[140] Die Wichtigkeit, Bienenbeuten ganzjährig «zugfrei und wärmehaltend» zu konstruieren, um die Wärmetransporte zu reduzieren, wird beispielsweise schon 1937 besprochen.[141]

Die echte molekulare Wärmeleitung ist eine weitestgehend konstante Stoffeigenschaft, die vor allem in Feststoffen für große Wärmetransporte sorgen kann. Die Feststoffe unterscheiden sich teils gravierend in dieser Eigenschaft, auch die im Beutenbau üblichen Konstruktionsmaterialien. Aber auch innerhalb des Bienenstocks können diese Wärmetransporte zu unterschiedlichen Wärmeverteilungen führen. So wird beispielsweise Wärme durch gefüllte Honigwaben deutlich schneller geleitet als durch Wabenbereiche ohne Zellinhalte.

Wärmetransporte durch Wärmeströmung (Wärmekonvektion) sind stark abhängig von der Strömungsgeschwindigkeit und ihrer Form. Durch die Bewegungen der Honigbienen und die Wirkung jeder einzelnen Biene als Wärmequelle an sich kommt es zu jeder Jahreszeit zu mehr oder weniger starken Wärmeströmungen durch Turbulenz. Bereits Gewichts- oder Dichteunterschiede kleinster Lufteinheiten können freie Bewegungen und Drehungen solcher Luftquanten auslösen und Wärmetransporte bewirken. Solche Prozesse finden verstärkt oberhalb der Wärmequellen (z. B. Bienenkörper) statt: Eine kleine Lufteinheit oberhalb der Wärmequelle wird in ihrem unteren Bereich erwärmt, und so dazu gebracht, sich zu drehen oder ihren Platz mit einer über ihr liegenden kälteren (und somit schwereren) Lufteinheit zu tauschen. Nach der Drehung oder Verschiebung ist sie mit ihrer Umgebung wieder mehr oder weniger im Einklang, für weitere Bewegungen sind die Temperaturunterschiede zunächst zu gering bzw. die Widerstände in der Luft zu groß. Durch ihre Bewegung wurde aber bereits Wärme transportiert, es hat ein zusätzlicher Wärmetransport durch Eigenkonvektion stattgefunden. Eine kleine Lufteinheit unterhalb der Wärmequelle wird dagegen auf ihrer Oberseite erwärmt, für sie gibt es keine Veranlassung sich zu drehen oder den Platz mit einer darunterliegenden Lufteinheit zu tauschen.

Aufgrund der erhöhten Eigenkonvektion oberhalb von Wärmequellen stellt die Luftschicht oberhalb der Bienentraube eine etwas schlechtere Wärmedämmung dar als eine gleichdicke Luftschicht unterhalb oder seitlich der Bienentraube. Die Wärmetransporte oberhalb der Bienentraube werden durch die vermehrten Bewegungen der kleinsten Lufteinheiten beschleunigt, die Wärmeleitfähigkeit der Luft ist in diesem Bereich höher als seitlich oder unterhalb der Bienentraube.

Normalerweise kommt es im Bienenstock infolge der Eigenkonvektion nicht zu gleichgerichteten Luftströmungen. Anton Büdel hat dies erkannt und 1960 wie folgt formuliert: «Durch Auftriebsvorgänge verursachte Luftzirkulation (Aufsteigen der Wärme nach der Höhe) kommt in der Bienenwohnung kaum zur Auswirkung (geringe Luftmenge, raue Wabenoberfläche, Bienen als Hindernis).»[113] Aus diesem Grund kommt es innerhalb der Bienenwohnung nicht zu einer Schichtung der Temperatur nach der Höhe, und zwar auch nicht im Winter: Die Temperatur fällt vom Wärmemittelpunkt der Wintertraube zu allen Seiten fast gleichermaßen stark ab.

In Abb. 28 sind die Linien gleicher Temperatur in einer Wabengasse eines Bienenvolkes in einem Strohkorb in Winterruhe dargestellt.[113] Die 10 °C Linie markiert etwa den Rand der Bienentraube. Um den Wärmemittelpunkt fällt die Temperatur in alle Richtungen gleichermaßen ab, es gibt keine Schichtung der Temperatur nach der Höhe. In Abb. 29 sind die Linien gleicher Temperatur in einer Wabengasse eines Bienenvolkes in einem Bienenkasten kurz vor dem Bruteinschlag Anfang März dargestellt,[142] auch hier gibt es keine Schichtung der Wärme nach der Höhe. Kommt es zu gleichgerichteten Strömungen, beispielsweise ausgelöst durch das Fächeln der Bienen, dominieren die hierdurch erfolgenden Wärmetransporte die anderen Wärmetransporte in der Luft und übersteigen sie um ein Vielfaches.

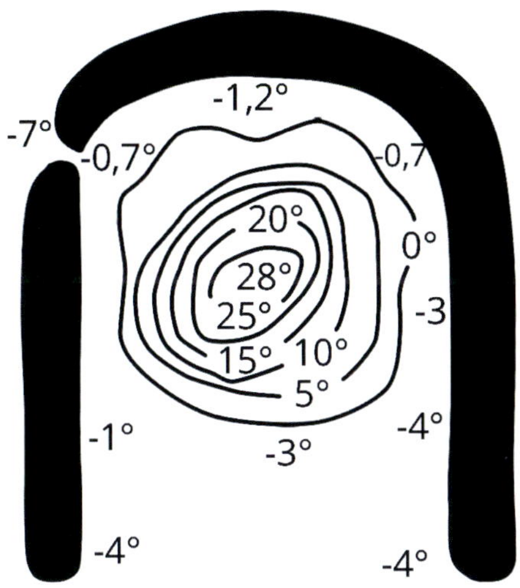

Abb. 28: Temperaturverteilung in der Wabengasse eines Bienenkorbs im Februar. (Büdel et al., 1960)[113] – aufbereitet

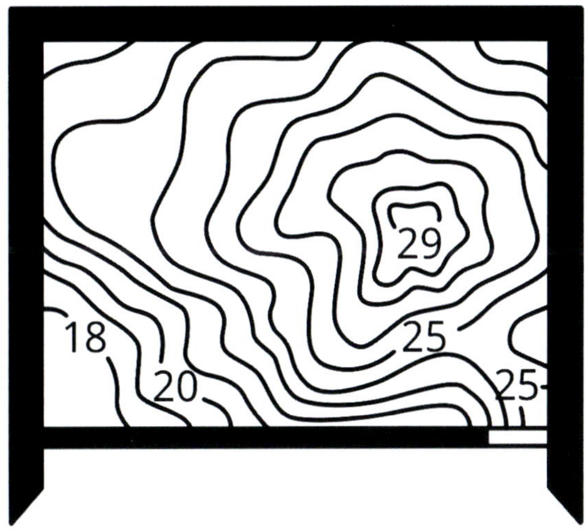

Abb. 29: Temperaturverteilung in der Wabengasse eines Bienenkastens im März. (Büdel et al., 1952)[142] – aufbereitet

Die unterschiedliche Wärmeleitfähigkeit von Honig und Luft und die beschriebene erhöhte Wärmeströmung oberhalb der Bienentraube könnten ein Grund sein, warum Bienen im Winter ihre Bienentraube bevorzugt unterhalb der Honigvorräte auf größtenteils leeren Zellen bilden und im Verlauf des Winters ihrer Futterkappe nach oben folgen. Unmittelbar auf den Honigvorräten zu sitzen, würde ihnen Platz wegnehmen und die Bienentraube unnötig vergrößern, weil die Zellen mit Inhalt nicht zum Aufenthalt genutzt werden können. Außerdem würden die Honigvorräte wie Wärmebrücken wirken und die Wärme aus dem Zentrum der Bienentraube nach außen leiten. Die unvermeidbar größeren Wärmeverluste oberhalb der Bienentraube durch Wärmeströmung werden durch das Wandern der Bienentraube von unten nach oben genutzt und der Honig bereits vor Verzehr vorgewärmt.

Wärmetransporte durch Wärmestrahlung sind im Bienenstock allgegenwärtig. Es bedarf keines Temperaturgefälles, ein warmer Körper strahlt umgeben von Luft immer Wärme ab, abhängig von seiner eigenen Temperatur und unabhängig von seiner Umgebungstemperatur. Sind die ihn umgebenden Körper auf gleicher Temperatur, dann empfängt er ebenso viel Wärme wie er abstrahlt und es gibt für ihn keine Wärmeverluste. Wärmeverluste durch Wärmestrahlung gibt es im Bienenstock folglich überall dort, wo sich Körper mit unterschiedlicher Temperatur getrennt von Luftschichten gegenüberstehen. Je größer die Temperaturunterschiede sind, desto größer sind die Wärmeverluste. Die Entfernung der Körper spielt bei den Wärmeverlusten durch Wärmestrahlung keine direkte Rolle, allerdings steigt mit wachsender Entfernung von der Wärmequelle in der Regel auch der Temperaturunterschied.

So stehen sich beispielsweise die Randbienen einer Winterbienentraube und die Innenseiten der Außenwände der Bienenwohnung entlang der luftgefüllten Wabengassen gegenüber und strahlen sich gegenseitig mit Wärme an. Ein Wärmeverlust der Randbienen durch Wärmestrahlung in Richtung der Außenwände kommt dann zustande, wenn die Temperatur der Außenwände geringer ist als die Temperatur der Randbienen. Je größer der Temperaturunterschied ist, desto größer ist der Wärmeverlust. In dieser Wechselbeziehung stehend, erwärmen sich dann die Außenwände und strahlen auch wieder etwas mehr Wärme zurück. Die zwischenliegende Luftschicht erwärmt sich kaum direkt durch die Wärmestrahlung. Ein durch Wärmestrahlung erwärmter Körper erwärmt aber nun wiederum die an ihn anliegende Luftschicht mittels der anderen Wärmetransportmechanismen. Wären die Außenwände von einer perfekten Wärmedämmung umgeben und würden keinerlei Wärmeenergie in andere Richtungen verlieren, dann würden sie sich bis auf die gleiche Temperatur der Randbienen erwärmen; die Wärmeverluste der Bienentraube durch Wärmestrahlung wären in der Folge gleich null. Eine dünne, ungedämmte Außenwand gibt die erhaltene Wärmespende dagegen zügig an die Außenluft weiter, es kommt nur zu einer geringen Erwärmung der Außenwände und daher zu dauerhaften Wärmeverlusten für die Bienentraube durch Wärmestrahlung.

Das Bienenvolk kann durch alle drei Wärmetransportmechanismen in der Bienenwohnung mehr oder weniger starke Wärmeverluste erfahren: Durch die molekulare Wärmeleitung wird Wärme insbesondere durch die Feststoffe (Wabenbau, Zellinhalte, Beutenwände, Rähmchen) abgeleitet, aber auch durch das Gasgemisch Luft. Wärmeströmung findet immer durch Bewegungen kleinster Lufteinheiten statt, die Luft ist nie völlig in Ruhe. Mit steigenden Aktivitäten der Bienen steigen auch die turbulenten Luftströmungen im Bienenstock an, und mit ihnen die Wärmetransporte durch Wärmeströmung. Kommt es zu gleichgerichteten Luftströmungen im Bienenstock durch das Fächeln der Bienen oder durch äußere Windlasten, dann werden die Wärmetransporte durch Wärmeströmung stark beschleunigt. Zu starken Wärmeverlusten durch Wärmestrahlung kann es kommen, wenn die Randbienen des Bienensitzes über einen größeren Abstand den kühlen Innenflächen der Außenwände der Bienenwohnung gegenüberstehen. Dies geschieht beispielsweise bei den langen und geraden Wabengassen von Magazinbeuten mit Rähmchen in Kombination mit ungedämmten, dünnen Außenwänden der Beuten.

Die komplexen Zusammenhänge der Wärmetransporte in und durch die Luftschichten werden in der Praxis der Bauphysik, die bekanntlich dem Häuserbau der Menschen und weniger der Konstruktion von Bienenbeuten dient, stark vereinfacht. Alle drei Wärmetransportmechanismen werden in dem Wert der Wärmeleitfähigkeit zusammengefasst, welcher folglich je nach Schichtdicke, Richtung des Wärmestroms, Belüftungssituation und anliegender Temperaturdifferenz stark unterschiedlich ausfällt. Aus diesen Zusammenhängen erklärt sich eine gewisse Unschärfe der berechneten Werte von selbst. In der Praxis des Häuserbaus ist diese Unschärfe aber überschaubar: Die Luftschichten in Bauteilen sind in der Regel von konstanter Schichtdicke, die Belüftungssituation ist konstant und bekannt, die Bauteile werden nach der Richtung des Wärmestroms bemessen und die Bemessungen finden für bestimmte Bemessungstemperaturen abhängig von der Region statt.

In Bienenwohnungen sind die Gegebenheiten deutlich komplexer: Die Luftschichten haben je nach Lage und Ausdehnung der Bienentraube stark unterschiedliche Schichtdicken. Temperatur und Belüftungssituation in der Bienenwohnung variieren stark abhängig von der Volksstärke des Bienenvolkes, der Jahreszeit, der Trachtsituation, der Füllung der Zellen, der Betriebsweise und nicht zuletzt vom individuellen Verhalten des Bienenvolks. Jede Berechnung oder Simulation der Wärmetransporte im Bienenstock muss daher als Näherung verstanden werden und dient nur dem besseren Verständnis der Vorgänge und einer Einschätzung der Größenordnungen.

4 Hitzeschutz von Bienenwohnungen

Jede Gebäudehülle trennt das Außenklima vom Innenklima und stellt eine Verbindung für Wärmetransporte dar. Je nach Materialeigenschaft und Schichtdicke der Wände lassen sie unterschiedlich viel Wärme durch und stellen einen unterschiedlich großen Wärmespeicher dar, der erwärmt werden muss, bevor die Wärmetransporte auf der anderen Seite ankommen. Die Wände schützen den Innenraum daher je nach Wandaufbau und Materialeigenschaften unterschiedlich gut vor äußeren Temperaturschwankungen und vor Energieverlusten auf der Innenseite im Falle von klimatisierten Räumen. Diese Zusammenhänge gelten im Häuserbau ebenso wie im Bienenbau.

Diesen Grundüberlegungen folgend, wird in der Bauphysik nach zwei Formen des Wärmeschutzes unterschieden: Der sommerliche Wärmeschutz schützt den Innenraum vor äußeren Temperaturschwankungen. Und der winterliche Wärmeschutz reduziert Energieverluste beim Temperieren des Innenraums auf Temperaturen, die von der durchschnittlichen Temperatur der Außenluft abweichen. Es ist üblich, beim sommerlichen Wärmeschutz vom Hitzeschutz zu sprechen und beim winterlichen Wärmeschutz schlicht vom Wärmeschutz. Wir halten uns in diesem Buch an diese Gepflogenheiten und verwenden fortan nur noch die Begriffe «Hitzeschutz» und «Wärmeschutz» in der beschriebenen Bedeutung.

Die ersten Gedanken zum Thema Hitzeschutz finden wir in der Literatur über Honigbienen bei Anton Büdel: Er veröffentlichte 1949 Temperaturmessungen innerhalb und außerhalb von unbesetzten, gedämmten Beuten und stellt einen zeitlichen Versatz und eine Dämpfung der Temperaturkurve im Inneren fest.[(143)] Er besprach also bezogen auf Bienenwohnungen vermutlich erstmals den Hitzeschutz mit Phasenverschiebung und Amplitudendämpfung, ohne die heute üblichen Begriffe zu nutzen. Erst 25 Jahre später diskutiert Villumstad die Auswirkungen geringerer Temperaturschwankungen infolge einer besseren Wärmedämmung auf die Winterzehrung der Bienen.[(144)] Er schlussfolgert erstmals die Wichtigkeit des Hitzeschutzes für die Honigbienen. Und in einer jüngeren Veröffentlichung unter Beteiligung von Thomas Seeley wird unseres Wissens erstmals die starke Amplitudendämpfung von massiven Klotzbeuten und lebenden Bäumen gegenüber dünnwandigen Beuten thematisiert.[(145)]

TAGESGANG DER TEMPERATUR

Der Tagesgang der Temperatur der Außenluft ähnelt einer sinusförmigen Wellenbewegung mit Höchsttemperatur am Nachmittag und Tiefsttemperatur in den frühen Morgenstunden. Der Temperaturverlauf schwankt um die Durchschnittstemperatur, und die Extremwerte der Kurve weichen von dieser um den Wert der Amplitude ab. In Abb. 30 ist der theoretische Tagesgang der Temperatur abgebildet, auf dessen Grundlage die Bewertung und der Vergleich des Hitzeschutzes von Bauteilen erfolgt.[146]

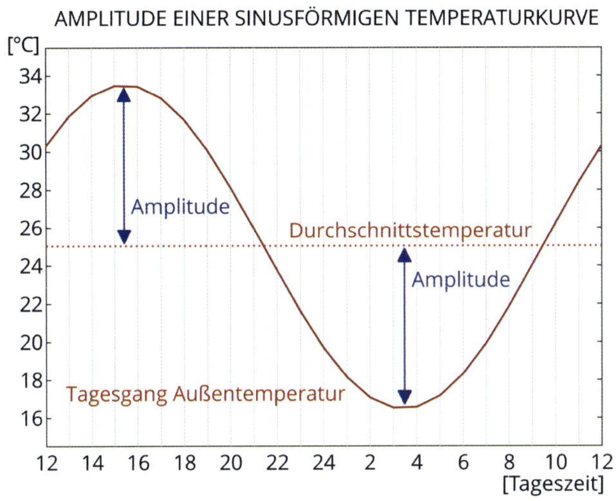

Abb. 30: Beispielhafter Tagesgang der Außentemperatur im Hochsommer, Durchschnittstemperatur und Amplitude. (Ubakus, 2021)[146]

PHASENVERSCHIEBUNG UND AMPLITUDENDÄMPFUNG

Von einem Hitzeschutz des Bauwerks spricht man dann, wenn das Bauwerk die Wärmetransporte so weit abbremst, dass die äußeren täglichen Temperaturschwankungen an den Innenwänden des Bauwerks nur zeitlich verzögert (Phasenverschiebung) und gedämpft (Amplitudendämpfung) ankommen. Die Amplitudendämpfung ist dabei eine Folge der Phasenverschiebung und entsteht, wenn die Außentemperatur bereits wieder sinkt, bevor die Wärmetransporte das Bauteil durchquert haben: Die im Bauwerk befindliche Wärme fließt dann zum Teil wieder zurück nach außen.

Die Phasenverschiebung wird durch das Zusammenwirken der Schichtdicke des Bauteils und der Materialeigenschaften «Wärmeleitfähigkeit» und «Wärmespeicherfähigkeit» ausgelöst: Die Wärmeleitfähigkeit sagt aus, wieviel Energie durch das Material in einer bestimmten Zeit fließen kann. Und die Wärmespeicherfähigkeit (bzw. Wärmekapazität) sagt aus, wieviel Energie das Material selbst aufnehmen kann. Die Wärmewelle infolge der äußeren Temperaturbelastung fließt also durch das Bauteil von außen nach innen und kommt dabei nur so schnell vorwärts, wie Wärmeleitfähigkeit und Wärmespeicherfähigkeit des Materials es zulassen. Je schlechter das Material Wärme leitet, je mehr Wärme es selbst aufnimmt und je größer die Schichtdicke des Bauteils ist, desto später kommt die Wärmewelle an der Innenseite der Konstruktion an und desto flacher fällt die Temperaturkurve auf der Innenseite aus.

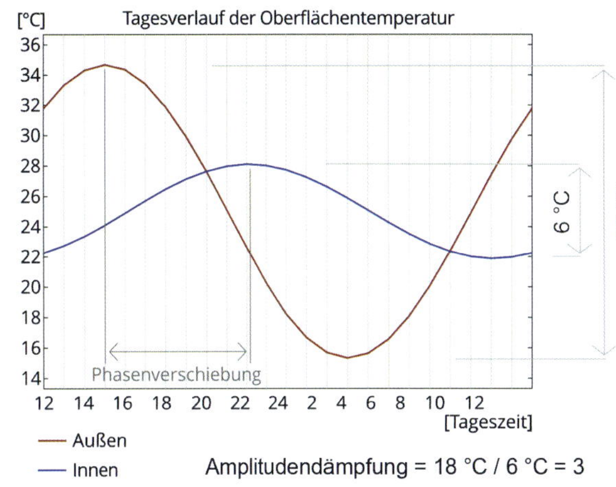

Abb. 31: Amplitudendämpfung und Phasenverschiebung zwischen den Temperaturverläufen außen und innen. (Ubakus, 2021)[146]

Abb. 31 zeigt den für die Berechnung des Hitzeschutzes üblichen angenommenen sinusförmigen Tagesgang der Außentemperatur (rote Kurve) und den berechneten Verlauf der Temperatur auf der Innenseite eines Bauteils (blaue Kurve).[146] Der Wert der Amplitudendämpfung ergibt sich aus dem Verhältnis der täglichen Temperaturschwankung außen zu der Temperaturschwankung innen bzw. gleichermaßen aus dem Verhältnis der äußeren Amplitude zu der inneren Amplitude.

Liegt an der Außenwand des Bauteils beispielsweise eine tägliche Temperaturschwankung zwischen Höchst- und Tiefstwert von 18 °C (bzw. eine Amplitude von 9 °C) und auf der Innenseite eine Temperaturschwankung von 6 °C (bzw. eine Amplitude von 3 °C), dann beträgt die Amplitudendämpfung 18 °C / 6 °C = 9 °C / 3 °C = 3 (siehe Abb. 31). Das bedeutet, dass die Temperaturschwankung durch den Hitzeschutz auf ein Drittel reduziert wird. Eine Amplitudendämpfung von 10 würde die Temperaturschwankung auf ein Zehntel reduzieren und so weiter.

Aufgrund dieser Berechnungsmethode des Wertes der Amplitudendämpfung kommt es zu der vielleicht irritierenden Gegebenheit, dass kleine Unterschiede bei niedrigen Amplitudendämpfungen bereits große Veränderungen der Situation bedeuten, und dass es bei großen Unterschieden von hohen Amplitudendämpfungen nur noch zu geringen Veränderung der Situation kommt. So bedeutet beispielsweise eine Amplitudendämpfung von 1,5 bereits eine Reduzierung der Temperaturschwankung innen um 33 % gegenüber der von außen. Eine Amplitudendämpfung von 20 bedeutet aber gegenüber einer von 10 nur eine zusätzliche Reduzierung der Temperaturschwankung um weitere 5 %.

Der zeitliche Versatz der Temperaturspitzen (Phasenverschiebung) lässt sich in Abb. 31 einfach ablesen: Die Zeitspanne zwischen den Höchsttemperaturen außen und innen entspricht dem Wert der Phasenverschiebung; in Abb. 31 sind das etwa 7h.

Wie nah diese theoretischen Kurvenverläufe an der Realität sind, zeigen die Messungen in einer unbesetzten Baumhöhle einer 240 Jahre alten Eiche in einem Laubwald bei Overath (siehe Abb. 32): Der sinusförmige Kurvenverlauf der Außentemperatur (Temperatur im Wald, rote Kurve) kommt in der Baumhöhle nur zeitversetzt (Phasenverschiebung etwa 10,5 h) und stark gedämpft (Amplitudendämpfung etwa 7) an.

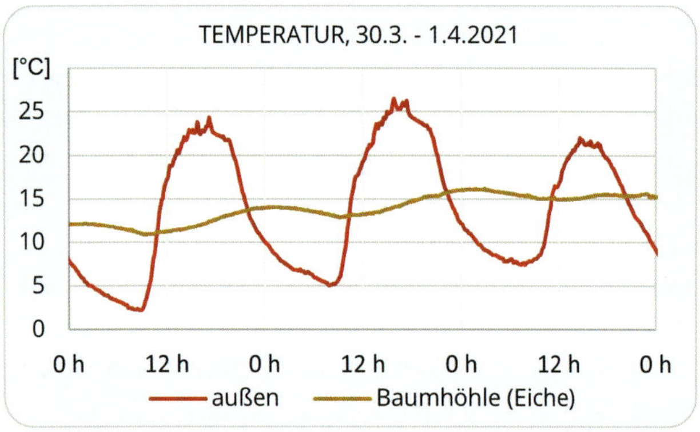

Abb. 32: Zeitlich versetzter und gedämpfter Temperaturverlauf in einer unbewohnten Baumhöhle einer 240 Jahre alten Eiche

Infolge der Tagesschwankungen der Außentemperatur fließt eine bestimmte Wärmemenge (abhängig von der Wärmeleitfähigkeit des Bauteils und dem anliegenden Temperaturgefälle) von außen nach innen durch die Wände der Behausung und muss die Masse dieser Wände (den Wärmespeicher) zunächst erwärmen, bevor sie nach der durch diesen Prozess verursachten Zeitverzögerung (Phasenverschiebung) die Innenseite gedämpft (Amplitudendämpfung) erwärmt. Ob und wann sich die Innenseite infolge der äußeren Tagesschwankungen erwärmt, ergibt sich aus dem Zusammenwirken von Wärmeleitfähigkeit, Wärmespeicherfähigkeit und Schichtdicke der Wände der Bienenwohnung. Die sich durch diese Eigenschaften der Bienenwohnung einstellende Phasenverschiebung und Amplitudendämpfung sind das Maß für den Hitzeschutz. Für den im Innenraum der Bienenwohnung befindlichen Bienenstock bedeutet der Hitzeschutz wärmere Temperaturen in Kältephasen und kühlere Temperaturen in Hitzephasen des Außenklimas. Er bedeutet eine Kappung der Belastungsspitzen und gleichmäßigere Temperaturen, innerhalb derer die Bienen sich einrichten und mit weniger Aufwand das Kleinklima im Bienenstock steuern können.

Aus dem Häuserbau sind die bauphysikalischen Hintergründe für eine Amplitudendämpfung und Phasenverschiebung gut bekannt. Angestrebt werden hier aus Komfort- und Energiespargründen Amplitudendämpfungen größer 10. Durch eine solche starke Temperaturdämpfung kommt die Mittagshitze im Inneren des Hauses nur gedämpft an und es muss keine Klimaanlage laufen, um den Temperaturspitzen entgegenzuwirken.

AUSWIRKUNG UNTERSCHIEDLICHER WANDAUFBAUTEN UND MATERIALIEN

Grundsätzlich lässt sich ein Hitzeschutz mit jedem Material erzielen, wenn es nur dick genug ist. Unter der Maßgabe eines möglichst geringen Materialaufwandes sind aber Materialien vorteilhaft, die sowohl eine geringe Wärmeleitfähigkeit als auch eine hohe Wärmespeicherfähigkeit aufweisen. Ein Baumaterial, welches in beiden Disziplinen vorteilhafte Eigenschaften mit sich bringt und somit auch einwandig einen guten Hitzeschutz mit verhältnismäßig wenig Materialaufwand bieten kann, ist Holz. Extrem schwere Materialien, die eine hohe Wärmeleitfähigkeit und einen großen Wärmespeicher darstellen (z. B. Stein), bieten unter Berücksichtigung des Materialeinsatzes einen gleichermaßen schlechten Hitzeschutz wie leichte Bauteile, die eine geringe Wärmeleitfähigkeit und einen kleinen Wärmespeicher darstellen (z. B. Wände aus Styropor). Die Innenseiten von Bauteilen aus diesen beiden Baustoffen erwärmen sich infolge äußerer Temperaturbelastungen wesentlich schneller als beispielsweise jene bei einem Bauteil aus Holz mit gleicher Schichtdicke.

Die Natur geizt nicht mit Material: Eine Fels- oder Erdhöhle ist mit so viel Material umgeben, dass ihre Wände einen sehr großen Hitzeschutz bieten, obwohl das Material dazu an sich wenig geeignet ist. Und auch die teils von Honigbienen bewohnten Gemäuer (Kirchen, Stadtmauern etc.) können aus dem gleichen Grund einen sehr großen Hitzeschutz aufweisen. Baumhöhlen in lebenden Bäumen bieten ebenfalls einen gewaltigen Hitzeschutz, obwohl die Masse der die Höhle umgebenden Bäume geringer ist als die von Erdreich und Felsen. Das Material Holz bietet bei gleicher Wandstärke aber einen besseren Hitzeschutz und zusätzlich greifen die Saftströme im lebenden Baum auf den Wärmespeicher des Bodens zu.

Um einen ebenso starken Hitzeschutz im Beutenbau zu erzielen, muss bei einwandigen Konstruktionen ein sehr großer Materialaufwand betrieben werden. Mit einer geschickten Kombination unterschiedlicher Materialschichten können aber gute Ergebnisse mit deutlich weniger Materialaufwand erzielt werden. Im Häuserbau sind auch vor diesem Hintergrund massive Wände mit außenliegender Wärmedämmung üblich: Die außenliegende Wärmedämmung sorgt für einen geringen Energiezulauf und die massiven innenliegenden Wände stellen einen großen Energiespeicher dar. Noch bessere Ergebnisse lassen sich (auch mit noch weniger Material) erzielen, wenn die Beuten auf den gewaltigen Wärmespeicher des Bodens oder den von massiven Gebäuden zugreifen können. Und nicht zuletzt können auch geeignete Standortbedingungen helfen, Material zu sparen: Eine Aufstellung im Wald, ganztägig im Schatten und/oder die unmittelbare Nähe oder der Kontakt zu einer Hauswand, Felswand oder Erdaufschüttung helfen, die Temperaturschwankungen im Bienenstock zu reduzieren.

Mittels Computer-Software lässt sich der Hitzeschutz unterschiedlicher Wandaufbauten gut vergleichen. Berechnet wird zu diesem Zweck die sich ergebende Temperaturkurve an der Innenseite des Bauteils für eine theoretisch angenommene schwankende Temperaturbelastung auf der Außenseite. Allerdings darf man nicht erwarten, dass die berechneten Innentemperaturen den tatsächlichen Temperaturen entsprechen. In der Praxis spielen nämlich weitere Faktoren eine wichtige Rolle; so z. B. zusätzliche Wärmespeicher, die Belüftungssituation und die direkte Sonneneinstrahlung. So kann der Wärmeeintrag durch direkte Sonneneinstrahlung etwa 200- bis 1000-mal größer sein als der Wärmeeintrag durch die Temperaturunterschiede der anliegenden Luftschichten. Dennoch sind die Ergebnisse der Berechnungen als vergleichbare Qualitätsmerkmale für die Beurteilung des Hitzeschutzes im Häuserbau unentbehrlich.[146] Im Bienenbau erfüllen sie diesen Zweck ebenso.

In Abb. 33 ist der Hitzeschutz von Wandaufbauten mit jeweils gleichen Wandstärken (12 cm) und aus verschiedenen Materialien aus dem Bereich der Bienenwohnungen gegenübergestellt. Abgebildet sind jeweils die Temperaturkurve der Außenluft (rote Kurve), welche bei allen Wandaufbauten gleich ist, und die sich jeweils in der Folge dieser äußeren Temperaturschwankung rechnerisch einstellende Temperaturkurve auf der Innenseite (blaue Kurve). Die Phasenverschiebung lässt sich jeweils ablesen, die Höchst- und Tiefstwerte der Temperaturen innen treten teilweise erst viele Stunden nach den Extremwerten der Außenluft auf. Je größer diese Phasenverschiebung ist, desto größer ist auch die Amplitudendämpfung und desto flacher fällt die blaue Kurve aus: Wenn die Wärmewelle nur langsam durchs Bauwerk kommt, weil die Wärmeleitfähigkeit den Energiedurchfluss begrenzt und die Wärmespeicherfähigkeit Teile der Wärmeenergie im Bauwerk bindet, dann sinken die Außentemperaturen bereits wieder, bevor die Wärmewelle den Innenraum erreicht hat. Die Temperatur auf der Außenseite ist nun schon wieder niedriger als die Temperatur in Teilen des Bauwerks, weshalb Teile der im Bauwerk steckenden Wärmeenergie zurück nach außen fließen. Innen kommt die Wärmewelle nicht mehr im vollen Umfang an und es findet eine Amplitudendämpfung statt. Phasenverschiebung und Amplitudendämpfung gehen also Hand in Hand: Eine große Phasenverschiebung löst auch eine große Amplitudendämpfung aus. Und wenn die Phasenverschiebung gering ist, dann kommt es auch zu keiner nennenswerten Amplitudendämpfung. Kurven mit großer Amplitudendämpfung der Innentemperatur folgen dem Tagesgang der Außentemperatur mit großer Verspätung. Und Kurven mit kleiner Amplitudendämpfung folgen dem Tagesgang der Außentemperatur mit kleiner Verspätung.

Die oberen beiden Kurven der Abb. 33 zeigen, wie stark eine 12 cm starke Holzwand auch ohne außenliegende Wärmedämmung die Temperaturbelastungen dämpft: Im lebenden Baum mit hohem Wassergehalt (oben links) gelingt dies noch besser als im lufttrockenen Zustand (oben rechts), im Holz mit hohem Wassergehalt werden die Temperaturausschläge um 82 % reduziert, in dem trockeneren Holz «nur» um 71 %. Der mehrschichtige Wandaufbau Holz mit Kork (Mitte links) übertrifft die Werte des trockenen Massivholzes (oben rechts) und reduziert die Temperaturschwankungen um 75 %. Wandaufbauten aus Stroh (Mitte rechts) und Schilf bieten im einwandigen Aufbau einen schlechteren Hitzeschutz (55 % Reduzierung der Temperaturschwankungen); Materialien, die nur eine hohe Wärmespeicherfähigkeit besitzen (wie Stein, unten links) oder nur eine geringe Wärmeleitfähigkeit aufweisen (wie Styropor, unten rechts), eignen sich bezüglich des Hitzeschutzes schlecht im einwandigen Aufbau. Bei der untersuchten Wandstärke zeigen sie keinen nennenswerten Hitzeschutz, die roten und blauen Kurven sind nahezu identisch.

Die Verschiebung und Dämpfung der Temperaturbelastung ist bei jedem Material immer eine Frage der Schichtdicke. Auch bei einem eher ungeeigneten Wandaufbau, beispielsweise aus Granit, lässt sich ab einer

Schichtdicke von 45 cm eine Amplitudendämpfung von 10 erzielen. Das Holz einer lebenden Buche würde diese Amplitudendämpfung aber bereits ab einer Schichtdicke von 14 cm erreichen und eignet sich daher besser bezüglich des Hitzeschutzes, zumindest, wenn Materialaufwand und Gewicht ebenfalls Auswahlkriterien sind.

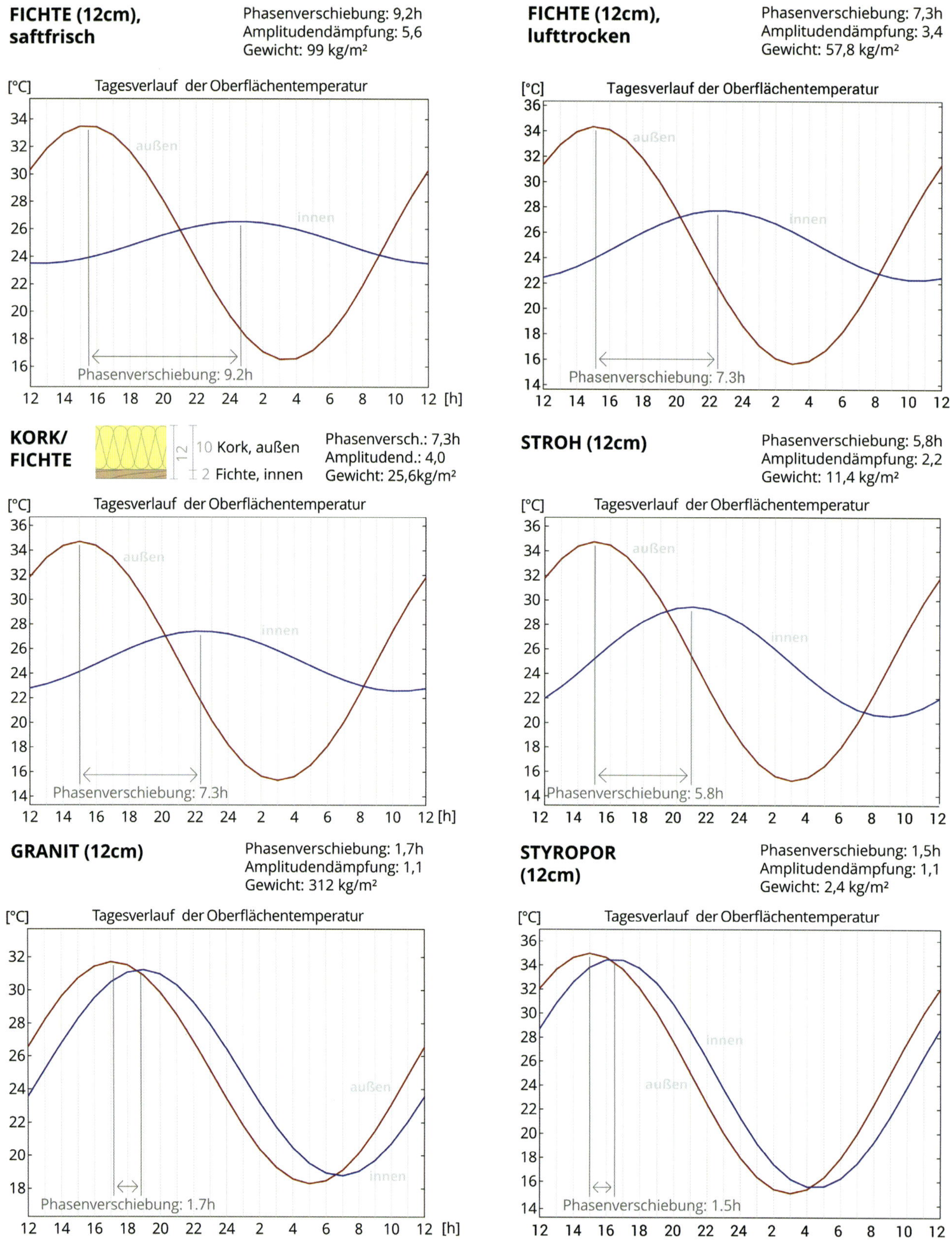

Abb. 33: Amplitudendämpfung und Phasenverschiebung verschiedener Wandaufbauten mit gleicher Wandstärke

Stoff	Wärmeleitfähigkeit * [W/(mK)]	Wärmekapazität bzgl. Masse * [kJ/(kgK)]	Rohdichte * [kg/m³]	Wärmekapazität bzgl. Volumen [kJ/(m³K)]
Stahl	50	0,45	7800	3510
Granit	2,8	1,00	2600	2600
naturfeuchte Böden mit Sand und Kies	2,0	0,91–1,18	1700–2200	1550–2600
naturfeuchte Böden mit Ton, Schlick, Schlamm	1,5	1,67–2,5	1200–1800	2000–4500
Beton	1,15–2,0	1,00	1800–2400	1800–2400
Ton	1	0,80	2000	1600
Wasser (bei 10°C)	0,6	4,19	1000	4190
Porenbeton	0,11–0,29	1,0	350–1000	350–1000
Nutzholz, lufttrocken	0,12–0,18	1,6	450–700	720–1120
Holzfaserdämmplatte	0,07–0,65	2–2,5	150–300	300–750
Polyurethanschaum	0,05	1,50	70	105
Kork	0,04–0,055	1,56–2,0	90–300	140–600
Schafwolle	0,035–0,04	1,30	13–25	17–33
Luft	0,025 **	1,008	1,23	1,2

* Materialkennwerte aus «Bautabellen für Ingenieure» (Schneider et al., 2018)[152]
** ohne Berücksichtigung von Eigenkonvektion und Wärmestrahlung

Tab. 4: Wärmeleitfähigkeit, Rohdichte und Wärmespeicherfähigkeit ausgewählter Stoffe

In Tabelle 4 sind die Wärmeleitfähigkeit und Wärmespeicherfähigkeit (Wärmekapazität) ausgewählter Stoffe aufgeführt. Hier wird deutlich, dass Stoffe mit geringer Wärmeleitfähigkeit in der Regel eine geringe Wärmespeicherfähigkeit (bezüglich ihres Volumens) aufweisen und dass umgekehrt Stoffe mit einer hohen Wärmeleitfähigkeit in der Regel eine hohe Wärmespeicherfähigkeit aufweisen. Dieser Zusammenhang liegt darin begründet, dass sowohl für die Fähigkeit Wärme zu leiten als auch für die Fähigkeit Wärme zu speichern, Masse erforderlich ist. Je mehr Masse vorhanden ist, desto besser wird Wärme geleitet und desto mehr Wärme kann gespeichert werden.

Materialien mit einer geringen Wärmeleitfähigkeit sind meist leicht und von geringer Dichte (z. B. Schafwolle, Schaumstoffdämmung, Kork). Ihre geringe Wärmeleitfähigkeit erzielen sie im Verbund mit dem Gasgemisch Luft (Lufteinschlüsse), welches im Zustand absoluter Ruhe eine sehr geringe Wärmeleitfähigkeit aufweist. Sie haben in der Regel aufgrund des geringen Gewichts auch eine geringe Wärmespeicherfähigkeit. Materialien mit einer hohen Wärmeleitfähigkeit und einer hohen Wärmespeicherfähigkeit sind meist schwer und von hoher Dichte (z. B. Wasser, Stein, Metalle). Wobei die Dichte eines Stoffes das Verhältnis seines Gewichts (strenggenommen: seiner Masse) zu dem Raum beschreibt, den er einnimmt. Ein Kubikmeter Holz ist beispielsweise schwerer als ein Kubikmeter Kork und hat somit eine höhere Dichte. Holz kann daher mehr Wärme speichern als das gleiche Volumen an Kork. Die Dichte wird angegeben in der Einheit [kg/m³].

Holz und seine Eigenschaften bezüglich des Hitzeschutzes

Der Einsatz von Holz ist im Beutenbau vorteilhaft, es leitet Wärme nur langsam weiter und stellt einen großen Wärmespeicher dar. Auf diese Eigenschaften hat der Wassergehalt des Holzes einen großen Einfluss: Holz ist ein poröses Material, welches nahezu immer einen gewissen Wassergehalt aufweist. Mit steigendem Wassergehalt des Holzes steigt der Hitzeschutz (obwohl die Wärmeleitfähigkeit zunimmt).

Die sich im Holz einstellende Feuchte schwankt und ist abhängig von den Umgebungsbedingungen, denen es ausgesetzt ist. Holzfeuchte und umgebende Luftfeuchte stehen in einer engen Wechselwirkung: Die Anziehungskräfte der inneren Oberfläche des Holzes auf die Wassermoleküle der anliegenden Luft und das Sättigungsdefizit der Luft (quasi die Saugkraft der Luft auf die Wassermoleküle der

Umgebung) «ringen» um die Wassermoleküle. Das Sättigungsdefizit der Luft wiederum ist eine Funktion ihrer Temperatur und der relativen Luftfeuchte. Somit haben die Lufttemperatur und die relative Luftfeuchte einen großen Einfluss auf die sich im Holz einstellende Holzfeuchte. Die feuchtetechnischen Begriffe «Sättigungsdefizit» und «relative Luftfeuchte» werden ausführlich unter «Die Feuchtigkeit in Bienenwohnungen» besprochen.

Die genannten Anziehungskräfte der inneren Oberfläche auf die Wassermoleküle der Luft wirken in den Fasern des Holzes. Die größeren Poren und Kapillaren des Holzes haben keinen nennenswerten Einfluss auf die Wechselwirkung mit der Luftfeuchte. Wenn die Fasern des Holzes gesättigt sind und keine weiteren Wassermoleküle aus der Luft aufnehmen können, dann spricht man von der Fasersättigungsfeuchte. Dieser Zustand wird erreicht, wenn das Holz über einen längeren Zeitraum einer relativen Luftfeuchte von 100 % ausgesetzt ist. Bei einer relativen Luftfeuchte von 100 % übt die Luft keinerlei «Saugkraft» mehr auf Wassermoleküle im Holz aus. Die innere Oberfläche des Holzes nimmt so lange Wassermoleküle auf, bis sie gesättigt ist.

Die Wärmeleitfähigkeit von Holz ist abhängig von der Dichte des Holzes, also der Masse eines Kubikmeters dieses Stoffes: Holzarten mit hoher Dichte (z. B. Buche, Eiche) sind bessere Wärmeleiter als Holzarten mit geringer Dichte (z. B. Fichte, Kiefer). Außerdem hat die Feuchtigkeit des Holzes einen großen Einfluss auf die Wärmeleitfähigkeit.[147] Je mehr Wasser im Holz enthalten ist, desto höher ist auch die Gesamtmasse bzw. die Menge der kleinsten Teilchen, die für die Wärmeleitung zur Verfügung stehen. Feuchtes Holz leitet Wärme also besser als trockenes Holz: Die Wärmeleitfähigkeit steigt unterhalb der Fasersättigung bei Erhöhung der Holzfeuchte je 1 % um 1,25 %.[148] Holz mit einer Holzfeuchte von 20 % leitet also beispielsweise Wärme um 12,5 % besser als Holz mit einer Holzfeuchte von 10 %. Holzkonstruktionen in einem Wohnhaus, die sich innerhalb einer Wärmedämmung befinden und so einer relativen Luftfeuchte in der Größenordnung von 50 % ausgesetzt sind, sind also wesentlich schlechtere Wärmeleiter als das Konstruktionsholz von Bienenbeuten im Winter, welches ohne äußere Wärmedämmung einer relativen Luftfeuchte in der Größenordnung von etwa 90 % ausgesetzt ist.

Der verwendete Begriff der Fasersättigung beschreibt die Holzfeuchte, die sich im Holz auf eine relative Luftfeuchte von 100 % einstellt. Sie ist also die maximale Holzfeuchte, die sich durch Wechselwirkung mit der Luftfeuchte einstellen kann. Bei Fasersättigung sind alle Fasern des Holzes wassergesättigt, die Poren/Zwischenräume sind aber nicht mit Wasser gefüllt. Es gibt kein «freies» Wasser im Holz, es ist überall chemisch oder physikalisch ans Holz gebunden. Im lebenden, gesunden und unbeschädigten Baum gibt es keine Bereiche mit einer Feuchtigkeit unterhalb der Fasersättigung. Eine Beschädigung, beispielsweise in Form einer Baumhöhle, kann die freiliegenden Holzschichten aber auch auf Holzfeuchten unterhalb der Fasersättigung austrocknen lassen.

Wärmeleitfähigkeit und Wärmespeicherfähigkeit von Holzarten hängen direkt von ihrer Dichte und somit auch von ihrem Wassergehalt ab: Je höher die Dichte des Holzes ist, also je größer die Masse des Holzvolumens ist, desto größer sind Wärmeleit- und Wärmespeicherfähigkeit. Die höhere Dichte der Holzart, beispielsweise durch einen höheren Wassergehalt, bedeutet somit zwangsläufig eine schlechtere wärmedämmende Eigenschaft des Holzes. Die Eigenschaft des Hitzeschutzes wird mit steigender Dichte des Holzes auf zwei unterschiedliche Weisen beeinflusst: Die erhöhte Wärmeleitfähigkeit verringert den Hitzeschutz, während die erhöhte Wärmespeicherfähigkeit den Hitzeschutz erhöht. Wir können daher nicht pauschal sagen, dass eine erhöhte Dichte zu einem höheren Hitzeschutz führt. Bei einer Veränderung der Holzdichte durch einen veränderten Wassergehalt ist es aber so; hier ist die Auswirkung der erhöhten Wärmespeicherfähigkeit offensichtlich dominant gegenüber der erhöhten Wärmeleitfähigkeit: Mit steigendem Wassergehalt steigt der Hitzeschutz des Holzes.

In Abb. 34 sind die Ergebnisse von Berechnungen der Wärmeleitfähigkeit und Wärmespeicherfähigkeit verschiedener Holzarten dargestellt. Die Werte der Wärmeleitfähigkeit beziehen sich auf Wärmetransporte senkrecht zur Faserrichtung des Holzes, also senkrecht zur Baumachse (radial und tangential). Entlang der Baumachse (axial) ist die Wärmeleitfähigkeit deutlich größer. In Abb. 35 sind die Amplitudendämpfungen in Abhängigkeit der Wandstärke dargestellt, unter Verwendung der in Abb. 34 ermittelten Werte. Bei diesen Berechnungen wird nur eine Seitenwand mit der jeweiligen Schichtdicke betrachtet und die sich einstellende Oberflächentemperatur innen infolge einer theoretischen Temperaturbelastung auf der Außenseite berechnet bzw. die erfolgende Amplitudendämpfung. Die Berechnungen dienen der Abschätzung des Einflusses der Holzart und des Wassergehalts auf den Hitzeschutz und der direkten Vergleichbarkeit der Holzarten untereinander. Die Werte dürfen nicht als sich einstellende realistische Werte verstanden werden, da eine Vielzahl von Faktoren (weitere Wärmespeicher, Wasser- und Wärmetransporte des Baums, Belüftungssituation, Sonneneinstrahlung usw.) hier nicht berücksichtigt werden. Außerdem können diese Berechnungen grundsätzlich nur grobe Richtwerte darstellen, da sie einer großen Unschärfe unterliegen: Die Dichte (Masse pro Volumen) einzelner Holzarten kann deutlich von den in der Literatur angegebenen Zahlen abweichen und ist abhängig vom Alter des Baumes und den Bedingungen, unter denen er gewachsen ist. Der Wassergehalt des lebenden Baumes ist Schwankungen unterworfen, abhängig von der Verfügbarkeit von Wasser und der Jahreszeit der Betrachtung. Auch im Totholz schwankt die Holzfeuchte, beeinflusst durch Jahreszeit und Witterung.

Trotz aller Unschärfe lassen sich mit den Ergebnissen Zusammenhänge erkennen und veranschaulichen:

1. Lufttrockenes Holz weist eine geringere Wärmeleitfähigkeit auf als saftfrisches Holz der gleichen Holzart, was an dem geringeren Wassergehalt liegt. Eine geringere Rohdichte (Trockenmasse pro Volumen) der Holzart bewirkt ebenfalls eine geringere Wärmeleitfähigkeit. Zusammenfassend lässt sich sagen: Je höher die Dichte (Masse pro Volumen) des Holzes ist (inkl. Wassergehalt), desto höher ist die Wärmeleitfähigkeit.
2. Saftfrisches Holz (Grünholz) stellt einen deutlich größeren Wärmespeicher als lufttrockenes Holz der gleichen Holzart dar, was an dem höheren Wassergehalt des Holzes liegt. Eine höhere Rohdichte (Trockenmasse pro Volumen) der Holzart bewirkt ebenfalls eine größere Wärmespeicherfähigkeit. Zusammenfassend lässt sich sagen: Je höher die Dichte (Masse pro Volumen) des Holzes ist (inkl. Wassergehalt), desto größer ist seine Wärmespeicherfähigkeit.
3. Erhöhte Wärmeleitfähigkeit und erhöhte Wärmespeicherfähigkeit infolge eines erhöhten Wassergehalts wirken sich unterschiedlich auf den Hitzeschutz aus. Weil der Einfluss der Wärmespeicherfähigkeit dominant ist, folgt: Der Hitzeschutz ist umso höher, je höher der Wassergehalt ist.

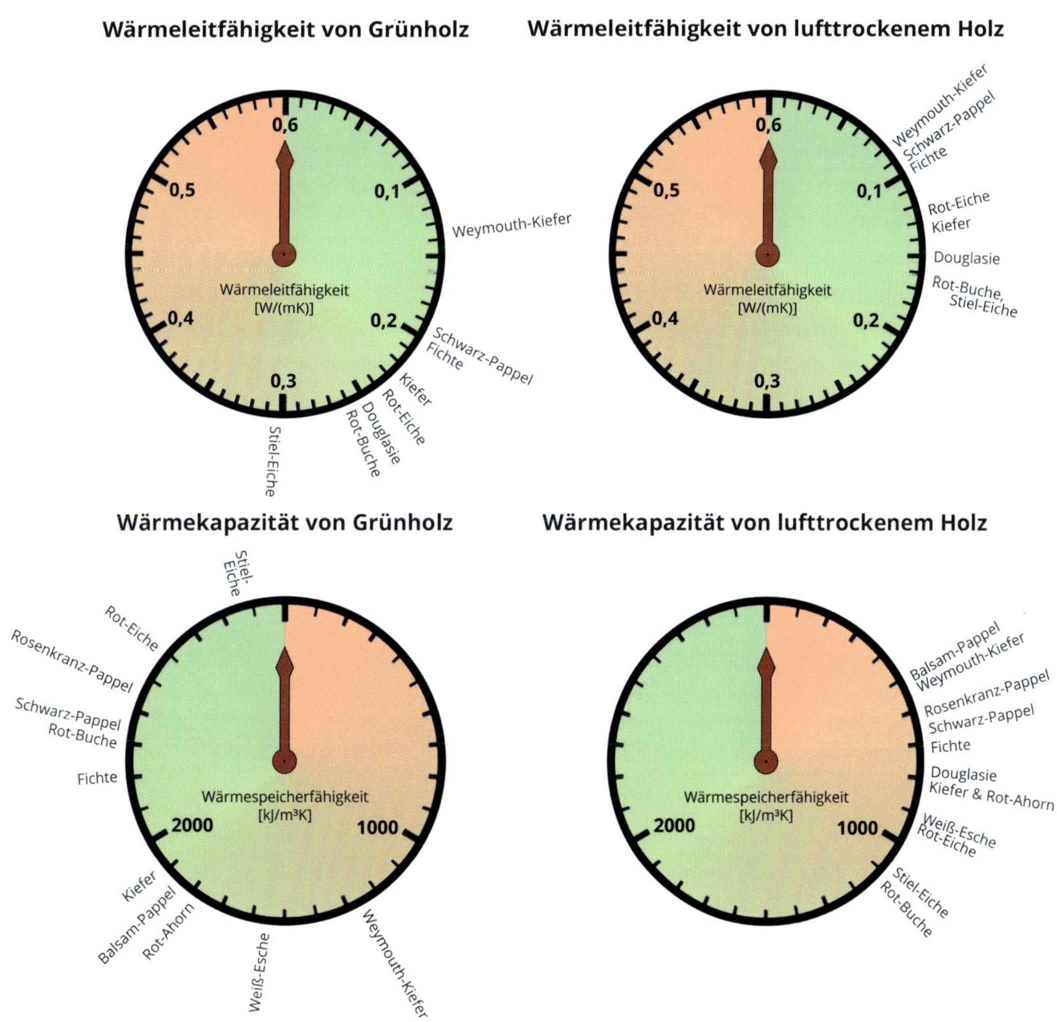

Abb. 34: Wärmeleitfähigkeiten und Wärmespeicherfähigkeiten ausgewählter Holzarten im saftfrischen und im lufttrockenen Zustand. Materialkennwerte für die Berechnungen: (Miles & Smith, 2009) [149] (Brudi & Partner – Treeconsult, 2004) [150] (Gesamtverband Deutscher Holzhandel e.V., 2021) [151] (Schneider et al., 2018) [152] – Berechnet mit/nach: (Niemz, 2005) [130] (Niemz, 2007) [147] und Ubakus (www.ubakus.de)

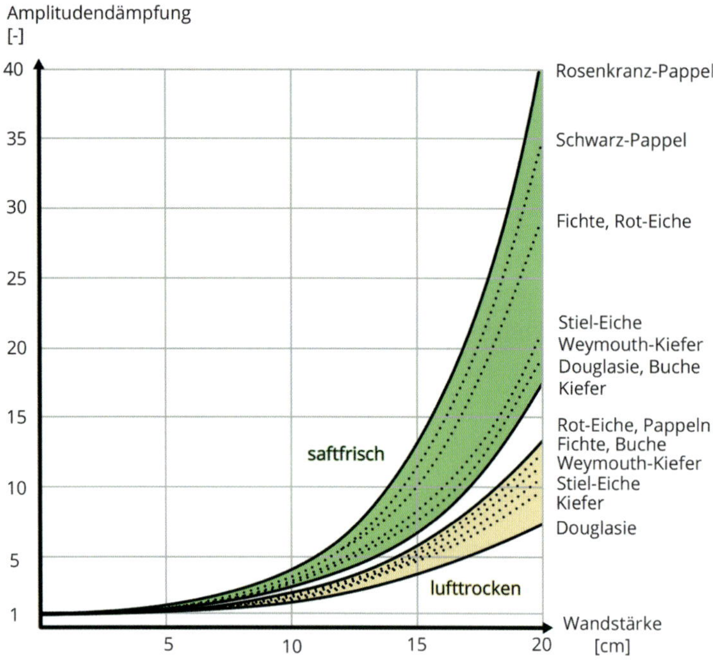

Abb. 35: Amplitudendämpfung ausgewählter Holzarten in Abhängigkeit der Wandstärke für die Zustände «saftfrisch» und «lufttrocken». Berechnung der Werte mit Ubakus (www.ubakus.de)

Die meisten Stoffe weisen entweder eine hohe Wärmespeicherfähigkeit oder eine geringe Wärmeleitfähigkeit auf. Holz ist ein Material, welches trotz seiner hohen Wärmespeicherfähigkeit auch eine geringe Wärmeleitfähigkeit aufweist. Die Wärmespeicherfähigkeit lebender Bäume ist aufgrund ihres hohen Wassergehalts besonders groß, manche Baumarten übertreffen sogar die der schwersten Gesteine. Die hohe Dichte müsste nach den zuvor beschriebenen Zusammenhängen auch für eine hohe Wärmeleitfähigkeit sorgen. Entgegen dieser Annahme ist die Wärmeleitfähigkeit aber im Vergleich zu anderen Materialien mit gleicher Dichte eher gering: Manche Holzarten erreichen im trockenen Zustand immerhin halb so gute Dämmwerte wie effektive Dämmstoffe (z. B. Schafswolle). Die Begründung liegt in der porösen Struktur des Holzes, welches im trockenen Zustand mit seinen luftgefüllten Poren einen großen Widerstand gegen Wärmetransporte bewirkt.

HITZESCHUTZ VON BAUMHÖHLEN IN DER PRAXIS

Messungen in 300 Baumhöhlen in der Steiermark zeigen, dass Temperatur und Feuchtigkeit in den Baumhöhlen eine große Konstanz aufweisen und Schwankungen, wie sie außerhalb der Höhlen auftreten, weitgehend ausgeschaltet werden.[153] Eigene Messreihen in zwei künstlich angelegten Baumhöhlen in einer etwa 150 Jahre alten Buche und einer etwa 240 Jahre alten Eiche bestätigen die Gültigkeit der aus der Bauphysik und dem Häuserbau bekannten Zusammenhänge für natürliche Baumhöhlen. An Frühlingstagen mit sehr starken Temperaturschwankungen im Jahr 2021 betrug die tatsächliche Amplitudendämpfung in der Eiche beispielsweise etwa 7 und die Phasenverschiebung 10,5 h (siehe Abb. 32). Eine solche Baumhöhle bietet seinen Bewohnern einen starken Schutz vor den täglichen Temperaturschwankungen.

Eine Studie unter Beteiligung von Thomas Seeley zeichnet das gleiche Bild: Vergleichsmessungen in einem Zeidelbaum mit Wandstärken von 20 bis 30 cm und in einer dünnwandigen Beute mit 2 cm Wandstärke und mit identischem Innenvolumen zeigen den starken Hitzeschutz in dem einen Fall und den nicht vorhandenen Hitzeschutz in dem anderen Fall. Aus der in der Studie präsentierten Temperaturkurve des Zeidelbaums lässt sich eine Amplitudendämpfung von etwa 16 ablesen, die Kurve der dünnwandigen Beute zeigt keine Dämpfung der Temperatur.[145]

Eine Studie über 104 unbewohnte Baumhöhlen in einem Laubwald in Ontario (Kanada) bestätigt die bereits gezeigten Zusammenhänge auch für natürliche Baumhöhlen. Die Autoren der Studie stellen einen Hitzeschutz fest und erklären: «Die Amplitudendämpfung ist eine Funktion der Wärmeleitung und -speicherung der Wandungen der Baumhöhle sowie der Geschwindigkeit, mit der die Innenluft gewechselt wird.»[154]

Als einflussreichste Faktoren für die Amplitudendämpfung innerhalb der Baumhöhle werden der Brusthöhendurchmesser (BHD: Durchmesser des Baumstamms in 1,3 m Höhe) und die Zerfallsklasse des Baumes festgestellt.

Abb. 36: Versuchsaufbau für Vergleichsmessungen in einem Zeidelbaum und einer dünnwandigen Beute mit gleichem Innenvolumen. (Radcliffe et al., 2021)[145] Fotos: © Robin Radcliffe

Spechthöhle in einer **Weymouth-Kiefer** Pinus strobus

Asthöhle in einer **Weiß-Esche** Fraxinus americana

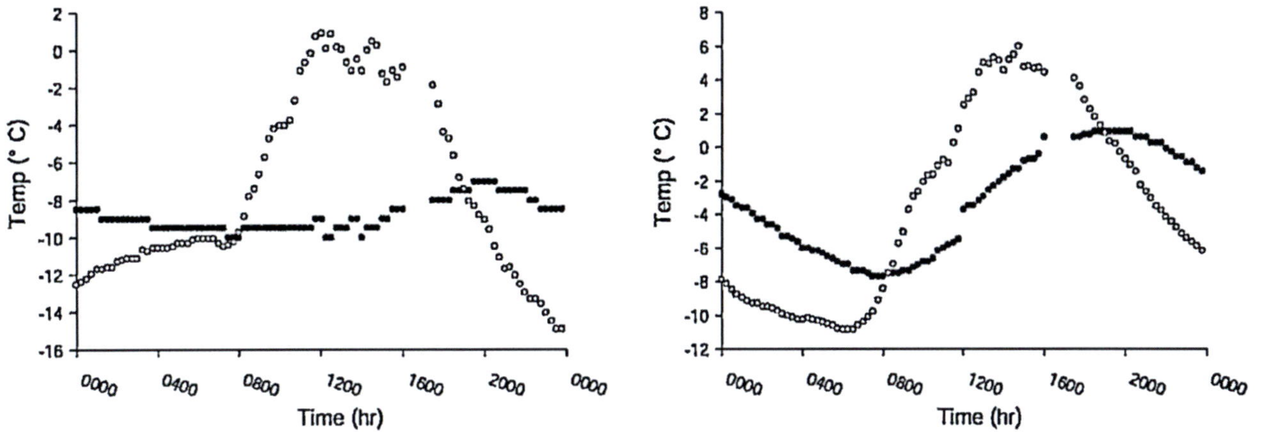

Spechthöhle in einer Weymouth-Kiefer	
Höhlenabmessung HxTxB:	54cm x 25cm x 13,5cm
Volumen Höhle:	16,6l
Abstand zum Boden:	1,4m
Durchschittliche Wandstärke:	9,5cm
Flugloch HxB:	10,5cm x 6,5cm
Brusthöhendurchmesser Baum:	43,1cm
Amplitudendämpfung:	4,8*
Phasenverschiebung:	8h*

* Werte aus Kurvenverlauf ermittelt

Asthöhle in einer Weiß-Esche	
Höhlenabmessung HxTxB:	43cm x 17cm x 21,5cm
Volumen Höhle:	13,2l
Abstand zum Boden:	3,21m
Durchschnittliche Wandstärke:	8,2cm
Flugloch HxB:	14cm x 4,5cm
Brusthöhendurchmesser Baum:	37,5cm
Amplitudendämpfung:	1,8*
Phasenverschiebung:	5h*

Abb. 37: Amplitudendämpfung und Phasenverschiebung in unbewohnten Baumhöhlen. Grafiken aus: (Coombs et al., 2010)[154]. Abmessungen und Baumdaten: Jeff Bowman, 4.2.2021 per Mail

Als weitere Faktoren werden die Wandstärken der Baumhöhle und der Abstand der Höhle zum Boden genannt. Diese Faktoren stehen allesamt in einem direkten Zusammenhang mit der Masse, dem Volumen und/oder dem Wassergehalt des die Baumhöhle umgebenden Holzes. Der Einfluss auf die Amplitudendämpfung ist somit nachvollziehbar und entspricht den bereits beschriebenen Zusammenhängen der Bauphysik.

Die Zerfallsklasse des Baumes wirkt sich folgendermaßen auf die Amplitudendämpfung aus: Gesunde, lebende Bäume haben in der Regel Holzfeuchten (Verhältnis Wassergewicht zu Trockenholzgewicht) zwischen 40 % und 100 %; d. h., ihr Gesamtgewicht besteht zu 30 bis 50 % aus Wasser. Diese Wassermenge stellt ebenso wie die eigentliche Holzmasse einen Wärmespeicher dar. Etwa die Hälfte der Wärmespeicherfähigkeit des lebenden Baumes ist somit auf seinen Wassergehalt zurückzuführen. Mit dem Absterben des Baumes beginnt der Zerfall des Holzes und die Holzfeuchte sinkt: Im Laufe der Monate und Jahre trocknet die Holzfeuchte auf Werte unterhalb der Fasersättigung, bis sich ein Gleichgewicht zwischen Holzfeuchte und Luftfeuchte einstellt. Mit dem Abfallen des Wassergehaltes sinkt auch die Wärmespeicherfähigkeit des Baumes; sie setzt sich zusammen aus der Wärmespeicherfähigkeit der Trockenholzmasse und der des Wassers.[130] Der fortschreitende Zerfall des Baumes reduziert außerdem die Rohdichte des Holzes, also die Masse pro Volumen. Dies wirkt sich ebenfalls mindernd auf die Wärmespeicherfähigkeit aus und senkt letztlich auch die enthaltene Wassermenge noch weiter.

Aber auch die Eigenschaft der Wärmeleitfähigkeit des Holzes verändert sich mit dem Absterben durch die Veränderungen des Wassergehaltes und der Dichte des Holzes: Sie sinkt mit geringerem Wassergehalt und geringerer Dichte. Die dominantere Veränderung bezüglich der Amplitudendämpfung ist die der Wärmespeicherfähigkeit: Unterm Strich fällt die Amplitudendämpfung mit steigender Zerfallsklasse des Baumes geringer aus.

Als weitere Faktoren werden die Belüftungssituation in der Baumhöhle (siehe «Zusätzliche Einflüsse auf die Temperaturverhältnisse in der Bienenwohnung») und die Himmelsrichtung der Orientierung festgestellt. Der festgestellte Einfluss der Ausrichtung der Baumhöhle je nach Himmelsrichtung ist naheliegend und auf die unterschiedlichen äußeren Lasten (Sonneneinstrahlung und Windlasten) zurückzuführen: Eine Baumhöhle, deren dünnste

Abb. 38: Flugloch einer natürlichen Bienenwohnung in einer Baumhöhle. Foto: © Wolfgang Schwarz

Außenwand von der Sonne beschienen wird, erfährt eine größere tägliche Temperaturschwankung als eine, die nicht beschienen wird. Dasselbe gilt für eine Baumhöhle, deren Flugloch der Wetterseite zugewandt ist.

DER GEMEINSAME NENNER HITZESCHUTZ

Es ist unbestritten, dass die Evolution der Honigbienen sich in Millionen von Jahren überwiegend in Bienenwohnungen mit starkem Hitzeschutz vollzogen hat: Erd-, Fels- und Baumhöhlen stellen seit jeher die natürliche Bienenwohnung dar.(2) Und der starke Hitzeschutz ist der gemeinsame Nenner dieser sonst unterschiedlichen Bienenwohnungen. In solchen natürlichen Bienenwohnungen kann der Hitzeschutz über die Dämpfung der täglichen Temperaturschwankungen hinaus konstante Durchschnittstemperaturen über Tage und Wochen bewirken.

Der Wärmeschutz ist dagegen nicht zwangsläufig gut in natürlichen Bienenwohnungen. Er kann zwar in trockenen Baumhöhlen gute Werte aufweisen, feuchtes oder gar nasses Holz, Erdreich und Felsgestein weisen jedoch deutlich höhere Wärmeleitfähigkeiten auf und bieten nur einen mäßigen oder schlechten Wärmeschutz. Der Wärmeschutz ist in den verschiedenen natürlichen Bienenwohnungen also immer unterschiedlich gut ausgefallen. Dabei ist er selbst in trockenen Baumhöhlen nie so gut ausgefallen, wie er heute im Beutenbau durch hochwertige Dämmstoffe möglich ist.

5 Der Wärmeschutz von Bienenwohnungen

Wie bereits einleitend zum «Hitzeschutz von Bienenwohnungen» erwähnt, trennt jede Gebäudehülle das Außenklima vom Innenklima und stellt eine Verbindung für Wärmetransporte dar. Je nach Materialeigenschaft und Schichtdicke der Wände lassen sie unterschiedlich viel Wärme durch und stellen einen unterschiedlich großen Wärmespeicher dar, der erwärmt werden muss, bevor die Wärmetransporte auf der anderen Seite ankommen. Das Bauteil kann den klimatisierten Innenraum daher vor Energieverlusten und vor den Temperaturschwankungen der Außenluft schützen. Hierbei wird der Wärmeschutz unterschieden nach winterlichem und sommerlichem Wärmeschutz: Der winterliche Wärmeschutz reduziert Energieverluste beim Temperieren des Innenraums auf Temperaturen, die von der durchschnittlichen Temperatur der Außenluft abweichen. Und der sommerliche Wärmeschutz schützt den Innenraum vor äußeren Temperaturschwankungen. Es ist üblich, beim winterlichen Wärmeschutz vom Wärmeschutz zu sprechen und beim sommerlichen Wärmeschutz vom Hitzeschutz. Wir halten uns in diesem Buch an diese Gepflogenheiten und verwenden die Begriffe Wärmeschutz und Hitzeschutz in der beschriebenen Bedeutung.

DER WÄRMESCHUTZ UND DER UNTERSCHIED ZUM HITZESCHUTZ

Beim Hitzeschutz wird betrachtet, ob und wann Wärmeenergie auf der Innenseite eines Bauteils infolge äußerer täglicher Belastungen ankommt. Es werden also Wärmetransporte von außen nach innen betrachtet und welche Temperaturschwankungen sich auf der Innenseite der Wandflächen einstellen. Die Wärmemenge, die auf der Innenseite ankommt, spielt bei diesen Betrachtungen keine Rolle. Der Hitzeschutz sagt also nichts darüber aus, welcher Energieaufwand auf der Innenseite betrieben werden muss, um den Temperaturschwankungen entgegenzuwirken, sondern nur, ob und in welcher Höhe sich innen Temperaturschwankungen einstellen wollen. Für die Qualität des Hitzeschutzes sind, wie ausführlich besprochen, die Abmessungen, die Wärmeleitfähigkeit und die Wärmespeicherfähigkeit der Bauteile verantwortlich.

Beim Wärmeschutz betrachten wir Wärmetransporte in umgekehrter Richtung, also von innen nach außen. Wir berechnen, wieviel Wärmeenergie von der wärmeren zur kälteren Seite durch das Bauteil im Laufe größerer Zeiträume strömt. Wir wollen wissen, wie hoch der Energieaufwand innen in einem bestimmten Zeitraum sein muss, um einen bestimmten Temperaturunterschied zur Außenluft zu halten. Wir wollen also wissen, welcher Heiz- oder Kühlaufwand notwendig ist, um in einem bestimmten Zeitraum eine bestimmte Temperatur auf der Innenseite bei den vorhandenen Außentemperaturen einzustellen und zu halten.

Beim Hitzeschutz betrachten wir schwankende tägliche Temperaturen auf der Außenseite und berechnen, welche Temperaturen sich an der Innenseite des Bauteils infolge dieser Temperaturbelastung einstellen wollen. Außentemperatur, Materialkennwerte und Geometrie sind also bekannt und wir berechnen die Verlaufskurve der Innentemperatur auf der Oberfläche der Bauteile unter der Annahme, dass die Temperatur auf der Innenseite von keinen anderen Wärmequellen beeinflusst wird.

Bei den Berechnungen des Wärmeschutzes rechnen wir mit den Durchschnittstemperaturen des betrachteten Zeitraums auf beiden Seiten des Bauteils. Sind die Temperaturen auf beiden Seiten, die Materialkennwerte und die Geometrie des Bauteils bekannt, so können wir nun die durch das Bauteil strömende Wärmemenge berechnen. Die Zeiträume für die Wärmeschutzberechnungen werden hierbei nach Heiz- und Kühlperioden getrennt betrachtet. Die Wärmeleitfähigkeit ist in diesem Fall die einzige relevante Materialeigenschaft der Bauteile: Sie und die Abmessungen der Bauteile bestimmen den erforderlichen Energieaufwand zur Temperaturregulierung des Innenraums.

DIE WÄRMEDÄMMUNG UND IHRE WIRKUNG ALS WÄRMESCHUTZ

Mit einer Wärmedämmung ist eine zusätzlich auf oder in der Wandkonstruktion angebrachte Schicht gemeint, die keine tragende Funktion übernimmt und das Ziel hat, den Wärmeschutz zu erhöhen. Solche Schichten (z. B. Schaumstoffe, Styropor, Schafwolle, Hanfdämmwolle) sind in der Regel von sehr geringer Dichte und daher leichter als andere Stoffe mit gleichen Abmessungen. Die Schicht der Wärmedämmung reduziert die Wärmetransporte und stellt selbst (bei den üblichen Abmessungen) nur einen geringfügigen Hitzeschutz dar. Allerdings kann eine auf der Außenseite eines massiven Wandaufbaus zusätzlich angebrachte Wärmedämmung den Hitzeschutz des Bauteils insgesamt stark erhöhen, da der Wärmespeicher der weiter innen liegenden Konstruktion bei Wärmetransporten von außen nach innen durch den Wärmeschutz langsamer gefüllt wird. Im Bienenbau ist es gegenüber dem Häuserbau auch möglich, Wärmedämmungen als «tragende Bauteile» zu verwenden, da es keine nennenswerten abzutragenden Lasten gibt. Es

Abb. 39: Streuobstwiesen mit verschiedensten Obstbaumsorten bieten nicht nur Baumhöhlen, sondern auch Nektar und Pollen, deren Inhaltsstoffe den Honigbienen als Arznei dienen.

ist also möglich, Beuten beispielsweise ausschließlich aus Styropor zu fertigen. Diese bringen dann eben den Nachteil mit sich, dass sie über keinerlei Hitzeschutz verfügen.

DIE SCHICHTEN DES WÄRMESCHUTZES DER BIENENTRAUBE UND GRUNDSÄTZLICHE ÜBERLEGUNGEN FÜR IHRE BERECHNUNG

Alle Schichten, die eine Wärmequelle umgeben und sie von der Außenluft trennen, stellen einen mehr oder weniger guten Wärmeschutz dar. Die Güte dieses Wärmeschutzes ist abhängig von der Materialeigenschaft «Wärmeleitfähigkeit» und der vorhandenen Schichtdicke. Für Wärmeschutzberechnungen im Bienenstock ist also zunächst einmal die Erfassung der Abmessungen der Wärmequelle notwendig, um die Abmessungen der als Wärmeschutz wirkenden Schicht zu erfassen: Aktives Heizverhalten der Honigbienen findet hauptsächlich im Brutbereich statt. Aber auch der mit Bienen besetzte umliegende Bereich stellt eine Wärmequelle dar, vereinzelt durch gezieltes Heizen und hauptsächlich durch die Anwesenheit der warmen Bienenkörper. Die gedankliche Trennung des Brutbereiches von dem mit Bienen besetzten Wabenbau macht für unsere Berechnungen keinen Sinn, da uns nur der Energieverlust des gesamten Volkes interessiert. Abgesehen davon würde eine gedankliche Trennung dieser Bereiche zusätzliche Annahmen erforderlich machen und Ungenauigkeiten mit sich bringen. Nichtsdestotrotz sei an dieser Stelle bereits angemerkt, dass der mit Bienen besetzte Wabenbau für das Brutnest einen ausgezeichneten Wärmeschutz darstellt.

Alle nicht mit Bienen besetzten Bereiche, welche die Bienentraube umgeben und sie von der Außenluft trennen, stellen für das Bienenvolk einen mehr oder weniger guten Wärmeschutz dar (auch der unbesetzte Wabenbau). Stark belüftete Bereiche innerhalb der Bienenwohnung oder leere Kastenbereiche sind dabei wie die Außenluft selbst anzusehen; sie haben keine Wirkung als Wärmeschutz und unterbinden auch die Wirkung weiter außen liegender Bereiche. So hätte beispielsweise eine wärmedämmende Platte, die mit Abstandhaltern 2 cm über dem Deckel einer Bienenbeute aufgelegt würde, keine wärmedämmende Wirkung. Die dazwischenliegende Luftschicht hätte aufgrund ihrer starken Belüftung durch die direkte Verbindung an den Seiten zur Außenluft immer die gleichen Eigenschaften wie die Außenluft. Weder die Luftschicht selbst noch die zusätzlich aufgelegte Wärmedämmung hätten eine wärmeschützende Wirkung für die Wärmequelle im Bienenstock. Wäre die Luftschicht dagegen seitlich umwandet, also allseits von der Außenluft getrennt, dann würde die Luft in dieser dünnen Schicht weitestgehend ruhen und einen Wärmeschutz darstellen. Und auch die weiter außen liegende Schicht, also die aufliegende Platte, würde entsprechend ihrer Eigenschaften als Wärmeschutz wirken. Dieser Zusammenhang macht deutlich, wie fatal sich offene Böden und zusätzlich angebrachte Belüftungen in Bienenbeuten auswirken können: Mit steigendem Grad der Belüftung der Luftschichten zwischen den Waben sinkt ihre Wirkung als Wärmeschutz und auch die der von der Bienentraube aus gesehen weiter außen liegenden Schichten.

Alle die Randbienen des Bienenvolkes umgebenden Bereiche können also für die Bienentraube einen Wärmeschutz darstellen, sofern die Luftschichten in den Wabengassen nicht belüftet sind: Der nicht mit Bienen besetzte Wabenbau, die Konstruktion der Beute bzw. die Wände der natürlichen Bienenwohnung und eine eventuell zusätzlich aufgebrachte Wärmedämmung. Aus diesem Umstand wird klar, dass dem Bienenvolk abhängig von der Jahreszeit eine sehr unterschiedliche Qualität des Wärmeschutzes zur Verfügung steht: Je weiter sich die Bienentraube zusammenzieht, desto dicker ist die wärmeschützende Schicht des unbesetzten Wabenbaus.

Die Wärmemenge, die das Bienenvolk durch die umliegenden Schichten verliert, ist abhängig von dem Gesamtwiderstand dieser umliegenden Schichten gegen Wärmetransporte. Je größer dieser Gesamtwiderstand ist (d. h., je geringer die Wärmeleitfähigkeiten der Materialien und je dicker die Schichten sind), desto geringer ist die Wärmemenge, die verloren geht. Mit der Kenntnis dieser Gesamtwärmemenge können wir theoretisch die Temperaturen in jeder Zwischenschicht des Wandaufbaus berechnen. Das liegt daran, dass die Gesamtwärmemenge, die durch den gesamten Wandaufbau und das an diesem anliegende Temperaturgefälle bestimmt wird, jede einzelne Zwischenschicht in der gleichen Größe durchströmt. D. h., der unbesetzte Wabenbau wird von der gleichen Wärmemenge wie die Wände der Bienenwohnung durchströmt. Auf dem Weg vom Rand der Wärmequelle zur Außenluft geht weder Wärmeenergie verloren (sofern keine Luftwechsel mit der Außenluft stattfinden und in den Schichten keine Kühleffekte auftreten, wie beispielsweise durch die Verdunstung von Wasser), noch kommt Wärmeenergie hinzu (sofern keine anderen Wärmequellen wie beispielsweise Kondensation von Wasser wirken).

Aus diesem Grund können wir mit Kenntnis der Temperaturen in den Zwischenschichten auch die durchströmende Gesamtwärmemenge ermitteln. Diesen Umstand nutzt beispielsweise Dr. Anton Büdel bei seinen Berechnungen der Gesamtwärmeverluste eines Bienenvolkes im Winter,[(115)] die wir etwas später ausführlicher vorstellen: Er kennt die Lage der Bienentraube, die Temperatur der Randbienen und die Temperatur der äußersten Wabenbereiche. Mit Kenntnis dieser Temperaturen, Abschätzung der Wärmeleitfähigkeiten von Wabenbau/Luftschichten und Kenntnis der Geometrie der Bienenwohnung berechnet er die Gesamtwärmemenge, die den Honigbienen verloren geht, ohne die Außenwände oder die Außentemperatur in seine Berechnungen einbeziehen zu müssen. Das bedeutet aber nicht, dass die Außenwände und die Außentemperatur keinen Einfluss auf die Energieverluste hätten: Sie wirken sich auf die Temperaturen in den Zwischenschichten aus, die gemessen wurden und in die Berechnung eingehen.

Die Wärmeverluste des Bienenvolkes lassen sich also bei Kenntnis der Temperaturen auch durch Kenntnis der Wärmeleitfähigkeit einzelner Schichten berechnen, hierfür benötigen wir nicht zwingend die Kenntnis der Wärmeleitfähigkeit aller Schichten. Wir könnten daher in der Praxis gezielt Temperaturen an Zwischenschichten messen, deren Materialeigenschaften uns genau bekannt sind, und so die exakten Energieverluste des Bienenvolkes berechnen. Oder andersherum: Mit Kenntnis der genauen Energieverluste (Honigverbrauch) und der Temperaturen lassen sich die Materialeigenschaften bestimmen.

Die größten Herausforderungen bezüglich der Temperaturregulierung entstehen für das Bienenvolk in ungedämmten Beuten im Frühling und Herbst, wenn es zu Temperaturrückschlägen und ersten Temperatureinbrüchen kommt. Die in diesen Perioden bereits große Ausdehnung des Bienenvolks innerhalb des Wabenbaus führt zwangsläufig zu einem kleineren «Winterpelz» in Form von unbesetzten Wabenbereichen (siehe auch «Der Wabenbau als Winterpelz der Honigbienen»). Diese Situationen sind häufig der Auslöser von Krankheiten und Brutschäden.

DER WABENBAU ALS WINTERPELZ DER HONIGBIENEN

Der Wabenbau der Bienen selbst stellt einen Wärmeschutz dar, der mit Bienen besetzte Wabenbau einen noch besseren als der unbesetzte. Ältere Literatur und Studien verschiedener Autoren gehen bereits ausführlich darauf ein: «Die Wabe ist ein ausgezeichneter Wärmeschutz, denn das Wachs ist ein schlechter Kälteleiter und die mehr oder weniger stehende Luft in den vielen Zellen ein noch schlechterer.»[(155)] Die wärmeschützende Wirkung des Wabenbaus geht im Winter sogar über diese bereits von Armbruster festgestellte noch hinaus, da die Luftschichten in den Wabengassen ebenfalls weitestgehend ruhend sind, zumindest, wenn es keine Querlüftungen und offene Böden gibt. Ferdinand Gerstung beschäftigte sich bereits zu Beginn des letzten Jahrhunderts mit dem Wärmeschutz von Bienenbeuten. Er stellte bereits zu dieser Zeit die gute wärmeschützende Eigenschaft des Wabenbaus fest und nannte den Wabenbau daher treffend den «Winterpelz der Bienen».[(156)]

Die Ermittlung der Wärmeleitfähigkeit des Wabenbaus ist kompliziert, ihr Wert variiert unter anderem in Abhängigkeit der Richtung der Wärmetransporte bezüglich der Wabenebene und der Schwerkraftrichtung.

Wir können uns den nicht mit Bienen besetzten Wabenbau wie einen Körper aus zwei verschiedenen Materialien vorstellen, welche wie ebene Platten wechselweise aneinanderliegen: Die etwa 2,5 cm dicken Waben mit ihren Zellfüllungen und die knapp 1 cm dicken Luftschichten der Wabengassen. Diese Platten (Ebenen) stehen im Bienenstock immer lotrecht (senkrecht), also parallel zur Richtung der Schwerkraft. Befindet sich nun innerhalb dieses Gebildes (Wabenbau inklusive Luftschichten) ein Wärmeträger (Bienentraube), so gibt er in alle Richtungen Wärme ab, welche durch die Wärmeleitfähigkeit des Wabenbaus gebremst werden. Die Größe dieser Wärmeleitfähigkeit ist abhängig von der Richtung der Wärmetransporte.

Für überschlägliche Berechnungen teilen wir die Wärmetransporte gedanklich in ihre Hauptrichtungen auf:

Abb. 40: Die Waben im Bienenstock dienen den Honigbienen als Winterpelz, als Kinderstube, als Vorratskammer und uns Menschen als Grundlage für Bienenkerzen. Der Naturbau ermöglicht es den Honigbienen, das Wabenwerk in einer Höhle so auszurichten, dass das Kleinklima für sie optimal ist.

Diese sind von der Bienentraube aus «senkrecht zu den Wabenebenen» und «entlang der Wabenebenen». Die Wärmetransporte senkrecht zu den Wabenebenen verlaufen immer horizontal (waagerecht, quer zu den Waben), weil der Wabenbau von den Honigbienen immer senkrecht angelegt wird. In der Richtung «entlang der Wabenebenen» können die Wärmetransporte in jede Richtung bezüglich der Schwerkraft verlaufen. Wir unterteilen diese in horizontale und vertikale Wärmetransporte, wobei die vertikalen erneut unterteilt werden müssen in «nach oben» und «nach unten», da die Wärme sich durch Luft in diese Richtungen unterschiedlich schnell ausbreitet. Die Wärmetransporte finden unterschiedlich stark ausgeprägt über die verschiedenen Wärmetransportmechanismen (Wärmeleitung, Wärmeströmung, Wärmestrahlung) in den sich jeweils abwechselnden Schichten statt. Die Schichten untereinander beeinflussen sich dabei wieder gegenseitig.

Nun wird es noch etwas komplexer, weil die Waben nicht überall als homogene Scheiben betrachtet werden können. Ihre wärmetechnischen Eigenschaften variieren stark in Abhängigkeit zur Zellfüllung. Außerhalb der Bienentraube kommen hauptsächlich die Zellfüllungen Luft und Honig in Betracht. Die Wärmetransporte innerhalb der Bienentraube versuchen wir nicht rechnerisch zu erfassen. Unterhalb der Bienentraube sind die Zellen meist mit Luft und oberhalb mit Honig gefüllt. Seitlich der Bienentraube ist beides möglich und stark von der Jahreszeit abhängig.

Betrachten wir also die Wärmetransporte senkrecht zu den Wabenebenen, horizontal im Wechsel durch Waben-

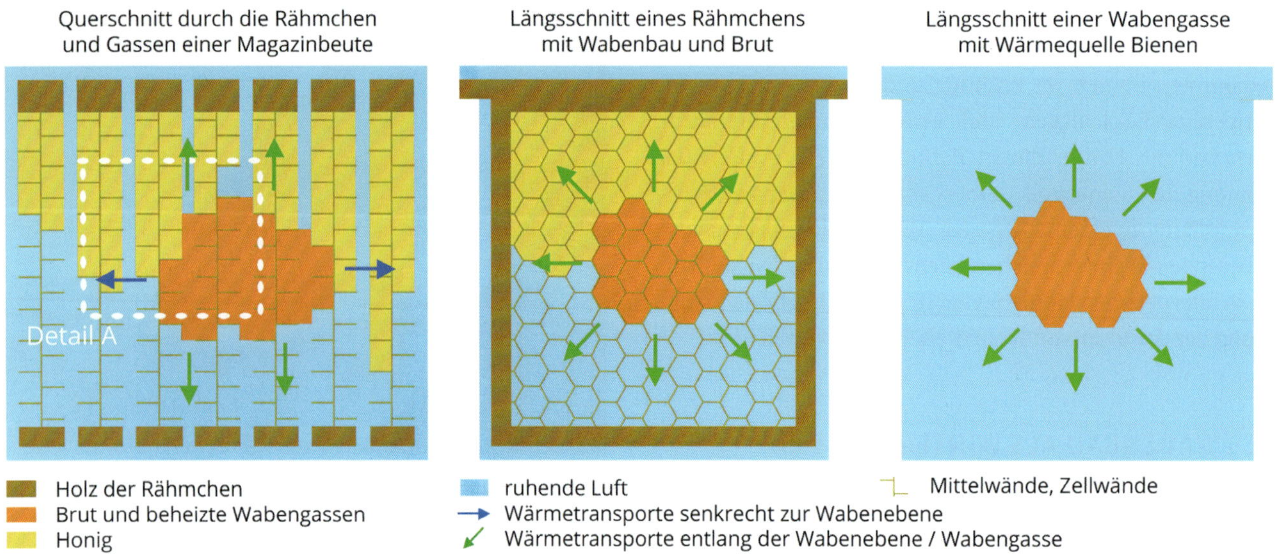

Abb. 41: Schematische Darstellung der Wärmetransportrichtungen im Wabenbau. Die Größe der jeweiligen Wärmetransporte ist nicht dargestellt.

gasse und Wabe (siehe Abb. 41, Bild links), so breitet sich die Wärme von der Bienentraube her abwechselnd durch Waben mit ihren Zellfüllungen (Honig, Pollen, Luft) und die Luft der Wabengassen aus (siehe auch Abb. 42). Bei luftgefülltem Wabenbau kommt es hier zu der Gegebenheit, dass sich lediglich die hauchdünnen Mittelwände des Wabenbaus mit etwa 3,4 cm dicken Luftschichten abwechseln.

Entlang der Wabenebenen breitet sich die Wärme parallel durch die zwei verschiedenen «Ebenen» Wabe (siehe Abb. 41, Bild mittig und Abb. 42) und Wabengasse (siehe Abb. 41, Bild rechts und Abb. 42) aus. Die Waben müssen im Falle von luftgefüllten Wabenbereichen nochmal unterteilt werden in die Scheiben «Mittelwände» und «Wabenzellen», da innerhalb der leeren Wabenzellen Wärmetransporte durch Strahlung dominieren. In den Wabenbereichen mit Zellfüllung Honig/Pollen ist die Unterteilung nicht notwendig, hier wird die Wärme gleichermaßen nur durch Wärmeleitung übertragen. Die Wärmeleitfähigkeit dieser unterschiedlichen Stoffe hat die gleiche Größenordnung, sodass wir für das «Verbundbauteil» Honigwabe die Wärmeleitfähigkeit des volumenmäßig stark dominierenden Stoffs Honig annehmen können.

Der Wert der Wärmeleitfähigkeit entlang der Wabengassen und durch die leeren Zellen, also durch alle Luftschichten, ist abhängig davon, in welcher Richtung bezüglich der Schwerkraft die Wärmetransporte verlaufen: Wärmetransporte von der Wärmequelle nach unten fallen geringer aus als die nach oben. Dies liegt darin begründet, dass kleinste Lufteinheiten oberhalb der Wärmequelle, deren Unterseite erwärmt wird, dazu angeregt werden, sich zu drehen oder ihren Platz mit einem kühleren dar-

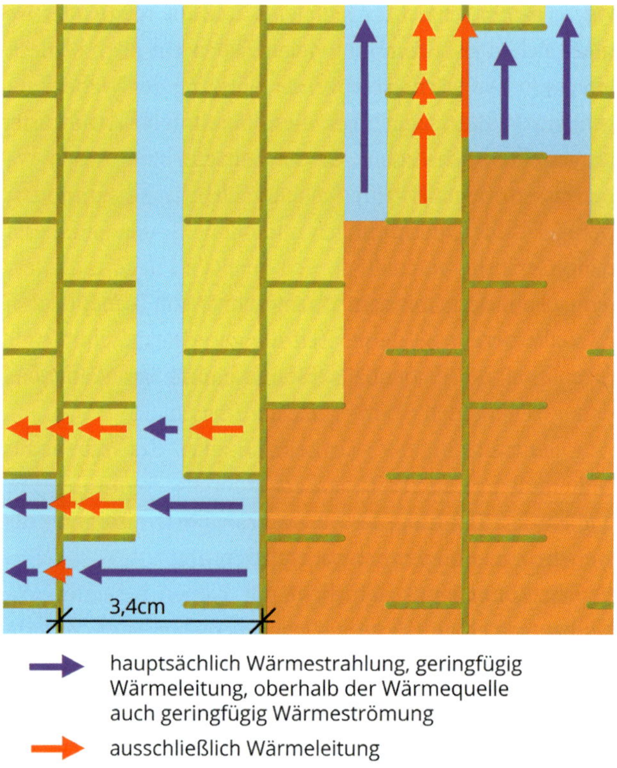

Abb. 42: Schematische Darstellung der Wärmetransportmechanismen im unbesetzten Wabenbau, Detail A aus Abb. 41

überliegenden Luftteilchen zu wechseln, weil warme Luft leichter ist als kalte. Kleinste Lufteinheiten unterhalb der Wärmequelle, deren Oberseite erwärmt wird, haben dagegen keine Veranlassung, ihre Position zu verändern. Es kommt also auch im Bienenstock mit seinen engen Wabengassen und weitestgehend ruhenden Luftschich-

Abb. 43: Wärmestrahlung durch reduzierten Querschnitt der Wabengassen infolge der Unebenheiten des Wabenbaus (aus dem Blickwinkel der Wärmebildkamera nur in der 2. Wabengasse von links sichtbar)

ten (sofern sie nicht von den Bienen oder durch äußere Windlasten bewegt werden) zu Wärmetransporten durch Wärmeströmung. Hierbei handelt es sich aber nicht um größere gleichgerichtete Luftströmungen, welche eine Schichtung der Wärme nach der Höhe erzeugen könnten. Es sind kleinste Bewegungen von Luftquanten, welche die Wärmetransporte nach oben geringfügig beschleunigen, ohne dabei größere Luftschichten in Bewegung zu setzen.

Abgesehen von diesen Einflüssen der Wärmetransportrichtung bezüglich der Wabenebenen und der Schwerkraft nehmen individuell verschiedene und mit der Zeit veränderliche Zustände großen Einfluss auf die Wärmeleitfähigkeit: Die Zellfüllungen, der individuelle Wabenbau, die Belüftungssituation, die Anwesenheit und Dichte des Bienenbesatzes, die Position der Bienentraube im Wabenbau usw. sind auch bei ein und demselben Volk über die Zeit veränderlich und können nicht exakt erfasst werden. Die Berechnung und Angabe einer Wärmeleitfähigkeit des Wabenbaus kann daher immer nur eine Näherung darstellen.

Eine Versuchsreihe mit Messung der Wärmetransporte senkrecht zu den Waben[157] liefert plausible Anhaltswerte für die Wärmeleitfähigkeit des Wabenbaus: Für den mit Bienen besetzten Wabenbau wird eine Wärmeleitfähigkeit von λ = 0,027 W/(mK) ermittelt. Er stellt somit bei Wärmetransporten senkrecht zu den Wabenebenen eine bessere Wärmedämmung dar als Schafwolle (λ = 0,04 W/(mK)). Die geringe Wärmeleitfähigkeit liegt begründet in den engstehenden Bienenkörpern und ihrem die Luft beruhigenden Pelz: Von den drei möglichen Wärmetransportmechanismen tragen Wärmeströmung und Wärmestrahlung kaum zu den Wärmetransporten bei, die Wärmetransporte finden fast ausschließlich über die molekulare Wärmeleitung statt, und diese ist bei ruhender Luft sehr gering.

Für den unbesetzten Wabenbau wird in der gleichen Veröffentlichung senkrecht zu den Wabenebenen eine Wärmeleitfähigkeit von λ = 0,15 bis 0,18 W/(mK) ermittelt. Der unbesetzte Wabenbau stellt also bei Wärmetransporten senkrecht zu den Wabenebenen bei gleicher Schichtdicke eine fast ebenso gute Wärmedämmung wie lufttrockenes Holz (λ = 0,08 bis 0,17 W/(mK)) dar bzw. eine etwas bessere als saftfrisches Holz (λ = 0,14 bis 0,30 W/(mK)). Dieser Wert ist plausibel und stimmt mit berechneten Werten nach Norm EN ISO 6946 unter Berücksichtigung der Wärmestrahlung überein: Im unbesetzten Wabenbau mit Zellen ohne Inhalt ergeben sich ruhende Luftschichten zwischen den Mittelwänden mit 3,4 cm Abstand (siehe Abb. 42). Die Wärmestrahlung, ausgesendet von einer Mittelwand, durchquert zunächst die ruhende Luftschicht der anliegenden Wabenzelle der Länge nach, dann die ruhende Luftschicht der Wabengasse quer und schließlich wieder die ruhende Luftschicht der gegenüberliegenden Zelle der Länge nach, bevor sie nach insgesamt 3,4 cm zurückgelegter Strecke auf die Mittelwand der nächsten Wabe trifft und mit ihr Wärmeenergie tauscht. Bei einem Wärmetransport senkrecht zur Mittelwand ergibt sich so rechnerisch eine Wärmeleitfähigkeit des Wabenbaus von 0,169 W/(mK) (berechnet mit Bauphysik-Software «HTflux»). Von den drei möglichen Wärmetransportmechanismen ist die Wärmestrahlung in dieser Richtung für etwa 85 % der Wärmetransporte verantwortlich. Die molekulare Wärmeleitung übernimmt den Rest, die Wärmeströmung macht sich in den engen Zellen und der 1 cm dicken Wabengasse kaum bemerkbar. Gegenüber dem mit Bienen besetzten Wabenbau hat also der unbesetzte Wabenbau senkrecht zu den Wabenebenen eine etwa sechsmal größere Wärmeleitfähigkeit, und zwar fast ausschließlich begründet durch die zusätzlich stattfindenden Wärmetransporte in Form von Wärmestrahlung.

Uns sind keine Versuche bekannt, in denen der Wert der Wärmeleitfähigkeit entlang der Wabenebenen (siehe Abb. 41) analog zu den beschriebenen Versuchen von Southwick[157] für Wärmetransporte senkrecht zu den Wabengassen ermittelt wurde. Der wesentliche Unterschied bei den Wärmetransporten zwischen den beiden Richtungen ist, dass sich Wärmestrahlen entlang der Wabengassen auch über größere Strecken ausbreiten können. Bei geringen Abständen der Bienentraube von den Wänden der Bienenwohnung dürften sich die jeweiligen Werte der Wärmeleitfähigkeit daher kaum unterscheiden. Erst bei größeren Abständen machen sich die erhöhten Wärmetransporte durch Wärmestrahlung bemerkbar. Wobei dieser Effekt etwas geringer ausfällt als zunächst erwartet: Die vielen Unebenheiten der Wabenoberfläche sorgen selbst im Bienenstock mit Rähmchen-System dafür, dass die Wärmestrahlen nicht über die komplette Breite der Wabengasse (8–10 mm) strahlen können. Je länger die Strecke ist, die die Wärmestrahlen zurücklegen, desto mehr Unebenheiten versperren ihnen den Weg, um die komplette Strecke zu durchlaufen. Durchlaufen die Wärmestrahlen beispielsweise eine Wabengasse in einer Dadant-Blatt-Beute von unten nach oben, so kommen die Wärmestrahlen oben (nach einer Strecke von 30 cm) nur noch auf einer Breite von 2–3 mm an, obwohl der Abstand der Waben an jeder Stelle etwa 8–10 mm beträgt. Es findet durch die vielen Unebenheiten also bereits auf dem Weg durch die Wabengasse ein Austausch von Wärmestrahlen zwischen Wärmequelle und Wabenbau statt. Um diesen Effekt sichtbar zu machen, muss man nicht wie wir ein erwärmtes Brett unter die Rähmchen schieben und von oben mit einer Wärmebildkamera fotografieren (siehe Abb. 43). Wärmestrahlen breiten sich nach den gleichen Gesetzmäßigkeiten wie Lichtstrahlen aus, daher würde auch eine einfache Lichtquelle und ein normaler Fotoapparat genügen.

Die Bienentraube selbst verlangsamt durch ihre Bienenkörper in den Wabengassen deutlich die Wärmetransporte von den Wärmequellen im Inneren nach außen, sie stellt einen kaum zu übertreffenden Wärmeschutz ($\lambda = 0{,}027$ W/(mK)) für das Wärmezentrum (Brut) dar. Der unbesetzte Wabenbau lässt zwar mehr Wärmetransporte zu, bedeutet aber dennoch einen guten Wärmeschutz für das Bienenvolk ($\lambda \approx 0{,}15 - 0{,}4$ W/(mK)), insbesondere, wenn er im «Wirrbau» angelegt wurde. Je tiefer sich das Bienenvolk in den Wabenbau zurückzieht, desto besser ist es vor Wärmeverlusten geschützt. Der unbesetzte Wabenbau bietet den Bienen etwa den gleichen Wärmeschutz wie Massivholz in seinen verschiedenen Feuchtezuständen (bei gleichen Abmessungen).

Berechnung der Wärmetransporte ausgehend von der Wintertraube durch den unbesetzten Wabenbau nach außen

Dr. Anton Büdels Veröffentlichung «Der Wärmetransport in dem von den Bienen während des Winters nicht besetzten Innenraum der Beute» befasst sich ausführlich mit der Berechnung der Wärmetransporte durch den unbesetzten Wabenbau.[115] Er macht sich hierbei zunutze, dass die Wärmemenge, die jede einzelne die Bienentraube umgebende Schicht durchquert, gleich groß sein muss. Die gemessene Temperaturverteilung im unbesetzten Wabenbau genügt ihm daher, um unter Abschätzung der Wärmeleitfähigkeit der einzelnen Bestandteile des Wabenbaus und der Geometrie der Bienentraube die gesamten Energieverluste der Wintertraube zu berechnen. Grundlage für seine Berechnungen sind von ihm durchgeführte Temperaturmessungen über 500 Tage in der Wabengasse einer ungedämmten Magazinbeute. Bemerkenswert und vermutlich einmalig in der Bienenforschung ist die Anzahl von 60 Sensoren, wodurch sich eine präzise Temperaturverteilung auf der Wabe zeichnen lässt (siehe Abb. 44). Dies wird nur ermöglicht durch die Verwendung von Thermoelementen als Sensoren, die neben ihrer hohen Genauigkeit einen sehr geringen Platzbedarf haben. Sie bestehen im Grunde nur aus Drahtspitzen, die aus dem Wachs heraus in die Luft ragen, und so die Bienen nur minimal beeinträchtigen und das Kleinklima in den Wabengassen nicht verfälschen.[158]

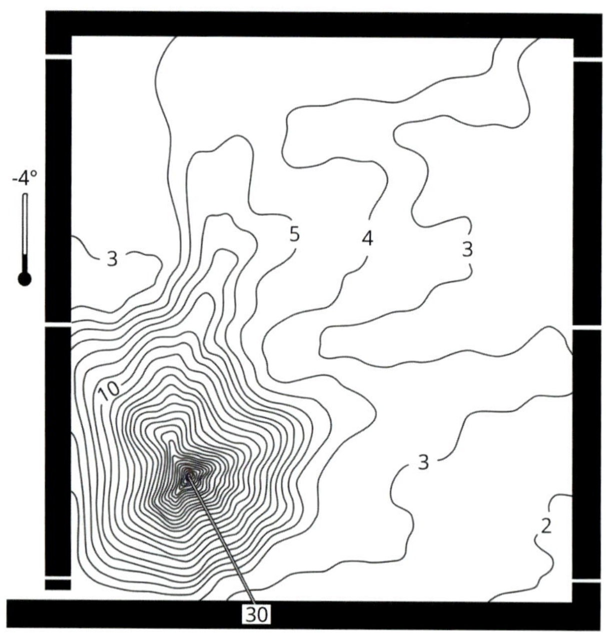

Abb. 44: Temperaturverteilung innerhalb einer Wabengasse (47x50 cm, 2 Langstroth Bruträume übereinander), gemessen mit 60 gleichmäßig verteilten Temperatursensoren (Büdel, 1953)[115]. (Büdel et al.,1960)[113] – aufbereitet

In der Abbildung sind die Punkte gleicher Temperaturen als Linien miteinander verbunden (Isotherme). Die ermittelte Temperaturverteilung in der Wabengasse ermöglicht dem Autor seine weiteren Berechnungen, ohne den Honigverbrauch, die Materialeigenschaften der Bienenwohnung selbst oder die Außentemperatur einbeziehen zu müssen. Die Darstellung der Ergebnisse in Abb. 44 erlaubt die Abschätzung der Lage und Größe der Bienentraube. Darüber hinaus lassen sich weitere Zusammenhänge erkennen:

- Der Temperaturabfall innerhalb der Bienentraube (etwa innerhalb der 10 °C-Isotherme) ist sehr stark, die Linien gleicher Temperatur stehen sehr eng beieinander und weisen auf die deutlich bessere wärmeschützende Wirkung des mit Bienen besetzten gegenüber dem unbesetzten Wabenbau hin.
- Die Temperatur fällt vom Wärmemittelpunkt innerhalb der Bienentraube in alle Richtung stetig ab, es gibt keine Temperaturschichtung der Wärme nach der Höhe. Dies zeigt, dass es in den engen Wabengassen nicht zu gleichgerichteten Wärmeströmungen infolge der Temperaturunterschiede kommt. Der etwas langsamere Temperaturabfall in der Mitte der Waben nach oben und die etwas höhere Temperatur unter der Decke im Vergleich zur Temperatur an der rechten Seitenwand hat vermutlich einen einfachen Grund: Auf der Beute lag eine 3 cm Schneeschicht, welche wie eine Wärmedämmung mit sehr geringer Wärmeleitfähigkeit wirkt. Je nachdem, wie frisch der Schnee gefallen ist, entspricht sein Wärmeschutz sogar dem einer ebenso dicken Strohschicht, mindestens aber dem einer gleich dicken trockenen Holzschicht. Der Wärmeschutz des Deckels ist also zum Zeitpunkt der Messungen etwa zwei- bis dreimal so gut wie der von den Seitenwänden, was den Temperaturverlauf und die um etwa 1–2 °C höhere Temperatur unter dem Deckel gegenüber der Seitenwand vollständig erklärt. Wir sehen in dem Temperaturverlauf keinen Hinweis auf eine Wärmekonvektion in den Wabengassen, so wie Ludwig Armbruster sie zu erkennen meint.[159]
- In der bienennahen Luftschicht kommt es zu einem starken Temperaturabfall; dieser wird mit steigender Entfernung von der Bienentraube immer flacher (die Abstände der Isothermen werden immer größer). Dies ist auf die geometrische Gegebenheit zurückzuführen, dass der Wabenbau die Bienentraube allseits umgibt und die mit Wärme durchströmte Fläche nach außen immer größer wird. Die Gesamtwärmemenge verändert sich auf ihrem Weg nach außen nicht, die Fläche wird aber immer größer. Die Wärmestromdichte (Wärmemenge pro Fläche) sinkt daher auf dem Weg nach außen und mit ihr der Temperaturabfall.

Bei der genutzten Beute handelte es sich um zwei aufeinandergestellte Langstroth-Bruträume mit jeweils neun Waben. Genau genommen handelt es sich in der Darstellung also nicht um eine große Wabengasse, sondern um zwei übereinanderliegende Gassen. Besetzt war die Beute mit einem starken Volk und die Zellen waren gut mit Honig gefüllt. Der Zeitpunkt der dargestellten Temperaturverteilung ist Anfang Dezember.

Allgemein wird die wärmeschützende Wirkung des die Bienen umgebenden Wabenbaus im Laufe des Winters mit fortschreitender Zehrung besser: Gut wärmeleitende Honigzellen werden weniger und schlecht wärmeleitende Zellen werden mehr.

Mit den gewonnenen Messdaten wird beispielhaft die Wärmebilanz für die winterliche Bienentraube aufgestellt. Der «Wärmeträger» Wintertraube wird in seinen einzelnen Schichten, Bienenscheiben und Wabenscheiben (siehe Abb. 45, links), betrachtet. Von diesen einzelnen Schichten werden die Wärmetransporte über Wärmeleitung, Wärmeströmung und Wärmestrahlung zu den jeweils angrenzenden Bereichen (siehe Abb. 45, rechts) berechnet. Es ergibt sich ein Energieverlust der Bienentraube unter den abgebildeten Temperaturverhältnissen von 2,36 Joule pro Sekunde, also 2,36 Watt. Mit Kenntnis des Energiegehaltes von Honig und des Wirkungsgrades, mit dem diese Energie in Wärme umgewandelt wird, lässt sich der Honigbedarf für diesen Energieverlust berechnen.[115]

Honigbienen setzen beim Flugbetrieb die Energie ihrer Nahrung nur mit einem Wirkungsgrad von 10–20 % in Bewegungsenergie um, der Rest fällt als Wärmeenergie an.[160] Folglich ist der Wirkungsgrad zur Erzeugung von Wärme etwa 80–90 %, da sie über ein Muskelzittern der Flugmuskulatur der Bienen erzeugt wird. Hieraus errechnen wir bei der Heizleistung von 2,36 W und einem Energiegehalt von 1300 kJ pro 100 g Honig einen monatlichen Honigverbrauch von etwa 550 g bzw. eine tägliche Zehrung von 18,5 g. Diese Werte sind plausibel und stimmen mit anderen Berechnungen und Beobachtungen aus der Praxis überein: Jebsen berechnet die tägliche Winterzehrung in den Monaten November und Dezember über die vorhandene Bienenanzahl und die bekannten Kohlensäureausscheidungen von Bienen bei verschiedenen Temperaturen mit 20 g in einer ungedämmten Beute.[161] Von ihm zitierte Vergleichszahlen der Zeitschrift «Die Bienenpflege» des Jahres 1942 aus der Praxis betragen für den Monat November 400 g und für den Dezember 616 g Honig.

Ein vielleicht überraschendes Ergebnis an Büdels Berechnungen und der Hauptgrund für unsere ausführliche Betrachtung der Veröffentlichung «Der Wärmetransport in dem von den Bienen während des Winters nicht besetz-

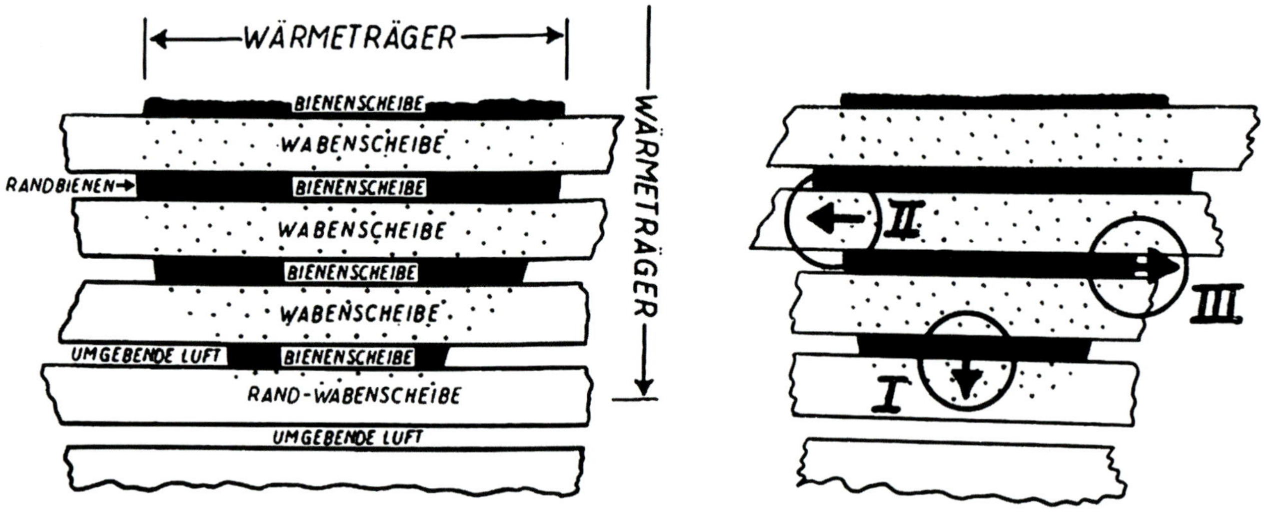

Ausschnitt aus einem Wärmeträger

Die Möglichkeit des Wärmetransports (Horizontalschnitt durch den Wärmeträger)

Abb. 45: Darstellung des Wärmeträgers Bienentraube und der möglichen Wärmetransporte. I: Wärmetransporte der letzten Bienenscheibe zur Rand-Wabenscheibe; II: Wärmetransporte von der Wabenscheibe des Wärmeträgers gegen die unterlagerten Teile derselben Wabenscheibe; III: Wärmetransporte von den Randbienen der Bienenscheibe gegen die Luft in der Wabengasse. (Büdel, 1953)[115] – aufbereitet

ten Innenraum der Beute» ist der große Anteil der Wärmestrahlung in Höhe von 32 % der Gesamtverluste, den die Randbienen entlang der Wabengassen verlieren. Ein Drittel der Gesamtverluste wird nach den Berechnungen also von den Randbienen in die Wabengassen abgestrahlt. Die anderen zwei Drittel werden über Wärmeleitung, Wärmestrahlung und geringfügig auch Wärmeströmung an anderer Stelle in andere Richtungen verloren. Die Wärmestrahlung ist also auch an anderen Stellen an den Wärmetransporten beteiligt, beispielsweise an den Wärmetransporten durch leere Wabenzellen.

Dr. Anton Büdel schließt die Berechnung der Wärmebilanz ab mit der Feststellung, dass eine Reduzierung der Wärmeverluste durch Wärmestrahlung über eine Steigerung der Temperatur auf der Innenseite der Wandungen der Bienenwohnung möglich ist. Dies könne über eine Verringerung der Wärmeleitfähigkeit der Außenwände (Verwendung wärmedämmender Materialien oder größerer Schichtdicken bzw. zusätzliche Wärmedämmung) erfolgen: Die von der Bienentraube erhaltene Wärmespende durch Wärmestrahlung würde weniger schnell an die Außenluft verloren und zu einer Erhöhung der Temperatur der Innenseite der Außenwände führen. So würde die Temperaturdifferenz zwischen den Randbienen und der Außenwand reduziert und mit ihr die Wärmeverluste durch Wärmestrahlung. Auch eine Verringerung des Abstandes der Bienentraube von der Außenwand hätte den Effekt, die Temperaturdifferenz und somit die Wärmeverluste durch Wärmestrahlung zu reduzieren.[115] Mit Reduzierung des Abstandes würden sich aber gleichzeitig die Wärmetransporte durch Wärmeleitung in den benachbarten Wabenscheiben erhöhen, wodurch die Energieeinsparung zumindest teilweise aufgehoben wäre.

Der von Büdel gewählte Berechnungsweg zur Ermittlung der Wärmebilanz ist umständlich. Einfacher und genauer wäre es, die anliegenden Temperaturen an den Holzwänden der Bienenwohnung zu messen. Mit Kenntnis der Materialeigenschaften des Holzes ließen sich die durchströmenden Wärmemengen genau errechnen. Noch einfacher und genauer ist das Wiegen der Beuten und die Bestimmung des Honigverbrauchs, welcher indirekt Aufschluss über die Energieverluste gibt. Kern von Anton Büdels Veröffentlichung ist aber nicht die Berechnung der gesamten Energieverluste, sondern die Betrachtung der Größenordnung der einzelnen Wärmetransportmechanismen im unbesetzten Wabenbau.

Die bienennahe Luftschicht

In der gleichen Veröffentlichung[115] zeigt Büdel auf, dass die Temperatur im eng um die Bienentraube anliegenden Bereich des unbesetzten Wabenbaus stärker abfällt als in den von der Bienentraube entfernteren Bereichen. Büdel nennt die Luftschichten in diesem Bereich die «bienennahe Luft-

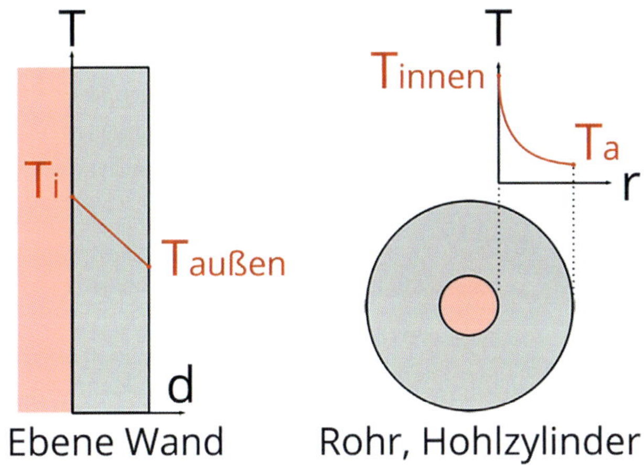

Abb. 46: Unterschiedlicher Temperaturverlauf in einer ebenen Wand und in einer Rohrwand bei innenliegender Wärmequelle

schicht». Der stärkere Temperaturabfall in diesem Bereich ist überwiegend auf die Tatsache zurückzuführen, dass die Bienentraube rundum im dreidimensionalen Raum von seiner Wärmedämmung – dem unbesetzten Wabenbau – umgeben ist. Im Gegensatz zu einer ebenen Wand kommt es hier bei den Wärmetransporten von innen nach außen zu einer größer werdenden Querschnittsfläche. Und im Gegensatz zum linearen Temperaturabfall in einer ebenen Wand kommt es daher bei Zylindern zu einem logarithmischen Temperaturverlauf (siehe Abb. 46) und bei Hohlkugeln zu einem hyperbolischen Temperaturverlauf, also zu Temperaturverläufen, die nach außen immer weniger stark abfallen.

In Abb. 44 ist der Sitz der Wintertraube grob durch die 10 °C-Isotherme zu erahnen. Hier ist der zunächst starke (die Isothermen liegen eng beieinander) und dann nach außen immer schwächer werdende Temperaturabfall (die Abstände zwischen den Isothermen werden größer) von der Bienentraube weg gut zu erkennen.

An dieser Stelle sei nur darauf hingewiesen, dass die Temperatur in dieser bienennahen Luftschicht stark abfällt und es weiter entfernt von der Bienentraube nur noch zu einem schwachen Temperaturabfall kommt. Die bienennahe Luftschicht ist nach Büdel noch stark geprägt von den Vorgängen in der Bienentraube und spielt bei den späteren Betrachtungen des Gashaushalts im Bienenstock noch eine große Rolle.

KONSTRUKTIVE MASSNAHMEN DER BIENEN ZUM WÄRMESCHUTZ

Der große Anteil der Wärmestrahlung entlang der Wabengassen an den gesamten Energieverlusten der Bienentraube könnte der Grund für die Feststellung sein, dass Honigbienen in Baumhöhlen keine zu großen gleichgerichteten Wabenflächen zulassen und bei Durchmessern der Höhlen ab 20 cm zu «Wirrbau» neigen.[162] Auch Bienenhalter*innen, die um eine möglichst natürliche Bienenhaltung bemüht sind und ohne Rähmchen, Oberträger oder Anfangsstreifen arbeiten, kennen den augenscheinlich wirren Bau der Honigbienen. Hiermit sind alle Bauformen gemeint, die nicht ebenen, parallelen Wabenflächen ohne Querverbindungen entsprechen. Die Waben können dabei kreuz und quer zueinanderstehen oder auch nur in leichten Bögen angelegt sein.

Die Auswirkung auf die Wärmetransporte ist immer die gleiche: Es kommt dank des Wirrbaus zu keinen langen und geraden Wabengassen. Die wärmeabstrahlende Bienentraube tauscht Wärmestrahlen bereits mit nahgelegenem Wabenbau aus und erfährt so deutlich geringere Wärmeverluste durch Wärmestrahlung, als wenn sie Wärmeenergie mit weiter entfernt liegenden Bereichen tauschen würde. In Abb. 47 ist ein solcher «Wirrbau» in einer Magazinbeute zu sehen. Die Waben stehen hier teils senkrecht zueinander oder aber sind mindestens in leichten Bögen angelegt.

Der Begriff «Wirrbau» ist im Grunde irreführend und suggeriert eine Verwirrtheit der Honigbienen. Dabei ist das Gegenteil der Fall: Die Waben werden für die Honigbienen wärmetechnisch vorteilhaft ausgerichtet. Es wäre also naheliegender, ihnen einen wärmetechnischen Sachverstand anzudichten als eine Verwirrtheit.

Es ist gut möglich, dass eine unterschiedliche Neigung der verschiedenen Unterarten zum Wirrbau den klimatischen Bedingungen ihres Verbreitungsgebietes geschuldet ist: «Wirrbau» ist für die Bienen ganz offensichtlich ein «konstruktiver Wärmeschutz» und somit insbesondere in Regionen mit langen und kalten Wintern von Vorteil. Bruder Adam berichtet von einer ausgeprägten Neigung der Kaukasischen Biene *(Apis mellifera caucasica)* zum «Wirrbau». Die Zyprische Biene *(Apis mellifera cypria)* dagegen neige überhaupt nicht dazu.[163] Nach eigenen Beobachtungen wechseln die Honigbienen auch die Wabenausrichtung in schlanken und hohen Räumen nach der Höhe, was zu einer Begrenzung der Wärmeverluste durch Wärmestrahlung von der Bienentraube nach oben und unten führt.

Im Beutenbau ist ein Zulassen des Wildbaus nicht zwingend erforderlich, zumindest nicht bezüglich der Wärmeverluste. Der Vorteil der geringeren Wärmeverluste durch Wärmestrahlung beim «Wirrbau» kann auch effektiv durch eine äußere Wärmedämmung oder dicke Außenwände erzielt werden: Beide Maßnahmen bewirken eine Erhöhung der Temperatur der Innenseite der Wände

Abb. 47: «Wirrbau» der Bienen mit gebogenen oder kurzen Wabengassen. Foto: © Christopher Wren

und somit eine Reduzierung des Temperaturunterschieds, der sich gegenüberstehenden, wärmestrahlenden Körper (Randbienen–Innenwand Bienenwohnung).

Bezüglich der Wabenstellung, also der Ausrichtung des Wabenbaus zur Fluglochebene, scheinen die Bienen keine allgemein gültige Vorliebe zu haben,[164] zumindest nicht in dem Sinn, dass wir sagen könnten, sie bevorzugen Kaltbau oder Warmbau. Gemäß zweier Studien ist der Kaltbau in der Brutzeit mit größeren Wärmeverlusten verbunden,[165][166][167][113] was die Honigbienen dennoch nicht dazu bewegt, den Warmbau zu bevorzugen.[165]

Anton Büdel und Josef Grziwa führten auch Studien durch, die den Einfluss des Windes auf die Temperaturverteilung im Bienenbau je nach Wabenstellung untersuchten. Dazu richteten sie einen Luftstrom direkt gegen das Flugloch und zeichneten die Auswirkungen auf den Temperaturverlauf im Wabenbau auf. Während der Brutzeit konnten weder im Kalt- noch im Warmbau wesentliche Beeinträchtigungen festgestellt werden.[168][169] In der brutfreien Zeit dagegen begünstigt der Warmbau überraschenderweise das Eindringen des Windes, wodurch es zu erhöhten Wärmeverlusten kommt, was zeigt, dass der Begriff «Warmbau» nicht unbedingt korrekt gewählt ist:[170][165][123] Die Wärmeverluste sind beim Kaltbau in der brutfreien Zeit geringer. «In der Jahresbilanz des Wärmehaushaltes erscheinen die beiden Wabenstellungen gleichwertig.»[113] Insgesamt gesehen hatten beide Wabenstellungen Nachteile für die Bienen, da zum einen die Bienentraube zerrissen wurde und zum anderen die Bienen zur Abwehr der Kaltluft eine beachtliche Steigerung der Lufttemperatur im Bereich ihres Wintersitzes herbeiführten mussten.[171][170][169]

1962 relativierte Büdel seine bisherigen Versuchsergebnisse bezüglich des Windes und der Stellung des Wabenbaus: Er schreibt,[172] dass der Wind in der Natur nie so auf das Flugloch auftrifft, wie im Versuchsaufbau vorgenommen. Er geht daher davon aus, dass der Wind in der Natur keinen Einfluss auf das Beuteninnenklima hat, weshalb er jetzt keinen Fluglochschutz mehr für nötig hält.

Diese radikale Kehrtwende Büdels kann Ludwig Armbruster nicht nachvollziehen: Er hält den Fluglochschutz aufgrund der diversen von Büdel und Grziwa durchgeführten Untersuchungen,[173][170][169][171] der Neigung der Bienen, einen Windschutz selbst zu bewerkstelligen,[174][175] und aufgrund eigener Überlegungen und Erfahrungen zu Luftbewegungen in seinem Arbeitszimmer durch das Schlüsselloch bei Wind[159] weiterhin für wichtig. Wir können dies nicht abschließend beurteilen. Gesichert ist allerdings, dass ein aus einer Richtung auf ein Objekt auftreffender Wind Kräfte auf alle seine Seiten ausübt. Die frontal getroffene Fläche wird durch Druckkräfte belastet, alle anderen Seiten des vom Wind umspülten Objekts werden mit Sogkräften belastet, die von der Höhe ebenso stark ausfallen können.[152] Im Falle eines kleinen Fluglochs und einer gut abgedichteten Bienenwohnung, in der alle Spalten und Schlitze mit Propolis verkittet sind, kann der Wind unserer Ansicht nach nur schwer Luftbewegungen im Bienenstock auslösen: Die flächigen Windlasten dürften lediglich kurzzeitige Schwankungen des Luftdrucks in der Bienenwohnung auslösen. Sind jedoch auch nur geringe zusätzliche Belüftungen vorhanden, beispielsweise in Form von nicht verkitteten Spalten zwischen aufeinanderliegenden Magazinkästen, so können die flächigen Windlasten unserer Meinung nach sowohl als Sog- als auch als Druckkräfte Luftbewegungen in der Bienenwohnung mit den einhergehenden Wärmeverlusten und Störungen zur Folge haben.

Bislang lassen sich für uns keine eindeutigen Zusammenhänge bei der Wahl der Wabenstellung der Honigbienen erkennen. Es steht aber fest, dass die Wabenausrichtung die unterschiedlichsten Einflüsse auf die klimatischen Verhältnisse im Bienenstock haben kann. Wir halten es daher für am wahrscheinlichsten, dass Honigbienen sich beim Einzug in eine neue Bienenwohnung anhand der kleinklimatischen Gegebenheiten vor Ort orientieren und ihren Wabenbau darauf abstimmen. Die Tatsache, dass sie nicht umgehend mit dem Bau des Wabenwerks beginnen, sondern sich zunächst in aller Ruhe unter der Decke sammeln, könnte ein Hinweis darauf sein. Die Art und Weise, wie und wo sie die Bienentraube bilden, vielleicht beeinflusst durch Temperatur, Temperaturschwankungen, Feuchtigkeit und Luftbewegungen innerhalb der Bienenwohnung, könnte bereits die Ausrichtung der ersten Wabenflächen vorgeben.

Für die Honigbienen halten wir die freie Gestaltung des Wabenbaus nach ihren Wünschen für das Beste. Es ist allerdings nicht einfach, diese mit der Betriebsweise der Imker*innen und der Notwendigkeit, im Verdachtsfall von Krankheiten Waben einzeln herausnehmen zu können, zu kombinieren. Für das Flugloch halten wir einen Windschutz nur für ungedämmte Beuten mit großen Fluglöchern und kurzen Fluglochtunneln für erforderlich. Bei längeren Fluglochtunneln und kleinen Fluglöchern reicht unserer Meinung nach eine windgeschützte Aufstellung aus. Alle wärmetechnischen Nachteile, die sich aus der Wabenstellung ergeben, können unserer Meinung nach auch mit einer guten Wärmedämmung ausgeglichen werden. Darüber hinaus sollten ab einsetzendem Herbst bewegliche Teile der Bienenwohnungen nicht mehr bewegt werden, um Propolis-Arbeiten mit Windschutz-Funktion nicht zu zerstören.

Honigbienen füllen den ihnen zur Verfügung stehenden Raum in der Regel komplett mit ihrem Wabenbau aus.[162] Der voll ausgebaute Wabenbau reduziert Wärmetransporte durch Wärmeströmung und Wärmestrahlung innerhalb der Bienenwohnung und dient so dem Wärmeschutz der Bienentraube. Und auch das Abdichten und Verschließen von nicht benötigten Öffnungen der Bienenwohnung mit Propolis reduziert Wärmeverluste durch Wärmeströmung und ist als konstruktiver Wärmeschutz anzusehen.

Viele Honigbienenvölker reduzieren teils die Größe des Fluglochs mit einem Propolisvorhang.[175] Sie passen also ihre Fluglochgröße im Verlauf des Jahres den unterschiedlichen Bedürfnissen an. Besonders aktiv diesbezüglich ist *Apis mellifera caucasica;* sie verschließt das Flugloch im Herbst bis auf ein kleines Loch.[159] Auch *Apis mellifera carnica* scheint sich manchmal an großen Fluglöchern zu stören und reduziert die Öffnungen, sie verwendet allerdings eher «Schrottwachs».[175]

Mit der Reduzierung der Fluglochgröße werden Luftbewegungen im Bienenstock durch äußere Windlasten unterdrückt oder reduziert, wenn in der kalten Jahreszeit nicht mehr alle Wabengassen mit Bienen besetzt sind. Wind kann die Wärmeverluste des Bienenvolkes vermutlich vervielfachen, wobei diese Vervielfachung nicht nur auf die Luftbewegungen durch das Flugloch zurückzuführen ist. Auch bei verschlossenem Flugloch verliert das Bienenvolk mehr Wärmeenergie über die Außenwände.[176] Auf diese Weise reduzierte Luftbewegungen haben aber nicht nur klimatische Auswirkungen: Sie bedeuten in Regionen mit erhöhter Waldbrandgefahr auch einen erhöhten Rauchschutz für die Honigbienen. Offensichtlich nutzen wilde Kapbienen *(Apis mellifera capensis)* Propolisvorhänge an den Eingängen des Bienenstocks zu diesem Zweck.[177]

Der gesamte Wachsbau der Honigbienen kann als konstruktiver Wärmeschutz betrachtet werden: Der Wabenbau mit seinen dünnen, ruhenden Luftschichten schränkt Wärmetransporte durch molekulare Wärmeleitung stark ein, ähnlich wie bei einem doppelwandigen Thermobecher mit zwischenliegender Luftschicht. Mit dem Wirrbau vermeiden sie lange und gerade Wabengassen und reduzieren Wärmeverluste durch Wärmestrahlung. Das Schließen von Löchern und Schlitzen in der Bienenwohnung mit Propolis und das Anbringen von Propolisvorhängen reduzieren ungewollte Luftbewegungen und einhergehende Wärmeverluste durch Wärmeströmung, insbesondere bei Windlasten. Und auch der komplette Ausbau des zur Verfügung stehenden Raumes mit dem Wabenwerk reduziert Wärmeverluste durch Wärmeströmung und Wärmestrahlung. Nach welchen Kriterien die Honigbienen die Wabenstellung zur Fluglochebene wählen (Warm-, Kalt- oder Schrägbau), ist nicht geklärt. Da die Wabenstellung aber einen Einfluss auf Luftbewegungen und Energieverluste im Bienenstock hat, gehen wir von einem Anlegen der Wabenstellung unter Einfluss örtlicher klimatischer Gegebenheiten aus und vermuten auch hier einen konstruktiven Wärmeschutz der Honigbienen.

Abb. 48: Propolisvorhang am Flugloch einer Bienenbeute, bewohnt von einem eingefangenen Bienenschwarm im Hamburger Stadtgebiet. Foto: © Gunnar Weidt

DER WÄRMESCHUTZ DER BIENENWOHNUNG SELBST

Die Konstruktion der Bienenwohnung selbst kann abhängig von Material und Schichtdicke des Wandaufbaus einen Wärmeschutz für das Bienenvolk darstellen. Es gibt etliche Studien, die positive Auswirkungen des Wärmeschutzes der Bienenwohnung zu den verschiedenen Jahreszeiten feststellen und die wir in diesem Buch noch ausführlich vorstellen werden (siehe «Belege aus der Literatur für positive Auswirkungen einer Wärmedämmung»). Vor dem bereits beschriebenen Hintergrund, dass der Hitzeschutz der Bienenwohnung das wesentliche Merkmal einer natürlichen Bienenwohnung ist, und der Wärmeschutz im Falle eines starken Hitzeschutzes nicht zwingend erforderlich ist, muss man aber wohl eher formulieren: Der Wärmeschutz der Bienenwohnung kann etliche Probleme und schädliche Auswirkungen zu den verschiedenen Jahreszeiten abschwächen, die wir den Honigbienen durch einen schlechten Hitzeschutz der Bienenwohnung aufzwingen.

Der Wärmeschutz der Bienenwohnung hat im Winter bezüglich der Wärmeverluste eine geringere Bedeutung als in den anderen Jahreszeiten.[176] Berechnungen zeigen einen vielfachen Energieverbrauch der Völker im Sommer gegenüber dem Winter,[178] Ergebnisse aus der Praxis zeigen bei ungedämmten Beuten sogar einen bis zu Zwanzigfachen Energieverbrauch.[161] Der Hintergrund dieses Zusammenhangs ist, dass es im Winter, wenn maximal ein kleines Brutnest innerhalb der Bienentraube gepflegt wird, dieses von der dicht zusammengezogenen Bienentraube und dem Winterpelz der Bienen umgeben ist. Die Bienentraube stellt mit den ruhenden Bienen und den dazwischen befindlichen Luftschichten im Wabenbau einen ausgezeichneten enganliegenden Wärmeschutz um die Wärmequelle Brutnest herum dar. Und der um die Bienentraube herum befindliche, unbesetzte Wabenbau stellt mit seinen weitestgehend ruhenden Luftschichten ebenfalls einen starken Wärmeschutz dar. In dieser Situation bedeutet ein Wärmeschutz der Bienenwohnung selbst keine große Verbesserung.

Die Energieverluste sind deshalb im Winter in allen Bienenbeuten (mit verschlossenen Böden und vor Zugluft geschützt) niedrig, wenn den Bienen der umliegende Wabenbau als Winterpelz zur Verfügung steht. Ob ein Bienenvolk beispielsweise in einem Wintermonat in einer ungedämmten Beute 500 g Honig oder in einer gedämmten Beute 400 g Honig verbraucht, fällt weder für das Bienenvolk noch für die Imker*innen ins Gewicht. Eine Ausnahme können aber Bienenwohnungen darstellen, deren Geometrie der Bienentraube zu wenig Platz zu einzelnen Seiten lässt und so die schützende Schicht «unbesetzter Wabenbau» unterbindet. Solche Bienenwohnungen (beispielsweise schlanke Türme oder flache Kästen) können bei geringer Wandstärke und ohne zusätzlichen Wärmeschutz auch deutlich größere Wärmeverluste im Winter erleiden.

Die Situation ändert sich in Bienenwohnungen ohne Hitzeschutz schlagartig mit dem Beginn des Bruteinschlags. Bienen bauen bei steigenden Außentemperaturen zügig das Brutnest aus, wodurch sich die Schicht des wärmeschützenden unbesetzten Wabenbaus bis hin zur Auflösung verringern kann. Bereits die üblichen täglichen Temperaturschwankungen in der Außenluft zwingen den Honigbienen nun intensive regulierende Maßnahmen auf, die sie Zeit und Energie (Honig) kosten, um das Brutnest zu schützen. Stärkere Temperaturschwankungen des Außenklimas können sie in der Regulierung des Kleinklimas im Bienensitz überfordern und dazu zwingen, Teile des Brutnests wieder aufzugeben. In Bienenwohnungen mit Hitzeschutz «übernehmen» die Bienen sich gar nicht erst und halten von den Außenwänden den notwendigen Abstand, sodass ihr eigener Wabenbau sie effektiv schützt. In Bienenwohnungen ohne Hitzeschutz kann ein vorhandener Wärmeschutz diese Problematik entschärfen: Der Wärmeschutz macht die Klimaregulierung der Honigbienen effektiver, sie können die eintreffenden Temperaturwellen mit weniger Aufwand und Energie (Honig) parieren.

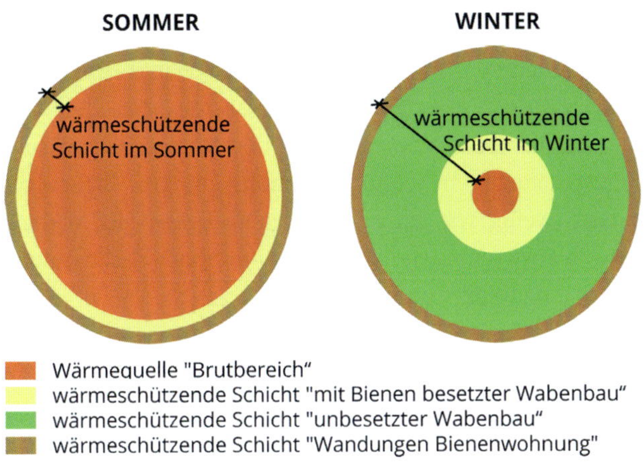

Abb. 49: Schematische Darstellung der vorhandenen wärmeschützenden Schichten um den Brutbereich in einer dünnwandigen Bienenwohnung zu unterschiedlichen Jahreszeiten

Mit Blick auf die Energieverluste ist der zusätzliche Wärmeschutz der Bienenwohnung (ohne Hitzeschutz) in den Monaten am wichtigsten, in denen das Brutnest am größten ist und zeitgleich die Außentemperaturen am niedrigsten sind. Jetzt können bei ungedämmten Beuten auf kürzesten Distanzen größte Temperaturunterschiede vorkommen. Am wahrscheinlichsten ist dieses Szenario im Frühjahr und Herbst, wenn das Brutnest schon bzw. noch bis nah an die Außenwände reicht und die Außentemperaturen noch bzw. schon niedrig sind. Dem Volk steht also kein Winterpelz zur Verfügung und es kommt insbesondere bei Temperaturrückschlägen im Frühjahr und ersten Kälteeinbrüchen im Herbst zu extremen Temperaturunterschieden auf kurzen Distanzen. Ohne Hitze- und Wärmeschutz drohen dem Bienenvolk nun Schäden. Diese Situation ist die Ausgangslage für später folgende Überlegungen und Berechnungen und die notwendige Bemessung. Die Qualität des Wärmeschutzes von Bienenwohnungen ist in dieser Zeit entscheidend und ist die Grundlage für die weiterführenden Berechnungen. Für die Berechnungen zum Vergleich des Wärmeschutzes von Bienenwohnungen bedienen wir uns der üblichen Berechnungsverfahren aus dem Häuserbau.

Der U-Wert – das Mass für den Wärmeschutz von Bauteilen im Häuserbau

Jede Bauteilschicht setzt Wärmetransporten einen bestimmten Widerstand entgegen, abhängig von der Wärmeleitfähigkeit λ des Materials und von seiner Schichtdicke. Je geringer die Wärmeleitfähigkeit und je größer die Schichtdicke der Schicht sind, desto größer ist der Widerstand gegen Wärmetransporte und desto besser ist die Wirkung der Bauteilschicht als Wärmeschutz.

Das Maß des Wärmeschutzes von Bauteilen, der auch von mehreren Schichten aus unterschiedlichen Materialien bewirkt werden kann, wird üblicherweise mit dem U-Wert angegeben. Den Namen «U-Wert» verdankt er dem in der Bauphysik verwendeten Formelzeichen «U» und der Gegebenheit, dass sein eigentlicher Name «Wärmedurchgangskoeffizient» etwas sperrig ist.

Der U-Wert ist ein berechneter Wert, der Auskunft darüber gibt, wieviel Wärmeenergie das Bauteil bei einem bestimmten anliegenden Temperaturunterschied durchströmt. Er ist das Maß für den Wärmeschutz eines Bauteils. Mit seiner Hilfe lassen sich Energieverluste von Bauwerken berechnen, wenn die Geometrie des Bauwerks und die innen und außen anliegenden Temperaturen bekannt sind. Definiert ist der Wert als die Wärmeenergie, welche in einer Sekunde durch 1 m^2 Querschnittsfläche über die komplette Schichtdicke des Bauteils (eventuell aus verschiedenen Schichten zusammengesetzt) bei einem Temperaturunterschied von 1 Kelvin (gleichermaßen 1 °C) durchströmt.

Mit Kenntnis des U-Wertes, der durchströmten Fläche und dem anliegenden Temperaturunterschied lässt sich also leicht die Energiemenge bestimmen, die das Bauteil in einer Sekunde durchströmt; d. h. die Energie, die bei einer bestimmten Temperaturdifferenz durch das die Temperaturen trennende Bauteil hindurch der wärmeren Seite pro Sekunde verloren geht. Oder anders formuliert, die Energie, die von der Wärmequelle (z. B. der Bienentraube) pro Sekunde aufgewendet werden muss, um eine bestimmte Temperaturdifferenz zum Nachbarraum (oder zur Außenluft) zu halten. Im Bienenbau lässt sich darüber überschläglich der Honigverbrauch der Bienen berechnen.

Für die Ermittlung der Energieverluste im Häuserbau werden alle Außenwände einzeln betrachtet und der jeweilige Energieverlust über das Produkt aus U-Wert, Wandfläche und Temperaturunterschied ermittelt. Der U-Wert wird dabei jeweils für die gesamte Wand auch über verschiedene Bauteilschichten bestimmt. Der gesamte Energieverlust des Gebäudes ergibt sich dann aus der Summe der Einzelverluste der Außenwände. So kommt es beispielsweise bei einer 30 m^2 Wand aus 0,2 m dicken Leichtbetonsteinen (U-Wert = 1,349 W/(m^2K)) und einem Temperaturunterschied von 10 °C zwischen Innen- und Außenluft zu einem Wärmestrom von 1,349 x 10 x 30 = 405 [W]. Bei einem allseitig von Luft umgebenen «Gebäude» in Form eines gleichseitigen Würfels mit sechs solchen Seitenwänden käme es also zu dem insgesamt sechsfachen Wärmestrom von 2430 W bzw. 2,43 kW von innen nach außen. Dieser Wärmestrom muss dem Innenraum des Würfels zugeführt werden, um den Temperaturunterschied von 10 °C zur Außenluft konstant zu halten.

Der Wärmestrom in der Einheit Watt [W] sagt aus, wieviel Energie (in der Einheit Joule [J]) pro Sekunde fließt. Im berechneten Beispiel sind dies 2430 J/s. Nun lässt sich beispielsweise der Energieverbrauch pro Tag berechnen zu 2430 J/s x (24 x 60 x 60) s = 210.000.000 J. In der Energiewirtschaft ist es üblicher, in den Einheiten Wattsekunden [Ws] oder Kilowattstunden [kWh] zu rechnen, wobei eine Wattsekunde gleich ein Joule ist, und somit eine Kilowattstunde gleich 3.600.000 Wattsekunden. Die 210.000.000 J Energieverbrauch pro Tag entsprechen also 210.000.000 Ws bzw. 58,3 kWh.

Honigbienen können mit einem Wirkungsgrad von etwa 80–90 % die im Honig enthaltene Energie in Wärme umsetzen.[(160)] 100 g Honig enthalten etwa 1300 kJ Energie. Die aus dem obigen Beispiel benötigten 210.000.000 J pro Tag entsprechen also dem Energiegehalt von 16,15 kg Honig. Honigbienen würden bei ihrem Wirkungsgrad zur Wärmeerzeugung also theoretisch etwa 19 kg Honig pro Tag benötigen, um den Raum entsprechend zu heizen.

Das beschriebene Vorgehen ist bei mehrschichtigen Bauteilen im Häuserbau, beispielsweise bei Wänden aus Beton mit zusätzlichem außenliegendem Wärmeschutz, das Gleiche: Es wird ein U-Wert für die mehrschichtige Wand berechnet und mit der Fläche der Wand multipliziert, um den Wärmestrom pro Grad Celsius Temperaturunterschied durch diese Wandfläche zu ermitteln.

Grundsätzlich lassen sich die Zusammenhänge aus dem Häuserbau gleichermaßen auf den Bienenbau übertragen.[(179)(180)(181)]

Der Nutzen von zusätzlich aufgebrachten Wärmeschutzschichten

Zusätzlich aufgebrachter Wärmeschutz bringt nicht jedes Mal einen gleichermaßen zusätzlichen Nutzen: Bei ebenen Wänden mit konstanter Querschnittsfläche für die durchströmende Wärmeenergie bewirkt eine Verdopplung einer vorhandenen wärmeschützenden Schicht eine Halbierung des Wärmestroms. Sie bringt also eine Einsparung von 50 % Energie gegenüber dem ursprünglichen Wärmeschutz. Eine 8 cm dicke Holzschicht dämmt die Wärmetransporte also beispielsweise doppelt so gut wie eine 4 cm dicke Holzschicht. Eine Verdreifachung des ursprünglichen Wärmeschutzes (von 4 auf 12 cm) drittelt den ursprünglichen Wärmestrom. Die Verdreifachung (12 cm) bringt also gegenüber der ursprünglichen Energieverluste (bei 4 cm Wandstärke) eine Einsparung von 67 %. Somit bringt die Verdreifachung gegenüber der Verdopplung nur noch eine zusätzliche Energieeinsparung von 17 %, die Verdoppelung (8 cm) hatte ja bereits eine Einsparung von 50 % bewirkt. Eine Vervierfachung würde gegenüber der Verdreifachung nur zusätzliche 8 % der ursprünglichen Energieverluste einsparen usw.

Aus diesem Grund lässt sich der Nutzen des Wärmeschutzes nicht beliebig vervielfältigen, im Bienenbau ebenso wenig wie im Häuserbau. Je besser der vorhandene Wärmeschutz bereits ist, desto weniger Zusatznutzen bringt eine weitere aufgebrachte Schicht.

Besonderheiten im Bienenbau durch die Geometrie der Bienenwohnung

Im Bienenbau betrachten wir im Gegensatz zum Häuserbau kleine «Gebäude», die im Verhältnis zu ihrem umbauten Raum (das durch die Wände umfasste Volumen) dicke Wände aufweisen. Das führt zu dem Umstand, dass die Innenfläche der «Gebäudehülle» (Wände der Bienenwohnung) deutlich kleiner sein kann als die Außenfläche, so wie bei der schematisch abgebildeten Geometrie einer Magazinbeute mit dicken Wänden in Abb. 50. Die von innen nach außen strömende Wärme verteilt sich auf dem Weg nach außen auf eine immer größer werdende Fläche: Beim Eintritt der Wärme in die Oberfläche der Wände durchströmt sie nur die Mantelfläche des inneren kleinen Quaders, beim Austritt aus den Wänden der Bienenwohnung in die Außenluft die des großen Quaders. Die Wärmestromdichte wird daher nach außen immer kleiner, die Gesamtwärmemenge ist aber in jeder gedachten Zwischenschicht gleich groß.

Diese geometrische Gegebenheit führt zu Effekten, die die genaue Berechnung der Wärmeströme verkomplizieren, insbesondere bei mehrschichtigen Bauteilen. So kommt es beispielsweise auch zu der Auswirkung, dass eine enganliegende Wärmedämmung einen höheren Wirkungsgrad hat als eine weiter außen liegende mit gleichen Materialeigenschaften und gleicher Schichtdicke. Die Berechnungen müssten im Bienenbau strenggenommen analog zu den Berechnungsverfahren der Thermodynamik für

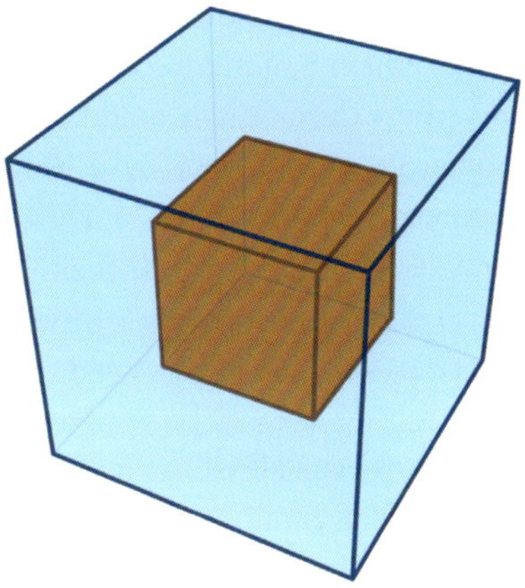

Abb. 50: Schematische Abbildung einer Magazinbeute mit dicken Wänden: Die Innenfläche der Wände (braun) ist deutlich kleiner als die Außenfläche (blau)

mehrschichtige isolierte Rohrleitungen oder Hohlkugeln erfolgen. Dies würde einen großen Mehraufwand bedeuten und würde den Rahmen dieses Buches sprengen. Wir wollen es daher bei diesem Hinweis belassen und berechnen wider besseren Wissens die Wärmeströme durch Bienenwohnungen mit dem Verfahren aus dem Häuserbau für ebene Wände: Wir ermitteln einen U-Wert für die Wandaufbauten und multiplizieren ihn mit der durchströmten Fläche, um den Wärmestrom pro Kelvin anliegender Temperaturdifferenz zu ermitteln. Die durchströmte Fläche wird hierbei näherungsweise als der Mittelwert aus Innen- und Außenfläche des gesamten betrachteten Wandaufbaus angenommen. Der entstehende systematische Fehler bei der Anwendung dieses Verfahrens liegt auch bei Bienenwohnungen mit zusätzlicher Wärmedämmung in der Regel unter 10 %. Je dünner die Wände sind, desto kleiner ist der Fehler. Diese Abweichung halten wir für vertretbar, da es weniger um die exakte Berechnung der Wärmeströme geht als um das allgemeine Verständnis der Zusammenhänge und um den Vergleich von Beuten untereinander. Abgesehen davon sei an dieser Stelle darauf hingewiesen, dass bei der Fülle an Unwägbarkeiten und veränderlichen Größen im Bienenstock Berechnungen im Bienenbau immer nur einen groben Überblick über die tatsächlichen Verhältnisse liefern können.

Holz und seine Eigenschaften bezüglich des Wärmeschutzes

Unter «Holz und seine Eigenschaften bezüglich des Hitzeschutzes» sind wir bereits ausführlich auf die Auswirkungen der Materialeigenschaften von Holz und seines Wassergehalts auf den Hitzeschutz eingegangen. Die Auswirkungen der Holzeigenschaften auf den Wärmeschutz sind weniger komplex, da ausschließlich die Materialeigenschaft «Wärmeleitfähigkeit» den Wärmeschutz beeinflusst. Im Gegensatz zum Hitzeschutz ist der Wärmeschutz unabhängig von der Materialeigenschaft «Wärmespeicherfähigkeit». Wassergehalt und Dichte (Masse pro Volumen) des Holzes reduzieren daher den Wärmeschutz eines Bauteils aus Holz, je höher sie sind. Je trockener das Holz ist und je geringer die Dichte des Holzes ist, desto geringer ist die Wärmeleitfähigkeit und desto höher ist der Wärmeschutz.

Fichte, Pappel und die nicht heimische Weymouth-Kiefer sind aus wärmeschutztechnischer Sicht im Beutenbau von Vorteil: Sie bieten im einwandigen Aufbau einen teils doppelt so guten Wärmeschutz wie ihre schwergewichtigen Pendants mit gleichen Abmessungen. Honigbienen haben so die Temperaturregulierung besser unter Kontrolle und sparen dabei Energie/Honig. Zudem führen die leichteren Holzarten zu einer einfacheren Handhabung der Beuten im Betrieb. Aber auch die besten Materialeigenschaften nutzen nichts bei zu geringer Schichtdicke: Bei dünnwandigen Holzbeuten ist der Wärmeschutz schlecht, egal, aus welchem Holz sie gefertigt wurden.

Der negative Einfluss des Wassergehalts auf den Wärmeschutz macht den Schutz von Bienenwohnungen vor stehendem Wasser, vor Spritzwasser und nicht zuletzt vor der Sorption von Wasserdampf aus der Außenluft sinnvoll.

Die Größenordnung des U-Wertes im Bienenbau

Mit dem U-Wert als Maß für den Wärmeschutz lassen sich Wandaufbauten von Bienenwohnungen gut miteinander vergleichen. Auch Wärmeströme lassen sich überschläglich berechnen, diese werden aber mit steigenden Wandstärken immer ungenauer.

In Tabelle 5 sind die U-Werte verschiedener ausgewählter Bauteile von Bienenwohnungen aufgeführt. Anhand der Werte lässt sich direkt der Wärmeschutz der Wandaufbauten miteinander vergleichen: Der U-Wert einer Wand aus 8 cm Schilfrohr beträgt beispielsweise nur ein Drittel des Wertes einer 2,5 cm dicken Holzwand aus Weymouth-Kiefer. Die Wärmeverluste durch eine Wand der dünnwandigen Magazinbeute sind bei sonst gleichen Bedingungen also dreimal größer als die durch eine Wand aus 8 cm Schilfrohr.

Mit Kenntnis der Geometrie und des anliegenden Temperaturunterschieds am Bauteil lassen sich mithilfe der U-Werte leicht Energieverluste überschlagen. Der Wärmestrom durch eine einzelne Wand lässt sich wie folgt berechnen:

Wärmestrom = U-Wert x Fläche x Temperaturunterschied

Als Rechenbeispiel betrachten wir die Seitenwand einer Dadantbeute mit einer Fläche von 30x50 cm (0,15 m^2). Bei einem an die Seitenwand angrenzenden Brutnest sei eine

Bauteil	U-Wert [W/(m²K)]
Seitenwand Polystyrol Beute, 3 cm	2,80
Seitenwand Magazinbeute, 2,5 cm Fichtenholz	2,38
Seitenwand Magazinbeute, 2,5 cm Weymouth-Kiefer	2,12
Seitenwand Klotzbeute, 10 cm Buche	1,30
Seitenwand Klotzbeute, 6 cm Fichte	1,30
Deckel Magazinbeute mit 2 cm Holzfaserdämmung	1,20
Seitenwand Schilfbeute, 5 cm Schilfrohr	1,07
Seitenwand Klotzbeute, 10 cm Eiche	1,04
Strohstülper, 4 cm Stroh	0,94
Seitenwand Klotzbeute, 10 cm Fichte	0,86
Seitenwand Schilfbeute, 8 cm Schilfrohr	0,71
Seitenwand Styroporbeute, 5 cm	0,70
Seitenwand 2,5 cm Fichte + 5 cm Kork Außendämmung	0,64
Doppelwandige gedämmte Holzbeute (2 cm Fichte + 5 cm Schafwolle + 1,2 cm Fichte)	0,58
Seitenwand Strohbeute, 8 cm Stroh	0,51

Tab. 5: Berechnete U-Werte ausgewählter Bauteile von Bienenwohnungen. Berechnung mit: Ubakus (www.ubakus.de)

Abb. 51: Honigbienen fliegen gezielt ganz bestimmte Pflanzen an, um deren Pollen und Nektar zur Bekämpfung von Krankheiten in den Stock zu tragen.

durchschnittliche Differenz der anliegenden Temperaturen von 10 °C (bzw. 10 K) an einem Sommertag angenommen. Die Magazinbeute verliert durch diese Wand rechnerisch einen Wärmestrom von 2,12 W/(m²K) x 0,15 m² x 10 K = 3,18 W, also 275 kJ an diesem Sommertag. Durch eine 8 cm dicke Schilfwand gehen unter sonst gleichen Bedingungen nur 1,06 W, also etwa 92 kJ pro Tag verloren. Der Unterschied beträgt 2,12 W bzw. 183 kJ pro Tag durch die eine Seitenwand.

Solche Rechenbeispiele darf man allerdings nicht zu ernst nehmen, sie stehen und fallen grundsätzlich mit den getroffenen Annahmen. Und gerade im Bienenbau sind die Zusammenhänge so komplex und variabel, dass solche Berechnungen nicht allein betrachtet werden sollten. Viel aussagekräftiger sind Erfahrungswerte aus der Praxis bzw. in Feldversuchen ermittelte Werte, welche dann mit solchen Berechnungen erklärt werden können.

ARBEITSWÄRME IM BIENENSTOCK

Eine (vermutlich) in Dänemark durchgeführte Studie vergleicht doppelwandige Bienenbeuten (je 1,2 cm Holz) mit verschieden starken zwischenliegenden Isolierschichten und zeigt dabei die Grenzen eines zusätzlichen Wärmeschutzes in der Praxis auf: Bei 2,7 cm dicker Strohfüllung als Isolierschicht verbrauchen die Honigbienen im Winter 40 % mehr Futter gegenüber der gleichen Konstruktion mit 5 cm dicker Strohfüllung und weisen einen mehrfach höheren Totenfall auf. Die Beuten mit 5 cm Strohschicht verbrauchen aber nur 3 % mehr Futter gegenüber dem gleichen Aufbau mit 11,7 cm dicker Strohfüllung. Und auch der Totenfall der Bienen zeigt keine wesentliche Verbesserung durch die besonders dicke Wärmeschutzschicht gegenüber der mittelguten.(166)(167) Die mittelgut geschützten Beuten bringen also gegenüber den schwach geschützten eine deutliche Verbesserung bezüglich des Futterverbrauchs mit sich, die im Rahmen des Erwartbaren liegt und sich mit überschläglichen Berechnungen der Energieverluste deckt. Die besonders gut wärmegeschützte Beute bringt jedoch gegenüber der mittelgut geschützten keine nennenswerte zusätzliche Energieeinsparung mehr. Dies lässt sich über die bisherigen Betrachtungen allein nicht erklären, erwartbar wäre eine erneute starke Reduzierung des Futterverbrauchs gewesen.

Es muss daher Zusammenhänge geben, die bislang nicht berücksichtigt wurden. Und die vermuten wir wie folgt: Honigbienen selbst geben immer eine gewisse Grundwärme zu jeder Jahreszeit im Bienenstock als Abfallprodukt ihrer Tätigkeiten ab. Büdel bezeichnet diese folgerichtig als anfallende Arbeitswärme.(182)

Diese Arbeitswärme verstehen die Honigbienen geschickt zu nutzen. Allein durch die Veränderung ihrer Bienendichte können sie effektiv den Abfluss bzw. Verbleib dieser zwangsläufig anfallenden Wärme im Bienenstock steuern (siehe auch «Die aktive Regulation des Kleinklimas durch die Honigbienen»). D.h., dass ab einer bestimmten Güte des Wärmeschutzes der Bienenwohnung die Bienen nicht zusätzlich heizen müssen, sie können den Wärmebedarf fast vollständig über die eh anfallende Arbeitswärme ihrer Tätigkeiten decken. Und das bedeutet wiederum, dass ab einer bestimmten Güte des Wärmeschutzes die Energieverluste der Honigbienen nicht weiter reduziert werden können. Ein besserer Wärmeschutz führt ab diesem Punkt dazu, dass die Bienen einen Teil der entstehenden Wärme ungenutzt abfließen lassen. Die Güte dieses Wärmeschutzes, ab dem die Honigbienen keine weitere Energie einsparen können, ist abhängig vom regionalen Klima.

Nach den Zahlen in der Veröffentlichung von Hallund[(166)] zu urteilen, ist im (vermutlich) dänischen Klima dieser Wärmeschutz bereits mit einem U-Wert von 0,7 bis 0,8 W/(m²K) erreicht. Mit einer Steigerung des Wärmeschutzes ließ sich in der Studie nur noch geringfügig zusätzlich Energie einsparen.

WÄRMESTAU DURCH WÄRMESCHUTZ UND DIE BETRIEBSBEDINGTE VERDUNSTUNGSKÄLTE

Im Hochsommer birgt eine zu starke Wärmedämmung nach Anton Büdel auch die Problematik einer Wärmestauung in der Beute.[(183)] Er vermutet die Gefahr einer Überisolierung bei Verwendung moderner hochwertiger Dämmstoffe. Gemeint ist hier der durch die Wärmedämmung erzeugte Wärmeschutz und nicht ein sich eventuell ergebender erhöhter Hitzeschutz.

Aufgrund der durch die Tätigkeit der Bienen anfallenden Arbeitswärme kann die Heizleistung des Bienenvolkes nach Büdel nicht beliebig gedrosselt werden.[(182)] Büdel zeigt auf, dass Honigbienen bereits ab 27 °C Außentemperatur in ungedämmten Bienenbeuten die ersten Gegenmaßnahmen zu einer drohenden Überhitzung ergreifen.[(184)] An dieser Stelle sei ausdrücklich darauf hingewiesen, dass bei solchen Temperaturangaben immer Temperaturen im Schatten gemeint sind. Eine Bienenwohnung unter direkter Sonneneinstrahlung erhält einen um ein Vielfaches höheren Wärmeeintrag; hier müssen die Bienen bereits bei deutlich niedrigeren Temperaturen Gegenmaßnahmen ergreifen. Lindauer beschreibt die Evakuierung von Bienen ab etwa 30 °C und ein aktives Kühlen mittels Wasserspucken und Rüsselschlagen ab 32 °C Außentemperatur (siehe auch «Kühlen»).[(185)(186)] Da die Wärme aus dem

Abb. 52: Schilfbeute der Kleinen Holzbiegerei. Foto: © David Junker

Inneren zum Großteil über die Wände abfließt,[(187)] bewirkt der Wärmeschutz der Beute auch eine geringere Außentemperatur, bei der die Bienen bereits auf eine drohende Überhitzung reagieren müssen. Büdel sieht daher auch die Gefahr einer Überdimensionierung des Wärmeschutzes.

Diese Überlegungen sind grundsätzlich richtig, allerdings scheint die Grundannahme falsch zu sein, dass Honigbienen die Arbeitswärme nicht beliebig drosseln können: Das Auflockern der Bienendichte und die Evakuierungsmaßnahmen der Honigbienen bedeuten noch keinen zusätzlichen Energieaufwand. Die aktive Kühlung, welche auch einen erhöhten Energieaufwand bedeutet, beginnt erst mit Erreichen von Außentemperaturen, die bereits etwa dem Temperaturniveau am Rand des Brutnests entsprechen. Unterhalb von 32 °C Außentemperatur gibt es für die Bienen noch keine zusätzliche Belastung. Bei dieser Außentemperatur liegt an den Seitenwänden, wenn überhaupt, nur noch ein minimaler Temperaturunterschied an und es finden folglich auch kaum noch Wärmetransporte über die Wände von innen nach außen statt. Und wenn keine Wärmetransporte stattfinden, dann kann effektiv auch keine Wärme mehr anfallen, die abgetragen werden muss. Es fällt aber natürlich immer noch Arbeitswärme an, nämlich durch die Brut, die Brutpflege und die Anwesenheit der verbliebenen, nicht evakuierten erwachsenen Bienen. D.h., es muss bereits im Bienenstock Kühleffekte geben, die diese unvermeidliche Arbeitswärme zum großen Teil aufheben. Und das dürfte die betriebsbedingte Verdunstungskälte aus der offenen Brut und den unverdeckelten Honigvorräten sein (siehe «Kühlen»). Es ist also davon auszugehen, dass die betriebsbedingte Verdunstungskälte die anfallende Arbeitswärme so weit reduziert, dass die Bienen mit ihren Evakuierungsmaßnahmen einen

Abb. 53: Honigbienen sind für die Bestäubung sehr wichtig. Den Hauptanteil aber tragen u. a. Wildbienen, Schwebfliegen und Fliegen, für deren Schutz wir uns ebenfalls dringend einsetzen müssen.

Zustand im Bienenstock herstellen können, in dem anfallende Wärme und Kälte sich weitestgehend ausgleichen. Die effektiv anfallende Arbeitswärme ist nur noch sehr gering oder sogar gleich null. Die Honigbienen können die effektiv im Bienensitz anfallende Wärme offensichtlich fast beliebig drosseln. In diesem Zustand der maximal gedrosselten, effektiv anfallenden Wärme ist der vorhandene Wärmeschutz unerheblich: Wenn unterm Strich keine Wärme anfällt, dann kann es auch nicht zu dem von Büdel befürchteten Wärmestau kommen, egal, wie stark der Wärmeschutz ist.

Der im Bienenstock anfallenden Arbeitswärme steht eine betriebsbedingte Verdunstungskälte gegenüber, wodurch die Bienen in Zeiten hoher Außentemperaturen in der Lage sind, durch leichte Kühlmaßnahmen und Evakuierungen die effektiv anfallende Wärme nahezu auszuschalten. Aus diesem Grund kann der Wärmeschutz nicht zu stark ausfallen: Wenn innen effektiv keine Wärme anfällt, dann kann sie auch nicht angestaut werden. Wir vermuten aber, dass die Gegenmaßnahmen der Bienen sich an anderer Stelle ungünstig auswirken können: Die Kühlmaßnahmen beeinflussen die Feuchteverhältnisse und die Evakuierungen die im Bienenstock vorhandene Arbeitskraft. So kann es beispielsweise zu ungünstigen klimatischen Bedingungen im Brutnest und zu einer Unterversorgung der Brut kommen. Nicht zuletzt unter Berücksichtigung der Tatsache, dass Honigbienen in Millionen von Jahren kein übermäßig guter Wärmeschutz der Bienenwohnung zur Verfügung stand, pflichten wir Anton Büdel daher bei, wenn auch aus anderen als den von ihm genannten Gründen: Mit dem Wärmeschutz sollte man es nicht übertreiben.

Wir gehen überschläglich von folgenden Zahlen aus: Die Heizleistung des Bienenstocks dürfte im Hochsommer, abgeschätzt über den Honigverbrauch der Stockbienen nach Jebsen,[161] etwa 40 W betragen. Bei einem Anstieg der Außentemperaturen auf 32 °C reduzieren die Bienen die anfallende Arbeitswärme im Bienenstock mittels Evakuierung schätzungsweise um die Hälfte auf etwa 20 W (Jebsen berechnet überschläglich eine anfallende Arbeitswärme von 18,6 W bei 10.000 Nähr- und Stockbienen, die wegen der Brutpflege nicht evakuiert werden können)[161]. Offene Brutzellen mit enthaltener Flüssigkeit geben unter den klimatischen Bedingungen des Brutnests theoretisch jeweils 1,2 mg Wasser pro Stunde an die Stockluft ab.[136] Die etwa 6000 offenen Brutzellen mit im Futtersaft schwimmenden Rundmaden geben also bereits 7,2 g Wasser pro Stunde an die Stockluft ab und erzeugen so eine Kühlleistung von etwa 5 W. Es braucht nicht viel Vorstellungskraft, dass weitere 10 bis 15 W Kühlleistung über Verdunstung aus den frisch bestifteten Zellen, den Zellen mit älteren Rundmaden, das Eindicken von Honig und durch die Transpiration der erwachsenen Bienen beigesteuert werden können, sodass die effektiv anfallende Arbeitswärme auf null, oder zumindest auf sehr geringe Werte, reduziert werden kann.

Die effektiv anfallende Arbeitswärme in einem Bienenstock im Sommer dürfte nach der Verrechnung mit der betriebsbedingten Verdunstungskälte also in der Größenordnung von 20 W liegen und von den Bienen durch Evakuierungsmaßnahmen fast auf null reduzierbar sein. Die unvermeidlich anfallende Arbeitswärme lässt sich von den Bienen also so weit reduzieren, dass sie weitestgehend durch die betriebsbedingte Verdunstungskälte ausgeglichen wird. Wir sehen daher in einem starken Wärmeschutz keine Gefahr für eine Überhitzung des Bienenstocks.

DIE KOMFORTZONE DER BIENENWOHNUNG – EINE HYPOTHESE UND IHRE EINSCHRÄNKUNG

Bereits in der Literatur des letzten Jahrhunderts wird vermutet, dass «man eine Beute bauen könnte, bei der die bei den Lebensprozessen freiwerdende Wärme [Arbeitswärme; Anm. der VerfasserInnen] zur Beheizung des Innenraums ausreicht und ein zusätzlicher Verbrauch an Futter für Heizzwecke überhaupt nicht auftritt.»[188] Wir halten diese Vermutung für richtig, wenn man davon absieht, dass im Bienenstock – insbesondere im Brutnest – Honigbienen zwecks Feinjustierung der Brutnesttemperatur immer zeitgleich heizen und kühlen. Dieses ineinandergreifende Heizen und Kühlen bedeutet auch bei optimalen Außentemperaturen immer einen gewissen Energieaufwand für die Klimatisierung des Brutnests. Aus energiewirtschaftlicher Sicht erscheint dieses Vorgehen verschwenderisch, es ermöglicht den Bienen aber das Temperieren des Brutnests auf wenige Zehntel Grad Celsius genau (siehe «Die aktive Regulation des Kleinklimas durch die Honigbienen»).[189] Der hohe Aufwand und die hohen Kosten für die exakte und schwankungsfreie Einstellung des Kleinklimas im Brutnest verdeutlichen den hohen Stellenwert für die Honigbienen.

Um die Vorgänge modellhaft beschreiben zu können, unterteilen wir das Temperieren des Bienenstocks durch die Honigbienen in die «Grobeinstellung» und in die «Feinjustierung» der Brutnesttemperatur. Wir greifen in diesem Kapitel Dr. Anton Büdels zu Beginn zitierte Vermutung auf und formulieren folgende Hypothese: Es gibt für jede Bienenwohnung einen Temperaturbereich der Außenluft, in dem Honigbienen die Grobeinstellung der Brutnesttemperatur ausschließlich über die anfallende Arbeitswärme decken können.

Aufgrund der im Bienenstock anfallenden Arbeitswärme gibt es theoretisch genau eine Temperatur der Außenluft, bei der die Bienen weder heizen noch kühlen müssen, um die Brutnesttemperatur grob einzustellen. Bei dieser Temperatur entspricht die eh anfallende Arbeitswärme genau der Wärme, die in der gleichen Zeit durch das Temperaturgefälle nach außen durch die Bienenwohnung abfließt. Wärmezufluss und -abfluss sind in diesem Fall im Gleichgewicht ohne zusätzliche Heiz- oder Kühlaktivitäten der Honigbienen. Die Höhe dieser Außentemperatur ist abhängig vom Wärmeschutz der Bienenwohnung: Je weniger Wärmetransporte von der Bienenwohnung zugelassen werden, desto niedriger ist diese «Komforttemperatur». Die Komforttemperatur ist aber nicht nur abhängig von der Beschaffenheit der Bienenwohnung. Ein Teil des Wärmeschutzes des Brutnests besteht aus den umliegenden Wabenbereichen, gefüllt mit Bienenkörpern. Und genau dieser Teil des Wärmeschutzes ist eine von den Honigbienen abhängige veränderliche Größe. Die Honigbienen nutzen diesen Zusammenhang aktiv zur Klimaregulierung: Sie regulieren mit ihrer Bienendichte den Abfluss der Wärme aus der Bienentraube (siehe «Temperaturregulation») und verändern so den Wärmeschutz dieses das Brutnest umschließenden Bereichs. Stellen sie sich dichter und ziehen sich um ihr Brutnest zusammen, so reduzieren sie den Abfluss der Wärme. Umgekehrt können sie den Abfluss der Wärme erhöhen, indem sie sich lockerer aufstellen und die Bienentraube bis hin zur Evakuierung aus der

Abb. 54: Evakuierung von Bienen an einem Sommerabend in einer stark gedämmten Beute. Sie kann ein Hinweis auf eine zu kleine Bienenwohnung, einen zu starken Wärmeschutz und/oder einen zu geringen Hitzeschutz sein.

Bienenwohnung vergrößern. Für Honigbienen gibt es aufgrund dieser Fähigkeit nicht nur genau eine Temperatur, bei der Wärmezufluss und -abfluss im Gleichgewicht sind: Es gibt einen Temperaturbereich der Außenluft, in dem sie das Gleichgewicht von Wärmezufluss und -abfluss im Bienenstock über die Regulierung ihrer Bienendichte herstellen können. Sie können innerhalb dieses Temperaturbereichs der Außenluft die benötigten Temperaturen zur Grobeinstellung der Brutnesttemperatur über die eh anfallende Arbeitswärme decken. Dieser Temperaturbereich ist abhängig von der Beschaffenheit der Bienenwohnung. Wir nennen ihn die «Komfortzone» der Bienenwohnung.

Wie unter «Wärmestau durch Wärmeschutz und die betriebsbedingte Verdunstungskälte» bereits besprochen, können Bienen durch die Reduzierung ihrer Bienendichte und durch Evakuierungsmaßnahmen die effektiv anfallende Wärme im Bienensitz (also die Arbeitswärme abzüglich der betriebsbedingten Verdunstungskälte) nahezu auf null bringen. Und wenn effektiv gar keine Wärme mehr anfällt, dann spielen auch die Eigenschaften der Bienenwohnung bezüglich der Wärmetransporte keine Rolle. Dieser Zusammenhang ist der Grund, warum die obere Grenze der Komfortzonen aller Bienenwohnungen knapp unterhalb der Brutnesttemperatur liegt. Ab etwa 32 °C Außentemperatur beginnen Bienen mit aktiven Kühlmaßnahmen auf eine drohende Überhitzung zu reagieren. Würde zu dieser Zeit noch effektiv Arbeitswärme in den

Abb. 55: In den Gärten finden die Insekten heute oft mehr Nahrung als in der freien Landschaft. Das Artensterben können wir nur stoppen, wenn wir uns als Gesellschaft für eine naturgemäße Land- und Forstwirtschaft aussprechen.

Brutbereichen anfallen (also Arbeitswärme abzüglich betriebsbedingter Verdunstungskälte), dann hätten die Bienen bereits bei niedrigeren Außentemperaturen beginnen müssen, aktiv zu kühlen.

Für die untere Grenze der Komfortzone ist der Wärmeschutz der Bienenwohnung entscheidend. Er bedeutet eine Reduzierung der Wärmetransporte durch die Wände und bewirkt somit das Gleiche wie das, was die Honigbienen mit dem Zusammenziehen und einer dichteren Aufstellung bewirken. Der Wärmeschutz dehnt daher die Komfortzone in kühlere Bereiche aus. In einer Bienenwohnung mit Wärmeschutz können die Bienen daher auch bei niedrigeren Außentemperaturen noch auf ein zusätzliches Heizen verzichten.

Die Grenzwerte für die Komfortzone von Bienenwohnungen können wir überschläglich anhand bereits genannter Untersuchungen abschätzen: Anton Büdel stellt die ersten Gegenmaßnahmen der Honigbienen gegen eine drohende Überhitzung bei steigenden Außentemperaturen anhand von Temperaturschwankungen im Brutnest ab etwa 27 °C fest.[184] Leider beschreibt er in seiner Veröffentlichung die Versuchsbeuten nicht. Eine Wärmedämmung hätte er sicherlich erwähnt, wenn es sie gegeben hätte; wir gehen daher von dünnwandigen Holzbeuten ohne nennenswerten Wärmeschutz aus. Wir vermuten, dass die von Büdel in Messreihen belegte Gegenreaktion der Bienen hauptsächlich in Form der Verringerung ihrer Bienendichte erfolgt: Die Bienen stellen sich lockerer auf, wodurch sich die Bienentraube vergrößert. Bei etwa 30 °C beginnen Bienen nach Beobachtungen von Martin Lindauer mit Evakuierungsmaßnahmen und erst bei etwa 32 °C Außentemperatur beginnen sie mittels Ventilation und Wasserspucken aktiv zu kühlen.[186] Zwischen etwa 27 °C und 32 °C Außentemperatur müssen sie also demnach nicht mit gesonderten Heiz- und Kühlaktivitäten auf die Außentemperaturen reagieren, sie passen sich den Außenbedingungen über die Regulation der Bienendichte und das Ausmaß an Evakuierungsmaßnahmen an. Dieser Temperaturbereich ist nach unserer Hypothese überschläglich «die Komfortzone der ungedämmten Bienenwohnung». Ihre Untergrenze lässt sich mit einem zusätzlichen Wärmeschutz der Bienenwohnung nach unten verschieben.

Verlassen die Außentemperaturen die Komfortzone der Bienenwohnung, so werden zusätzliche Heiz- oder Kühlaktivitäten erforderlich. Durch den schnelleren oder langsameren Wärmeabfluss aus dem Brutnest aufgrund der niedrigeren oder höheren Außentemperaturen schalten sich nun noch mehr Bienen in die Temperaturregulierung ein, da auch ihre persönlichen Reiztemperaturen unter- oder überschritten werden. Die Grenztemperaturen der Komfortzone dürfen – abgesehen davon, dass es sich nur um Schätzwerte handelt – nicht als scharfe Grenzen verstanden werden. Die Temperaturregulierung im Bienenstock ist die Summe vieler individueller Einzelleistungen, das aktive Heizen und Kühlen erfolgt aufgrund der Über- und Unterschreitung von unterschiedlichen Reiztemperaturen der Einzelbienen (siehe «Die aktive Regulation des Kleinklimas durch die Honigbienen»). Darüber hinaus verändert sich die Komfortzone der Bienenwohnungen mit der Volksstärke ihrer Bewohner, sowohl von Volk zu Volk als auch im Jahresverlauf des jeweiligen Volkes.

Die von uns vorgestellte Hypothese erfährt darüber hinaus eine starke Einschränkung: Sie kann nur für Bienenwohnungen gelten, in denen die Bienen nicht aus Gründen der Regulierung des Gashaushalts ventilieren. Von den Bienen herbeigeführte Luftwechsel beeinflussen den Wärmehaushalt so stark, dass die hier aufgeführte Hypothese nur eingeschränkt gelten kann. Auslöser für die Ventilation zur Regulierung des Gashaushalts ist in der Regel ein erhöhter Wasserdampfgehalt der Stockluft (siehe «Die Feuchtigkeit in Bienenwohnungen»). Und dieser wird neben etlichen anderen Faktoren in der Regel auch stark beeinflusst vom Wasserdampfgehalt der Außenluft. Letzterer ist wiederum stark abhängig von der Außentemperatur, wodurch die Komfortzone eine weitere Obergrenze des Temperaturbereichs erfahren kann. Die Zusammenhänge sind so komplex, dass es unserer Meinung nach kaum möglich und auch nicht sinnvoll ist, die Komfortzone von Bienenwohnungen mit Grenzwerten der Temperatur zu benennen. Die hier vorgestellten Werte dienen lediglich dem Verständnis der Zusammenhänge bezüglich der Wärmetransporte in der Bienenwohnung.

Jede Bienenwohnung hat unserer Hypothese nach eine Komfortzone, also einen Temperaturbereich, in dem sie es den Bienen ermöglicht, mit nur leichten Regulierungsmaßnahmen die gewünschten Temperaturen im Bienenstock einzustellen, sofern nicht die notwendige Regulation des Gashaushalts den Wärmehaushalt beeinflusst. Je besser der Wärmeschutz ist, desto größer ist die Komfortzone und desto niedriger sind die Außentemperaturen, bei denen die Bienen bereits von der Heizpflicht befreit werden. Wir vermuten, dass auch der Hitzeschutz aufgrund dieser beschriebenen Zusammenhänge in Kombination mit einem Wärmeschutz eine besondere energiesparende Wirkung für das Bienenvolk hat: Die durch den Hitzeschutz gedämpften Temperaturen innerhalb der Bienenwohnung liegen eher im Bereich der Komfortzone, als es ungedämpfte Belastungsspitzen täten.

6 Zusätzliche Einflüsse auf die Temperaturverhältnisse in der Bienenwohnung

Viele Einflüsse wirken sich auf die Temperaturverhältnisse in der Bienenwohnung aus. Die Belüftungssituation und die Geometrie der Bienenwohnung, die Betriebsweise der Imker*innen und weitere Einflüsse können die Situation entscheidend beeinflussen. Aufgrund dieser komplexen Zusammenhänge und der individuell verschiedenen Volksstärken und Verhaltensweisen der Bienenvölker ist es nicht möglich, die Wärmetransporte genau abzubilden. Mit dem Verständnis für die einzelnen Vorgänge wird aber auch das Gesamtbild schärfer und wir gewinnen einen Überblick über die Größenordnung aller Prozesse.

LUFTWECHSEL AM FLUGLOCH

Die Wärmetransporte zwischen Bienenwohnung und Außenbereich finden nicht nur durch die Wände der Bienenwohnung, sondern auch durch das Flugloch statt. Dies geschieht mittels der bekannten Transportmechanismen: Luftbewegungen sorgen zusätzlich zur reinen Wärmeleitung für Wärmetransporte durch Wärmeströmung. Die Belüftung ist neben den äußeren Belastungen und Gegebenheiten (Windstärke, schützende Blätter und Äste vor Flugloch etc.) abhängig von der Geometrie der Bienenwohnung, des Wabenbaus und des Fluglochs bzw. der Anzahl der Fluglöcher.

Durch die sehr geringe Wärmespeicherfähigkeit von Luft (etwa 2000-fach geringer als die der Holzmasse von lebenden Bäumen) sind sehr hohe Luftwechselraten notwendig, um die Temperatur von Baumhöhlenwänden (bzw. die im Baum gespeicherte Wärmeenergie) auf diesem Wege abzusenken oder zu erhöhen. Dieser Zusammenhang erklärt auch, weshalb es selbst in Baumspalten mit großen Luftwechselraten zu einer Amplitudendämpfung kommt (siehe Abb. 56).

Diese Zusammenhänge sind nicht nur für natürliche Baumhöhlen mit ihren großen Wärmespeicherfähigkeiten von Bedeutung, sondern für alle Bienenbeuten: Die Wärmeverluste eines Bienenvolkes finden nur zu einem geringen Anteil über das Flugloch statt. In Messreihen von Büdel bei einer mit Bienen besetzten ungedämmten Bienenbeute betrugen die gemessenen Wärmeverluste durch das Flugloch zu den verschiedenen Jahreszeiten immer 8–10 % der jeweiligen gesamten Wärmeverluste.(187) 90 % und mehr gingen durch die Wände verloren. Dieser Zusammenhang verdeutlicht das mögliche Energieeinspar-

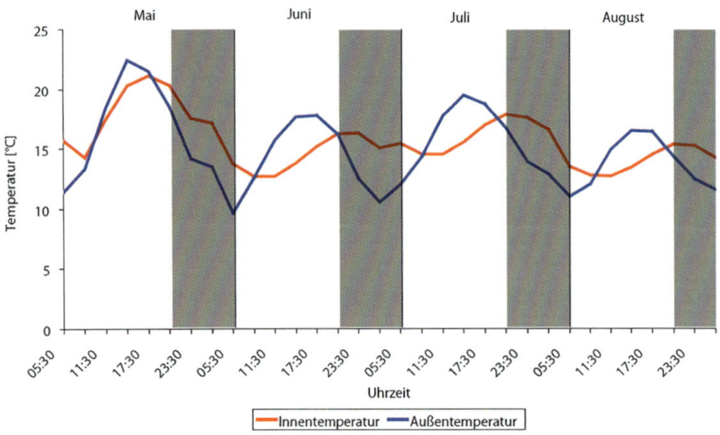

Abb. 56: Temperaturverlauf in einer 3 cm breiten Baumspalte. (Dietz et al., 2008)[122]. Amplitudendämpfung etwa 1,5 bis 2

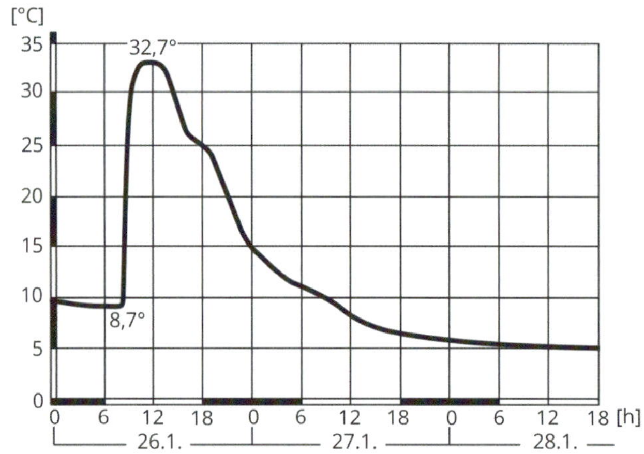

Abb. 57: Temperaturverlauf nach einer Störung des ruhenden Bienenvolks im Winter. (Büdel, 1952)[198] – aufbereitet

potenzial durch eine Verbesserung des Wärmeschutzes. Mit einer steigenden Güte des Wärmeschutzes steigt dann der relative Anteil der Verluste durch das Flugloch.

ZUSÄTZLICHE BELÜFTUNGEN

Die zusätzliche Belüftung von Bienenwohnungen in Form von offenen Böden oder zusätzlichen Belüftungslöchern, die in der Regel zur Vermeidung der Stockfeuchte gedacht sind, ist für den Wasserdampfhaushalt der Bienen im Winter kaum von Bedeutung (siehe «Belüftung und Stockfeuchte»). Für den Wärmehaushalt bedeutet die Belüftung eine nicht zu verantwortende Störung bei niedrigen Außentemperaturen.[190][114][191] Natürliche Bienenschwärme bevorzugen windgeschützte Bienenwohnungen.[192] Die Honigbienen besiedeln zwar grundsätzlich auch Baumhöhlen mit mehreren Fluglöchern,[162] entstehende Zugluft/Querlüftungen werden von den Bienen aber unterbunden, indem sie überflüssige Öffnungen verschließen.[193][194] Insbesondere Oberfluglöcher werden verschlossen, Bienenvölker finden sich nur notgedrungen mit ihnen ab.[175] Allein diese Beobachtungen und Feststellungen der verschiedenen Wissenschaftler sollte Grund genug sein, auf zusätzliche Belüftungen der Bienenwohnungen zu verzichten.

STÖRUNGEN DES BIENENVOLKS

Jede Störung des Bienenvolkes hat ein erhöhtes Heizverhalten der Honigbienen zur Folge.[195] Das hat vermutlich damit zu, dass Bienen bei Störungen in Alarmbereitschaft gehen und ihre Flugmuskulatur auf Betriebstemperatur bringen. Eine solche Betriebstemperatur zur Flugbereitschaft dürften sie etwa ab 28 °C erreichen; dabei handelt es sich um die Thorax-Temperatur von Honigbienen beim Flug.[196] Wie bei allen anderen Insekten auch, wird die Wärme durch Muskelzittern erzeugt.[197] Störungen können in der Natur beispielsweise durch den Besuch von Nagetieren oder Spechten verursacht werden. In der Bienenhaltung sind es in der Regel jedoch die Imker*innen bzw. ihre Betriebsweise (beispielsweise durch die winterliche Klopfprobe) oder eine unbedachte Standortwahl, die die Störungen verursachen.

Eine besonders gravierende Veränderung stellt ein solches Aufheizen in Zeiten dar, in denen die Temperatur im Bienenstock eigentlich niedrig ist. Bereits eine kleine Störung der Winterruhe kann einen beachtlichen Temperaturanstieg und eine Temperaturverlagerung innerhalb der Bienenmasse auslösen.[199] Temperaturaufzeichnungen einer Veröffentlichung von Anton Büdel aus dem Jahr 1952 belegen dies:[198] Die Temperatur am Rand einer Wintertraube zur Zeit einer geringfügigen Störung am Bienenhaus, welche nur aus einer knarrenden Tür und einer leichten Erschütterung des Türrahmens des Bienenhauses bestand, zeigt die eindeutige und nachhaltige Reaktion der Honigbienen: An der Messstelle im Bienenstock setzt als Reaktion umgehend ein Temperaturanstieg ein, der sich innerhalb von 15 Minuten von 8,7 °C auf 32,7 °C steigert. Diese Temperatur halten die Bienen für drei Stunden, bevor sie sie langsam wieder abfallen lassen. Erst nach 24 Stunden ist die Temperatur wieder auf dem Ausgangsniveau. Direkt im Anschluss fällt die Temperatur noch weiter auf 5 °C, was auf eine veränderte Position der Bienentraube hinweist: Der Temperatursensor befand sich vor der Störung direkt am Rand, vermutlich knapp außerhalb der Bienentraube, worauf die Temperatur von 8,7 °C hin-

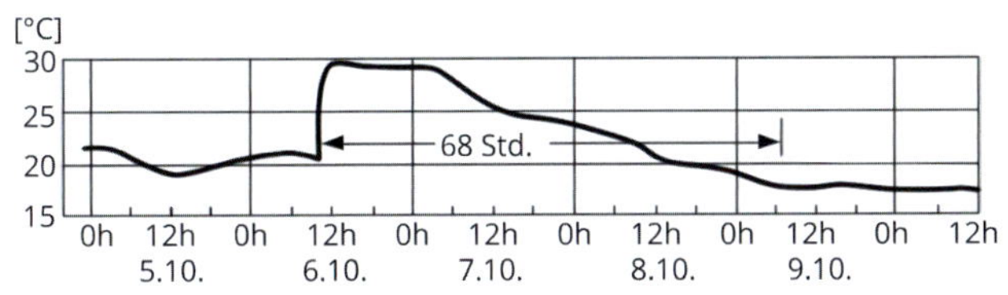

Abb. 58: Temperaturverlauf nach einer Störung im brutlosen Volk im Herbst. (Büdel, 1948)[117] – aufbereitet

weist. Nach der Störung muss der Rand der Bienentraube sich von dem Sensor ein ganzes Stück entfernt haben, die am Sensor gemessenen 5 °C sind weit unter der Temperatur, die für Bienen verträglich ist.

Die Temperaturaufzeichnung einer weiteren Veröffentlichung von Anton Büdel zeigt eine noch längere Abweichung der Temperaturverhältnisse nach einer Störung: Das vorsichtige Ziehen einer Wabe eines brutlosen Bienenvolks im Sommer und ihr unmittelbar darauffolgender Einsatz zurück in die Beute hat eine schnelle Erhöhung der Temperatur auf etwa 30 °C zur Folge. In der Folge lassen die Bienen die Temperatur nur langsam abkühlen und sorgen mit gelegentlichen Heizstößen dafür, dass die relative Luftfeuchte nicht den bienengenehmen Bereich verlässt. Die Aufzeichnung zeigt, dass die Regulierung der Temperatur nicht immer Vorrang vor der Regulierung der Luftfeuchte hat. Die Auswirkung der Störung zieht sich über drei Tage.[117]

Es ist selbsterklärend, dass solche Störungen einen gravierenden Einfluss auf die Bienengesundheit haben können. Vermutlich bedeuten sie zusätzlich zu den klimatischen Störungen und dem resultierenden erhöhten Energiebedarf auch einen Stressfaktor. Inwieweit Bienen gestresst werden können und es ihrer Gesundheit schadet, ist nicht wissenschaftlich geklärt; es wäre aber verwunderlich, wenn es ihnen diesbezüglich besser erginge als anderen Lebewesen.

Weitere mehr oder weniger starke Störungen, die durch die Imker*innen ausgelöst werden, sind unter anderem: Honigentnahme, Einengen, Absperrgitter, Säurebehandlungen, Durchsicht und Fütterung. Wichtig ist es im Sinne der Bienengesundheit, die Störungen auf ein Minimum zu begrenzen.

DIE GEOMETRIE DER BIENENWOHNUNG

Die Geometrie und die Größe des Wohnraums haben Einfluss auf die Temperaturverteilung: Büdel stellt in ungedämmten Beuten eine vorteilhaftere gleichmäßige Temperaturverteilung auf den Waben fest, je näher das Rähmchenmaß in Magazinbeuten einem Quadrat kommt.[200] Langgezogene Formate sind für die Bienen schwieriger komplett zu bebrüten, wobei ein Rähmchenmaß «breiter als hoch» scheinbar ungünstiger ist als ein Rähmchen «höher als breit».[201] Ein angenähert würfelförmiger Innenraum kann in Bezug auf das Kleinklima von den Bienen am besten kontrolliert werden.[118] Unserer Auffassung nach reduziert sich aber der Einfluss der Geometrie, je besser der Wärme- und Hitzeschutz der Bienenwohnung ist. Kleinere Volumen weisen an den Innenwänden der Bienenwohnungen höhere Temperaturen auf als große, und zwar aus dem einfachen Grund, dass die Bienenvölker in kleinen Volumen eingeengt wohnen. Sie nehmen mit ihrem Bienensitz prozentual einen größeren Raum der Bienenwohnung ein, wenn das Volumen kleiner ist. Dementsprechend ist der Rand der Bienentraube näher an den Außenwänden und deshalb sind die Temperaturen an den Außenwänden dann höher. Und das hat zur Folge, soviel sei den Feuchtigkeitsbetrachtungen von Bienenwohnungen vorweggenommen, dass die Höchstwerte der relativen Luftfeuchte innerhalb der Bienenwohnung in kleinen Volumen geringer sind. Es kommt daher seltener zu einem Kondenswasseranfall. Offensichtlich bevorzugen Honigbienen selbst eine gewisse Einengung; kleine Bienenschwärme scheinen kleinere Bienenwohnungen zu bevorzugen: Martin Lindauer stellt fest, dass ein «Zwergschwarm» eine Bienenwohnung mit 10 l Volumen gegenüber einer mit 20 l Volumen bevorzugt.[192]

Eine Gestaltung von Bienenwohnungen «ohne Ecken» mag auf den ersten Blick sinnvoll erscheinen: In einem Raum ohne Ecken mit überall gleich dicken Außenwänden laufen die Wärmetransporte durch die Wände in allen Bereichen gleich schnell ab. Die Bildung von Wärmebrücken in Ecken, ausgelöst durch die Möglichkeit der Wärme in Eckbereichen in zwei (oder drei) Richtungen nach außen abzuwandern, wird so vermieden. Und ohne solche Wärmebrücken gibt es auch keine Bereiche mit einem, relativ zu den anderen Bereichen, erhöhten Risiko für einen Kondenswasseranfall. Alle Innenflächen sind gleich stark gefährdet oder geschützt, je nach Wärmeschutz des Wandaufbaus. So bleibt eine dünnwandige Beute in Kugelform auch ohne Wärmebrücken anfällig für Kondenswasser. Und eine Beute mit einem guten Wärmeschutz hat nur ein geringes Risiko für einen Kondenswasseranfall, auch wenn sie eine Geometrie mit Ecken aufweist. Die Konstruktion ohne Ecken bringt nur geringfügige Vorteile bezüglich eines Kondenswasseranfalls mit sich. Auf der anderen Seite erschwert sie die Konstruktion und/oder erhöht die Unhandlichkeit im Betrieb, sodass wir sie nicht empfehlen wollen. Die Trockenheit der Beute in allen Bereichen kann effektiv über den Wärmeschutz gewährleistet werden.

KÜHLEFFEKTE IN DER NATÜRLICHEN BIENENWOHNUNG

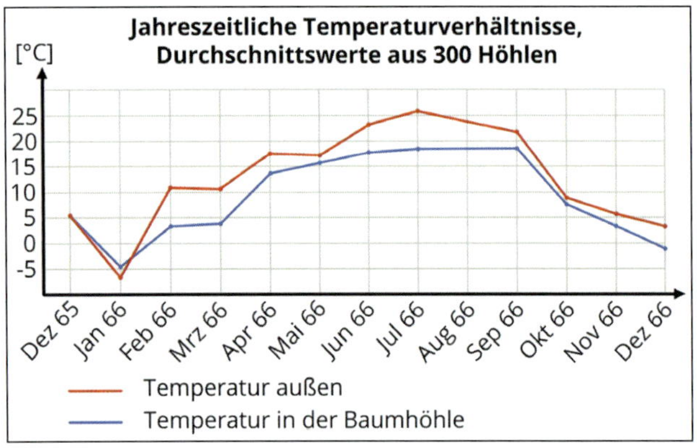

Abb. 59: Abbildung 2 aus: (Sixl, 1969)[153] – grafisch aufbereitet, nur für uns relevante Kurven übernommen

Temperaturaufzeichnung in 300 Baumhöhlen in der Steiermark zeigen eine deutlich geringere Durchschnittstemperatur innerhalb der Baumhöhlen gegenüber der Außentemperatur auf (siehe Abb. 59).[153] Es kommt also über die bereits beschriebene Amplitudendämpfung der Temperatur hinaus auch zu beinahe ganzjährigen Kühleffekten. Im Monat Juli lässt sich aus der Grafik ein durchschnittlicher Temperaturunterschied der Luft in den Baumhöhlen zur Außenluft von über 7 °C ablesen. Bei diesen Temperaturdifferenzen ist die in der Studie festgestellte hohe relative Luftfeuchte im Monat Juli in fast allen Baumhöhlen von 90 bis 100 % kein Wunder: Kühlt man beispielsweise die Außenluft mit einer Temperatur von 25 °C und einer relativen Luftfeuchte von 60 % bei gleichbleibendem Wassergehalt um 7 °C auf 18 °C ab, dann steigt die relative Luftfeuchte auf 92 %. Die hohe Luftfeuchte in den Höhlen im Sommer dürfte daher überwiegend auf den großen Temperaturunterschied zur Außenluft zurückzuführen sein. Für Honigbienen dürfte die hohe relative Luftfeuchte in Baumhöhlen kein Ausschlusskriterium für ihre Nutzung als Wohnraum sein: Mit ihrem Einzug erhöhen sie umgehend die Temperatur an ihrem Bienensitz und reduzieren so die relative Luftfeuchte.

Den beschriebenen Kühleffekt dürften die Saftströme im Baum bewirken: Wasser wird teils mit mehreren Metern pro Stunde aus dem kühlen Boden heraus durch die äußeren Baumschichten befördert und wirkt so wie eine Wasserkühlung auf das Innere des Baumes. Büdel weist den Einfluss der Wärmetransporte der Saftströme von Pflanzen auf ihren Wärmehaushalt nach.[202] Die Temperatur des Bodens im Bereich der Wurzeln bestimmt die Temperatur der saftführenden Stammteile mit.[203]

Zusätzlich entsteht durch Feuchtigkeitsverluste des Baumstamms an die umgebende Luft Verdunstungskälte, was ebenso zu einer Abkühlung des Baums führen dürfte. Beide Prozesse finden in der Vegetationsphase verstärkt statt.

7 Thermografie im Bienenbau

Jeder Körper hat eine Temperatur höher als 0 Kelvin (–273,15 °C) und strahlt mittels elektromagnetischer Wellen Wärme an seine Umgebung ab.[138] Diese Form der Wärmeübertragung kann im Gegensatz zu Konvektion oder Wärmeleitung auch im Vakuum stattfinden (z. B. Wärmestrahlung von der Sonne zur Erde). Verantwortlich für diese Eigenschaft sind die in jedem Körper vorhandenen inneren mechanischen Molekülbewegungen. Die Stärke dieser Bewegungen ist abhängig von und steigt mit der Temperatur der Körper. Molekülbewegungen bedeuten gleichermaßen auch Ladungsbewegungen, wodurch mit steigender Temperatur vermehrt Energie in Form elektromagnetischer Strahlung ausgesendet wird. Diese Strahlung bewegt sich mit Lichtgeschwindigkeit und gehorcht den optischen Gesetzen: Sie lässt sich umlenken, mit Linsen bündeln oder an spiegelnden Flächen reflektieren (siehe auch «Wärmestrahlung»).

Wärmebildkameras (auch Infrarot- oder IR-Kameras) messen die von den Körpern ausgehende Wärmestrahlung sehr präzise, theoretisch kann auf diesem Weg die Temperatur eines Körpers sehr genau bestimmt werden. Allerdings geht von einem Körper nicht nur die eigene Wärmestrahlung ab, er reflektiert auch die Strahlung anderer Körper und ist zum Teil durchlässig für Wärmestrahlung von hinter ihm befindlichen Wärmequellen. Und genau darin liegt die Krux: Die Kamera kann nicht unterscheiden zwischen der vom Körper selbst ausgestrahlten, der vom Körper reflektierten und der durch den Körper hindurchgelassenen Wärmestrahlung. Die Auswirkungen werden dadurch verkompliziert, dass Körper aus unterschiedlichen Materialien bei gleicher Temperatur unterschiedlich stark Eigenwärme abstrahlen und auch fremde Wärmestrahlen unterschiedlich stark reflektieren. Auch ein und dasselbe Material kann in Abhängigkeit von seiner Oberflächenbeschaffenheit teils gegensätzliche Eigenschaften aufzeigen: So reflektiert beispielsweise poliertes Aluminium etwa 90 % und stark oxidiertes Aluminium teils nur 20 % der einfallenden Wärmestrahlen. Die nicht reflektierten Strahlen werden vom Körper aufgenommen (bzw. teils durchgelassen). In der Thermografie wird diese Materialeigenschaft mit dem Emissionsgrad ε beschrieben. Das stark oxidierte Aluminium hat beispielsweise einen Emissionsgrad von 0,8. Dieser Wert besagt, dass 80 % vom Körper aufgenommen und 20 % der eintreffenden Strahlung reflektiert werden. Die aufgenommene Strahlung wird dabei entweder in Wärme umgewandelt oder durchgelassen. Gleichzeitig sagt dieser Wert auch, wie gut die Eigenschaft des Körpers als Wärmestrahler ist: Die Fähigkeit eines Körpers Wärmestrahlen aufzunehmen, entspricht gleichermaßen immer auch seiner Fähigkeit, eigene Wärme auszusenden (zu emittieren), wodurch sich auch der Begriff des Emissionsgrades erklärt. Poliertes Aluminium ($\varepsilon = 0{,}09$) ist folglich ein ausgesprochen schlechter Wärmestrahler und gibt kaum Eigenwärme auf diesem Weg ab, es reflektiert eintreffende Strahlen aber zu 91 %. Holz und Beton mit Emissionsgraden von 0,9 bis 0,95 strahlen sehr gut Wärmeenergie ab und sind schlechte Reflektoren. Die menschliche Haut übertrifft diese Werte noch mit einem Emissionsgrad von 0,95-0,98. Diese Werte gelten für die frontale Betrachtung von Flächen der Körper und verändern sich mit dem Beobachtungswinkel mehr oder weniger stark.

Eine weitere potenzielle Fehlerquelle kommt durch die Tatsache zustande, dass nur die oberste dem Fotografen zugewandte Schicht die Wärmestrahlung des Körpers bestimmt. So können beispielsweise hauchdünne Wasserfilme oder Verunreinigungen große Abweichungen bedeuten. Wasserfilme und auch die Feuchtigkeit von Materialien können darüber hinaus eine Verdunstungskälte mit starkem Einfluss erzeugen, wodurch wiederum Windlasten ein wichtiger Einflussfaktor werden. So kann eine Momentaufnahme mittels IR-Kamera die kurzzeitige Verdunstungskälte der Oberfläche darstellen, die nicht mit der Temperatur des Körpers übereinstimmt. Und nicht zuletzt beeinträchtigen Wasserdampf, Kohlendioxid und Schwebstoffe in der Luft zwischen Kamera und Messobjekt die Messungen, wodurch der Abstand zwischen Kamera und Messobjekt eine Bedeutung bekommt.

Die tatsächliche Erfassung vorhandener Temperaturen und die Abschätzung von Energieverlusten ist mit einer Wärmebildkamera kaum möglich, selbst für Profis mit hochwertigen Kameras. Mithilfe einer Wärmebildkamera lassen sich aber sehr genau Temperaturunterschiede auf ein und demselben Wärmebild erfassen. Es lassen sich Wärmebrücken, beispielsweise durch nicht dicht aufsitzende Rähmchen und Deckel, und die Anwesenheit, Lage und Ausdehnung eines Bienenvolks gut beurteilen (zumindest in schwach gedämmten Beuten). Für den Vergleich verschiedener Beuten und ihres Wärmeschutzes müssen diese sich idealerweise auf demselben Bild befinden.

Abb. 60: Bereits fast vollständig aufgelöste Schwarmtraube – Echtbild zum vorletzten Wärmebild der Serie aus Abb. 61

Die präzise gemessene Wärmestrahlung wird von der Kamera also nur unter Abschätzung der komplexen Umweltbedingungen und Materialeigenschaften in eine Temperatur umgerechnet. Diese Abschätzungen muss der Fotograf vornehmen und die Kamera oder die Auswertungssoftware mit den Daten füttern. Es gehört daher viel Aufwand, Erfahrung und Praxis dazu, um mittels Thermografie die tatsächlichen Temperaturen der Messobjekte abzubilden.

Erleichtern kann man sich das Abschätzen der Umweltbedingungen, wenn man sie so weit wie möglich ausschließt: Thermografie bei Nacht, Windstille und Trockenheit liefert auch dem ungeübten Fotografen brauchbare Temperaturen. Deutlich weniger beeinflusst von den beschriebenen Fehlerquellen sind die sich ergebenden Differenzen von Temperaturen auf ebenen Flächen des gleichen Stoffes mit gleicher Oberflächenbeschaffenheit und Feuchtigkeit. Es lassen sich also beispielsweise mit hoher Präzision Temperaturunterschiede auf der Oberfläche einer Beutenwand infolge einer dahinter befindlichen Bienentraube berechnen/darstellen. Da beispielsweise die Fehlerquelle Wind sich auf zwei verschiedene Messpunkte auf dem Objekt gleichermaßen auswirkt, wird sie bei der Bildung der Differenz rausgerechnet und kann das Ergebnis nicht verfälschen.

Für uns Imker*innen und Beutenbauer*innen sind Wärmebilder hilfreich, um die Lage der winterlichen Bienentraube in dünnwandigen Beuten zu bestimmen, bzw. um die Stärke/Vitalität eines Volkes abzuschätzen, ohne das Volk stören zu müssen. Einfache Wärmebildkameras sind hierfür bereits ausreichend und können Temperaturdifferenzen von wenigen Zehntel Grad Celsius aufzeigen.

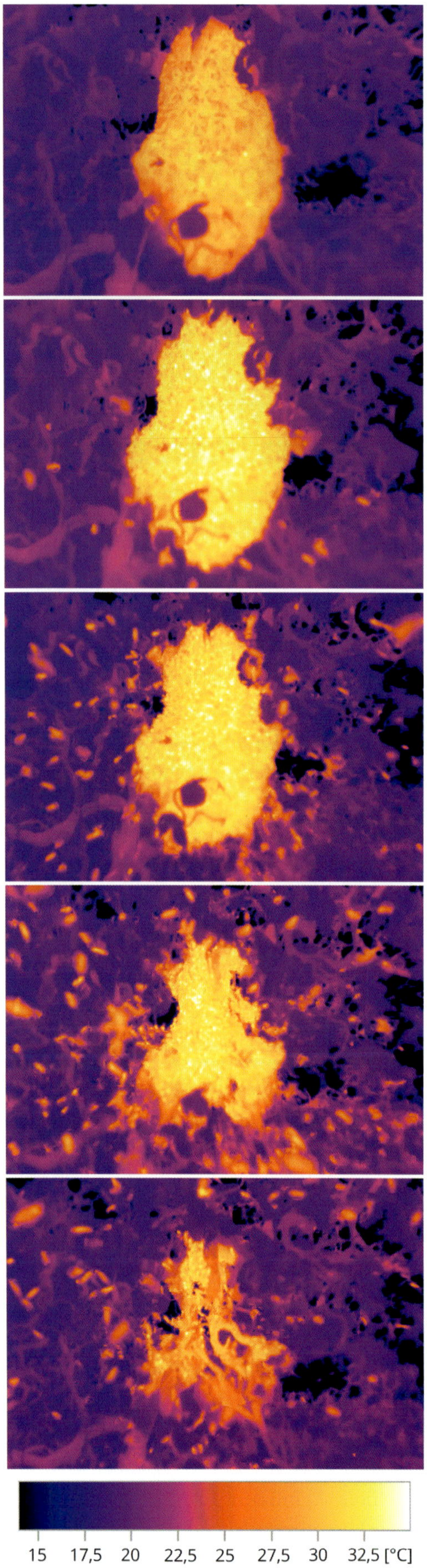

Mit hochwertigen Kameras lassen sich auch darüber hinaus Schlüsse ziehen und physikalische Vorgänge innerhalb der Bienenwohnung aufzeigen; sie haben vor allem eine höhere Auflösung und eine bessere Software zur Auswertung der Daten.

Abb. 62 zeigt einen Bienenstand in den frühen Morgenstunden in Overath. Das Bild zeigt, wie stark Feuchtigkeit die Messergebnisse beeinflussen kann. Die Oberseiten der Deckel sind noch feucht von den Niederschlägen der Nacht zuvor. Die Kamera offenbart die Verdunstungskälte im Moment der Aufnahme und somit nur die Temperatur der obersten hauchdünnen Schicht. Gut zu erkennen ist in dem Bild der Sitz der Bienentraube in der vordersten Beute. Sie hält sich etwa mittig in der Nähe der Fluglochseite der Beute auf. An dieser Beute lässt sich gut die unterschiedliche Wärmeleitfähigkeit infolge einer unterschiedlichen Dichte des Holzes erkennen, wie sie auch bei Hart- und Weichhölzern auftritt. Der besonders helle Fleck im Wärmezentrum ist auf die Verdichtung des Holzes im Bereich des Astknotens zurückzuführen. Und auch an den zwei Astknoten der anderen, uns zugewandten Beutenwand sind die höheren Wärmetransporte durch die erhöhte Dichte des Holzes in den Astknoten anhand der hellen Flecken gut zu erkennen, obwohl die Bienentraube nicht in unmittelbarer Nähe sitzt.

Zur Erinnerung: Die erhöhte Dichte bedeutet eine erhöhte Wärmeleitfähigkeit. Dichteres Holz bedeutet also einen schlechteren Wärmeschutz. Der Astknoten stellt daher eine Wärmebrücke dar; es findet hier im Vergleich zu den benachbarten Flächen ein erhöhter Abtrag von Wärmeenergie aus dem Inneren statt. Mit hochwertigen Kameras lassen sich solche Wärmebrücken gut auswerten, sie bieten per Software das Erstellen von Temperaturprofilen an. Es lassen sich im Wärmebild beliebige Linien ziehen, entlang derer die Software dann Temperaturprofile erstellt. Im Wärmebild der Abb. 62 (oben rechts) haben wir so die Linien P1 und P2 durch die hellen Flecken der Astknoten erstellt. Die dazugehörigen Temperaturprofile zeigen insbesondere im Profil P1 (Abb. 62, unten links) die erhöhten Wärmetransporte an, die Temperatur an den Astknoten auf der Außenfläche der Beute ist knapp 1 °C höher als unmittelbar daneben. Im Profil P2 (Abb. 62, unten rechts) wird dieser Zusammenhang nur deutlich, wenn man nach Betrachtung vieler Wärmebilder weiß, dass die Temperaturprofile von sich hinter der Beutenwand befindlichen Bienentrauben in der Regel nicht so

Abb. 61: Serie von Wärmebildern einer Schwarmtraube, die sich innerhalb von 1 Minute auflöst und in Richtung der neuen Bienenwohnung fliegt

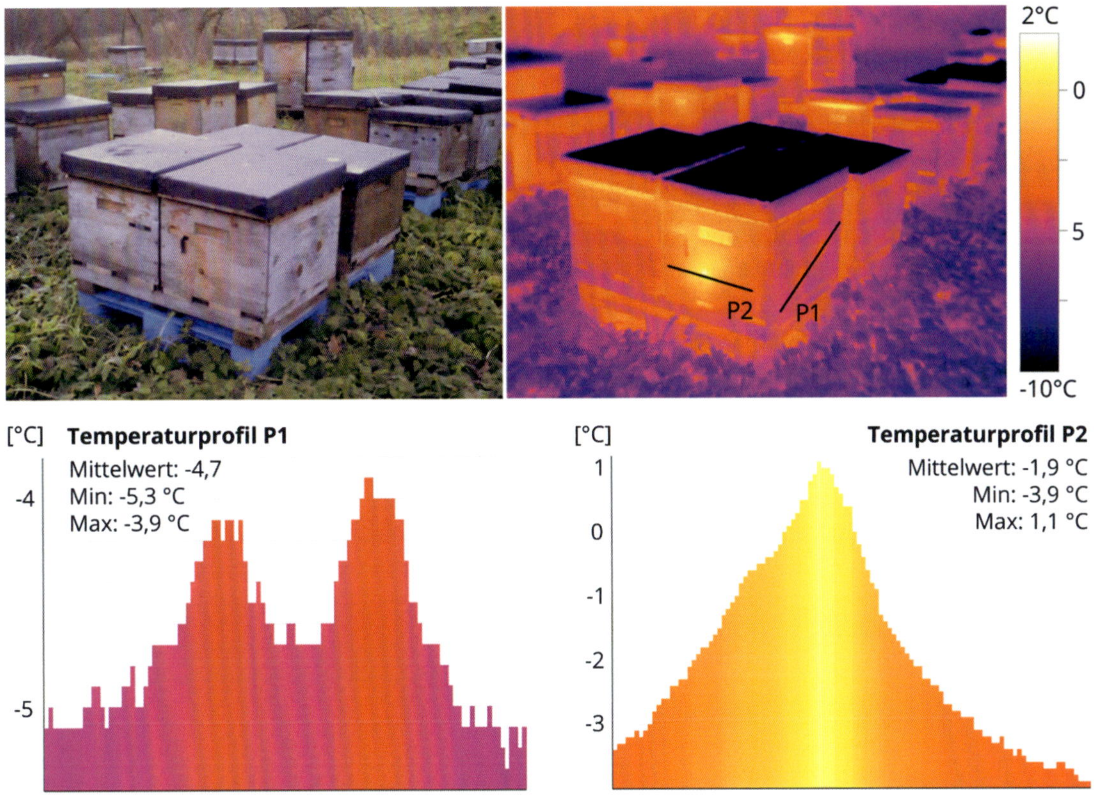

Abb. 62: Oben: Echtbild und Wärmebild eines Bienenstands mit Dadant-Beuten – Unten: Temperaturprofile P1 und P2 der vordersten Beute des Wärmebilds

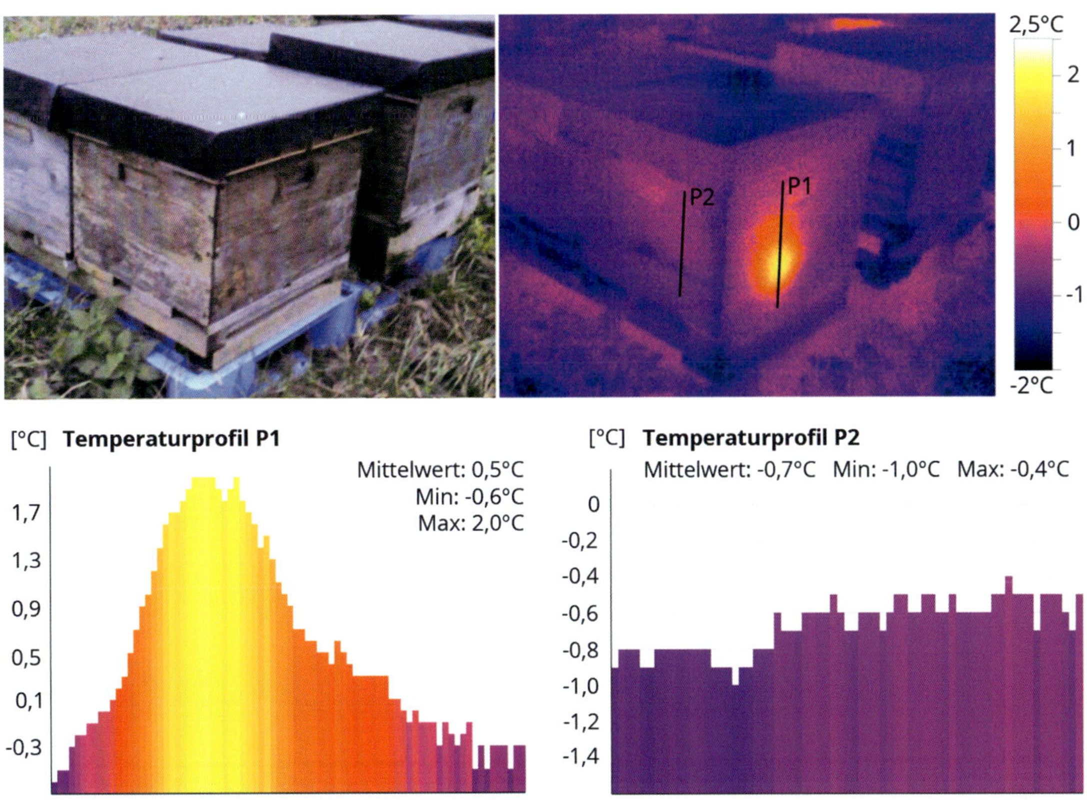

Abb. 63: Echtbild, Wärmebild und Temperaturprofile einer Dadant-Beute im Winter kurz nach Sonnenaufgang

spitz verlaufen, so wie beispielsweise in Abb. 63. An den Deckeln der Beuten lassen sich Wärmeverluste durch nicht richtig aufsitzende Deckel durch die hellen Linien erkennen (siehe Abb. 62). Infolge erhöhter Wärmetransporte durch den sich ergebenden Luftspalt erwärmen sich auch die an die Luftschicht anliegenden Materialbereiche, welche dann auf dem Wärmebild sichtbar werden. Entweichende warme Luft selbst wird von Wärmebildkameras nicht sichtbar gemacht.

Abb. 63 zeigt ebenfalls die Wintertraube in einer Dadant-Beute. Die Wand mit den Temperaturerhöhungen ist die «Warmbauseite», die Wabengassen stehen senkrecht zu dieser Wand. Am Temperaturprofil P1 lässt sich gut erkennen, dass die Temperatur oberhalb und unterhalb der Bienentraube stetig abfällt: Es gibt in Bienenbeuten keine Schichtung der Wärme nach der Höhe. Zu der Nachbarwand mit dem Temperaturprofil P2 hat die Bienentraube lediglich zwei Waben Abstand. Die gute wärmedämmende Wirkung des unbesetzten Wabenbaus und die zusätzliche Holzschicht lassen auf der Außenseite der Wand keine Temperaturveränderung erkennen. Dies zeigt, wie gut die Bienentraube im Winter geschützt ist, wenn sie sich tief im Wabenbau befindet; und zwar auch ohne Wärmedämmung der Beute.

Teil 2

DIE GASTRANSPORTE (WASSERDAMPF UND KOHLENDIOXID)

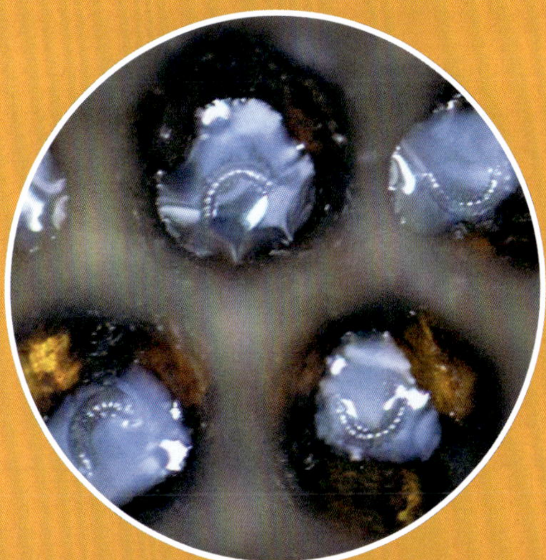

8 Die Feuchtigkeitsverhältnisse in Bienenwohnungen

Die Feuchtigkeit im Bienenstock wird ebenso wie die Temperatur stark vom Außenklima beeinflusst und von den Bienen reguliert. Im Gegensatz zu den Wärmetransporten, welche überwiegend über die Wände der Bienenwohnung ablaufen, finden die Gastransporte (auch Wasserdampf) fast ausschließlich über das Flugloch statt. Die Verhältnisse unmittelbar außerhalb des Fluglochs diktiert das regionale Klima. In allen Bereichen dazwischen, also insbesondere im Fluglochbereich und im unbesetzten Wabenbau, stellen sich Zwischenwerte ein. Sie sind je nach Jahreszeit und Tätigkeit der Honigbienen mal näher an denen der Bienentraube und mal näher an denen des Außenklimas. Im Gegensatz zur Temperatur können die Honigbienen die Feuchte allerdings nur eingeschränkt regulieren (siehe «Die aktive Regulation des Kleinklimas durch die Honigbienen»). Sie haben keine Möglichkeit die Luft zu entfeuchten, sie können deren Wassergehalt lediglich mittels Luftwechsel auf den der Außenluft (oder den von kühlen und trockenen Bereichen innerhalb der Bienenwohnung) bringen. Grundvoraussetzung für eine funktionierende Entfeuchtung ist daher ein trockenes Außenklima und/oder eine Bienenwohnung mit kühlen (und somit trockenen) Bereichen. Aber dazu später mehr.

Die bauphysikalischen Gesetzmäßigkeiten und Hintergründe zu den Feuchtetransporten im Bienenstock sind nicht weniger kompliziert als die der Wärmetransporte. Es ist ein komplexer Stoff und es gibt in der Literatur keine leicht verständlichen und zusammengefassten Erklärungen für diese komplexen Zusammenhänge. In der Folge etablieren sich auch immer wieder falsche Theorien mit scheinbar plausiblen Begründungen. Bis heute halten sich beispielsweise Theorien in der Imkerschaft wie die eines «CO_2-Sumpfes» am Boden von Bienenbeuten oder einer «Waschküche» unter dem Deckel, womit das Abfallen CO_2-beschwerter Luft auf den Boden und das Aufsteigen leichterer mit Wasserdampf angereicherter Luft unter den Deckel gemeint sind. Beide sind nachweislich falsch.

Unsere Aussage über die fehlende verständliche Literatur zu diesen Themen stimmt nicht ganz: Es gibt sie schon, man findet sie nur nicht gebündelt in einem Buch oder recherchierbar im Internet. Dr. Anton Büdel hat im letzten Jahrhundert über mehrere Jahrzehnte mit großem Aufwand Messreihen zu Wärme- und Feuchtetransporten im Bienenstock durchgeführt. Mit seinen Messreihen hat er Vorgänge und Zusammenhänge im Bienenstock erkannt und wissenschaftlich beschrieben. Für die Praxis der Imkerei hat er Regeln formuliert, deren Zusammenhänge auch heute noch mindestens überschläglich richtig sind. Publiziert hat er diese Messreihen, Erkenntnisse und Regeln in unzähligen Fachartikeln in den verschiedensten Imkerzeitschriften seiner Zeit, welche heute nur noch in diversen Bibliotheken verteilt über das Land einsehbar sind.

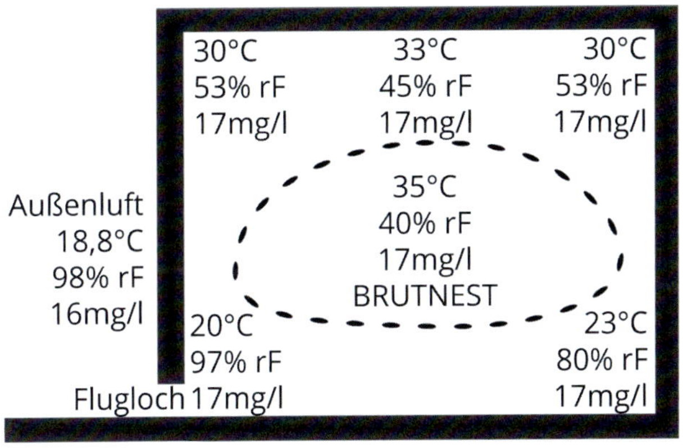

Abb. 64: Kleinklimatische Verhältnisse in einer Bienenbeute beispielhaft in der Brutzeit. (Büdel, 1948) [204] – aufbereitet

Büdel zeigt mit seiner Arbeit die Abhängigkeit des Wasserdampfdrucks in der Beute von dem der Außenluft auf. Er belegt die große Beschleunigung der Gastransporte durch die Bewegungen und Tätigkeiten der Bienen, sodass sich schnell ein Dampfdruckausgleich in allen mit Bienen besetzten Bereichen einstellen möchte. Als Folge dieses Zusammenhangs beleuchtet er die hohe Abhängigkeit der Stockfeuchte von der Temperatur in der Bienenwohnung, und dass die Luft «relativ feucht» in den kalten Bereichen und «relativ trocken» in den warmen Bereichen ist (siehe Abb. 64, Angaben der relativen Luftfeuchte in [% rF]). Er zeigt auf und weist unermüdlich darauf hin, dass die Stockfeuchte sich durch eine Wärmedämmung vertreiben lässt. Er zeigt anhand von Messungen, dass der notwendige Gasaustausch für das Bienenvolk in der Bienenwohnung durch Diffusion und turbulente Strömungen erfolgt, und dass keine vollständigen Luftwechsel erforderlich sind. Er belegt mit Messreihen die schädlichen Auswirkungen zusätzlicher Belüftungen auf den Wärmehaushalt der Honigbienen. Er belegt die großen Widerstände gegenüber Luftbewegungen im Wabenbau der Bienen, sodass es zu keinem Aufsteigen von warmer oder feuchter Luft infolge ihres geringeren Gewichts oder zu einem Absinken von CO_2-beschwerter Luft kommen kann. Er zeigt den Einfluss von Wind auf die klimatischen Verhältnisse im Bienenstock und noch vieles mehr.

Die Hintergründe und Zusammenhänge von Dr. Anton Büdels Arbeit zeigen insbesondere, wie sehr Honigbienen über die Eigenschaften der Bienenwohnung unterstützt werden können in ihrem Bemühen, das Kleinklima im Bienenstock zu regulieren. Nach unserer Auffassung kann die Bienenwohnung sogar unter Umständen einen Maximalwert für die absolute Feuchte bestimmen, über den auch das Außenklima die Luftfeuchte im Bienenstock nicht treiben kann. Eine Erkenntnis, die in Zukunft vielleicht von Nutzen in der Bekämpfung von Varroa-Milben und dem Kleinen Beutenkäfer ist. Aber langsam, beginnen wir vorne: Um die Vorgänge bezüglich der Feuchtigkeitsverhältnisse zu verstehen, ist zunächst ein kleiner Ausflug in die Chemie notwendig.

9 Wasser und Wasserdampf

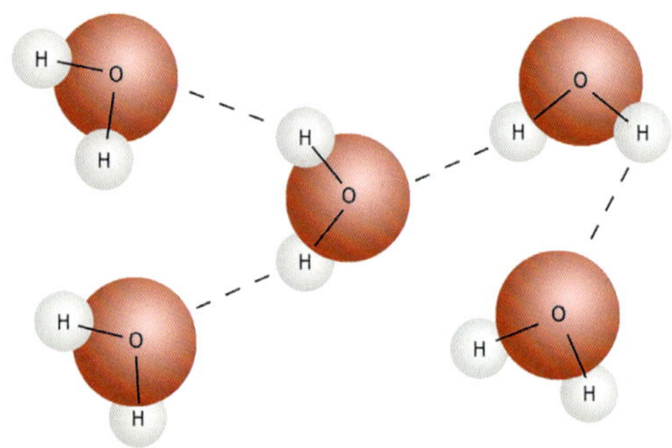

Abb. 65: Brückenbindung der Wassermoleküle

Wasser besteht aus den Wassermolekülen H_2O, also Verbindungen von jeweils einem Sauerstoffatom mit zwei Wasserstoffatomen. Die Moleküle sind polar, d. h., die gegenüberliegenden Enden tragen eine entgegengesetzte Ladung. Wegen dieser Polarität gehen die Wassermoleküle miteinander wechselnde, unbeständige Verbindungen ein, sogenannte Brückenbindungen.[205][206] Diese Verbindungen bestehen nur für Bruchteile von Sekunden. Die Wassermoleküle lösen sich wieder aus dem Verbund und verketten sich erneut mit anderen Wassermolekülen. Durch die Brückenbindungen bildet sich der zusammenhängende Flüssigkeitsverbund Wasser.

Nicht alle Moleküle einer Flüssigkeit bewegen sich mit der gleichen Geschwindigkeit. Wenn Moleküle zusammenstoßen, ergeben sich zwei Möglichkeiten: Entweder sie nehmen Energie auf und werden schneller oder sie geben welche ab und bewegen sich nach dem Zusammenstoß mit geringerer Geschwindigkeit. Einzelne Wassermoleküle an einer Wasseroberfläche lösen sich aufgrund ihrer hohen Energie (bzw. hohen Geschwindigkeit) komplett aus dem Verbund Wasser, sie überwinden die Anziehungskräfte des Flüssigkeitsverbandes und treten in den Gasraum oberhalb der Flüssigkeitsoberfläche ein. Die Anzahl dieser Moleküle erhöht sich mit steigender Wassertemperatur. Die Moleküle der Gasphase sind ebenfalls mit unterschiedlichen Geschwindigkeiten (Energieladungen) unterwegs. Wassermoleküle, die sich langsamer bewegen, werden wieder eingefangen, wenn sie der Flüssigkeitsoberfläche zu nahe kommen. Die Wahrscheinlichkeit des Einfangens der Moleküle aus der Gasphase nimmt mit deren Konzentration im Gasraum zu.[207]

Die temperaturbedingten Bewegungen der Moleküle in Flüssigkeiten ähneln denen in Festkörpern, die wir bereits unter dem Punkt «Wärmeleitung» besprochen haben. In Festkörpern werden die Moleküle aber in geordneter Weise in einem Kristallgitter zusammengefügt und können ihren Ort nicht verlassen. In Flüssigkeiten gibt es diese Fixierung nicht, die Wassermoleküle können die zwischenmolekularen Anziehungskräfte überwinden und den Ort wechseln.[208]

Wasserdampf ist Wasser im gasförmigen Aggregatzustand und hat die gleiche chemische Zusammensetzung H_2O. Es ist ein unsichtbares und geruchloses Gas, welches in kleinen Mengen auch immer in dem Gasgemisch Luft enthalten ist (in der Regel < 4 Vol-%). Beim Verdunsten treten Wassermoleküle aus Wasserflächen in den gasförmigen Zustand über. Das Kondensieren (Tauen) ist die Umkehrung der Wasserverdunstung.[127] Beim Kondensieren verlassen Wassermoleküle den gasförmigen Zustand, bilden feinste Wassertropfen und schweben in der Luft (Nebel) oder schlagen sich auf Oberflächen von Stoffen nieder.

Die Hauptbestandteile des trockenen Gasgemischs Luft sind Stickstoff (78,08 Vol-%), Sauerstoff (20,95 Vol-%) und Argon (0,93 Vol-%). Hinzu kommen zahlreiche Spurengase wie z. B. das Kohlendioxid mit einem Anteil von etwa 0,04 Vol-%. Diese Bestandteile trockener Luft ändern sich entsprechend bei Vorhandensein des Gases Wasserdampf, welches mit maximal 4 % Volumenanteil unter natürlichen Bedingungen grundsätzlich im Gasgemisch Luft enthalten ist.[207][133]

Absolute und relative Luftfeuchte

Die in der Luft enthaltene Wassermasse wird in Milligramm Wasser pro Liter Luft angegeben (oder alternativ in Gramm Wasser pro Kubikmeter Luft) und «absolute Luftfeuchte» oder auch «Wasserdampfdichte» genannt. Die Luft kann aber nicht beliebig mit Wasserdampf angereichert werden. «Genau so, wie wir nicht jede beliebige Menge Zucker in einem Liter Wasser auflösen können, vermag auch die Luft nur eine bestimmte Menge Wasserdampf aufzunehmen.»[209] Und diese Fähigkeit Wasser aufzunehmen, steht und fällt mit der Temperatur der Luft. So kann beispielsweise 5 °C warme Luft nur etwa 7 Milligramm Wasser

Temperatur	-5 °C	0 °C	5 °C	10 °C	15 °C	20 °C	25 °C	30 °C	35 °C	40 °C
max. Luftfeuchte	3,4 mg/l	4,9 mg/l	6,8 mg/l	9,4 mg/l	12,8 mg/l	17,3 mg/l	23 mg/l	30,4 mg/l	39,6 mg/l	51,2 mg/l
Sättigungsdruck	401 Pa	611 Pa	872 Pa	1227 Pa	1704 Pa	2337 Pa	3166 Pa	4241 Pa	5621 Pa	7379 Pa

Tab. 6: Maximale absolute Luftfeuchte (bzw. Wasserdampfdichte) und Wasserdampfsättigungsdruck in Abhängigkeit der Temperatur. Werte ermittelt mit: Schneider Bautabellen [152]

pro Liter Luft aufnehmen; 25 °C warme Luft kann dagegen mehr als dreimal so viel Wasser tragen, nämlich 23 mg/l (siehe Tabelle 6). In der Regel enthält die Luft aber weniger Wasserdampf als ihre jeweiligen Maximalwerte. Und dieser tatsächlich in der Luft enthaltene Wasserdampf, der in der Regel kleiner ist als der Maximalwert, wird ebenfalls als absoluter Wert in der Einheit [mg/l] angegeben oder aber auch als prozentualer Anteil der maximal möglichen Luftfeuchte. Die Angabe des Verhältnisses der tatsächlichen Feuchte zur maximal möglichen Feuchte wird «relative Luftfeuchte» genannt und in Prozent angegeben, oft noch mit dem Kürzel «rF» für relative Feuchte. Eine relative Luftfeuchte von 70 % bedeutet also, dass die Luft des betrachteten Raums aktuell 70 % des Wassers trägt, welches sie maximal bei der gegebenen Lufttemperatur tragen könnte.

Ein realistisches Beispiel aus dem Wohnungsbau wäre 20 °C Zimmertemperatur und eine absolute Luftfeuchte von 11,3 mg/l. Bei der Temperatur könnte die Luft maximal 17,3 mg/l Wasser aufnehmen. Sie trägt mit 11,3 mg/l also an jeder Stelle im Raum 65 % des maximal möglichen Wassergehalts, die relative Luftfeuchte ist an jeder Stelle im Raum 65 %. Wenn nun aber an einer Stelle im Raum die Temperatur fällt, beispielsweise auf 15 °C, dann kann die Luft an dieser Stelle weniger Wasser maximal aufnehmen. In diesem Beispiel sinkt der Maximalwert von 17,3 mg/l auf 12,8 mg/l. Der tatsächliche Wassergehalt an dieser Stelle im Raum ist aber immer noch 11,3 mg/l, die absolute Feuchte ändert sich nicht durch die Temperatur und ist immer noch im ganzen Raum gleich groß. Die relative Luftfeuchte bezieht sich nun aber auf den gesunkenen Maximalwert, die relative Luftfeuchte steigt daher an der kalten Stelle von 65 % auf 88 %. Sinkt die Temperatur an der kalten Stelle noch tiefer auf 10 °C, so sinkt die maximal mögliche Luftfeuchte an der Stelle auf 9,4 mg/L, dieser Wert ist tiefer als die überall im Raum anliegende Luftfeuchte von 11,3 mg/l. An der kalten Stelle des Raums kann die Luft das vorhandene Wasser daher nicht mehr halten, es fällt regelrecht aus der Luft heraus und bildet feinste Tropfen in der Luft bzw. schlägt sich auf angrenzenden Oberflächen nieder, es kondensiert und tritt aus dem gasförmigen in den flüssigen Zustand über. In diesem Moment sinkt an der kalten Stelle im Raum auch die absolute Luftfeuchte: Es fällt so lange Kondenswasser an, bis die absolute Luftfeuchte an der Stelle auf den Wert gesunken ist, den die Luft bei der vorhandenen Temperatur maximal tragen kann: Sie sinkt von 11,3 mg/l auf 9,4 mg/l. Nun verhält es sich in einem geschlossenen Raum aber immer noch so, dass die absolute Luftfeuchte überall im Raum gleich groß ist. D.h., der Kondenswasseranfall an der kalten Stelle entfeuchtet nicht nur die Luft an dieser Stelle, sondern auch in allen anderen Bereichen des Raums. Die absolute Luftfeuchte sinkt im ganzen Raum auf 9,4 mg/l, obwohl die Temperatur in den anderen Bereichen nach wie vor 20 °C beträgt. Da die Temperatur an allen anderen Stellen unverändert ist, ist die maximal mögliche Luftfeuchte überall dort ebenfalls unverändert 17,3 mg/l. Die gesunkene absolute Luftfeuchte im Verhältnis zur unveränderten maximal möglichen Luftfeuchte sinkt daher, die Luft ist relativ zu ihrem Fassungsvermögen trockener geworden. Die relative Luftfeuchte sinkt in diesen Bereichen unseres Beispiels auf 54 %.

Nach Anton Büdel verhält es sich in einer mit Bienen besetzten Bienenwohnung ebenso. Seine Messreihen belegen, dass der Wasserdampfgehalt der Luft in vollständig besetzten Bienenwohnungen überall annähernd gleich groß ist. Resultierend aus diesem Zusammenhang formulierte Anton Büdel bereits 1952 Regeln bezüglich der Stockfeuchte, die wir auch heute noch für überschläglich richtig halten: [209]

- Eine Bienenwohnung schwitzt immer nur an der kältesten Stelle.
- Das Schwitzen kann in bestimmten Abschnitten des Jahres nicht verhindert werden (Einfütterung, Volltracht, erster Bruteinschlag).
- Die (kälteste) Stelle mit potenziellem Wasserniederschlag lässt sich in andere Bereiche verschieben: Durch das Anbringen einer äußeren Wärmedämmung in den Bereichen des Kondenswasseranfalls «verzieht» sich der Taupunkt in den Bereich, wo es nach Veränderung der Isolation am kältesten ist. Wir können also das unter gewissen Umständen unvermeidliche Schwitzen dorthin lenken, wo es uns ungefährlich erscheint.
- Für die Verteilung der relativen Feuchte ist lediglich die Temperatur maßgebend, es gibt kein Aufsteigen der Feuchte nach der Höhe.

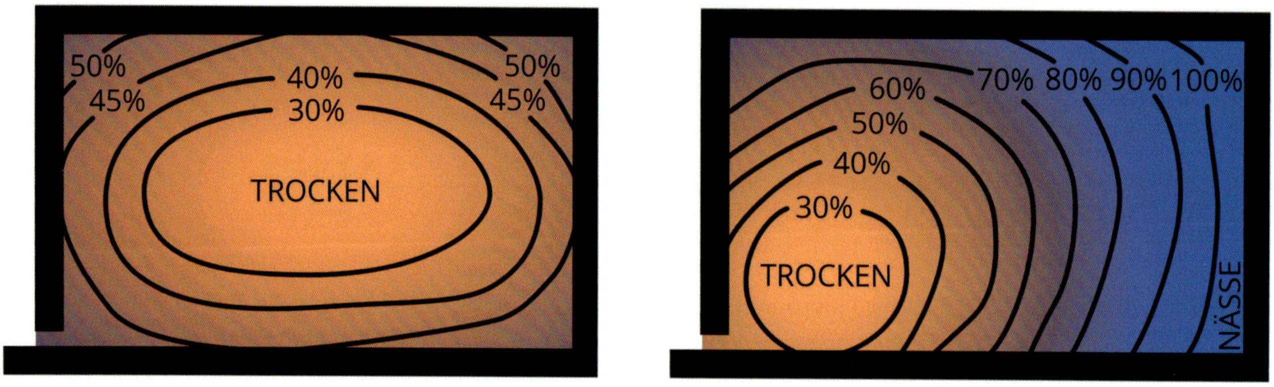

Abb. 66: Typische Verteilung der relativen Luftfeuchte in einer Wabengasse im Bienenstock im Sommer (links) und Winter (rechts). (Büdel, 1952) (209) – aufbereitet, koloriert und leicht verändert

«Nun ist aber jeder Bienenkasten mit einem Flugloch ausgestattet, und es dürfte bei einer vernünftigen Konstruktion nicht schwer fallen zu erreichen, daß die kälteste Stelle und somit die «Wasserablage» stets im oder am Flugloch entsteht.» (209)

Abb. 66 zeigt die typische Verteilung der relativen Luftfeuchte nach Anton Büdel in einer Bienenbeute im Sommer und im Winter. (209) Im Sommer herrschen nur geringe Temperaturunterschiede in den verschiedenen Bereichen des Bienenstocks, hier gibt es auch nur geringe Unterschiede in der relativen Luftfeuchte (siehe linkes Bild). Die Stellen gleicher relativer Luftfeuchte sind durch Linien verbunden (Isohumide). Im Winter kann es abseits der Winterbienentraube auch zu sehr niedrigen Temperaturen innerhalb der Wabengassen kommen (insbesondere bei mangelhafter Wärmedämmung), und so zu einem Kondenswasseranfall und der von Imker*innen ungeliebten Stocknässe (siehe Abb. 66, rechtes Bild). Auch hier bedeutet der Kondenswasseranfall eine Entfeuchtung des ganzen Raums und «deckelt» so die relative Luftfeuchte in den wärmeren Bereichen der Bienenwohnung.

«Das Flugloch hat aber auch noch eine weitere wichtige Aufgabe – es regelt von sich aus weitgehend den Wasserdampfhaushalt der Bienenwohnung in den meisten Fällen sogar, bevor es zu eine Nässebildung kommt.» (209) Für das Verständnis dieser Prozesse müssen wir aber noch ein wenig tiefer in die Bauphysik eintauchen.

SÄTTIGUNG UND DAMPFHUNGER DER LUFT

Wasserdampf ist ein Teilgas (Partialgas) des Gasgemischs Luft mit einem Wasserdampfdruck, abhängig von der Anzahl der enthaltenen Wassermoleküle. Es verhält sich innerhalb des Gasgemischs Luft genauso, als ob es dort allein wäre, (191) sein Verhalten wird durch die anderen Teilgase (Stickstoff, Sauerstoff, Kohlendioxid u. a.) nicht beeinflusst. Ebenso verhalten sich auch die anderen Teilgase, als wären sie allein. Jedes dieser Teilgase erzeugt in Abhängigkeit seiner vorhandenen Gaskonzentration einen Druck (Partialdruck des Partialgases): Je mehr Moleküle des jeweiligen Gases in einem Raum vertreten sind, desto höher steigt der jeweilige Gasdruck. Ein solcher Gasdruck lässt sich als eine Flächenlast verstehen, die eine in einem eingeschlossenen Behälter vorhandene Gaskonzentration auf alle das Gas umgebende Wände ausübt. Der Druck wirkt aber nicht nur auf die Wände, sondern an jeder Stelle im Raum in alle Richtungen. Der Gasdruck der Partialgase der Luft wird heute üblicherweise in Pascal [Pa] (oder in Newton pro Quadratmeter [N/m^2]) angegeben. Im letzten Jahrhundert wurde der Gasdruck oft in der Einheit «Millimeter Quecksilbersäule» [mmHg] angegeben, auch in vielen Veröffentlichungen von Anton Büdel. Zwischen den Einheiten steckt der Faktor 133,3 (1 mmHg = 133,3 Pa).

Luft kann nur eine bestimmte Menge Wasser tragen, abhängig von ihrer Temperatur. Wird ihr mehr Wasserdampf aufgezwungen, als sie tragen kann, dann fällt es aus der Luft heraus (Kondenswasser). Warme Luft kann mehr Wasser tragen als kalte. Enthält sie weniger Wasser, als sie tragen kann, dann möchte sie die fehlende Menge aus der Umgebung aufsaugen. In diesem Zustand enthält sie also nur einen Teil des Wassers, den sie tragen könnte bzw., prozentual ausgedrückt, «die relative Luftfeuchte». Je gesättigter die Luft mit Wasserdampf ist, desto kleiner wird ihr Dampfhunger und desto weniger aggressiv entzieht sie anliegenden Wasseransammlungen Wasser. Je mehr Wasser in der Luft enthalten ist, d. h., je dichter die Wassermoleküle in der Luft stehen, desto größere Kräfte üben sie auf sich gegenseitig und auf anliegende Flächen aus. Die steigenden Kräfte mit dem steigendem Wasserdampfgehalt der Luft bedeuten einen steigenden Druck (Kraft pro Fläche): Der Wasserdampfdruck steigt mit steigendem Wasserdampfgehalt der Luft, er wird mit der Einheit Pascal (entspricht N/mm², also Kraft pro Fläche) angegeben.

In Tabelle 6 ist u. a. beispielhaft der maximal mögliche Wasserdampfdruck (Wasserdampfsättigungsdruck) für einzelne Temperaturen in Pascal angegeben. In Bienenwohnungen sind die Druckunterschiede der einzelnen Partialgase zwischen Innen- und Außenluft grundsätzlich eher gering, da die beiden Lufträume über das Flugloch miteinander verbunden sind und hier ein Ausgleich des jeweiligen Gasdrucks, also der Gaskonzentrationen, stattfindet. Dementsprechend liegen auch an den Außenwänden nur geringe Druckunterschiede an und es gibt, so viel sei den weiteren Betrachtungen vorweggenommen, auch selbst bei diffusionsoffenen Bauweisen und Materialien keine nennenswerten Feuchteabtransporte durch die Wände von Bienenwohnungen.

Wenn die Luft keine weiteren Wassermoleküle mehr aufnehmen kann, spricht man von gesättigter Luft. In diesem Zustand der maximalen Wasserdampfsättigung ist auch der maximal mögliche Wasserdampfdruck der Luft bei der anliegenden Temperatur erreicht, der Wasserdampfsättigungsdruck. Der Wasserdampfsättigungsdruck ist also ebenso wie die maximal mögliche absolute Luftfeuchte abhängig von der Temperatur der Luft: Mit steigender Temperatur nimmt der Wasserdampfsättigungsdruck und die maximal mögliche Wassermasse in der Luft zu (siehe Tabelle 6). Eine solche Wasserdampfsättigung der Luft stellt sich in einem abgeschlossenen Behälter mit ausreichend enthaltenem flüssigen Wasser bei konstanter Temperatur im Laufe der Zeit zwangsläufig ein (siehe auch Abb. 71).[207][208]

Die beiden Werte «Wasserdampfsättigungsdruck» und «maximal mögliche absolute Luftfeuchte» beschreiben unterschiedliche Eigenschaften der Luft im Moment ihrer maximal möglichen Wasseraufnahme. Die maximal mögliche absolute Luftfeuchte beschreibt die Wasserdampfdichte, also die vorhandene Wassermasse pro Volumen, und der Wasserdampfsättigungsdruck beschreibt den Gasdruck, den diese maximal mögliche Gaskonzentration unter der anliegenden Temperatur bewirkt. Die jeweiligen Werte sind beispielhaft für einzelne Temperaturen in Tabelle 6 aufgeführt.

Der Zustand der Wasserdampfsättigung der Luft, also der maximal möglichen absoluten Luftfeuchte unter der gegebenen Lufttemperatur, ist immer auch der angestrebte Zustand in der Luft. Je weiter der vorhandene Wasserdampfdruck von diesem Gleichgewichtszustand entfernt ist, desto größer ist der Dampfhunger der Luft bzw. das Wasserdampfsättigungsdefizit. Dieses ist als eine Kraft zu verstehen, die die Verdunstung von flüssigem Wasser antreibt.

Der Wasserdampfsättigungsdruck der Luft beschreibt den maximal möglichen Wasserdampfdruck unter einer gegebenen Lufttemperatur. Er ist der angestrebte Zustand der Luft. Die Differenz zwischen dem vorhandenen und dem maximal möglichen Wasserdampfdruck ist das Wasserdampfsättigungsdefizit der Luft bzw. der Dampfhunger der Luft. Druck beschreibt grundsätzlich eine Flächenlast, also eine Kraft, die auf eine bestimmte Fläche ausgeübt wird. Die Einheit für den Wasserdampfdruck ist daher die der Kraft (Newton) geteilt durch die der Fläche (Quadratmeter); sie wird «Pascal» genannt.

Wenn die lösliche Menge Wasserdampf, welche unsichtbar wie die Luft selbst ist, überschritten wird, dann kann Luft auch mit Wasserdampf übersättigt sein. Der Überschuss ist nicht mehr in der Luft als Wasserdampf gelöst, sondern bildet feine Tropfen, welche als Nebel oder Wolken in Erscheinung treten.[210] Dieser Vorgang des Übergangs von Wasser aus dem gasförmigen in den flüssigen Zustand nennt sich Kondensieren oder auch Tauen. Das Kondensat schwebt in der Luft oder schlägt sich auf anliegenden Flächen als Kondenswasser oder Tau nieder.

Zur Veranschaulichung des Bestrebens der Luft, möglichst viel Wasserdampf aufzunehmen und des Vorgangs der Kondensation greifen wir hier auf das von Anton Büdel gewählte Beispiel eines verschlossenen Honigkübels zurück (siehe Abb. 67), dessen Boden mit Wasser bedeckt ist.[190] Der Luft im Behälter stehen in diesem Szenario ausreichend Reserven zur Verfügung, um ihren Dampfhunger mit der Zeit zu stillen. Bei einer Temperatur von 5 °C stellt sich nach längerer Zeit eine Wasserdampfdichte von etwa 6,8 mg/l ein, die Luft im verschlossenen Kübel trägt nun so viele Wassermoleküle wie es ihr möglich ist, sie ist gesättigt mit Wasserdampf (Abb. 67, linkes Bild). Bei einer Steigerung der Temperatur stellt sich ohne Dazutun im Laufe der Zeit innerhalb des Honigkübels eine entsprechend höhere Wasserdampfdichte in der Luft des Behälters ein (Abb. 67, drei Bilder mittig), weil die Luft ihren Dampfhunger mit der Zeit durch die vorhandene Wasserreserve vollständig stillen kann. Bei 15 °C verdoppelt sich die absolute Feuchte beispielsweise nahezu gegenüber der bei 5 °C, bis sie gesättigt ist (siehe Tabelle 6). Wird der gesamte Kübel samt Inhalt nun auf –10 °C abgekühlt (Abb. 71, rechtes Bild), so kann die abkühlende Luft die in ihr enthaltene Wassermenge nicht länger tragen. Wassermoleküle fallen regelrecht aus der Luft heraus und verwandeln sich in das

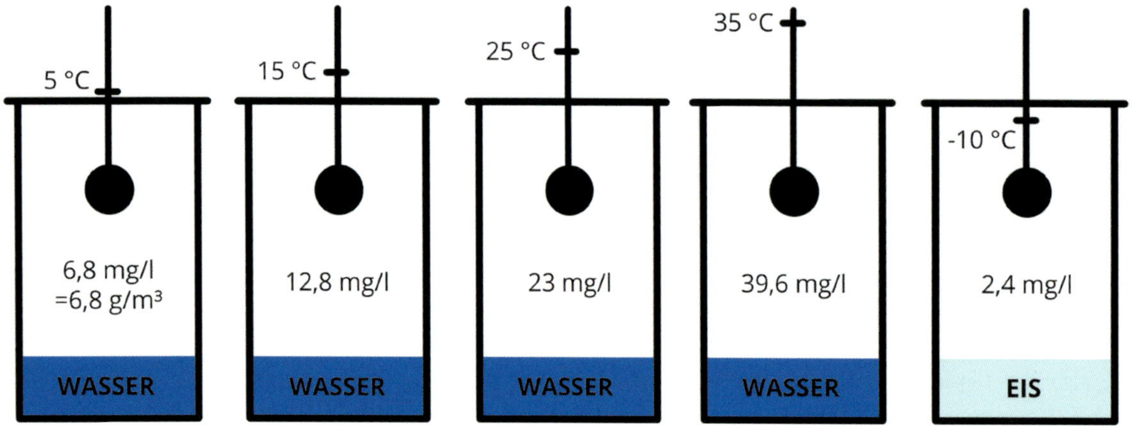

Abb. 67: Maximal mögliche absolute Feuchte (bzw. maximale Wasserdampfdichte) in einem abgeschlossenen Raum bei vorhandenem Wasser oder Eis in Abhängigkeit von der Temperatur. Zeichnung nach Bild 1 aus: (Büdel, 1954)[190]. Werte nach: Schneider Bautabellen[152]

tropfenförmige Wasser oder sogar direkt zu Eis. Auch das Wasser am Boden gefriert, was aber die Abgabe von Wasserdampf an die Luft nicht unterbindet. Bei –10 °C stellt sich in der Luft dauerhaft eine absolute Luftfeuchte von 2,4 mg/l ein.

Die «relative Luftfeuchte» wird in Prozent angegeben und beschreibt die aktuell in der Luft vorhandene Wassermasse als prozentualen Anteil der Wassermasse in der Luft, die die Luft bei einer bestimmten Temperatur maximal tragen kann. Ebenso bildet sie aber auch das Verhältnis zwischen anliegendem Wasserdampfdruck und Wasserdampfsättigungsdruck ab. Sie könnte also ebenso gut «relativer Wasserdampfdruck» genannt werden. Und hierdurch bekommt die Prozentangabe der relativen Luftfeuchte noch eine weitere Bedeutung: Sie lässt direkt einen Rückschluss auf das Wasserdampfsättigungsdefizit zu, also die Differenz zwischen maximal möglichem und vorhandenem Wasserdampfdruck. Dieses Sättigungsdefizit lässt sich als ein Unterdruck verstehen und wird auch als «Dampfhunger der Luft» bezeichnet: Je größer es ist, desto stärker «saugt» die Luft Feuchtigkeit aus der Umgebung auf. Der Dampfhunger der Luft ist somit verantwortlich für die Geschwindigkeit aller Verdunstungsprozesse. Die Trocknungszeit unserer Wäsche auf der Wäscheleine ist von ihm ebenso abhängig wie die Eindickungszeit des Honigs der Bienen. Auch die Flüssigkeitsverluste aller Pflanzen und Lebewesen über Transpiration werden durch den Dampfhunger der Luft maßgeblich bestimmt.

Zur Veranschaulichung nehmen wir wieder den verschlossenen Honigkübel von Anton Büdel mit ausreichend Wasser am Boden (siehe Abb. 68). Der Behälter ganz links hat nach längerer Zeit unter den Temperaturverhältnissen sein Gleichgewicht gefunden, die Luft kann keine weiteren Wassermoleküle aufnehmen, der vorhandene Wasserdampfdruck entspricht dem Wasserdampfsättigungsdruck (relative Luftfeuchte gleich 100 %) und die absolute Luftfeuchte ist unter den gegebenen Umständen maximal. Das Wasserdampfsättigungsdefizit – also die Differenz zwischen anliegendem und maximal möglichem Wasserdampfdruck – ist gleich null. Wird der gesamte Kübel samt Inhalt in kurzer Zeit auf 15 °C erwärmt, so kann die Luft unmittelbar nach Erwärmung weitere Wassermoleküle auf-

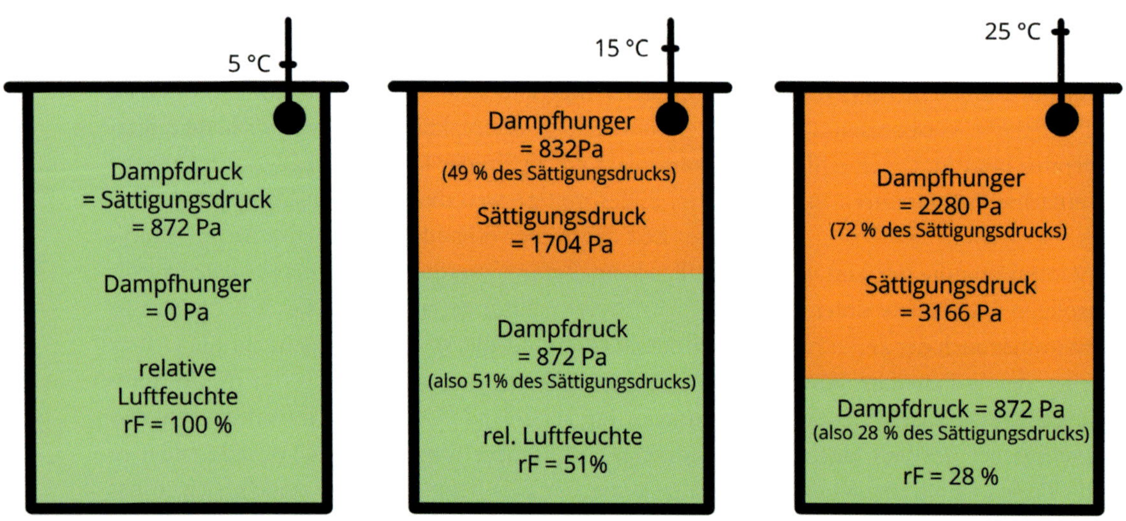

Abb. 68: Darstellung von relativer Luftfeuchte, Wasserdampfdruck, Sättigungsdruck und Dampfhunger in einem geschlossenen Gefäß vor und nach Temperatursprüngen, flüssiges Wasser am Boden ist nicht dargestellt.

nehmen, nämlich bis zu 12,8 mg/l (siehe Tabelle 6). Die Luft ist nun nicht mehr gesättigt mit Wasserdampf: Der aktuelle Wasserdampfdruck ist zunächst so groß wie zuvor, der Wasserdampfsättigungsdruck hat sich aber infolge der Temperaturerhöhung auf 1704 Pa erhöht und damit fast verdoppelt. Der anliegende Wasserdampfdruck beträgt nur noch einen Teil des Wasserdampfsättigungsdrucks, in diesem Beispiel nur noch 51 %. Der relative Wasserdampfdruck beträgt daher ebenso wie die relative Luftfeuchte nur noch 51 % (siehe Abb. 68, mittiges Bild). Die Differenz des tatsächlichen Wasserdampfdrucks zum Wasserdampfsättigungsdruck ist das Wasserdampfsättigungsdefizit bzw. der Dampfhunger der Luft. In diesem Beispiel beträgt der Dampfhunger der Luft unmittelbar nach Erhöhung der Temperatur 49 % des Sättigungsdrucks. Die Luft beginnt nun auf ein Neues mit der Zeit ihren Dampfhunger zu stillen und bedient sich der Wasserreserve am Boden des Behälters, bis sie eine relative Luftfeuchte von 100 % erreicht hat. Wird der ursprüngliche Kübel nicht nur um 10 °C, sondern um 20 °C auf insgesamt 25 °C erwärmt, verdreifacht sich der ursprüngliche Wasserdampfsättigungsdruck in etwa auf 3166 Pa: Bei 25 °C kann die Luft 23 mg/l Wasser tragen. Im Moment nach der Temperaturerhöhung sind aber immer noch nur 6,8 mg/l Wasser in der Luft enthalten, also 28 % der maximal möglichen Wassermasse. Die relative Luftfeuchte sinkt auf 28 %. Und auch der tatsächlich anliegende Wasserdampfdruck beträgt daher nur noch 28 % des Sättigungsdrucks (siehe Abb. 68, rechtes Bild).

Wird der Honigkübel nun nach der Temperaturerhöhung auf dieser höheren Temperatur dauerhaft gelagert, so kommt es im Laufe der Zeit durch die beschriebenen Verdunstungsprozesse und den Dampfhunger der Luft zu einer immer höheren relativen Luftfeuchte, vorausgesetzt, es sind genügend Wasserreserven am Boden vorhanden. Nach Tagen oder Wochen stellt sich das Gleichgewicht ein und der anliegende Wasserdampfdruck entspricht dem Wasserdampfsättigungsdruck, dann liegt eine relative Luftfeuchte von 100 % an und der Dampfhunger der Luft ist gestillt.

Die entscheidende Größe für Trocknungsprozesse an der Luft ist nicht die relative Luftfeuchte, sondern der Dampfhunger der Luft. Bei einer Außentemperatur von 5 °C und einer relativen Luftfeuchte von 28 % wäre der Dampfhunger der Luft etwa 628 Pa (72 % vom Wasserdampfsättigungsdruck). Unter Verhältnissen der Außenluft, die denen unseres rechten Bildes der Abb. 68 entsprechen, wäre der Dampfhunger bei gleicher relativer Luftfeuchte mit 2280 Pa fast viermal größer. Die Wäsche auf der Wäscheleine würde unter diesen Verhältnissen um ein Vielfaches schneller trocknen.

In abgeschlossenen Räumen kommt es zu einem an jeder Stelle im Raum gleich großen Wasserdampfdruck. Die Höhe dieses Wasserdampfdrucks wird bestimmt durch die Temperatur im Raum und die Verfügbarkeit von Wasser. Die Luft nimmt mit der Zeit so viel Wasser auf, wie sie maximal tragen kann, vorausgesetzt, es ist genug Wasser im Raum verfügbar. Diese maximale Wassermenge, die sie aufnehmen kann und will, wird von der kältesten Stelle im Raum bestimmt, weil der Wasserdampfdruck an jeder Stelle im Raum immer gleich groß ist und kalte Luft weniger Wasser tragen kann als warme Luft. In einem solchen Raum stellt sich im Laufe der Zeit eine sehr hohe relative Luftfeuchte ein, da die Luft den Zustand der Sättigung anstrebt. Hat der betrachtete Raum, beispielsweise eine Bienenwohnung, eine dauerhafte Verbindung zur Außenluft, beispielsweise durch ein Flugloch, so verändern sich die Verhältnisse grundlegend: Es kommt zu einem Ausgleich des Wasserdampfdrucks zwischen Innen- und Außenluft, wobei der nahezu unendlich große Raum der Außenluft dominiert und den Wasserdampfdruck in der Bienenwohnung vorgibt. Es kommt durch den überschläglich gleich großen Wasserdampfdruck nun zu der Gegebenheit, dass der Raum, in dem höhere Temperaturen anliegen, eine niedrigere relative Luftfeuchte aufweist. Im Falle von Bienenwohnungen ist es in der Regel innen wärmer als außen und somit relativ betrachtet trockener. Genaugenommen ist es überschläglich gleich trocken, die Luft enthält etwa gleich viel Wasser und der Dampfdruck ist etwa gleich groß, im Innenraum könnte sie aber wesentlich mehr Wasser tragen, weil es dort wärmer ist. Daher ist die Luft innen relativ zu ihrem Fassungsvermögen an Wasserdampf gesehen trockener.

Die aufgeführten Beispiele aus Abb. 67 und Abb. 68 erklären die Zusammenhänge für einen abgeschlossenen Raum, in dem eine konstante Temperatur anliegt. Liegen in einem solchen Raum unterschiedliche Temperaturen an, dann kommt es zu den Zusammenhängen, die wir bereits unter «Absolute und relative Luftfeuchte» besprochen haben: Die absolute Luftfeuchte ist an jeder Stelle im Raum gleich groß. Die relative Luftfeuchte steigt bei fallender und sinkt bei steigender Temperatur. Je höher die Temperatur an einer Stelle im Raum ist, desto trockener ist die Luft (relativ zu ihrem Fassungsvermögen). Wir greifen diese Zusammenhänge nochmal mit Büdels Honigtopf auf (siehe Abb. 69, linkes Bild), weil wir aufzeigen wollen, wie sich die Zusammenhänge verändern, wenn eine Verbindung zur Außenluft besteht. Erst mit dem Verständnis der Auswirkungen dieser neuen Situation erklären sich die tatsächlichen kleinklimatischen Verhältnisse im Bienenstock.

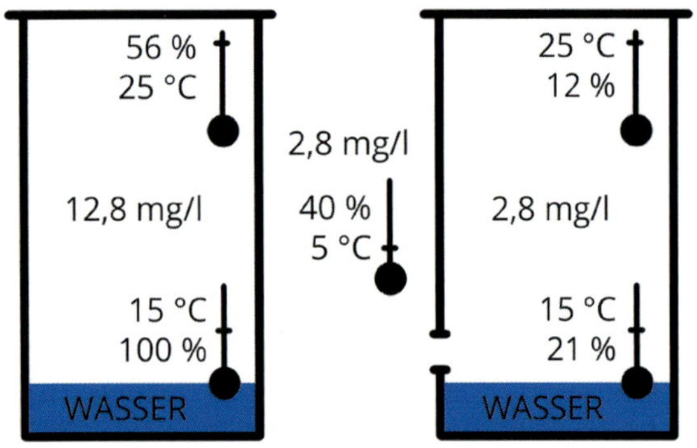

Abb. 69: Wasserdampfhaushalt bei einem Gefäß ohne (links) und mit (rechts) Verbindung zur Außenluft. (Büdel, 1954)[190] – aufbereitet und koloriert

Im linken Bild der Abb. 69 ist die Temperatur kurz über der Wasseroberfläche 15 °C und unterhalb des Deckels um 10 °C höher (also 25 °C). Die kälteste Stelle im Raum bestimmt die absolute Luftfeuchte des gesamten Raums, in diesem Beispiel beträgt sie 12,8 mg/l. Die Feuchte der Luft an dieser Stelle (und somit im ganzen Raum) steigt so lange an, bis der Dampfhunger der Luft an dieser Stelle gestillt ist. Den Dampfhunger der Luft an den wärmeren Stellen im Raum kann die Luft nicht stillen, weil die maximale Luftfeuchte des Raums durch die kälteste Stelle gedeckelt wird. In dem Moment, in dem eine Verbindung zur Außenluft über ein reichlich bemessenes Loch hergestellt wird, nimmt die absolute Luftfeuchte innen den Gehalt der Außenluft an und sinkt in unserem Beispiel auf 2,8 mg/l (siehe Abb. 69, rechtes Bild). Es kommt zu einem Wasserdampfdruck-Ausgleich zwischen der Innen- und Außenluft, wobei die Außenluft aufgrund ihres überlegenen Volumens das Geschehen bestimmt: Die Außenluft bestimmt den Wasserdampfdruck der Innenluft und senkt ihn in diesem Beispiel stark auf etwa ein Viertel des ursprünglichen Betrags. Bleiben weiterhin die gleichen Temperaturverhältnisse im Behälter bestehen, so bedeutet der fallende Dampfdruck auch eine fallende relative Luftfeuchte: Der absolute Wassergehalt der Luft sinkt mit dem Wasserdampfdruck, die Aufnahmefähigkeit der Luft für Wasser bleibt wegen der gleichbleibenden Temperatur aber gleich, daher sinkt nicht nur die absolute Feuchte, sondern auch die relative Feuchte.

Das rechte Bild der Abb. 69 veranschaulicht gut die Zusammenhänge in der Bienenwohnung: Die absolute Luftfeuchte in der Bienenwohnung wird von der Außenluft diktiert, sie ist innen in der Regel nur aufgrund der Wasserdampfabgabe durch die Anwesenheit und Tätigkeit des Bienenvolkes mal mehr oder weniger stark gegenüber der Außenluft erhöht. Das Beispiel zeigt auch die grundsätzliche Problematik einer Brutpflege bei kalten Außentemperaturen auf: Im Brutnest wird die Luft aufgrund der Kälte außen so trocken, dass die Bienen Schwierigkeiten bekommen, die Brut zu pflegen: Bei der absoluten Luftfeuchte von 2,8 mg/l würde sich theoretisch bei 35 °C im Brutnest eine relative Luftfeuchte von 6% rF einstellen wollen.

Nun sei noch angemerkt, dass die Verhältnisse in unserer Außenluft prinzipiell den gleichen Gesetzmäßigkeiten folgen wie in unserem Honigkübel. Allerdings stellt sich in der Regel kein Gleichgewicht infolge der Prozesse ein: Die im Tagesverlauf sich ständig ändernden Temperaturen diktieren dem Wasserdampfdruck ständig neue Bedingungen, der Wasserdampfdruck läuft der Temperatur immer hinterher.

10 Wasserdampftransporte im Allgemeinen

DIFFUSION

Jedes der Teilgase der Luft strebt im Raum eine gleichmäßige Verteilung an: Auch ohne äußere Einflüsse führen die kleinsten Bestandteile der Gase – die Moleküle – infolge ihrer Wärmeenergie ständig Zufallsbewegungen aus und erzeugen so eine gleichmäßige Durchmischung des Gases im Raum. Diese temperaturbedingten Bewegungen haben Ähnlichkeit zu denen in Feststoffen und Flüssigkeiten, allerdings werden die Moleküle hier weder in einem Kristallgitter fixiert noch durch zwischenmolekulare Anziehungskräfte gebremst. Sie können sich frei im Raum bewegen. Bei unterschiedlichen Konzentrationen eines Gases in einem betrachteten Raum wirken die ständigen Bewegungen der Wassermoleküle auf einen Konzentrationsausgleich hin: Es verlassen mehr Teilchen den Bereich mit der höheren Konzentration, als ihn zeitgleich aus dem mit der geringeren Konzentration wieder betreten. Solange die Quelle aktiv ist, kann sich kein vollständiger Konzentrationsausgleich einstellen, es kommt zu einem dauerhaften Wasserdampftransport entlang des Konzentrationsgefälles. Der Transportprozess des Gases durch die Wärmebewegungen seiner Moleküle nennt sich Diffusion.[137]

Die Wasserdampf-Diffusionsprozesse werden durch die absolute Luftfeuchte, also den tatsächlichen Wasserdampfgehalt der Luft, und die anliegende Temperatur bestimmt. Diese beiden Eigenschaften bestimmen die Höhe des vorhandenen Wasserdampfdrucks. Liegt in verschiedenen Bereichen ein unterschiedlicher Wasserdampfdruck vor, so entsteht ein Dampfdruckgefälle und es kommt zu Diffusionsprozessen in Richtung dieses Gefälles.

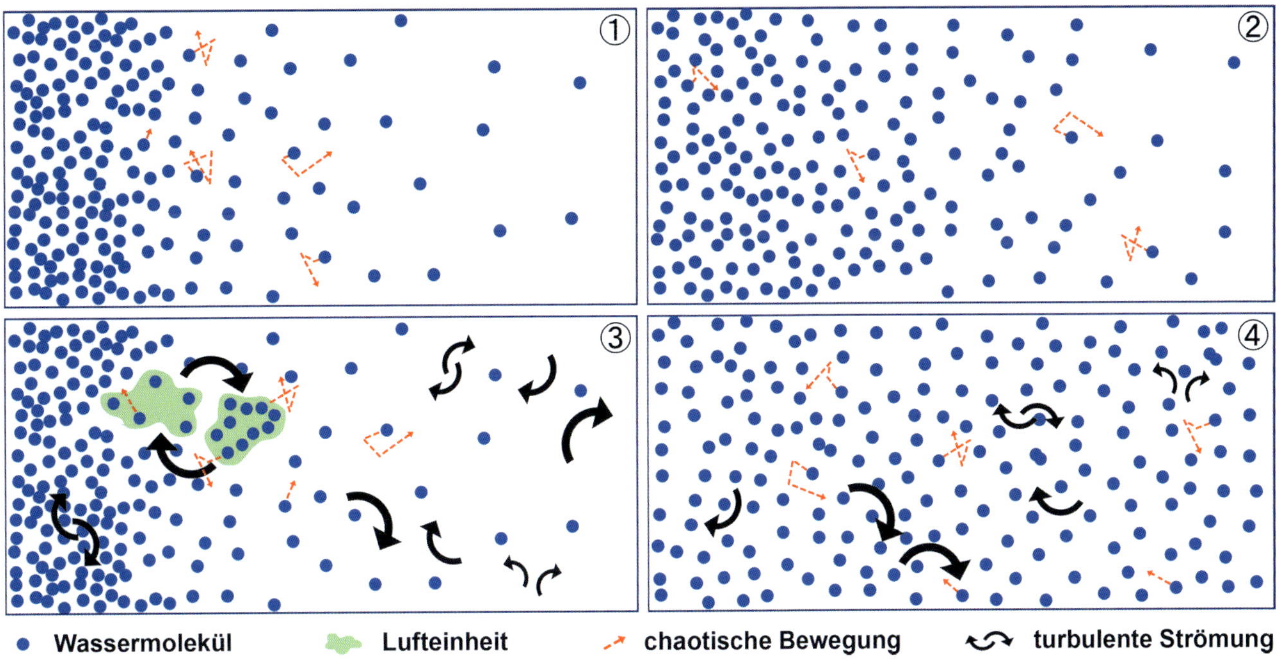

Abb. 70: Schematische Darstellung des Diffusionsprozesses ① Unterschiedliche Gaskonzentration im Raum und angedeutete temperaturbedingte chaotische Bewegung der Moleküle ② Die Konzentrationen beginnen sich auszugleichen, die Teilchen diffundieren von der höheren zur niedrigeren Konzentration ③ Turbulente Strömungen durch z. B. Temperaturunterschiede kleiner Lufteinheiten überlagern die Diffusion ④ Mit turbulenten Strömungen kommt es deutlich schneller zur gleichmäßigen Konzentration im Raum

Bild 1 und 2 der Abb. 70 zeigen schematisch die Diffusionsprozesse infolge der temperaturbedingten Bewegungen der einzelnen Moleküle auf, die zum Ausgleich von Gaskonzentrationen führen. Die Diffusionsprozesse finden nicht nur im Gasgemisch Luft statt, es kommt auch zur Diffusion der Gase durch andere Stoffe. Trennt ein Bauteil beispielsweise Luftbereiche mit unterschiedlichem Wasserdampfdruck, dann kommt es zu Diffusionsprozessen und Wasserdampftransporten durch das Bauteil. Diese laufen immer langsamer ab als durch eine gleich dicke Luftschicht in absoluter Ruhe. In der Bauphysik werden sie üblicherweise im Verhältnis zu ihr definiert: Der μ-Wert (Diffusionswiderstandsfaktor) sagt hierbei aus, um welchen Faktor der Diffusionswiderstand größer ist als bei einer gleichdicken Luftschicht in absoluter Ruhe.[152] Es kommt also beispielsweise bei Bienenwohnungen auch zu Wasserdampftransporten durch die Außenwände von innen nach außen, da der Wasserdampfdruck innen nahezu ganzjährig höher ist als außen. Die Prozesse sind aber zu langsam, als dass sie nennenswert zum Abbau des geringen Dampfdruckgefälles beitragen würden, zumal sie durch die auf den Innenseiten der Außenwände angebrachte Propolisschicht der Bienen noch weiter verlangsamt werden (siehe «Wasserdampftransporte durch die Außenwände der Bienenwohnung»).

Der Gastransport durch Diffusion findet theoretisch auch in absoluter Ruhe des Gasgemischs Luft statt. Die einzelnen enthaltenen Gase verhalten sich dabei, als wären sie allein im Raum: So kann es auch zu entgegengesetzten Transporten durch Diffusion verschiedener Gase des Gasgemischs Luft kommen. Das ist beispielsweise bei Bienenwohnungen am Flugloch der Fall: Sauerstoff diffundiert von außen nach innen, weil auf der Innenseite Sauerstoff von den Bienen verbraucht wird, und beim Stoffwechsel anfallendes Kohlendioxid diffundiert von innen nach außen.

TURBULENZ UND STRÖMUNG

Die zuvor theoretisch angenommene «absolute Ruhe» der Luft gibt es in der Praxis allerdings nicht, sie befindet sich stets in einer mehr oder weniger ungeordneten und unterschiedlich starken Bewegung, der Turbulenz. Kleinste Lufteinheiten drehen sich, wechseln ihren Platz mit anderen, zerteilen sich und bilden mit anderen Teilen neue kleinste Lufteinheiten. Sie nehmen dabei immer alle Eigenschaften (Temperatur, Gaskonzentration) mit sich, die sie unmittelbar vor der ausgeführten Bewegung besaßen. In Bild 3 der Abb. 70 ist die Bewegung einer solchen vorübergehenden Lufteinheit schematisch dargestellt. So kommt es zu einer Veränderung der Eigenschaften aller Teilchen. Die Turbulenz beschleunigt so die reine Diffusion der enthaltenen Gase und auch der Temperatur.[132] Bild 4 der Abb. 70 zeigt schematisch den Zustand, der sich im Laufe der Zeit durch Diffusion und Turbulenz einstellen möchte: Die Moleküle sind gleichmäßig im Raum verteilt. Aber auch die ungeordneten Bewegungen größerer Lufteinheiten, ausgelöst durch Gewichtsunterschiede (freie Konvektion) oder durch äußere Kräfte (erzwungen z. B. durch die Bewegungen der Bienen), können turbulente oder gleichgerichtete Strömungen auslösen.[136][211] Je stärker die Luftbewegungen sind, desto schneller läuft die Durchmischung unterschiedlicher Gaskonzentrationen in der Luft ab. Diffusion und Luftbewegungen können als Kräfte verstanden werden, die unterschiedlichen Gaskonzentrationen und Temperaturunterschieden entgegenwirken (siehe «Wärmeströmung»). Sie können bestehende Schichtungen von Gaskonzentrationen oder Temperatur nach der Höhe wieder auflösen, die beispielsweise durch Konvektion entstanden sind.

Bei großen Unterschieden von Gaskonzentrationen oder Temperaturen können sich auch größere Lufteinheiten durch freie Konvektion in Bewegung setzen und mit gleichgerichteten Strömungen eine Schichtung der Gaskonzentration oder Temperatur bewirken. Diesen Kräften gegenüber stehen Reibungskräfte, die überwunden werden müssen. Erst, wenn die auf das Gas einwirkenden Antriebskräfte (beispielsweise durch Temperaturunterschiede) größer werden als die Widerstandskräfte, kommt es zu solchen Strömungen im Gas oder Gasgemisch.

So kommt es beispielsweise beim CO_2-Geysir in Andernach zu regelmäßigen Austritten von CO_2, welches bei Windstille aufgrund seines geringeren Gewichts zunächst auf den Boden abfällt und sich in Senken und Mulden sammeln kann. Wind, Turbulenz und Diffusion lösen diese Ansammlungen aber zügig wieder auf. Ein weiteres Beispiel ist feuchte Meeresluft, die mit ihrem erhöhten Wasserdampfgehalt aufgrund des geringen Gewichts der Wassermoleküle leichter ist als trockene Luft und in die Wolkendecke aufsteigt, bevor Diffusion und Turbulenz einen Ausgleich der Konzentrationen schaffen.

Immer, wenn es zu gleichgerichteten Strömungen kommt, dominieren sie die Gastransporte. Sie können eine Beschleunigung der Diffusionsprozesse bewirken, also zu einem schnelleren Ausgleich von Gaskonzentrationen im Raum führen.

WECHSELWIRKUNG ZWISCHEN STOFF- UND LUFTFEUCHTE

Die Sorptionsfähigkeit von Stoffen bzw. die hygroskopische Wasseraufnahme bedeutet die Wechselwirkung zwischen dem Wassergehalt der Stoffe und der anliegenden Luftfeuchte. Stoffe, die Wasser aus der Luft aufnehmen (Sorption), geben sie bei sinkender relativer Luftfeuchte auch wieder ab (Desorption). Die Ursachen für die Sorptionsfähigkeit verschiedenster Stoffe sind unterschiedlichste chemische, physikalische oder elektrostatische Wechselwirkungen zwischen dem aufnehmenden Stoff und der Luftfeuchte. Im Falle von Holz ist die Sorptionsfähigkeit überwiegend auf die große «innere Oberfläche» zurückzuführen, also die Oberfläche der vielen enthaltenen kleinsten Poren in den Fasern des Holzes. Bei Fichtenholz beträgt diese innere Oberfläche beispielsweise 220 m² pro Gramm Holz.[130] Das Holz einer Bienenbeute beispielsweise, deren Außenseite nicht lackiert ist, nimmt bei hoher Luftfeuchte Wasser aus der Außenluft auf (Sorption) und gibt es bei niedriger Luftfeuchte wieder an sie ab (Desorption). Hierdurch kommt es zu Gewichtsveränderungen des Holzes. Grundvoraussetzung für das hygroskopische Verhalten poröser Stoffe ist eine gewisse Trockenheit. Holz verhält sich nur unterhalb der Fasersättigung hygroskopisch, also wenn kein freies Wasser in den Zellhohlräumen vorhanden ist. Wenn die Holzfeuchte höher ist, kann Holz nur Wasser abgeben.

Holz mit seiner inneren Oberfläche bewirkt eine Anziehungskraft auf die in der Luft enthaltenen Wassermoleküle, es möchte sie ihr entreißen. Die Luft möchte ihren Dampfhunger ebenfalls stillen und ringt mit dem Holz um die vorhandenen Wassermoleküle. Ist genug Wasser für beide da, dann stellt sich in beiden der maximale Wassergehalt ein, in der Luft die Wasserdampfsättigung und im Holz die Fasersättigung. Die Fasersättigung beschreibt also den Wassergehalt des Holzes, der sich bei einer relativen Luftfeuchte von 100 % im Holz einstellen möchte. Er beträgt bei den üblichen heimischen Hölzern bei Temperaturen von 20 °C etwa ein Drittel des Trockengewichtes des Holzes[212] und somit prozentual ausgedrückt eine Holzfeuchte von etwa 33 %. In der Regel ist die Außenluft infolge der Temperaturschwankungen immer nur für kurze Zeit gesättigt, sodass es bei in der Außenluft gelagerten Hölzern zu einer Ausgleichsfeuchte unterhalb der Fasersättigung kommt. Holzfeuchte und anliegende relative Luftfeuchte stehen in Wechselwirkung miteinander. Auf jede anliegende relative Luftfeuchte stellt sich eine Ausgleichsfeuchte im Holz ein. Grundvoraussetzung für die Anziehungskraft des Holzes auf die Wasserdampfmoleküle der Luft und somit auf die Wechselwirkung von Holz- und Luftfeuchte ist eine gewisse Trockenheit. Ist die Holzfeuchte größer als die Fasersättigung, beispielsweise im lebenden oder frisch gefällten Baum, dann kann das Holz nur Wasser an die Luft abgeben; es übt keine Anziehungskraft auf die Wassermoleküle in der Luft aus und steht nicht in Wechselwirkung mit der Luftfeuchte.

Der Wert der Ausgleichsfeuchte im Holz wird hauptsächlich durch die relative Luftfeuchte bestimmt, aber auch die Temperatur spielt eine Rolle. Im Holz stellt sich beispielsweise bei 60 % relativer Luftfeuchte und 10 °C Temperatur eine Holzfeuchte von 11 % ein. Bei 60 % rF und 35 °C ist die Holzausgleichsfeuchte mit 10 % lediglich geringfügig kleiner. Die unterschiedlichen Holzfeuchten beeinflussen sowohl den Hitze- als auch den Wärmeschutz der Beuten. Für die Ausgleichsfeuchte von Holz gibt es diverse Tabellen und Diagramme, in denen man die Holzfeuchte in Abhängigkeit der relativen Luftfeuchte und der Temperatur ablesen kann (z. B. mit einem Keylwerth-Diagramm[213]).

Auch Honig ist ein hygroskopischer Stoff, sein Wassergehalt steht in Wechselwirkung mit der relativen Luftfeuchte der angrenzenden Luft.[214] Auf eine bestimmte anliegende relative Luftfeuchte stellt sich ein bestimmter Wassergehalt im Honig ein. Bei einer relativen Luftfeuchte von 55 % stellt sich im Honig ein Wassergehalt von 17,5 % ein. Bei 75 % relativer Luftfeuchte stellt sich bereits ein Wassergehalt von 30 % ein.[215][216] Dieser Zusammenhang spielt für die Honigbienen eine entscheidende Rolle in der Honigverarbeitung: Eine gewisse Trockenheit im Bereich der Honigwaben ist Grundvoraussetzung für die Eindickung des Honigs; nur bei einer relativen Luftfeuchte unter 60 % rF kann dem Honig genug Wasser entzogen werden, sodass er trocken genug ist, um verdeckelt zu werden. Je trockener die Luft ist, desto effektiver und schneller wird der Honig eingedickt. Ab einer Luftfeuchte von 60 % aufwärts «zieht» der Honig Wasser, ein Effekt, den Imker*innen in Form überlaufender offener Honigzellen kennen.

Die Wechselwirkung zwischen Stofffeuchte und Luftfeuchte wird dominiert von dem jeweils größeren «Wasserspeicher». Dies lässt sich am Beispiel von Honig gut veranschaulichen: Offen gelagerter Honig nimmt einen Wassergehalt entsprechend der anliegenden Luftfeuchte an, der Wassergehalt der nahezu unendlich großen Außenluft dominiert das Geschehen, der Honig kann den Wassergehalt der Außenluft nicht verändern. In einem verschlossenen Honigglas stellt sich dagegen eine Ausgleichsfeuchte in dem kleinen Luftvolumen auf den Wassergehalt des Honigs ein, hier dominiert die deutlich größere Wassermenge im Honig gegenüber der in der Luft des Glases.

Abb. 71: Wespen dienen nicht nur der Regulation von Insektenpopulationen, sondern bestäuben auch Blüten bei der Nektaraufnahme.

Ein weiteres Beispiel für die Sorptionsfähigkeit eines im Bienenbau wichtigen Stoffes ist der Wabenbau der Bienen. Älterer Wabenbau mit dunklen Waben ist dem jungen Wabenbau hierbei überlegen, was am Verbleib eines Großteils des Kokons in den Brutzellen liegen dürfte. Im Vergleich zu den Sorptions- und Desorptionsleistungen des Holzes fällt die Fähigkeit des Wabenbaus, Wasser aufzunehmen, schwach aus: Bei 100 %iger Luftfeuchte kann älterer Wabenbau lediglich 11 % seines Trockengewichtes zusätzlich an Luftfeuchte aufnehmen,[217] bei Holz beträgt dieser Wert 33 %. In Anbetracht des geringen Gewichtes des Wabenbaus ist die absolut aufnehmbare Wassermenge unabhängig vom Alter sehr gering.

Das hygroskopische Verhalten der in Bienenwohnungen vertretenen Stoffe spielt für Imker*innen und Honigbienen eine wichtige Rolle. So werden beispielsweise die Gewichtsmessungen der Beuten zur Erfassung des Honigverbrauchs durch die Wasseraufnahme der Holzbeuten stark verfälscht, sowohl im Tagesverlauf als auch über den Winter.[218] Innerhalb des Bienenstocks wirken hygroskopische Stoffe als Puffer für Schwankungen der relativen Luftfeuchte (siehe auch «Zwischenspeicher für Wasserdampf in der Bienenwohnung»), was für die Honigbienen eine Erleichterung der Regulierung des Kleinklimas im Bienenstock bedeuten dürfte (siehe auch «Luftfeuchteregulation»).

WASSERABGABE VON LEBEWESEN DURCH VERDUNSTUNG

Lebewesen geben nicht nur durch ihren Stoffwechsel Wasserdampf an die Luft ab, sondern auch unabhängig davon über ihre Körperhülle. Ihr Wassergehalt steht nicht in einer Wechselwirkung mit der Luftfeuchte, sie geben in Abhängigkeit der anliegenden klimatischen Bedingungen einseitig Körperflüssigkeit an die Luft ab. Ausschlaggebend für die Menge des Verdunstungswassers ist das Sättigungsdefizit der Luft bzw. der Dampfhunger. Dieses ist die Differenz zwischen dem bei der anliegenden Temperatur maximal möglichen und dem tatsächlich vorhandenen Wasserdampfdruck.[219] Je größer der Dampfhunger der Luft ist, desto vehementer entzieht die Luft den angrenzenden Wasserspeichern und Lebewesen Wassermoleküle. Im Bienenstock wird der Wasserhaushalt von Bienenbrut, adulten Bienen und Bienenparasiten auf die beschriebene Weise durch den sie umgebenden Dampfhunger der Luft beeinflusst, sie verdunsten je nach herrschendem Sättigungsdefizit mehr oder weniger Körperflüssigkeit.

Fast alle Lebewesen haben mehr oder weniger enge Toleranzgrenzen für Temperatur und Wasserdampfdruck (bzw. Sättigungsdefizit). Die offene Brut der Honigbienen wird in sehr engen Grenzen bei etwa 35 °C und einer relativen Luftfeuchte von über 90 % in den einzelnen Brutzellen gehalten. Schäden drohen der Brut bei Verlassen des Temperaturbereichs von 32 °C bis 36 °C.[220][221] Mindestens eine nicht optimale Entwicklung droht den Eiern beim Verlassen des Luftfeuchtebereichs von 90 % bis 95 %.[222]

Die Larven der Wachsmotte beispielsweise, deren Raupen sich durch die Brut- und Pollenwaben der Honigbienen fressen, trocknen bei einer relativen Luftfeuchte von 50 % und einer Temperatur von 35 °C zwangsläufig aus. Mit 30 °C und rF = 50 % kommen sie dagegen noch ganz gut zurecht. Eine Temperatur von 30 °C und rF = 95 % scheint für sie optimal zu sein. Geringere Temperaturen führen zu einer deutlichen Verlangsamung der Entwicklung: Bei 20 °C benötigen die Larven etwa 24 Tage für ihre Entwicklung, statt 9 Tage bei 30 °C.[223]

In der Literatur finden sich oft Hinweise auf eine für Lebewesen bevorzugte relative Luftfeuchte. Diese allein haben aber eben aufgrund der ausgeführten Zusammenhänge keine Aussagekraft. Erst bei bekannter Temperatur können wir Rückschlüsse auf die Komfortzone/Toleranzkurve der Lebewesen ziehen. So heißt es z. B., dass die Larven des Kleinen Beutenkäfers bei relativen Luftfeuchten unter 50 % eingehen.[224] Bei welchen Temperaturen dies festgestellt wurde, wird in der Veröffentlichung nicht genannt. Aus dem Text lässt sich nur vermuten, dass es sich um übliche Temperaturen in den Randbereichen von Bienenbeuten im Frühjahr/Sommer handelt. Die Information ist aufgrund dieser Unklarheit daher nur von begrenztem Nutzen.

11 Nasse und trockene Baumhöhlen

Baumhöhlen werden in der Biologie in der Regel nach ihrer Entstehungsart (Astabbruch, Spechthöhle, Faulhöhle etc.), nach dem Zersetzungsgrad der Bäume (Frischholz, Morschholz etc.) oder nach den dargebotenen Lebensbedingungen (aquatische oder terrestrische Höhlen) unterschieden.[225][153] Bezüglich der Feuchte der Baumhöhle ist die einzige übliche Unterteilung eben die in aquatische und terrestrische Baumhöhlen, womit es lediglich eine Unterscheidung gibt, ob es auf dem Boden der Höhle Wasseransammlungen gibt oder nicht. Das Gleichsetzen einer terrestrischen Höhle mit einer «trockenen» Höhle wäre aber nicht richtig und würde in die Irre führen: Auch in terrestrischen Höhlen können die Höhlenwandungen nass sein und Luftfeuchten von annähernd 100 % vorliegen. Sinnvoll ist eine Unterteilung der Baumhöhlen nach der Holzfeuchte ihrer Holzwandungen. In der Bauphysik spricht man von nassem Holz, wenn die Holzfeuchte (das Verhältnis der enthaltenen Wassermasse zur Trockenmasse des Holzes) oberhalb der Fasersättigung liegt. Diese Holzfeuchtengrenze, «Fasersättigung» genannt, welche bei allen heimischen Holzarten überschläglich bei 33 % liegt, lässt sich gut ertasten: Oberhalb der Fasersättigung fühlt sich Holz nass an; unterhalb der Fasersättigung ist kein freies Wasser im Holz vorhanden, welches man ertasten könnte. Das enthaltene Wasser ist physikalisch und chemisch im Holz gebunden. Es liegt nach bauphysikalischen Gepflogenheiten also auf der Hand, von trockenen Baumhöhlen zu sprechen, wenn das Holz der Wandungen Holzfeuchten unterhalb der Fasersättigung aufweist. Die Holzfeuchte solcher trockenen Baumhöhlen steht in Wechselwirkung mit der Luftfeuchte der Höhle, das Holz kann gegebenenfalls Wasserdampf aus der Luft aufnehmen (Sorption) und wieder abgeben (Desorption). Die nassen Baumhöhlen können nur einseitig Wasserdampf an die Luft abgeben, sofern die Luft nicht mit Wasserdampf gesättigt ist. Das Holz trockener Baumhöhlen steht also als Zwischenspeicher für Feuchtigkeitsschwankungen in der Baumhöhle zur Verfügung und dämpft so Feuchtigkeitsschwankungen in der Höhlenluft.

Die Konventionen der Bauphysik aufgreifend, benennen wir eine Baumhöhle mit nassen Wandungen (Holzfeuchten oberhalb der Fasersättigung) als eine nasse Baumhöhle. Ihr Holz fühlt sich nass an. Eine trockene Baumhöhle zeichnet sich durch Holzfeuchten unterhalb der Fasersättigung aus und fühlt sich trocken an. Baumhöhlen können sowohl nasse als auch trockene Bereiche aufweisen.

Die Baumhöhlenluft stellt das Bindeglied zwischen der Holzfeuchte der Höhlenwände und der Außenluft dar, eine Trocknung der Höhle im lebenden Baum kann nur über sie ablaufen. Sie wird auf der einen Seite mit Wasserdampf aus dem Holz des Baumes, durch Verdunstung von Wasseransammlungen in der Höhle und mit Wasserdampf durch die Anwesenheit und Tätigkeit eventueller Höhlenbewohner gespeist. Und sie gibt auf der anderen Seite in der Regel Wasserdampf durch Diffusion und Luftwechsel über das Flugloch an die Außenluft ab. Manchmal kommt es aber auch zu umgekehrten Transporten von außen nach innen, beispielsweise im Frühjahr mit dem Aufziehen warmer, feuchter Außenluft: Aufgrund des großen Kältespeichers der Holzmasse kann die Temperatur innerhalb der Höhle nur langsam den Außentemperaturen folgen, es entsteht ein Dampfdruckgefälle von außen nach innen mit den einhergehenden Wasserdampftransporten. Dabei steigt der Wasserdampfgehalt der Höhlenluft, und die Holzwände der Baumhöhle nehmen Wasserdampf per Sorption aus der Luft auf, sofern sie nicht bereits gesättigt sind. Der Wasserdampfzufluss von außen übersteigt nun schnell die Möglichkeiten des Holzes und es kann zu einem starken Kondenswasseranfall in der Höhle kommen.

Grundsätzlich bleibt/wird die Höhle nass, wenn mehr Wasser durch die Wasserdampfquellen nachkommt, als durch das Flugloch abgetragen wird. Ist das Gegenteil der Fall, dann trocknet das Holz der Höhlenwandungen im Laufe der Zeit auf Werte unterhalb der Fasersättigung aus. Wird die Fasersättigung des Holzes infolge der Trocknung unterschritten, dann stellen sich in der Höhlenluft Luftfeuchten unterhalb von 100 % ein. Es kann auch zu wechselnden Zuständen bezüglich der Luftfeuchte innerhalb der Baumhöhle infolge wechselnder örtlicher Bedingungen und infolge der Jahreszeiten kommen. Eine im Winter trockene Baumhöhle kann beispielsweise im Frühjahr mit den ersten warmen Tagen zu einer nassen Baumhöhle werden. Ob eine Baumhöhle trocken ist oder nicht, ist somit eine Frage der Eigenschaften der Baumhöhle und der Umgebungsbedingungen: Insbesondere die Vitalität und das Alter des Baumes, die Geometrie des Baumes, der Höhle und ihres Fluglochs sowie die Jahreszeit und Witterungsbedingungen zum Zeitpunkt der Betrachtung sind ausschlaggebend.

Abb. 72: Faulhöhle in einer Buche mit zwei vom Schwarzspecht gefertigten Fluglöchern und zwei Hohltauben-Eiern auf dem Boden

Gegen Feuchtigkeit und Nässe auf dem Boden der Bienenwohnung haben Honigbienen keine Einwände.[226] Ob die Suchbienen auch allseits nasse Beutenwände (Holzfeuchte oberhalb der Fasersättigung) akzeptieren, wurde bislang nicht untersucht. Wir vermuten, dass dies für die Suchbienen einen Qualitätsmangel bedeuten würde. Es gibt in der Literatur allerdings Berichte über intakte Bienenstöcke in Baumhöhlen mit allseits nassen Wänden und großen Wassermengen am Boden der Baumhöhle.

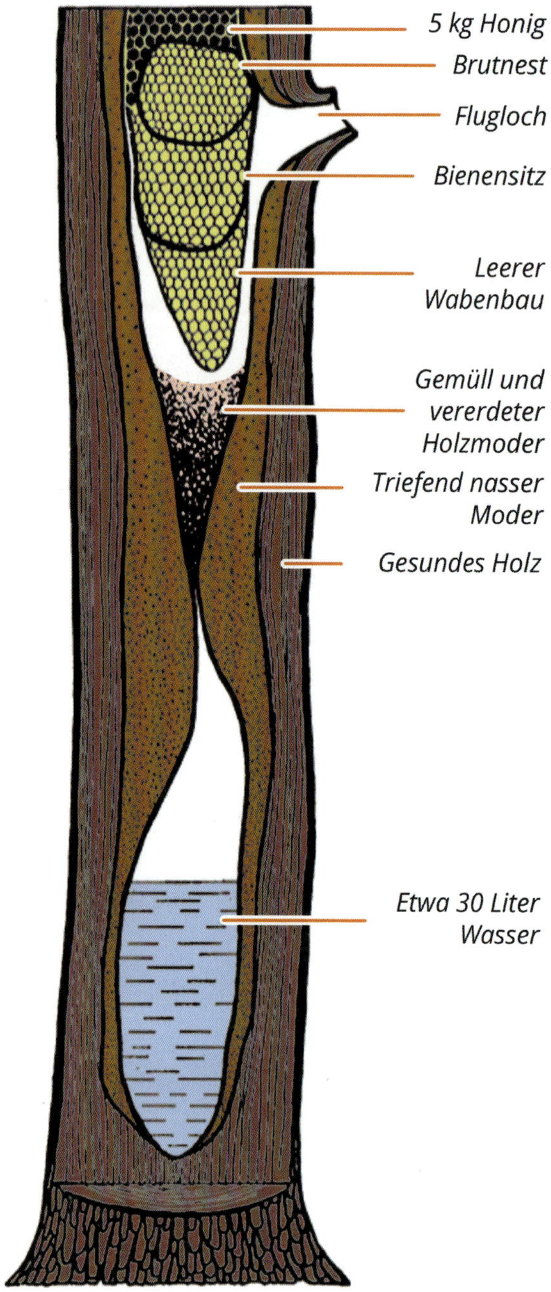

Abb. 73: Bienenstock in Baumhöhle mit Wasser am Boden. (Gütschow, 1952)[227]. Zitiert und besprochen von: (Büdel et al., 1961)[228] – aufbereitet und koloriert

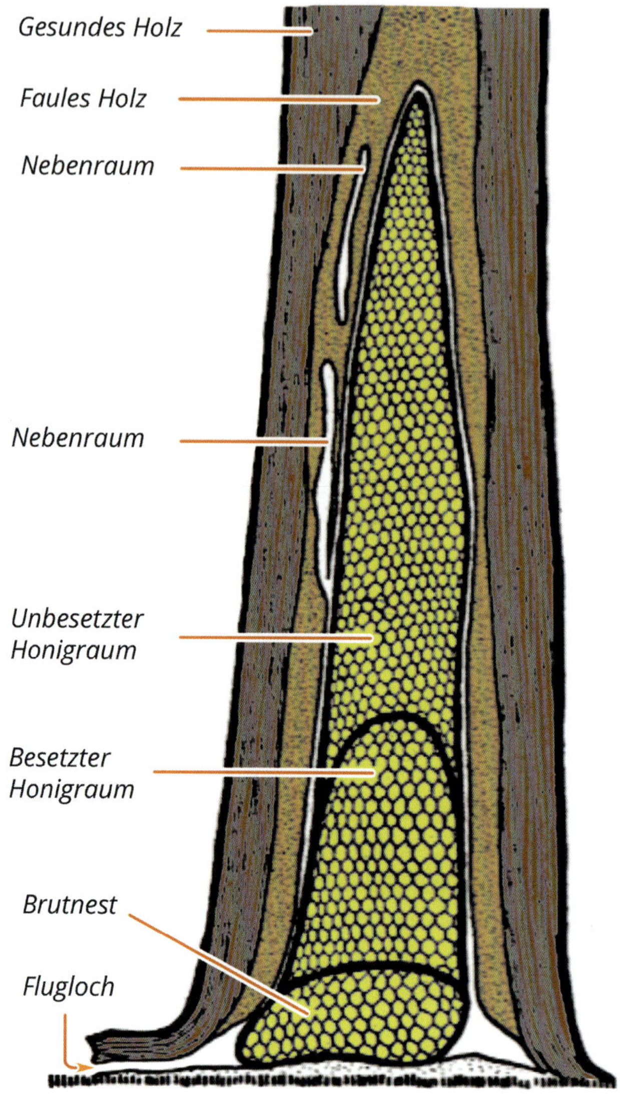

Abb. 74: Fichte mit durch Wurzelfäule entstandener Baumhöhle. (Welker, 1952)[229] – aufbereitet und koloriert

Abb. 73 zeigt eine solche Baumhöhle mit Wasser am Boden.[227] Der Bienenstock in der Linde wurde nach Fällarbeiten entdeckt und konnte erfolgreich gerettet werden. Zuvor hat das Volk laut Autor vermutlich 5 Jahre in dem Baum gelebt. Der Autor äußert sich verwundert über den guten Gesundheitszustand der Honigbienen trotz der nassen Baumhöhlenwände und der großen Wassermenge am Boden der Höhle. Bis heute wird die Quelle gerne zitiert, um aufzuzeigen, dass Bienenwohnungen nicht trocken sein müssen.

Dies ist aber eine nicht gültige Verallgemeinerung: Solche Wasserpfützen und nassen Wände außerhalb des Wabenbaus stellen keine Bedrohung für den Wasserdampfhaushalt im Bienenstock dar, wenn sie kälter sind als andere Bereiche der Bienenwohnung.[228] Eine solche kalte Stelle kann wie ein «Wassermagnet» (siehe «Wassermagnet») wirken und einen Kondenswasseranfall auslösen, welcher eine Entfeuchtung der Stockluft bedeutet.

Ist das Wasser aber wärmer als anliegende Bereiche der Bienenwohnung, so kommt es unterm Strich zu einer Wasserdampfabgabe an die Luft und zu einem Dampfdruckgefälle von diesem Bereich in die kühleren Bereiche der Bienenwohnung. In der Folge kann es zu einem Kondenswasseranfall im Wabenbau oder einer zu hohen relativen Luftfeuchte im Brutnest kommen, welche die Bienen energisch bekämpfen würden. Ein extremes Beispiel für dieses ungünstige Szenario ist die Fütterung mit zu warmem Flüssigfutter innerhalb der Bienenwohnung:[228] Wenn das Flüssigfutter wärmer als die kälteste Stelle der Bienenwohnung ist, kommt es zu einer Erhöhung der relativen Luftfeuchte in allen Bereichen der Bienenwohnung und eventuell zu einem Kondenswasseranfall an der kältesten Stelle. Eine Wärmedämmung entschärft diese Problematik, weil durch sie die Temperaturen an den kältesten Stellen in der Bienenwohnung weniger kalt ausfallen. Das Flüssigfutter darf in diesem Fall auch eine etwas höhere Temperatur aufweisen. So lange das Flüssigfutter kälter ist als die kälteste Stelle in der Bienenwohnung, kommt es zu keiner Beeinträchtigung durch die Flüssigkeit. Im Gegenteil, sie wirkt dann wie ein Wassermagnet, an ihrer Oberfläche kommt es gegebenenfalls zur Kondensation und somit zu einer Deckelung der Luftfeuchte in anderen Bereichen der Bienenwohnung (siehe «Die Begrenzung des Wasserdampfdrucks in mit Bienen besetzten Bienenwohnungen»). Diese Zusammenhänge sind auch die Erklärung, warum in Hallenbädern die Raumluft stets wärmer sein sollte als das Wasser:[205] Wenn das Wasser die kälteste Stelle im Raum markiert, dann fällt hier auch potenzielles Kondenswasser an. Die relative Luftfeuchte der Raumluft kann mit einer Temperaturdifferenz zwischen Wasser und Luft von wenigen Grad Celsius auf Werte begrenzt werden, die für die Menschen und die Bausubstanz keine Beeinträchtigung darstellen. Je höher die Temperaturdifferenz ist, desto trockener ist die Raumluft.

In Abb. 74 sind die Höhlenwände der beschriebenen Fichte laut Autor ebenfalls klitschnass. Auch in dieser Bienenwohnung erfreuten die Honigbienen sich aber bester Gesundheit, was den Autor zu spitzen Bemerkungen über die seiner Ansicht nach überflüssigen Bemühungen des Beutenbaus – die Bienenwohnung trocken zu halten – verleitet.[229] Dieses Beispiel wurde in der Vergangenheit aber in der Regel falsch bzw. nicht vollständig interpretiert. Die Unbeschwertheit der Bienen in dieser Umgebung ist eben nur auf die großen Temperaturunterschiede zwischen ihrem Bienensitz und den nassen Bereichen zurückzuführen. Und dieser Temperaturunterschied ist nur aufgrund der großen Masse des Baumes sichergestellt. Der Baum mit seinem großen Wärmespeicher folgt den Temperaturschwankungen der Außenluft nicht direkt, die nassen Bereiche haben eine konstant kühlere Temperatur als der Bienensitz. In einer dünnwandigen Bienenwohnung mit geringer Masse und einem geringen Wärmespeicher der Konstruktion können sich die Verhältnisse schnell umkehren: Nasse Wände können infolge äußerer Temperaturschwankungen kurzfristig wärmer werden als Bereiche des Wabenbaus und in der Folge einen Kondenswasseranfall im Wabenbau auslösen.

Anton Büdel nennt für die beschriebenen Zusammenhänge ein anschauliches Beispiel: Das erste Zeppelin-Luftschiff war in einer auf dem Bodensee schwimmenden Halle untergebracht. Die Luft in dieser Halle war, trotz des offenen Wasserspiegels im Sommer so trocken, dass dort mit Vorliebe die vor Rost zu schützenden Eisengegenstände aufbewahrt wurden. Die Wassertemperatur war niedriger als die Lufttemperatur, weshalb der Wasserdampfgehalt der Luft nie die Sättigung erreichen konnte, obwohl Wasser unbegrenzt zur Verfügung stand.[117]

12 Der Wasserdampfgehalt in unbesetzten Beuten und Baumhöhlen

Bei der Betrachtung von unbesetzten und ungedämmten Bienenwohnungen können wir nun auf die erarbeiteten Zusammenhänge zurückgreifen: Durch die dauerhafte Verbindung über das Flugloch kommt es zu einem Ausgleich des Wasserdampfdrucks zwischen Innen- und Außenluft, wobei der unendlich viel größere Luftraum der Außenluft dominant ist und den Wasserdampfdruck im Innenraum bestimmt. Der Dampfdruck innen folgt weitestgehend dem Dampfdruck außen, allerdings mit einem mehr oder weniger starken zeitlichen Versatz und einer entsprechenden Dämpfung.

Der Grund für den Zeitversatz ist, dass die Wasserdampftransporte eine gewisse Zeit benötigen. Ähnlich wie bei den Wärmetransporten führt ein solcher Zeitversatz auch zu einer Dämpfung der Ausschläge: Ist der Zeitversatz so groß, dass der Wasserdampfdruck auf der Außenseite bereits wieder sinkt, bevor die «Wasserdampfdruckwelle» auf der Innenseite im vollen Umfang angekommen ist, dann fließt ein Teil wieder nach außen zurück.

Da die Wasserdampftransporte zwischen Innen- und Außenluft fast ausschließlich über das Flugloch ablaufen, haben Größe und Tunnellänge des Fluglochs einen entscheidenden Einfluss auf Zeitversatz und Dämpfung: Je größer das Flugloch ist und je kürzer der Fluglochtunnel ist, desto schneller findet der Ausgleich statt und desto geringer ist die Dämpfung. Bei zusätzlich vorhandenen Belüftungen oder gar offenen Böden kommt es auch zu zusätzlich beschleunigten Wasserdampftransporten. Und selbst Undichtigkeiten in der Bienenwohnung, beispielsweise durch nicht sauber aufsitzende Deckel oder Zargen, können die Wasserdampftransporte beschleunigen. Je stärker die Bie-

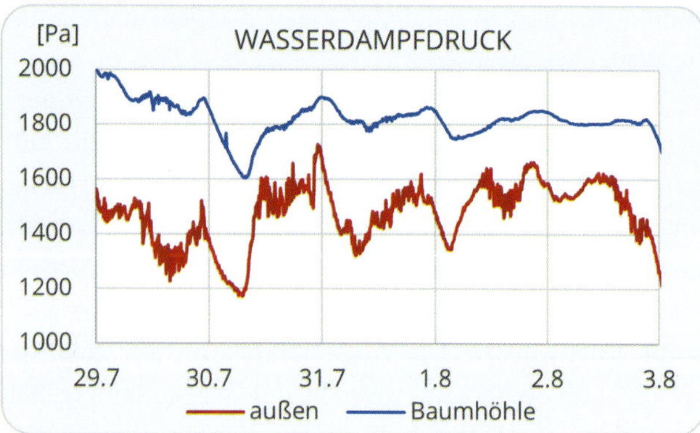

Abb. 75: Wasserdampfdruck in einer unbesetzten Baumhöhle bei geringen Tagesschwankungen des Wasserdampfdrucks der Außenluft im Sommer

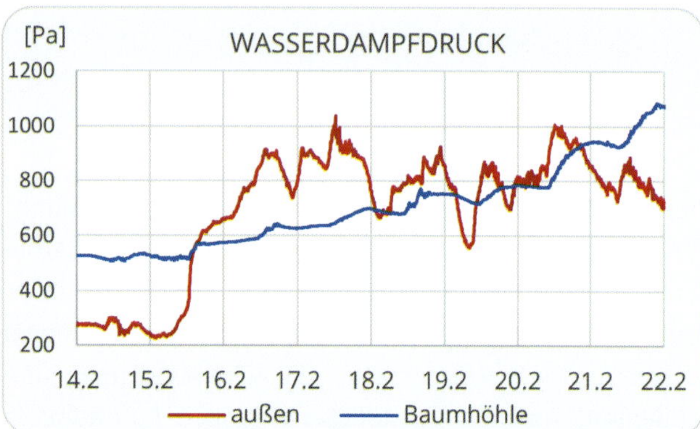

Abb. 76: Wasserdampfdruck in einer unbesetzten Baumhöhle nach einem starken Anstieg des Wasserdampfdrucks in der Außenluft

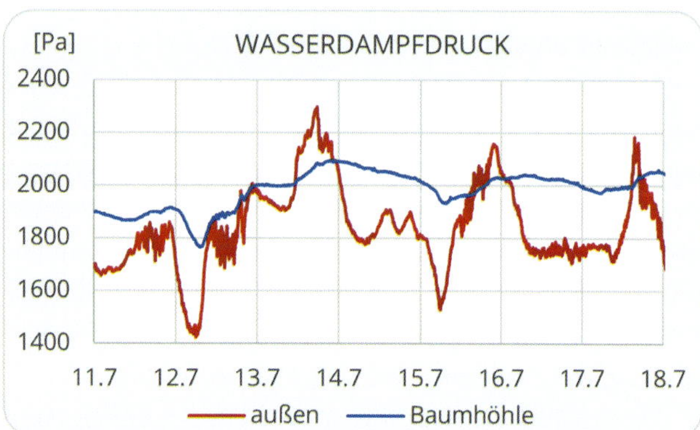

Abb. 77: Wasserdampfdruck in einer unbesetzten Baumhöhle bei starken Schwankungen des Wasserdampfdrucks in der Außenluft

nenwohnung belüftet ist, desto schneller und stärker sind die Schwankungen des Wasserdampfdrucks innerhalb der Bienenwohnung infolge der äußeren Einflüsse.

Die beschriebenen Zusammenhänge gelten grundsätzlich auch für natürliche Baumhöhlen. In Abb. 75 ist der Dampfdruckverlauf innerhalb und außerhalb einer Baumhöhle im lebenden Baum abgebildet. Die Dämpfung des Kurvenverlaufs innen ist gut zu erkennen, die Ausschläge der Kurve sind geringer als die der Außenluft. Und auch die Abhängigkeit des Wasserdampfdrucks innen von der Außenluft ist gut zu erkennen: Der Kurvenverlauf des Wasserdampfdrucks innen folgt tendenziell immer dem außen, mit einem kleinen zeitlichen Versatz. In solchen Baumhöhlen kommt es gegenüber einer unbesetzten Bienenbeute aber zu einer Besonderheit: Das Holz in der Baumhöhle stellt ganzjährig eine Quelle für Wasserdampf dar. Die wasserführenden äußeren Holzschichten des Baumes speisen durch langsame Diffusionsprozesse und Kapillartransporte durch das Holz letztlich auch die Wände der Baumhöhle, welche wiederum Wasserdampf an die Baumhöhlenluft mittels Desorption abgeben. In der Baumhöhle kommt es hierdurch zu einem höheren Wasserdampfdruck als außen. Das entstehende Dampfdruckgefälle führt zu Wasserdampftransporten durch das Flugloch von innen nach außen. Diese Zusammenhänge sind in Abb. 75 ersichtlich: Die Wasserdampfdruckkurve innerhalb der Baumhöhle ist gegenüber der Kurve der Außenluft immer erhöht.

Der Wasserdampfdruck innerhalb der Baumhöhle wird also in der Regel von dem Wasserdampfdruck außen bestimmt. Die Eigenschaften des Baumes und der Baumhöhle bestimmen, um welchen Betrag der Dampfdruck innen höher ist als außen und dämpfen die Ausschläge der Dampfdruckkurve. Die Erhöhung des Wasserdampfdrucks innen gegenüber dem außen ist im Vergleich zu den Wasserdampfdruckdifferenzen bei besetzten Bienenwohnungen gering.

Der Hitzeschutz der Bienenwohnung, bzw. im Falle von Baumhöhlen auch der Wärmespeicher des Bodens, der sich über die Saftströme des lebenden Baums auf die Temperatur in der Baumhöhle auswirkt, kann diese grundsätzlichen Zusammenhänge auch umkehren:

Erfolgt ein Anstieg von Temperatur und Wasserdampfdruck in der Außenluft so schnell, dass die Temperatur in der Baumhöhle aufgrund der Dämpfung und des Zeitversatzes deutlich tiefer ist als die der Außenluft, dann kann der Wasserdampfdruck innen dem außen nicht folgen. Die niedrigen Innentemperaturen deckeln dann den Wasserdampfdruck der Innenluft und es kommt zu einem Kondenswasseranfall. Der Wasserdampfdruck der Außenluft kann dann auch höher werden als der Wasserdampfdruck der Innenluft, wodurch es zu einem umgekehrten Wasserdampfdruckgefälle am Flugloch kommt. Wasserdampf diffundiert von außen nach innen und es kommt in der Baumhöhle zu einem von der Außenluft gespeisten Kondenswasseranfall (siehe auch «Der Sonderfall von Kondenswasser gespeist durch die Außenluft»). Abb. 76 zeigt solch einen starken Anstieg des Wasserdampfdrucks der

Außenluft am 15.2.2021 in der bereits zuvor betrachteten Baumhöhle. In diesem Beispiel kam es über mehrere Tage zu umgekehrten Verhältnissen: Der Wasserdampfdruck war außen höher als innen und es kam zu einem starken Kondenswasseranfall in der Baumhöhle, der durch die Außenluft gespeist wurde.

Dieser Effekt führt auch bei starken täglichen Schwankungen des Wasserdampfdrucks der Außenluft zu einer zumindest zeitlich begrenzten Deckelung des Wasserdampfdrucks der Innenluft, wie Abb. 77 aufzeigt: Der Wasserdampfdruck innen kann dem außen nicht so schnell folgen, es kommt – über die durch die Geometrie verursachte Dämpfung der Kurve hinaus – durch die niedrigeren Innentemperaturen zu einer Deckelung des Wasserdampfdrucks innen. Die Maximalwerte des Wasserdampfdrucks der Innenluft sind trotz des Anfalls von Wasserdampf durch die Baumhöhlenwände in der Innenluft niedriger als die Maximalwerte der Außenluft; in diesem Fall hier um etwa 200 Pa.

Eine Messreihe aus Kanada macht deutlich, wie stark der Einfluss des Hitzeschutzes auf die Feuchteverhältnisse der Innenluft sein kann: In fünf mit Datenloggern ausgestatteten Baumhöhlen in Ontario wurden durchschnittlich in den Sommer- und Herbstmonaten eine um 9,5 %-Punkte höhere durchschnittliche relative Luftfeuchte und eine um 2,7 °C niedrigere Temperatur festgestellt.[230] Der sich aus diesen Zahlen ergebende durchschnittliche Wasserdampfdruck über den gesamten Zeitraum war innerhalb der Baumhöhlen etwas niedriger als der in der Außenluft, trotz der stetigen Zufuhr von Wasserdampf aus den Baumhöhlenwänden. Die Ursache hierfür ist nach unserer Auffassung der gelegentliche Anfall von Kondenswasser in der Höhle infolge der niedrigeren Temperaturen und der auf diese Weise gedeckelte maximale Wasserdampfdruck.

Sobald Honigbienen in eine Bienenwohnung einziehen, verändern sich die beschriebenen Verhältnisse grundlegend, da sie jetzt durch ihre Anwesenheit das Kleinklima passiv und aktiv beeinflussen.

13 Der Wasserdampfgehalt in einer mit Bienen besetzten Bienenwohnung

Mit der Anwesenheit von Bienen und durch ihre Tätigkeiten entstehen zusätzliche Quellen, Zwischenspeicher und Wege des Abtransports von Wasser und Wasserdampf in Baumhöhlen und Bienenwohnungen (siehe Abb. 78). Hierdurch werden die Vorgänge bezüglich der Feuchtetransporte sehr komplex.

DIE QUELLEN DES WASSERDAMPFES IN DER STOCKLUFT DER BIENENWOHNUNG

Die Quellen des Wasserdampfs in der Bienenwohnung sind die Atmung der Honigbienen, die Flüssigkeitsoberflächen von Nektar, unfertigem Honig und Futtersaft in den offenen Zellen, die Flüssigkeitsverluste von Bienenlarven und Honigbienen über ihre äußere Hülle (Transpiration), das zeitweise von den Honigbienen eingetragene Wasser zum Zweck der Kühlung/Befeuchtung der Bienenwohnung und das aktive Verdicken von Nektar (oder Flüssigfutter) durch die Honigbienen. Zudem kann im Falle von Baumhöhlen in lebenden Bäumen auch das Holz der Höhlenwände eine Quelle von Wasserdampf für die Höhlenluft darstellen. Zu jeder Jahreszeit wird durch unterschiedlich viele Quellen mit unterschiedlicher Intensität die Luftfeuchte innerhalb der Bienenwohnung mit zusätzlichem Wasserdampf angereichert. Unter Umständen können diese Quellen, beispielsweise bei Volltracht und Einfütterung, den Wasserdampfdruck innerhalb der Bienenwohnung auf ein Vielfaches des Wertes der Außenluft anheben. Es kommt daher in der Regel zu einem höheren Wasserdampfdruck innerhalb der Bienenwohnung und zu dadurch bedingten Wasserdampftransporten von innen nach außen. Teils wird der anfallende Wasserdampf innen aber auch zwischengespeichert und teils schlägt er sich auch als Kondenswasser in der Bienenwohnung nieder. Beides bedeutet eine mindestens vorübergehende «Entwässerung» der Stockluft und ein Sinken des Wasserdampfdrucks im Bienenstock, wodurch es teils auch zu umgekehrten Verhältnissen kommen kann, d. h., der Wasserdampfdruck wird außen höher als innen. In dem Fall kommt es dann zu Wasserdampftransporten aus der Außenluft in die Bienenwohnung.

Stoffwechsel der Honigbienen

Eine ganzjährige Quelle ist der Stoffwechsel der Honigbienen und der Bienenbrut. Durch das Verstoffwechseln der im Honig enthaltenen Glukose/Fructose fällt an und in den Honigbienen Oxidationswasser an. Diese anfallende Wassermenge beträgt 48 % des ursprünglichen Gewichtes des Honigs und wird teils über die Atmung als Wasserdampf ausgestoßen.[161] Ein Teil des Wassers verbleibt zunächst im Bienenkörper, wird über die Körperhülle verdunstet oder in der Kotblase zwischengespeichert bzw. bei Reinigungsflügen ausgeschieden (siehe auch «Kotblase der Honigbienen»).

Transpiration der Honigbienen

Unabhängig von der Menge Wasser, die bei der Verstoffwechselung anfällt, verdunsten Bienen und Bienenbrut

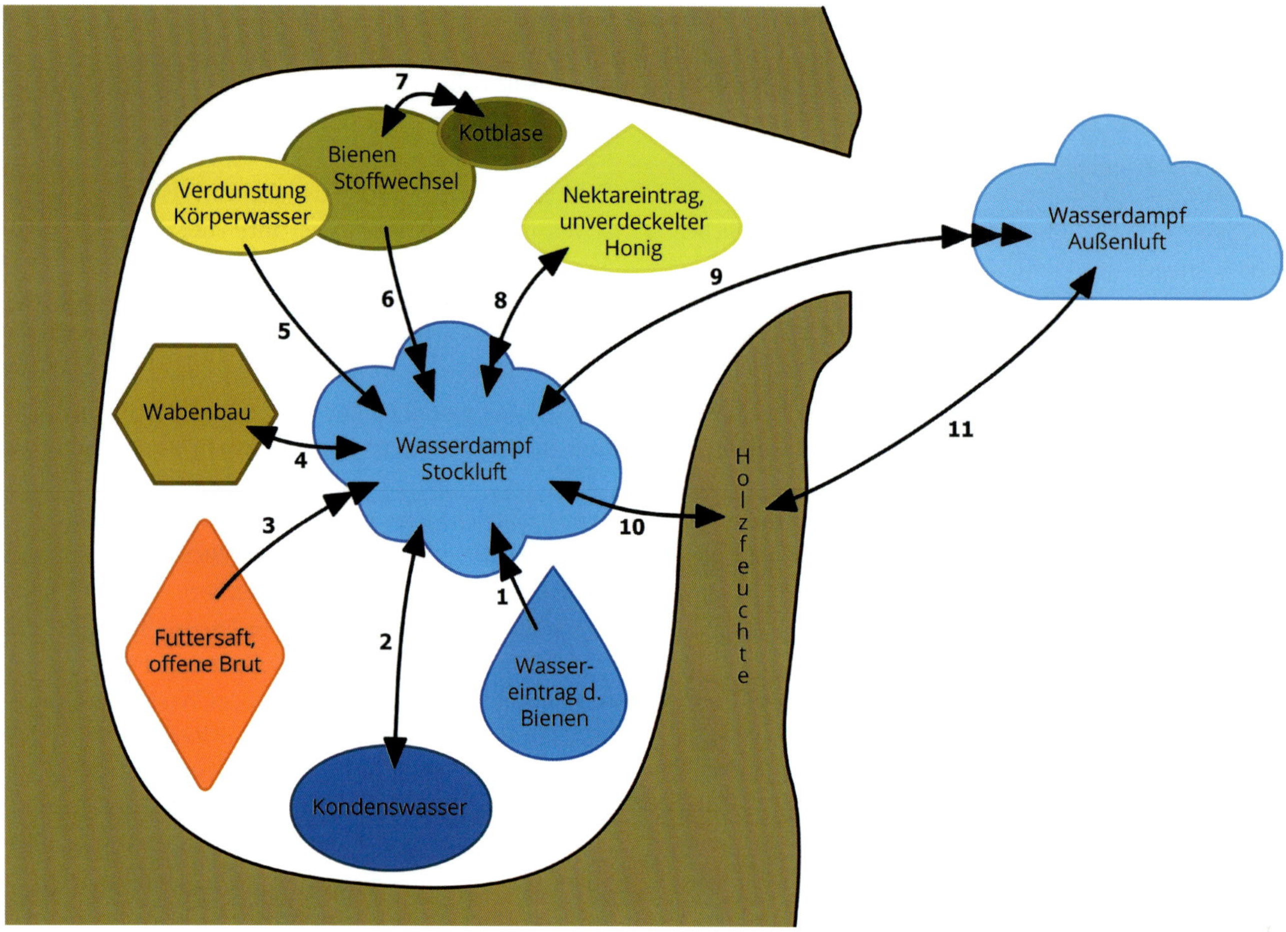

Abb. 78: Schematische Darstellung der Wasserdampftransporte in der Bienenwohnung, die Anzahl der Pfeilspitzen symbolisiert die Größenordnung der Wasserdampftransporte in der jeweiligen Richtung: ① Wassereintrag der Bienen zwecks Kühlung des Bienenstocks. ② Anfall von Kondenswasser an der kältesten Stelle der Bienenwohnung. ③ Bei vorhandener Brut verdunstet Wasser aus dem Futtersaft und der Brut selbst und wird entlang dem Dampfdruckgefälle zur Wabengasse transportiert. ④ Geringe Mengen Wasser kann der Wabenbau selbst aus der Stockluft aufnehmen und abgeben. ⑤ Die Bienen geben, wie alle Lebewesen, Wasser über ihre Hülle an die Umgebungsluft ab. ⑥ Beim Stoffwechsel anfallendes Wasser wird teils über die Atmung an die Umgebungsluft abgegeben. ⑦ Ein großer Teil des anfallenden Wassers durch Stoffwechsel und Nahrungsaufnahme wird in der Kotblase zwischengelagert und beim Reinigungsflug abgegeben. Im Winter können die Bienen einen Teil des Wassers zurückgewinnen und für die Honigaufnahme verwenden. ⑧ Bei Tracht und Nektareintrag kommt es zu großen Wassertransporten aus den offenen Honigzellen an die Stockluft, aber auch im Winter gibt es immer offene Honigzellen in Wechselwirkung mit der Luftfeuchte. ⑨ Durch turbulente Strömungen und Diffusion Abbau des Wasserdampfdruckgefälles über das Flugloch. Kurzzeitig kann es auch zu geringfügigen Wassertransporten in umgekehrter Richtung kommen. ⑩ Wechselwirkung zwischen Holzfeuchte und Stockluftfeuchte, wird durch Propolis reduziert. Im lebenden Baum kontinuierliche Abgabe von Wasserdampf an die Höhlenluft durch Desorption, wird ebenfalls durch Propolis reduziert. ⑪ Wechselwirkung zwischen Holzfeuchte und Außenluftfeuchte, wird bei Bienenbeuten durch Lackierung stark reduziert.

über ihre Körperhülle Wasser. Die Menge des verdunstenden Wassers ist abhängig von ihren Umgebungsbedingungen. Bei sehr trockenen Bedingungen (30 °C; < 5 % rF) kann die über die Körperhülle verdunstende Wassermenge einer ruhenden Biene 18,95 mg/h betragen, was das Achtfache des anfallenden Wassers durch den Ruhestoffwechsel einer Biene (2,39 mg/h) bedeutet.[231]

Brutzellen der Honigbienen

Eine weitere Quelle für Wasserdampf in den Wabengassen des Brutnests sind offene Brutzellen. Eier und Larven der Honigbienen benötigen eine Luftfeuchte von 90 bis 95 % für ihre optimale Entwicklung. Diese hohe Luftfeuchte stellt sich im Falle der im Futtersaft schwimmenden Rundmaden infolge der Wechselwirkung zwischen Luftfeuchte und zuckerhaltiger Lösung ein (siehe auch «Honigvorräte»): Der von den Honigbienen platzierte

Abb. 79: Oben: Brutbereich der Honigbienen mit verdeckelter und offener Brut, Ammenbienen und einer frisch geschlüpften Jungbiene (unten mittig) mit noch verklebten Haaren und einer Varroa-Milbe am linken Flügelansatz – Unten: Offene Brutzellen mit jungen im Futtersaft schwimmenden Bienenlarven, die 5 Zellen befinden sich im oberen Bild etwa mittig

Abb. 80: Infrarot-Aufnahme des Brutbereichs mit unverdeckelten Brutzellen

Futtersaft enthält (sofern genügend Wasser verfügbar ist) einen Wasseranteil von über 60 %. Die sich in der unmittelbar oberhalb dieser Flüssigkeitsoberfläche einstellende relative Luftfeuchte liegt somit zwischen 90 und 95 %.[215] Aus den frisch bestifteten Brutzellen, in denen noch kein Futtersaft vorhanden ist, muss theoretisch ebenfalls Wasserdampf entweichen. Die Bienen müssen den Eiern für ihre optimale Entwicklung ebenfalls eine Luftfeuchte von 90 bis 95 % bereitstellen.[222] Wir vermuten, dass sie hierfür das Wasserspucken nutzen und bereits vor der Eiablage und/oder kurz danach einen Wassertropfen in der Zelle platzieren und gegebenenfalls verstreichen (siehe «Befeuchten»). Und schließlich dürfte auch aus den offenen Brutzellen mit Streckmaden, die nicht mehr im Futtersaft schwimmen, Wasserdampf infolge der Transpiration der Maden entweichen (siehe Transpiration der Honigbienen).

Die Honigbienen pflegen also in den eng beieinander liegenden Räumen (Brutzellen und Wabengassen) ein sehr unterschiedliches Klein- und Mikroklima. So entsteht ein großes Dampfdruckgefälle von den offenen Brutzellen in die Luft der Wabengassen, wo in der Regel mit 30 bis 50 % rF wesentlich geringere Luftfeuchten[117] anliegen. In der Folge kommt es zu schnellen Wasserdampftransporten aus den Brutzellen in die Wabengassen. Die dadurch entstehenden Flüssigkeitsverluste in den offenen Brutzellen müssen ständig von den Pflegebienen ersetzt werden. Dies geschieht über die Bereitstellung des Futtersafts, in dem die Rundmaden schwimmen, über das Füttern der Streckmaden und vermutlich über das Wasserspucken. Je größer die Bienenlarven werden, desto näher wachsen sie an die trockenen Bereiche der Wabengassen heran. Mit der Verdeckelung der Brutzellen werden die Feuchtetransporte aus dem Inneren der Brutzellen in die Wabengassen stark reduziert.

Doch auch aus den verdeckelten Brutzellen entweicht noch Wasserdampf und sie stellen eine – wenn auch deutlich kleinere – Quelle für Wasserdampf im Bienenstock dar. Die Brutzelldeckel werden im Gegensatz zu den Honigzelldeckeln weniger dick konstruiert und auch nicht geglättet. Im Laufe der Entwicklung der verdeckelten Brut wird dem Zelldeckel immer mehr Material entnommen, wodurch er immer dünner wird.[232] Zwei Studien zur Fortpflanzungsfähigkeit der Varroa-Milben belegen eine mindestens diffusionsoffene Struktur der Zelldeckel; vielleicht sind sie sogar luftdurchlässig: Die Studien stellen einen Einfluss der relativen Luftfeuchte in den Wabengassen auf die Fortpflanzungsfähigkeit von Varroa-Milben in verdeckelten Brutzellen fest.[233][234] Ein solcher Einfluss wäre nicht möglich, wenn der Brutzelldeckel diffusionsdicht wäre. Die Brutzelldeckel stellen also eine «Bremse» für die Wasserdampftransporte dar, sie unterbinden die Transporte aber nicht vollständig.

Wir vermuten, dass starke Schwankungen der klimatischen Verhältnisse (Temperatur und Luftfeuchte) die Ammenbienen damit überfordern können, die hohe erforderliche Luftfeuchte in den offenen Brutzellen einzustellen, und dass es so zu einer schlechteren Versorgung der Brut bis hin zu Brutschäden kommen kann.

In Abb. 79 ist der Brutbereich der Honigbienen fotografiert, mit etlichen verdeckelten Brutzellen und einigen unverdeckelten Zellen. Das untere Bild der Abbildung zeigt den Ausschnitt der 5 offenen Brutzellen, welche sich im oberen Bild etwa mittig befinden. Hier ist der Futtersaft gut zu erkennen; junge Bienenmaden schwimmen darin.

Ein bislang rätselhaftes Verhalten der Honigbienen könnte der Beschleunigung der Wasserdampftransporte aus den verdeckelten Brutzellen in die Wabengassen dienen: Das «Recapping» könnte ein Verhalten der Bienen sein, um durch das Öffnen und spätere Wiederverschließen der Zellen die Luftfeuchtigkeitsverhältnisse zu regulieren (siehe auch «Varroa-Befall»).

Abb. 80 ist ein Screenshot aus einem Infrarotvideo des Brutbereichs der Bienen. Zu erkennen sind viele offene Brutzellen mit auf dem Boden liegenden Rundmaden. Bei den kleineren Rundmaden lässt sich anhand der dunklen Kränze der Futtersaft erkennen, in dem sie schwimmen. An mehreren Stellen stecken Ammenbienen ihre Köpfe in die Zellen und versorgen die Brut mit Futtersaft oder verschmieren Wassertropfen an den Zellwänden.

Eintrag von Nektar

In Zeiten des Eintrags von Nektar oder bei der Einfütterung kann die Honigverarbeitung zu einer starken Steigerung des Wasserdampfgehalts im Bienenstock führen. Allerdings versuchen die Bienen die Belastung so gering wie möglich zu halten:

Die Bienen verlagern die Honigeindickung, wenn Tageszeit und Wetter es zulassen, in und vor den Fluglochbereich und vermeiden so die Notwendigkeit, die bei der Eindickung anfallenden Wassermengen aus dem Bienenstock hinausbefördern zu müssen. Sie setzen den Wasserdampf bereits im und vor dem Flugloch frei. Es kommt zu vermehrten Bienenansammlungen mit eifrig hin und her hastenden Bienen vor dem Flugloch und zum Einsetzen des Vorspiels, also dem tänzelnden Flug von Honigbienen vor dem Bienenstock, dem Flugloch zugewandt. Hierbei setzen sie offensichtlich effektiv Wasserdampf frei.[117] Abb. 81 zeigt die Vorgänge bei einer Gabe von 3,5 l Flüssigfutter in der Bienenbeute an einem Herbsttag. Vor der Gabe von Flüssigfutter am Punkt 1 hatte bereits die Eindickung am Flugloch und im Bienenstock begonnen, beide Kurven verzeichnen bereits zuvor einen steilen Anstieg. Zum Zeitpunkt der Futtergabe verlassen die Arbeiterinnen das Flugloch und stürzen zur Futterquelle. Zum Zeitpunkt 2, eine halbe Stunde nach Futtergabe, beginnen Arbeiterinnen mit der Eindickung des aufgenommenen Futters im und vor dem Flugloch, es kommt zum Vorspiel. Der Wasserdampfdruck am Flugloch steigt bis zu den Zeitpunkten 3 und 4 auf den fast vierfachen Wert der Außenluft in 1 m Entfernung und den doppelten Wert in der Stockluft an. Diese Messergebnisse belegen die massive Wasserdampfabgabe im Fluglochbereich durch die Bienen, mindestens durch die Tätigkeiten der Bienen am Flugloch, sehr wahrscheinlich aber eben auch durch das von Büdel zeitgleich beobachtete Vorspiel. An den frühen Abendstunden verlagern sie die Tätigkeiten zum Eindicken vollständig nach innen, der Wasserdampfdruck im Fluglochbereich sinkt bis zum Zeitpunkt 6 und steigt im Bienenstock bis auf einen Wert, der für die Brut maximal verträglich ist. Mit Erreichen dieses maximal verträglichen Dampfdrucks beginnt ein starkes Ventilieren: Die Bienen fächeln die feuchte Luft hinaus und erzielen so eine zügige Annäherung an den Wasserdampfdruck der Außenluft. Mit Beginn des Fächelns wird auch die Aufnahme des Flüssigfutters eingestellt. Zum Zeitpunkt 7 wird das Fächeln wieder eingestellt.[117]

Am hellen Tag kommt es so zum leistungsstärksten Eindicken von Honig.[235] Der Wasserdampfdruck vor dem Flugloch nimmt hierbei teils den dreifachen Wasserdampfdruck gegenüber der Außenluft in 1 m Entfernung der Beute und den doppelten Wert des Dampfdrucks der

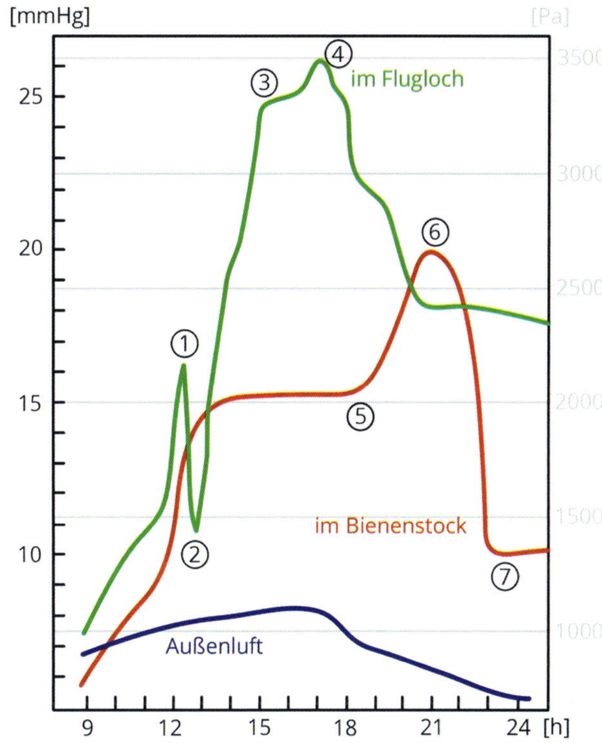

Abb. 81: Wasserdampfhaushalt bei der Einfütterung am 13.10.1947. (Büdel, 1948)[117] – aufbereitet, koloriert und leicht verändert

Stockluft an. Normalerweise beträgt der Wasserdampfdruck innen maximal das Doppelte des Dampfdruckes der Außenluft und der Wasserdampfdruck am Flugloch nimmt gemäß seiner Mittlerrolle zwischen den beiden Lufträumen einen Zwischenwert an.[117] Die Wasserdampfabgabe der Bienen wird in den Veröffentlichungen mit Messungen belegt, der Autor liefert aber keine Erklärung, auf welche Weise die Bienen dort Wasserdampf abgeben.

Vor dem Flugloch und beim Vorspiel könnte die Entwässerung des Nektars/Zuckerwassers ebenso ablaufen wie bereits auf der Blüte und beim Rückflug von der Blüte zu Bienenwohnung: Auch hier entziehen die Sammlerinnen dem Nektar offensichtlich bereits Wasser. Die Autoren einer Studie[236] aus Südafrika stellen eine Verdopplung der Zuckerkonzentration (von 20 auf 40 %) zwischen Aufnahme an der Blüte und Abgabe am Bienenstock fest. D. h., von 100 ml gesammeltem Nektar werden ihm bereits 50 ml Wasser auf dem Weg zum Bienenstock entzogen. Zur Herstellung des fertigen Honigs müssen jetzt nur noch weitere 25 ml abgegeben werden, d. h., der Großteil des Eindickens ist bereits auf der Blüte und beim Rückflug geschehen. Die Autoren vermuten, dass die Bienen unterwegs den Nektar zur Zunge hochwürgen und ähnlich wie

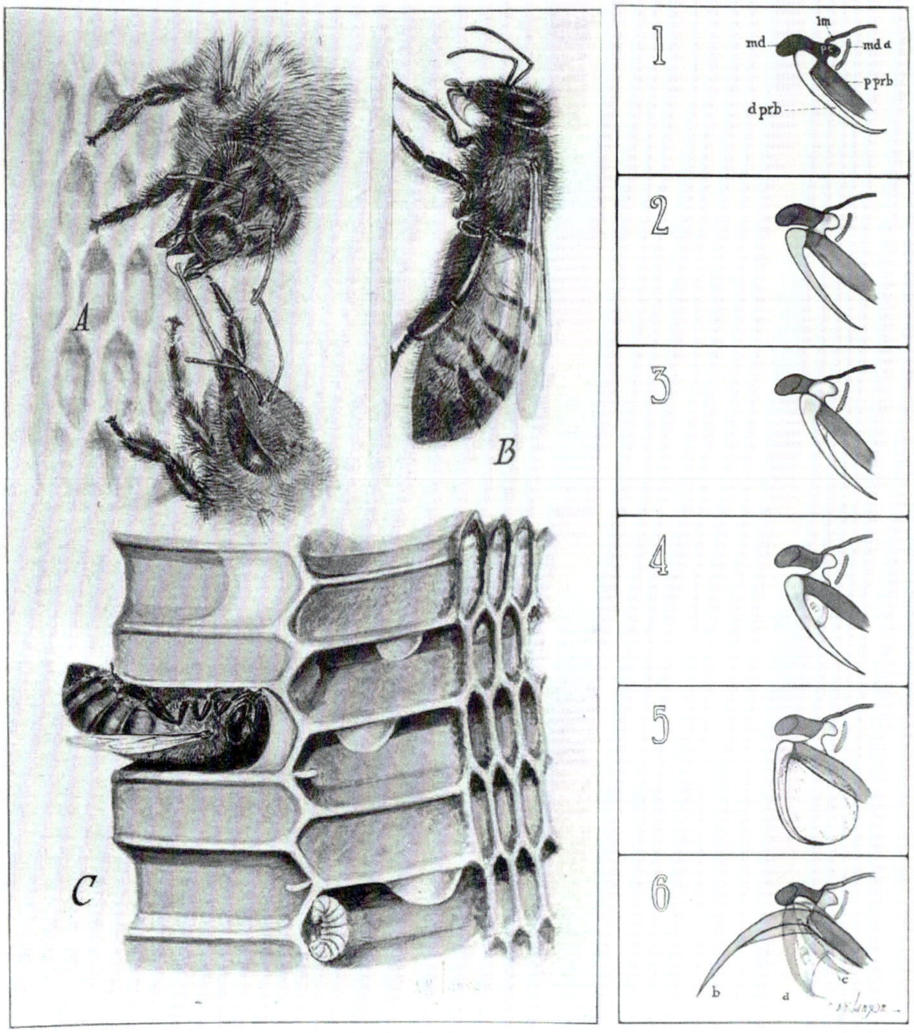

A, Nectar beeing transfered from a loaded *nectar-carrier* (upper) to a house-bee (lower). *B*, House-bee ripening honey. *C*, House-bee depositing honey.

Diagramatic sketches of the mouth-parts of a bee engaged in ripening honey

Abb. 82: Linke Bildgruppe: Ⓐ Nektarübergabe von einer Sammlerin an eine Stockbiene; Ⓑ Stockbiene bei der Nektarverarbeitung (Rüsselschlagen); Ⓒ Stockbiene bei der Honigeinlagerung; Rechte Bildgruppe: Zeichnung der Mundwerkzeuge der Honigbiene während des Rüsselschlagens. (Park, 1925)[238]. Gezeichnet von A. R. Janson unter Anleitung von O. W. Park – aufbereitet

beim Rüsselschlagen Wasser aus dem Nektar verdunsten lassen. In weiterführenden Untersuchungen derselben Autorinnen werden teils sogar 75 % des ursprünglichen Wassergehalts des Nektars auf dem Weg zur Bienenwohnung entfernt.[237]

Es gibt aber auch ältere Studien, die keine nennenswerte Erhöhung der Zuckerkonzentration im Honigmagen auf dem Weg von der Sammelstelle zur Bienenwohnung feststellen.[238][239][240] Die Autorinnen Nicolson und Human, die in ihren Studien eine Erhöhung der Zuckerkonzentration auf dem Weg zur Bienenwohnung feststellen, thematisieren diese älteren Studien und vermuten die abweichenden Ergebnisse darin, dass den Bienen in den älteren Studien Zuckerlösung gereicht wurde (und kein Nektar von Blüten gesammelt wurde).[236]

Aufgrund der Beobachtungen und Messungen von Büdel und der Studien von Nicolson und Human nehmen wir an, dass die Bienen dem Nektar auf dem Weg zur Bienenwohnung Wasser entziehen. Wir halten es aber für wahrscheinlich, dass die Honigbienen beim Fliegen keine akrobatischen Übungen zwecks Eindickung des Nektars ausführen: Der Wasserverbrauch beim Fliegen ist für die Bienen enorm hoch, sie können während des Fluges das gesamte Blutwasser verlieren. Und dieses macht bei Bienen 25–30 % des gesamten Wassergehaltes der Biene aus.[241] Das benötigte Wasser könnten sie direkt dem Nektar entziehen. Außerdem ändert der Körper der Biene hormongesteuert seinen Umgang mit Wasser bei einer Temperatur von 20 °C: Bei mehr als 20 °C wird Wasser gerne über Verdunstung und durch den Darm abgegeben. Die Darmwände werden für Wasser undurchlässiger, es wird mehr Wasser ausgeschieden. Unter 20 °C wird die Verdunstung herabgesetzt und die Darmwände werden für das Wasser durchlässiger. Die Bienen nehmen Wasser aus dem Kot zwecks Wiederverwertung wieder auf, welches ansonsten ausgeschieden worden wäre.[242] Durch das Fliegen bei

Temperaturen über 20 °C haben die Bienen also einen großen Wasserverbrauch, den sie vermutlich über den einzudickenden Nektar decken. Dies würde sich auch mit den Überlegungen zur Begründung des Vorspiels decken, welches offensichtlich dem Eindicken des Honigs dient.[117] Das «Fliegen» zwecks Honigeindickung wäre demnach bei Außentemperaturen oberhalb von 20 °C wirkungsvoller.

Mit dem Sonnenuntergang und den kühleren Außentemperaturen stellen die Bienen dieses Verhalten ein. Das Eindicken geht nun ausschließlich im Inneren des Bienenstocks weiter und führt zu einem Anstieg des Wasserdampfdrucks (Zeitpunkt 5 in Abb. 81). Der höchste Wasserdampfdruck misst dabei innen knapp 2700 Pa (20 mg/l), was einer relativen Luftfeuchte von etwa 50 % im Brutnest entspricht. Den weiteren Anstieg der Luftfeuchte verhindern die Bienen mit starkem Fächeln und auf diese Weise herbeigeführten Luftwechseln (siehe auch «Entfeuchten»). Hierfür bauen sich die Bienen in mehreren Reihen in und vor dem Flugloch auf.[117] Diese Form der Eindickung wäre tagsüber bei höheren Außentemperaturen weniger effektiv, da die Bienen die Luft nicht entfeuchten, sondern nur mit der Außenluft austauschen. Tagsüber enthält die Außenluft selbst mehr Wasser als nachts und ist daher weniger hilfreich. Mit weiter sinkenden Temperaturen der Außenluft in der Nacht wird der Dampfdruckunterschied zwischen Innen- und Außenluft immer größer, die Wasserdampftransporte laufen nun auch ohne Dazutun der Bienen zügig ab und die Bienen stellen das Fächeln ein.

Wassereintrag zur Kühlung

Eine weitere Quelle von Wasser in der Bienenwohnung kann der gezielte Eintrag von Wasser zwecks Kühlung sein. Mittels Rüsselschlagen und Wasserspucken werden die Wassertropfen in geometrische Formen mit maximaler Oberfläche gezwungen. Beim Wasserspucken verstreichen die Bienen einzeln abgesetzte Wassertropfen auf den Wabenstegen und an den Innenseiten der Wabenzellen mit ihren Mandibeln (Oberkiefern) zu einem dünnen Wasserfilm. Beim Rüsselschlagen ziehen sie einen Wassertropfen zwischen Rüssel und Mundwerkzeugen filmartig aus.[186] Die vergrößerten Oberflächen und die begleitende Ventilation anderer Bienen sorgen in dem warmen und trockenen Brutnestklima für eine schnelle Verdunstung mit einhergehender Verdunstungskälte.

In Abb. 82 (linke Bildgruppe, B) ist eine Honigbiene beim Rüsselschlagen gezeichnet, welches auch zur Honigverarbeitung eingesetzt wird.[238][243] Die Momentaufnahme des Bearbeitungsvorgangs entspricht dem Bild 4 aus der rechten Bildgruppe. Ein Bewegungszyklus des Rüsselschlagens dauert 5 bis 10 Sekunden und wird für 20 Minuten ununterbrochen wiederholt.[238] In der linken Bildgruppe, Bild C, sind laut Autor Wallace Park Nektartropfen an den Zellwänden zu sehen, die zum Trocknen vorzugweise an die Zellwände von unverdeckelten Brutzellen abgelegt werden. Auch der «Bienenpfarrer» Edmund Herold schreibt, dass Bienen den Brutbereich zur Trocknung des Honigs nutzen, indem kleine Tropfen in Brutzellen an die Decke gehangen werden.[244]

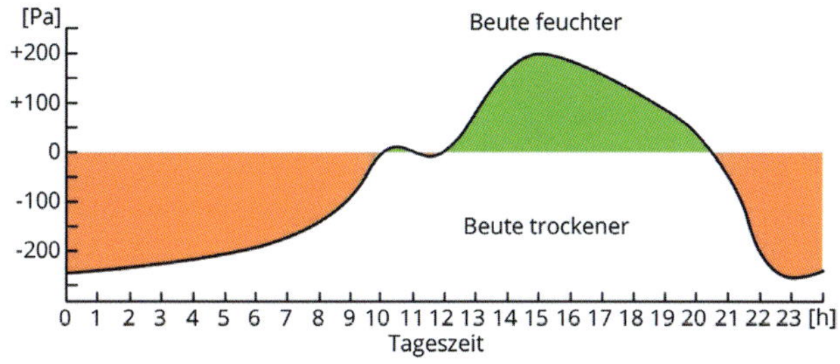

Abb. 83: Dampfdruckunterschied zwischen dem Inneren einer leeren Beute und der Außenluft. (Büdel, 1948)[117] – leicht verändert, aufbereitet und koloriert

Martin Lindauer beweist mit seinen Versuchen aber, dass es in der Regel Wassertropfen sind, die dort von Wasserspuckerinnen abgelegt und meist mit den Mandibeln zu einem dünnen Wasserfilm verstrichen werden. Nur in Ausnahmefällen wird hierfür auch Nektar verwendet, und zwar dann, wenn die Überhitzung unerwartet auftritt und das Wassersammeln noch nicht in Schwung gekommen ist.[186]

Wasserdampfabgabe des lebenden Baums in Baumhöhlen

In Baumhöhlen lebender Bäume kommt es zu einer Wasserdampfabgabe des Holzes an die Stockluft. Allerdings überziehen die Honigbienen alle Innenoberflächen der Baumhöhle mit einer Propolisschicht. Mit der Zeit wird so die komplette Baumhöhle mit einer natürlichen Dampfbremse beschichtet und die Wasserdampftransporte werden reduziert. Eine Beschichtung von 0,3 mm bis 0,5 mm Stärke, die Tom Seeley als übliche Schichtdicke beschreibt,[162] dürfte nur noch geringe Wasserdampftransporte zulassen (siehe «Propolis und sein Einfluss auf die Feuchtigkeitsverhältnisse»).

ZWISCHENSPEICHER FÜR WASSERDAMPF IN DER BIENENWOHNUNG

Als regulierende Zwischenspeicher wirken Stoffe, die selbst Wasser enthalten und deren Wassergehalt in Wechselwirkung mit dem Wassergehalt der Luft liegt. Bei einer Erhö-

Abb. 84: Arbeiterin mit gehöseltem Propolis.
Foto: © Christopher Wren

hung der Luftfeuchte nehmen sie Wasser auf und bei einer Absenkung geben sie Wasser an die Luft ab. Sie bewirken ein Kappen der Belastungsspitzen.

Holzwände der Bienenwohnung

Die Holzmasse der den Bienenstock umgebenden Wände und der Rähmchen stellt einen regulierenden Zwischenspeicher dar. Holzfeuchte und anliegende relative Luftfeuchte stehen in Wechselwirkung zueinander. Auf jede anliegende relative Luftfeuchte stellt sich eine Ausgleichsfeuchte im Holz ein (und umgekehrt) (siehe auch «Wechselwirkung zwischen Stoff- und Luftfeuchte»). Bei einer Luftfeuchte von 100 % nehmen die üblichen heimischen Hölzer etwa ein Drittel ihres Trockengewichtes per Sorption aus der Luft auf.

In Fichtenholz beispielsweise stellt sich bei 20 °C und einer relativen Luftfeuchte von 54 % eine Holzfeuchte von 10 % und bei einer relativen Luftfeuchte von 90 % eine Holzfeuchte von 21 % ein.[212] Höhere Temperaturen verringern den Betrag der Ausgleichsfeuchte und niedrigere Temperaturen erhöhen die Ausgleichsfeuchte: Kälteres Holz vermag also mehr Wasser aus der Luft aufzunehmen.[213] Die Unterschiede der Holzausgleichsfeuchte bei unterschiedlichen Temperaturen sind allerdings gering: So steigt die Holzausgleichsfeuchte bei einem Temperaturabfall von 15,6 °C auf –1,1 °C um 0,3 %, bei gleichbleibender relativer Luftfeuchte.[245] Das würde z. B. bei einer Holz-Beutenkonstruktion mit einem Trockengewicht (Darrgewicht) von 10 kg lediglich eine zusätzliche Aufnahme von 30 g Wasser bedeuten. Die Gewichtsänderung infolge einer Veränderung der relativen Luftfeuchte ist dagegen deutlich größer: Eine Erhöhung der relativen Luftfeuchte von 70 % auf 90 % bei gleichbleibender Temperatur (20 °C) würde eine Erhöhung der Holzausgleichsfeuchte von etwa 13 % auf etwa 20 % bedeuten. In der betrachteten Holzprobe würde die enthaltene Wassermenge um etwa 700 g von 1,3 kg auf 2,0 kg ansteigen. Die Sorptionsprozesse im Holz laufen aber sehr langsam ab, daher können auf diese Weise starke Gewichtsveränderungen nur über längere Zeiträume erfolgen, beispielsweise über den kompletten Herbst und Winter.[218] So schreibt beispielsweise Paschke von einer Gewichtszunahme einer unbesetzten Holzbeute (die zuvor trocken gelagert wurde) von 1,6 kg im Zeitraum von Mitte September bis Ende März.[140] Wohlgemuth (Bieneninstitut Celle) schrieb Büdel in einer persönlichen Nachricht, dass das Holz einer Magazinbeute jeden Herbst 500 g Wasser aufnimmt.[117]

Messungen an einer unbesetzten Bienenbeute zeigen den Einfluss der Temperatur auf die Sorptionseigenschaften: Weil kälteres Holz mehr Wasserdampf aus der Luft aufzunehmen vermag, kommt es selbst in unbesetzten Honigbienenwohnungen aus Holz zu einem Dampfdruckgefälle, und zwar tagsüber von innen nach außen und nachts in umgekehrter Richtung von außen nach innen. Das Holz der Beute entzieht bei der nächtlichen Abkühlung (und der dadurch steigenden relativen Luftfeuchte) der in der Beute enthaltenen Luft Feuchtigkeit. Durch die Erwärmung am Tag gibt das Holz Wasserdampf an die Luft ab. Diese Wirkung wird durch eine vorhandene Propolisschicht stark gebremst, aber nicht verhindert. «Es scheint, dass der lackartige Überzug das Holz nicht daran hindern kann im Feuchtigkeitsausgleich mit der Luft zu stehen»[117] Der Einfluss der Gewichtsschwankungen des Holzes infolge von Sorption und Desorption ist so groß, dass er bei den Auswertungen von Gewichtsmessungen der Beuten berücksichtigt werden muss.[218]

Die direkt an die Luftschicht angrenzenden Holzschichten reagieren schnell auf Schwankungen der Luftfeuchte, die tieferen Holzschichten immer langsamer. Einfluss auf die Geschwindigkeit der Wasserdampftransporte im Holz haben neben der Holzart auch die Faserrichtung und die Feuchtigkeit des Holzes: Die Transportvorgänge in Faserrichtung (axial) laufen schneller ab als senkrecht zur Faserrichtung (radial oder tangential). Und je feuchter das Holz ist, desto schneller laufen die Wasserdampftransporte ab. Trockenes Fichtenholz mit einer Holzfeuchte von etwa 6 % hat beispielsweise eine Wasserdiffusionswiderstandszahl (μ-Wert) von etwa 200 in allen holzanatomischen Richtungen. Bei einer Holzfeuchte von 20 % beträgt der μ-Wert von Fichtenholz bei Transporten senkrecht zur Faserrichtung nur noch ein Zehntel der Werte im trockeneren Zustand. Entlang der Faserrichtung reduziert sich der μ-Wert sogar auf 3. Je näher die Holzfeuchte der Fasersättigung (etwa bei 30 bis 35 % Holzfeuchte) kommt, desto näher kommt der μ-Wert dem Wert 1.[246]

Abb. 85: Propolisvorhang der Dunklen Biene *Apis mellifera mellifera* am Flugloch einer Magazinbeute. Foto: © Meike Plößer

Abb. 86: Naturwabenbau eines noch jungen Bienenvolks in einer Schilfbeute; die Seitenwände werden propolisiert, bevor die Waben befestigt werden.

Auf stündliche oder tägliche Schwankungen der Luftfeuchte stellt sich nur in den ersten Millimetern der Holzschicht eine Ausgleichsfeuchte ein. Für Schwankungen infolge der Jahreszeiten stehen auch tiefere Holzschichten als Feuchtigkeitsspeicher zur Verfügung.

Propolis und sein Einfluss auf die Feuchtigkeitsverhältnisse

Propolis (auch Kittharz genannt) ist eine Mixtur, die Honigbienen aus vielen verschiedenen Stoffen herstellen. Die Hauptbestandteile sind gesammelte Naturharze (Anteil 40–70 %) und Bienenwachs (14–50 %). Weiterhin sind ätherische Öle (5–10 %), Pollen (5–10 %) und Speichelsekret enthalten.[247][248][249][250] Die biologische und chemische Wirkung und der Nutzen von Propolis für die Bienen sind Bestandteil vieler Untersuchungen und Studien.[145][251] Das Sammeln des Harzes durch die Bienen könnte Ausdruck der sozialen Immunität sein, ein Verhalten, das der Krankheitsresistenz des Bienenvolkes dient.[252] Das Immunsystem der Bienen wird durch propolisierte Wände gestärkt und führt so auch zu besser genährten Bienen (da weniger Energie zur Immunantwort gebraucht wird, bleibt mehr Energie), Kalkbrutinfektionen werden reduziert und die Vitalität von Varroa-Milben wird beeinträchtigt.[253] Über die antimikrobielle Wirkung hinaus scheint Propolis Medizin für Honigbienen zu sein. Eine Studie aus dem Jahr 2013 legt nahe, dass Honigbienen vielleicht sogar je nach Krankheitserreger unterschiedlich wirksames Harz sammeln.[254] In der Medizin kennen wir die Wirkung einer Reduzierung luftgetragener Keime beim Verdampfen von ätherischen Ölen,[255][256][257] eine ähnliche Wirkung auf die Luft in den Wabengassen durch die Ausdünstungen von ätherischen Ölen aus den Propolisschichten ist denkbar.

Im Folgenden beschränken wir uns auf die Betrachtung von Propolis als Baustoff und seine physikalischen Auswirkungen: Der Wachsanteil in Propolis ist nicht als vollständig in Propolis vermischt zu verstehen. Es gibt immer auch Bereiche bestehend aus reinen Harzen ohne Wachsanteil.[258] Die Bienen tragen lediglich wechselweise Propolis und Wachsbröckchen an den Baustellen auf und verstreichen und glätten die aufgetragenen Materialien.

Das Propolis-Gemisch ist ein sehr plastisches Material, es lässt sich um 200 % dehnen, bevor es reißt. Es ist daher eine nützliche Dichtungsmasse, eignet sich aber nicht für Baumaßnahmen.[259]

> «Die Kittharzbiene begibt sich mit ihrer Ware in die Nähe einer Kittharzbaustelle, wo andere Arbeiterinnen ihr nun je nach Kittharzbedarf kleine Stückchen Harz (0,5 mm^3) von den Höschen abnehmen. Diese laufen damit zu den Kittstellen und heften es zunächst grob an, wobei es auch etwas durchgekaut wird. Es folgt eine ausgiebige Weiterverarbeitung und -verteilung. Wie auch bei der Ausführung von Wachsbauarbeiten bedeutet Kitten ein ständiges Beseitigen von Unebenheiten, die durch Anheften von Baustoffteilchen stets wieder neu geschaffen werden. Am glatten Material wird nicht mehr weitergearbeitet. In der gleichen Weise wie Harzteilchen werden auch Wachskrümchen, die vom Wabenmaterial abgenagt wurden, mit in die Verkittung hineinverarbeitet. Das Harz verliert dadurch seine Klebrigkeit und wird fester. Der Anteil von Wachs im Kittharz richtet sich nach der benötigten Menge Kittstoff. Es kann sozusagen beliebig mit Wachs gestreckt werden.»[260]

Propolis und Bienenwachs dienen den Bienen als Baustoffe für unterschiedliche Einsatzzwecke und werden teils kombiniert. Aus Mangel an Propolis kann es, wie oben beschrieben, beliebig mit Bienenwachs gestreckt werden. Bei

Abb. 87: Verwilderte Honigbienen haben die Wand einer natürlichen Baumhöhle mit einer dicken Schicht Propolis überzogen. Foto: © Tom D. Seeley, 2018

einem Überangebot von Propolis (unter Versuchsbedingungen) zeigt sich: Auch umgekehrt kann Kittharz anstelle von Wachs zu Kleinbauarbeiten auf der Wabe verwendet werden. Es lässt sich in den Laufstegen, den Zellwänden, den Brut- und den Honigdeckeln in großen Mengen nachweisen.[(260)] Auch unter natürlichen Bedingungen werden die Laufstege/Zellränder mit Propolis verstärkt.[(258)] Diese Verstärkung könnte die Stabilität erhöhen, der Stockhygiene dienen und/oder das Vibrationsverhalten beeinflussen, welches für die Kommunikation[(261)] der Bienen wichtig ist. Die Stege könnten aber auch schlicht der Lagerraum für nicht sofort verwendetes Propolis sein. Propolis dient den Bienen weiterhin zum Kitten und Stopfen von kleineren Ritzen und Spalten, zum bereits angesprochenen Einengen des Fluglochs, zum Mumifizieren getöteter Eindringlinge im Stock, und nicht zuletzt werden alle Beutenwände mit einer dünnen Schicht Propolis überzogen.[(262)]

Das Zuchtziel, Bienenvölker zu schaffen, die wenig Propolis verwenden, erweist sich heute als nachteilig: Verschiedene Studien zeigen den hohen gesundheitlichen Nutzen von Propolis für die Honigbienen. Darüber hinaus dienen Bauteile aus Propolis den Bienen als Werkzeug zur Optimierung der Belüftungssituation. Die Beschichtung der Wände mit einem dünnen Propolis-Überzug reduziert außerdem das Wachstum von Schimmelpilzen und verändert die Feuchteverhältnisse in Bienenwohnungen. So wird die Oberfläche der Innenwände der Bienenwohnung verändert, sie wird geglättet und alle Poren werden verschlossen. Die Oberfläche ist dann nicht mehr hygroskopisch. Der Grenzwert für die relative Luftfeuchte, ab der eine Schimmelgefahr besteht, wird damit um 20-30 Prozentpunkte auf 100 % relative Luftfeuchte nach oben verschoben.

Honigbienen bringen eine dünne Propolisschicht flächendeckend an den Holzwänden an. Erst an den mit Propolis beschichteten Flächen werden Waben befestigt.[(162)] Auch in Bienenwohnungen aus anderen Materialien gehen sie so vor. In Abb. 86 ist die dünne Propolisschicht auf den Wänden einer Schilfbeute farblich gut zu erkennen.

Die flächendeckende Propolisschicht verhindert Wasserdampf-Transportvorgänge nicht, es bremst sie lediglich ab.[(117)] Die dünne Propolisschicht auf den Flächen der Beutenwände (ca. 0,3–0,5 mm)[(162)] lässt eine verlangsamte Wasserdampfdiffusion zu, das Holz steht auch weiterhin als Feuchtepuffer zur Verfügung. Dies lässt vermuten, dass der Wachsanteil hier sehr gering ist. Reines Bienenwachs hat einen sehr hohen Wasserdampf-Diffusionswiderstand und ist ebenso undurchlässig wie andere natürliche Wachse und wie massive Kunststoffe.[(263)] Ein hoher Anteil von Bienenwachs würde daher die Wasserdampfdiffusion fast vollständig unterbinden.

Gegenüber flüssigem Wasser sind mit Propolis beschichtete Flächen undurchlässig. Der Bienenstock wird damit vor dem Eindringen von Wasser durch die Holzwände geschützt. Ein so eindringendes Wasser wäre je nach Jahreszeit in Form von Baumsäften, von durch eventuelle Schadstellen des Baums eindringendes Regenwasser oder in Form von einem Kondenswasseranfall in den Baumhöhlen-nahen Holzschichten denkbar. Letzteres wird durch die Propolisschicht auf zweierlei Weise unterbunden: Wasserdampftransporte aus der Baumhöhlenluft in das Holz des Baums werden stark gebremst, wodurch weniger Wasserdampf an einem potenziellen Taupunkt im Holz ankommt. Und wenn es doch zu einem Tauwasseranfall im Holz kommt, so kann es in flüssiger Form nicht zurück in die Baumhöhle eindringen; die Propolisschicht versperrt den Weg. Der Kondenswasseranfall im Holz ist aber nicht nur zu verhindern, um ein eventuelles Zurückfließen zu vermeiden: Je feuchter das Holz wird, desto höher wird seine Wärmeleitfähigkeit und desto geringer wird sein Wärmeschutz, weshalb die propolisierte Schicht den Wärmeschutz sicherstellt.[(181)]

Abgesehen davon kommt es bei hygroskopischen Baustoffen wie Holz durch Kapillarkondensation bereits ab einer relativen Luftfeuchte von etwa 70–80 % zu einem Anfall von freiem Wasser im Holz. Das ist auch der Grund, weshalb ab einer relativen Luftfeuchte von 80 % alle bekannten Bauschimmelarten auf Holz wachsen und gedeihen.[(152)(264)(265)] Die Schimmelpilze sind in der Lage, das Wasser, welches im Holz durch Wechselwirkung mit der Luftfeuchte oberhalb von 70 % anfällt, für ihr Wachstum zu nutzen.[(266)] Diese Mindestwerte der relativen Luftfeuchte als Grundvoraussetzung für Schimmelwachstum sind zwar nur bei optimalen Temperaturen ausreichend für ein Schimmelwachstum,[(267)] welche aber mit etwa 30 °C[(264)] häufig in Bienenwohnungen angetroffen werden. Es besteht also bei Holzwänden im Bienenstock ohne Propolis-Beschichtung eine Schimmelgefahr ab spätestens 80 % relativer Luftfeuchte. Durch den Auftrag von Propolis wird der Untergrund, das Substrat für die Schimmelpilze, für ein potenzielles Pilzwachstum entscheidend verändert: Die Propolisschicht ist im Gegensatz zu Holz stark wasserabweisend und nicht porös, es gibt hier keine Kapillarkondensation. Erst mit Luftfeuchten von annähernd 100 % fällt auf diesen propolisierten Flächen freies Wasser durch Kondensat an. Die Mindestfeuchte der Luft für Schimmelwachstum wird durch diese Veränderung des Substrats im Raum der Bienen also auf nahezu 100 % relative Luftfeuchte angehoben.

Und nicht zuletzt sind die durch Propolis beschichteten Wände vorteilhaft im Falle eines Kondenswasseranfalls: Die Beschichtung mit Propolis erfolgt dicker in den Vertiefungen des Holzes und es kommt so zu einer Glättung der Fläche. Hand in Hand mit der wasserabweisenden Wirkung von Propolis wird so verhindert, dass Wassertropfen sich an den Wänden halten können. Anfallendes Kondenswasser perlt ab und läuft entlang der Wände nach unten. Dass die Bienen mit der Propolisschicht auch eine Glättung der Wände verfolgen, wird durch die Feststellung untermauert, dass Honigbienen durch eine raue Oberfläche stimuliert werden, die Wände zu propolisieren.[(268)] Die Bienen machen mit dem Holz im Bienenstock das Gleiche, was wir mit Konstruktionsholz machen, welches regelmäßig Kondenswasser oder hoher Luftfeuchte ausgesetzt ist: Wir glätten und lackieren es.

Den Drang der Honigbienen, die Innenflächen zu glätten, kann die Imkerei sich zunutze machen: Eine Forschergruppe um Simone-Finstrom empfiehlt, Beuten zu verwenden, die raues Holz auf der Innenseite aufweisen (bzw. die Innenseite mit einer Stahlbürste aufzurauen), was die Bienen dazu veranlasst, eine Propolis-Verkleidung der Wände vorzunehmen.[(253)]

Die verschiedenen Unterarten der Honigbienen nutzen Propolis unterschiedlich intensiv. Hier lässt sich ein Zusammenhang zu den klimatischen Bedingungen des jeweiligen Verbreitungsgebiets vermuten: Die Unterarten *Apis mellifera caucasica, A. m. mellifera, A. m. anatolica, A. m. carnica,* und *A. m. meda* verwenden viel Propolis.[(269)(270)(271)(272)] Zu ihren Verbreitungsgebieten gehören Gebirge und Hochländer, sie sind natürlicherweise starken Temperaturschwankungen und kalten Wintern ausgesetzt. Ein Kondenswasseranfall in Baumhöhlen dieser Regionen ist in manchen Jahreszeiten sehr wahrscheinlich. *Apis mellifera ligustica, A. m. syriaca* und *A. m. adami* verwenden wenig Propolis.[(270)(272)(273)] In ihren natürlicherweise küstennahen Verbreitungsgebieten sind sie durch den Wärmespeicher des Meeres geringeren Temperaturschwankungen und milderen Wintern ausgesetzt. Hier ist ein Kondenswasseranfall in natürlichen Bienenwohnungen unwahrscheinlicher. Sehr wenig Propolis verwendet die in Afrika beheimatete *Apis mellifera scutellata.*[(274)] In dem trockenen Savannen- und Halbwüstenklima ihres Verbreitungsgebiets dürfte ein Kondenswasseranfall fast ausgeschlossen sein. Dasselbe gilt für subtropisches und tropisches Klima. Hier ist die Honigbienenart *Apis cerana* beheimatet, welche kein Propolis verwendet.[(275)] Eine andere seriöse Quelle beschreibt allerdings *Apis mellifera ligustica* als eine Unterart der Honigbienen, die teils noch mehr Propolis als *Apis mellifera caucasica* verwendet.[(175)] Dies widerspricht anscheinend der zuvor ausgeführten Theorie, da *Apis mellifera ligustica* im mediterranen Klima beheimatet ist. Es sei denn, die Bienen reagieren auch lokal auf bestimmte klimatische Bedingungen, wie beispielsweise auf Wind. Die Erfahrungen der letztgenannten Veröffentlichung stammen von der Insel Sizilien, einer sehr windreichen Region.

Abb. 88: Verwilderte Honigbienen haben den Boden ihrer Baumhöhle mit einer dicken Schicht Propolis überzogen und Hickory-Nüsse eingearbeitet, die zu schwer für eine Entfernung aus der Höhle waren. Foto: © Tom D. Seeley, 2010

Lebender Baum

In einem lebenden und unversehrten Baum ohne Baumhöhle liegt in allen Bereichen des Holzes eine Holzfeuchte oberhalb der Fasersättigung (30–35 % bei den üblichen heimischen Holzarten)[147] vor. Lediglich im äußersten Rindenbereich kommt es zu Holzfeuchten unterhalb der Fasersättigung. Zur Erinnerung: Die Fasersättigung bezeichnet die Holzfeuchte, die sich im Holz bei 100 % relativer Luftfeuchte einstellt. In diesem Zustand sind die Fasern gesättigt, in Zellen und Kapillaren befindet sich aber noch kein freies Wasser. Unterhalb der Fasersättigung stehen Holz und anliegende Luftschichten in Wechselwirkung, das Holz ist sorptionsfähig. Oberhalb der Fasersättigung gibt es diese Wechselwirkung nicht: Das Holz kann dann nur Wasser an die Luft abgeben, aber nicht aufnehmen.

In einer gesunden Kiefer kann die Holzfeuchte z. B. in Teilen des Splintholzes über 90 % betragen. Selbst im innersten Kernholz liegt in den Kapillaren und Zellen freies Wasser vor, die Holzfeuchte beträgt auch hier im gesunden Baum überall über 40 %.[276] Würde in einen solchen Baum eine Höhle geschlagen (z. B. durch Zeidler, Specht), dann könnte das Holz der Wandungen zunächst nicht als Zwischenspeicher wirken: In allen Bereichen des Holzes ist freies Wasser vorhanden, das Holz kann kein Wasser zusätzlich aus der Luft per Sorption aufnehmen. Erst wenn es infolge der langsamen Trocknungsprozesse Holzfeuchten unterhalb der Fasersättigung aufweist, kann es auf kurzzeitige Erhöhungen der Luftfeuchte reagieren und als Zwischenspeicher für Wasserdampf aus der Luft wirken.

Totholz

Der Begriff «Totholz» wird in der Ökologie und insbesondere im Biotop- und Artenschutz als Sammelbegriff für abgestorbene Bäume oder deren Teile verwendet. Grob unterteilt wird dabei zwischen stehendem Totholz, also noch nicht umgefallenen abgestorbenen Bäumen oder deren Teilen, und liegendem Totholz, das bereits auf dem Erdboden liegt. Weiter unterschieden wird über den Fortschritt der Zersetzung in die fünf Stadien Frischholz, Hartholz, Morschholz, Moderholz und Mulmholz.[277] In der Imkerei sind mit Totholz Hölzer gemeint, die bereits einen Teil des Zersetzungsprozesses hinter sich haben (Hartholz und Morschholz) und die in deren Folge sehr leicht sind. Diesem Totholz wird eine besonders große Aufnahmeleistung von Wasser aus der Luft nachgesagt. Dies ist aber ein Irrtum: Die auf das eigene Trockengewicht bezogene maximale prozentuale Aufnahme von Feuchtigkeit aus der Luft ist bei Totholz genauso groß wie bei unversehrtem Holz. Da Totholz infolge der Zersetzungsprozesse eigenes Gewicht verliert, ist die Aufnahmemöglichkeit von Wasser insgesamt entsprechend geringer als die von unversehrtem Holz. Totholz nimmt also insgesamt weniger Wasser aus der Luft auf als unversehrtes Holz mit dem gleichen Volumen.

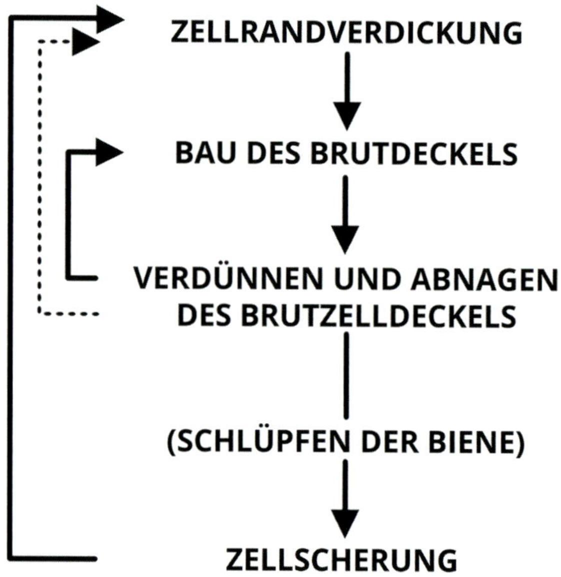

Abb. 89: Wachskreislauf im Brutbereich. (Meyer et al., 1952)[232]

Beuten aus Holz und die Einlage in die Beuten von zusätzlichem Holz (auch Totholz) können den Bienen theoretisch helfen, Schwankungen der Luftfeuchte im Bienenstock zu reduzieren, solange sie nicht mit Propolis bestrichen oder im Falle von Totholz von den Bienen zermalmt werden. Verglichen mit anderen Stellschrauben, die uns zur Verfügung stehen, um den Bienen die Klimaregulierung zu erleichtern (Wärmeschutz, Hitzeschutz, Geometrie), können diese Effekte aber als vernachlässigbar bewertet werden. Der direkte Vergleich zwischen Totholz und unversehrtem Holz bezüglich der Wirkung als Zwischenspeicher für Luftfeuchte fällt eindeutig zugunsten des unversehrten Holzes aus: Auf kurzfristige Schwankungen reagieren beide gleichermaßen gut, Änderungen der Luftfeuchte über einen großen Zeitraum hat unversehrtes Holz mehr entgegenzusetzen, es hat einen deutlich größeren «Wasserspeicher». Bei diesen Betrachtungen geht es nicht um die Aufnahme von flüssigem Wasser, sondern um die Sorption von Wasserdampf, also die Aufnahme von Wassermolekülen aus der Luft.

Die Honigbienen selbst kennen offensichtlich keine nützlichen Eigenschaften des Totholzes: Sie haben die Angewohnheit, morsches und teilzersetztes Holz zu entfernen. In Baumhöhlen nagen und zermalmen Bienen das Holz der Höhlenwände so weit weg, bis sie auf unversehrtes Holz stoßen. Erst dieses wird dann mit Propolis versehen. Und erst an den mit Propolis beschichteten Flächen werden die Waben befestigt.[162] Das Abnagen von Leinen und anderen Materialien auf den Oberträgern ist dem Instinkt, morsches und teilzersetztes Holz abzunagen, geschuldet und soll für eine bessere Befestigung der Waben an den Wänden sorgen.[92] Abgenagte Holzreste werden ebenso wie anderes loses Material am liebsten aus der Bienenwohnung abtransportiert.[193] Und was nicht abtransportiert werden kann, wird propolisiert (siehe Abb. 88).

Honigvorräte

Die verdeckelten Honigvorräte stellen keinen nennenswerten regulierenden Zwischenspeicher für Wasser dar. Dies liegt im Material «Bienenwachs» selbst und in der Art der Verarbeitung durch die Bienen begründet: Reines Bienenwachs hat einen sehr hohen Wasserdampf-Diffusionswiderstand und ist ebenso undurchlässig wie massive Kunststoffe.[263] Diese hohe Hydrophobie ist eine Folge des hohen Gehalts an Estern aus langkettigen Fettalkoholen und Fettsäuren sowie langkettigen Alkanen. Darüber hinaus sind feste Fette durch eine dichte Struktur gekennzeichnet, die die Löslichkeit und Diffusion von Wasser durch sie hindurch begrenzt.[278]

Die Honigbienen verschließen die Honigzellen mit dem Wachsdeckel nahezu luftdicht. Im Gegensatz zu den Brutzelldeckeln (siehe Abb. 89) glätten Honigbienen die Deckel bereits während des Verdeckelns, insbesondere aber nach Fertigstellung, mit ihren Kiefern bzw. polieren sie regelrecht. «Es wird auch kein Baustoff wieder abgetragen – wie am geschlossenen Brutzelldeckel – sondern, ganz im Gegenteil, der Honigzelldeckel wird nachträglich noch durch mehr oder weniger dicke Wachsauflagen, die dann auch stets wieder überpoliert werden, verstärkt. Sein Gewicht kann hierdurch sogar verdoppelt werden.»[164]

Eine nennenswerte Diffusionsoffenheit der Verdeckelung von Honigzellen halten wir aus diesen Gründen für ausgeschlossen. Ein selbst durchgeführter praktischer Versuch unterstützt die Annahme: Bei Gewichtsmessungen von drei verdeckelten Honigwaben konnten auch über mehrere Monate keine Gewichtsänderungen bei einer Erhöhung der umgebenden relativen Luftfeuchte festgestellt werden.

Unbestritten ist aber die Wirkungsweise der unverdeckelten Honigvorräte als regulierender Zwischenspeicher: Abhängig von ihrem Wassergehalt dienen sie als Quelle oder Speicher für Luftfeuchtigkeit.[214] Der Wassergehalt des Honigs und die relative Luftfeuchte stehen in Wechselwirkung, auf eine bestimmte anliegende relative Luftfeuchte stellt sich ein bestimmter Wassergehalt im Honig ein. Bei einer relativen Luftfeuchte von 55 % stellt sich im Honig ein Wassergehalt von 17,5 % ein. Bei 75 % relativer Luftfeuchte stellt sich bereits auf Dauer ein Wassergehalt

Abb. 90: Blühende Flächen sollten nie gemäht werden, da alle Insekten auf den Nektar und den Pollen angewiesen sind.

von 30 % ein.[215][216] Büdel formuliert den Lehrsatz «Bei einer Luftfeuchtigkeit über 60 % nimmt der Honig Wasser auf». Dieser Lehrsatz ist richtig, wenn man von einem Wassergehalt des fertigen Honigs von 20 % ausgeht. Die Imker*innen kennen die Wasseraufnahme des Honigs aus der Luft in Form des «Überlaufens» von unverdeckelten Honigzellen, wenn die Honigwaben für ein paar Tage an einem kühlen Ort zwischengelagert werden.

Büdel hielt es damals bereits für wahrscheinlich, dass die Futtervorräte als regulierender Feuchtigkeitsspeicher wirken und nahm an, dass die Bienen zu diesem Zweck die Honigwaben entdeckeln.[279][117][280][281] Den Hauptgrund für die Honigbienen, die Vorräte bereits vor dem unmittelbaren Verzehr zu entdeckeln, liegt vermutlich darin, ihn bekömmlich zu machen: Um von den Bienen verdaut werden zu können, wird mindestens ein Wassergehalt von 25 % benötigt.[242] Der verdeckelte Honig ist für die Bienen für den Verzehr zu trocken, sie sind gezwungen, ihm über den Speichel Wasser beizufügen. Das notwendige Wasser kann zum Teil aus den Körperflüssigkeiten gewonnen werden, reicht dies nicht aus, so muss Wasser eigens für diesen Zweck in flüssiger Form aufgenommen werden. Die bereits frühzeitig vor dem Verzehr erfolgende Entdeckelung reduziert die Menge des hinzuzufügenden Wassers bzw. macht sie gegebenenfalls sogar überflüssig. Durch das Entdeckeln entzieht der Honig der Luft Feuchtigkeit und wird bereits nach kurzer Zeit für die Bienen bekömmlich, wenn die angrenzende relative Luftfeuchte hoch genug ist. Optimal dürfte eine relative Luftfeuchte zwischen 65 und 70 % sein: In dieser Größenordnung ist die Schimmelgefahr fast ausgeschlossen und im Honig stellt sich ein Wassergehalt von etwa 25 % ein. Armbruster beschreibt diese Quelle für das notwendige Wasser zum Verzehr des Honigs bereits 1923.[155] Der Wasserbedarf zum Verzehr des Honigs macht deutlich, dass es in der kalten Jahreszeit auch nicht zu trocken in der Bienenwohnung sein darf, da die Bienen im Winter und Vorfrühling nur schwerlich Wasser heranschaffen können. Aus diesem Grund darf es auch nicht mit dem Wärmeschutz übertrieben werden.

Die Wechselwirkung zwischen der Luftfeuchte und dem Wassergehalt des Honigs halten wir für einen wichtigen Grund, weshalb Honigbienen konstante Feuchteverhältnisse im Bienenstock benötigen: Sie wählen die Ablage des Nektars und den Ort der Eindickung von Honig wahrscheinlich nach der örtlich im Bienenstock anliegenden Luftfeuchte. Eine schwankende relative Luftfeuchte, beispielsweise ausgelöst durch Temperaturschwankungen, zwingt sie zur Klimatisierung dieser Bereiche oder zu Umlagerungen.

Über die beschriebenen Zusammenhänge hinaus könnte es einen weiteren triftigen Grund für die Honigbienen geben, den Honig frühzeitig zu entdeckeln bzw. den für den Verbrauch in den nächsten Wochen bestimmten Honig gar nicht erst zu verdeckeln. Die spezielle antibiotische Wirkung des Honigs kommt durch bestimmte Milchsäurebakterien zustande, die nur in absolut frischem oder wildem, nicht verdeckeltem Honig nachgewiesen wurden. Die Bakterien sind nur vorhanden und aktiv bei einem Wassergehalt des Honigs von ca. 23–26 %, und dies auch nur für ein paar Wochen.[52][282] Die höhere Überlebensrate dieser vorteilhaften Bakterien könnte die Bienen dazu veranlassen, in den Jahreszeiten mit Flugbetrieb frisch gefertigten Honig, der für den Verzehr in den nächsten Wochen bestimmt ist, unverdeckelt zu lassen. Und ebenso ist es vorstellbar, dass sich im entdeckelten Wintervorrat diese Milchsäurebakterien, die auch Teil des Mikrobioms der gesunden Honigbienen sind, zügig wieder ansiedeln.

Wabenbau

Auch der Wabenbau der Honigbienen kann Wasserdampf aus der Luft aufnehmen,[217] wie bereits unter «Wechselwirkung zwischen Stoff- und Luftfeuchte» beschrieben. Mit maximal 11 % seiner Trockenmasse ist die aufnehmbare Wassermenge allerdings sehr gering, zumal der Wabenbau ein sehr geringes Gewicht hat. Aber die Wechselwirkung findet an einem für die klimatischen Bedingungen hochsensiblen Ort statt: Bei der offenen Brut. Es sind vor allem die in den Brutzellen verbleibenden Kokonreste, die in Wechselwirkung mit der Luftfeuchte stehen. Durch das Sorptionsverhalten der Seidenkokonreste, die die Zellwände auskleiden, werden die Larven vielleicht vor Schwankungen der Luftfeuchte innerhalb der offenen Brutzelle geschützt, wie sie zum Beispiel durch Turbulenzen der Luft beim Eintritt/Verlassen von Ammenbienen in die Brutzellen auftreten können. Und vielleicht ist das auch der Grund für die Bevorzugung von älterem Wabenbau durch die Königin und für eine höhere Überlebensrate der Brut in älterem Wabenbau.[283] Allerdings bevorzugen auch Varroa-Milben den älteren Wabenbau.[284][285]

Kotblase der Honigbienen

Mithilfe der Kotblase wird beim Stoffwechsel anfallendes Wasser zum Teil aus dem Bienenstock entfernt, wobei die Kotblase vor allem in der Winterzeit als Zwischenspeicher dient: Die Kotblase kann kurz vor dem Reinigungsflug fast 4/5 des Hinterleibes der Bienen ausfüllen[286]. Die Kotmenge kann bis zu 50 mg pro Biene betragen und der Wassergehalt des Kotes 40 mg[161]. Bei 10 000–15 000 Winterbienen ergibt sich theoretisch eine maximal aufnehmbare Wassermenge von 400–600 g bzw. eine Kotmenge von 500–750 g in ihren Kotblasen. Ist diese Menge erreicht, dann müssen die Bienen zu einem Reinigungsflug ausfliegen und sich erleichtern. Bei einem großen Honigverbrauch infolge schlechter Wärmedämmung der Bienenwohnung, häufigen Störungen der Winterruhe und/oder langer Kälteperioden können die Bienen gezwungen sein, im Bienenstock abzukoten.

Ein Teil des in der Kotblase anfallenden Wassers wird aber auch von den Bienen wiederverwertet: Beim Verzehr von Honig gelangt im Honig enthaltenes Wasser in die Kotblase der Honigbienen. Der verdeckelte Honig enthält etwa 20 % Wasser. Die Bienen benötigen für die Verdauung des Honigs aber mindestens einen Wassergehalt von 25 %.[161] Herold nennt sogar 30 % Wassergehalt als notwendig für die Verdauung des Honigs durch die Bienen.[242] Das zusätzlich benötigte Wasser fügen sie dem Honig über die Speicheldrüse zu, die wiederum das Wasser aus dem Körperwasser der Biene bezieht. Die Bienen verwerten hierfür sowohl das Wasser, welches beim Verstoffwechseln von Honig entsteht, als auch bereits im Darm enthaltenes Wasser.[242] Bei niedrigeren Temperaturen werden die Darmwände der Bienen hormonal gesteuert durchlässiger für Wasser, Feuchtigkeit wird dem Kot entzogen und wiederverwertet.[287][288][289] Diese Form der Wasserwiederverwertung ist also im Winter besonders wirksam, wenn den Bienen der Zugang zu anderen Wasserquellen verwehrt ist.

Kondenswasser

Angefallenes Kondenswasser kann ein Zwischenspeicher für Feuchtigkeit innerhalb der Bienenwohnung darstellen.

Das sich an den Oberflächen sammelnde Wasser bzw. das vom Holz kapillar aufgenommene Wasser kann bei steigenden Temperaturen oder sinkender Luftfeuchte wieder von der Luft aufgenommen werden.

Der Anfall von Kondenswasser und die so zumindest zeitweise auftretende Stockfeuchte lässt sich in bestimmten Abschnitten des Bienenjahres nicht vermeiden und tritt stets an der kältesten Stelle in der Bienenwohnung auf.[209][290] Mit dem Anbringen einer Wärmedämmung lässt sich der Ort des Niederschlags von Kondenswasser in Bereiche der Bienenwohnung verlegen, die für die Bienen ungefährlich sind.[290] Das sollten Beutenbauer*innen bei der Planung und Konstruktion von Bienenwohnungen berücksichtigen. Idealerweise gelingt es, die unvermeidliche Stocknässe in den Fluglochbereich zu verschieben, so kann das angefallene Wasser bei günstigen Außenbedingungen wieder zügig von der Luft aufgenommen werden.

Im Falle von dauerhaft kühlen Temperaturen im Bereich des Kondenswasseranfalls kann ein solcher aber auch eine dauerhafte Entfeuchtung der Stockluft bedeuten. Ebenso kommt es zu einer dauerhaften Entfeuchtung, wenn das Kondenswasser aus dem Bienenstock abläuft und so gar nicht mehr von der Stockluft aufgenommen werden kann.

Wir nehmen das hier gefallene Stichwort des Kondenswasseranfalls zum Anlass, die Wirkungsmechanismen, die einen solchen auslösen, im nächsten Abschnitt ausführlich zu beschreiben.

KONDENSWASSERANFALL

Warme Luft kann mehr Feuchtigkeit aufnehmen als kalte Luft (siehe Tabelle 6). Kühlt die Luft eines Raumes mit einem bestimmten Wasserdampfgehalt ab, so steigt die relative Luftfeuchte der Luft an. Mit weiterer Abkühlung ist irgendwann die Temperatur erreicht, bei der die relative Luftfeuchte 100 % beträgt (Taupunkttemperatur). Bei dieser Temperatur kann die Luft die vorhandene Wassermenge gerade noch halten. Bei der Unterschreitung der Taupunkttemperatur kommt es zur Kondensation: Wassermoleküle wechseln vom gasförmigen in den flüssigen Zustand. Je weiter die Temperatur unter die Taupunkttemperatur fällt, desto mehr Kondenswasser fällt an. Natürlich kann es auch bei konstanter Temperatur zu einem Kondenswasseranfall kommen, nämlich dann, wenn die Luftfeuchte im Raum ansteigt.

Die Kondensation kann innerhalb des Gasgemisches Luft auftreten und das Kondensat in Form von Nebel und Wolken in der Luft schweben. Sie kann in unmittelbarer Nähe von Oberflächen fester Stoffe und Flüssigkeiten auftreten, wobei sich das Kondensat dann auf diesen Oberflächen niederschlägt. Die Kondensation kann aber auch innerhalb von Bauteilen, insbesondere im Grenzbereich zwischen verschiedenen Schichten, auftreten.

Die Berechnungen zum Kondenswasseranfall unterliegen einer großen Unschärfe. Im Häuserbau gehen in die über die Jahrzehnte entstandenen Berechnungen etliche Sicherheitsfaktoren ein, deren Ziel es ist, einen Schaden am Bauwerk und an dessen Bewohnern sicher zu vermeiden. Im Bienenbau unterliegen die Betrachtungen einer noch größeren Unschärfe: Der Anfall von Wasserdampf und die Ausbreitung und Lage des Bienensitzes variieren im Laufe des Jahres und von Volk zu Volk stark. Obendrein wird der Bienenstock durch die dauerhafte Verbindung über das Flugloch in der Regel stärker von der Außenluft beeinflusst als eine Menschenwohnung. Die im Folgenden aufgeführten Berechnungen und Betrachtungen bezüglich des Kondenswasseranfalls in Bienenwohnungen dienen der Erklärung der grundsätzlichen Zusammenhänge; die Vorhersage eines Kondenswasseranfalls oder gar seiner Menge ist kaum möglich.

Kondenswasseranfall in Menschenwohnungen

Im Häuserbau gibt es durch die beheizten Wohnräume mit einer nahezu konstanten Temperaturverteilung im Raum nur ein geringes Risiko für einen Kondenswasseranfall in den Innenräumen selbst. Der Wasserdampfdruck ist in den großen Lufträumen, deren Luft durch das Beheizen und die Bewegungen der Bewohner ständig in Bewegung ist, in allen Bereichen gleich groß. Durch die Bewohner und ihre Tätigkeiten kommt es zu einer Anreicherung der Luft mit Wasserdampf und einem Wasserdampfdruckgefälle von innen nach außen. Es kommt zu Wasserdampftransporten über undichte Stellen in der Gebäudehülle und das Lüftungsverhalten der Bewohner von innen nach außen, in der Regel, bevor die (warme) Innenluft ihre Wasserdampfsättigung erreicht und keinen weiteren Wasserdampf mehr aufnehmen kann. Kurzeitige Belastungsspitzen der Luftfeuchte werden durch Einrichtungsgegenstände (Möbel, Gardinen, Bücher etc.) und die in der Regel porösen Wände (Tapeten, Holzverkleidungen, Putz, Beton etc.) zwischengespeichert und in Zeiten geringerer Luftfeuchte wieder abgegeben.

Bei schlecht isolierten Außenwänden kommt es aber vor allem in den Gebäudeecken (sie können Wärmebrücken darstellen) trotz beheizter Räume an den Innenwänden teils zu so niedrigen Temperaturen, dass die anliegenden Luftschichten das in der Raumluft enthaltene Wasser nicht mehr tragen können, wodurch es zu einem Kondenswasseranfall kommt. Und natürlich kann es auch durch ein Überangebot von Wasserdampf zu einem Kondenswasseranfall kommen, beispielsweise durch die Anwesenheit vie-

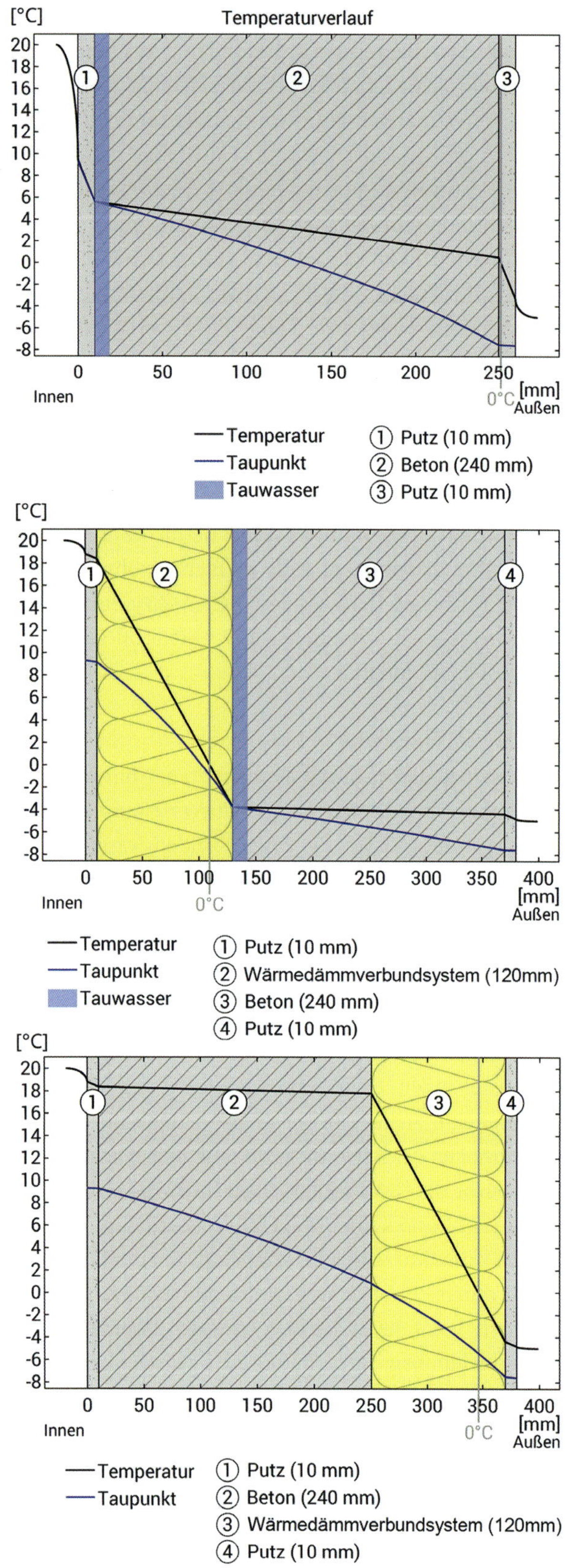

Abb. 91: Temperatur und Taupunkttemperatur im Häuserbau am Beispiel einer Betonwand ohne, mit innerer und mit äußerer Wärmedämmung – innen jeweils 20 °C und 50 % rF, außen jeweils -5 °C und 80 % rF angenommen. Erstellt mit: Ubakus (www.ubakus.de)

ler Menschen im Raum oder durch den Warmwasserverbrauch in einem Badezimmer.

Die kleinen Wassermoleküle durchdringen nahezu alle Feststoffe mehr oder weniger schnell, so wird auch die Gebäudehülle von Wohnhäusern infolge des Wasserdampfdruckgefälles von innen nach außen von Wassermolekülen durchwandert. An dieser Stelle wollen wir auf ein grundlegendes Missverständnis hinweisen: Die Wassermenge, die durch die Wände eines Hauses nach außen diffundiert, trägt in der Regel nicht nennenswert zur Abtragung der Wassermengen in der Innenluft bei, wie sie beispielsweise durch die Anwesenheit von Menschen anfallen. Die Diffusionsprozesse durch die Bauteile sind zu langsam, als dass sie die großen Mengen des von Lebewesen an die Luft abgegebenen Wassers nennenswert reduzieren könnten. Der Abbau der Feuchtigkeit findet über geöffnete Fenster, Türen und undichte Stellen in der Gebäudehülle statt.

Dennoch ist es im Häuserbau üblich, Außenbauteile bezüglich ihrer Diffusionsoffenheit zu untersuchen. Diese Untersuchungen erfolgen aber nicht etwa, um den Abtrag des Wasserdampfüberschusses in der Innenluft zu untersuchen, sondern ausschließlich mit dem Ziel, das Bauwerk und seine Bewohner vor einem Kondenswasseranfall im Bauwerk und seinen Folgen zu schützen. Bei den Berechnungsverfahren werden der Ort eines potenziellen Kondenswasseranfalls (Taupunkt) innerhalb des Bauwerks und die gegebenenfalls anfallende Kondenswassermenge in der Tauperiode (Dezember bis Februar) bestimmt. Die in dieser Zeit anfallende Wassermenge darf bestimmte Grenzwerte nicht überschreiten und muss vollständig in der Verdunstungsperiode (Juni bis August) verdunsten, damit das Bauteil nicht im Laufe der Jahre durchfeuchtet.

Vor diesem Hintergrund ist es sinnvoll, durch einen geeigneten Wandaufbau den potenziellen Taupunkt möglichst weit nach außen zu verschieben. Das erleichtert eine anschließende Trocknung nach außen bei günstigeren Witterungsverhältnissen. Ein solches Verschieben des Taupunktes nach außen gelingt über das Aufbringen einer äußeren Wärmedämmung. Abb. 91 zeigt den Einfluss einer Wärmedämmung auf einen potenziellen Kondenswasseranfall: Eingezeichnet sind die Temperaturverläufe und Taupunkttemperaturen unter jeweils gleichen klimatischen Bedingungen für die Fälle «keine Wärmedämmung», «innere Wärmedämmung» und «äußere Wärmedämmung». Dort, wo die beiden Kurven sich berühren, kommt es zu einem Kondenswasseranfall. Bei dem Wandaufbau des oberen Bildes ohne Wärmedämmung fällt die Temperatur an der Innenseite des Bauteils auf die Taupunkttemperatur ab (die beiden Kurven berühren sich), es kommt zum Kondenswasseranfall unter der Putzschicht. Aufgrund der Lage auf der Innenseite des Bauteils ist ein Abtrocknen in der folgenden Verdunstungsperiode erschwert. Eine innenliegende Wärmedämmung (mittleres Bild) verbessert die Situation nicht: Zwar ist der Taupunkt etwas weiter vom Innenraum entfernt und sorgt zunächst für einen trockeneren Innenraum. Angefallenes Kondenswasser trocknet in der folgenden Verdunstungsphase aber ebenso schlecht ab wie im oberen Bild, wodurch es im Laufe der Jahre zu einer Durchfeuchtung der kompletten Wand kommt. Im dritten Beispiel mit der außenliegenden Wärmedämmung kommt es zu keinem Kondenswasseranfall. Am nächsten kommen sich die Kurven der Temperatur und des Taupunktes auf der Außenseite; d. h., es kommt nur dann zu einem Kondenswasseranfall an der Außenseite des Bauteils, wenn die angenommenen Außenbedingungen deutlich ungünstiger sind als in diesem Beispiel dargestellt. Angefallenes Kondenswasser könnte mit Leichtigkeit in der folgenden Verdunstungsperiode wieder abtrocknen, eine Durchfeuchtung der Wand im Laufe der Zeit ist ausgeschlossen.

Neben dem Anbringen einer Wärmedämmung lässt sich ein Kondenswasseranfall und auch die Abtrocknung in der folgenden Verdunstungsphase durch die Diffusionsoffenheit der unterschiedlichen Schichten beeinflussen. Entscheidend sind hierbei die Diffusionswiderstände der Schichten relativ zueinander: Kommt Wasserdampf leichter durch die Innenseite in die Wand hinein, als er auf der anderen Seite wieder herauskommt, dann erhöht das die Wahrscheinlichkeit für einen Kondenswasseranfall. Vor diesem Hintergrund sollten die äußeren Schichten des Wandaufbaus mehr Wasserdampf durchlassen als die weiter innen liegenden, die Diffusionswiderstände der unterschiedlichen Materialien sollten also idealerweise von innen nach außen abnehmen. Hierdurch kann mehr Wasser nach außen abgetragen werden, als von der Innenseite nachkommt. Das Anbringen von Dampfbremsen (dampfdichte Folien) in den oberflächennahen Bereichen des Innenraums ist eine effektive Möglichkeit, den Kondenswasseranfall im Bauwerk zu minimieren oder auszuschalten.

Kondenswasseranfall in Bienenwohnungen

Es gibt einen entscheidenden Unterschied zwischen dem Luftraum in Menschen- und in Bienenwohnungen: Die Luft innerhalb von Bienenwohnungen befindet sich in vielen knapp 1 cm dicken Scheiben, den Wabengassen bzw. auch in noch kleineren Räumen, den einzelnen Zellen. In diesen Bereichen kommt es nicht zur Eigenkonvektion, welche die Wasserdampftransporte stark beschleunigen und für einen schnellen Ausgleich der Gaskonzentrationen sorgen würden. Die Reibungswiderstände in den dünnen Luftschichten sind für solche Luftbewegungen zu groß. In diesen Bereichen kann sich ein Wasserdampfdruckgefälle aufbauen, wenn dies nicht durch die Aktivitäten der Bienen oder äußere Einflüsse verhindert wird.

Für die Betrachtungen zum Kondenswasseranfall müssen wir unterscheiden zwischen dem mit Bienen besetzten Wabenbau, in dem an jeder Stelle der Wasserdampfdruck überschläglich gleich groß ist, und den unbesetzten Wabenbereichen, in denen sich ein Wasserdampfdruckgefälle aufbauen kann. Theoretisch könnte es im mit Bienen besetzten Wabenbau an der kältesten Stelle zu einem Kondenswasseranfall kommen, ebenso wie er in Menschenwohnungen bei vorhandenen Wärmebrücken auf der Innenseite der Außenwände vorkommen kann. Dort, wo es innerhalb des Bienensitzes am kühlsten ist, könnte theoretisch Kondenswasser anfallen. Dazu kommt es im Bienenstock aber nicht, weil die Bienen in ihrem Bienensitz so hohe relative Luftfeuchten nicht zulassen. Die Gefahr eines Kondenswasseranfalls innerhalb des mit Bienen besetzten Wabenbaus ist daher minimal, sofern das Bienenvolk gesund ist, nicht durch einen Schwarmabgang oder imkerliche Eingriffe (z. B. Ablegerbildung) beeinträchtigt wird und auch nicht mit sonstigen außergewöhnlichen Extremsituationen konfrontiert ist (beispielsweise einem verschlossenen Flugloch in der Brutzeit).

In den unbesetzten Wabenbereichen sieht es anders aus; hier kann es zu einem Kondenswasseranfall kommen: Temperatur, Luftfeuchte und Dampfdruck stellen sich gemäß den physikalischen Gesetzmäßigkeiten ein, also als Zwischenwerte der klimatischen Bedingungen innerhalb der Bienentraube und außerhalb der Bienenwohnung (sofern es keine Luftbewegungen gibt). Es bildet sich ein Wasserdampfdruckgefälle über diese Bereiche mit einhergehenden Wasserdampftransporten entlang des Gefälles von innen nach außen. Die Bereiche des unbesetzten Wabenbaus müssen bei den Überlegungen zum Kondenswasseranfall deshalb als Teil der Außenwand betrachtet werden; sie wirken wie eine diffusionsoffene Wärmedämmung. Die Diffusion der Wassermoleküle kann entlang der Wabengassen ungehindert durch die Luftschichten stattfinden; Luft ist der Stoff mit dem geringsten Wasserdampfdiffusionswiderstand. Die Wärmetransporte durch diese dünnen, ruhenden Luftschichten laufen dagegen besonders langsam ab, ruhende Luft hat eine sehr geringe Wärmeleitfähigkeit. Analog zu den bereits betrachteten Zusammenhängen in den Außenwänden von Menschenwohnungen kann es so in den Außenwänden der Bienenwohnung oder im unbesetzten Wabenbau zu einem Anfall von Kondenswasser kommen, und zwar an der Stelle, an der die Temperatur auf die Taupunkttemperatur abfällt.

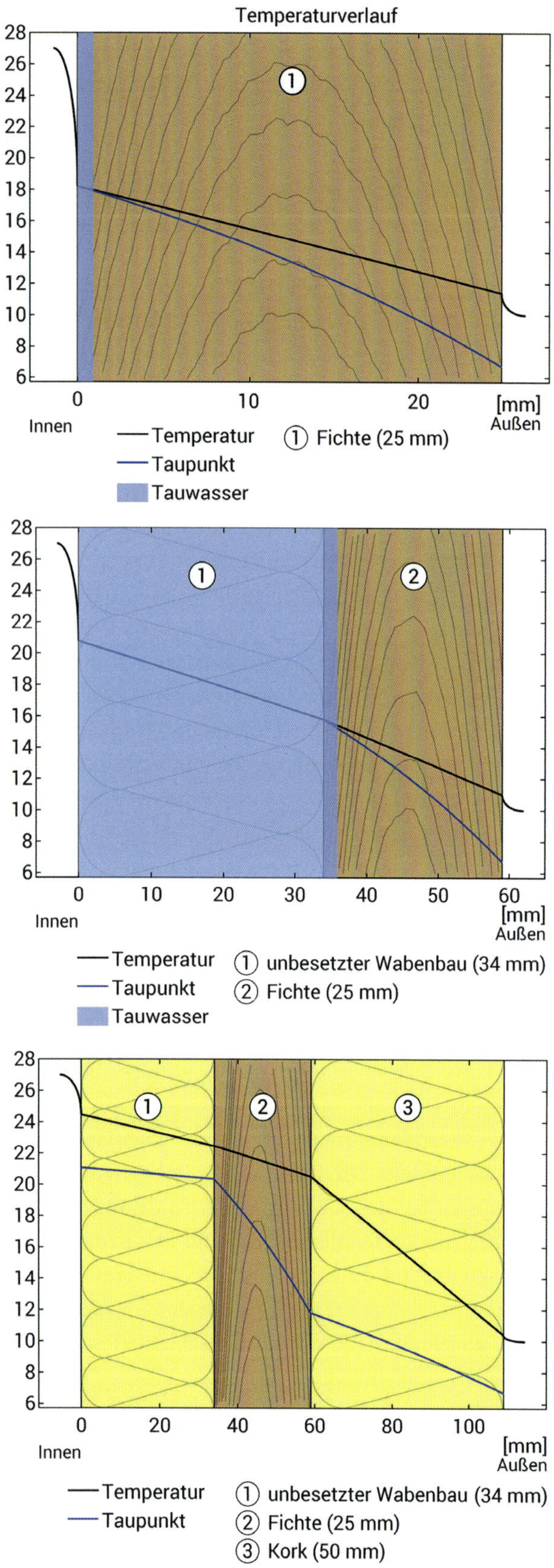

■ **Abb. 92:** Berechneter Verlauf der Temperatur und Taupunkttemperatur in der Außenwand einer Bienenwohnung. Erstellt mit: Ubakus (www.ubakus.de)

Aus den Betrachtungen des Kondenswasseranfalls in Menschenwohnungen wissen wir bereits, dass eine außenliegende Wärmedämmung vorteilhaft ist: Sie verschiebt den Taupunkt nach außen und macht ein Kondenswasseranfall unwahrscheinlicher oder mindestens unproblematischer. Eine innenliegende Wärmedämmung bewirkt das Gegenteil: Sie verschiebt den Taupunkt innerhalb des Wandaufbaus nach innen. Immer, wenn es im Bienenstock zu unbesetzten Wabenbereichen kommt, sei es durch den natürlichen Jahreszyklus des Bienenvolks, sei es durch ein zahlenmäßig geschwächtes Volk (durch Krankheit, Ablegerbildung, Schwarmabgang etc.) oder sei es durch eine überdimensionierte Bienenwohnung, rückt der potenzielle Taupunkt näher an den Bienensitz, was die Wahrscheinlichkeit für einen Kondenswasseranfall im Wabenbau erhöht. Diese Zusammenhänge werden umso ausgeprägter, je dünner die eigentlichen Wände der Bienenwohnung sind und je geringer ihr Wärmeschutz ist. Hier kann es leicht zu einem Kondenswasseranfall im unbesetzten Wabenbau kommen. Durch eine äußere Wärmedämmung der Bienenwohnung lässt sich die Problematik leicht entschärfen und mit entsprechender Stärke auch gänzlich ausschließen. Mit ihr kommt es zu höheren Temperaturen auf der Innenseite der Bienenwohnung und zu einem weniger starken Temperaturabfall im unbesetzten Wabenbau, also zwischen dem Bienensitz und den Außenwänden.

Abb. 92 zeigt die Auswirkungen des unbesetzten Wabenbaus und einer äußeren Wärmedämmung auf den Temperaturverlauf, die Taupunkttemperatur und den potenziellen Kondenswasseranfall. In einer dünnwandigen Bienenbeute (2,5 cm Holzwand) berühren sich die beiden Kurven an der Innenoberfläche der Konstruktion (Abbildung oben). Wenn es zu einem Kondenswasseranfall kommt, dann hier an der Innenoberfläche. Kommt es in einer solchen dünnwandigen Beute zu unbesetzten Wabenbereichen, hier im mittigen Bild mit 3,5 cm Schichtdicke angenommen, dann ist der gesamte Bereich des unbesetzten Wabenbaus für einen Kondenswasseranfall gefährdet. Komplett vermeiden ließe sich der Kondenswasseranfall unter den von uns angenommenen und dargestellten klimatischen Bedingungen mit einer äußeren Wärmedämmung, hier im Beispiel (Bild unten) durch eine 5 cm starke Wärmedämmung aus Kork: Die Temperaturkurve hat an jeder Stelle im Bauwerk Abstand zur Taupunkttemperatur, trotz des unbesetzten Wabenbaus auf der Innenseite.

An dieser Stelle wollen wir nochmal darauf hinweisen, dass die in Abb. 92 abgebildete Berechnung nur der Veranschaulichung der Zusammenhänge und Wirkungsmechanismen dient. Es ist nicht möglich, den Ort eines Kondenswasseranfalls oder gar die Menge des anfallenden Kondenswassers in Bienenwohnungen genau zu berechnen.

Grundsätzlich ist die Gefahr eines Kondenswasseranfalls im Winter gering: Sofern die Winterruhe der Bienen gegeben ist, sie also nicht auf Störungen (Mäuse, Temperaturschwankungen etc.) reagieren müssen, ist der Stoffwechsel der Bienen gering und es fällt kaum Wasserdampf im Bienensitz an. Es gibt sogar Versuchsreihen, die das Überwintern von Bienenvölkern mit verschlossenem Flugloch ohne einen Anfall von Kondenswasser belegen,[(291)(292)] was aufzeigt, wie gering der Anfall von Wasserdampf in der ungestörten Winterruhe ist.

Mit dem Beginn des Frühjahrsbruteinschlags ändert sich dies schlagartig: Jetzt erhöhen die Bienen die Luftfeuchte im Brutnest. Zu dieser Zeit kontrollieren sie aber noch nicht das Kleinklima in allen Bereichen der Bienenwohnung und es gibt unbesetzte Wabenbereiche, die deutlich kälter sind als der Bienensitz. In diesen kommt es nun schnell zu einem Kondenswasseranfall, insbesondere bei ungedämmten und/oder großen Bienenwohnungen. Das Gleiche gilt für die Zeit der auslaufenden Brut zum Jahresende, wenn die Bienen bereits Wabenbereiche aufgegeben haben.[(293)] Eine äußere Wärmedämmung kann die Problematik entschärfen und einen Kondenswasseranfall auf den Fluglochbereich beschränken.

Im Sommer ist der Anfall von Kondenswasser im Normalbetrieb selten, weil die Honigbienen sich bemühen, die Luftfeuchte gering zu halten und darauf bedacht sind, möglichst wenig Wasser[(294)] im Stock verdunsten zu lassen. Das gelingt ihnen in der Regel in allen Bereichen, die sie klimatisch kontrollieren. Selbst bei Einfütterung oder starkem Trachtangebot fällt nur Kondenswasser im Fluglochbereich an. Lediglich in unbesetzten Wabenbereichen und kalten Ecken oder auch im Fluglochbereich muss auch im Sommer mit einem Kondenswasseranfall gerechnet werden. Mithilfe einer äußeren Wärmedämmung lässt er sich gezielt in unsensible Bereiche verschieben, idealerweise in den Fluglochbereich.

Eine zusätzliche äußere Wärmedämmung von Bienenwohnungen bringt also nicht nur wärmetechnische Vorteile mit sich, mit ihr lässt sich auch der Kondenswasseranfall in für die Honigbienen unsensiblen Bereiche verschieben. Sie bewirkt eine gleichmäßigere Temperaturverteilung in den unbesetzten Wabenbereichen der Bienenwohnung. Die Temperatur fällt vom Bienensitz zu den Randbereichen des Wabenbaus langsamer ab. Auf diese Weise lässt sich der potenzielle Kondenswasseranfall, egal ob vom Bienensitz oder von der Außenluft gespeist, in den Bereich der Bienenwohnung lenken, in dem er keinen Schaden anrichten kann: Eine stärkere Wärmedämmung am Deckel und den Seitenwänden und eine schwächere oder keine Wärmedämmung am Boden der Bienenwohnung lenkt den potenziellen Taupunkt auf den Boden der Bienenwohnung. Hier und im Fluglochbereich kann es dann noch zu einem Kondenswasseranfall kommen. Wenn unter diesen Umständen das Flugloch im unteren Bereich der Bienenwohnung angebracht ist, dann kann das Kondenswasser keinen Schaden mehr anrichten: Es kann lediglich noch zu Pfützen auf dem Boden der Bienenwohnung kommen, die nicht weiter stören oder bei geschickter Konstruktion auch einfach ablaufen.

Und schließlich kann auch ein Fehler in der Betriebsweise in der Brutzeit einen Kondenswasseranfall in der Bienenwohnung auslösen: Ist das den Bienen angebotene Flüssigfutter zu warm, dann kommt es zu einer Belastung der Stockluft durch die Wasserdampfabgabe über die Oberfläche der Flüssigkeit. Da der Wasserdampfdruck in der gleichmäßig besetzten Bienenwohnung nach Büdel zum Zeitpunkt der Fütterung an jeder Stelle gleich groß ist, kommt es an der kältesten Stelle zum Kondenswasseranfall. Die Temperatur des Flüssigfutters sollte daher kälter sein als die kälteste Stelle in der Bienenwohnung, andernfalls kommt es innerhalb der Bienenwohnung zu einem Kondenswasseranfall, gespeist aus dem gereichten Flüssigfutter. Und da die Temperatur der kältesten Stelle in der Bienenwohnung maßgeblich vom Wärmeschutz der Bienenwohnung abhängt, kann das Flüssigfutter umso wärmer sein, je besser der Wärmeschutz ist.[(228)]

Je schwächer der Wärmeschutz der Bienenwohnung ist, je stärker der Anfall von Wasserdampf ist (Trachtangebot, Volksstärke, Brutfläche, Flugwetter), je schwächer die Belüftung ist (Fluglochgeometrie, zusätzliche Belüftungen, offene Böden) und je größer die unbesetzten Wabenbereiche sind (Entwicklungsstand und Gesundheitszustand des Bienenvolks, Größe der Bienenwohnung) und je höher der Wasserdampfdruck der Außenluft ist (ungeschützter Standort, Höhe Flugloch über dem Boden), desto wahrscheinlicher und stärker kann ein Kondenswasseranfall auftreten.

Der Sonderfall von Kondenswasser, welches durch die Außenluft gespeist ist

Die bisherigen Betrachtungen berücksichtigen ebenso wie im Häuserbau ausschließlich einen Kondenswasseranfall, der durch den anfallenden Wasserdampf auf der Innenseite durch die Bewohner gespeist ist. Durch die dauerhafte Verbindung zwischen Stockluft und Außenluft über das Flugloch kann es im Bienenbau aber auch zu einem Kondenswasseranfall kommen, der durch die Außenluft gespeist ist. Bei Wohnhäusern gibt es diesen Fall prinzipiell auch, in der

Regel ausgelöst durch ein fehlerhaftes Belüftungsverhalten der Bewohner: Bei unbeheizten Kellerräumen mit geöffneten Fenstern kommt es in den warmen Jahreszeiten zu einem Wasserdampfdruckgefälle von außen nach innen. Wasserdampf strömt dann durch das geöffnete Fenster in den Kellerraum, kann von der dort kühleren Luft nicht getragen werden und schlägt sich an den Wänden nieder. So kann es auch in unbewohnten Kellerräumen zu feuchten Wänden und entsprechenden Folgeschäden kommen.

In der Bienenwohnung kann das Gleiche passieren. Auch hier ist die Gefahr wieder am größten, wenn unbesetzter Wabenbau vorhanden ist. Mit dem Aufziehen warmer und feuchter Luft an den ersten Frühlingstagen kommt es beispielsweise zu einem schnellen Wasserdampfdruckanstieg der Außenluft. Wasserdampf strömt nun von der Außenseite in die Bienenwohnung, welche im Frühjahr insbesondere in ungedämmten Beuten immer unbesetzte Wabenbereiche aufweist, und kann dort von der kühleren Luft nicht getragen werden. Es kommt zu einem Kondenswasseranfall, bevor die wärmeren Außentemperaturen auch für eine Erwärmung der Wabengassen in den unbesetzten Bereichen sorgen.[(209)(294)(295)]

Der beschriebene Fall von aufziehender warmer und feuchter Luft an einem Morgen im Frühjahr ist oft von Nebelbildung begleitet. Interessanterweise führt Nebel in der Außenluft nicht zwingend zu einer Erhöhung der Luftfeuchte in der Bienenwohnung. Das liegt daran, dass er selbst nicht mehr Teil des Wasserdampfdrucks der Luft ist; es handelt sich vielmehr um kondensiertes, in der Luft schwebendes Wasser. Die Veränderung im Außenklima, die zur Nebelbildung führt, kann aber auch einen Kondenswasseranfall im Bienenstock auslösen. Entscheidend ist dabei die Veränderung der Außenlufttemperatur und somit, ob es zu einem Anstieg oder Abfall des Wasserdampfdrucks der Außenluft kommt. Kommt es beispielsweise zu einer Nebelbildung infolge einer Abkühlung der Luft gegen Abend, sodass die Luft die enthaltene Wassermenge nicht mehr tragen kann, dann bedeutet das Abfallen der Außentemperatur auch einen Abfall der absoluten Luftfeuchte, also des Wasserdampfdrucks der Außenluft. In der Folge sinkt in der Regel auch der Wasserdampfdruck im Inneren des Bienenstocks, der maßgeblich von dem der Außenluft beeinflusst wird. Der sinkende Wasserdampfdruck im Bienenstock bedeutet bei konstant bleibender Temperatur eine sinkende relative Luftfeuchte: Trotz aufziehendem Nebel in der Außenluft wird es im Bienenstock trockener. Diesen Fall belegen die Temperaturaufzeichnungen der Abb. 93:[(296)] Bild 1 zeigt die Temperaturverteilung und Luftfeuchte in einer Wabengasse an einem warmen Herbsttag im brütenden Bienenvolk. Der Wassergehalt der Luft innen und außen ist mit 11,6 mg/l etwa gleich groß; es liegt innen und außen also etwa ein gleich großer Wasserdampfdruck von 1550 Pa an. Mit Abkühlung der Außenluft gegen Abend sinkt auch der Sättigungsdampfdruck der Außenluft, bei der Außentemperatur von 5 °C kann die Außenluft nur noch 6,5 mg/l Wasser tragen (siehe Bild 2 der Abb. 93). Die relative Luftfeuchte steigt auf 100 % und das überschüssige Wasser der Luft (5,1 mg/l) fällt als Kondensat in der Luft (Nebel) an. Der Wasserdampfdruck der Außenluft hat sich also infolge der Abkühlung auf 870 Pa fast halbiert, wodurch es im Inneren der Bienenwohnung deutlich trockener wird: Die relative Luftfeuchte halbiert sich im Brutnest nahezu von 29 % auf 16 %. In den Randbereichen der Wabengasse fällt die Reduzierung der relativen Luftfeuchte nicht so stark aus, da hier, beeinflusst durch die Außentemperaturen, die Temperaturen ebenfalls etwas sinken. «Der kalte Nebel», welcher sinkende Außentemperaturen und einen sinkenden Wasserdampfdruck der Außenluft begleitet, führt zu einer höheren Trockenheit im Bienenstock.

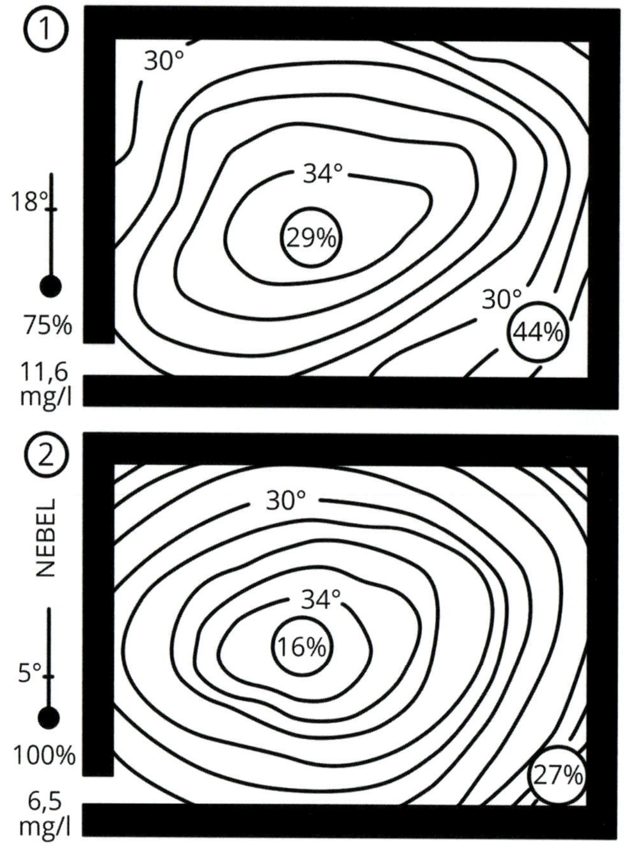

Abb. 93: Temperaturverteilung und Luftfeuchte in einem brütenden Volk an einem warmen Herbsttag und am Abend des gleichen Tages bei Nebeleinbruch. (Büdel, 1953)[(296)] – aufbereitet und leicht verändert

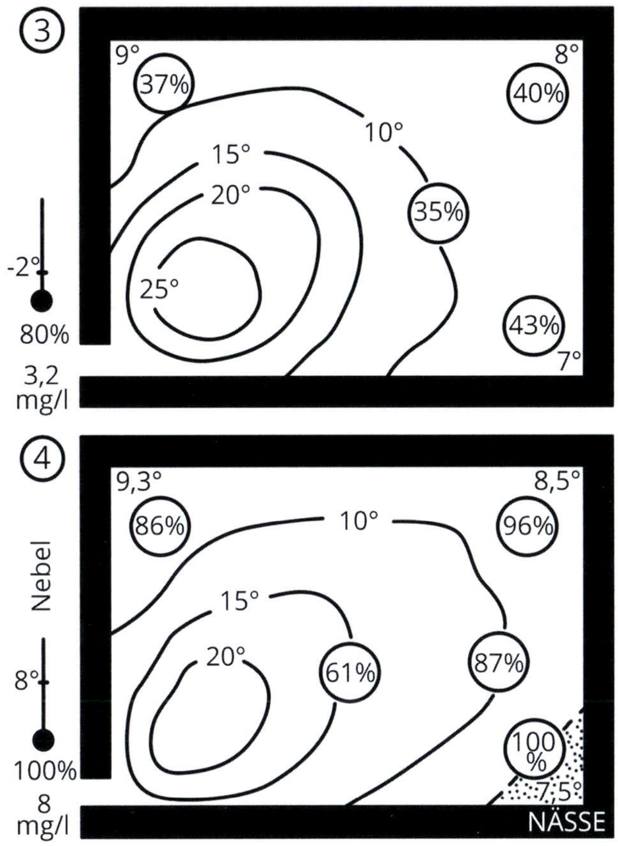

Abb. 94: Temperaturverteilung und Luftfeuchte in einem brutlosen Volk an einem verhältnismäßig kalten Wintermorgen und einige Stunden später nach einem Nebeleinbruch. (Büdel, 1953)[(296)] – aufbereitet und leicht verändert

Im Falle von «warmem Nebel» ist der Nebel die Begleiterscheinung eines Anstiegs von Temperatur und Wasserdampfdruck der Außenluft. Das Aufziehen warmer und feuchter Luft an einem Morgen im Frühjahr kann beispielsweise eine solche Nebelbildung auslösen: Sie verdrängt die kalte und trockene Luft bzw. vermischt sich mit ihr. In Bodennähe und insbesondere in Tälern folgen die Temperaturen aber nur stark zeitversetzt denen der einströmenden warmen und feuchten Luft, weil der Boden einen gewaltigen Kältespeicher darstellt. Der Wasserdampfgehalt der Luft steigt daher schneller als die Temperatur, sodass es auch hier zu einem Kondensat in der Luft (Nebel) kommt; dieses Mal aber eben als Begleiterscheinung von steigenden Temperaturen und einem steigenden Wasserdampfdruck der Außenluft. In der Folge steigt auch der Wasserdampfdruck in der Bienenwohnung. Bei weitestgehend gleichbleibenden Temperaturen (die Bienen halten die Temperatur im Brutnest konstant auf etwa 35 °C), bedeutet dies einen Anstieg der relativen Luftfeuchte im Bienenstock. In den Randbereichen kann es nun zu einem Anfall von Kondenswasser kommen. Die Messergebnisse aus Abb. 94 belegen diesen Zusammenhang:[(296)] Bild 3 der Abb. 94 zeigt den Temperaturverlauf und die Luftfeuchte in einer Wabengasse eines brutlosen Volkes an einem kalten Wintermorgen. Die absolute Luftfeuchte innen und außen beträgt gleichermaßen 3,2 mg/l, es liegt überall ein Wasserdampfdruck von etwa 420 Pa an. Im Tagesverlauf strömt nun warme und feuchte Luft ein, wodurch es zu einem schnellen Zufluss von Wasserdampf und zu einer langsamen Temperaturerhöhung kommt. Der Zufluss von Wasserdampf erfolgt so schnell, dass die Erwärmung der Luft nicht schnell genug folgen kann, was einem Ausfall von Wasser aus der Luft (Nebel) verursacht. Da dieses Mal aber ein Anstieg von Außentemperatur und Wasserdampfdruck Auslöser für den Nebel sind, kommt es auch in der Bienenwohnung zu einem Anstieg des Wasserdampfdrucks (also der absoluten Luftfeuchte). Der Wasserdampfdruck steigt innen und außen auf 8 mg/l. Bei fast unveränderten Temperaturverhältnissen im Bienenstock führt dieser Anstieg der absoluten Luftfeuchte zu einem starken Anstieg der relativen Luftfeuchte. In den Randbereichen erhöht sie sich auf 100 % und es fällt Kondenswasser an.

Nützlicher Kondenswasseranfall

Ein Kondenswasser ist von Imker*innen nicht erwünscht und kann Schäden im Bienenstock auslösen. So ist ein Kondenswasseranfall oberhalb der Bienentraube zu vermeiden, weil das Wasser von dort in den Brutbereich oder in die Honig- und Pollenvorräte ablaufen und in den unverdeckelten Zellen Schäden anrichten kann. Gärung, Schimmel und pathogene Keime können dem Bienenvolk dann gesundheitliche Probleme bereiten. Darüber hinaus kann die Stockfeuchte auch eine Beeinträchtigung für die Bausubstanz der Bienenwohnung bedeuten, was ebenfalls nicht im Sinne der Bienenhalter*innen ist.

Ein Kondenswasseranfall seitlich und unterhalb der Bienentraube, außerhalb der Futtervorräte, muss dagegen nicht zwingend ein Problem für die Honigbienen darstellen. Je weiter weg er vom Bienensitz stattfindet, desto unproblematischer ist er für die Bienen und er kann sogar positive Auswirkungen für das Bienenvolk haben: Zum Ende des Winters kann er infolge aufziehender warmer und feuchter Außenluft den Bienen eine willkommene Wasserspende sein. Insbesondere im Falle ungedämmter Beuten und/oder im Falle von Völkern, die häufig aus der Winterruhe gerissen wurden, kann es im Laufe des Winters zu einem starken Wassermangel kommen. Berlepsch beschreibt die Kettenreaktion, die über den erhöhten Futterverbrauch zu einem Wassermangel führt, bereits 1860 im Detail (siehe auch «Wassermangel im Winter durch äußere Störungen»).[(297)] Das von der Außenluft gespeiste

Abb. 95: Blühstreifen allein helfen unseren Bienen nicht. Für ihr Überleben notwendig ist eine naturnahe Landwirtschaft, die neben der Erzeugung unserer Nahrung auch allen Tierarten von Frühjahr bis Herbst Lebensraum und Nahrung zur Verfügung stellt.
Foto: © Wolfgang Schwarz

Kondenswasser kann das Volk im letzten Moment vor dem Verdursten retten.

Ein Kondenswasseranfall gespeist aus dem Inneren des Bienenstocks kann dagegen keine Abhilfe schaffen. Dieses Kondenswasser fällt erst durch den Stoffwechsel der Bienen an und beträgt nur einen Bruchteil des bei der Verstoffwechselung anfallenden Wassers. Den Bienen ist durch die erneute Aufnahme des Wassers nur eine geringe Linderung vergönnt, sie können den Wasserbedarf darüber nicht decken. Es wäre so, als wollte ein Sportler seinen Flüssigkeitsbedarf über den eigenen Schweiß decken.

Auch ein Kondenswasseranfall in der Brutzeit innerhalb der Bienenwohnung, aber abseits des Bienensitzes kann für das Bienenvolk von Vorteil sein: Das Kondenswasser bedeutet das Erreichen des Wasserdampfsättigungsdrucks an der Stelle, an der es auftritt. Der Wasserdampfdruck kann also bei der an dieser Stelle gegebenen Temperatur nicht weiter ansteigen, die Luft ist maximal mit Wasser gesättigt. Jede zusätzliche Zufuhr von Wasserdampf kann von der Luft nicht gehalten werden und fällt als Kondenswasser an. Und dieser Zusammenhang kann von entscheidender Bedeutung für die Feuchteverhältnisse im Bienenstock sein, weil er auch unter bestimmten Umständen den Wasserdampfdruck in anderen Bereichen der Bienenwohnung begrenzen kann. Der Kondenswasseranfall kann eine Entfeuchtung der Luft im Bienensitz bedeuten (siehe auch «Die Begrenzung des Wasserdampfdrucks in mit Bienen besetzten Bienenwohnungen»).

Wassermagnet

Im letzten Jahrhundert kursierte die Idee eines Wassermagneten im Bienenstock, [298][299] womit eine künstlich angelegte kalte Stelle gemeint ist, die als kältester Punkt in der Bienenwohnung den Taupunkt für Kondenswasser vorgibt. Das hier anfallende Kondenswasser sollte kontrolliert ablaufen oder in einer Bienentränke aufgefangen werden. Hauptziel war dabei die Bekämpfung der Stockfeuchte. Dokumentierte Versuchsreihen sind uns hierzu in der Literatur nicht bekannt.

Mit dem heutigen Wissenstand halten wir einen solchen Wassermagneten nicht für die beste Lösung zur Bekämpfung der Stockfeuchte. Diese lässt sich effektiv durch eine äußere Wärmedämmung der Bienenwohnung ausschalten, welche auch etliche andere Vorteile mit sich bringt. Ein Wassermagnet ist bezüglich der Stockfeuchte daher überflüssig.

Die bereits angedeuteten Zusammenhänge bezüglich der Deckelung des Wasserdampfdrucks durch den Kondenswasseranfall (siehe auch «Der Einfluss des Hitzeschutzes») eröffnen nun aber einen ganz neuen Blick auf den Wassermagneten. Er könnte helfen, eine Schwachstelle, die von künstlichen Bienenwohnungen ausgeht, auszugleichen und die Gesundheit der Honigbienen in künstlichen Bienenwohnungen zu verbessern. Durch die Schaffung einer kalten Stelle in der Bienenwohnung können die Bienen in der Lage versetzt werden, unabhängig vom Außenklima die Luftfeuchte im Bienensitz nach ihren Wünschen zu regulieren (siehe auch «Der Einfluss des Hitzeschutzes»). Des Weiteren ermöglicht er es den Bienen, die Wasserdampf- und CO_2-Konzentration unabhängig voneinander zu regulieren. Die Bienen bekommen auf diese Weise eine bessere Kontrolle über die Verhältnisse im Bienenstock, was wir für das wichtigste Ziel des Beutenbaus halten. Veränderte Verhältnisse der Gaskonzentrationen durch die Kontrolle der Honigbienen könnten einen positiven Einfluss auf die Bienengesundheit haben (siehe «Der CO_2-Gehalt im Bienenstock»), nicht zuletzt auch deshalb, weil sowohl Wasserdampf als auch der CO_2-Gehalt die Entwicklung der Parasiten Varroa-Milbe und Kleiner Beutenkäfer beeinflussen (siehe «Varroa-Befall» und «Kleiner Beutenkäfer»).

DIE GASTRANSPORTE IM BESETZTEN BIENENSTOCK

Die Gastransporte in der Bienenwohnung finden durch Diffusion, Turbulenz und Strömung statt. Sofern die Bienen nicht ventilieren, laufen die Gastransporte innerhalb des Bienenstocks und am Flugloch über eine durch Kleinturbulenz unterstützte Durchmischung (Diffusion) mit einer

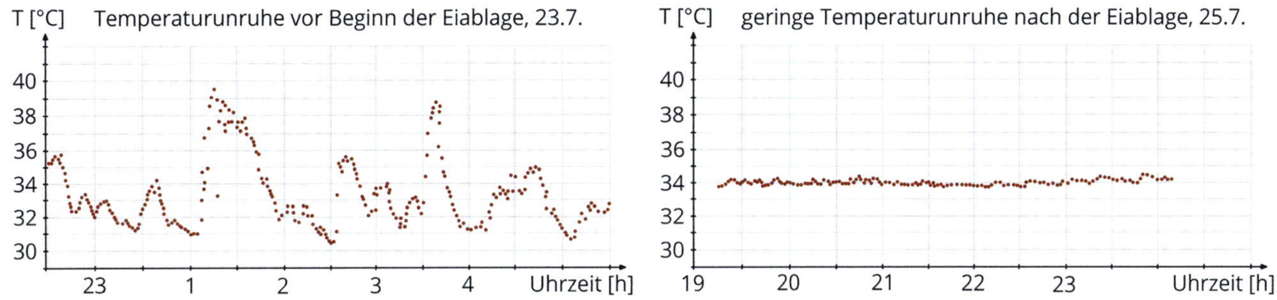

Abb. 96: Temperaturunruhe in der Wabengasse des Brutbereichs. (Büdel, 1955)[(300)] – aufbereitet und koloriert

erhöhten Konzentration an der Erzeugerstelle ab. Auf diese Weise findet über weite Strecken des Bienenjahres auch ohne die Belüftung durch die Honigbienen der notwendige Massenaustausch zwischen Stockluft und Außenluft statt. Es kommt zu teils gegensätzlichen Zu- und Abflüssen der einzelnen, in der Luft enthaltenen Gase durch das Flugloch, ohne dass hier vollständige Luftwechsel stattfinden.

In den einzelnen Bereichen der Bienenwohnung verhält es sich je nach Wabenausbau und Anwesenheit der Bienen wie folgt: In den Bereichen ohne Wabenbau finden Gastransporte durch Diffusion, Turbulenz und Eigenkonvektion statt. In diesen Bereichen kann es auch zumindest kurzzeitig zu einer Schichtung der Gaskonzentrationen nach der Höhe kommen, weil ein erhöhter Anfall eines Gases in einem Bereich (z. B. durch die Nähe zum Bienensitz) die Eigenkonvektion auslösen kann. Diffusion und Turbulenz streben in der Folge wieder einen Ausgleich der Konzentrationen an. In den unbesetzten Bereichen des Wabenbaus kommt es normalerweise wegen der großen Reibungskräfte in den dünnen Luftschichten nicht zur Eigenkonvektion und es kann auf diesem Weg nicht zu einer Schichtung von Gaskonzentrationen nach der Höhe kommen. Ohne die Anwesenheit der Bienen kommt es nur zu geringen turbulenten Luftströmungen, die Gastransporte laufen hier sehr langsam ab, weshalb es in diesen Bereichen zu deutlichen Konzentrationsunterschieden der einzelnen Teilgase der Luft kommen kann. So kommt es beispielsweise im Winter zu einem Wasserdampfdruckgefälle zwischen Bienensitz und Flugloch mit langsamen Wasserdampftransporten in Richtung Flugloch durch Diffusion. Im mit Bienen besetzten Wabenbau kommt es immer zu einer mehr oder weniger starken Turbulenz. Die Eigenkonvektion ist ebenso wie im unbesetzten Wabenbau weitestgehend ausgeschlossen und es kann auf diesem Weg keine Schichtung der Gaskonzentrationen nach der Höhe ausgelöst werden. Die Turbulenz durch die Bewegungen der Bienen (auch Flügelschlag) sorgt in der Regel für eine schnelle Durchmischung der Luft und für einen zügigen Ausgleich der Gaskonzentrationen innerhalb des Bienensitzes. Von den Bienen angelegte Belüftungsketten können aber auch eine Luftzirkulation im Bienensitz und Luftwechsel mit der Außenluft erzeugen, in deren Folge es zu Konzentrationsunterschieden der einzelnen Teilgase in der Bienenwohnung und teils sogar im Bienensitz kommen kann.

Diffusion und Turbulenz im Bienenstock

Die Wasserdampfmoleküle im Wasserdampf sind bestrebt, sich gleichmäßig im Raum zu verteilen, ebenso wie auch die Gasmoleküle der jeweils anderen Teilgase der Luft bestrebt sind, sich gleichmäßig zu verteilen. Die Wassermoleküle diffundieren entlang des Wasserdampfdruckgefälles durch die Luft. Es kommt so zu langsamen Wasserdampftransporten von den jeweiligen Quellen in alle anderen Bereiche der Bienenwohnung, auch ohne jegliche Luftbewegungen. Bei einem in normaler Stärke mit Bienen besetzten Wabenbau werden diese Diffusionsprozesse durch Turbulenz – ausgelöst durch die Tätigkeiten und Bewegungen der Bienen – um ein Vielfaches beschleunigt und haben einen zügigen Ausgleich des Dampfdrucks in allen Bereichen des mit Bienen besetzten Bienenstocks zur Folge.[(117)]

Die dünnen Luftschichten des Wabenbaus mit ihrer insgesamt kleinen Luftmenge (ca. 20 l) sind mit Tausenden sich ständig bewegenden Bienen besetzt. Durch ihre Bewegungen herrscht im ganzen Bienenstock eine starke Turbulenz, welche die reinen Diffusionsvorgänge in der Luft um ein Vielfaches beschleunigt.[(132)] Ausgelöst wird die Turbulenz rein mechanisch (Bewegungen der Bienen) oder zum Teil auch infolge ihrer Gewichtsunterschiede (auch temperaturbedingt).[(136)] Die Wasserdampftransporte innerhalb des besetzten Bienenstocks laufen daher so schnell ab, dass es innerhalb des Bienensitzes zu einem gleichmäßigen Dampfdruck kommt.[(117)]

Anhand der Messung einer Temperaturunruhe lassen sich solche turbulenten Strömungen aufzeigen. So ist beispielsweise die Temperatur der Luft in den Wabengassen des Brutbereichs keineswegs konstant. Die Brut selbst und der Wabenbau werden zwar auf einer konstanten Temperatur gehalten, die Temperatur der Luft ist aber, abhängig von der Tätigkeit der Bienen und vom Stadium der Brut, teils starken Schwankungen ausgesetzt. Kurz vor Beginn der Eiablage ist die Temperaturunruhe in der Luft der Wabengassen besonders stark, die Temperatur schwankt hier um bis zu 8 °C. Nach der Eiablage tritt eine auffallende Beruhigung des Temperaturverlaufs ein.[300]

Eigenkonvektion in den Wabengassen

Luftbewegungen größerer Lufteinheiten können für schnelle Wasserdampftransporte im Bienenstock sorgen, wobei solche in der Regel nicht gegen den Willen der Honigbienen entstehen. Ebenso wie die üblichen Temperaturunterschiede in der Bienenwohnung keine Eigenkonvektion auslösen (siehe «Wärmetransporte im Bienenstock»), können auch die üblichen Konzentrationsunterschiede der in der Luft enthaltenen Teilgase im Bienenstock keine Luftbewegungen auslösen. Die hierfür notwendigen gleichgerichteten Bewegungen zusammenhängender Lufteinheiten kommen im Wabenbau des Bienenstocks nicht zustande, da die Reibungskräfte zwischen den Luftschichten und den anliegenden Waben zu groß sind bzw. die Konzentrationsunterschiede zwischen den Luftbereichen zu gering sind. Es gibt daher in Bienenwohnungen keinen CO_2-Sumpf (das Absinken von CO_2-beschwerter Luft) oder einen Aufstieg von mit Wasserdampf angereicherter leichterer Atemluft nach oben.[135][209][190][114][113][136] Diese Kräfte wirken zwar auf die Luftschichten mit unterschiedlichen Konzentrationen (in diesem Falle in entgegengesetzte Richtung), vermögen es aber eben nicht, die Reibungskräfte zu überwinden. Diffusion und Turbulenz sorgen im Bienenstock für eine gleichmäßige Verteilung der Gase, bevor es zu gleichgerichteten Strömungen von größeren Lufteinheiten kommen kann. Für die unterschiedlichen relativen Luftfeuchten in verschiedenen Bereichen der Bienenwohnung ist nach Anton Büdel lediglich die Temperatur maßgebend.[209]

Allerdings kann die Lage des Fluglochs offenbar doch auch solche Luftbewegungen durch Eigenkonvektion in den Wabengassen auslösen, wie Veröffentlichungen von Anton Büdel selbst nahelegen (siehe auch «Das Flugloch»). Seine Aufzeichnungen belegen höhere Wärmeverluste und teils sogar das Auftreten von Kaltluftgassen bei Beuten mit einem oben gelegenen Flugloch.[113][199][301] Die Ursache dürfte das höhere Gewicht von kalter und trockener Luft sein: In der Regel ist die Luft im Fluglochbereich kühler und trockener als die innerhalb des Bienenstocks. Bei einem oberen Flugloch kommt es so zu einer zusätzlichen Kraft auf die Luft in den Wabengassen des Bienenstocks. Diese schwerere Luft möchte nach unten abfallen. Die Summe der antreibenden Kräfte könnte durch diese zusätzlichen Kräfte zeitweise groß genug werden, um die Luftschichten im Bienenstock in Bewegung zu setzen. Bei einem unten liegenden Flugloch wirkt die kühlere und trockenere Luft im Fluglochbereich dagegen bremsend auf potenzielle Luftbewegungen in den Wabengassen. Die schwerste Luft ist gleich dort, wo sie sein möchte: ganz unten.

Der Wind schafft es normalerweise nicht, durch das Flugloch einzudringen, geschweige denn, eine Luftzirkulation in der Wabengasse auszulösen.[118] Allerdings kann es bei nicht oder ungenügend besetzten Wabengassen (z. B. Wintersituation, schwaches/krankes Volk, zu große Bienenwohnung oder nach einem Schwarmabgang) oder bei mehreren Fluglöchern und/oder offenen Böden auch zu Wasserdampftransporten in der Bienenwohnung durch gleichgerichtete Luftströmungen, angeregt durch äußere Windlasten, kommen.

Belüftungsketten der Honigbienen

Honigbienen selbst können gleichgerichtete Strömungen auslösen und so die Gastransporte im Bienensitz und auch darüber hinaus in die Außenluft oder in unbesetzte Bereiche der Bienenwohnung stark beschleunigen: Fächelnde Bienen bilden teils Belüftungsketten und erzeugen gezielte Luftströme durch den Wabenbau. Dabei werden die vorhandenen Gastransporte durch Diffusion und Turbulenz mehr oder weniger stark überlagert.

Abb. 97: Honigbienen im Bienenstock mit einzelnen sichtbaren Punktaugen auf der Stirn

Solche Belüftungsketten werden nach eigenen Messungen und Beobachtungen im Brutnest der Bienen gestartet. Vereinzelte Bienen beginnen bereits ab einer relativen Luftfeuchte von 55 % zu fächeln. Bei einer relativen Luftfeuchte von 90 % fächelt jede vierte anwesende Biene.[302] Sie fächeln dabei die feuchte Luft immer in Richtung Lichtein-

Abb. 98: Wabenbau eines noch jungen Bienenvolks in einem Zeidelbaum mit verbauten Sensoren (Overath, 2018), Blick von unten

fall.[303] Bei an das Flugloch angrenzenden Wabengassen im Kaltbau fächeln sie daher direkt in Richtung Flugloch, andernfalls senkrecht nach oben oder unten, je nachdem, ob Boden oder Decke durch die Nähe des Fluglochs heller ausfallen. Honigbienen verfügen über einen ausgezeichneten Sinn, solche Helligkeitsunterschiede wahrzunehmen, selbst bei Nacht. Möglich machen das vermutlich ihre drei zusätzlichen Punktaugen (Ocellen), welche sich zwischen den Facettenaugen auf der Stirn befinden. Sie sind sehr lichtempfindlich und dienen der Orientierung bei Dämmerung.[304] Vermutlich dienen sie allgemein zur Orientierung nach der Sonne außerhalb des Bienenstocks und innerhalb des Bienenstocks zur Orientierung nach dem Flugloch.

Strömt nun durch den erzeugten Unterdruck trockenere Luft aus anderen Bereichen des Bienenstocks in das Brutnest nach, so wird das Fächeln wieder eingestellt. Verschafft die nachströmende Luft aber keine Erleichterung und steigt die Konzentration der Luftfeuchte weiter an, so werden die Bemühungen verstärkt und es beginnen weitere Bienen im Brutnest zu fächeln. Vermutlich durch den verstärkten Luftstrom und/oder die Flügelschlagfrequenz werden nun auch im Luftstrom befindliche Honigbienen dazu animiert zu fächeln, und zwar auch außerhalb des Brutnests.[305][306] Es entsteht eine Belüftungskette in Richtung Flugloch, in deren Folge es auch zu Konzentrationsunterschieden der einzelnen Teilgase entlang des Luftstroms kommen kann. Die Luft wird auf ihrem Weg immer weiter mit einzelnen Teilgasen angereichert, ohne dass die langsameren Transporte durch Turbulenz und Diffusion einen vollständigen Ausgleich der Konzentrationen bewirken können. Je nach Wegstrecke der Luftbewegungen kann es dann beispielsweise am Boden zu höheren CO_2- oder Wasserdampfkonzentrationen kommen als an der Decke. Aber selbst solche Luftströmungen erfahren im Gewusel des Bienenstocks eine so hohe Turbulenz, dass die Gaskonzentrationen innerhalb des Bienensitzes unserer Meinung nach überschläglich als gleich groß angenommen werden können.

Die Belüftungskette muss nicht zwingend bis zum Flugloch geführt werden, um das Ziel eines trockenen Brutnests zu erreichen. Unter Umständen kann eine Luftzirkulation innerhalb der Bienenwohnung genügen: In Bienenwohnungen mit kalten Bereichen, beispielsweise ausgelöst durch den starken Hitzeschutz, idealerweise mit Zugriff auf den Wärmespeicher des Erdreichs, gibt es durch den von der Temperatur gedeckelten Wasserdampfdruck im Bereich der kalten Stelle trockenere Luft (siehe auch «Der Einfluss des Hitzeschutzes»). Den Bienen ist es so möglich, durch Zirkulation der Luft innerhalb der Bienenwohnung die Stockluft trocken zu halten. Der im Bienensitz anfallende Wasserdampf fällt in den kalten Bereichen der Bienenwohnung als Kondenswasser an.

In Abb. 98 ist dieses Vorgehen in einem Zeidelbaum gut zu erkennen: Links im Bild, unterhalb des Wabenbaus, befinden sich etwa 20 Fächlerinnen, die feuchte und warme Luft nach unten fächeln. Gegenüberliegend strömt kühlere und trockenere Luft wieder in den Bienenstock ein. Gut zu erkennen ist der Kondenswasseranfall an den Wänden der Baumhöhle auf der rechten Seite, er bewirkt die Entfeuchtung der Stockluft. Auch im unteren Bereich der Höhle und am Boden sind die Wände nass. Am Flugloch gibt es zu dem Zeitpunkt keine Fächelaktivitäten, den Bienen genügt zur Entfeuchtung der Stockluft die Luftzirkulation innerhalb der Baumhöhle. Die in den Bienensitz wieder einströmende «Frischluft», sei es am Flugloch oder sei es nach dem Bereich einer kalten Stelle, besitzt eine niedrigere Wasserdampfkonzentration als die aus dem Bienensitz ausströmende Luft, sie enthält weniger Wasserdampf.

WASSERDAMPFDRUCK UND RELATIVE LUFTFEUCHTE IM BIENENSITZ

Ebenso, wie es ein Temperaturgefälle vom Wärmemittelpunkt (Brutwaben) über die Wabengassen zur Außenluft gibt,(189) entsteht durch den hohen Dampfdruck in den Brutzellen in der Regel ganzjährig ein Dampfdruckgefälle von den Brutzellen über die Wabengassen zur Außenluft (siehe Abb. 99). Entgegen dem Temperaturgefälle, welches hauptsächlich über die Wände der Bienenwohnung und nur zu einem kleinen Teil über das Flugloch abgetragen wird,(187) wird das Dampfdruckgefälle überwiegend über das Flugloch ausgeglichen(307) und nur zu einem kleinen Teil über die Wände. Genaugenommen ist der Anteil der Diffusion durch die Wände vernachlässigbar gering. Der Dampfdruck der Brutzellen steht also dem der Außenluft gegenüber und der Ausgleich erfolgt entlang der Wabengassen und durch das Flugloch.

Im Mikroklima der Brutzellen (in Abb. 99 rot eingerahmt) liegt der höchste Wasserdampfdruck an. In den verdeckelten Brutzellen dürfte die relative Luftfeuchte aufgrund der beengten Verhältnisse und der eingeschlossenen Lebewesen 100 % betragen. In den flüssigkeitsnahen Bereichen der offenen Brutzellen ist sie mit 90 bis 95 % etwas niedriger. Das Kleinklima der Wabengassen (orange eingerahmt) wird aus den Tausenden mikroklimatischen Einflüssen im Bienenstock gespeist und erfährt eine starke und schnelle Durchmischung durch die Bewegungen der Bienen bzw. wird teils durch das Fächeln der Bienen beeinflusst. Alle Wärme- und Wasserdampfquellen im Bienenstock tragen zur Bildung des Kleinklimas in den Wabengassen bei. Die Brutnesttemperatur und der Abfluss von Wasserdampf durch das Flugloch unter starkem Einfluss der äußeren klimatischen Bedingungen und der Fächelaktivitäten der Honigbienen bestimmen die Höhe des Wasserdampfdrucks in den Wabengassen. Der Wasserdampfdruck in den Wabenbereichen stellt sich als Zwischenwert zwischen dem in den Brutzellen und dem in der Außenluft (grün eingerahmt) ein.

In der Brutzeit kann der Wasserdampfdruck nach eigenen Messreihen innen auch um 15 mg/l höher sein als außen, was einer Wasserdampfdruckdifferenz von 2000 Pa entspricht. Der Wert innen kann so das Zwei- bis Dreifache des Außenwerts betragen. Auch im Winter liegt er höher als außen, allerdings ist der Wasserdampfgehalt der Stockluft in der brutfreien (bzw. brutarmen) Zeit nur

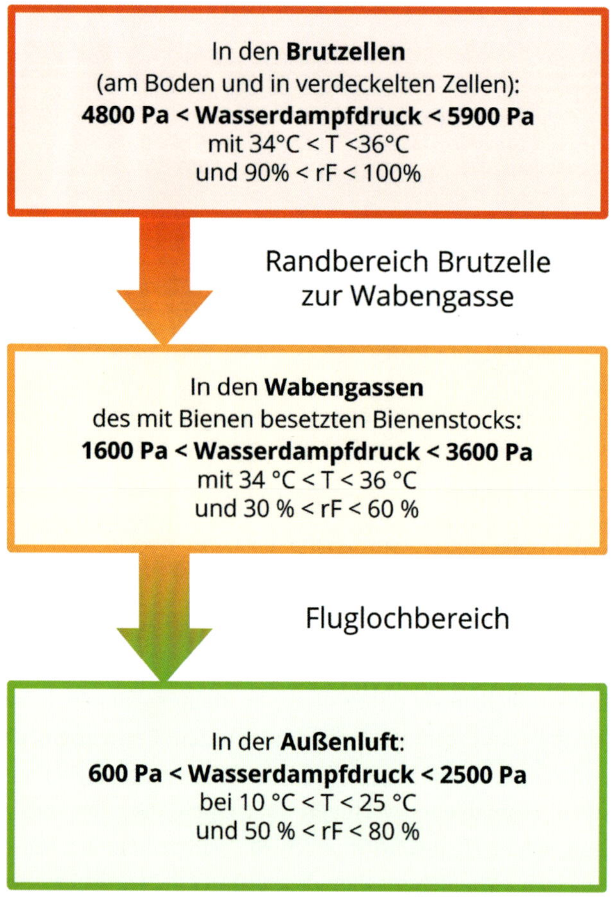

Abb. 99: Dampfdruckgefälle von der offenen Brut in den Außenbereich unter üblichen klimatischen Bedingungen der gemäßigten Zone

1–2 mg/l höher als außen,(293) das entspricht einer Wasserdampfdruckdifferenz von etwa 130–260 Pa.

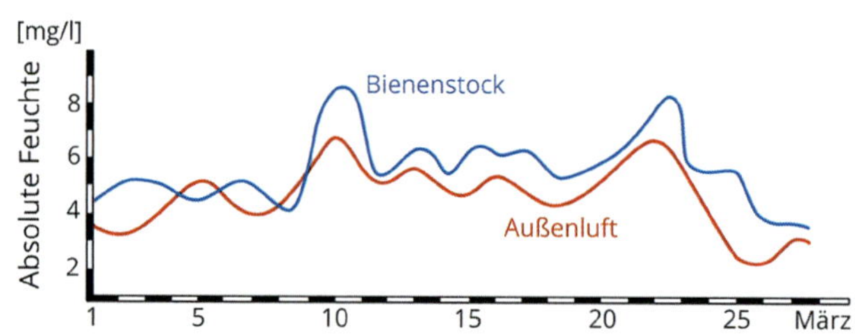

Abb. 100: Schwankungen des Wasserdampfgehalts der Luft in der Außenluft und in einer besetzten Beute. (Büdel et al., 1960)(113) – aufbereitet und koloriert

In Abb. 100 sind die Schwankungen der absoluten Feuchte innerhalb und außerhalb der Bienenwohnung im Monat März aufgezeichnet:(113) Der Verlauf der Kurve der Feuchte innen folgt dem der Kurve außen leicht zeitversetzt und um wenige Milligramm pro Liter erhöht.

Dr. Anton Büdel stellt in einer Veröffentlichung Messergebnisse des Wasserdampfdrucks innerhalb und außer-

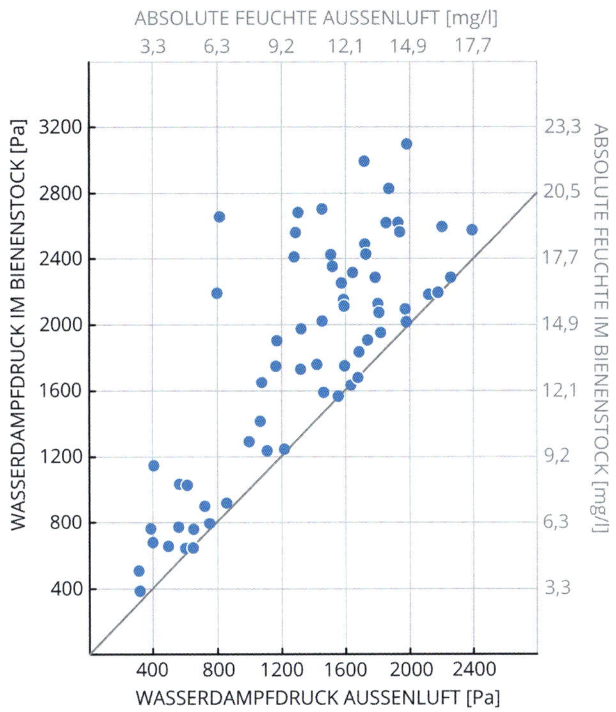

Abb. 101: Wasserdampfdruck innen und außen im Laufe eines Jahres. (Büdel, 1948)(117) – aufbereitet, koloriert und leicht verändert

halb einer Bienenwohnung übersichtlich gegenüber (siehe Abb. 101):(117) Auf der horizontalen Achse (X-Achse) ist der Wasserdampfdruck der Außenluft und auf der vertikalen Achse (Y-Achse) der Wasserdampfdruck im Bienenstock aufgetragen. Ein Messpunkt zeigt also grafisch das Verhältnis zwischen dem Wasserdampfdruck der Innen- und Außenluft zu einem bestimmten Zeitpunkt an, welcher hier nicht weiter aus der Grafik hervorgeht. Alle Messungen entstanden im Verlauf eines Jahres. Die Grafik veranschaulicht gut den üblichen Zusammenhang in ungedämmten Bienenwohnungen: Alle Messpunkte, die oberhalb der 45 °-Linie liegen, markieren zum Zeitpunkt der Messung einen erhöhten Wasserdampfdruck innerhalb der Bienenwohnung gegenüber dem der Außenluft. Folglich war bei allen über das Jahr verteilten Messungen der Wasserdampfdruck innen immer größer oder gleich dem der Außenluft.

Eine grafische Auswertung der Messergebnisse unsererseits ergibt einen Mittelwert der Wasserdampfdruckdifferenz zwischen Innen- und Außenluft von 477 Pa. Das entspricht einer Erhöhung der Wasserdampfdichte innen gegenüber der außen um 3 bis 4 mg/l. Im Extremfall ist der Wasserdampfdruck innen mehr als dreimal so hoch wie außen, in der Regel aber nur bis zu doppelt so hoch.

Eine eigene Messreihe aus einer Bienenbeute mit kleinem Brutvolumen (20 l), allseits starkem Wärmeschutz

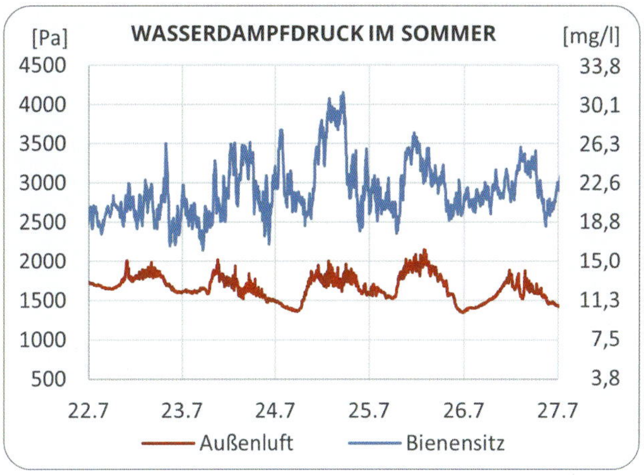

Abb. 102: Wasserdampfdruck bzw. Wasserdampfdichte innerhalb und außerhalb einer dünnwandigen Holzbeute mit zusätzlicher Korkdämmung (10 cm) in der Brutzeit

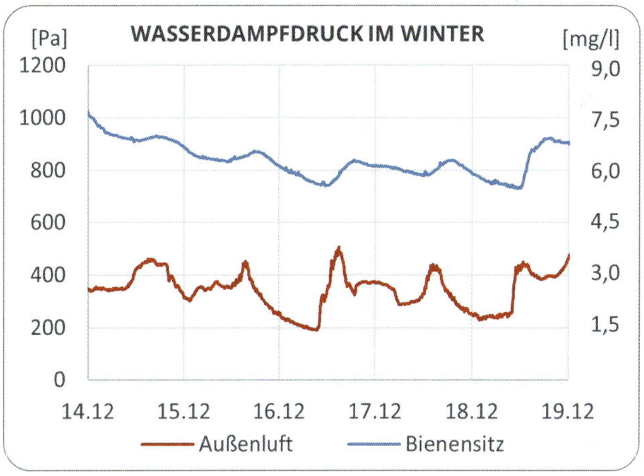

Abb. 103: Wasserdampfdruck bzw. Wasserdampfdichte innerhalb und außerhalb einer dünnwandigen Holzbeute mit zusätzlicher Korkdämmung (10 cm) im Winter

(10 cm Kork) und eher kleinem Flugloch (Durchmesser 5 cm) zeigt grundsätzlich den gleichen Kurvenverlauf wie Büdels Messreihen (siehe Abb. 102 und Abb. 103): Der Wasserdampfdruck der Innenluft folgt dem der Außenluft zeitversetzt und immer um einen gewissen Betrag erhöht. Die Ausschläge der Wasserdampfdruckkurve innen sind in der Brutzeit deutlich stärker als die der Außenluft, weil der Wasserdampfdruck der der Innenluft nicht nur von der Außenluft bestimmt wird, sondern auch von den Tätigkeiten der Honigbienen. Während der Brutzeit kann es tagsüber im Verlauf der Messung (Abb. 102) zu verstärkten Wasserdampfabgaben an die Stockluft durch den Nektareintrag und die verarbeitenden Tätigkeiten der Arbeiterinnen kommen. In der Winterzeit ist die Wasserdampfdruckkurve der Innenluft gegenüber der Außenluft dagegen gedämpft (Abb. 103), zu dieser Zeit ist die Wasserdampf-

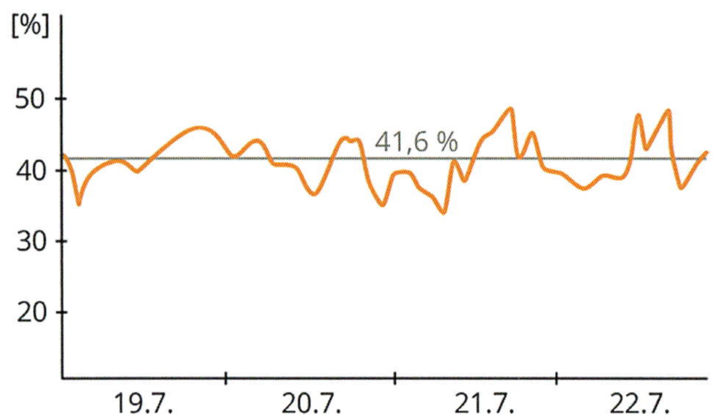

Abb. 104: Typischer Verlauf der relativen Luftfeuchte im Brutnest der Honigbienen in der Brutzeit. (Büdel et al., 1960)[113] – aufbereitet und koloriert

abgabe des Bienenvolks über den Tag konstant und die Schwankungen im Dampfdruckverlauf sind ausschließlich auf die Schwankungen in der Außenluft zurückzuführen. In den Sommermonaten ist bei unseren Messungen der Wasserdampfgehalt der Stockluft im Durchschnitt gegenüber dem der Außenluft um etwa 8 mg/l erhöht (entspricht einer Dampfdruckdifferenz von 1050 Pa). In den Wintermonaten ist er um 3,4 mg/l (entspricht 450 Pa) erhöht, was etwas mehr ist als der von Büdel angegebene Wert von 1 bis 2 mg/l. Diese von Büdels Messreihen abweichende und höhere Wasserdampfdruckdifferenz zwischen Innen- und Außenluft ist vermutlich auf die unterschiedliche Belüftungssituation bzw. Geometrie des Fluglochs zurückzuführen. Von uns verwendete Bienenwohnungen haben eher kleine Fluglöcher und aufgrund der vorhandenen Wärmedämmung eher lange Fluglochtunnel. Im Falle der hier verwendeten Beute ist der Fluglochtunnel 12 cm lang und hat einen Durchmesser von 5 cm. Leider gibt es bei den Messreihen von Anton Büdel in der Regel keine detaillierte Beschreibung der Beuten. Besondere Konstruktionen hätte er aber sicherlich vermerkt, weshalb wir davon ausgehen, dass es sich um in seiner Zeit übliche Konstruktionen handelt (d. h. Holzbeuten mit eher geringer Wandstärke, ungedämmt, mit großem Flugloch (vielleicht über die ganze Breite) und verschlossenem Boden).

Durch die Gegebenheit, dass der Wasserdampfdruck innen dem außen folgt (in üblichen Bienenbeuten) und dass die Tätigkeiten der Honigbienen diesen natürlichen Tag-Nacht-Zyklus noch verstärken (Nektareintrag, Eindickung von Honig), kommt es bei der von den Honigbienen konstant eingestellten Temperatur im Brutnest zu einer schwankenden relativen Luftfeuchte im Tagesverlauf, ähnlich den Schwankungen des Wasserdampfdrucks der Außenluft: Die Werte sind tagsüber höher als nachts (siehe Abb. 102 und 107). Die Schwankung der relativen Luftfeuchte ist dabei in ihren Ausschlägen gering, wie bereits Anton Büdel feststellt.[113] Bei Messreihen in mehreren Beuten stellt er sogar eine «auffallende Konstanz der relativen Luftfeuchte im Brutnest, die nur ausnahmsweise als obere Grenze 50 % und als untere Grenze 30 % überschreitet», fest.[117] Der Grund hierfür liegt in der Berechnung des Wertes der relativen Luftfeuchte: Der Wert beschreibt den Wassergehalt der Luft relativ zu ihrer möglichen Wasseraufnahme, welche stark abhängig von ihrer Temperatur ist: Die von Büdel beschriebenen Schwankungen der relativen Luftfeuchte um maximal 20 Prozentpunkte entsprechen bei einer Temperatur von 35 °C im Brutnest einer Schwankung des Dampfdrucks von etwa 1120 Pa bzw. einer Wasserdampfdichte von 8,5 mg/l. Bei einer Temperatur von 15 °C würde die gleiche Schwankung des absoluten Wassergehalts der Luft eine Schwankung der relativen Luftfeuchte von 65 Prozentpunkten bedeuten, weil die kühlere Luft viel weniger Wasser tragen kann. Die von Büdel festgestellte «auffallende Konstanz» der relativen Luftfeuchte ergibt sich also durch das hohe Temperaturniveau im Bienenstock.

Die Bienen nehmen aber auch Einfluss auf den Verlauf der relativen Luftfeuchte: Sie geben je nach Tätigkeiten und Trachtsituation unterschiedlich viel Wasserdampf in der Bienenwohnung ab und sie passen diese Tätigkeiten den aktuellen Feuchteverhältnissen an. Wird es zu feucht, dann werden Arbeiten zur Eindickung in den Fluglochbereich und nach außen verlagert. Darüber hinaus können sie die relative Luftfeuchte in einem gewissen Rahmen regulieren: Zunächst reagieren die Bienen mit einer Temperaturregulierung auf Veränderungen der relativen Luftfeuchte.[117] Hierfür haben sie aber nur einen sehr begrenzten Spielraum, da sie die Temperatur zum Wohle der Brut nur in engen Grenzen regulieren dürfen. Eine Erhöhung/Senkung der Temperatur bei den Verhältnissen im Brutnest um 1 °C senkt/erhöht sich die relative Luftfeuchte lediglich um etwa 3 Prozentpunkte. Wenn die Temperaturregulierung ausgereizt ist, greifen sie zu weiteren Maßnahmen: Sie befeuchten die Luft gezielt, wenn die Luft in den Wabengassen des Brutnests in Ausnahmefällen zu trocken werden sollte, und sie beginnen zu fächeln, wenn die Luft zu feucht wird (siehe «Die aktive Regulation des Kleinklimas durch die Honigbienen»). Auf diese Weise können sie die relative Luftfeuchte im Brutnest bedingt in Grenzen halten. Die Abhängigkeit der relativen Luftfeuchte im Bienenstock vom Wasserdampfdruck der Außenluft lösen sie aber nicht mit ihrem Verhalten, zumindest nicht in dünnwandigen Bienenbeuten. In solchen Beuten wird das Entfeuchten der Luft im Bienenstock durch die von den Bienen herbeigeführten Luftwechsel durch die Feuchtigkeit der Außenluft begrenzt. Es gibt aufgrund der geringen Masse der Beuten keine wirksame «kalte Stelle», welche eine Entfeuchtung darüber hinaus erlauben würde. Das kann für die Honigbienen problematisch werden, allein aufgrund der Tatsache, dass eine gewisse Trockenheit die Grundvoraussetzung für ihre Klimaregulation und die Honigproduktion ist: Je feuchter die Luft ist, desto schlechter lässt sich Wasser im Bienenstock zwecks Kühlung verdunsten und desto schlechter lässt sich Honig trocknen. Abgesehen davon bedeuten die starken von den Bienen herbeigeführten Luftwechsel, die dazu dienen, diese Problematik abzuwenden, eine Störung des Wärme- und Gashaushalts (siehe «Der CO_2-Gehalt im Bienenstock»).

Die hier beschriebene Abhängigkeit der relativen Luftfeuchte im Bienenstock vom Wasserdampfdruck der Außenluft macht deutlich, dass Messungen im Bienenstock immer auch die Außenverhältnisse berücksichtigen müssen. Die in der Literatur angegebenen Werte der relativen Luftfeuchte im Brutnest der Honigbienen sind immer vor dem Hintergrund des jeweiligen regionalen Klimas zu betrachten.

Je höher der Wasserdampfdruck des Außenklimas ist, desto höher fällt die relative Luftfeuchte im Brutnest der Honigbienen aus, zumindest in Bienenwohnungen ohne wirksame «kalte Stelle». Die Bienen können in einem gewissen Rahmen dagegenhalten, wobei sie dies mit einer Störung des Wärmehaushalts und des CO_2-Gashaushalts erkaufen. Da sie die Luftfeuchte mit ihren Mitteln aber nicht unter die Luftfeuchte der Außenluft bringen können, kann der Wasserdampfdruck der Außenluft die relative Luftfeuchte im Brutnest auf für die Bienen unverträgliche Werte in die Höhe treiben.

Der Einfluss der Außenluft

Der Wasserdampfdruck innerhalb einer mit Bienen besetzten Bienenwohnung ist laut Literatur (welche bislang die besonderen Verhältnisse in Bienenwohnungen mit starkem Hitzeschutz nicht berücksichtigt) nahezu immer höher als außen und folgt dem Verlauf des Wasserdampfdrucks außen zeitversetzt.[(117)(305)(308)] Er wird demnach also weitestgehend von den Verhältnissen in der Außenluft gesteuert.[(118)] Die Erhöhung des Wasserdampfdrucks gegenüber der Außenluft ist eine Folge des im Bienenstock anfallenden Wasserdampfs und der durch die Eigenschaften der Bienenwohnung (Geometrie, Belüftung) gegebenen Möglichkeit des Wasserdampfs, nach außen abzufließen. Der Grund dafür ist wie folgt: Ein steigender Wasserdampfdruck der Außenluft, beispielsweise an einem Vormittag mit steigenden Außentemperaturen, bedeutet eine Verlangsamung der Wasserdampftransporte aus dem Inneren der Bienenwohnung nach außen. In der Folge verringert sich das Wasserdampfdruckgefälle zwischen innen und außen. Es fällt aber nach wie vor die gleiche Menge Wasserdampf innerhalb der Bienenwohnung durch die Anwesenheit und Tätigkeiten der Bienen an, wodurch das Wasserdampfdruckgefälle zügig wieder ansteigt, und zwar so lange, bis sich wieder ein Gleichgewicht zwischen Wasserdampfzufluss im Bienenstock und Wasserdampfabfluss am Flugloch einstellt. Bei einem sinkenden Wasserdampfdruck in der Außenluft wird das Wasserdampfdruckgefälle von innen nach außen analog zu diesen Vorgängen zunächst größer. Hierdurch beschleunigen sich die Wasserdampftransporte am Flugloch, der Wasserdampfdruck innen sinkt so lange, bis sich wieder ein Gleichgewicht zwischen Zufluss und Abfluss von Wasserdampf in der Bienenwohnung einstellt. Da der Wasserdampfdruck der Außenluft immer teils starken Schwankungen unterworfen ist, kommt es aufgrund dieser Abhängigkeit immer zu einem schwankenden Wasserdampfdruck in der Bienenwohnung. Der Wasserdampfdruck innen folgt dem außen und ist ihm gegenüber dabei nahezu immer um einen gewissen Betrag erhöht.

Das beschriebene Gleichgewicht zwischen Wasserdampf, Zu- und Abflüssen bzw. der sich daraus resultierend einstellende Wasserdampfdruck in der Bienenwohnung lässt sich mit folgender Analogie veranschaulichen: Ein kleiner (analog zur Bienenwohnung) und ein unendlich großer Behälter (analog zur Umwelt) sind durch ein kleines Loch (analog zum Flugloch) im unteren Bereich miteinander verbunden und mit Wasser (Wasserdampf) gefüllt. Der kleine Behälter erfährt einen Zulauf von Wasser durch eine Wasserleitung (im Bienenstock anfallender Wasserdampf). Der große Behälter hat einen schwankenden Wasserspiegel (schwankender Wasserdampfdruck des Außenklimas). Auf Grund des Zulaufs von Wasser im kleinen Behälter ist der Wasserspiegel dort gegenüber dem im großen Behälter immer um einen gewissen Betrag erhöht. Der Höhenunterschied zwischen den Wasserspiegeln stellt sich so ein, dass Zulauf und Ablauf im kleinen Behälter gleich groß, also im Gleichgewicht sind. Verändert sich der Wasserspiegel im großen Behälter, dann verändert sich auch der Abfluss des Wassers aus dem kleinen Behälter durch die Verbindung der Behälter. Er vergrößert sich, wenn der Wasserspiegel im großen Behälter sinkt und er verkleinert sich, wenn der Wasserspiegel dort steigt. Der Zulauf im kleinen Behälter bleibt aber gleich, Zu- und Abfluss sind für den Moment nicht mehr gleichgroß. Der Wasserspiegel im kleinen Behälter passt sich nun an, er fällt oder steigt so lange, bis Zu- und Abfluss im kleinen Behälter wieder im Gleichgewicht sind.

Diese Abhängigkeit vom Wasserdampfdruck der Außenluft ist ein Grund, weshalb der Wasserdampfdruck im Bienenstock tagsüber seine Maximalwerte und nachts seine Minimalwerte erreicht: In der Außenluft verhält es sich aufgrund der kühleren Nächte ebenso. Der Wasserdampfdruck der Innenluft wird aber nicht nur vom Außenklima bestimmt: Über die stetige Zufuhr von Wasserdampf im Verlauf eines Tages durch die Anwesenheit von Bienen und Brut im Bienenstock, welche eine Erhöhung des Wasserdampfdrucks der Innenluft gegenüber der Außenluft bewirken, kommt es auch zu Wasserdampfanreicherungen, die von der Tageszeit abhängig sind: Der Eintrag von Nektar, das Eindicken von Honig und eventuell zusätzlicher Eintrag von Wasser zum Kühlen findet überwiegend am Tag und am frühen Abend statt, wodurch es auch in diesen Zeiten zu einer verstärkten Wasserdampfanreicherung im Bienenstock kommt. Durch das Aufaddieren dieser Effekte kann es im Bienenstock zu stärkeren Schwankungen des Wasserdampfdrucks kommen, als dies in der Außenluft der Fall ist.

Ein schnell ansteigender äußerer Wasserdampfdruck durch sich ändernde Witterung kann kurzzeitig dazu führen, dass die Werte in der Außenluft höher sind als im Bienenstock; in diesem Falle kommt es zu einem umgekehrten Dampfdruckgefälle am Flugloch. Mit der Zeit steigt der Wasserdampfdruck innen dann aber wieder über den der Außenluft an, da er ganzjährig einen Zulauf von Wasserdampf aus den Brutzellen und durch die Tätigkeit/Anwesenheit der Bienen erfährt. Einen Sonderfall nehmen die Wechsel der Jahreszeiten im Falle eines starken vorhandenen Hitzeschutzes der Bienenwohnung ein: Hier kann es auch über Tage und Wochen zu einem umgekehrten Dampfdruckgefälle am Flugloch in Kombination mit einem starken Kondenswasseranfall innerhalb der Bienenwohnung kommen (siehe «Der Sonderfall von Kondenswasser gespeist durch die Außenluft»).

Der Einfluss der Honigbienen

Nach Anton Büdel ist der Wasserdampfdruck im ordnungsgemäß besetzten Bienenstock an jeder Stelle zu einem bestimmten Zeitpunkt gleich groß. Verantwortlich sind dafür die bereits beschriebenen stark beschleunigten Wasserdampftransporte durch die Bewegungen und Tätigkeiten der Honigbienen (siehe «Diffusion und Turbulenz»). Sie sorgen für einen schnellen Ausgleich des Wasserdampfdrucks in allen Bereichen des Bienenstocks, in denen sie tätig sind. Neuere Studien mit vielleicht präziseren Messinstrumenten für die Luftfeuchte zeigen aber teils auch Dampfdruckunterschiede innerhalb der besetzten Bienenwohnung auf.[(309)(308)] Und auch in eigenen Messreihen können wir teils Wasserdampfdruckunterschiede innerhalb der besetzten Bereiche im Bienenstock feststellen (siehe Abb. 107). Die Hintergründe hierfür sind noch nicht wissenschaftlich geklärt. Wir vermuten sie darin, dass die Wasserdampfdruckverhältnisse sich entscheidend ändern können, wenn die Bienen gezielte Luftströme erzeugen. Auch Anton Büdel war das bewusst und er thematisierte, dass gleichgerichtete Strömungen das Geschehen dominieren und die langsameren Gastransporte durch Diffusion und Turbulenz überlagern können, wenn sie auftreten. Honigbienen können eine so starke und gleichgerichtete Belüftung einrichten (siehe auch «Belüftungsketten der Honigbienen»), dass durch die langsameren Transporte durch Diffusion und Turbulenz kein vollständiger Ausgleich des Wasserdampfdrucks im Bienensitz zustande kommt. In der Folge kann es dann auch zu unterschiedlichen Gaskonzentrationen im mit Bienen besetzten Wabenbau kommen. Die eingewechselte Frischluft (bzw. die entfeuchtete Luft an der «kalten Stelle») wird auf ihrem Weg durch den Bienenstock mit Wasserdampf angereichert, ihr Wasserdampfdruck steigt damit stetig an, bis sie schließlich wieder mit hohem Wasserdampfgehalt die Bienenwohnung verlässt (bzw. erneut die «kalte Stelle» passiert). Und da die Bienen im Brutnest die Temperatur überall etwa auf dem gleichen Niveau halten, kann dies auch zu einem Unterschied der relativen Luftfeuchte im Brutnest führen.

Trotz der eigenen Messergebnisse, die ein Wasserdampfdruckgefälle im Bienensitz aufzeigen, halten wir Büdels Feuchtegesetz vom gleichen Wasserdampfdruck an jeder Stelle im Bienensitz überschläglich für richtig: Erstens sind die von uns gemessenen Druckunterschiede im Bienensitz klein, zweitens werden die Bienen in unserer Versuchsbeute mit einem sehr langen Fluglochtunnel den ganzen Sommer über gezwungen, Belüftungsketten zu bilden, und drittens befinden sich unsere Sensoren in der an das Flugloch angrenzenden Wabengasse (Kaltbau).

Aber langsam, betrachten wir den Versuchsaufbau im Detail:

Abb. 105: In den Boden eingelassene Beute mit starkem Hitzeschutz

Abb. 106: Messtechnik am Bienenstand

In unserer Versuchsbeute mit starkem Hitzeschutz und langem Fluglochtunnel unterhalten die Bienen über den gesamten Sommer ein konstantes Belüftungssystem im Bienenstock. Es handelt sich um eine in den Boden eingelassenen Beute (siehe Abb. 105 und Abb. 106). Die Seitenwände bestehen aus 5 cm starkem Beton ohne zusätzliche Wärmedämmung, außerhalb befindet sich das Erdreich. Es gibt keine Bodenplatte, der Boden der Beute ist das Erdreich. Der Deckel ist die einzige Seite mit Luftkontakt; sie ist stark gedämmt (9 cm Dämmplatten und 2 cm Holz). Der Fluglochtunnel ist fast 50 cm lang und mündet in den unteren Bereich des Brutraums. Der Brutraum ist mit Kuntzsch-Hochrähmchen ausgestattet. Alle Waben sind voll ausgebaut, das Volk ist gesund und stark. Die Beute befindet sich fast ganztägig im Schatten, lediglich in den frühen Morgenstunden bekommt sie direkte Sonneneinstrahlung ab.

Die Beute ist ausgestattet mit fünf Sensoren im Inneren und einem Sensor außerhalb. Ein Sensor ist mittig oberhalb der Oberträger im Deckel angebracht und zeichnet laufend den CO_2-Gehalt der Stockluft in diesem Bereich auf. Alle anderen Sensoren messen jeweils Temperatur, relative Luftfeuchte und absolute Luftfeuchte. Ein Sensor befindet sich außerhalb der Beute fluglochnah im Schatten. Drei Sensoren sind innerhalb der Beute in der gleichen Wabengasse angebracht: Einer oberhalb des Brutnests zwischen den zwei Oberträgern, einer im obersten Bereich des Brutnests und einer knapp unterhalb der Wabengasse. Diese mit Sensoren ausgestattete Wabengasse grenzt unmittelbar an das Flugloch (Kaltbau). Ein weiterer Sensor befindet sich mittig im etwa 50 cm langen Fluglochtunnel durch die Erde. Abb. 106 zeigt die Versuchsbeute mit geöffnetem Deckel. Ein Thermometer mit Einstecklanze wird gerade genutzt, um die Lage des Brutnests zu bestimmen. Oben im Deckel

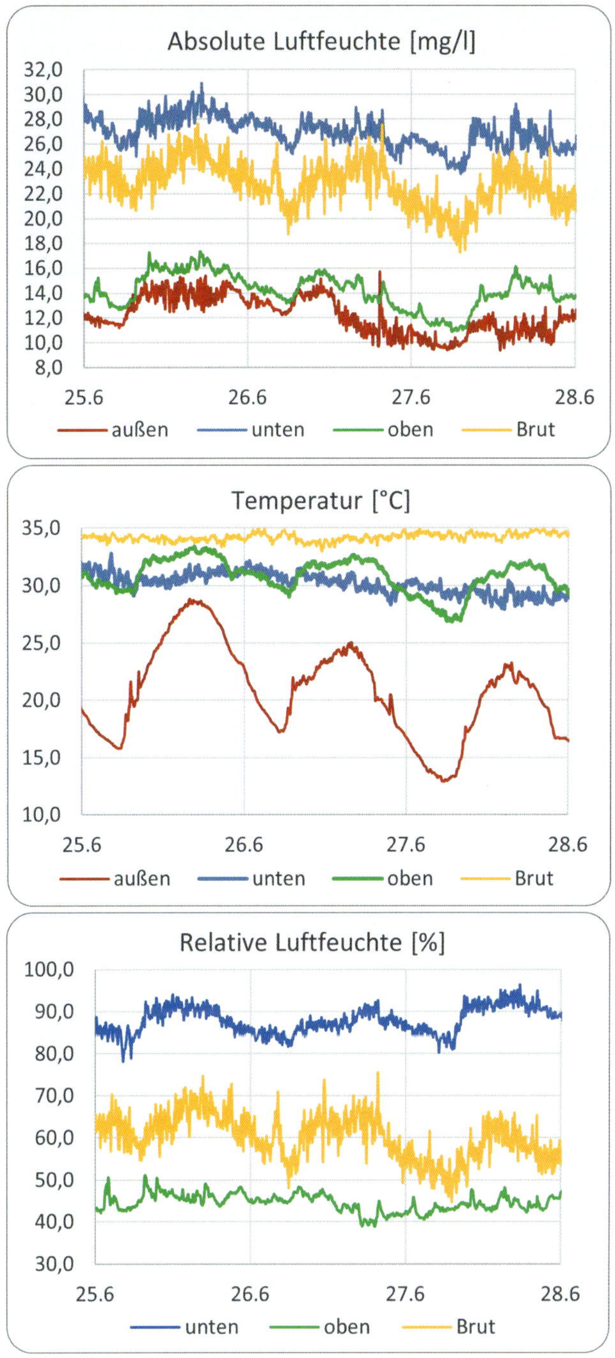

Abb. 107: Verlaufskurven von Luftfeuchte und Temperatur in der Wabengasse einer Brutwabe (Erdbeute) oberhalb, im und unterhalb des Brutnests

ist der CO_2-Sensor zu sehen, der Gaskonzentrationen von bis zu 10 % (100.000 ppm) messen und aufzeichnen kann. Oberhalb des Fluglochs (der Fluglochtunnel besteht aus mehreren hintereinander gereihten Lochsteinen durch die Erde) sind zwei Datenlogger zu sehen, die jeweils selbst Klimadaten messen und auch die Messdaten der angeschlossenen externen Sensoren aufzeichnen.

Abb. 107 zeigt die Messkurven der absoluten Luftfeuchte, der Temperatur und der relativen Luftfeuchte der drei Sensoren in der Wabengasse über drei Tage im Juni. Die Bienen haben Mitte Juni damit begonnen, durchgehend mit mehr oder weniger starker Intensität den Bienenstock zu belüften. Es stehen Tag und Nacht Bienen mit größerem Abstand aufgereiht im Fluglochtunnel und bilden eine Belüftungskette zur Außenluft. Die Belüftungskette startet vermutlich im Brutnest, hier ist die Regulierung von Temperatur und Gaskonzentrationen am wichtigsten. Bereits bei 55 % rF beginnen die ersten Bienen zu ventilieren.[(302)] Sie fächeln die warme und feuchte Luft in Richtung des unten liegenden Fluglochs (Lichteinfall) und animieren nachfolgende Bienen ebenfalls zu fächeln (siehe «Belüftungsketten der Honigbienen»). Die verbrauchte Luft wird so durch das Flugloch nach außen getrieben und es entsteht ein Unterdruck in der Bienenwohnung, der dazu führt, dass ebenfalls durch das Flugloch frische Luft in die Bienenwohnung einströmt.

Die Messergebnisse geben Aufschluss über den Ablauf der Luftzirkulation in der mit Sensoren ausgestatteten Wabengasse: Der Sensor zwischen den Oberträgern zeichnet eine Kurve der absoluten Luftfeuchte auf (grüne Kurve, Abb. 107 oben), die der absoluten Feuchte der Außenluft (rote Kurve, Abb. 107 oben) mit einer nur geringen Erhöhung folgt. Die Kurven sind fast identisch und weisen nur eine Differenz der Wasserdampfdichte von etwa 1–2 mg/l auf. Die hier vorbeiströmende Luft kann zuvor keine Bereiche durchströmt haben, in denen viel Wasserdampf anfällt oder intensive Tätigkeiten der Bienen stattfinden. Die durch das Flugloch einströmende Frischluft ist offensichtlich an der Seitenwand nach oben und dann entlang der Oberträger in die Wabengasse geströmt. Von hier strömt die Luft in der Wabengasse nach unten. Mit dem Verlassen des Randbereichs und spätestens mit dem Eintritt in das Brutnest gibt es einen starken Sprung des Wasserdampfdrucks: Die absolute Luftfeuchte an der Oberkante des Brutnests (gelbe Kurve, Abb. 107 oben) ist gegenüber der Luftfeuchte am Oberträger (ca. 10 cm Entfernung) um 8–10 mg/l erhöht. Unverdeckelte Honigvorräte scheiden als Ursache für diese Erhöhung aus, weil in der Wabengasse sich zum Zeitpunkt der Messung oberhalb des Brutnests fast nur verdeckelte Honigzellen und Bienenbrot befanden. Die vermutliche Ursache für den Sprung der Luftfeuchte ist daher die Änderung der Strömungsverhältnisse. Bis zu den Oberträgern haben die gleichgerichteten Luftströmungen dominiert, während Diffusion und Turbulenz die Verhältnisse bis dahin kaum beeinflusst haben, da die Luft auf der Wegstrecke bis dahin keinen Bereich mit intensiven Tätigkeiten der Bienen durchquert hat. Mit dem Eintritt der Luft in den Bienensitz ändert sich das: Das Gewusel im Bienensitz mit den verschiedensten Tätigkeiten zur Klimaregulation, Brutpflege und Honigherstellung verursacht eine starke Turbulenz, wodurch die gleichmäßig in den Bienensitz einströmenden Lufteinheiten in viele kleine auseinandergerissen und in die verschiedensten Richtungen abgelenkt werden. Es bilden sich neue Einheiten, die durch das Fächeln der Bienen wieder in Richtung Flugloch getrieben werden und doch umgehend erneut durch die Turbulenz auseinandergerissen werden. Die Turbulenz führt zu einem schnellen Ausgleich der Gaskonzentrationen im Bienensitz, das Fächeln der Bienen wirkt in diesem Fall auf Konzentrationsunter-

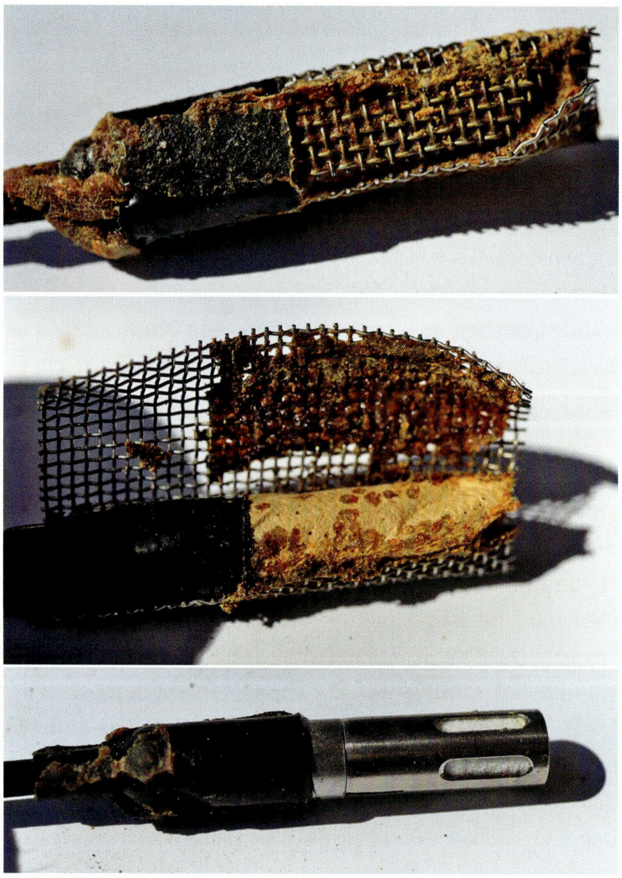

Abb. 108: Sensoren zur Erfassung von Klimadaten im Bienenstock werden mit Kaffeefilter und Drahtgitter vor den Bienen geschützt, denn alle Fremdkörper im Bienenstock werden von den Bienen vollständig mit Propolis überzogen.

schiede hin. Unterhalb der Wabengasse weist die Luft die höchste absolute Luftfeuchte auf (blaue Kurve, Abb. 107 oben). Sie ist gegenüber der Luftfeuchte am oberen Rand des Brutnests aber nur um etwa 4 mg/l erhöht, obwohl sie auf dieser Strecke fast das ganze Brutnest durchlaufen hat. Von hier strömt die Luft durch das Flugloch wieder nach außen.

Die Messreihe zeigt eindrucksvoll, dass es innerhalb einer Wabengasse zu einem Wasserdampfdruckgefälle kommen kann, wenn die Bienen die Gastransporte durch Flügelschlag beschleunigen und über Belüftungsketten Luftwechsel mit der Außenluft herbeiführen.

Im hier dargestellten Beispiel ist die Wasserdampfdichte unterhalb des Brutnests fast doppelt so hoch wie oberhalb des Brutnests an den Oberträgern, mit einer Differenz von bis zu 14 mg/l. Anton Büdels Aussage, dass an jeder Stelle im Bienenstock zur gleichen Zeit ein gleich großer Wasserdampfdruck anliegt, ist also nicht immer richtig, denn auch die Oberträger unserer Versuchsbeute sind mit Bienen besetzt. Allerdings stellt unsere untersuchte Wabengasse auch einen Sonderfall dar: Sie hat als einzige Wabengasse der im Kaltbau angelegten Wabengassen eine direkte Verbindung zum Flugloch und somit die geringsten Widerstände gegenüber den angeregten Luftströmungen. In den benachbarten Wabengassen unserer Versuchsbeute oder allgemein bei Wabengassen im Warmbau sind die Widerstände gegenüber gleichgerichteten Luftströmungen zum Flugloch hin größer, weshalb mehr Bienen fächeln müssen, um die gleiche Luftmenge zu bewegen; und mehr Bewegungen bei gleichem Luftstrom bedeutet zwangsläufig eine verstärkte Turbulenz und einen erhöhten Ausgleich der Gaskonzentrationen im Bienensitz. Büdels Kernaussage wird durch unsere Messungen bestätigt: Turbulenz und Diffusion wirken im Treiben der Honigbienen auf einen schnellen Austausch der Gaskonzentrationen hin. Sehen wir von dem Randbereich des Bienensitzes an den Oberträgern ab, welcher stark unter dem Einfluss der vom Flugloch einströmenden Frischluft steht, dann können wir nur einen recht geringen Wasserdampfdruckunterschied innerhalb des Bienensitzes feststellen: Der Unterschied der Wasserdampfdichte am oberen Rand des Brutnests und unterhalb der Wabengasse ist mit etwa 4 mg/l eher gering, und das, obwohl zwischen den Sensoren das ganze Brutnest liegt, also der Bereich mit dem höchsten Anfall von Wasserdampf. Der größte Anstieg des Wasserdampfdrucks findet also bereits beim Eintritt der Luft ins Brutnest oder sogar bereits davor statt. Wir halten Büdels Feuchtegesetz über die Gleichheit vom Wasserdampfdruck im mit Bienen besetzten Wabenbau für überschläglich richtig. Es ist

Abb. 109: Es kommt häufig zur Verwechslung von Honigbienen und Schwebfliegen, wenn man nur auf den Ton hört. Sichtkontakt klärt darüber auf: Honigbienen haben einen Saugrüssel, die etwa 450 Schwebfliegen-Arten, die es in Deutschland gibt, haben wie die Fliegen einen tupferartigen Rüssel.

eine sinnvolle Vereinfachung, die vor allem der Verständlichkeit der komplexen Zusammenhänge dient.

Der Einfluss der Geometrie

Die Belüftungssituation bzw. die Geometrie des Fluglochs hat einen Einfluss auf die sich einstellende Wasserdampfdruckdifferenz zwischen Innen- und Außenluft: Je stärker die Luftwechsel sind, je kürzer die Strecke und je größer die Querschnittsfläche für die Diffusionsprozesse sind, desto mehr werden die Wasserdampftransporte (ebenso wie die Wärmetransporte) beschleunigt und desto geringer ist die Wasserdampfdruckdifferenz von innen nach außen. Der mit knapp 50 cm sehr lange Fluglochtunnel unserer Versuchsbeute (siehe Abb. 105 und Abb. 106) verursacht beispielsweise einen großen Widerstand für Luftbewegungen. Es muss eine längere Belüftungskette gebildet werden, was vermutlich nur gelingt, wenn mehr Bienen im Brutnest sich beteiligen und/oder intensiver fächeln, um Folgebienen zu animieren, mitzumachen. Beides nimmt mit steigender Luftfeuchte im Brutnest zu. Nach einer Studie aus Südafrika zu urteilen, beginnt bei etwa 70 % rF jede zehnte Biene im Brutnest zu ventilieren.[302] Diese Anzahl ist in unserer Versuchsbeute offensichtlich ausreichend, um den Wasserdampf gegen die Widerstände des Flug-

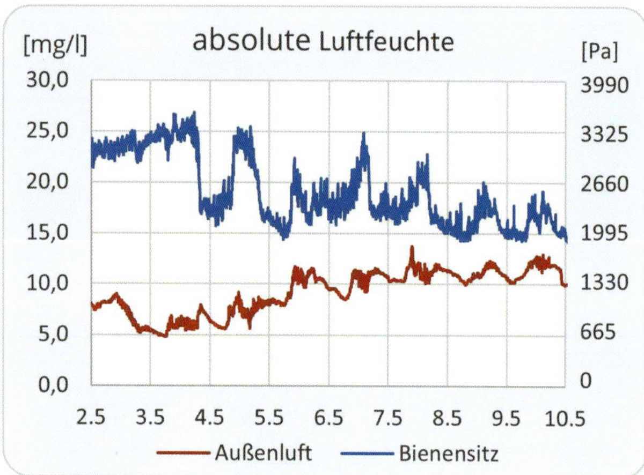

Abb. 110: Der Wasserdampfdruck im Frühjahr gleicht sich erst an, wenn die Bienen den Kontakt zum Flugloch hergestellt haben (ab 3.5.2023).

lochs nach außen abzuführen. Die relative Luftfeuchte im Brutnest unserer Versuchsbeute schwankt zwischen 50 und 70 % (siehe Abb. 107) und ist damit deutlich höher als die, die nach Literaturangaben[117] üblich ist (30–50 % rF). Wir führen diese höhere relative Luftfeuchte im Brutnest auf die Geometrie der Bienenwohnung bzw. insbesondere die des Fluglochs zurück.

In Anbetracht der Tatsache, dass Honigbienen erst bei 55 % rF zu ventilieren beginnen, erscheint es uns logisch, dass die in der Literatur genannten Werte von 30–50 % kaum eine Folge der Regulierung der Honigbienen sein können. In den üblichen Bienenbeuten mit großen Fluglöchern und kurzen Fluglochtunneln, so wie sie auch in den letzten Jahrzehnten meist in der Literatur besprochen wurden, kommt es allein durch ihre Geometrie zu schnellen Wasserdampftransporten am Flugloch, sodass die Bienen die Wasserdampftransporte gar nicht mittels Ventilation beschleunigen müssen. Vielleicht sind sie in diesen Beuten sogar ganz im Gegenteil häufig dazu gezwungen, die Luft gezielt zu befeuchten, weil es sonst zu trocken wird.

Die Geometrie des Fluglochs hat über diese Zusammenhänge hinaus zusammen mit der Geometrie des Brutraums einen Einfluss auf die Wasserdampfdruckdifferenz zwischen Innen- und Außenluft: Entscheidend für die Wasserdampfdruckdifferenz zwischen Innen- und Außenluft ist nämlich, ob der Bienensitz Kontakt zum Flugloch hat oder nicht. Ist der Kontakt gegeben, so wird der Wasserdampfdruck zwischen dem Bienensitz, in dem er an jeder Stelle überschläglich gleich groß ist, und der Außenluft auf kürzester Strecke abgebaut. Die Wasserdampftransporte sind entsprechend schnell und die Differenz des Wasserdampfdrucks zwischen Innen- und Außenluft entsprechend gering. Reißt der Kontakt der Bienen zum Flugloch (bzw. zur Außenluft) ab, ergeben sich also unbesetzte Wabenbereiche zwischen Bienensitz und Flugloch, so müssen die Wasserdampftransporte ohne die beschleunigenden Bewegungen der Bienen eine entsprechend lange Strecke durch den unbesetzten Wabenbau zurücklegen. Die Wasserdampftransporte laufen langsamer ab und die Differenz des Wasserdampfdrucks zwischen Innen- und Außenluft erhöht sich. Eine Randlage des Fluglochs, ein langer Fluglochtunnel, ein kleines Flugloch und ein großer Brutraum erhöhen die Wahrscheinlichkeit eines Kontaktabbruchs zum Flugloch.

Nach Anton Büdel ist ein solcher Kontaktabriss möglichst zu vermeiden, da er die Abfuhr von Wasserdampf aus dem Bienensitz einschränkt und die Bienen zu Luftwechseln genötigt werden, welche eine Störung des Wärmehaushalts bedeuten. Wir halten einen Kontaktabriss unter Umständen aber für vorteilhaft, eben, weil sich so höhere Konzentrationen der Teilgase der Luft einstellen können. Honigbienen müssen nämlich nicht nur anfallende Gase abtransportieren können, sie benötigen für ihre Gesundheit und die Aufzucht der Brut auch Mindestkonzentrationen der einzelnen Teilgase der Luft. Durch den Kontakt des Bienensitzes zum Flugloch können die Gase je nach klimatischen Außenbedingungen auch zu schnell abfließen und es kann im Brutnest beispielsweise zu trocken werden. Und auch für die CO_2-Konzentration gibt es vermutlich vorteilhafte Mindestwerte. Wir halten es für sinnvoll, die Geometrie so zu gestalten, dass der Bienensitz nicht dauerhaft zu einem Kontakt zur Außenluft gezwungen ist. Daher sind offene Böden, zu kleine Brutvolumen und zu kurze Fluglochtunnel zu vermeiden. Andererseits sollte es den Bienen aber auch nicht zu schwer gemacht werden, den Kontakt herzustellen. Fluglochtunnel sollten daher nicht zu lang gewählt werden.

Abb. 110 zeigt diesen Zusammenhang auf: Der April 2023 war nass und kalt, die Völker waren in ihrer Entwicklung noch etwas zurück. An den ersten Tagen im Mai verfügte das in der Abbildung gezeigte Bienenvolk in einer leicht gedämmten Beute (Holzbeute mit zusätzlich 5 cm Kork) mit eher kleinem Flugloch (rund, Durchmesser 4 cm, Tunnellänge 7 cm) bereits ein großes Brutnest (und einen entsprechend großen Anfall von Wasserdampf), sein Bienensitz hatte den Fluglochbereich aber noch nicht erreicht. Am Nachmittag des 3.5.2023 war es dann erstmals so weit, dass die Bienen die Innenseite des Fluglochs belagerten und der Wasserdampfdruck in der Bienenwohnung (gemessen mittig an den Oberträgern) sich dem der Außenluft deutlich annäherte. In der darauffolgenden kalten Nacht gaben sie den Fluglochbereich vorläufig nochmal auf, der Wasserdampfdruck stiegt auf das Niveau der Tage zuvor. Im Laufe der nächsten Woche festigte sich der Kontakt zum Flugloch, die Bienen belagerten die Innenseite nun dauerhaft und die Differenz des Wasserdampfdrucks zwischen Innen- und Außenluft sank zu allen Zeiten auf etwa 5 mg/l, die Abhängigkeit vom Wasserdampfdruck der Außenluft ist gut zu erkennen. Zur Zeit der Messungen wurden keine fächelnden Bienen im Fluglochbereich beobachtet, der beschriebene Effekt kann daher nicht auf Luftwechsel zurückzuführen sein.

Die Belüftungssituation und die Geometrie des Flugllochs bestimmen maßgeblich, wie schnell die Wasserdampftransporte (und auch die anderen Gastransporte) zwischen Innen- und Außenluft ablaufen. Je schneller sie ablaufen, also je stärker die Belüftung und je geringer die Widerstände am Flugloch gegen Gastransporte sind (großes Flugloch, kurzer Tunnel), desto geringer sind die Unterschiede der Gaskonzentrationen zwischen Innen- und Außenluft. Darüber hinaus können die Geometrie von Flugloch und Bienenwohnung einen Einfluss darauf haben, ob der Bienensitz Kontakt zur Außenluft hat oder nicht. Und das hat wiederum einen großen Einfluss auf die Geschwindigkeit der Wasserdampftransporte nach außen und somit auf die Feuchteverhältnisse im Bienensitz.

Der Einfluss des Wärmeschutzes

Der Wärmeschutz einer Bienenwohnung hat auf den Kontakt des Bienensitzes zum Flugloch einen Einfluss: Je höher der Wärmeschutz einer Außenwand ist, desto höher ist die Temperatur an der Oberfläche ihrer Innenseite und desto weniger Abstand hält der Bienensitz von dieser Außenwand bei kühlen Außentemperaturen. Der Wärmeschutz der Wand, die mit dem Flugloch versehen ist, hat daher einen Einfluss darauf, ob die Bienen Kontakt zum Flugloch haben oder nicht. Der Wärmeschutz kann deshalb insbesondere in den Übergangszeiten, in denen die Außenluft noch/schon kalt und trocken ist, den Wasserdampfdruck im Bienensitz auf nicht bienengenehme Werte absenken. Die Wasserdampftransporte von innen nach außen können zu schnell ablaufen und eine zu hohe Trockenheit im Bienensitz auslösen. Wir vermuten, dass ein zu starker Wärmeschutz aus diesem Grund zu einem verzögerten Frühjahrsbruteinschlag führen kann: Ein starkes Bienenvolk kann in einer Bienenwohnung mit Wärmeschutz schon vor dem Bruteinschlag Kontakt zum Flugloch haben und daher bei niedrigen Außentemperaturen eine zu hohe Trockenheit im Bienensitz aufweisen. Wir halten dies für die Erklärung, weshalb eine Studie aus Polen bei Buckfast-Bienen (bekannt für ihre große Volksstärke im Winter) einen verzögerten Frühjahrsbruteinschlag in wärmegedämmten Beuten feststellt.[310]

Abb. 111: Neben den Schwebfliegen zählen auch Wespen zu den wichtigen Bestäubern von Blütenpflanzen.

Die schnelleren Gastransporte durch den Kontakt zur Außenluft bedeuten gleichermaßen auch geringere CO_2-Konzentrationen im Bienenstock, was sich ebenfalls nachteilig auswirken kann. Zudem steigen mit den Gastransporten auch die Wärmetransporte, wodurch die Bienen einen erhöhten Aufwand zur Temperaturregulierung haben.

Am sinnvollsten ist es unserer Meinung nach, den Bienen die volle Kontrolle zu geben: Sie müssen den Kontakt zum Flugloch herstellen können, wenn sie ihn wollen. Sie sollten aber nicht dauerhaft dazu gezwungen sein, beispielsweise durch kleine Beutenvolumen oder einen übermäßigen Wärmeschutz.

Der Einfluss des Hitzeschutzes

Der Hitzeschutz einer Bienenwohnung bestimmt maßgeblich, welche Wärmetransporte im Inneren der Bienenwohnung infolge äußerer Temperaturschwankungen ankommen. Da Temperatur- und Luftfeuchteregulierung im Bienenstock eng miteinander verknüpft sind, fällt es den Bienen leichter, die Luftfeuchte zu regulieren, wenn sie keine Temperaturschwankungen parieren müssen. Darüber hinaus beeinflusst der Hitzeschutz, wie stark die Bienentraube sich infolge äußerer Temperaturschwankungen zusammenzieht oder ausdehnt. Auch der Hitzeschutz kann so Einfluss darauf nehmen, ob die Bienen Kontakt zum Flugloch haben oder nicht. Ein schlechter Hitzeschutz kann gerade in den Übergangszeiten zu starken Schwankungen des Wasserdampfdrucks innerhalb der Bienenwohnung führen: Infolge von äußeren Temperaturschwankungen dehnt sich ein Bienenvolk ohne Hitzeschutz regelmäßig aus und zieht sich wieder zusammen. Es kann so zu einem regelmäßigen Kontaktabbruch und zu einer Wiederherstellung des Kontakts zum Flugloch kommen, was eine starke Schwankung des Wasserdampfdrucks im Verlauf des Tages bedeutet. Der Hitzeschutz schafft diesbezüglich konstante Verhältnisse: Entweder die Bienen haben den Kontakt mit dem Bienensitz über das Flugloch zur Außenluft oder nicht. Ein starker Hitzeschutz bietet den Bienen auch in diesen Zeiten konstante Verhältnisse. Der Hitzeschutz der Bienenwohnung kann sich über diesen Effekt hinaus in einer besonderen Art und Weise auf die Wasserdampfdruckverhältnisse im Bienenstock auswirken: Er kann die in der Literatur gut dokumentierte Abhängigkeit des Wasserdampfdrucks der Innenluft in Bienenwohnungen von dem der Außenluft aushebeln und er kann für die Feuchtigkeit im Bienenstock eine Obergrenze festlegen.

Eine «kalte Stelle» als Überlauf für Wasserdampf im Luftraum

Ein Kondenswasseranfall innerhalb eines Luftraumes bedeutet einen «Abfluss» von Wasserdampf aus der Luft. Wassermoleküle kondensieren aus der Luft, weil sie bei der anliegenden Temperatur nicht mehr von der Luft getragen werden können (sei es durch einen Zufluss von Wasserdampf oder einen Abfall der Temperatur), und schlagen sich in Form von Kondenswasser an den anliegenden Oberflächen nieder. Eine «kalte Stelle» innerhalb eines Luftraums stellt also immer einen «Überlauf» für den in der Luft enthaltenen Wasserdampf dar, die kälteste Stelle im Raum bestimmt den maximal möglichen Wasserdampfdruck im Raum. So verhält es sich zumindest in einem Luftraum, dessen Wasserdampfdruck in allen Bereichen aufgrund der Luftbewegungen – ausgelöst durch Bewegungen der Bewohner, Temperaturunterschiede, Ventilatoren o. Ä. – an jeder Stelle immer gleich groß ist.

Der Wasserdampfdruck in unbesetzten Bienenwohnungen, in denen auch noch kein Wabenbau vorhanden ist, folgt durch seine Verbindung zur Außenluft über das Flugloch dem Wasserdampfdruck der Außenluft. Eine kalte Stelle in der Bienenwohnung, beispielsweise hervorgerufen durch den Hitzeschutz der Bienenwohnung, kann so niedrige Temperaturen aufweisen, dass der maximal mögliche Wasserdampfdruck im Innenraum zeitweise niedriger ist als der, der sich aufgrund der äußeren Verhältnisse einstellen möchte. Der Wasserdampfdruck im Innenraum wird in dem Fall von der kältesten Stelle in der Bienenwohnung gedeckelt, er kann nicht über diesen Wert hinaus in die Höhe getrieben werden.

Auch in einer mit Wabenbau ausgebauten Bienenwohnung, die aber nicht mit Bienen besetzt ist, deckelt der Wasserdampfdruck an der kältesten Stelle den Wasserdampfdruck in seiner unmittelbaren Umgebung. Innerhalb der dünnen Luftschichten des Wabenbaus kommt es aber nicht zu Luftbewegungen durch Eigenkonvektion, weshalb die Wasserdampftransporte nur langsam ablaufen. Die Deckelung des Wasserdampfdrucks an der kältesten Stelle bedeutet also nicht zwangsläufig eine Deckelung des Wasserdampfdrucks für die komplette Bienenwohnung. Es kann nun beispielsweise zu einem Wasserdampfdruckgefälle vom Flugloch zur kältesten Stelle kommen, und somit zu langsamen Wasserdampftransporten von außen in die Bienenwohnung und dort entlang der Wabengassen zu der kältesten Stelle, wo ein Kondenswasseranfall gespeist von der Außenluft stattfinden kann.

Ist der Wabenbau zum Teil mit Bienen bevölkert, so findet innerhalb des Bienensitzes ein schneller Ausgleich des Wasserdampfdrucks statt. Im Bienensitz ist der Wasserdampfdruck überall etwa gleich groß. Von der kalten Stelle in der Bienenwohnung halten die Bienen mit ihrem Bienensitz aber Abstand, in unmittelbarer Nähe finden keine Aktivitäten statt. Andernfalls würde die kalte Stelle auch nicht kalt bleiben, sondern sich infolge der Anwesenheit der Bienen und ihrer Tätigkeiten erwärmen. Vom Rand des Bienensitzes zur kalten Stelle kann sich ein Wasserdampfdruckgefälle bilden, weil in den ruhenden Luftschichten des unbesetzten Wabenbaus die Wasserdampftransporte nur langsam ablaufen. Ein Kondenswasseranfall an der kalten Stelle bedeutet daher nicht zwingend das Erreichen des Wasserdampfsättigungsdrucks am Rand des Bienensitzes. Eine kalte Stelle deckelt also nicht zwangsläufig den Wasserdampfdruck im Bienensitz entsprechend der Temperatur an der kalten Stelle. Aus diesem Grund lässt sich der Wasserdampfdruck in einer besetzten Bienenwohnung nicht beliebig mit einem Wassermagneten begrenzen: Die Bienen halten zu kalten Bereichen der Bienenwohnung wenn möglich Abstand. Und mit steigendem Abstand wird der Maximalwert des Wasserdampfdrucks für den Bienensitz größer, weil sich über diesen Abstand ein Wasserdampfdruckgefälle aufbaut. Die Idee des «Wassermagneten» (siehe «Wassermagnet») funktioniert in der besetzten und ausgebauten Bienenwohnung daher nur eingeschränkt.

Der Wassermagnet hatte im Sinne ihrer Erfinder die Funktion, den Wasserdampfdruck innerhalb der kompletten besetzten Bienenwohnung zu deckeln und so die Bildung der Stockfeuchte zu verhindern. Wasser sollte an einer Stelle gezielt aus der Luft ausfallen (kondensieren) und den Bienen als Nebeneffekt zur Tränke dienen. Die

Idee ist gut, funktioniert aber nur eingeschränkt: Die kalte Stelle deckelt den Wasserdampfdruck innerhalb der mit Wabenbau ausgebauten Bienenwohnung nur am Ort der kalten Stelle selbst auf den gewünschten Wert. In den umliegenden Bereichen baut sich ein Wasserdampfdruckgefälle zur kalten Stelle auf, der Wasserdampfdruck in diesen Bereichen wird nicht auf den gleichen Wert gedeckelt. Er wird zwar auch hier begrenzt, aber eben auf höhere Werte, entsprechend den jeweils höheren Temperaturen. Honigbienen halten zu solchen kalten Stellen Abstand. Erst innerhalb ihres Bienensitzes kommt es zur Gleichheit des Wasserdampfdrucks in allen Bereichen; d. h., die Deckelung des Wasserdampfdrucks im Bienensitz funktioniert mit dem Wassermagneten nur eingeschränkt. Der Wert wird nicht auf den maximal möglichen Wasserdampfdruck an der kältesten Stelle beschränkt, sondern auf den Wert, der sich durch die kälteste Temperatur unmittelbar am Rand des Bienensitzes ergibt, welcher auf jeden Fall höher ausfällt als an der kältesten Stelle. Eine kalte Stelle innerhalb einer besetzten Bienenwohnung hat daher nicht zwingend die gleiche Wirkung wie in einem leeren Luftraum, in dem die Temperatur der kalten Stelle exakt den maximalen Wasserdampfdruck des gesamten Raums vorgibt. Die kalte Stelle deckelt den Wasserdampfdruck im Bienensitz nicht zwingend, sie gibt den Bienen aber die Möglichkeit, den Wasserdampfdruck entsprechend zu deckeln. Und genau das tun sie auch, sie können den Wassermagneten vollumfänglich aktivieren.

Die Begrenzung des Wasserdampfdrucks in mit Bienen besetzten Bienenwohnungen

Die beschriebenen Zusammenhänge führen aus sich selbst heraus also nur zu einer eingeschränkten Begrenzung des Wasserdampfdrucks im Bienensitz. Die Honigbienen können die Wirkungsmechanismen aber aktivieren: Honigbienen regulieren die Luftfeuchte in den Bereichen, in denen sie sich aufhalten. In den Brutbereichen ist ihnen eine gewisse Trockenheit besonders wichtig, hier beginnen sie in der Regel zu ventilieren und starten gegebenenfalls ihre Belüftungsketten (siehe «Belüftungsketten der Honigbienen»), wenn der Dampfdruck im Bienensitz steigt. Kommt es in der Bienenwohnung zu der «Besonderheit» einer kalten Stelle, beispielsweise infolge eines starken Hitzeschutzes der Bienenwohnung, dann kann es bereits zu einer Einstellung der Fächeltätigkeiten kommen, bevor eine Belüftungskette bis zum Flugloch gebildet wird: Durch das Fächeln der ersten Bienen in Richtung Flugloch, vermutlich zunächst mit geringer Flügelschlagfrequenz, entsteht ein Unterdruck im Brutnest und es strömt Luft aus den Wabengassen benachbarter Bereiche ein. Bleibt

Abb. 112: Blick in die Erdbeute bei entnommenen Rähmchen, Kondenswasser am Boden und den unteren Seitenwänden sorgen für eine Entfeuchtung der Stockluft.

der Erfolg zunächst aus und der Wasserdampfgehalt im Brutnest steigt weiter an, weil die Luft in der Umgebung ebenfalls zu feucht ist, dann intensivieren die Bienen ihr Bemühen: Die Flügelschlagfrequenz wird erhöht und weitere Bienen beginnen zu fächeln, sowohl im Brutnest als auch im erzeugten Luftstrom außerhalb des Brutnests, wo Bienen durch den Luftstrom animiert werden, ebenfalls zu fächeln. Es kommt so zunächst zur Luftzirkulation innerhalb des Bienenstocks, wobei die zirkulierende Luft auch die kalte Stelle passiert. Für die Dauer der Luftzirkulation ist der «Wassermagnet» vollständig aktiviert und es kommt dort zu einem Kondenswasseranfall, der die Luft im Bienensitz entfeuchtet. Nur wenn es im Bienenstock keine kalte Stelle gibt, die zu einer ausreichenden Entwässerung führt, wird die Belüftungskette bis zur Außenseite des Fluglochs geführt und es werden Luftwechsel mit der Außenluft eingeleitet.

In Abb. 112 ist der Kondenswasseranfall am Boden und an den unteren Seitenwänden in einer Erdbeute (siehe Abb. 105 und Abb. 106) zu sehen. Die Aufnahme entstand Ende Mai 2023, zu der Zeit gab es keine fächelnden Bienen im Fluglochtunnel. Erst in den ersten Wochen im Juni wurden die Temperaturen auch in den kalten Bereichen der Beute so hoch, dass die Bienen begannen, Luftwechsel mit der Außenluft herbeizuführen, um Wasserdampf aus dem Bienensitz abzuführen. Der Boden unserer Versuchsbeute befindet sich nur etwa 40 cm unter der Geländeoberkante und der Standort wird im Sommer morgens bis ca. 9 Uhr von der Sonne beschienen. Eine tiefer im Erdreich versenkte Beute mit einem Standort vollständig im Schatten, idealerweise im Wald, könnte den Bienen die Luftwechsel mit der Außenluft zum Abführen von Feuchtigkeit vermutlich auch bis in den Hochsommer hinein ersparen.

Abb. 113: Fluglochspalt zur Bienenwohnung in einer alten Kastanie in der Bonner Innenstadt

Und auch Baumhöhlen in lebenden Bäumen können unserer Ansicht nach diesen Effekt aufweisen: Durch die Saftströme des Baums greift der Baum auf die Temperaturen des Erdreichs in bis zu 2 m Tiefe zu.

Die «Besonderheit» einer Bienenwohnung mit einem starken Hitzeschutz bietet den Honigbienen die Möglichkeit, die Luftfeuchte nach ihren Wünschen zu regulieren. Sie können mit geringem Aufwand die Luft im Bienensitz trocken halten, unabhängig von den klimatischen Außenbedingungen. Ein steigender Wasserdampfdruck der Außenluft kann die Luftfeuchte im Bienensitz nicht auf für die Bienen unverträglich hohe Werte treiben, die Feuchteverhältnisse im Bienenstock werden ein Stück weit von den Verhältnissen der Außenluft entkoppelt.

Eine gewisse Abhängigkeit vom Außenklima bleibt aber bestehen: Der Wasserdampfdruck innen folgt dem außen und ist immer um einen gewissen Betrag erhöht. Das heißt auch, dass er innen tief sinken kann, wenn der Wasserdampfdruck der Außenluft tief sinkt. Die Bienen sind also theoretisch weiterhin dem Risiko einer hohen Trockenheit ausgesetzt, wenn der Wasserdampfdruck der Außenluft stark abfällt. An dieser Stelle sei angemerkt, dass sich dieses Risiko über die Geometrie des Fluglochs reduzieren lässt (siehe auch «Der Einfluss der Geometrie»): Je größer die Widerstände am Flugloch gegenüber Wasserdampftransporten sind, desto größer ist die «Wasserdampfstauung» am Flugloch. Je kleiner also das Flugloch ist und je länger der Fluglochtunnel ist, desto erhöhter ist der Wasserdampfdruck der Innenseite gegenüber der Außenseite. Auf diese Weise kann die Bienenwohnung die feuchtetechnische Abhängigkeit des Kleinklimas im Bienenstock von dem der Außenluft noch weiter lösen. Die Geometrie des Fluglochs bestimmt einen Mindestwert des Wasserdampfdrucks der Stockluft (relativ zum Wert der Außenluft), den die Bienen nur mit Ventilation am Flugloch unterschreiten könnten. Diese Zusammenhänge lassen vermuten, dass Honigbienen auch eine höhere relative Luftfeuchte im Brutnest gutheißen, als die aus der Literatur bekannten 30–50 % rF. Diese wurden nämlich in Bienenwohnungen mit sehr kurzen Fluglochtunneln und großen Fluglöchern gemessen, teils sogar mit zusätzlichen Belüftungen und offenen Böden. Die beginnenden Fächelaktivitäten der Bienen knapp oberhalb von 50 % rF markieren unserer Meinung nach noch nicht die Obergrenze der Komfortzone für das Brutnest (siehe auch «Die aktive Regulation des Kleinklimas durch die Honigbienen»). Die ersten Maßnahmen gegen eine zu hohe Feuchtigkeit markieren unserer Auffassung nach nicht die Obergrenze des Erträglichen, sondern zeigen vermutlich nur an, dass es jetzt sicher nicht mehr zu trocken ist. Auch die Vorliebe junger Bienen für eine relative Luftfeuchte von 75 % unter Abwesenheit von Brut[302] dürfte ein Hinweis auf die Bevorzugung feuchterer Verhältnisse in Bienenwohnungen sein: Bei einer relativen Luftfeuchte von 30–50 % rF im Brutnest gibt es im Sommer auch in den Randbereichen der Bienenwohnung kaum so hohe Luftfeuchten. Wir vermuten daher, dass die Bienen im Brutnest grundsätzlich eher Werte bis 60 % rF begrüßen.

Ein weiterer wichtiger Vorteil, der sich für die Bienen ergibt, ist die Möglichkeit, die Luftfeuchte getrennt von Wärmehaushalt und CO_2-Gaskonzentration regulieren zu können: Auf die Luftwechsel mit der Außenluft zwecks Entfeuchtung der Luft verzichten zu können, bedeutet in der Regel auch unerwünschte Wärmeverluste zu reduzieren und die CO_2-Konzentration im Bienenstock auf einem höheren Niveau zu halten. Honigbienen müssen in Bienenwohnungen mit «kalter Stelle» erst dann Luftwechsel mit der Außenluft erzeugen, wenn die Regulierung von Temperatur oder CO_2 dies erfordern. «Besonders» sind solche Bienenwohnungen aber erst seit der jüngeren Geschichte. Im Laufe der viele Millionen Jahre dauernden Evolution der Honigbienen waren solche Bienenwohnungen keine Besonderheit, sondern der Regelfall.

Bienenwohnungen in Baum-, Fels- und Erdhöhlen und auch in Hohlräumen massiver Gebäude bieten den Honigbienen einen massiven Hitzeschutz. Durch ihre große Masse, teils im Wärmeaustausch mit dem Erdreich, verfügen sie über einen so starken Hitzeschutz, dass es über Wochen und Monate zu einer «kalten Stelle» in der Bienenwohnung kommen kann, welche die Bienen als «Wassermagnet» zu aktivieren wissen. Sie können so auf das Mittel der Luftwechsel mit der Außenluft zur Regulierung der Luftfeuchte verzichten und die Stockluft trocken halten. Der Hitzeschutz entkoppelt das Innenklima der Bienenwohnung ein Stück weit vom Außenklima, sodass die Bienen die Luftfeuchte getrennt von Wärme- und Kohlendioxidhaushalt regulieren können.

Natürliche Bienenwohnungen geben den Honigbienen die Kontrolle über den Gashaushalt im Bienenstock

Erd- und Felshöhlen haben einen besonders starken Hitzeschutz, sie greifen direkt auf den Wärmespeicher der umliegenden Erd- und Felsmassen zu. Und auch Baumhöhlen können einen sehr starken Hitzeschutz aufweisen: Hier ergibt er sich aus der Masse des Holzes des umgebenden Baums und der des Erdreichs, welches über die Saftströme aus den Wurzeln durch den Baum Einfluss nimmt. Der starke Hitzeschutz ist der gemeinsame Nenner der natürlichen Bienenwohnungen.

Wir vermuten, dass Honigbienen im Laufe ihrer viele Millionen Jahre andauernden Evolution in Europa immer ausreichend natürliche Bienenwohnungen mit starkem Hitzeschutz vorfanden, insbesondere in Form von Baumhöhlen, solange bis der Mensch begann, die Wälder zu bewirtschaften. Heute finden sich in den jungen und bewirtschafteten Wäldern nur noch wenige Baumhöhlen. Und diese sind in der Regel ebenfalls jung (und klein), beispielsweise in Form von Spechthöhlen oder noch nicht weit ausgefaulten Faulhöhlen. Die Größe spielt aber neben dem Hitzeschutz eine Rolle, um den Honigbienen eine optimale Klimaregulierung zu ermöglichen: Die Höhle muss so groß sein, dass der Bienensitz auch zu Zeiten größter Volksstärke nicht den ganzen Raum füllt und Abstand von kalten Stellen halten kann. Andernfalls verliert die kalte Stelle ihre Wirkung.

Wir nehmen an, dass die klassische Schwarzspechthöhle für Honigbienen zu klein ist und ein zu großes Flugloch aufweist, um ihnen darin die optimale Regulation des Gashaushalts zu ermöglichen. Sie wird in der heutigen Zeit vermutlich nur aus Mangel an Alternativen bezogen. Erst wenn sie im Laufe der Jahre durch Faulprozesse größer wird und ihr Flugloch durch Umwallung kleiner, dürfte sie zu einer optimalen Bienenwohnung werden. In Abb. 114

Abb. 114: Schwarzspechthöhle (etwa 20 Liter Volumen) in einer Buche, Merscherwald (Luxemburg), die mit Bienen besetzt war. Foto: © Christian Zewen †

Abb. 115: Baumstumpf einer gefällten, wurzelfaulen Kiefer (Pinus sylvestris) mit natürlichem Flugloch, Stammdurchmesser etwa 48 cm, Höhlendurchmesser etwa 30 cm

ist eine klassische Schwarzspechthöhle in einer Buche zu sehen, die nach Fällarbeiten entdeckt wurde und mit Bienen besetzt war.

Für besonders attraktive Bienenwohnungen halten wir Baumhöhlen, die durch Wurzelfäule entstehen. Wird ein Baum im Wurzelbereich verwundet, können über diese Wunde Pilze eindringen. Der Baum reagiert darauf und versucht, den Bereich, in den der Pilz vordringen kann, stark zu begrenzen. Im besten Fall bildet er eine sogenannte kreisrunde Barrierewand aus, über dessen Grenze der Pilz nicht hinauswachsen kann. Wenn sich der Pilz nun festsetzt, frisst er sich vom Wurzelwerk bis in den Stammbereich und baut das Holz innerhalb dieser Barrierewand ab. Auf diese Weise entsteht eine kreisrunde Faulhöhle, die durch den Pilzfraß stammaufwärts stetig größer wird und die an der früheren Verwundung im Wurzelbereich ein natürliches «Flugloch» ausbildet. In der bodennahen Höhle ist ein sehr starker Hitzeschutz gegeben: Die Höhle greift nicht nur über die Saftströme auf den Wärmespeicher des Erdreichs zu, sondern auch direkt durch die Nähe zum Boden über den Wärmetransportmechanismus Wärmeleitung. Der Stamm hat am Fuß des Baumes den größten Durchmesser, die umgebende Holzmasse ist hier besonders groß und entsprechend ist es auch der Hitzeschutz. In Abb. 115 ist der Baumstumpf einer wurzelfaulen Waldkiefer zu sehen, deren Hohlraum über eine Öffnung unmittelbar über der Geländeoberkante mit der Außenluft verbunden ist.

Natürliche Bienenwohnungen mit ihrem starken Hitzeschutz und langen Fluglochtunneln geben den Bienen die Kontrolle über den Gashaushalt im Bienensitz. Frei von Störungen durch äußere klimatische Schwankungen können sie gezielt und teils unabhängig voneinander die Konzentrationen der Teilgase Wasserdampf und Kohlendioxid regulieren.

Der Hitzeschutz von Bienenbeuten kann die Eigenschaften von Erd-, Fels- oder Baumhöhlen nur schwerlich nachahmen. Selbst massive Klotzbeuten passen spätestens nach wenigen Tagen ihre Temperatur den Umgebungsbedingungen an. Dennoch dürfte der Hitzeschutz von Bienenbeuten zumindest bei kurzfristigen Schwankungen des Wasserdampfdrucks in der Außenluft, wie sie beispielsweise im Tagesverlauf geschehen, für Honigbienen eine Entlastung bedeuten.

Um den Bienen in einfachen Beuten die gleiche Kontrolle über die Regulation der Luftfeuchte zu geben, wie sie ihnen in natürlichen Bienenwohnungen möglich ist, könnte man die Beuten beispielsweise in der Erde versenken. Oder aber die Imkertechnik setzt die Idee eines Wassermagneten um, wie auch immer das aussehen mag.

MASSENAUSTAUSCH AM FLUGLOCH

Der notwendige Massenaustausch der Stockluft findet nach Anton Büdel überwiegend am Flugloch statt. Damit ist die Erneuerung der Stockluft gemeint, also das Abführen von im Bienenstock anfallenden und das Zuführen von verbrauchten Teilgasen des Gasgemischs Luft. Diese Erneuerung kann auf radikale Weise über Luftwechsel bewirkt werden oder aber über die Diffusionsprozesse. Im zweiten Fall gleichen sich lediglich unterschiedliche Konzentrationen der einzelnen Teilgase zwischen Innen- und Außenluft aus; es wechselt also wesentlich weniger Masse den Ort und folglich geht weniger Wärmeenergie verloren. Bei einem entstehenden Wasserdampfdruckgefälle von innen nach außen kommt es zu Wassertransporten durch die Öffnungen: «Der Austausch der Feuchte zwischen dem Beuteninneren und der Außen-

Abb. 116: Wild lebendes Honigbienenvolk in den Gemäuern einer Burg in Frankreich. Foto: © Vincent Albouy

luft erfolgt so gut wie ausschließlich durch das Flugloch, dabei braucht aber nicht, wie vielfach angenommen, die Luft in der Beute erneuert zu werden; der von der Temperatur und dem Wasserdampfgehalt der Außenluft gesteuerte Ausgleich erfolgt vielmehr durch Molekularbewegung.»[307] Dieser Zusammenhang ist richtig, wir erweitern ihn aber wie folgt: Unter besonderen Umständen (starker Hitzeschutz) findet die notwendige Entfeuchtung der Stockluft in Form eines Kondenswasseranfalls bereits innerhalb der Bienenwohnung statt und es kommt zu keinen nennenswerten Wasserdampftransporten von innen nach außen.

Neben dem Anfall von Wasserdampf kommt es durch den Stoffwechsel der Honigbienen auch zu einem Anfall von Kohlendioxid und zu einem Verbrauch von Sauerstoff. Analog zu dem Wasserdampfdruckgefälle kommt es so auch zu einem Gasdruckgefälle von Kohlendioxid (ebenfalls von innen nach außen) und von Sauerstoff (von außen nach innen). Die Bewegungen von Luftkörperchen verschiedener Größen (Turbulenz) und kleinster Luftteilchen (Diffusion der Moleküle) bewirken einen Ausgleich der Konzentrationen im Fluglochbereich und führen zu einem Massenaustausch zwischen Stockluft und Außenluft. Es kommt zu teils gegensätzlichen Zu- und Abflüssen der ein-

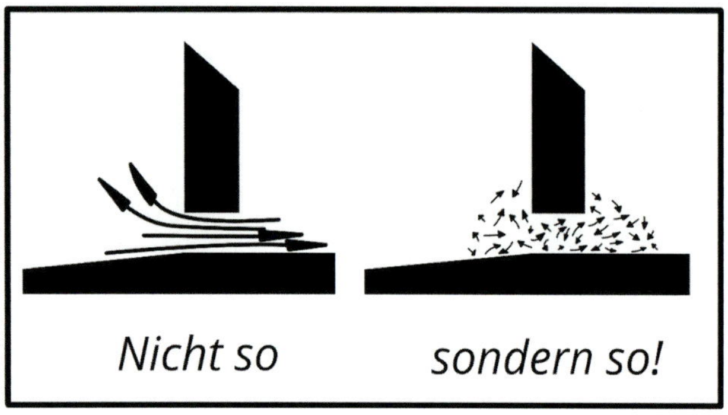

Abb. 117: «Nicht durch gerichtete Luftströme, sondern durch Turbulenz erfolgt im Winter der Austausch zwischen Innen- und Außenluft». (Grziwa, 1956)[312] – aufbereitet

zelnen, in der Luft enthaltenen Gase durch das Flugloch, ohne das hier vollständige Luftwechsel stattfinden.

Die für die Honigbienen lebensnotwendige Lufterneuerung erfolgt also überwiegend nicht über komplette Luftwechsel, sondern hauptsächlich über die Transportmechanismen Diffusion und Turbulenz.[136] Messungen der Luftströme am Flugloch belegen dies.[306] Beide Transportmechanismen – die Diffusion und die Turbulenz – bergen gegenüber kompletten Luftwechseln für die Honigbienen den Vorteil, weniger Energie zu verlieren: Bei der Diffusion von Gasen geht der Luft nur die Wärmeenergie verloren, die von den sich im Raum fortbewegenden Teilchen mitgenommen werden. Der Großteil der verschiedenen Gasmoleküle verbleibt am Ort und mit ihnen auch die in ihnen gespeicherte Wärmeenergie. Bei turbulenten Strömungen findet eine ungeregelte Durchmischung von Lufteinheiten unterschiedlicher Größe statt. Finden solche Strömungen im Grenzbereich zweier Räume mit unterschiedlichen Temperaturen statt, so kommt es zu einem Wärmetausch: Turbulenz am und im Fluglochbereich zum Beispiel lassen die einströmende kalte Luft einen Teil der Wärmeenergie der ausströmenden Luft aufnehmen. Es findet in der Mischzone im Fluglochbereich ein Massentausch statt, ohne dass dabei die vollständige Energie der Masse verloren geht. Bei dem Sonderfall des Ventilierens der Honigbienen im Sommer befindet sich die Mischzone vor dem Flugloch, der Beute wird somit bereits vorgewärmte Luft zugeführt.[311]

Abb. 117 zeigt den Extremfall der Wintersituation: Die Bienen sitzen als Winterkugel im Beuteninneren und lösen weder Turbulenz durch Bewegungen noch gleichgerichtete Strömungen durch Fächeln aus. Der Massenaustausch am Flugloch findet nur über Diffusion, wetterbedingte Turbulenz und eventuell durch Temperaturunterschiede ausgelöste Turbulenz statt. In der Brutzeit beschleunigen turbulente Strömungen, ausgelöst durch die Bewegungen der Bienen und gleichgerichtete (auch turbulente) Luftströmungen durch die Fächelaktivitäten der Bienen, alle Gastransporte. Die Turbulenz am Flugloch, und somit das Ausmaß des Massenaustauschs zwischen Innen- und Außenluft, wird sowohl durch äußere Gegebenheiten als auch durch die Bienen selbst und ihr Verhalten beeinflusst. Eine den Massenaustausch erhöhende Turbulenz im Fluglochbereich kann folgende Ursachen haben:

1. Temperaturunterschiede zwischen Innenluft und Außenluft[132]
2. Wetterbedingte Turbulenz, an der die meisten Witterungselemente beteiligt sind[132]
3. Durch die Bienen selbst angeregte Turbulenz, wenn der Fluglochbereich Teil der bienennahen Luftschicht ist und die typische Temperaturunruhe der Luftschichten des Brutnests sich so bis in den Fluglochbereich auswirken[132][311]
4. Temperaturgegensätze und Temperaturschwankungen durch die Bienen selbst, die durch ihren Aufenthalt hinter, im oder vor dem Flugloch ausgelöst werden[311]
5. Die Bewegungen der Bienen, einschließlich des Fächelns[136]

Äußere Windlasten oder starkes Fächeln der Bienen verringern die Turbulenz im Flugloch selbst und verschieben die Mischzone nach außen oder innen. Durch Wind wird die Mischzone in den inneren Bereich der Bienenwohnung ausgedehnt, im Fluglochbereich selbst werden Temperaturunterschiede und unterschiedliche Gaskonzentrationen schnell abgetragen. Durch das Fächeln der Bienen im und vor dem Flugloch wird die Mischzone auf Bereiche vor dem Flugloch ausgedehnt.

Die unter den Punkten 1 und 2 genannten Ursachen sind nahezu ganzjährig wirksam und sorgen auch für eine «Lufterneuerung» im Winter. Ursache 3 kommt im Winter eher selten zum Tragen. Wenn es aber dazu kommt, dann bestimmen die resultierenden Turbulenzen das Geschehen.[132] In der Brutzeit sind die Temperaturschwankungen der Luftschichten des Brutnests so gut wie ununterbrochen im Flugloch wirksam. Die Ursachen 4 und 5 verstärken die Prozesse in der Brutzeit und scheiden im Winter aus.

Es ist nicht notwendig, den Honigbienen «frische Luft» in Form von vollständigen Luftwechseln zu bieten, beispielsweise durch die Anlage von Querlüftungen in der Bienenwohnung. Solche werden von den Honigbienen auch so weit wie möglich vermieden, da sie oft mit starken Wärmeverlusten verbunden sind. In alter Literatur finden sich häufig Hinweise auf notwendige Luftwechselraten, um den Bienen die ihnen genehme Luft zu garantieren. Solche sind unbedingt als falsch zu bewerten, da sie sämtliche Diffusionsprozesse der in der Luft enthaltenen Teilgase unberücksichtigt lassen. Bei einem großzügig bemessenen Flugloch sind nur in Ausnahmefällen komplette Luftwechsel für die Lufterneuerung notwendig, welche Bienen dann, wenn es so weit ist, mittels Ventilation selbst bewerkstelligen. Offene Böden und zusätzliche Belüftungen sind nie sinnvoll.

Das Flugloch kann aber auch für den notwendigen Massenaustausch zu klein dimensioniert sein: Dann müssen die Honigbienen regelmäßig mittels Ventilation eingreifen, um die verschiedenen Gaskonzentrationen auf ein bienengenehmes Niveau zu bringen. Eine Versuchsreihe mit 10 bevölkerten kleinen Bienenwohnungen mit jeweils kleinen Fluglöchern (Durchmesser 2 cm) und einem zusätzlich davor gebauten Vorraum zeigt diese Zusammenhänge auf:[194] Die Honigbienen müssen regelrecht einen «Atemzyklus» aufbauen, um die anfallenden Gaskonzentrationen in den Griff zu bekommen. Ausschlaggebend für die Fächelaktivitäten scheint in dem Versuchsaufbau der CO_2-Gehalt der Innenluft zu sein. Immer wenn der CO_2-Gehalt (in der Brutzeit) 2 % überschreitet, beginnen die Bienen zu fächeln. Nachts wird in der Studie dabei eine deutlich geringere Frequenz gemessen.

WASSERDAMPFTRANSPORTE DURCH DIE AUSSENWÄNDE DER BIENENWOHNUNG

Der ganzjährige Wasserdampfdruckunterschied zwischen Innen- und Außenluft führt auch zu Wasserdampftransporten entlang des Wasserdampfdruckgefälles von innen nach außen durch die Wände der Bienenwohnung. Die Diffusionsprozesse durch die Wände fallen gegenüber den Wasserdampftransporten durch das Flugloch aber vernachlässigbar gering aus: Die Materialien sind um ein Vielfaches undurchlässiger als ruhende Luft, und vor allem werden die Diffusionsprozesse durch das Flugloch durch turbulente Strömungen stark beschleunigt. In der brutfreien Zeit ist der Unterschied des Wasserdampfdrucks (beziehungsweise der absoluten Luftfeuchte) sehr gering und somit auch die Wasserdampftransporte zwischen Innen- und Außenluft. In dieser Zeit sind die Wasserdampftransporte durch die Wände erst recht vernachlässigbar. Bereits 1942 schrieb Julius Paschke, dass die geringen Wassermengen, die von den Beutenwänden aufgenommen werden können, in keinem Verhältnis zu den Wassermengen stehen, die abgeführt werden müssen.[88] Die Wassermenge, die über die Wandungen der Bienenwohnungen abgetragen werden kann, ist abhängig von den Materialeigenschaften der Baustoffe, von der Dicke der Bauteilschichten und von dem an den Bauteilen anliegenden Dampfdruckgefälle.

Abb. 118: Bienenhaus der Benediktinerabtei Maria Laach (Eifel), mit Strohkörben und Magazinbeuten aus Stroh, wie sie bereits vor 100 Jahren benutzt wurden

Nahezu alle Baustoffe lassen eine mehr oder weniger starke Wasserdampfdiffusion zu. Gemessen und angegeben wird die Diffusionsoffenheit der Materialien mit der Wasserdampfdiffusionswiderstandszahl μ. Diese gibt an, um welchen Faktor das Material weniger diffusionsoffen ist als eine gleichdicke ruhende Luftschicht. Die Wasserdampfdiffusionswiderstandszahl $\mu = 2$ bedeutet also beispielsweise, dass das Material nur die Hälfte der Wasserdampfmoleküle passieren lässt, die durch eine gleichdicke ruhende Luftschicht diffundieren würden. Über diese Zahl lässt sich bei einer bestimmten Schichtdicke des Materials dann die wasserdampfdiffusionsäquivalente Luftschichtdicke s_d der Bauteilschicht ermitteln. Dies ist ein sperriger Begriff für einen einfachen Zusammenhang: Mit $\mu = 2$ würde beispielsweise durch eine 10 cm dicke Schicht des betrachteten Materials ebenso viel Wasserdampf diffundieren, wie durch eine 20 cm dicke ruhende Luftschicht. Der s_d-Wert dieser Bauteilschicht wäre also 20 cm. Besteht das Bauteil aus zwei verschiedenen Schichten mit unterschiedlichen Materialeigenschaften, dann werden die jeweiligen s_d-Werte einfach addiert.

Materialien werden in der Bauphysik nicht weiter nach ihrer Diffusionsoffenheit klassifiziert, sie werden lediglich mit ihrem μ - Wert angegeben. Bauteile und Bauteilschichten werden aber in Abhängigkeit von ihrem s_d-Wert in diffusionsoffen, diffusionshemmend und diffusionsdicht unterteilt. Mit s_d kleiner als 0,5 m gilt ein Bauteil als diffusionsoffen, zwischen 0,5 m und 1500 m als diffusionshemmend und mit s_d größer als 1500 m als diffusionsdicht.

Das am häufigsten anzutreffende Material im Beutenbau ist Holz. Aber auch Styropor, Stroh und Schilf sind gängige Materialien, die wir im Folgenden betrachten wollen. Natürlicherweise beziehen Honigbienen auch Felshöhlen. Die Wände einer solchen Höhle sind in der Regel als diffusionsdicht zu bewerten: Die meisten Gesteine haben eine sehr hohe Wasserdampfdiffusionszahl (Basalt, Gneis, Granit und Mamor haben einen μ-Wert von 10000, Schiefer einen von etwa 900).[(152)] Es gibt zwar auch Gesteine mit deutlich geringeren Werten (Lava, Kalkstein, Sandstein haben μ - Werte zwischen 20 und 200),[(152)] in Kombination mit ihren Wandstärken sind aber auch sie in der Regel diffusionsdicht oder mindestens diffusionshemmend.

Die μ - Werte von Holz schwanken abhängig von Holzart, Faserrichtung und Holzfeuchte zwischen μ = 3 und μ = 450.[(152)] Für die im Beutenbau relevanten Faserrichtungen radial und tangential und üblichen Holzfeuchten (welche sich auf übliche relative Luftfeuchten zwischen 50–100 % einstellen) schwankt die Wasserdampfdiffusionswiderstandszahl bei Fichtenholz zwischen 20 und 100, bei Eichenholz zwischen 20 und 200 und bei Buchenholz zwischen 20 und 60.[(246)] Je feuchter das Holz ist, desto kleiner werden die Unterschiede bezüglich der Diffusionsoffenheit der Holzarten. Selbst die Wände dünnwandiger Magazinbeuten aus Holz sind nach den Konventionen der Bauphysik meist als diffusionshemmend zu bewerten.

Styropor lässt mit einer Wasserdampfdiffusionszahl von μ = 20 bis 100 in etwa dieselbe Wasserdampfdiffusion zu wie Holz. Diese Tatsache mag den ein oder anderen Leser irritieren, weil die Vorstellung von «atmenden Wänden» im Häuserbau verbreitet ist, welche bei Verwendung von natürlichen Materialien die Diffusion der Gase zulassen. Tatsächlich sind die diffundierenden Wassermengen durch die Wandaufbauten aber so gering, dass sie auch bei Verwendung natürlicher Materialien keinen nennenswerten Beitrag zum Abbau eines Wasserdampfdruckgefälles leisten, wie es beispielsweise durch die Anwesenheit von Lebewesen in Häusern entsteht. In Wohnhäusern findet der notwendige Gasaustausch über die undichte Gebäudehülle und das Lüftungsverhalten der Bewohner statt. Dennoch ist die Diffusionsoffenheit der unterschiedlichen Bauteilschichten im Häuserbau von großer Bedeutung: Wandaufbauten mit mehreren Schichten sollten nach außen hin diffusionsoffener werden, andernfalls erhöht sich die Wahrscheinlichkeit für einen Kondenswasseranfall im Bauwerk, welcher auch bei geringen Mengen Schäden mit sich bringen kann, wenn er nicht zeitnah wieder abtrocknet.

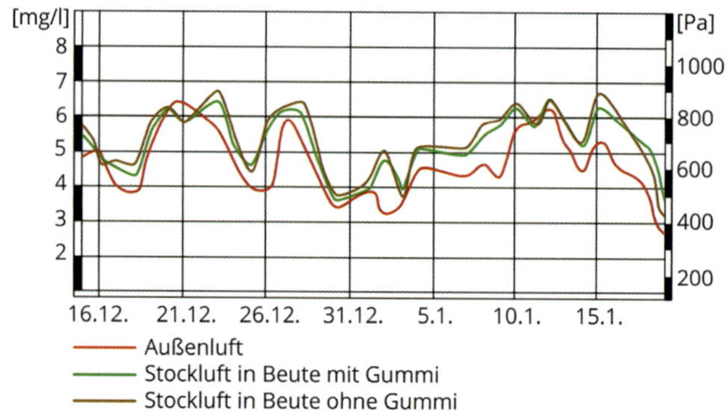

Abb. 119: Absolute Luftfeuchte (bzw. Wasserdampfdruck) in isolierten Beuten mit und ohne Gummi-Umhüllung. (Büdel, 1950)[(313)] – aufbereitet und koloriert

Der Vorteil von Holz im Häuserbau gegenüber anderen Materialien liegt nicht in seiner größeren Diffusionsoffenheit, die Sorptionsfähigkeit macht es attraktiv: Die an die Luftschicht angrenzenden Holzschichten (vor allem die ersten Millimeter) reagieren schnell auf eine Veränderung der Luftfeuchte und nehmen Wasser auf (Sorption) bzw. geben es wieder ab (Desorption). Holz sorgt so für ein angenehmeres und ausgeglicheneres Raumklima, sofern es im Kontakt mit der Raumluft steht. Materialien wie Styropor, Kunststoffe, Stein und Stroh sind nicht sorptionsfähig. Materialien wie Beton, Mauerwerk, Putz oder auch Schilf sind sorptionsfähig und daher ebenfalls vorteilhaft bezüglich des Raumklimas.

Im Bienenbau verliert die Eigenschaft der Sorptionsfähigkeit des Holzes im Laufe der Zeit an Wert, da Honigbienen die Wände mit Propolis versehen und so die Reaktion der Wände auf die Luftfeuchte stark reduzieren. Daraus lässt sich vermuten, dass die Wirkung der Wände als Zwischenspeicher für Luftfeuchte für die Honigbienen nicht oberste Priorität hat, bzw. mindestens im Laufe der Zeit an Priorität verliert. Vielleicht ist es auch ein Hinweis darauf, dass es in natürlichen Baumhöhlen lebender Bäume kaum zu diesem Effekt kommt: Das Holz der Innenwände der Baumhöhlen könnte in der Regel eine so hohe Holzfeuchte aufweisen, dass das Holz der Baumhöhlenwände nicht oder nur sehr begrenzt als Feuchtepuffer zur Verfügung steht und es in der Regel zu einer einseitigen Abgabe von Wasserdampf an die Höhlenluft kommt. Wir halten es daher für möglich, dass es in natürlichen Baumhöhlen keinen nennenswerten Vorteil durch einen Feuchtepuffer des Holzes gibt und er in der Evolution der Honigbienen keine Rolle gespielt hat. Das Propolisieren der Wände in natürlichen Baumhöhlen würde den Bienen dann nicht den Vorteil des Feuchtepuffers zunichtemachen, sondern würde sie vorteilhafterweise vor dem dauerhaften Zustrom von

Wasserdampf aus dem lebenden Baum bewahren. Vielleicht kommt es aber auch in Baumhöhlen zu der Wechselwirkung von Holz- und Luftfeuchte und das Holz steht als Feuchtepuffer zur Verfügung. Uns sind leider keine Untersuchungen zur Holzfeuchte in Baumhöhlen bekannt, sodass eine Beurteilung aus unserer Sicht nicht möglich ist. Besonders interessant wäre die Kenntnis über die Holzfeuchte in alten Baumhöhlen alter Bäume, so wie sie vor der Bewirtschaftung durch Menschen in den Urwäldern vermutlich in der Regel anzutreffen waren. Hier halten wir eine Trockenheit der Holzwände für wahrscheinlich.

Stroh und Schilf haben sehr geringe Wasserdampfdiffusionswiderstandszahlen. Bienenbeuten aus diesen Materialien lassen deutlich mehr Wasserdampf durch ihre Wände passieren als Beuten aus Holz oder Styropor. Aber auch bei ihnen sind die diffundierenden Wassermassen im Vergleich zu denen, die das Flugloch mittels Luftwechsel, Turbulenz und Diffusion verlassen, verschwindend gering. Und auch hier werden die Innenflächen im Laufe der Zeit vollständig von den Bienen mit Propolis beschichtet, wodurch die Wände immer weniger Wasserdampftransporte zulassen.

Wir wollen an dieser Stelle einen Überblick über die Größenordnung der Wassertransporte durch die Wände geben: Betrachten wir eine dünnwandige Dadant-Beute mit geschlossenem Boden, und nehmen wir an, dass der komplette Wabenbau mit Bienen besetzt ist sowie überall in den Wabengassen der gleiche Wasserdampfdruck von 2500 Pa herrscht (das entspricht einer absoluten Feuchte von 18,8 mg/l, also beispielsweise einer Temperatur von 35 °C bei 45 % rF in den Wabengassen der Brut bzw. z. B. 27 °C und 70 % rF in den weiter außenliegenden Bereichen). Der anliegende Wasserdampfdruck der Außenluft beträgt 1770 Pa (bei T = 22 °C und rF = 67 %). Durch den fortgeschrittenen Sommer hat sich im Holz (Fichte) der Beute eine Holzfeuchte von etwa 12 % eingestellt (entspricht der Ausgleichsfeuchte bei Lagerung von 60 % rF). Bei dieser Holzfeuchte hat das Fichtenholz etwa eine Wasserdampfdiffusionswiderstandszahl μ von 90.[246] Bei diesen Ausgangswerten verlässt die Beute überschläglich 4 g Wasserdampf an einem Tag durch die vier Seitenwände per Wasserdampfdiffusion. Das entspricht der Wassermenge, die etwa 140 offene Brutzellen in der gleichen Zeit in die Wabengassenluft per Diffusion abgeben.[136] Zu dem betrachteten Zeitpunkt gibt es im Bienenstock überschläglich über 15000 offene Brutzellen. Die durch die Seitenwände diffundierende Wassermenge ist gegenüber der in dieser Jahreszeit anfallenden Wassermenge im Bienenstock also verschwindend gering (<1 %) und kann vernachlässigt werden. Eine Außenlackierung bzw. das Propolisieren der Innenwände reduziert die Diffusionsmengen nochmal erheblich.

Abb. 120: An der gold-gelben Zeichnung erkennt man die Buckfast-Bienenrasse, die ihre Färbung durch die Einkreuzung der Italienischen Honigbiene *Apis mellifera ligustica* erhalten hat. Die Dunkle Biene *Apis mellifera mellifera*, die in Deutschland leider schon ausgestorben ist, kann ebenfalls farbige Bereiche aufweisen, die lederbraun ausfallen.

Diese rechnerische Feststellung der nicht nennenswerten Wassermengen, die durch die Außenwände diffundieren, wird durch eine Messreihe eindrucksvoll bestätigt: Zeitgleiche Messungen des Wasserdampfdrucks der Außenluft, der Stockluft in einer normalen Holzbeute und der Stockluft in einer Holzbeute mit «Gummi-Umhüllung» im Winter zeigen keinen signifikanten Unterschied in den beiden Versuchsbeuten (siehe Abb. 119).[313] Und es kommt auch in keiner der beiden Beuten zu einem Kondenswasseranfall im Inneren. Beide Versuchsbeuten waren gleichermaßen gut isoliert, sodass der Anfall von Kondenswasser infolge mangelhaften Wärmeschutzes ausgeschlossen werden konnte. Beide Wasserdampfdruckkurven der Versuchsbeuten sind über den gesamten Zeitraum etwa gleich groß und gleichermaßen um einen geringen Betrag höher als der der Außenluft. Die Unterschiede zwischen den Kurven sind so gering, dass sie innerhalb der Messungenauigkeiten liegen.

Etwas effektiver, aber immer noch vernachlässigbar, sieht es bei Strohbeuten (μ = 2) oder Schilfbeuten (μ = 5) aus: Durch einen Strohstülper mit 4 cm dicken Seitenwänden und einer Mantelfläche von 0,11 m^2 (ohne Bodenplatte) würden rechnerisch etwa 16 g Wasserdampf durch die Wandungen jeden Tag diffundieren, also knapp 4 % der allein durch die offene Brut anfallenden Wasserdampfmenge. Unter Berücksichtigung aller anderen Wasserdampfquellen im Bienenstock ist die durch die Wände diffundierende Wassermenge ebenfalls vernachlässigbar gering.

Die Beispielrechnung berücksichtigt die Bedingungen an einem Tag während der Brutzeit. Im Winter, wenn die Bienen sich als Bienentraube zurückgezogen haben, sind die Aktivitäten der Bienen auf ein Minimum reduziert und es fällt kaum Wasserdampf in der Bienentraube an (zumindest nicht, wenn die Bienen gesund und störungsfrei bei ausreichend Vorräten überwintern). Es gibt zu dieser Zeit bereits innerhalb der Bienentraube ein leichtes Dampfdruckgefälle von den wenigen Brutzellen in Richtung Randbienen und vom Rand der Bienentraube nach außen.(314) An den Wänden der Bienenwohnung liegt, wenn überhaupt, nur ein geringes Wasserdampfdruckgefälle an, die Wasserdampftransporte durch die Wände spielen zu dieser Zeit erst recht keine Rolle.

Es ist, wie Dr. Anton Büdel es bereits Mitte letzten Jahrhunderts immer wieder beschrieben hat: Eine Bienenwohnung muss nicht diffusionsoffen oder gar luftdurchlässig sein:(313)(315) Die Probleme mit der Stocknässe sind ein Problem der Wärmedämmung.(113)(123)(195) «Eine gut isolierte Beute schwitzt auch dann nicht, wenn sie absolut luftdicht ist und nur durch das Flugloch mit der Außenwelt in Verbindung steht.»(209)(178) Eventuell anfallende Nässe bildet sich stets an der kältesten Stelle.(114)

Eine Bienenwohnung muss nicht diffusionsoffen sein. Die Diffusionsprozesse sind auch durch diffusionsoffene Materialien so langsam, dass sie nicht nennenswert zum Abbau des in der Bienenwohnung anfallenden Wasserdampfs beitragen. Auch natürliche Bienenwohnungen sind aufgrund der Schichtdicken ihrer Außenwände nahezu immer als diffusionshemmend oder sogar diffusionsdicht zu bewerten. Der Massenaustausch der in der Luft enthaltenen Gase, die durch die Anwesenheit von Lebewesen in ihrer Konzentration beeinflusst werden (Sauerstoff, Kohlendioxid und Wasserdampf), findet über das Flugloch und undichte Stellen in der Bienenwohnung statt. Selbst bei Stroh- und Schilfbeuten ist das durch die Wände diffundierende Wasser nur ein kleiner Bruchteil der anfallenden Wasserdampfmengen. Spätestens mit dem Aufbringen der Propolisschicht an den Innenflächen der Wände werden die Wasserdampftransporte durch die Außenwände vernachlässigbar.

BELÜFTUNG UND STOCKFEUCHTE IM WINTER

In der Bienenhaltung werden zusätzliche Belüftungen von Bienenwohnungen in Form von offenen Böden oder zusätzlichen Belüftungslöchern in der Regel zur Vermeidung der Stockfeuchte in der kalten Jahreszeit angelegt.(191) Der Hintergedanke ist, feuchte Luft des Innenbereichs mit trockenerer Luft des Außenbereichs auszutauschen. Der Wasserdampfgehalt der Außenluft unterscheidet sich in der kalten Jahreszeit aber kaum von dem der Innenluft. Für den Wasserdampfhaushalt der Bienen sind solche Belüftungen außerhalb der Brutzeit daher bedeutungslos: «Eine Austrocknung der Innenluft durch die Ventilation ist unter allen Umständen im Winter ausgeschlossen.»(316) Die relative Luftfeuchte in der Bienenwohnung lässt sich effektiv über die Temperatur steuern. Daher lässt sich die Stocknässe bestens über eine Wärmedämmung verhindern bzw. zumindest in unbedenkliche Bereiche der Bienenwohnung verschieben.

Mit Beginn der Brutzeit steigt die Differenz des Wasserdampfdrucks innen und außen; eine zusätzliche Belüftung kann diese Differenz reduzieren. Bezüglich eines Kondenswasseranfalls ist das aber belanglos, da er in der Brutzeit unter normalen Umständen keine Rolle spielt. Er tritt in der Regel nur unter extremen Bedingungen auf (z. B. Einfütterung, Volltracht) und dann auch nur im Fluglochbereich, wo er keinen Schaden anrichtet und schnell wieder abtrocknet. Lediglich ein Kondenswasseranfall gespeist durch die Außenluft bei aufziehender warmer und feuchter Luft im Frühjahr kann den Bienen in einer kurz zuvor begonnenen Brutzeit Probleme bereiten; diese Form des Kondenswasseranfalls wird durch eine stärkere Belüftung aber nicht vermieden, sondern ganz im Gegenteil begünstigt (siehe «Der Sonderfall von Kondenswasser gespeist durch die Außenluft»).

Theoretisch kann es aus anderen Gründen sinnvoll erscheinen, den Wasserdampfdruck «gewaltsam» mit zusätzlichen Belüftungen auf das Niveau der Außenluft zu senken, beispielsweise dann, wenn dies zur Bekämpfung von Parasiten erfolgsversprechend erscheint. Es gibt aber triftige Gründe, solche Belüftungen zu unterlassen, ganz abgesehen davon, dass offensichtlich offene Böden den Siegeszug von Varroa-Milben und Kleinen Beutenkäfern in den letzten Jahrzehnten nicht aufhalten konnten: Für den Wärmehaushalt bedeutet jede zusätzliche Belüftung in Zeiten mit niedrigen Außentemperaturen eine nicht zu verantwortende Störung (siehe auch «Zusätzliche Belüftung»).(190)(114)(191) Neben den ungünstigen Auswirkungen auf den Wärmehaushalt bewirken zusätzliche Belüftungen auch eine Veränderung des Kohlendioxid-Haushalt, der Bienen (siehe «Der CO_2-Gehalt im Bienenstock»), mit negativen Folgen für die Honigbienen.

14 Der CO_2-Gehalt im Bienenstock

Die Luft ist ein Gasgemisch aus verschiedenen Teilgasen. Der Stoffwechsel und die Tätigkeiten der Honigbienen im Bienenstock verändern einzelne Konzentrationen von einzelnen Teilgasen: Sauerstoff wird verbraucht, wodurch es zu einem Anfall von Wasserdampf und Kohlendioxid (CO_2) kommt. Beim Stoffwechsel der Bienen fällt mehr als doppelt so viel Kohlendioxid wie Wasserdampf an.[(161)] Der Stoffwechsel der Bienen ist aber die einzige Quelle für CO_2 im Bienenstock, wohingegen Wasserdampf auch durch das Eindicken von Honig, die Kühlaktivitäten der Bienen, das Verdunsten von Futtersaft und die Transpiration der Bienen anfällt.

Der CO_2-Gehalt der Stockluft scheint eine besondere Rolle für die Honigbienen zu spielen. Die Bienen verfügen über Rezeptoren für dieses Gas[(317)] und können daher ebenso wie auf Wasserdampfkonzentrationen[(318)] oder auch auf Temperaturen reagieren. Für die Gase Sauerstoff und Stickstoff haben sie dagegen keine Rezeptoren.[(317)]

Die Bienen greifen aktiv in den Gashaushalt ihres Bienenstocks ein, wenn die Konzentrationen von Wasserdampf oder CO_2 in der Luft bestimmte Grenzwerte überschreiten. Ebenso wie bei zu hoher Temperatur reagieren sie auf erhöhte Gaskonzentrationen mit Ventilation. Sie wechseln so die «verbrauchte» Stockluft mit «frischer» Luft aus. Ausschlaggebend für das Herbeiführen von Luftwechseln ist in der Regel der Wasserdampf, der abgeführt werden muss. Er erreicht in der Regel zuerst kritische Werte für die Honigbienen und veranlasst diese zu ventilieren. Wilhelm Jebsen stellte bereits 1952 anhand von Berechnungen fest, dass nicht etwa das Sauerstoffbedürfnis oder die Kohlensäureabscheidung die benötigte Frischluft bedingt, sondern der abzuführende Wasserdampf.[(161)]

Aus den vorangegangenen Kapiteln wissen wir nun aber, dass den Bienen zum Abführen des Wasserdampfüberschusses in natürlichen Bienenwohnungen (oder Beuten mit starkem Hitzeschutz) teils bereits die Zirkulation der Luft innerhalb der Bienenwohnung ausreicht. Der CO_2-Gehalt der Luft wird in diesem Fall aber nicht reduziert, weil dieses Gas sich beliebig in der Luft anreichern lässt, unabhängig von der Lufttemperatur. Es kann daher durch den Hitzeschutz zu einem höheren CO_2-Gehalt in der Stockluft kommen. Erst wenn die CO_2-Konzentration einen Reiz zu fächeln auslöst und die Bienen aus diesem Grund Belüftungsketten bis zum Flugloch bilden, kommt es zu Luftwechseln mit der Außenluft. Solche Luftwechsel zum Abbau der CO_2-Konzentration werden selbst bei niedrigen Außentemperaturen durchgeführt, wenn sie notwendig werden.[(319)]

In der Außenluft ist immer etwa eine Konzentration von 0,04 % CO_2 vorhanden, welche im Gegensatz zur Konzentration des Wasserdampfs keinen Tagesschwankungen unterliegt. Während der Brutzeit ist innerhalb des Bienenstocks nach Armbruster eine CO_2-Konzentration von etwa 0,5 % CO_2 enthalten.[(159)] Neuere Studien zeigen teils aber auch deutlich höhere Konzentrationen und vor allem eine starke Schwankung im Tagesverlauf. Nach Seeley regulieren die Bienen den CO_2-Gehalt mittels Ventilation zwischen 0,1 und 4,25 %.[(320)] In der Studie werden dabei unterschiedliche Konzentrationen je nach Volksstärke festgestellt: in großen Völkern beträgt die durchschnittliche CO_2-Konzentration 0,44 % und in kleinen 0,78 %. Zahlen von Taranov und Mikhailov lassen vermuten, dass Honigbienen in der Regel maximal eine CO_2-Konzentration von 3–4 % während des Brutgeschäfts zulassen.[(92)] Und Southwick zeigt, dass Bienen bei 2 % CO_2-Konzentration zu ventilieren beginnen.[(194)] Honigbienen sind aber durchaus auch in der Lage, höhere Konzentrationen unbeschadet zu überstehen: Eine Studie aus dem Jahr 1946 zeigt laut Taranov und Mikhailov eine erfolgreiche Überwinterung der Honigbienen bei einer CO_2-Konzentration

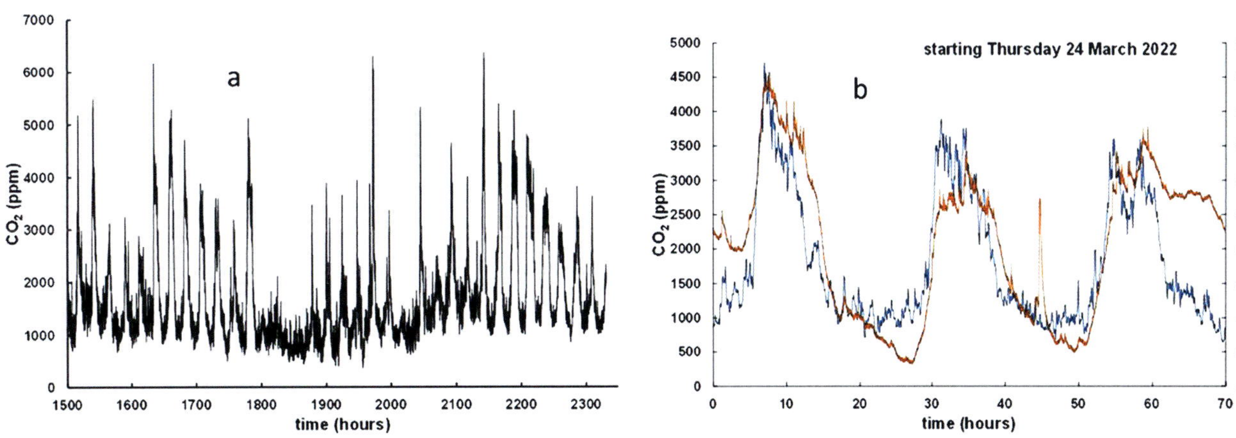

Abb. 121: Links: Tagesschwankungen des CO_2-Gehalts in einer 37-Tage Aufzeichnung. Rechts: Verlauf von CO_2 (blau) und relativer Luftfeuchte (rot) in einer 3-Tages Aufzeichnung. Quelle: (Newton et al., 2022)[(321)]

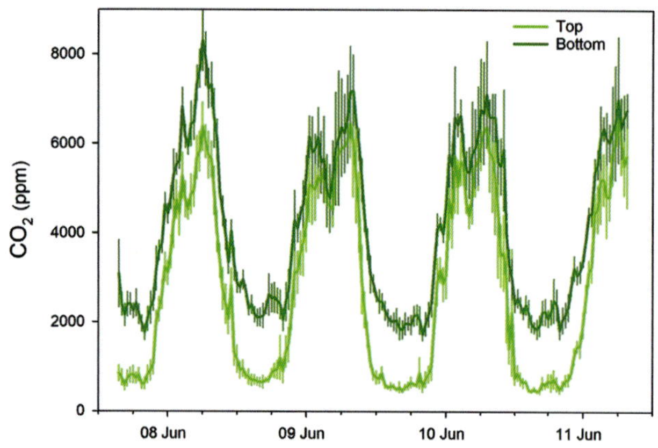

Abb. 122: Tagesverlauf des CO_2-Gehaltes im Bienenstock. Grafik aus: (Meikle et al., 2022)[322]

von 9 % in der Wintertraube.[92] Diesen Wert hat auch Professor Schiller aus Wien bei Überwinterungsversuchen gemessen, bei denen er Fluglöcher über den Winter vollständig verschloss und alle Fugen und Ritzen mit Lehm versiegelte.[291]

Die erwachsenen Honigbienen vertragen also CO_2-Werte zwischen 0,1 und 9 % im Bienenstock. Während des Brutgeschäftes halten sie aber offensichtlich Konzentrationen unterhalb von 4,25 % aufrecht. Eine Erklärung dafür könnte sein, dass die Brut der Bienen geringere CO_2-Werte verträgt oder benötigt.

Unserer Vermutung nach liegen die Werte in natürlichen Bienenwohnungen und Beuten mit starkem Hitzeschutz höher als in ungedämmten Beuten, weil die Bienen hier den CO_2-Gehalt gezielter und störungsfrei regulieren können.

Eine Studie aus dem Jahr 2022 zeigt einen Schwankungsbereich der CO_2-Konzentration in der Brutzeit von etwa 0,05–0,6 % (siehe Abb. 121, linke Grafik) in üblichen und ungedämmten Bienenbeuten.[321] Die Kohlendioxid-Konzentration beginnt immer gegen etwa 6 Uhr morgens steil abzufallen und hat ihre Maximalwerte in der Nacht (persönliche Mail von Michael Newton, 30.5.2023). Die Extremwerte dieser Schwankung hat die CO_2-Kurve zeitgleich mit den jeweiligen Extremwerten der relativen Luftfeuchte (siehe Abb. 121, rechte Grafik). Der Vergleich der CO_2-Gaskonzentration mit der relativen Luftfeuchte ist allerdings nicht aussagekräftig, weil die relative Luftfeuchte nicht unbedingt Aufschluss über die Wasserdampf-Konzentration gibt. Kommt es in dem untersuchten Bereich auch zu Temperaturschwankungen, dann kann die relative Luftfeuchte allein durch die Veränderung der Temperatur eine größere Schwankung erfahren als durch die Schwankung des Wasserdampfgehalts der Luft. Und genau das ist in dieser Studie der Fall: Die relative Luftfeuchte wurde am Rand der Bienenwohnung gemessen, abseits des Brutnests mit von den Bienen konstant eingestellten Temperaturen. Die Schwankungen der Temperatur können den Verlauf der relativen Luftfeuchte so stark beeinflussen und dominieren, dass der Anteil ausgelöst durch Schwankungen des Wasserdampfdrucks nicht mehr erkennbar ist. Es lässt sich anhand der Grafik also keine eindeutige Aussage zum Verlauf des Wasserdampfdrucks in der Bienenwohnung treffen und somit auch kein eindeutiger Zusammenhang zwischen den beiden Gaskonzentrationen (CO_2 und Wasserdampf) herstellen.

Eine weitere aktuelle Messreihe (2022) zeigt einen CO_2-Gehalt der Stockluft mit Tagesschwankungen von etwa 0,05–0,8 % CO_2, wobei die Höchstwerte ebenfalls in der Nacht und die niedrigsten Werte in Tageszeiten mit Flugbetrieb auftreten (siehe Abb. 122).[322] Die Messkurven zeigen den CO_2-Gehalt am Boden (engl. *Bottom*) und unter dem Deckel (engl. *Top*) im Verlauf mehrerer Tage. In den Nächten ist die Gaskonzentration in beiden Bereichen gleich hoch, und zwar deutlich höher als tagsüber. Tagsüber sinken die Konzentrationen, wobei sie unter dem Deckel fast auf das Niveau der Außenluft sinken, am Boden der Beuten hingegen weniger stark auf eine Konzentration von etwa 0,2 %. Die Autoren vermuten in den höheren Konzentrationen am Boden eine Schichtung infolge unterschiedlichen Gewichts, also einen «CO_2-Sumpf». Eine solche Schichtung halten wir nach den Veröffentlichungen von Anton Büdel für ausgeschlossen (siehe auch «Die Gastransporte im besetzten Bienenstock»).[209][190][114] Stattdessen vermuten wird, dass der Grund für die unterschiedlichen Konzentrationen die Belüftung durch die Honigbienen ist (siehe auch «Der Einfluss der Honigbienen»). Die von den Honigbienen angeregten Luftwechsel sorgen für einen Anstieg der Gaskonzentrationen entlang der Luftbewegungen. Die in den Bienenstock einströmende Frischluft hat einen niedrigen Gehalt an Wasserdampf und CO_2 und wird auf ihrem Weg durch die Wabengassen mehr oder weniger stark mit den Teilgasen Wasserdampf und CO_2 angereichert. In den untersuchten Bienenbeuten strömt die Frischluft offensichtlich nach oben, verteilt sich entlang der Oberträger, fällt in den Wabengassen nach unten ab und wird von dort wieder in Richtung Flugloch gefächelt. In den Tageszeiten, in denen die Bienen eine solche Luftzirkulation einrichten, kommt es in den oberen Bereichen des Bienenstocks zu geringeren Gaskonzentrationen der Teilgase Wasserdampf und CO_2. Innerhalb des Bienensitzes dürfte die CO_2-Konzentration ebenso wie die des Gases Wasserdampf überschläglich an jeder Stelle gleich groß sein. Nachts stellen die Bienen das Fächeln in der Versuchsbeute offensichtlich ein und es kommt zu erhöhten und gleichmäßigen Gaskonzentrationen im gesamten Bienenstock.

Die grundsätzlichen Abläufe des CO_2-Gastransportes von innen nach außen laufen genauso ab wie beim Wasserdampf. Es gibt ein Konzentrationsgefälle von innen nach außen, welches zu Gastransporten mittels Diffusion in dieser Richtung führt. Überlagert und stark beschleunigt werden diese Transporte durch Turbulenz infolge der Bewegungen und Aktivitäten der Bienen. Die grundsätzliche Lufterneuerung im Bienenstock bezüglich des anfallenden Gases Kohlendioxid läuft also weitestgehend von selbst ab. Ebenso wie beim Wasserdampf reagieren die Bienen aber mit Ventilation, wenn die Konzentration zu hoch wird, und beschleunigen so die Gastransporte. Zwei Gegebenheiten beim Gas Kohlendioxid sind allerdings grundlegend verschieden zum Gas Wasserdampf: Die Gaskonzentration der Außenluft ist konstant, sie unterliegt keinen Tagesschwankungen. Und die Luft lässt sich theoretisch beliebig mit CO_2 anreichern. Es gibt keine Sättigungsgrenze der Luft, so wie sie bei Wasserdampf in Abhängigkeit der Lufttemperatur existiert.

In der Winterruhe werden im Bienenstock Konzentrationen gemessen, die mindestens denen innerhalb der Brutzeit bei Nacht entsprechen. Je nach Umweltbedingungen und Belüftungsgrad der Bienenwohnung werden Werte zwischen 0,8-9 % gemessen.[(92)(291)]

Eine wirksame kalte Stelle in der Bienenwohnung, also ein kalter Bereich, in dem Kondenswasser anfällt und der zu einer Entfeuchtung der Stockluft führt, kann einen erhöhten CO_2-Gehalt der Stockluft bewirken, weil die Bienen weniger oder keine Luftwechsel mit der Außenluft zur Entfeuchtung herbeiführen müssen.

MESSREIHE DES CO_2-GEHALTS IN EINER ERDBEUTE

Im Sommer 2023 haben wir eine Messreihe des CO_2-Gehalts der Stockluft in einer Bienenbeute mit starkem Hitzeschutz und langem Fluglochtunnel (siehe Abb. 105 und Abb. 106) begonnen. Diesbezüglich sind wir (mit nur einem Sensor) zwar schlechter ausgestattet als bei der Erfassung der Klimadaten im Bienenstock, dennoch lassen die Messungen wertvolle Schlussfolgerungen zu. Die linke Grafik der Abb. 123 zeigt den typischen Kohlendioxid-Verlauf in unserer Erdbeute (siehe Abb. 105 und Abb. 106) unmittelbar oberhalb der Oberträger an einem Regentag im Sommer ohne Flugbetrieb. Die CO_2-Konzentration ist trotz der recht großen Entfernung zum Flugloch (unteres Flugloch) fast durchgehend mit 500–800 ppm nur geringfügig höher als die der Außenluft (etwa 430 ppm). Die Oberträger sind aber, wie der Rest der Beute, mit Bienen besetzt und es müsste streng genommen nach Anton Büdel durch Diffusion und Turbulenz zu einer weitestgehend konstanten CO_2-Konzentration im Bienensitz kommen. Innerhalb des Bienenstocks kann die Gaskonzentration aber unmöglich in allen Bereichen so niedrig sein, denn schließlich fällt durch den Stoffwechsel der Bienen viel Kohlendioxid an. Die Messung weist ebenso wie die Messungen der Wasserdampfdichte (siehe «Der Einfluss der Honigbienen») auf eine Luftzirkulation innerhalb des Wabenbaus hin, und zwar in der Form, dass der Bereich der Oberträger (wo der Sensor liegt) mit noch frischer Außenluft durchströmt wird. Um dies zu überprüfen, haben wir am 10.8.2023 den Sensor um 21:35 Uhr kurzzeitig ins Flugloch gelegt und das Flugloch verschlossen (siehe rechte Grafik der Abb. 123, Maximalwert mit roter Markierung). Innerhalb von 3 Minuten steigt die gemessene Konzentration von etwa 0,05 %

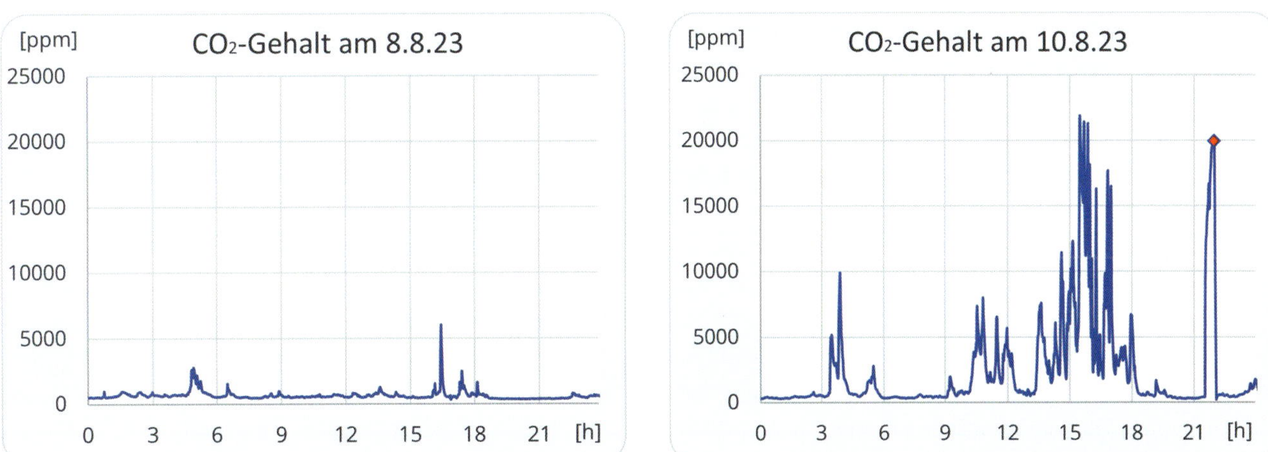

Abb. 123: CO_2-Gehalt in einer Erdbeute mittig an den Oberträgern an einem Regentag (links) und an einem Tag mit gutem Flugwetter (rechts). Am 10.8.23 um 21:35 Uhr wurde der Sensor für 30 min ins Flugloch gelegt und das Flugloch verschlossen (Maximalwert mit roter Markierung).

auf 2 %. Dieser steile Anstieg lässt sich nur so erklären, dass die von den Bienen zum Flugloch gefächelte Luft eben diese hohe Konzentration aufweist. Innerhalb des Bienensitzes muss zu dem Zeitpunkt die CO_2-Konzentration 2 % betragen haben bzw. vermutlich sogar noch mehr: Beim Verschließen des Fluglochs laufen die Luftströme nicht mehr ab wie zuvor. Die aus dem Bienensitz zum Flugloch gefächelte Luft vermischt sich mit der Frischluft, die bereits im Fluglochtunnel und im Bereich der Seitenwände war. Wir haben den Versuch im Sommer 2023 mehrfach wiederholt und immer Konzentrationen von 0,8–2 % am Flugloch kurz nach dem Verschließen gemessen.

Unsere Messung zeigt darüber hinaus einen weiteren interessanten Zusammenhang auf: In der rechten Grafik der Abb. 123 kommt es zu deutlich erhöhten CO_2-Konzentrationen während des Flugbetriebs zwischen 9 und 20 Uhr. Kurzzeitig werden sogar Konzentrationen von über 2 % gemessen. Dieser Verlauf ist in unserer Versuchsbeute typisch für einen Tag mit starkem Flugbetrieb. Die höchsten Konzentrationen treten gegen Nachmittag auf, wenn es im Bienenstock zum Eindicken des gesammelten Nektars kommt. Vermutlich wird hierbei so intensiv in den verschiedensten Bereichen gefächelt, dass sogar die Bereiche der Oberträger, an denen die Frischluft einströmt, von der Turbulenz im Bienenstock erfasst werden und sich dort teilweise die Gaskonzentration einstellt, die sonst überall im Inneren des Bienensitzes anliegt.

Und noch eine interessante Gegebenheit fällt auf: Es kommt bei allen Messungen immer morgens zwischen 3 und 6 Uhr zu erhöhten CO_2-Konzentrationen an den Oberträgern der Versuchsbeute. Zu dieser Zeit liegen außen die niedrigsten Temperaturen und der niedrigste Wasserdampfdruck an. Und auch in der Bienenwohnung kommt es in der Folge zu dieser Tageszeit immer zu Tiefstwerten des Wasserdampfdrucks und der relativen Luftfeuchte im Brutnest. Vermutlich wird es den Bienen im Bienenstock zu trocken, weshalb sie die installierte Luftzirkulation drosseln. In der Folge gewinnen die Gastransporte durch Turbulenz gegenüber denen durch Luftströmung auch an den Oberträgern (Ort der Messung) an Bedeutung und es kommt zu höheren Konzentrationen.

Unsere Messungen lassen vermuten, dass das Bienenvolk unserer Versuchsbeute in den Sommermonaten maximal eine Kohlendioxid-Konzentration innerhalb des Bienensitzes von etwa 2 % zulässt. Eine höhere Konzentration wird in der Regel vermutlich mittels Belüftungsketten bekämpft. Und die Geometrie unserer Versuchsbeute scheint eine Mindestkonzentration von 0,8 % vorzugeben, die zu keiner Tageszeit unterschritten wird. Diese Mindestwerte sind deutlich höher als die der weiter oben von uns vorgestellten Studien. Und noch ein entscheidender Unterschied zeigt sich in unserer Versuchsbeute: In den dünnwandigen Beuten der uns bekannten Studien kommt es zu deutlichen Schwankungen im Tagesverlauf, mit Maximalwerten in der Nacht und Minimalwerten am Tag. Auch bei uns ergeben sich Schwankungen im Tagesverlauf, aber umgekehrt: Die Maximalwerte treten bei uns am Tag und die Minimalwerte in der Nacht auf. Unsere Messreihe ergibt in den Sommermonaten eine schwankende Kurve im Tag-Nacht-Rhythmus mit Werten von etwa 0,8–1,2 % nachts und morgens und mit Werten 1–2 % von mittags bis abends. Wir führen die höheren Werte zum Teil auf den starken Hitzeschutz und zum Teil auf die Geometrie der Beute zurück.

Unsere Messung an einem Bienenvolk in einer Bienenwohnung über den recht kurzen Zeitraum mit lediglich einem Sensor darf nicht als wissenschaftliche Studie betrachtet werden. Hier müssen aufwendige Untersuchungen mit unterschiedlichen Beuten in größerer Anzahl gemacht werden, die jeweils mit mehreren Sensoren ausgestattet über einen längeren Zeitraum beobachtet werden, um einen vernünftigen Überblick über die tatsächlichen Verhältnisse und Zusammenhänge im Bienenstock zu erhalten. Unsere Messungen geben aber einen Hinweis darauf, wie sie aussehen könnten: Grundsätzlich stellt sich die Gaskonzentration in der Bienenwohnung immer als ein Gleichgewicht infolge der Zu- und Abflüsse des jeweiligen Gases ein. Wir vermuten, dass es grundsätzlich im Bienenstock am Tag zu einem verstärkten Anfall von CO_2 kommt. Zwar sind tagsüber aufgrund des Flugbetriebs weniger Bienen im Bienenstock, die Aktivitäten sind aber deutlich höher. Insbesondere die heimkehrenden Sammlerinnen dürften auch noch Minuten nach der Heimkehr einen erhöhten CO_2-Ausstoß aufgrund des anstrengenden und energiezehrenden Fluges haben. In unserer gering belüfteten Bienenwohnung mit starkem Hitzeschutz kommt es daher am Tag zu erhöhten Konzentrationen von CO_2. In den dünnwandigen Bienenwohnungen mit großen Fluglöchern und kurzen Fluglochtunneln wirken diesem verstärkten Anfall von Kohlendioxid tagsüber zwei Faktoren entgegen: Zum einen werden die Bienen dort tagsüber stark gefordert, um Temperatur und Luftfeuchte zu regulieren. Unserer Auffassung nach hat die Regulierung der Temperatur in der Regel Vorrang vor der Regulierung der Gashaushalte und die Regulierung der Luftfeuchte wiederum Vorrang vor der Regulierung von CO_2. Durch den nicht vorhandenen Hitzeschutz müssen die Bienen viel Aufwand betreiben, um die Temperaturschwankungen zu parieren. Der Wasserdampfhaushalt bleibt hier bereits teilweise auf der Strecke und um den CO_2-Haushalt können die Honigbienen sich kaum noch kümmern. Die jeweiligen Regulierungsmaßnahmen von Temperatur und Luftfeuchte wirken sich immer auch auf den CO_2-Gehalt der Luft aus. Heizen, Kühlen, Be- und Entfeuchten bedeuten immer auch mindestens eine erhöhte Turbulenz der Luft im Bienenstock, teils auch gleichgerichtete Strömungen, wodurch die CO_2-Transporte nach außen beschleunigt werden. Und zum anderen kommt es am Tag mit dem Flugbetrieb und den verstärkten Tätigkeiten der Bienen im Bienensitz zu einer deutlich erhöhten Turbulenz. In Bienenwohnungen mit großen Fluglöchern, offenen Böden und/oder kurzen Fluglochtunneln werden so die Gastransporte nach außen stark beschleunigt, weil der Bienensitz Kontakt zur Außenluft hat (siehe auch «Der Einfluss der Geometrie»). Diese beiden Faktoren sorgen unserer Meinung nach dafür, dass der CO_2-Gehalt der Stockluft in dünnwandigen Bienenwohnungen tagsüber sinkt, obwohl der CO_2-Ausstoß des Bienenvolks eigentlich tagsüber höher ist. In unserer Erdbeute mit starkem Hitzeschutz und langem Fluglochtunnel müssen die Bienen keine Temperaturschwankungen im Tagesverlauf parieren und die erhöhte Turbulenz infolge der erhöhten Tätigkeiten am Tag führt nicht zu so stark beschleunigten Gastransporten nach außen. Die Gastransporte von innen nach außen laufen in unserer Erdbeute also offensichtlich trotz der von den Bienen angelegten leichten Luftzirkulation langsamer ab als in den dünnwandigen Bienenwohnungen, in denen der Bienensitz im direkten Kontakt zur Außenluft steht.

AUSWIRKUNGEN DES CO_2-GEHALTS AUF DIE BIENENGESUNDHEIT

Anton Büdel fasst die Ergebnisse einer Studie aus der russischen Imkerzeitschrift «Pchelovodstvo» zusammen, in der 30 Bienenvölker in Beuten mit Belüftungen unterschiedlicher Wirksamkeit im Winter untersucht und der jeweilige CO_2-Gehalt in der Wintertraube der Bienen gemessen wurde.[323] Die Autoren der Studie stellen die besondere Bedeutung eine CO_2-Konzentration in der Beute für das Wohlbefinden der Honigbienen fest. Aus diesem Grund sei eine zusätzliche Belüftung schädlich und zu vermeiden.[92] Die Veröffentlichung belegt eine höhere Kohlendioxid-Konzentration im Bienensitz im Winter bei schwach belüfteten Völkern. Die Unterschiede im CO_2-Gehalt erscheinen trotz stark unterschiedlicher Belüftungen nicht groß, wie die Autoren selbst feststellen, die Auswirkungen sind dennoch gravierend. Die Beuten mit der geringsten Belüftung hatten nur ein Flugloch offen und es wurden zwischen den Rähmchen von oben und von den Seiten alle Lücken

Abb. 124: Die Verfügbarkeit und Qualität von Pollen hat einen großen Einfluss auf die Bienengesundheit.

mit Zusatzleisten verschlossen. Hier wurden CO_2-Konzentrationen von 0,79–3,09 % gemessen. Die Beuten mit der stärksten Belüftung hatten zwei Fluglöcher offen, eine weitere Belüftung am Deckel und zusätzliche in den Wabenbau führende Belüftungsschläuche. Bei dieser starken Belüftung wurden Werte von 0,26–2,05 % gemessen. Fast alle Versuchsgruppen wurden unter klimatisierten, mehr oder weniger konstanten Verhältnissen gehalten, bei Temperaturen zwischen –3 °C und +3 °C und einer relativen Luftfeuchte von 77–90 %. Nur eine Gruppe von Völkern wurde bei schwächster Belüftung dem tatsächlichen Außenklima ausgesetzt, und somit Temperaturen von bis zu –26 °C. Bei diesen Völkern wurden mit Werten zwischen 1,18–4,95 % die höchsten CO_2-Konzentrationen gemessen.

In der Wintertraube sitzen die Honigbienen still und eng zusammengerückt und schirmen den Bienensitz effektiv gegen Luftbewegungen ab. Nur so sind die erhöhten CO_2-Werte gegenüber der Außenluft auch bei starker Belüftung zu erklären. Das CO_2 in der bienennahen Luftschicht wird bei geringerer Belüftung langsamer abgetragen, wodurch sich zunächst die Diffusionsprozesse aus dem Inneren der Bienentraube in den unbesetzten Wabenbau verlangsamen und dadurch dann ein höheres CO_2-Konzentrationsniveau in der Wintertraube einstellt. Der CO_2-Gehalt in der Bienentraube wird also durch die Belüftung der Bereiche außerhalb der Bienentraube nur indirekt beeinflusst, durch eine Veränderung des Gasdruckgefälles vom Bienensitz in den unbesetzten Wabenbau. Die Belüftung der Bereiche außerhalb der Bienentraube bedeuten nicht zwingend erhöhte Luftbewegungen innerhalb der Bienentraube, da die Bienen Luftbewegungen im Bienensitz mit der Dichte ihres Bienensitzes stark reduzieren können. Der besonders hohe CO_2-Gehalt bei den schwach belüfteten Völkern, die besonderer Kälte ausgesetzt waren, ist laut den Autoren auf eine besonders eng aufgestellte Wintertraube infolge der Kälte zurückzuführen.[92] Neben den Außentemperaturen und der Belüftung der Beuten stellen die Autoren zwei weitere große Faktoren für den CO_2-Gehalt der Luft innerhalb der Winterbienentraube fest: Bienenvölker, denen Honigvorräte statt Zuckerlösungen zur Verfügung standen, hatten einen deutlich höheren CO_2-Gehalt (2,27 % gegenüber 0,8 %). Stand ihnen zusätzlich Pollen zur Verfügung, so erhöhten sich die CO_2-Konzentrationen auf 3,81 % (bei Honig und Pollen), bzw. 1,83 % (bei Zucker und Pollen). Diese Zusammenhänge zeigen die hohe Bedeutung von ausreichenden Honig- und Pollenvorräten, vom Verzicht auf Zuckerfütterung und von der Vermeidung von Zugluft in der Bienenwohnung für die Überwinterung der Honigbienen, denn folgende signifikante Auswirkungen des höheren CO_2-Gehalts belegen die Autoren mit ihrer Studie:[92]

- bessere Überwinterung
- bis zu 20 % geringere Zehrung
- geringere Wintersterblichkeit
- bis zu 77 % höhere Frühjahrsbrutentwicklung
- bis zu 13,4 % geringerer Anfall von Kot im Darm der Bienen

Diese Auswirkungen zeigen deutlich, dass der CO_2-Gehalt einen Einfluss auf den Stoffwechsel der Honigbienen hat.

Die schwach belüfteten Völker, die der großen Kälte ausgesetzt waren, wiesen die höchsten CO_2-Konzentrationen auf. Auch sie entwickelten sich besser als viele stärker belüfteten Völker im klimatisierten Raum. Gegenüber den gleich stark belüfteten Völkern im klimatisierten Raum zeigten sie aber eine um 24 % geringere Frühjahrsbruttätigkeit.[92]

Die CO_2-Konzentration innerhalb der winterlichen Bienentraube stellt sich als ein Gleichgewicht zwischen den Zu- und Abflüssen des Gases in der Bienentraube ein. Die Menge des Futterverbrauchs und der Stoffwechsel der Bienen, offensichtlich auch beeinflusst durch die Qualität des Futters, bestimmen den Anfall des Kohlendioxids in der Stockluft. Die Belüftung, die Dichte des Bienensitzes und die Tätigkeit der Bienen bestimmen den Abfluss dieses Teilgases der Luft. Bewegungen der Bienen und eine lockere Aufstellung erhöhen die Diffusionsprozesse, das CO_2-Druckgefälle wird schneller abgebaut. Jede Störung der Winterruhe stellt daher eine Bedrohung für den CO_2-Haushalt der Wintertraube dar. Auch Temperaturschwankungen in der Außenluft können solche Störungen auslösen, wenn der Hitzeschutz der Bienenwohnung sie nicht ausreichend dämpft oder zumindest der Wärmeschutz der Bienenwohnung die notwendigen Gegenmaßnahmen (Heizen, Veränderung der Bienendichte etc.) der Bienen stark reduziert.

Neben dem in dieser Studie besprochenen Zusammenhang zwischen CO_2-Gehalt und Bienengesundheit gibt es offensichtlich auch gravierende Auswirkungen der Gaskonzentration auf die Gesundheit von Bienenparasiten: So zeigt eine Studie aus dem Jahr 2011 unter sommerlichen Versuchsbedingungen bei gekäfigten Bienen eine fast fünfmal höhere Sterblichkeit (46,1 % Sterblichkeit gegenüber 9,5 %) der Varroa-Milben bei erhöhten CO_2-Konzentrationen (2,13 % gegenüber 1,2 %, Umgebungstemperatur 25 °C).[324] Die höheren CO_2-Konzentrationen entstanden durch eine eingeschränkte Belüftung. Es stellt sich die Frage, ob die CO_2-Konzentration auch unter winterlichen Bedingungen einen Einfluss auf die Varroasterblichkeit haben könnte. Drei Studien geben Hinweise darauf: In der oben erwähnten Studie von Kozak & Currie von 2011 wurden die Bienen auch bei 10 °C gehalten. Unter diesen Bedingungen zeigte sich die höchste Varroasterblichkeit mit 12 % bei der höchsten Belüftung, verbunden mit den niedrigsten CO_2- und Luftfeuchtewerten. Allerdings vermuten die Autoren den Grund für die Sterblichkeit der Varroa in der Austrocknung durch die geringe Luftfeuchte.[324] Bahreini & Currie (2015) haben Bienenvölker bei niedrigen Temperaturen von 5 °C in einem Innenraum aufgestellt. In einem ersten Experiment zeigten sie, dass bei normaler Belüftung mit CO_2-Konzentrationen von durchschnittlich <2 % kein Zusammenhang zwischen CO_2 und Varroasterblichkeit bestand. In einem zweiten Experiment, das 16 Tage dauerte, schwankte bei eingeschränkter Belüftung der CO_2-Gehalt in den untersuchten Bienenvölkern zwischen 0,43–8,44 % (mittlerer CO_2-Gehalt 3,82 %) im Vergleich zur Standardbelüftung, wo er zwischen 0,09–5,26 % schwankte (mittlerer CO_2-Gehalt 1,29 %). Die Gesamtmilbensterblichkeitsrate und die Verringerung der mittleren Varroa-Milben-Häufigkeit im Laufe der Zeit waren bei eingeschränkter Belüftung mit 37 % auffallend höher als bei Standardbelüftung, wo sie 23 % betrugen.[93]

Eine aktuelle Studie aus dem Jahr 2022 bestätigte diese Ergebnisse in der Tendenz: eine höhere CO_2-Konzentration scheint die Sterblichkeit der Varroa-Milbe zu erhöhen. Eine Gruppe von Bienenvölkern wurde in einem Innenraum bei 4 °C und einem CO_2-Gehalt von 8,5 % aufgestellt, eine zweite bei 4 °C und 0,12 % CO_2, beide für 64 Tage lang. Die Forscher stellten eine signifikant erhöhte Milbensterblichkeit von 73 % im Volk mit dem hohen CO_2-Gehalt gegenüber 44 % bei niedrigem CO_2-Gehalt fest.[95]

Es bleibt allerdings zu klären, ob wirklich der CO_2-Gehalt der Stockluft verantwortlich für die positiven Auswirkungen ist, oder ob er lediglich einen anderen Zusammenhang anzeigt: Eine Belüftung bedeutet nicht nur einen schnelleren Abbau der Gaskonzentrationen und somit geringere Konzentrationen im Bienenstock, sondern auch schnellere Wärmetransporte. Die festgestellten Auswirkungen könnten also auch auf die Störung des Wärmehaushalts zurückzuführen sein, da die Regulierung des CO_2-Gehalts vermutlich in allen Studien über die Belüftung erfolgte. Interessant wären daher Studien, die eine Störung des Wärmehaushalts bei der CO_2-Regulierung ausschließen.

Die aufgezeigten Zusammenhänge könnten Imker*innen auf die Idee bringen, eine CO_2-«Begasung» ihrer Honigbienen zur Varroakontrolle einzuführen. Von dieser Maßnahme raten wir dringend ab: Honigbienen haben sich im Laufe der Evolution im Zusammenspiel mit den kleinklimatischen Gegebenheiten ein Gleichgewicht mit allen im Bienenstock und in ihrem Mikrobiom vorhandenen Mikroorganismen «erarbeitet». Den Umweltfaktor Kohlendioxid hatten wir bisher nur im Zusammenhang mit der instrumentellen Besamung der Honigbienenkönigin im Blick. Die Studien zeigen aber, dass Kohlendioxid genauso wie die Umweltfaktoren Temperatur und Luftfeuchte einen erheblichen Einfluss auf die Aktivierung von Genen und damit auf die Entwicklung der Eier, Larven sowie der Brut und im Weiteren auch auf das Verhalten und die Ausbildung von Krankheiten haben. So werden durch Änderungen der CO_2-Konzentration unter anderem die Entwicklung der Futtersaftdrüsen, des Fettkörpers, der Wachsdrüsen, der Eierstöcke, der Hormondrüsen, der Gehirnchemie, ein verändertes Verhalten bei Pollensammlung und -nutzung, Nektarsammlung und Lebensdauer beobachtet.[79][80][81][82] [83][78] Überdosierungen könnten massive schädliche Folgen für die Gesundheit der Honigbienen haben, wie sie auch bei bestimmten Kohlendioxid-Konzentrationen zur Betäubung der Honigbienenkönigin auftreten.[325] Sinnvoller erscheint es uns, unseren Honigbienen die Kontrolle zu überlassen. Wir sollten ihnen Bienenwohnungen stellen, in denen sie störungsfrei das Kleinklima und die Gaskonzentrationen einstellen können. Nur so ermöglichen wir ihnen gesund und widerstandsfähig zu bleiben bzw. zu werden.

Teil 3

DER EINFLUSS DER HONIGBIENEN AUF DAS KLEINKLIMA IM BIENENSTOCK

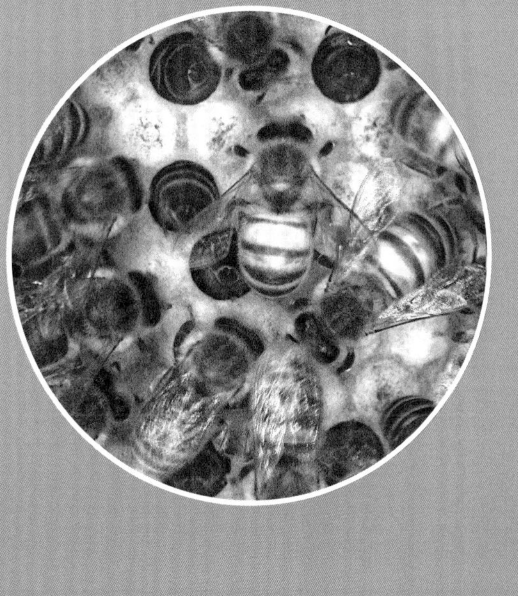

15 Die aktive Regulation des Kleinklimas durch die Honigbienen

«Das Bienenvolk ist außer Vögeln und Säugetieren der einzige «Organismus», der es zu einer wirklichen Wärmeregulation gebracht hat. Auch die anderen staatenbildenden Insekten zeigen nur Vorstufen dazu.»[(305)] Sie können aber nicht nur die Temperatur, sondern auch die relative Luftfeuchte innerhalb gewisser Grenzen regulieren. Honigbienen haben die Fähigkeit gezielt zu heizen, zu kühlen und die Stockluft zu be- und entfeuchten.

In den heute weltweit üblichen und verbreiteten dünnwandigen Bienenwohnungen können sie die Luftfeuchte allerdings nur eingeschränkt regulieren: Sie können Wasser eintragen und gezielt zur Befeuchtung der Luft verdunsten lassen. Eine Entfeuchtung der Luft ist ihnen nur bis zu einem von der Außenluft vorgegebenen Wert möglich. Sie können mit ihren Mitteln die feuchte Innenluft nur mit der trockeneren Außenluft tauschen und so die Luftfeuchte auf das Niveau der Außenluft absenken. Eine «Entfeuchtung» darüber hinaus ist ihnen in solchen Beuten nicht möglich. In Millionen von Jahren ihrer Evolution in natürlichen Bienenwohnungen fanden sie diesbezüglich bessere Bedingungen vor: Der Hitzeschutz von Baum-, Fels- und Erdhöhlen erzeugt kühle Bereiche innerhalb der Bienenwohnung, welche eine Deckelung der Luftfeuchte in diesen Bereichen bewirken. Bereits mit geringer Luftventilation innerhalb solcher Bienenwohnungen sind Honigbienen daher in der Lage, die Stockluft trocken zu halten, und zwar nahezu unabhängig von den klimatischen Verhältnissen der Außenluft: Überschüssiger Wasserdampf kondensiert in den kühlen Bereichen und es kommt zu einem «Überlauf» der Luftfeuchte (siehe auch «Die Begrenzung des Wasserdampfdrucks in mit Bienen besetzten Bienenwohnungen»). Innerhalb natürlicher Bienenwohnungen sind Honigbienen daher auch noch in der Lage, das Kleinklima vollständig nach ihren Bedürfnissen zu regulieren, selbst wenn ein hoher Wasserdampfdruck der Außenluft dies nicht mehr zulassen möchte.

Umgesetzt wird die Klimaregulierung der Honigbienen selbstorganisiert von den einzelnen Bienen, es gibt ebenso wie in anderen Bereichen der Organisation des Bienenstaates keine zentrale Steuerung.[(326)(327)(328)] Im Sommer regeln die Bienen die Bruttemperatur auf 34–36 °C[(329)], in den Wabengassen des Brutbereichs ist die Temperatur immer etwas niedriger.[(189)] Ein Temperaturabfall von den Brutwaben über die Wabengassen in die Umgebung des Bienenstocks ist grundlegend wichtig, damit das Bienenvolk bzw. insbesondere die Brut nicht überhitzt. Die täglichen Temperaturschwankungen im Brutnest des einzelnen Volkes sind deutlich geringer als der angegebene Temperaturbereich von 34 –36 °C, in der Regel schwankt die Temperatur im Laufe des Tages nur um wenige Zehntel Grad.[(221)] Diese Konstanz der Temperatur bezieht sich allerdings auf den Wabenbau und die Zellinhalte, die Lufttemperatur in den Wabengassen ist durch äußere Einflüsse und die Aktivitäten der Bienen auch größeren Schwankungen unterworfen.

Solche Temperaturschwankungen auf kleinstem Raum im Gasgemisch Luft mit geringer Wärmespeicherfähigkeit sind nur mit kleinsten Thermoelementen zu erfassen, größere Sensoren können aufgrund ihrer eigenen Masse und Größe nicht entsprechend reagieren. Mit größeren Sensoren aufgezeichnete Lufttemperaturen in den Wabengassen zeichnen daher eher Durchschnittstemperaturen auf. Dr. Anton Büdel zeichnete mit kleinsten Thermoelementen die tatsächlichen Temperaturschwankungen in der Luft in verschiedenen Bereichen des Brutnests auf: Die geringsten Temperaturschwankungen der Luft mit wenigen Zehntel Grad zeichnete er im Bereich der frisch bestifteten Zellen und der jungen Larven auf. Bei älteren Larven kommt es zu Schwankungen von etwa 0,5 °C. Die stärksten Temperaturschwankungen treten mit dem Beginn der Verdeckelungsarbeiten (bis zu 4 °C) und bei der Zellreinigung (bis zu 3 °C) auf.[(300)]

Wir gehen davon aus, dass es in Bienenwohnungen mit Wärmedämmung zu geringeren Schwankungen der Bruttemperatur kommt als die in der Literatur genannten 34–36 °C. Diese Temperaturspanne ist das Ergebnis von Messungen in dünnwandigen Beuten ohne Wärmedämmung. Vor allem der Hitzeschutz hat einen starken Einfluss auf die Verhältnisse. Die optimale Bruttemperatur scheint bei knapp 36 °C zu liegen, wie wir im Folgenden noch aufzeigen. Ohne einen Hitzeschutz der Bienenwohnung kommen die Wärmewellen durch die Temperaturschwankungen der Außenluft auch am Rand des Brutnests an. Die Bienen müssen sich ständig den neuen Bedingungen anpassen, wodurch es ihnen schwer fällt, eine konstante Temperatur einzustellen. Die Überschreitung von 36 °C wird dabei vehementer bekämpft als eine Unterschreitung, weshalb sich Temperaturen der Brut von 34–36 °C ergeben. In einer Bienenwohnungen mit starkem Hitzeschutz können die Bienen Bruttemperaturen einstellen, die näher an den optimalen 36 °C liegen. Eine wissenschaftliche Bestätigung dieses Zusammenhangs steht aus.

Die Temperatur der Arbeiterinnenbrut ist etwas höher als jene der Drohnen.[(330)(331)] Und in beiden Brutbereichen werden die Eier etwas höher temperiert als die Larven und Puppen.[(330)] Diese Unterschiede betragen aber nur wenige

Zehntel Grad Celsius. Gemäß verschiedenen Studien zeigen Bruttemperaturen von 36 °C die beste Entwicklung der Brut. Diese hohe Temperatur fördert offenbar intelligentere Bienen: Vergleichende Untersuchungen an erwachsenden Bienen, die unter unterschiedlichen Brutnesttemperaturen (konstant 32 °C, 34,5 °C und 36 °C) bebrütet wurden, weisen auf einen besseren Orientierungssinn der unter höheren Temperaturen bebrüteten Bienen hin: Viele der bei 32 °C herangewachsenen Bienen kehrten nach dem Ausflug nicht mehr zum Bienenstock zurück. Die übrigen konnten den Nahrungstanz nicht mehr richtig ausführen, mit dem die Sammlerinnen üblicherweise ihren Sammelschwestern den Ort von Nahrungsquellen kundtun. Die 34,5 °C-Bienen konnten es besser, aber deutlich schlechter als die 36 °C-Bienen.(332)(333) Dies zeigt eindrucksvoll, dass die Brutnesttemperatur das Lernvermögen, den Orientierungssinn oder die Intelligenz beeinflusst. Unterhalb von 32 °C drohen den geschlüpften Bienen Verkrüppelungen, insbesondere der Flügel, sowie Verkürzungen an den Mundwerkzeugen. Zu hohe Temperaturen sind aber ebenfalls schädlich: Bereits 37 °C wirken tödlich auf Teile der Brut.(220)(221)

Die Bienen selbst und die Brut geben immer eine gewisse Grundwärme zu jeder Jahreszeit im Bienenstock als Abfallprodukt ihrer Tätigkeiten ab. Büdel bezeichnet diese folgerichtig als anfallende Arbeitswärme und bemerkt, dass die Bienen nur in Ausnahmefällen im Hochsommer durch diese unvermeidbare Grundwärme von ihrer Heizungspflicht entbunden werden.(182)

Die Bienen sind in der Lage, auch bei stark abweichenden Außentemperaturen die Temperaturen im Brutbereich in den genannten engen Grenzen zu halten: Im Winter können Bienen für 12 Stunden in ihrer Wintertraube Außentemperaturen von −80 °C auch mit anwesender Brut unbeschadet überstehen, vorausgesetzt, sie haben entsprechende Honigreserven für ihre Heizaktivitäten.(334) Im Hochsommer schaffen Honigbienen es, Außentemperaturen von 60 °C auf für das Brutnest zulässige 36 °C herunterzukühlen.(186) Die notwendige Voraussetzung hierfür ist die Möglichkeit, Wasser einzutragen.

Auch bei optimalen Außenbedingungen kommt es im Brutnest immer zu einem Mindestmaß an Heiz- und Kühlaktivitäten der Honigbienen mit dem Zweck der Feinjustierung der Temperatur. Die Temperaturregulation im Brutnest geschieht über ein ständiges und parallel ablaufendes Heizen und Kühlen einzelner Bienen, gesteuert lediglich über das individuelle Empfinden und Verhalten der anwesenden Einzelbienen. Durch das Über- oder Unterschreiten von individuell leicht verschiedenen Reiztemperaturen und Reizfeuchten beginnt die Einzelbiene mit der Klimaregulierung. Während eine Biene bei sinkenden Temperaturen beispielsweise aufgrund ihrer noch nicht erreichten Reiztemperatur zur Beendigung des Kühlvorgangs weiter kühlt, wird eine andere Biene bereits getriggert, den Heizvorgang zu starten. Dieses Vorgehen wirkt stabilisierend auf das Stockklima. Es kommt im Brutnest immer zu beiden Prozessen gleichzeitig. Die Brutnesttemperatur stellt sich als Folge dieses Balanceakts ein. Es kommt also beispielsweise vor, dass eine Biene aktiv ihre Brust auf verdeckelte Brut presst und mit ihrer Flugmuskulatur Wärme erzeugt, während in einer benachbarten leeren Zelle eine Wasserspuckerin einen Wassertropfen an den Zellwänden verschmiert und somit Verdunstungskälte erzeugt. Dieses Prozedere der Feinjustierung erscheint nicht besonders wirtschaftlich, es erlaubt aber eine sehr genaue Einstellung der Temperatur mit nur geringen Schwankungen.(189) Diese Vorgehensweise der Honigbienen ist auch der Grund, weshalb selbst bei Temperaturen von 40 °C noch heizende Bienen im Brutnest (endotherme Bienen)(189) zu beobachten sind.

Die beschriebene Vorgehensweise gleicht einem Balanceakt, mit dem die Bienen versuchen, die optimale Temperatur einzustellen. Es ist naheliegend, dass dieses Ausbalancieren umso größeren Schwankungen unterworfen ist, je stärker die Temperaturstörungen von außen sind. Die optimale Bruttemperatur scheint etwa bei 36 °C zu liegen,(332)(333) wobei die Honigbienen offensichtlich eher eine Abweichung der Temperatur nach unten zulassen. Abweichungen nach oben werden vehement bekämpft, bei sich am Flugloch ankündigenden Hitzewellen teils auch vorab mit Überreaktionen.(142)

Ebenso wie bei der Temperatur werden die Anforderungen an die relative Luftfeuchte von der Brut diktiert und ihre Einhaltung von den Arbeiterinnen überwacht und reguliert, und zwar unmittelbar in den offenen Brutzellen: Sowohl die von der Königin frisch gelegten Eier als auch die daraus schlüpfenden Rundmaden benötigen für ihre optimale Entwicklung eine relative Luftfeuchte von 90–95 %.(222)(215) Auf welche Weise die Arbeiterinnen die Zellen mit frisch gelegten Eiern befeuchten, ist nicht abschließend geklärt. Eine Befeuchtung des Mikroklimas innerhalb dieser Brutzellen muss aber zwingend stattfinden, denn unter den trockenen Bedingungen der Wabengassen wäre eine Entwicklung der Eier nicht möglich. Am naheliegendsten ist das von Lindauer beobachtete Wasserspucken, bei dem die Arbeiterinnen einen Tropfen Wasser auf die Zellwände geben und verstreichen.(186) Den frisch geschlüpften Rundmaden ist die hohe notwendige Luftfeuchte durch den Futtersaft gesichert, in dem sie schwimmen. In den Zellen der jungen Rundmaden stellt sich in der oberflächennahen Luftschicht eine relative Luftfeuchte von 90–95 % aufgrund des Wassergehaltes des Futtersafts (>60 %) ein.[215] Und auch in den Zellen älterer Rundmaden gehen wir von einer hohen relativen Luftfeuchte aus, die durch die Körper der Maden selbst an die Luft abgegeben und somit über den Wassergehalt des Futterbreies gespeist wird.

Aber nicht nur die Brut der Arbeiterinnen und Drohnen stellt Anforderungen an das Kleinklima, auch die Eier und Larven in den Königinnenzellen benötigen ein bestimmtes Kleinklima in den umliegenden Luftschichten (siehe «Der Sonderfall des an der Weiselzelle anliegenden Mikroklimas»), wobei die Anforderungen der Puppen und Larven an sich offensichtlich gleich sind: Da sie selbst aber einen unterschiedlich starken Stoffwechsel aufweisen und daher selbst unterschiedlich viel Wärme produzieren,[335] muss die Temperatur in den anliegenden Luftschichten entsprechend geringer sein, je mehr Wärme sie selbst produzieren.

Die Regulierungstätigkeiten der Honigbienen in den Wabengassen dienen hauptsächlich der Sicherstellung des Mikroklimas in den Brutzellen.[336] Es kommt aber auch zu einer Regulierungstätigkeit, die über den direkten Einfluss auf die Brut hinausgeht, vermutlich mit dem Ziel, das Dampfdruckgefälle von den Brutzellen in die Bereiche des Wabenbaus zu erhöhen: Untersuchungen an der Unterart *Apis mellifera scutellata* zeigen, dass bei einer relativen Luftfeuchte von 55 % und vorhandener Brut 3 % der anwesenden Arbeiterinnen fächeln.[302] Mit weiter steigender Luftfeuchte beginnen immer mehr Bienen zu fächeln, bei einer relativen Luftfeuchte von 90 % und vorhandener Brut fächelt jede vierte Arbeiterin. Auf diese Weise wird die Turbulenz im Wabenbau nochmals erhöht bzw. es kommt auch zu gleichgerichteten Strömungen in Richtung Flugloch, denn das Fächeln im Bienenstock geschieht immer zum Lichteinfall (Flugloch) gerichtet.[303]

Honigbienen führen Regulationstätigkeiten nicht ausschließlich aufgrund der Überschreitung eigener Reizwerte aus, sie folgen teils auch den Aufforderungen anderer Bienen.[305] So können beispielsweise Belüftungsketten mit vielen in Reihe stehenden Fächlerinnen aus dem Brutbereich bis hinaus zum Flugloch entstehen, also in Bereiche, in denen die ursprünglich auslösende Temperatur oder Gaskonzentration nicht mehr anliegt. Entscheidend für die Reizauslösung sind die Flügelschlagfrequenz und die Geschwindigkeit des Luftstroms.[306] Auch Duftstoffe, freigesetzt durch die Nassanoffsche Drüse, könnten hierbei eine Rolle spielen (siehe Abb. 125).

Wir halten es für wahrscheinlich, dass es Unterschiede unter den Unterarten der Honigbienen bezüglich der auslösenden Reizfeuchten gibt. Für das Bestreben, die relative

Abb. 125: Fächlerin am Flugloch mit geöffneter Nassanoffscher Drüse

Luftfeuchte im Wabenbau zu begrenzen, haben die Bienen gute Gründe. Zum einen ist eine gewisse Trockenheit für die Honigbienen bezüglich ihrer Arbeitsabläufe eine Grundvoraussetzung: Je höher die Trockenheit ist, desto schneller nimmt die Luft Wasser aus den vorhandenen Wasseroberflächen auf und desto besser funktionieren die von den Bienen verwendeten Mechanismen zur Honigtrocknung und zur Kühlung des Bienenstocks. Mit wassergesättigter Luft kann weder Honig getrocknet noch Verdunstungskälte erzeugt werden.[337] Und zweitens hemmt die höhere Trockenheit das Wachstum von Sporen und Keimen und erhöht die Lebenserwartung der Tiere.[302][89]

Die optimale relative Luftfeuchte in den Wabengassen des Brutbereichs liegt laut Literatur bei etwa 40 %, [117][305] nur ausnahmsweise verlässt die relative Luftfeuchte in den Wabengassen des Brutnests den Bereich zwischen 30–50 %.[307][117][338] Wir wollen aber zu bedenken geben, dass diese Werte allesamt durch Messungen in dünnwandigen Bienenbeuten entstanden sind, mit großen Fluglöchern und kurzen Fluglochtunneln. In solchen gut belüfteten Beuten kommt es zu schnellen Wasserdampftransporten von innen nach außen, auch ohne dass die Bienen eingreifen. Daher ist es gut möglich, dass die festgestellten 30-50 % rF eher den unteren Bereich des Wohlfühlklimas markieren. Die ersten Gegenmaßnahmen der Bienen gegen eine ansteigende Luftfeuchte (ab etwa 55 % rF) führen aufgrund der geringen Widerstände zwischen Innen- und Außenluft zu einer zügigen Reduzierung der Luftfeuchte, weshalb dieser Wert selten überschritten wird. Vermutlich regulieren die Bienen die Luftfeuchte aber ebenso wie die Temperatur, bei der ein gegensätzliches Heizen und Kühlen fester Bestandteil der Regulierung ist, wie wir bereits zuvor ausgeführt haben. Es dürfte auch bei der Regulierung der Luftfeuchte innerhalb des Wohlfühlklimas ein gleichzeitiges Be- und Entfeuchten der Stockluft stattfinden. Die beginnenden Fächelaktivitäten markieren daher vermutlich nicht die Obergrenze der erträglichen Luftfeuchte, sondern lediglich einen Wert, ab dem es sicherlich nicht mehr zu trocken ist. In Bienenwohnungen mit kleineren Fluglöchern und längeren Fluglochtunneln sind meist intensivere Fächelaktivitäten notwendig, um die Feuchte zu reduzieren. In unserer Versuchsbeute mit sehr langem Flugloch (siehe «Der Einfluss der Honigbienen») stellt sich im Sommer eine relative Luftfeuchte im Brutnest zwischen 50–70 % ein. Diese Werte sind aufgrund des ungewöhnlich langen Fluglochtunnels (50 cm) sicherlich als das andere Extrem gegenüber den dünnwandigen Beuten ohne nennenswerten Fluglochtunnel zu betrachten. Die von uns gemessenen Werte sind aber ein Hinweis darauf, dass die in der Literatur angegebenen Werte zu niedrig sind bzw. nur den unteren Bereich des Wohlfühlbereichs abbilden. Wir vermuten als Toleranzbereich der Honigbienen für die relative Luftfeuchte im Brutnest einen Bereich von etwa 30–60 %.

Eine Veröffentlichung der Universität Pretoria (Südafrika) zeigt Schwankungen der Luftfeuchte im Brutnest der Honigbienenunterart *Apis mellifera scutellata* zwischen 50–60 %.[337] Der Schwankungsbereich liegt also etwas höher als der zuvor in der Literatur genannte. Ein höherer Wasserdampfdruck außerhalb der Versuchsbeuten kommt hier nicht als Erklärung infrage, er ist in dem trockenen Klima Südafrikas geringer als hierzulande. Die Messungen könnten ein Hinweis sein auf individuelle Unterschiede unter den Unterarten der Honigbienen. Wir vermuten aber, dass die Unterschiede in der Beutenkonstruktion (Fluglochgröße, Tunnellänge, Volumen der Beute) begründet liegen, so wie in den Absätzen zuvor beschrieben.

Eine weitere Studie aus Südafrika, ebenfalls mit der Unterart *Apis mellifera scutellata,* liefert als Erkenntnis wiederum die bereits von Büdel und Wohlgemuth genannte optimale relative Luftfeuchte von 40 % als Optimum für die Honigbienen in den Wabengassen des Brutnests.[309] Die Messreihen in der Provinz Gauteng (Südafrika) entstanden aber in einem noch trockeneren Klima als die in Pretoria. Mit einem Wasserdampfdruck von 400–1000 Pa beträgt der Wasserdampfdruck der Außenluft nur etwa die Hälfte der bei uns üblichen Werte. Die trockenen Werte der Luftfeuchte im Brutnest dürften hier ohne gezielte Regulierungsmaßnahmen der Bienen entstanden und eine Folge des großen Wasserdampfdruckgefälles nach außen sein. Durch die im Normalbetrieb entstehende Arbeitsfeuchte kann die Luftfeuchte im gesunden Bienenstock vermutlich gar nicht unter 20 % sinken, selbst wenn die Außenluft kaum Wasserdampf enthält und die Bienen stark ventilieren; zumindest nicht, so lange den Bienen genügend Wasser und Nektar zur Verfügung stehen: Selbst unter starker Ventilation (0,5–1,0 l/s Luftstrom durch Fächeln)[319] benötigen die Bienen mindestens 20 Sekunden, um die 20 l im Bienenstock enthaltene Luft[339] vollständig auszuwechseln. In dieser Zeit wird die Stockluft allein durch Verdunstung aus den überschläglich 12000 vorhandenen offenen Brutzellen mit Eiern und jungen Rundmaden (Legeleistung der Königin etwa 2000 Eier/Tag[340]) um etwa 80 mg (Wasserdampfabgabe Futtersaft einer Brutzelle 1,2 mg/h)[136] wieder angereichert, also mit 4 g/m^3. Bei einer Temperatur von 35 °C entspricht diese Wassermenge bereits einer Anreicherung der relativen Luftfeuchte um 10 %. Hinzu kommt der Wasserdampf durch die Verdunstung aus den unverdeckelten Honigzellen, durch die Tätigkeiten zur Eindickung von Honig und durch die Verdunstung über die Körper der Bienen und älteren Rundmaden.

Die Klimatisierung des Brutnests hat für Honigbienen oberste Priorität. Es findet ein ständiges und parallel ablaufendes Heizen, Kühlen, Befeuchten und Entfeuchten durch einzelne Bienen statt, gesteuert lediglich über das individuelle Empfinden und Verhalten der anwesenden Einzelbienen. Dieser Balanceakt erlaubt eine sehr genaue Einstellung der klimatischen Verhältnisse mit nur geringen Schwankungen, sofern er nicht durch äußere Einflüsse gestört wird. Erste Priorität für den Beutenbau muss daher sein, den Bienen eine störungsfreie Klimatisierung zu ermöglichen. Bestenfalls ermöglicht die Bienenwohnung ihnen die Einstellung eines konstanten und für sie optimalen Kleinklimas und Gashaushalts mit einem geringen Arbeits- und Energieaufwand (Honig).

Abb. 126 zeigt schematisch die klimaregulierenden Maßnahmen der Honigbienen, die optimale Temperatur der Brut, die aus der Literatur bekannten Schadschwellen und den Toleranzbereich für die klimatischen Bedingungen der Luft in den Wabengassen des Brutnests. Unsere Grafik basiert auf der Auswertung verschiedenster im Text genann-

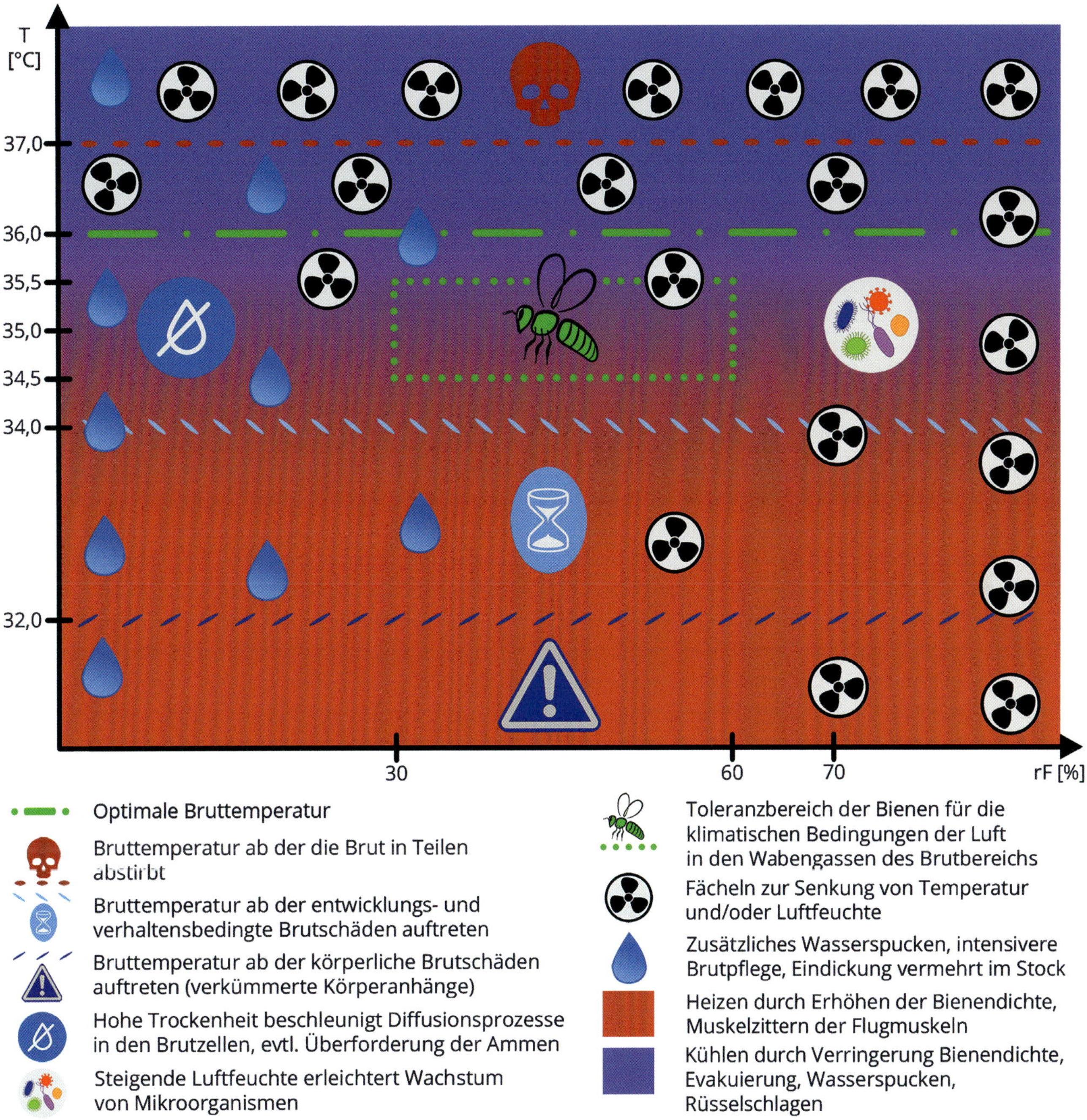

Abb. 126: Gezielte klimaregulierende Maßnahmen der Honigbienen zur Einhaltung ihres klimatischen Toleranzbereichs in den Wabengassen des Brutbereichs. Datengrundlage: verschiedenste im Text genannte Studien

ter Studien. Hierbei sind nur die Tätigkeiten berücksichtigt, die gezielt und aktiv zur Klimaregulierung eingesetzt werden. So ist beispielsweise die Abgabe von Körperwärme durch die Bienen nicht aufgeführt, obwohl sie die klimatischen Verhältnisse beeinflusst. Auf den Achsen des Koordinatensystems sind die relative Luftfeuchte (x-Achse) und die Temperatur (y-Achse) innerhalb der Wabengassen des Brutnests aufgetragen. Das Heiz- und Kühlverhalten der einzelnen Honigbienen kann innerhalb der Toleranzzone gegensätzlich ausfallen, da alle Honigbienen individuell verschieden auf andere Temperaturen und Feuchten reagieren. Daher ist der Übergang zwischen Heiz- und Kühlaktivität fließend und nicht mit einer scharfen Trennung dargestellt. Das Ventilieren wird gleichermaßen zum Senken der Temperatur und der Luftfeuchte eingesetzt. Hierfür werden je nach Bedarf nur einzelne bis zu mehrere Hundert Bienen des Bienenvolks eingesetzt.[92] Dabei können die Honigbienen theoretisch in einen Interessenkonflikt geraten: Ist es in den Wabengassen zu feucht und zu kühl, dann wäre das Ventilieren sinnvoll bezüglich der Feuchte und kontraproduktiv bezüglich der Temperatur. In der Regel können die Bienen solche Konflikte mit erhöhtem Energie- und Arbeitsaufwand lösen: Sie ventilieren zum Abbau der Feuchte und setzen alle Hebel in Bewegung, um die Temperatur wieder mit Heizaktivitäten in die Toleranzzone zu bringen. Sie erkaufen sich die Trockenheit mit einem erhöhten Heizaufwand.

Nicht abschließend und wissenschaftlich geklärt ist, ob die Bienen aktiv die Luft befeuchten, beispielsweise durch Wasserspucken, mit dem Ziel, eine zu hohe Trockenheit in den Wabengassen zu bekämpfen. Anton Büdel vermutet aufgrund seiner Messungen, dass sie es tun.[117][293][113] Martin Lindauer schließt zumindest das Rüsselschlagen mit dem Ziel, die Luftfeuchte zu erhöhen, aus, und hält eine solche Befeuchtung normalerweise auch nicht für notwendig.[186] Vermutlich haben beide recht: Normalerweise ist das Befeuchten zur Bekämpfung einer zu hohen Trockenheit nicht notwendig. Die verschiedenen Quellen von Wasserdampf im Bienenstock sorgen ganzjährig für eine Zufuhr von Wasserdampf, sodass eine zu hohe Trockenheit in der Regel mit dem Unterlassen von Fächelaktivitäten behoben werden kann. Zur Vorbereitung des Bruteinschlags bei noch kalten Außentemperaturen oder unter anderen extremen Bedingungen setzen die Bienen vermutlich gezielt das Wasserspucken zur Luftbefeuchtung ein.

Die Honigbienen regulieren die anfallende Arbeitswärme und Arbeitsfeuchte im Bienenstock auf das für die Brut optimale Niveau. Das Maß der erforderlichen Regulationstätigkeit wird bestimmt durch das Außenklima und die Eigenschaften der Bienenwohnung: Die Bienenwohnung stellt einen Widerstand für Wärme- und Feuchtetransporte dar und das Außenklima bestimmt den Unterschied zum Kleinklima in der Bienenwohnung, der sich über die Bienenwohnung ausgleichen will. Es entsteht ein Temperaturgefälle, welches sich größtenteils über die Wandungen ausgleichen will,[187] und ein Wasserdampfdruckgefälle, welches den Ausgleich hauptsächlich über das Flugloch sucht.[117]

TEMPERATURREGULATION

Die Regulierung der Temperatur im Bienenstock ist das Ergebnis der Zusammenarbeit aller Mitglieder des Bienenvolkes: Arbeiterinnen und Drohnen aller Altersklassen und sogar Larven und Puppen in den Brutzellen tragen aktiv zur Wärmeregulierung bei.[336][341] Mit den Rezeptoren an ihren Antennen können Bienen Temperaturunterschiede von 0,25 °C erfassen[342][343][344]. Diese sensible Temperaturerfassung ist die Grundvoraussetzung für ihre Regulierungstätigkeit.

Die aktive Temperaturregulierung der Honigbienen beschränkt sich auf das Brutnest; die umliegenden Bereiche erwärmen sich entsprechend den physikalischen Gesetzen.[305] Auch eine neuere Studie bestätigt die hauptsächliche Heizaktivität der Bienen im Brutbereich, sie belegt aber auch Heizaktivitäten in den umliegenden Bereichen. Die Autoren vermuteten als Grund die Begrenzung des Temperaturgefälles zwischen Brutbereich und Umgebung, um Wärmeverluste des Brutnests zu reduzieren.[336] Die gleiche Wirkung haben heimkehrende Sammlerinnen, die sich bevorzugt in fluglochnahen Wabenbereichen aufhalten, und so mit ihrer noch aufgeheizten Flugmuskulatur das Temperaturgefälle vom Brutbereich zur Außenluft begrenzen. Und teils werden auch die noch großen Honigvorräte im Herbst beheizt, und zwar mit dem Zweck, der Abkühlung der benachbarten Brutbereiche durch die Honigmassen entgegenzuwirken.[345] Bei ungedämmten Beuten kostet dies besonders viel Kraft: In den Bereichen der Honigvorräte wird die nächtliche Abkühlung notgedrungen zugelassen. Sobald die Außentemperaturen es zulassen, werden aber auch die Wabengassen entlang der Honigvorräte wieder beheizt. Dieses erneute Temperieren der Wabengassen entlang der Honigvorräte kostet aufgrund der dort im Honig gespeicherten Kälte besonders viel Energie. Bei vorhandenem Wärmeschutz hätte gar nicht erst eine so starke Abkühlung der Honigvorräte stattgefunden.

Das Wärmezentrum ist die Brut und das Ziel der Temperaturregulierung deren optimale Entwicklung bei möglichst konstanter Temperatur. Temperaturaufzeichnungen der Luft in den Wabengassen[300] lassen bereits vermuten, dass das Ziel der Thermoregulation eine konstante Temperatur der Brut und nicht der Luft in den anliegenden Wabengassen ist. Die Temperatur in den Wabengassen ist aufgrund einer Vielzahl von unterschiedlichen Einflüssen kurzfristigen Temperaturschwankungen von bis zu 4 °C ausgesetzt. Messungen von Temperaturgefällen vom Brutzellenboden über den Brutzellenrand bis zur Luft in der Wabengasse belegen die Priorität der Bienen in der Regulierung der Brutwabentemperatur.[336]

Werden die Temperaturen winterlich, dann bilden die Bienen eine Wintertraube. Die hierfür kritische Temperatur im Bienenstock liegt bei etwa 14 °C.[346] Der Brutnestrand ist dabei zunächst eine Grenze, über die nicht weiter zusammengerückt wird.[347] Die Temperaturregulierung unter den winterlichen Bedingungen dient ebenfalls der fast ganzjährig anwesenden Brut und hat zusätzlich das Ziel, die Temperatur der Randbienen der gebildeten Wintertraube konstant über der Schädlichkeitsschwelle zu halten.[221][155][348] «... je kälter es draußen ist, desto höher wird die Temperatur im Wärmemittelpunkt der Wintertraube.»[199] Diese Beobachtung ist ein deutlicher Hinweis auf die angestrebte konstante Temperatur bei den Randbienen: Um die Temperatur am Rand der Bienentraube auf einem konstanten Niveau zu halten, müssen die Bienen den Außentemperaturen ein «Gegengewicht» in der Wintertraube bieten, und dort die Temperatur bei sinkenden Außentemperaturen erhöhen.

Auch in der kurzen brutfreien Zeit stellen sich als Folge dieser Regulierung im Wärmemittelpunkt Temperaturen zwischen 25–35 °C ein. Neben dem Schutz der Randbienen scheint auch eine hohe Kerntemperatur selbst das Ziel zu sein.[329] Der Wärmemittelpunkt fällt ohne anwesende Brut mit dem Aufenthaltsort der Königin zusammen.[347] Vielleicht dient der Wärmemittelpunkt ihrem Wohlergehen, oder aber die Bienenkönigin sucht schlicht den wärmsten Punkt auf. Der Vermeidung einer Unterkühlung und Überlastung der Randbienen in der Wintertraube dient vermutlich auch der regelmäßige Wechsel der Positionen von Bienen aus dem inneren Bereich der Bienentraube mit den äußeren Hautbienen.[155]

Eine wichtige Rolle bezüglich des Anfalls von Arbeitswärme und auch bezüglich der Steuerung des Abflusses der anfallenden Arbeitswärme dürften Drohnen im Bienenstock spielen. Die Position ihrer Körper im Bienenstock hat einen größeren Einfluss als die der Arbeiterinnen, da sie eine größere Masse besitzen und auch einen größeren Umfang haben. Sie geben mehr Wärme an die umgebende Luft ab und sie können effektiver «Lücken schließen».

Zur Regulierung der Temperatur stehen den Bienen verschiedene Maßnahmen zur Verfügung. Sie werden folgend besprochen.

Heizen

Zum Erhöhen der Temperatur im Bienenstock ist das erste Mittel der Wahl eine Veränderung der Bienendichte in den Wabengassen: Die Bienen stellen sich kompakter und die Bienentraube zieht sich um ihr Brutnest zusammen.[155][184][336][349][350] Bei einer zweckmäßig isolierten Bienenwohnung sind die Bienen in der Lage, eine drohende Abkühlung, die sich nur am Flugloch durch Veränderung der Wetterlage ankündigt, durch eine Steigerung der Brutnesttemperatur abzufangen.[184] Dies dürfte in erster Linie eine Folge des Zusammenrückens der Bienen sein.

Durch die erhöhte Bienendichte werden die Wärmetransporte durch die Luft in den Wabengassen und somit die von den Brutwaben abgehenden Wärmeverluste reduziert. Es ist hierbei ein hilfreicher Umstand, dass mit Beginn der kühleren Nächte auch die heimgekehrten Sammlerinnen für die Temperaturregulierung zur Verfügung stehen.[336] An diesem Heizverhalten sind auch Drohnen im geringen Maße beteiligt.[351]

Abb. 127: Infrarotaufnahme aus dem Bienenstock. Heizbienen stecken im Brutbereich kopfüber in freien Zellen und erwärmen die umliegenden Brutzellen.

Über die Veränderung der Bienendichte hinaus können Honigbienen gezielt heizen.[336] Für dieses gezielte Heizen erhöhen einzelne Bienen ihre Brusttemperatur mittels Muskelzittern der Flugmuskeln und erhöhen so die umliegende Lufttemperatur.[197][352][342][353] Ihre Flugmuskeln sind allerdings erst nach 5–9 Tagen voll entwickelt und voll einsatzfähig für diese Zwecke,[354] aber auch jüngere Bienen beteiligen sich ab einem Alter von 2 Tagen mit geringerer Intensität entsprechend ihren Möglichkeiten.[354] Auch Drohnen zeigen dieses Heizverhalten. Sie sind allerdings deutlich seltener im Brutnest anzutreffen und führen die Heizaktivitäten im Gegensatz zu den Arbeiterinnen nur zum eigenen Wohlbefinden aus. Nichtsdestotrotz hat auch das Bienenvolk etwas von der Wärmespende in den umliegenden Bereichen des Brutnestes.[355] Oft drücken die Heizbienen sich auch von außen an verdeckelte Brutzellen oder sie steigen in leere Zellen und drücken sich an benachbarte Brutzellen und übertragen so gezielt Wärme auf den Wabenbau und die Brut.[352][342][356][357][358] Diese Form

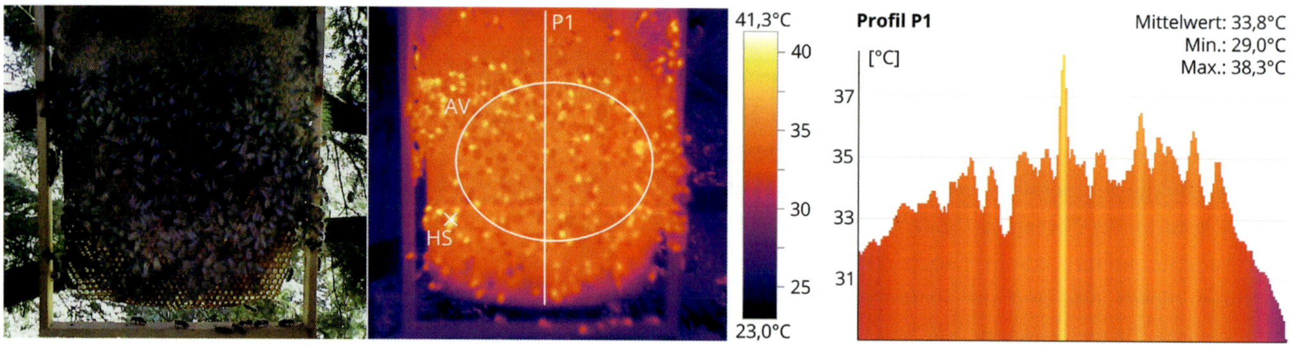

Abb. 128: Links: Echtbild einer unmittelbar zuvor gezogenen Brutwabe – Mittig: Wärmebild mit einer Durchschnittstemperatur von 34,5 °C im Brutbereich AV und einer Höchsttemperatur von 41,3 °C im Punkt HS – Rechts: Temperaturprofil P1

des Heizens der Brut ist die häufigste und erklärt das Temperaturgefälle von der Brut in die Wabengassen.(336)

Das aktive Heizverhalten einzelner Bienen hat nicht nur eine direkte Erwärmung der Umgebungsluft und der Waben zur Folge, sondern löst auch einen erhöhten Ruhestoffwechsel der umgebenen nicht aktiv heizenden Bienen und Bienenlarven aus, einhergehend mit einer erhöhten Wärmeabgabe.(336)(359)(360)(361)(362)(363)

Abb. 128 zeigt das Wärmebild (mittig) einer frisch gezogenen Brutwabe aus einer gut gedämmten Magazinbeute. Die Heizbienen sind gut als helle Punkte zu erkennen, sie erzeugen mit ihren Flugmuskeln hier Temperaturen von etwa 41 °C. Im markierten heißesten Punkt HS des Wärmebildes beträgt die Temperatur 41,3 °C. Die eingekreiste Fläche AV umfasst fast ausschließlich Arbeiterinnenbrut, die durchschnittliche Temperatur dieses Bereiches beträgt 34,5 °C. Rechts in der Abb. 128 ist das Temperaturprofil entlang der im Wärmebild eingezeichneten Geraden P1 abgebildet. Die Temperaturen am linken Rand des Profils zeigen die Temperaturen der Geraden P1 am oberen Rand der Wabe, die Temperaturen rechts die der Geraden P1 am anderen Ende, also die Temperaturen am unteren Wabenrand. Es ist hier gut zu erkennen, dass es keine Schichtung der Temperatur nach der Höhe gibt: Das mittig gelegene Brutnest ist der Bereich der höchsten Temperaturen, von seinem Rand fällt die Temperatur in alle Richtungen stetig ab. Das Bild links in der Abb. 128 zeigt das Echtbild des gleichen Ausschnitts und Zeitpunkts des Wärmebildes in der Mitte. Die Aufnahme wurde etwa eine Minute nach dem Ziehen der Wabe gemacht.

Die Honigbienen setzen ihre Heizfähigkeiten nicht nur zum Temperieren der Brut und der Wintertraube ein: Jede Arbeit an einer Mittelwand oder an einer seit längerer Zeit ungenutzten Wabe beginnt mit einem Erwärmen auf 37 °C, vermutlich, um das Wachs bearbeitbar zu machen.(364)(142) Während des Bauens gibt es dagegen normalerweise keine erhöhte «Bautemperatur».(123)(135) Eine Ausnahme stellt der Einzug eines Schwarms in eine neue Bienenwohnung dar; hier kommt es während der ersten Bautätigkeiten sogar zu noch höheren Temperaturen:(135) In den ersten 24 h sammeln sich die Bienen und es kommt lediglich im Zentrum der Bienentraube zu Temperaturen von 34 °C. Unmittelbar vor Baubeginn, am zweiten Tag, wird der obere Bereich der Bienenwohnung auf 39 °C aufgeheizt. Die Bienen müssen ohne die Anwesenheit von Brut die Temperatur offensichtlich weniger stark begrenzen. Vermutlich fällt ihnen die Bearbeitung von Wachs bei den höheren Temperaturen leichter. Drei Tage später, mit Beginn des Brutbetriebes, ist dieses Durchheizen abgeklungen.

Bei guter Tracht oder Fütterung werden auch leere Wabenbereiche beheizt, vermutlich, um die anstehende Wachsbearbeitung vorzubereiten.(364) Innerhalb der Wintertraube kommt es bei jeder Störung zu einem augenblicklichen Temperaturanstieg,(155) vermutlich, weil die Bienen zum Fliegen ihre Flugmuskeln vorheizen müssen.(365)(196) Und beim Schwänzeltanz nutzen die Bienen eine unterschiedliche Temperatur, um über die Rentabilität der gefundenen Quelle zu informieren.(329)

Kühlen

Honigbienen bedienen sich verschiedener Mechanismen, um den Bienenstock zu kühlen: Mit der Kombination aus Evakuierung, Verdunstungskälte und Ventilation sind sie zu einer starken Kühlleistung in der Lage, und können sogar Außentemperaturen von 60 °C parieren.(366) Das Vorhandensein von Wasser ist für eine so starke Kühlleistung zwingend notwendig.

Das erste Mittel der Wahl bei einer drohenden Überhitzung ist ein Auseinandergehen der Bienen bis hin zur Evakuierung von Bienen vor das Flugloch, wo sie sich als «Bienenbart» sammeln. Aufgrund der im Bienenstock anfallenden Arbeitswärme kommt es bereits bei Außentemperaturen ab 30 °C zu diesem Verhalten.[186] Büdel beschreibt erste Gegenmaßnahmen der Bienen gegen eine drohende Überhitzung bereits ab einer Außentemperatur von 27 °C.[184] Hierbei kommt es zumindest in ungedämmten Beuten auch teilweise zu Überreaktionen: Messungen zeigen bei einem Anstieg der Außentemperaturen auf 29 °C ein Abkühlen der Brutnesttemperatur auf 33 °C.[142]

Der Effekt des Auseinandergehens ist die bessere Zirkulation von Luft zwischen den Bienen, eine Verteilung bzw. Auslagerung der anfallenden Arbeitswärme durch die Bienenkörper und eine Ausdehnung der Bienenkugel, also ein Vergrößern des Gesamtvolumens der im Bienenstock anwesenden Bienen. Je größer die Bienenkugel ist, desto größer ist die Kugeloberfläche, die mit ihrer äußeren Hülle der Randbienen nach außen Wärme verliert.[155] Durch diese Maßnahmen ist es den Bienen möglich, die anfallende Arbeitswärme um schätzungsweise 50 % zu reduzieren. Die Auflockerung der Bienendichte mit dem Zweck der Temperaturregulierung kann von den Bienen bis zur Vernachlässigung des Brutgeschäftes gesteigert werden.[113]

Bei weiter steigenden Temperaturen und einer drohenden Überhitzung beginnen die Bienen Wasser zur Kühlung einzutragen und zu fächeln;[221][185] die Arbeiterinnen beginnen mit dem Wasserspucken und dem Rüsselschlagen.[186][368] Beides dient dem Erzeugen von Verdunstungskälte: Wasserspuckerinnen setzen auf dem Wabenbau und in den Zellen etliche Tröpfchen Wasser ab (siehe Abb. 129) und verstreichen sie dort mehr oder weniger sorgfältig mit ihren Mandibeln (Oberkiefern). Beim Rüsselschlagen werden Wassertropfen mit Bewegungen des Rüssels geschickt zu einem dünnen Film auseinandergezogen und so in eine Form mit maximaler Oberfläche gezwungen. Zwischendurch betteln die Bienen ihre Nestgenossinnen um Wasser an und werben mit Tänzen zum Wassersammeln. Begleitet werden diese Tätigkeiten durch energisches Fächeln anderer Bienen und durch erhöhten Wassereintrag der Sammelbienen. Lindauer beobachtete dieses Verhalten ab Außentemperaturen von 32 °C.

Die Wirkungsweise dieses Vorgehens ist die Erzeugung von Verdunstungskälte: Beim Wechsel des Aggregatszustandes von flüssigem Wasser zu Wasserdampf wird Energie benötigt, die den Wassermolekülen in Form von Wärme entzogen wird. In der Folge kühlt sich das Gasgemisch Luft ab. Die Luftbewegungen durch das Fächeln wirken hierbei beschleunigend. Die Verdampfungswärme von Wasser beträgt etwa 2500 J pro Gramm Wasser.[133] Das ist die Wärme, die der Luft bei der Verdampfung entzogen

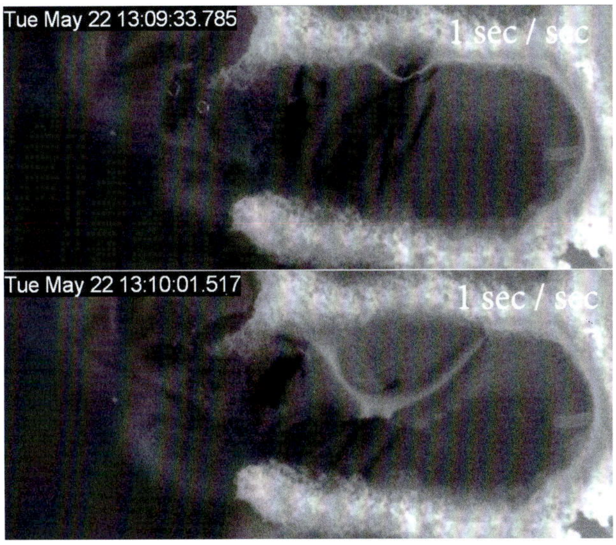

Abb. 129: Wasserspucken einer Arbeiterin. Screenshots aus: Video S14 «Honey bee thermoregulation: Evaporative cooling» (Siefert et al., 2021)[367]

wird. Für eine Kühlleistung von 1 W müssen folglich 1,44 g Wasser pro Stunde verdunstet werden.

Der Effekt der Verdunstungskälte spielt bereits vor dem hier beschriebenen gezielten Einsatz durch die Honigbienen eine Rolle; es kommt im Bienenvolk fortwährend zu einer «betriebsbedingten Verdunstungskälte» durch die bereits erwähnte Arbeitsfeuchte: Unverdeckelte Brutzellen, unverdeckelte Honigzellen, das Rüsselschlagen der Bienen zum Eindicken des Honigs und die Bienenkörper selbst geben laufend Wasserdampf an die Stockluft ab, mit dem einhergehenden Effekt der Verdunstungskälte. Der anfallenden Arbeitswärme durch die Tätigkeit der Bienen steht also eine betriebsbedingte Verdunstungskälte im Bienenstock gegenüber. Dieser Zusammenhang ist vermutlich der Grund, warum Bienen erst bei 32 °C Außentemperatur[186] aktiv damit beginnen müssen, mittels Wasserspucken und Rüsselschlagen zu kühlen. Den Bienen gelingt es offenbar zuvor mit milderen Maßnahmen, die Arbeitswärme so weit zu reduzieren, dass sie nur noch geringfügig größer ist als die betriebsbedingte Verdunstungskälte (siehe auch «Wärmestau durch Wärmeschutz»).

Durch das Fächeln herbeigeführte Luftwechsel können ebenfalls eine Abkühlung mit sich bringen, sofern die Außentemperatur tiefer ist als die Innentemperatur. Luft ist allerdings ein schlechter Wärmeträger; nur bei großen Temperaturunterschieden zwischen Innen- und Außenluft kann der Bienenstock auf diese Weise effektiv abgekühlt werden. Messungen am Flugloch von stark ventilierenden Bienenvölkern zeigen einen Volumenstrom von

0,5–1,0 Liter pro Sekunde.[319] Bei einem geschätzten Luftvolumen der Bienenwohnung von etwa 20 l[339] bedeutet das, vorsichtig geschätzt, einen kompletten Luftwechsel alle 40 Sekunden bzw. eine stündliche Luftwechselrate von 90 h^{-1} (also 90 komplette Luftwechsel pro Stunde). Diese Luftwechselrate bedeutet eine Kühlleistung von 0,6 W für jedes Grad Temperaturunterschied zwischen einströmender und ausströmender Luft. Aus dieser überschläglichen Betrachtung wird klar, dass das Fächeln allein keinen ausreichenden Schutz gegen eine drohende Überhitzung bei dünnwandigen Beuten bietet: Wenn die Außentemperatur sich der Brutnesttemperatur nähert, ist die Kühlleistung durch Luftwechsel minimal. Ist der Bienenwohnung allerdings ein Hitzeschutz gegeben, der eine Phasenverschiebung von mehreren Stunden mit sich bringt, dann kommt die Temperaturbelastung im Bienenstock erst an, wenn die Luft außen sich bereits wieder deutlich abgekühlt hat. In diesem Fall können die Bienen eine Überhitzung auch über Ventilation gut abwenden.

Offensichtlich sind Honigbienen auch zu einer besonderen Form des Kühlens in der Lage: Sie setzen ihre Körper als Hitzeschutz für den sensiblen Brutbereich ein, indem sie sich in den Wabengassen zwischen die Hitzequelle und den Brutbereich positionieren. Auf diese Weise verzögern und verringern sie das Aufheizen der Brutbereiche durch äußere Hitzequellen.[369] Zu dieser Aufgabe wären Drohnen aufgrund ihrer größeren Körper theoretisch besser geeignet, sie beteiligen sich aber nicht daran.

LUFTFEUCHTEREGULATION

Befeuchten

Wie bereits unter «Die aktive Regulation des Kleinklimas durch die Honigbienen» dargelegt, gehen wir davon aus, dass die Honigbienen die Luft aktiv befeuchten, um eine zu hohe Trockenheit zu parieren. Messungen der Luftfeuchte zeigen ein stoßweises, örtlich begrenztes Ansteigen der Luftfeuchte, beispielsweise als Vorbereitung zum Frühjahrsbruteinschlag oder als Folge einer Störung.[293][113][117]

Der Beginn des Brutgeschäftes im Frühjahr stellt eine besondere Situation dar. «Das Angebot an Wasserdampf seitens der Außenluft ist in dieser Jahreszeit fast ausnahmslos so gering, daß die Bienen gezwungen sind, für eine Erhöhung der Luftfeuchtigkeit im Stock zu sorgen.»[370] Mit den Vorbereitungen für das Brutnest wird die Temperatur erhöht und es herrscht eine hohe Trockenheit. Die kalte Außenluft trägt nur wenige Gramm Wasser pro Kubikmeter, und im Bienenstock gibt es zu diesem Zeitpunkt aufgrund fehlender Brut und Honigverarbeitung nur einen geringfügig höheren Wassergehalt. Die der Brutnesttemperatur entsprechende relative Luftfeuchte beträgt teilweise nur 10 % (siehe Abb. 130). Dieser Wert ist offensichtlich zu gering für den bevorstehenden Bruteinschlag: Die Bienen führen daher der Luft gezielt Wasserdampf zu und erhöhen damit die Luftfeuchte.[293] Die starken Anstiege des Wasserdampfgehalts in Abb. 130 auf bis zu 14 mg/l, ein Wert, der üblicherweise erst bei vorhandenen großen

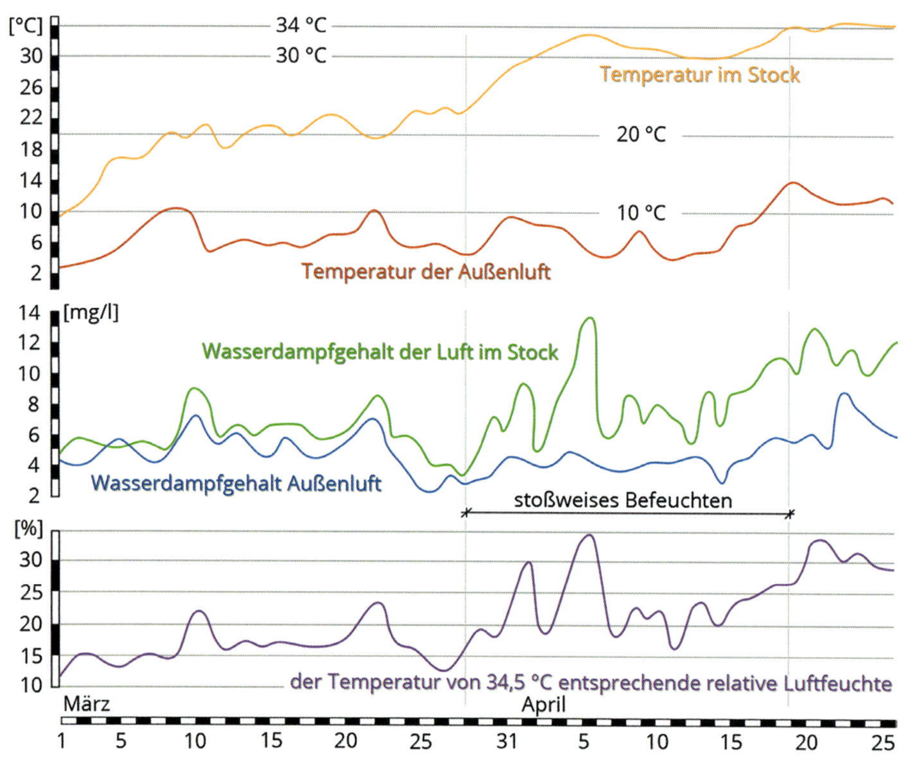

Abb. 130: Temperatur im Bienenstock und in der Außenluft, Wasserdampfgehalt im Bienenstock und in der Außenluft und die theoretische relative Luftfeuchte, die bei vorhandenem Brutnest in den Wabengassen des Brutnests anliegen würde bzw. anliegt. (Büdel, 1949)[293] – aufbereitet, koloriert und leicht verändert

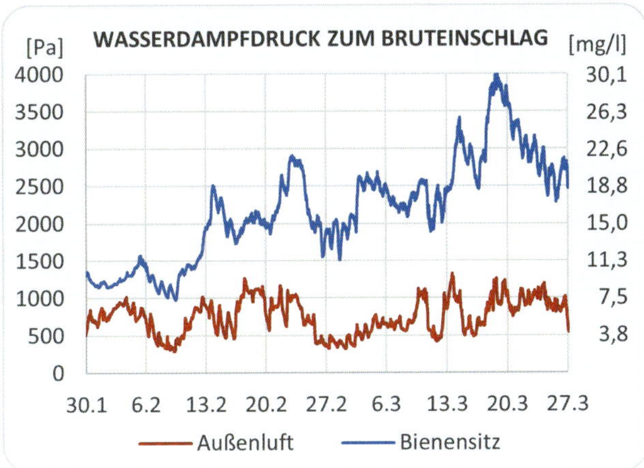

Abb. 131: Wasserdampfdruck, bzw. Wasserdampfdichte, innerhalb und außerhalb der besetzten Bienenwohnung (Holzbeute mit 10 cm Korkdämmung) zur Zeit des Frühjahrsbruteinschlags

Brutflächen und Honigverarbeitung erreicht wird, lassen sich anders nicht erklären. Die Honigbienen erhöhen stoßweise ab etwa dem 28. März die Luftfeuchte. Mit Erreichen der erforderlichen Minimaltemperatur von 34 °C für das Brutnest wird zeitgleich eine relative Luftfeuchte von knapp über 25 % erreicht. Nach Anton Büdel kann erst das höhere Angebot an Wasserdampf in der Außenluft in der wärmeren Jahreszeit die Bienen von solchen Wasserdampfzugaben entbinden.[(293)]

Eigene Messreihen an einer besetzten, stark gedämmten Bienenwohnung zeichnen ein ähnliches Bild (siehe Abb. 131): Zwischen dem 14. Februar. und dem 18. März 2023 kam es mehrfach zu stoßhaften Anreicherungen von Wasserdampf, die nicht über die Schwankungen des Wasserdampfdrucks der Außenluft erklärt werden können. Anders als Anton Büdel stellen wir diese Stöße aber auch noch bei einem höheren vorhandenen Wasserdampfdruck innerhalb der Bienenwohnung fest. Das dürfte an der starken Wärmedämmung unserer Versuchsbeute liegen. Die 2 cm dicken Holzwände sind mit 10 cm äußerer Korkdämmung versehen. Es gelingt den Bienen hier leicht, die optimale Temperatur in den Wabengassen des Brutnests von etwa 35 °C einzustellen. Um bei dieser Temperatur eine relative Luftfeuchte von 30 % zu erzielen, was schätzungsweise die Mindestanforderung für die relative Luftfeuchte sein dürfte, müssen die Bienen einen Wasserdampfdruck von mindestens 1700 Pa aufbauen bzw. eine Wasserdampfdichte (absolute Feuchte) von mindestens 13 mg/l erzielen.

Aber auch mitten in der Brutzeit kann es zu extremen klimatischen Bedingungen in der Außenluft kommen, die das Befeuchten der Stockluft erforderlich machen. So zeigt das Beispiel eines besonders heißen und trockenen Sommertags in Süddeutschland einen deutlichen Anstieg der

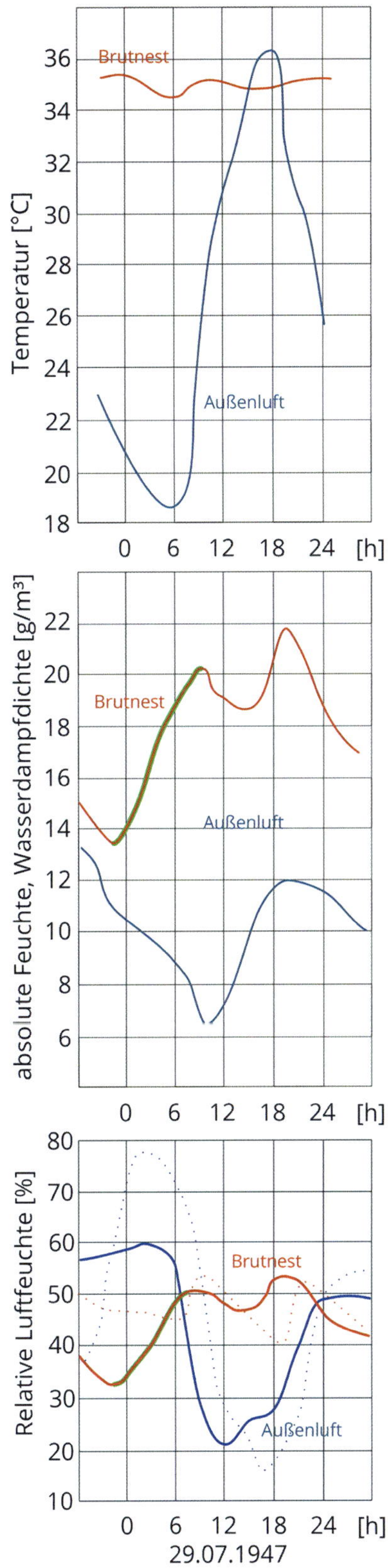

Abb. 132: Temperatur, absolute Feuchte und relative Feuchte im Bienenstock und in der Außenluft an einem besonders warmen und trockenen Sommertag. Nach: Büdel – aufbereitet, koloriert und leicht verändert. Grafik «Relative Luftfeuchte» korrigiert: gestrichelte Linien nach Büdel; durchgezogene Linien nach unseren Berechnungen. In: (Bamberger, 1948)[339]

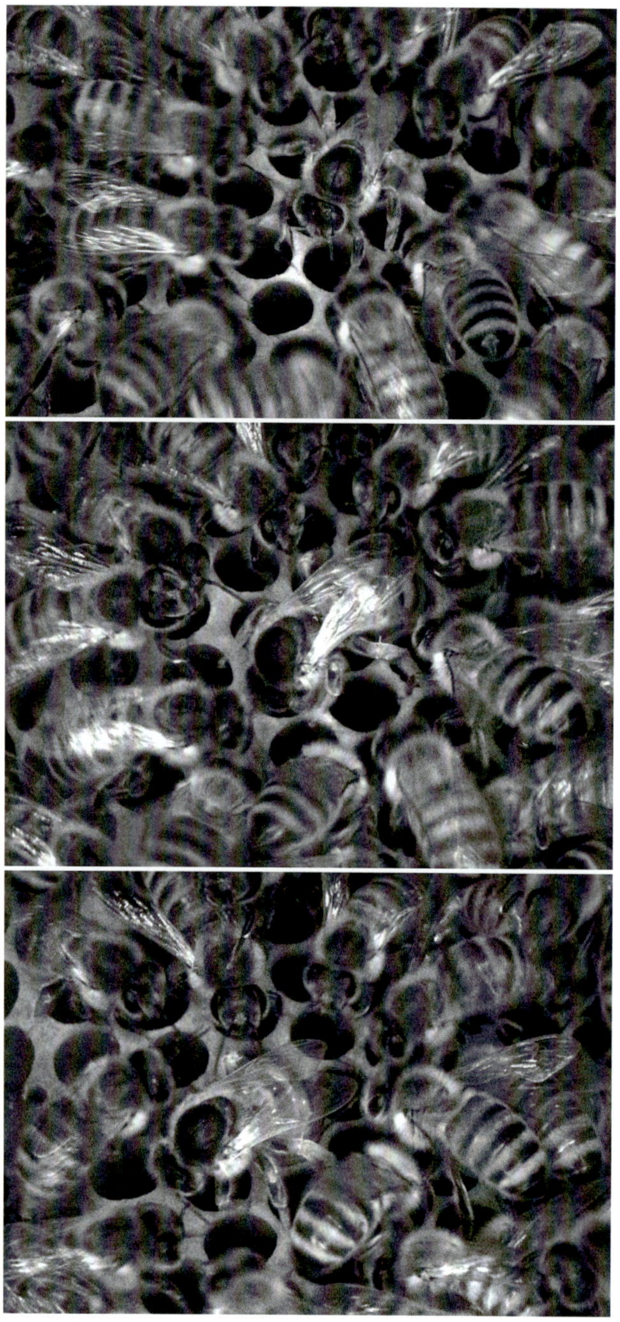

Abb. 133: Oben: Königin und Hofstaat bei der Eiablage, mittig: Königin prüft etwa 4 Sekunden lang die nächste Brutzelle – Unten: erneute Eiablage

absoluten Luftfeuchte (siehe Abb. 132), für den nur die Aktivität der Honigbienen infrage kommt.[339] Leider ist in der Veröffentlichung ein Fehler passiert, der auch bei einer erneuten Wiedergabe der Ergebnisse in dem Buch «Biene und Bienenzucht»[113] den Autoren nicht aufgefallen ist: Die präsentierte Kurve der relativen Luftfeuchte passt nicht zu den Kurven der Temperatur und der absoluten Luftfeuchte. Die original abgebildeten Kurven der relativen Luftfeuchte der Luft im Bienenstock und der der Außenluft sind hier in der von uns bearbeiteten Version als gepunktete Kurven im untersten Bild der Abb. 132 dargestellt. Bei Betrachtung der Kurven fällt auf, dass hier etwas nicht stimmen kann: Bei nahezu konstanter Temperatur im Brutnest muss der Verlauf der Kurve der relativen Luftfeuchte tendenziell der Kurve der absoluten Luftfeuchte entsprechen. Hoch- und Tiefpunkte müssen etwa zur gleichen Zeit auftreten. Die gepunktete rote Kurve weicht aber insbesondere im linken Bereich stark davon ab. Die Kurven von Temperatur und absoluter Feuchte im Außenbereich (blaue Kurven der oberen und mittleren Grafik) passen aber sehr gut zusammen: Kurz nach einem Extremwert der Temperatur folgt auch ein Extremwert der absoluten Luftfeuchte (also des Wasserdampfdrucks). Wir gehen daher davon aus, dass es die Grafik der relativen Luftfeuchte war, die verwechselt wurde. Wir haben anhand der präsentierten Messergebnisse von Temperatur und absoluter Luftfeuchte die passenden Werte berechnet und die Kurven der relativen Luftfeuchte für den Innen- und Außenbereich in der unteren Grafik der Abb. 132 eingezeichnet.

Die Wasserdampfdruckkurve des Brutnests (rote Kurve, mittlere Grafik) startet gegen 18 Uhr links im Bild nur leicht erhöht und parallel zur Wasserdampfdruckkurve der Außenluft (blaue Kurve). Beide fallen mit der Zeit stetig ab; die Luft innen und außen wird immer trockener. Kurz vor Mitternacht erreicht die relative Luftfeuchte im Brutnest (rote Kurve, unterste Grafik) einen Wert von 33 %; eine Trockenheit, die den Bienen offensichtlich nicht genehm ist. Ab diesem Zeitpunkt setzen die Bienen über Stunden kontinuierlich Wasserdampf frei. Es gibt keine andere Erklärung für den nun steigenden Wasserdampfdruck im Brutnest: Der Wasserdampfdruck außen fällt weiterhin ab und gegen Mitternacht und in den Morgenstunden bis 6 Uhr früh kann auch kein einsetzender Nektareintrag diese Wasserdampfzufuhr erklären. Bei Erreichen einer relativen Luftfeuchte von 50 % stoppen die Bienen das Prozedere, worauf die Kurve des Wasserdampfdrucks innen zügig abfällt, obwohl der Wasserdampfdruck der Außenluft etwa zur gleichen Zeit wieder ansteigt: Die Wasserdampfdruckkurve der Innenluft möchte ihren ursprünglichen Abstand zur Wasserdampfdruckkurve der Außenluft wieder einnehmen. Für den am späten Nachmittag erneut einsetzenden Anstieg des Wasserdampfdrucks sind wiederum die Bienen verantwortlich, allerdings dürfte es diesmal das Eindicken von eingetragenem Nektar sein, der den Wassergehalt der Stockluft anreichert, und nicht das gezielte Verdampfen von Wasser zur Bekämpfung der hohen Trockenheit.

Ohne eine solche Befeuchtung durch die Bienen würde sich in den Brutzellen mit Eiern, in denen noch kein Futtersaft vorhanden ist, die gleiche relative Luftfeuchte einstellen wie in den Wabengassen: In der Folge würden sich weniger als 5 % der schlüpfenden Larven normal entwickeln.[222] Die Honigbienen müssen also die Luft in diesen Brutzellen mit Eiern befeuchten, um eine zu hohe Trockenheit zu verhindern. Sehr wahrscheinlich beginnen sie damit bereits kurz vor der Eiablage der Königin, was die Messung[293] von Feuchtigkeitsstößen kurz vor dem Frühjahrsbruteinschlag (siehe Abb. 130) erklären würde. Die Königin inspiziert jede einzelne Zelle vor der Eiablage, vermutlich prüft sie auch die vorhandene Luftfeuchte bzw., ob die Zellwände mit einem Wasserfilm versehen wurden. Der mattglänzende Überzug der Zellen kurz vor der Eiablage[300] scheint das Befeuchten der Zellwände zu bestätigen.

Lindauer vermutet, dass unter normalen Betriebsbedingungen ein aktives Eingreifen der Bienen in den Wabengassen nicht nötig ist, da es seiner Meinung nach zu einer zu hohen Trockenheit nur kommen kann, wenn die Temperaturregulierung versagt.[186] Büdel belegt aber mit seinen bereits besprochenen Messungen, dass mindestens beim Frühjahrsbruteinschlag und an besonders trockenen Tagen die Honigbienen die Luft befeuchten. Darüber hinaus dürften auch Störungen des Kleinklimas durch Eingriffe der Imker*innen (Öffnen der Beute, Waben ziehen) die Bienen zur Befeuchtung der Luft veranlassen.

Lindauer schreibt, dass das Rüsselschlagen zur Regulierung der Temperatur und zum Eindicken des Honigs genutzt wird, nicht aber zur Regulierung der Luftfeuchte. Zum Wasserspucken äußert er sich diesbezüglich nicht.[186] Wie präzise die Honigbienen die Wechselwirkung zwischen Temperatur und Luftfeuchte einzusetzen wissen, zeigt eine weitere Beobachtung von Lindauer: Er stellt bei dem zum Eindicken des Honigs ausgeführten Rüsselschlagen eine Klumpenbildung von Bienen um die rüsselschlagenden Bienen fest. Er vermutet darin die Kompensation der in diesem Fall unerwünschten Abkühlung.[186] Die Bienen können also mittels Rüsselschlagen den Honig eindicken bzw. die Luft befeuchten, ohne die Temperatur abzusenken.

Die wahrscheinlichste uns möglich erscheinende Art und Weise der Honigbienen, die Luft der mit Eiern bestifteten Zellen und auch die der Wabengassen zu befeuchten, ist das von Lindauer ausführlich beschriebene Wasserspucken.[186] Es ist bekannt, dass die Honigbienen auf diese Weise Verdunstungskälte erzeugen und gezielt kühlen. Infolge einer drohenden Überhitzung setzen sie mit Vorliebe in den Brutzellen kleine Wassertropfen an der Oberseite der Zelle ab und verstreichen sie mehr oder weniger sorgfältig mit ihren Mandibeln (Oberkiefern). Der dünne

Abb. 134: Wassersammlerin an einer überlaufenden Regentonne – Wassersammlerinnen nehmen im Schnitt 40 mg Wasser auf, ihre maximale Flugdistanz darf 2 km nicht überschreiten.[372] Eine Arbeiterin wiegt etwa 80 mg, sie kann also die Hälfte ihres Eigengewichtes zusätzlich an Wasser tragen.

Wasserfilm mit seiner großen Oberfläche verdunstet zügig in dem warmen und trockenen Brutnestklima und erzeugt die erwünschte Verdunstungskälte. Dieses Vorgehen dürfte auch die effektivste Methode sein, um die Luft im Mikroklima der Brutzellen zu befeuchten. Die entstehende Verdunstungskälte wird vermutlich umgehend durch Heiztätigkeiten anderer Bienen kompensiert.

Sowohl das Rüsselschlagen als auch das Wasserspucken stellen also zumindest theoretisch Möglichkeiten der Honigbienen dar, um die Luftfeuchte im Bienenstock gezielt zu erhöhen. Die damit einhergehende Verdunstungskälte wissen die Bienen zu kompensieren. Dieses Prozedere würde auch die kurzfristigen starken Veränderungen der Luftfeuchte bei gleicher Temperatur erklären, die Grziwa in Messreihen feststellt.[371] Er vermutet dahinter eine «Verlagerung von Kleinluftkörpern im Bienenstock». Wir vermuten eher, dass die Messergebnisse durch das gezielte Befeuchten der Stockluft durch Wasserspucken oder die Tätigkeit des Rüsselschlagens beim Eindicken des Honigs verursacht werden. Die von Grziwa angegebene theoretisch erforderliche Wassermenge (15 mg/l), die seine aufgezeichneten Änderungen der Luftfeuchte erklären könnte, ließe sich problemlos von einer rüsselschlagenden Biene oder einer Wasserspuckerin an die Luft abgeben, wenn man bedenkt, dass eine Wassersammlerin 52 mg Wasser[231] tragen kann. Schließlich passen auch die beobachteten Zeitspannen der Luftfeuchteänderungen Grziwas (etwa 20 min)[371] und der Dauer des von Park beobachteten Rüsselschlagens (ebenfalls 20 min)[238] gut zusammen.

Normalerweise ist dieses gezielte Befeuchten der Stockluft aber nicht notwendig: Durch die betriebsbedingte Arbeitsfeuchte (siehe «Wärmestau durch Wärmeschutz») kommt es zu einer stetigen Wasserdampfzufuhr im Bienensitz. Wird es im Brutnest zu trocken, dann genügt in der Regel das Einstellen des Fächelns. Eine darüber hinausgehende Wasserdampfabgabe dürfte zunächst über eine Intensivierung der Brutpflege (Wasserspucken in den Brutzellen, Sicherstellung der Futtersaftkonzentration) und das Verlagern der Prozesse des Eindickens von Honig ins Innere des Bienenstocks erfolgen.

Entfeuchten

Das erste Mittel der Wahl der Honigbienen zur Reduzierung der relativen Luftfeuchte im Brutnest ist eine Temperaturerhöhung.[117] Sie erhöhen die Temperatur und reduzieren so die relative Luftfeuchte, da wärmere Luft mehr Wasser aufnehmen kann als kalte Luft (siehe Tabelle 6). In den eng gesteckten Temperaturbereichen des Brutnestes spielt dieses Verhalten aber nur eine untergeordnete Rolle: Mit der Veränderung der Temperatur um 1 °C lässt sich auf dem Temperaturniveau des Brutnestes die relative Luftfeuchte lediglich um 2–3 Prozentpunkte verändern.

Befindet sich die Temperatur im Brutnest bereits am oberen Limit und kommt es zu einem weiteren Anstieg der Luftfeuchte, dann beginnen die Bienen zu fächeln. Sie sorgen so für Luftwechsel mit anderen Bereichen der Bienenwohnung bzw. im Falle von Belüftungsketten, auch mit Bereichen außerhalb des Bienensitzes. Die feuchte Luft aus dem Brutbereich wird gegen trockenere Luft ausgetauscht. Sobald die Luftfeuchte in den Wabengassen des Brutbereiches wieder im Toleranzbereich ist, beenden die Fächlerinnen dort ihre Tätigkeit. Wir vermuten, dass die ersten Bienen im Brutbereich aufgrund eines Anstiegs der relativen Luftfeuchte auf etwa 50 % mit einem leichten Fächeln reagieren. So kommt es bereits zu einer Luftzirkulation innerhalb der Bienenwohnung und im Falle von kühleren und trockeneren Randbereichen zu einem Absenken der relativen Luftfeuchte im Brutnest. Die fächelnden Bienen stellen das Fächeln wieder ein und wegen ihres Flügelschlags mit geringer Frequenz wurden keine Folgebienen animiert, ebenfalls zu fächeln. Bleibt der Erfolg in Form einer höheren Trockenheit im Brutnest allerdings aus und die Luftfeuchte steigt weiter an, beispielsweise weil die Bienenwohnung keinen Hitzeschutz aufweist und es keine kalte Stelle gibt, dann erhöhen die fächelnden Bienen die Frequenz des Flügelschlags und weitere Bienen im Brutnest beginnen zu fächeln. Der Luftstrom wird dadurch erhöht und animiert so nun auch im Luftstrom befindliche Bienen zum Fächeln. Auf diese Weise entstehen Belüftungsketten bis zum Flugloch; in der Folge wird die Luft mit der Außenluft ausgetauscht.

Neben dem Fächeln bedienen die Bienen sich offensichtlich noch einer anderen Methode, um das Dampfdruckgefälle von innen nach außen abzubauen: Durch das «Vorliegen» von Bienen vor dem Flugloch wird nach Anton Büdel der Ausgleich des Wasserdampfgehalts zwischen Innen- und Außenluft gefördert.[113] Der Grund hierfür könnten turbulente Strömungen durch die entstehenden Temperaturunterschiede sein. Die vor dem Flugloch entstehende Turbulenz beschleunigt die Wasserdampftransporte vor und teils auch im Fluglochbereich.

Eine Studie aus Südafrika untersucht die Vorlieben von Honigbienen für verschiedene Luftfeuchten und das Einsetzen des Fächelns in Abhängigkeit zur Luftfeuchte.[302] Die Veröffentlichung zeigt ein deutliches Einsetzen des Fächelns bei einer relativen Luftfeuchte von 55 % (siehe Abb. 135): Etwa 3 % der anwesenden Bienen beginnen hier bereits zu fächeln. Bei einer relativen Luftfeuchte von 75 % sind es etwa 11 % der Bienen und bei einer relativen Luftfeuchte von 90 % etwa 27 % der Bienen. Bei den Bienen ohne anwesende Brut sind es sogar noch mehr Fächlerinnen, was daran liegen dürfte, dass hier keine Arbeitskräfte für die Versorgung der Brut gebunden sind. Die Daten zeigen eindrucksvoll, dass die Bienen der Reduzierung der Luftfeuchte einen sehr hohen Stellenwert beimessen und dass sie eine erhöhte Luftfeuchte mit Fächeln parieren: Sie beginnen bereits bei 55 % rF mit den Gegenmaßnahmen und setzen bei weiterer Steigerung der Luftfeuchte bis zu jede vierte Biene zum Fächeln ein. Da auch bei der Regulierung der Luftfeuchte innerhalb des Wohlfühlklimas ein gleichzeitiges Be- und Entfeuchten der Stockluft stattfinden dürfte, ebenso wie das gegensätzliche Heizen und Kühlen fester Bestandteil der Temperaturregulierung ist, vermuten wir als zulässige Obergrenze für die relative Luftfeuchte im Brutnest der Honigbienen einen Wert von etwa 60 % rF.

Die Begründung für die Maßnahmen der Honigbienen gegen zu hohe Luftfeuchte dürfte neben der grundsätzlich notwendigen Trockenheit der Luft für die Honigverarbeitung und Klimaregulierung auch in der Vermeidung von Schimmelpilzen liegen: «Die Forderung nach der Konstanz der relativen Feuchte im Brutnest läßt sich biologisch begründen. Der Wabenbau und die Futtervorräte der Bienen sind ein geeigneter Boden für Schimmelpilze, die bei entsprechendem Wassergehalt der Luft und einer gleichmäßig hohen Temperatur in der Beute sich sehr rasch entwickeln. Die Bienen sorgen deshalb in einer sehr vollkommenen Weise für eine geringe relative Feuchte in allen lebenswichtigen Bezirken ihrer Behausung.»[(117)] Darüber hinaus scheinen die ausgewachsenen Bienen bei höherer Luftfeuchte auch eine geringere Lebenserwartung zu haben: Versuche mit Bienen in Behältern unterschiedlicher Luftfeuchte zeigen eine sinkende Lebenserwartung der Bienen mit steigender Luftfeuchte: Bei 26 % rF lebten die Bienen durchschnittlich 35 Tage, bei 51 % rF 31 Tage, bei 57 % ebenfalls 31 Tage, bei 74 % rF 25 Tage und bei 97 % rF nur noch 8 Tage.[(89)] Und eine Studie aus China stellt unter Versuchsbedingungen eine deutliche geringere Lebenserwartung bei 60 % gegenüber 50 % relativer Luftfeuchte und jeweils 35 °C Raumtemperatur fest. Sowohl die Östliche *(Apis cerana)* als auch die Westliche Honigbiene *(Apis mellifera)* reagieren hier offensichtlich gleichermaßen empfindlich.[(373)] Insbesondere die Ergebnisse dieser zweiten Studie widersprechen unserer Annahme, dass den Bienen auch eine relative Luftfeuchte bis etwa 60 % im Brutnest genehm ist. Allerdings sind die Ergebnisse, die unter Laborbedingungen entstanden, unserer Meinung nach nicht ohne Weiteres auf den Bienenstock übertragbar: Die relative Luftfeuchte in Bienenstöcken außerhalb des Brutnests ist nahezu immer höher als 50 %. Wenn es dort die Lebenszeit beeinträchtigende Zustände geben würde, dann würden erwachsene Bienen diese Bereiche wohl meiden. Es ist aber das Gegenteil der Fall, erwachsene Bienen suchen bei abwesender Brut mit einer leichten Bevorzugung Bereiche mit einer relativen Luftfeuchte von 75 % rF auf.[(302)] Diese hohe Luftfeuchte würde nach beiden zuvor genannten Studien eine mehr oder weniger starke Verkürzung der Lebenszeit bedeuten. Wir vermuten, dass die hohe Luftfeuchte unter Versuchsbedingungen Prozesse auslösen kann, die unter natürlichen Bedingungen im Bienenstock durch andere Parameter (z. B. CO_2-Gehalt, Ausdünstungen ätherischer Öle aus Propolisschichten o. Ä.) erst bei höherer Luftfeuchte ausgelöst oder gänzlich verhindert werden.

Das Fächeln dient aber in Sachen Gasaustausch nicht nur dem Abbau einer zu hohen Wasserdampfkonzentration: Es kommt auch bei einer zu hohen Kohlendioxid-Konzentration zum Einsatz (siehe auch «Der CO_2-Gehalt im Bienenstock»).[(319)]

Die Wirksamkeit der Reduzierung einer Gaskonzentration durch Herbeiführen von Luftwechseln ist be-

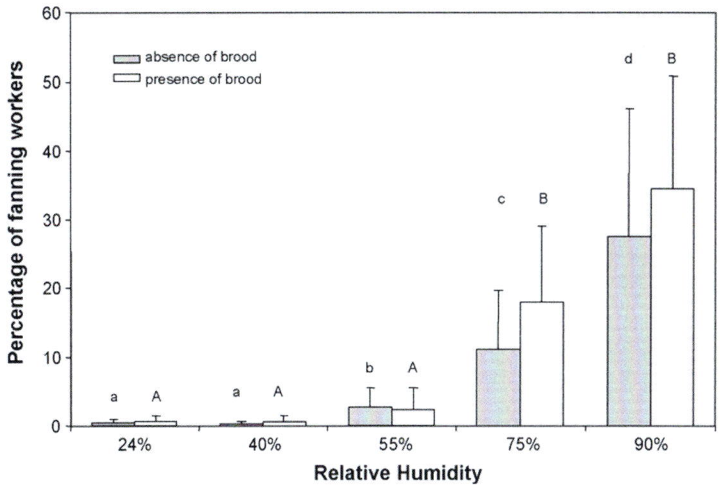

Abb. 135: Prozentualer Anteil von Fächlerinnen in Bienengruppen bei verschiedenen Luftfeuchten, mit und ohne anwesende (6 Tage alte) Arbeiterinnenbrut. (Ellis et al., 2008)[(302)]

schränkt durch die Gaskonzentration der eingewechselten Luft. Eine Entfeuchtung der Luft über Luftwechsel mit der Außenluft gelingt daher nur, wenn die eingewechselte Luft trockener ist als die ausgewechselte. Im besetzten Bienenstock ist die absolute Luftfeuchte bzw. der Wasserdampfdruck, nahezu ganzjährig höher als die absolute Feuchte der Außenluft. Die Honigbienen können also fast immer eine gewisse Entfeuchtung der Luft mittels Luftwechsel bewirken. Sie können die absolute Luftfeuchte aber auf diese Weise nicht unter den Wert der Außenluft bringen. Die Außenluft mit ihrer absoluten Luftfeuchte gibt den Mindestgehalt der absoluten Luftfeuchte in der Bienenwohnung (ohne Hitzeschutz) vor. Dies dürfte ein wesentlicher Grund dafür sein, warum die Evolution der Honigbienen sich in Bienenwohnungen mit massivem Hitzeschutz abgespielt hat. Der große Hitzeschutz ist der gemeinsame Nenner natürlicher Erd-, Fels- und Baumhöhlen. Er bietet den Honigbienen in der Bienenwohnung eine kalte Stelle, also einen Überlauf für die Luftfeuchte, welchen sie bereits mit geringen Fächelaktivitäten aktivieren können. So können sie auch unabhängig vom Außenklima die Luft im Bienensitz entfeuchten (siehe auch «Die Begrenzung des Wasserdampfdrucks in mit Bienen besetzten Bienenwohnungen»). In Bienenwohnungen ohne Hitzeschutz sind sie hingegen gezwungen, die Entfeuchtung der Stockluft mit erhöhten Energieverlusten und einem ungünstigeren CO_2-Gehalt zu erkaufen. Abgesehen davon kann ein hoher Wasserdampfdruck der Außenluft eine ausufernde relative Luftfeuchte innerhalb des Brutnests bedeuten, ohne dass die Bienen ein Mittel dagegen hätten.

DER SONDERFALL DES AN DER WEISELZELLE ANLIEGENDEN MIKROKLIMAS

Die besondere Stellung der allseits frei hängenden Schwarmzelle am Rande des Brutnestes ist nicht abschließend geklärt. Nach Zander, zitiert von Büdel, erfolgt bei der Erbrütung von Weiselzellen (Zellen, in denen Königinnen heranwachsen) die normale Entwicklung der verdeckelten Zellen nur bei einer relativen Luftfeuchte von 75–80 %. «Diese Tatsache begründet die Vorliebe der Bienen, die Weiselzellen möglichst an den Rändern des Wabenbaus, also am Ort höherer Luftfeuchtigkeit anzuordnen. Das ‚Belagern' und ‚Pflegen' der Zellen dürfte auch eine Regulierung des Wasserdampfgehaltes der zellennahen Luftschicht mit einschließen.» (117)

Wir können nicht beurteilen, ob es richtig ist oder nicht, dass die Entwicklung einer Königin eine andere relative Luftfeuchte in den Wabengassen benötigt als Arbeiterinnen und Drohnenbrut. Es kommt uns aber nicht sehr plausibel vor. Einleuchtender finden wir die folgenden Zusammenhänge nach Lokoschus: (335) Die Temperatur innerhalb der Brutzelle wird bestimmt durch die Wärmeproduktion der Made/Puppe selbst (und somit durch ihren Stoffwechsel), der Temperatur der Umgebung und der Beschaffenheit des Bereichs, der diese beiden Räume voneinander trennt. Hierbei spielt die Größe der Oberfläche, welche die beiden Räume voneinander trennt, eine herausragende Rolle. «Die Arbeiterin-Vorpuppe und Puppe hat einen geringen Stoffwechsel, sie erzeugt nur eine geringe Atmungswärme, die an die umgebende Luft der Zelle abgegeben wird. Die kleine verdeckelte Wabenzelle ist allseitig, mit Ausnahme des Zelldeckels, von Arbeiterinnenzellen mit meist gleichalten Entwicklungsstadien umgeben und liegt inmitten des Brutnestes. Eine Abgabe der erzeugten Wärme ist nur durch die kleine Fläche des Zelldeckels hindurch in die Wabengasse hinein möglich.» (335) «Die Königinpuppe hat einen hohen Stoffwechsel und erzeugt dadurch viel Atmungswärme. Sie liegt in einer großen Weiselzelle, die sich allseitig frei am äußeren Rand des Brutnestes befindet. Die Abgabe der erzeugten Wärme erfolgt durch die gesamte Oberfläche der Weiselzelle.» (335)

Die freie Lage der Weiselzelle ist vermutlich also der höheren Wärmeproduktion innerhalb der Weiselzelle geschuldet, die Lage innerhalb des Brutnestes eingebettet zwischen der Arbeiterinnenbrut könnte zu einer Überhitzung führen.

Ebenso könnte es sich mit der Drohnenbrut verhalten: Wenn auch die Maden und Puppen der Drohnenbrut einen höheren Stoffwechsel als die Arbeiterinnen haben, dann würden auch sie mehr Wärme produzieren. Im Vergleich zur Arbeiterinnenbrut müsste die Temperatur in den Wabengassen etwas niedriger sein, damit es nicht zu einer Überhitzung in den Drohnenbrutzellen kommt. Und so scheint es zu sein: In den Wabengassen der Drohnenbrut ist die Temperatur mit etwa 34 °C etwas niedriger als in den Wabengassen der Arbeiterinnenbrut mit etwa 35 °C.

Teil 4

BEDEUTUNG DER WÄRMEDÄMMUNG

16 Bedeutung von Hitze- und Wärmeschutz für die Honigbienen

Wärme- und Gastransporte in Bienenwohnungen, der Einfluss von Hitze- und Wärmeschutz auf diese Transporte und die Vorgehensweise der Honigbienen zur Klimaregulation wurden in den bisherigen Kapiteln ausführlich besprochen. Wir fassen folgend die wesentliche Bedeutung von Hitze- und Wärmeschutz der Bienenwohnung für die Honigbienen zusammen.

Der Hitzeschutz sorgt für geringere Temperaturschwankungen im Bienenstock. Temperaturwellen von der Außenseite durch die Wände werden gedämpft und im besten Falle komplett ausgebügelt, sodass sich innen konstante Temperaturen in Höhe der Durchschnittstemperaturen der Außenluft einstellen wollen. Die Honigbienen müssen seltener und weniger stark auf Temperaturschwankungen der Außenluft reagieren und gegensteuern. Durch den zeitlichen Versatz der Temperaturkurven innen und außen (Phasenverschiebung) erleichtert der Hitzeschutz auch einen Teil der Klimaregulierung der Honigbienen: Luftwechsel durch die von den Bienen ausgelöste Ventilation mit dem Ziel der Temperaturregulierung werden effektiver.

Die ständigen Wechsel der klimatischen Bedingungen innerhalb des Bienenstocks bei Bienenwohnungen ohne Hitzeschutz sind für Honigbienen problematisch: Temperatur- und Feuchteverhältnisse sind vermutlich entscheidende Kriterien für die Frage, in welchen Bereichen Futtervorräte angelegt werden, in welchen Zellen Nektar abgelegt und Honig eingedickt wird und wie weit das Brutnest ausgebaut wird. Schwankungen von Temperatur und relativer Luftfeuchte machen den Bienen einen Strich durch die Rechnung: Ständig müssen sie umdisponieren und Zellinhalte umlagern bzw. damit klarkommen, dass klimatische Bedingungen, die eben noch optimal waren, plötzlich ungeeignet sind. Im Falle von Brutzellen kommen Umlagerungen kaum in Frage, was die Wichtigkeit konstanter klimatischer Verhältnisse für die Bienen unterstreicht. Die Grenzen des Brutnestes werden gegenüber den Temperatur- und Feuchteschwankungen mit aller Kraft verteidigt, was einen hohen Zeit- und Energieaufwand bedeuten kann. Im ungünstigsten Fall werden die Bienen überfordert und gezwungen, Teile des Brutnests aufzugeben. Ein solcher Verlust bedroht nicht nur die Gesundheit und das Fortbestehen des Bienenvolks, es ist auch die maximale Verschwendung von Energie (Honig) und Arbeitszeit. Aber auch ohne die Gefährdung der

Abb. 136: Honigbienen sind umso gesünder, je vielfältiger die Pollenvorräte sind, die sie eintragen. Der Pollen jeder Pflanzenart trägt andere Mikroorganismen und auch andere Inhaltsstoffe, die neben der Ernährung auch der Selbstmedikation dienen.
Foto: © Wolfgang Schwarz

Brut lösen die Temperaturschwankungen im Bienenstock Energieverluste aus: Das regelmäßige Anpassen der Bienendichte als Reaktion auf die Temperaturwechsel bedeutet ein regelmäßiges Verlassen von Wabenbereichen, die zuvor durch den Bienensitz erwärmt wurden. Je stärker die Temperaturschwankungen sind, desto mehr Wabenbereiche werden regelmäßig freigegeben und desto größer ist der Energieaufwand, um die verlorenen Bereiche regelmäßig auf ein Neues zu besetzen.

Der Wärmeschutz bewirkt langsamere Wärmetransporte von innen nach außen, wodurch es zu einer gleichmäßigeren Temperaturverteilung in der Bienenwohnung und höheren Brutnesttemperaturen kommt. Er kann die Problematik eines schlechten Hitzeschutzes zum Teil auffangen. Mit seiner Hilfe müssen die Bienen weniger stark auf Temperaturschwankungen im Falle eines schlechten Hitzeschutzes reagieren. Sie müssen die Bienendichte weniger stark anpassen und weniger heizen. Eine Überforderung bei der Klimatisierung des Bienenstocks wird unwahrscheinlicher.

Da Temperatur und Luftfeuchte eng miteinander verknüpft sind, haben Hitze- und Wärmeschutz nicht nur ausgeprägten Einfluss auf die Temperaturverhältnisse in der Bienenwohnung, sondern auch auf die Feuchteverhältnisse. Der Hitzeschutz sorgt durch die Dämpfung der Temperaturschwankungen auch für geringere Schwankungen der relativen Luftfeuchte. Honigbienen müssen diesbezüglich weniger stark regulierend eingreifen. Abgesehen davon kann er die klimatischen Verhältnisse im Bienenstock ein Stück weit von denen in der Außenluft entkoppeln: Er kann eine kalte Stelle bewirken, die im Falle eines Kondenswasseranfalls einen Überlauf für die Luftfeuchte in der Bienenwohnung darstellt. Das Außenklima kann den Wasserdampfdruck im Bienenstock dann nicht auf für die Bienen unverträgliche Werte in die Höhe treiben. Ein solcher Kondenswasseranfall stellt für die Honigbienen eine Erleichterung bei der Klimaregulierung dar und kann ihnen darüber hinaus im Frühjahr auch eine willkommene Wasserspende sein. Mit dem Wärmeschutz dagegen lässt sich die Stockfeuchte aus der Bienenwohnung vertreiben bzw. ein potenzieller Kondenswasseranfall in unbedenkliche Bereiche verschieben. Eine geschickte Kombination aus Hitze- und Wärmeschutz kann daher in manchen Jahreszeiten einen Kondenswasseranfall mit den einhergehenden positiven Effekten bewirken, ohne dass es für das Bienenvolk zu Beeinträchtigungen kommt.

Die Regulierung von Temperatur und Feuchtigkeit kann auch einen Einfluss auf den CO_2-Gashaushalt haben, und umgekehrt. Somit beeinflussen auch Hitze- und Wärmeschutz den CO_2-Gehalt im Bienenstock. Wir vermuten, dass der CO_2-Gehalt im Bienenstock, insbesondere im Brutnest, eine wichtige Rolle für die Gesundheit des Bienenvolks spielt.

Und nicht zuletzt kann eine geschickte Kombination aus Hitze- und Wärmeschutz auch einen starken Schallschutz bedeuten: Ein mehrschichtiger Aufbau aus Stoffen mit hoher Dichte und Dämmstoffen ist hierbei besonders wirkungsvoll. Der Schallschutz dürfte einen entscheidenden Anteil an einer störungsfreien Winterruhe der Honigbienen haben.

In Abb. 137 sind die besprochenen Zusammenhänge grafisch dargestellt. Belegt werden die Zusammenhänge auch durch viele umfangreiche Studien, die wir im Folgenden detailliert besprechen.

BELEGE AUS DER LITERATUR FÜR POSITIVE AUSWIRKUNGEN EINER WÄRMEDÄMMUNG

In der Literatur über Honigbienen und ihre Wohnungen wird bislang nicht unterschieden zwischen Hitze- und Wärmeschutz. In der Regel wird nur die Auswirkung einer zusätzlich angebrachten Wärmedämmung untersucht, welche beides bedeuten kann. Thematisch wurde

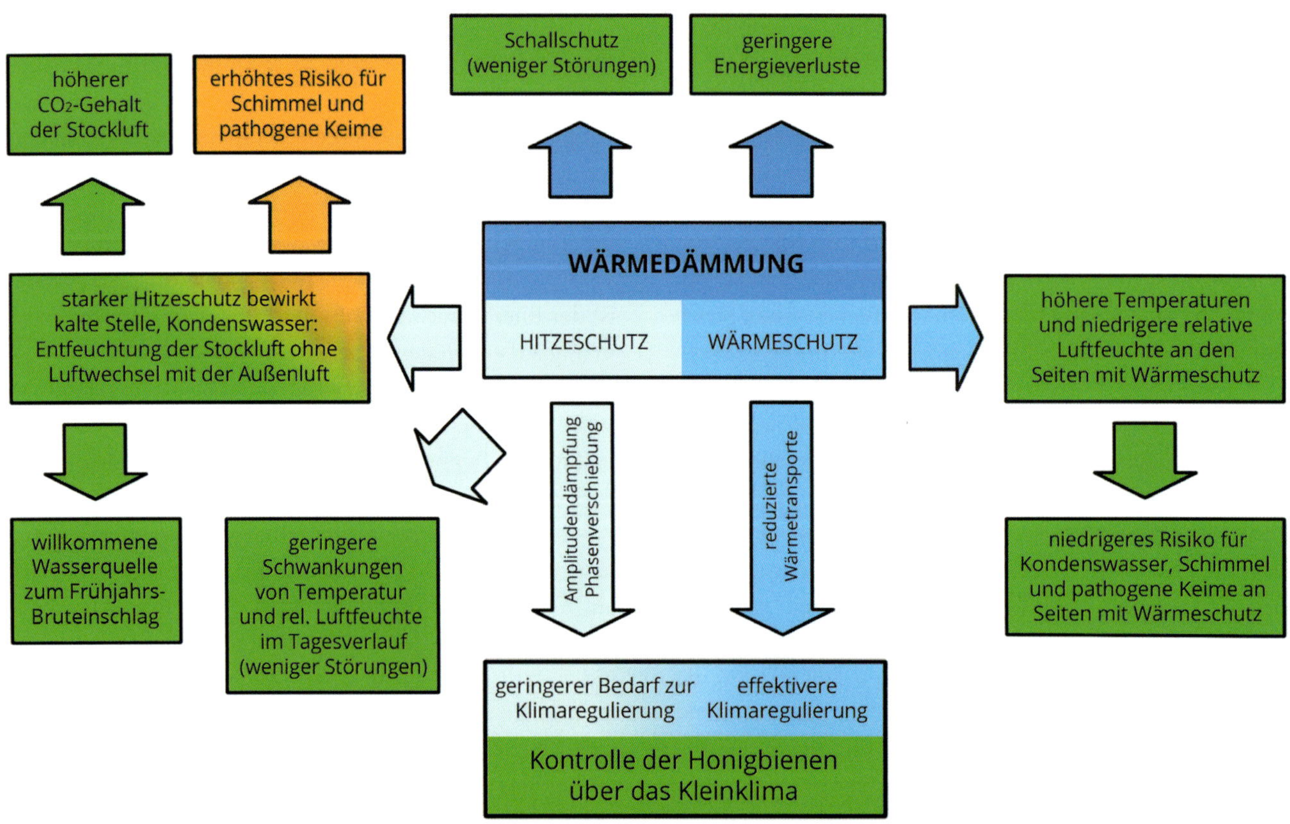

Abb. 137: Bauphysikalische Auswirkungen von Hitze- und Wärmeschutz in der Bienenwohnung

der Hitzeschutz von Bienenwohnungen allerdings bereits Mitte des letzten Jahrhunderts erkannt, ohne dass dabei aber der Begriff «Hitzeschutz» verwendet wurde. Anton Büdel stellt 1949 bei Temperaturmessungen innerhalb und außerhalb von unbesetzten, gedämmten Beuten einen zeitlichen Versatz und eine Dämpfung der Temperaturkurve innen fest.(143) Und 25 Jahre später diskutiert Villumstad die Auswirkungen geringerer Temperaturschwankungen infolge einer besseren Wärmedämmung auf die Winterzehrung der Bienen.(144) Der Begriff «Hitzeschutz» taucht 1965 erstmals in der Bienenliteratur auf, allerdings nicht mit der heute üblichen Begriffsverwendung: Herold beschreibt die Auswirkungen unterschiedlicher Anstriche und Materialien von Bienenwohnungen, die direkter Sonneneinstrahlung ausgesetzt sind, auf die Temperatur im Inneren. Er untersucht also unter dem Begriff Hitzeschutz den Wärmeeintrag durch Wärmestrahlung bei unterschiedlichen Materialien und Farben, und nicht wie heute üblich den Einfluss des Wärmespeichers und der Wärmeleitfähigkeit des Materials der Bienenwohnung auf die Temperaturverhältnisse innen. In der Veröffentlichung formuliert er eine wichtige Erkenntnis: «In heißer Zeit haben die Völker im Schatten die meiste Brut und den meisten Honig.»(374)

Die Auswirkungen einer Wärmedämmung auf den Wärme- und Gashaushalt der Honigbienen haben eine gravierende Bedeutung für die Honigbienen in allen Bereichen des Bienenstocks und zu allen Jahreszeiten. Bereits in alter Literatur wird ausdrücklich von bekannten Autoren auf die negativen Auswirkungen mangelhafter Wärmedämmung hingewiesen, dennoch setzten sich aus wirtschaftlichen Gründen dünnwandige Beuten im Laufe der Jahrzehnte zum Unglück der Bienen durch. Schon 1860 verurteilte von Berlepsch die Nutzung von dünnwandigen Bretterbeuten, in denen aufgrund der Kälte die Ruhr grassierte.(375) Prof. Zander formulierte 1950 sehr scharf: «Vom Bienenbaum im Waldesfrieden mit festem Bau bis zu einer neuzeitlichen Bienenwohnung mit beweglichen Rahmen ist namentlich in deutschen Landen ein weiter, mit den Leichen all der Bienen gepflasterter Weg, die auf den Altären des menschlichen Unverstandes einen unverdienten Opfertod fanden.»(376)

Der Leiter der österreichischen Imkerschule, Ökonomierat Weippl, stellte 1925 die Bedingungen der natürlichen Baumhöhle den heutigen Mobilbaubeuten gegenüber und warnt vor deren schlechten Bedingungen:

«Immer und immer wieder wird in Vorträgen und in der Fachpresse auf die wilde Biene im Walde hingewiesen, die, ganz auf sich selbst angewiesen, ohne irgendwelche Nachhilfe, sei es durch Fütterung, Mittelwände, Waben oder sonstige Pflege, doch prächtig gedeihe, denn, wird diese letzte Behauptung begründet, sonst wäre sie längst ausgestorben. Und endlich ist die von der Schöpfung der wilden Biene im Walde zugewiesene Wohnung eine ihr weit angemessenere und bessere als der kunstvollste und bestkonstruierte Bienenstock: der hohle Baumstamm, im Inneren morsch, daher ungemein warmhaltig, nicht nässend, im Sommer undurchdringlich für übermäßige Wärme, die Waben allseitig an die Wände angebaut, nicht kulissenartig frei hängend wie im Rähmchen, für uns Imker freilich die unzweckmäßigste, für die Bienen aber die unübertrefflich beste Wohnung. Die Lebensbedingungen der wilden Biene im Walde sind weit besser als die unserer Hausbienen und diese Nachteile können wir nur durch sorgsamste Pflege, möglichsten Schutz und entsprechender Fütterung wenigstens teilweise, nie aber voll und ganz ersetzen. (...). Der in den Rahmenbeuten ständig entstehende Wärmeverlust muß vom Bien fortlaufend durch vermehrte Zehrung ersetzt werden, kostet viel Honig und gelingt bei unvorhergesehenen Witterungsrückschlägen nicht immer. Verlassene Brut, Krankheitsherde und Seuchen sind dann die Folgen. – Verkrüppelte Bienen, schwächlicher Nachwuchs, verspätete Entwicklung, vermehrte Bindung von Wärmebienen, Mangel an Trachtbienen sind selbst bei bester Pflege und günstiger Witterung trotzdem unausbleiblich und schmälern den Ertrag. Die Wärmeabwanderung verursacht das Kandieren der winterlichen Vorräte und die bedeutend vermehrten Heizzehrungen machen die unnatürliche Zuckerergänzung erforderlich.»(377)

Die ersten Mobilbaubeuten, die Dzierzon, Armbruster, Zander, Paschke und Gerstung entwickelt hatten, waren allesamt entweder aus dicken Strohwänden oder doppelwandig und mit Strohmatten als Auflage hergestellt. Sie wiesen damit einen guten Wärmeschutz und einen leichten Hitzeschutz auf. Noch bis in die 1960er-Jahre warben Beutenbauer*innen und Strohmattenhersteller*innen in den Imkerzeitungen für ihre Stroh- und doppelwandigen Bretterbeuten. Die zunehmenden Forderungen nach günstigen und leichteren Bienenwohnungen verleiteten die Konstrukteure dazu, die Beuten einwandig zu gestalten, wenn sich auch bedeutende Bienenforscher wie Julius Paschke dagegen aussprachen.

Der Deutsche Imkerbund hatte eine Prüfkommission eingerichtet, die Bienenbeuten mit und ohne Wärmedämmung vergleichen sollte. Die Prüfstellen beanstandeten 1957 übereinstimmend die «Verteuerung durch die Doppelwandigkeit und das wesentlich höhere Beutengewicht» und konnten keine bessere Entwicklung der Völker in den doppelwandigen Beuten feststellen, «wenn die Wohnungen dicht an dicht mit oder ohne Zwischenlagen von

Papier oder Wellpappe aufgestellt waren.»[378] Diese Veröffentlichung verhalf den dünnwandigen Bienenbeuten vermutlich endgültig zum Durchbruch. Die Einschränkung, dass sie nur für dicht gestapelte Bienenvölker gilt, die sich gegenseitig wärmen, wurde in der Folge nicht weiter beachtet.

Die Auswirkungen einer fehlenden Wärmedämmung wurden auch von den Befürwortern dünnwandiger Konstruktionen bemerkt, sie wurden aber wohl nicht mit ihr in Verbindung gebracht. Stockfeuchte und schimmlige Waben wurden mit Heizungen, Querlüftungen und offenen Böden bekämpft. Bis heute überdauert haben die offenen Böden, die bezüglich der Stockfeuchte im Winter kaum eine Verbesserung bedeuten und bezüglich des Wärmehaushalts der Honigbienen unverantwortlich sind. Bis heute hält sich unter Bienenhalter*innen die irrwitzige Aussage, dass es den Bienen egal sei, in welcher Beute sie wohnen.

In den folgend zitierten Studien werden fast immer zusätzlich außen aufgebrachte Wärmedämmungen verwendet, die durch ihre Art der Anbringung nicht nur den Wärmeschutz, sondern auch den Hitzeschutz erhöhen.

Messreihen, die an Bienenvölkern auf Sardinien erhoben wurden, zeugen von den erschwerten Bedingungen, mit denen Honigbienen in ungedämmten Beuten zu kämpfen haben: Hier schaffen sie es nur mit großer Mühe, die erforderlichen Brutnesttemperaturen bereitzustellen; die Temperatur in den Wabengassen der Brutbereiche ist größeren Schwankungen unterworfen und oft nur knapp über 30 °C (siehe Abb. 138, obere Grafik). Die Temperaturregulierung der Honigbienen scheitert in den ungedämmten Beuten bei den vorhandenen Außentemperaturen unter 10 °C. In Vergleichsbeuten mit einem leichten Wärmeschutz halten sie dagegen bereits im Januar konstant 35 °C in den Wabengassen des Brutnests. Und auch in den Randbereichen der ungedämmten Bienenwohnung ist die durchschnittliche Temperatur im Januar deutlich niedriger (um etwa 6 °C) als in der gedämmten Beute. Es kommt in der gedämmten Beute insgesamt zu höheren Temperaturen im Winter und zu einer gleichmäßigeren Verteilung der Temperatur in der kompletten Bienenwohnung. Im Monat März, bei höheren Außentemperaturen, sind die Unterschiede im Brutnest nicht mehr signifikant. Nun sind die Honigbienen auch in den ungedämmten Beuten wieder in der Lage, die Temperatur nach ihren Bedürfnissen zu regulieren, vermutlich mit einem erhöhten Energieaufwand. Die Studie zeigt darüber hinaus, dass Honigbienen in gedämmten Bienenwohnungen das benötigte Kleinklima nach einer Störung schneller wiederherstellen können.[379]

Ebenfalls auf Sardinien wurden schon 16 Jahre zuvor dünnwandige Holzbeuten mit Holzbeuten gleicher Art

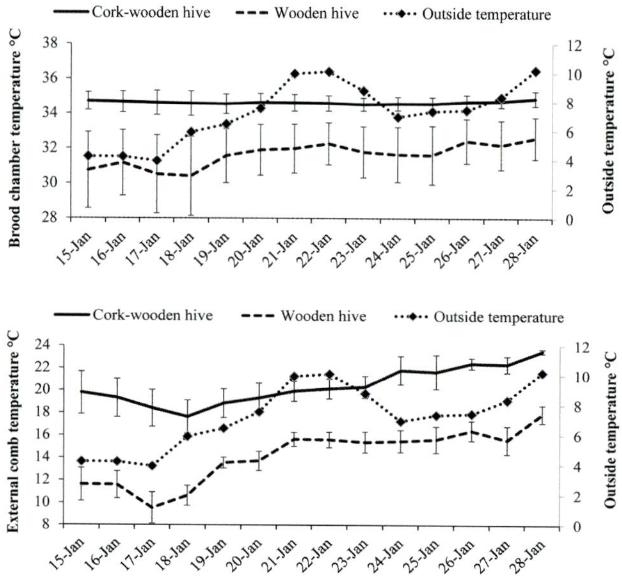

Abb. 138: Temperaturmessungen im Januar im Brutbereich (obere Grafik) und in den Randwaben (untere Grafik) von Bienenvölkern in gedämmten und ungedämmten Beuten. (Floris et al., 2020)[379]

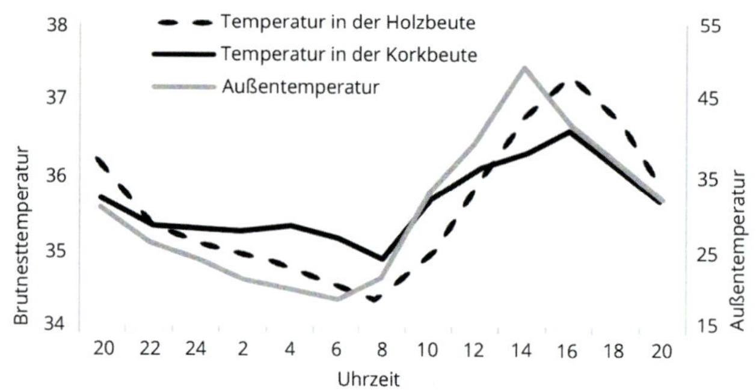

Abb. 139: Temperaturschwankungen im Brutnest im Tagesverlauf in gedämmten und ungedämmten Beuten. (Satta et al., 2004)[380] – leicht verändert

verglichen, an denen auf der Innenseite zusätzlich eine 1 cm dicke Korkdämmung aufgebracht wurde.[380] Die Autoren stellen in diesen nur leicht gedämmten Beuten eine um 36 % geringere Winterzehrung fest. Die im Brutnest gemessenen Temperaturen schwanken im Tagesverlauf in Abhängigkeit zur Außentemperatur: In den gedämmten Beuten schwanken sie mit 1,7 °C (34,9–36,6 °C) deutlich weniger als in den ungedämmten Beuten mit 3 °C (34,3–37,3 °C). Es findet also durch die Dämmung eine Dämpfung der Amplitude im Brutnest um den Faktor 1,8 statt. In manchen Monaten zeigen die Messungen darüber hinaus niedrigere Durchschnittstemperaturen im Brutnest der ungedämmten Beuten. Die Bienen haben hier offenbar Probleme, die Brutnesttemperatur oberhalb von den zwingend erforderlichen 32 °C zu halten.

Mit den ersten Reinigungsflügen beginnt die massive Ausweitung des Brutnests der Honigbienen.[381][382] Jetzt wird eine zusätzliche Wärmedämmung für die Entwicklung der Brut besonders wichtig, da es häufig noch zu niedrigen Außentemperaturen kommen kann. Anton Büdel stellt in einer Versuchsreihe eine bessere Frühjahrsentwicklung der Bienenvölker fest. Die untersuchten Bienenvölker hatten mit zusätzlicher Wärmedämmung eine um 22 % größere Brutfläche im Betrachtungsmonat April als die in ungedämmten Bienenwohnungen. Erst Mitte Juni holten die Völker in ungedämmten Beuten auf.[383][113] Umfangreiche Untersuchungen aus Minnesota zeigen mit einer um 25 % erhöhten Brutfläche im Frühjahr bei stark wärmegedämmten Beuten gegenüber ungedämmten die gleiche Größenordnung auf.[384]

Und auch eine weitere Studie bestätigt diesen Zusammenhang und zeigt signifikant höhere Wabenflächen von Honig, Pollen und verdeckelter Brut zum Betrachtungszeitpunkt Ende März.[385]

An einzelnen Tagen im Frühling stellt Büdel einen um 66 % höheren Futterverbrauch in einer ungedämmten gegenüber einer gedämmten Beute fest, mit aufgesetztem Honigraum steigt der Futterverbrauch sogar um 75 %. Bei einer Einengung der Völker reduziert sich in beiden Beutentypen die Zehrung. Der Verbrauch in der gedämmten Beute mit Einengung ist nur halb so hoch wie der in der ungedämmten Beute ohne Einengung. In der Wintersituation bei zusammengezogener Wintertraube reduziert sich der Verbrauch in beiden Beutentypen und es verschwinden auch die Unterschiede; lediglich bei extremen niedrigen Außentemperaturen (–5 °C) kommt es zu einer höheren Zehrung in der ungedämmten Beute, und zwar um 33 %.[188] In weiteren Veröffentlichungen benennt Anton Büdel neben den geringeren Wärmeverlusten (geringerer Futterverbrauch) als positive Auswirkungen einer Wärmedämmung auch eine verbesserte Frühjahrsentwicklung der Völker und eine Verhinderung der Stockfeuchte in Winter und Frühjahr.[201][209] Auch Hallund stellt einen erhöhten Futterverbrauch in ungedämmten Beuten im Winter fest. Seine originelle Auswertung des Gemülls im Bienenstock ergibt einen um 40 % erhöhten Futterverbrauch und einen mehrfach höheren Totenfall der Bienen in ungedämmten Beuten. Er schließt in seinen Untersuchungen vom Gewicht des Gemülls (besteht im Winter zum großen Teil aus herabgefallenen Zelldeckeln geöffneter Honigzellen) auf den Futterverbrauch. Waagstockmessung liefern seiner Meinung nach keine zuverlässige Aussage über den Futterverbrauch, weil das Holz der Bienenwohnungen im Laufe des Winters Luftfeuchte aufnimmt.[166][167]

Und eine aktuelle Studie aus den USA zeigt bereits eine signifikant geringere Winterzehrung und Wintersterblichkeit der Bienenvölker, wenn lediglich der Deckel der Bienenwohnung mit einer Wärmedämmung versehen ist.[386]

Eine Studie aus Norwegen vergleicht ebenfalls Bienenvölker in ungedämmten und gedämmten Bienenbeuten. Die Ergebnisse zeigen unter Berücksichtigung der Kriterien «Futterverbrauch», «Feuchtigkeit in der Beute», «Häufigkeit von Ruhrerkrankungen», «Volksstärke» und «Bruttätigkeit» eine bessere Überwinterung und eine bessere Frühjahrsentwicklung in gedämmten Beuten. Die gut gedämmten Beuten ermöglichen den Bienen im Durchschnitt eine um 38 % geringere Winterzehrung gegenüber den ungedämmten Beuten und eine um 53 % höhere Frühjahrsbruttätigkeit (gemessen an der Größe der Brutfläche).[144]

Eine Studie aus der Türkei stellt in gedämmten Beuten einen um 35 % höheren Honigertrag gegenüber ungedämmten fest. Und auch sonst führt die Wärmedämmung über das ganze Jahr betrachtet zu einer signifikanten Erhöhung in den untersuchten Kategorien «Volksstärke», «Brutentwicklung», «Gewichtszunahme in der Trachtzeit», «Flugaktivität» und «Wehrhaftigkeit».[387] Die festgestellten Auswirkungen dürften hier ausschließlich auf den Wärmeschutz zurückzuführen sein, da die beschriebene Konstruktion der gedämmten Beuten in dieser Studie keinen nennenswerten Hitzeschutz aufweisen dürfte.

Den Ergebnissen einer Studie aus Polen nach zu urteilen ist der Einfluss der Wärmedämmung auf die Frühjahrsentwicklung unterschiedlich in Abhängigkeit von Unterart bzw. Bienenrasse:[310] Die untersuchten Hybridkreuzungen aus Dunkler und Kaukasischer Biene zeigten ebenso wie Bienenvölker in den zuvor genannten Studien eine bessere Frühjahrsentwicklung und eine geringere Winterzehrung (–20 %) in gedämmten Beuten. Die untersuchten Buckfast-Bienen verbrauchten in den gedämmten Beuten ebenfalls weniger Futter (–7 %) als in ungedämmten Beuten. Sie entwickelten sich im Frühjahr aber langsamer mit vorhandener Wärmedämmung. Wir vermuten als Grund für diesen Widerspruch eine in Kombination von Wärmeschutz und großer Volksstärke entstandene zu hohe Trockenheit im Bienensitz (siehe «Der Einfluss des Wärmeschutzes»). Diese Studie ist ein Hinweis darauf, dass man es mit dem Wärmeschutz auch übertreiben kann.

Offensichtlich ist das Eindicken von Honig bei vorhandener Wärmedämmung effektiver als ohne. Auf diesen Zusammenhang deutet die Doktorarbeit von Eoin Sheridan hin: In zusätzlich mit Schaumstoffplatten gedämmten Bienenbeuten ist die Gewichtszunahme während der Einfütterung um 64 % höher als in der Gruppe der dünnwandigen Holzbeuten.[388] Vermutlich müssen die Bienen weniger Energie aufbringen, um den Honig zu trocknen, was an den höheren Temperaturen in der Bienenwohnung und dem daraus resultierenden größeren Dampfhunger der Stockluft liegen dürfte. Die Eindickung läuft daher effizienter ab, den Honigbienen bleibt unterm Strich mehr übrig. In der Arbeit wird nur eine minimale, nicht signifikante Erhöhung der Frühjahrsbruttätigkeit in den gedämmten Beuten festgestellt. Auch hier sehen wir als mögliche Erklärung, dass die Bienen für den Beginn des Brutgeschäfts nicht nur Mindesttemperaturen, sondern auch eine Mindestluftfeuchte benötigen. Der Wärmeschutz kann vermutlich das Brutgeschäft verzögern, da er insbesondere in Kombination mit einem starken Bienenvolk und/oder einer kleinen Bienenwohnung eine zu hohe Trockenheit im Bienensitz auslösen kann.

Bienenvölker überwintern besser mit zusätzlicher Wärmedämmung: Futterverbrauch, Stockfeuchte, Häufigkeit von Ruhrerkrankungen, Totenfall und Wintersterblichkeit sind niedriger als in ungedämmten Beuten. Der Bruteinschlag im Frühjahr erfolgt mit Wärmedämmung meist früher, vermutlich in Kombination mit starken Völkern und/oder kleinen Bienenwohnungen kann er aber auch verzögert werden.

Die hier besprochenen Vorzüge einer Wärmedämmung zeigen selbsterklärend im Umkehrschluss die Nachteile eines mangelhaften Wärme- und Hitzeschutzes auf. Es lassen sich aber auch darüber hinaus konkrete Krankheitsbilder und Schäden auf eine mangelhafte Wärmedämmung zurückführen.

KRANKHEITSBILDER UND SCHÄDEN DURCH MANGELHAFTEN HITZE- UND/ODER WÄRMESCHUTZ

Der Ausbruch von Krankheiten ist in der Regel auf ein gestörtes Gleichgewicht innerhalb des Organismus bzw. innerhalb des Beziehungsgefüges zwischen Organismus (samt seinem Mikrobiom) und der Umwelt zurückzuführen (siehe auch «Das große Ganze»). Die Bienenwohnung ist Teil der Umwelt. Erst seitdem Honigbienen in dünnwandigen Beuten leben müssen, deren klimatische Bedingungen im Inneren nichts mit den Bedingungen in natürlichen Bienenwohnungen gemein haben, klagen Bienenhalter*innen weltweit über seuchenhafte Ausbrüche verschiedenster Krankheiten, welche es zwar immer schon gegeben hat, aber nie zu einer ernsthaften Bedrohung für die Honigbienen geworden waren.

An dieser Stelle möchten wir daran erinnern, dass die Imker*innen nicht den Fokus auf Krankheiten zu richten brauchen, wenn sie gesunde Honigbienen an ihrem Stand haben möchten, sondern darauf, den Bienen die bestmöglichen Bedingungen zur Verfügung zu stellen, wie es auch der Bienenwissenschaftler Herr Steche schon 1961 auf den Punkt gebracht hat:

«Behandelt die Bienen ihrer Natur gemäß, dann werden die Sorgen um ihre Krankheiten ganz von selber schwinden.»[1]

Folgend führen wir beispielhaft Schäden und Ursachen für Krankheitsbilder bei den Honigbienen auf, die konkret durch einen mangelhaften Hitze- und/oder Wärmeschutz ausgelöst oder verstärkt werden.

Erhöhte Stockfeuchte

Mit der von Imker*innen gefürchteten Stockfeuchte ist ein Kondenswasseranfall in der Bienenwohnung gemeint. Er kann verschiedene Ursachen haben und entweder von der Außenluft gespeist werden oder durch die Tätigkeiten der Bienen selbst entstehen (siehe «Kondenswasser»). Die aus Imkersicht ungeliebte Folge ist eine Schimmelbildung, in der Regel in den Randbereichen des Wabenbaus und der Bienenwohnung. Hierfür ist ein Kondenswasseranfall aber gar nicht zwingend erforderlich, bereits eine zu hohe Luftfeuchte kann Schimmelwachstum und die Verbreitung pathogener Keime fördern.

Bereiche der Bienenwohnung, in denen über längere Zeit eine relative Luftfeuchte oberhalb von 70–80 % anliegt, sind grundsätzlich gefährdet, sofern poröse Stoffe wie Holz an diese Luftschichten angrenzen. Da Honigbienen im Laufe der Zeit aber alle Oberflächen mit einer Propolisschicht überziehen, nimmt die Gefährdung im Laufe der Jahre ab: Mit Propolis beschichtete Holzflächen versperren den Schimmelpilzen den Zugriff auf die innere Oberfläche des Holzes, da sie nicht auf das bei Kapillarkondensation entstehende Wasser zugreifen können (siehe «Propolis und sein Einfluss auf die Feuchtigkeitsverhältnisse»). Besonders gefährdet für die Auswirkungen der Stockfeuchte sind daher neue Bienenwohnungen und neue Rähmchen aus Holz.

Honigbienen halten ihr Brutnest trocken, sie stellen hier Temperaturen von etwa 35 °C und eine relative Luftfeuchte von 30–60 % ein, sofern das Außenklima und die Bienenwohnung dies zulassen. Vom Brutnest aus gesehen fällt die Temperatur in der Regel in alle Richtungen stetig ab, die Luft in den Wabengassen wird immer kühler, je weiter sie vom Brutnest entfernt ist und je schlechter der Wärmeschutz der Bienenwohnung ist.

Da der Wasserdampfdruck im Bienensitz in der Regel an jeder Stelle überschläglich gleich groß ist, bedeutet die sinkende Temperatur eine steigende relative Luftfeuchte. Die relative Luftfeuchte in den Randbereichen ist also umso größer, je größer der Abstand zum Brutbereich und je schlechter der Wärmeschutz der Bienenwohnung ist. Besonders gefährdet für die Stockfeuchte sind aus diesem Grund kleine Völker in großen Bienenwohnungen mit schlechtem Wärmeschutz.

Das Temperaturgefälle zwischen Brutnest und Außenwänden der Bienenwohnung wird maßgeblich von den Außentemperaturen bestimmt. Je kälter das Außenklima ist, desto steiler fällt die Temperatur in der Bienenwohnung ab und desto steiler steigt die relative Luftfeuchte zum Rand der Bienenwohnung an. Die Gefahr der Stockfeuchte steigt also bei kalten Außentemperaturen. Darüber hinaus wird das Temperaturgefälle vom Wärmeschutz der Bienenwohnung bestimmt: Je besser der Wärmeschutz der Außenwände ist, desto gleichmäßiger ist die Temperaturverteilung innerhalb der Bienenwohnung. Bei einem starken Wärmeschutz der Außenwände findet der Temperaturabfall zwischen Brutnest und Außenluft zum großen Teil in der Außenwand statt (siehe «Kondenswasseranfall in Bienenwohnungen»). Innerhalb des Wabenbaus gibt es dann ein geringeres Temperaturgefälle und folglich auch nur einen geringeren Anstieg der relativen Luftfeuchte zu den Außenwänden hin. Je besser der Wärmeschutz einer Außenwand ist, desto geringer ist die Wahrscheinlichkeit für Stockfeuchte an den angrenzenden Innenbereichen. Durch eine geschickte Wahl des Wärmeschutzes lässt sich die Stockfeuchte daher in unbedenkliche Bereiche vertreiben.

Und nicht zuletzt spielt die Wasserdampfdichte innerhalb der Bienenwohnung eine entscheidende Rolle für die Stockfeuchte: Je mehr Wasserdampf in der Innenluft enthalten ist, desto eher kommt es zu einem Kondenswasseranfall. Die in der Innenluft enthaltene Wasserdampfmenge wird bestimmt durch die der Außenluft und durch die Tätigkeiten der Bienen. Je feuchter die Außenluft ist und je höher die Aktivitäten der Bienen sind (Störungen im Winter, Honigverarbeitung, Brutnestgröße), desto wahrscheinlicher wird das Auftreten der Stockfeuchte. Vollständig ausschließen lässt sich die Stockfeuchte nie, da sie eben teils auch durch äußere klimatische Gegebenheiten ausgelöst wird. Das Aufziehen warmer feuchter Frühlingsluft löst beispielsweise auch in geschickt gewählten Konstruktionen einen Kondenswasseranfall mindestens im Fluglochbereich aus. Die so auftretende Stockfeuchte trocknet bei günstigeren Außenbedingungen aber schnell wieder ab und hat aufgrund des nur kurzfristigen Auftretens keine negativen Auswirkungen.

Abb. 140: Über und über mit Pollen beladen, fliegt die Honigbiene zurück in ihr Nest. Es wäre interessant zu erforschen, gegen welche Krankheit dieser Pollen helfen könnte. Studien zeigen nämlich, dass verschiedenste Pollen gegen verschiedenste Krankheiten helfen und von den Honigbienen gezielt dafür eingesetzt werden.

Grundsätzlich kann ein Kondenswasseranfall nicht nur dort zu Schäden führen, wo er anfällt. Auch die Bereiche, in die er abläuft oder abtropft, sind gefährdet. Ein Kondenswasseranfall unter dem Deckel einer Bienenwohnung kann daher auch Schäden im Bienensitz auslösen und ist besonders gefährlich für die Honigbienen. Eine Dämmung des Deckels hilft dieses Szenario zu vermeiden.

Die Folgen der Stockfeuchte sind vielfältig. Sie ist nicht nur Grundlage für Schimmelwachstum und Verbreitung pathogener Keime, auch Krankheitsbilder der Honigbienen und Parasitenbefall werden durch sie gefördert. Julius Paschke schrieb bereits 1942: «Als Folgeerscheinung der Stockfeuchtigkeit stellen wir den starken Totenfall, das langsame Erstarken der Völker im Frühjahr, das Auftreten der Ruhrkrankheit, das Umsichgreifen der Nosema und den erhöhten Futterverbrauch fest.» [88]

Die Stockfeuchte muss aber nicht zwingend negative Auswirkungen haben. Entscheidend ist der Ort des Niederschlags von Kondenswasser in der Bienenwohnung bzw. die Lage im Verhältnis zum Bienensitz, der Zeitpunkt im Jahr und die ursächliche Quelle für den Kondenswasseranfall. Je näher der Kondenswasseranfall am Bienensitz ist, desto größer sind potenzielle Beeinträchtigungen.

Ein Kondenswasseranfall gespeist aus der Außenluft kann den Bienen im Frühjahr auch eine willkommene Wasserquelle sein. Die Witterung erlaubt zur Zeit des Frühjahrsbruteinschlags in der Regel keine Ausflüge, der Wasserbedarf steigt aber bereits durch das wachsende Brutnest. Und der Kondenswasseranfall kann auch einen besonderen Vorteil für die Honigbienen bedeuten: Er führt zu einer Deckelung der relativen Luftfeuchte im Brutnest der Honigbienen. Mit seiner Hilfe sind die Bienen in der Lage, die Luft im Bienenstock zu entfeuchten, ohne Luftwechsel mit der Außenluft herbeiführen zu müssen (siehe «Die Begrenzung des Wasserdampfdrucks in mit Bienen besetzten Wohnungen»).

Totenfall der Bienen und Wintersterblichkeit

Eine vergleichende Untersuchung von unterschiedlich stark gedämmten Beuten zeigt einen signifikant höheren Totenfall bei 2,7 cm Wärmedämmung (zwischen zwei 1,2 cm Holzwänden) gegenüber Beuten mit 5 cm Dämmschicht; es fallen bis zu dreimal so viele Bienen. Noch besser isolierte Beuten (11,7 cm Wärmedämmung) bringen keine sichtbare Veränderung des Totenfalls gegenüber der mittelgut isolierten Beute. Komplett ungedämmte, dünnwandige Beuten wurden in der Studie nicht untersucht.[166][167] Eine bereits zuvor erwähnte Studie aus Minnesota vergleicht Hunderte von Bienenvölkern über einen Zeitraum von 10 Jahren in ungedämmten, leicht gedämmten und stark gedämmten Bienenbeuten. Dabei wird eine deutlich geringere Sterblichkeit der Völker in besser gedämmten Beuten festgestellt: In den ungedämmten Beuten beträgt die Wintersterblichkeit 18,4 %, in den leicht gedämmten 6,4 % und in den stark gedämmten 2,9 %.[384]

Offene Böden stellen einen Extremfall mangelhaften Wärmeschutzes dar; alle drei möglichen Wärmetransportmechanismen werden hier von der Bienentraube gesehen nach unten stark beschleunigt. Die Folge sind erhöhte Energieverluste gegenüber Bienenwohnungen mit geschlossenen Böden und eine erhöhte Wintersterblichkeit.[389]

Futterabriss im Winter

Erfrorene Völker, die sich neben vorhandenen Honigvorräten befinden, sind ein bekanntes Schadbild in einfachen Magazinbeuten. Bei in Baumhöhlen lebenden wilden Völkern werden solche Schäden nicht festgestellt.[390] Der Grund dürfte folgender sein: Honigbienen sitzen im Winter in der Regel am Rand der Beute, vorzugsweise unterhalb der Honigvorräte, wodurch sich auch der Begriff der «Futterkappe» erklärt. Im Falle von Kälteeinbrüchen reagiert die Bienentraube umgehend durch ein Zusammenziehen, die Randbienen rücken weiter nach innen. Kommt die Kältewelle zu schnell und zu intensiv, dann verlieren die Bienen den Kontakt zu den Honigvorräten, es kommt zu einem Futterabriss. Bei andauernder Kälte erfriert das Volk (bzw. es verhungert), da ihm der Nachschub zum Heizen fehlt. In ungedämmten Beuten können Bienenvölker so verhungern, obwohl sich Honigvorräte nur wenige Zentimeter von der Bienentraube entfernt in derselben Wabengasse befinden.

Wie stark sich eine winterliche Bienentraube infolge eines Temperatursturzes innerhalb einer Wabengasse zusammenzieht, ist in Abb. 141 gut zu erkennen: Bei einem Temperaturabfall von 0 °C auf –12 °C zieht sich die Bienentraube um das Wärmezentrum ihrer Bienentraube so weit

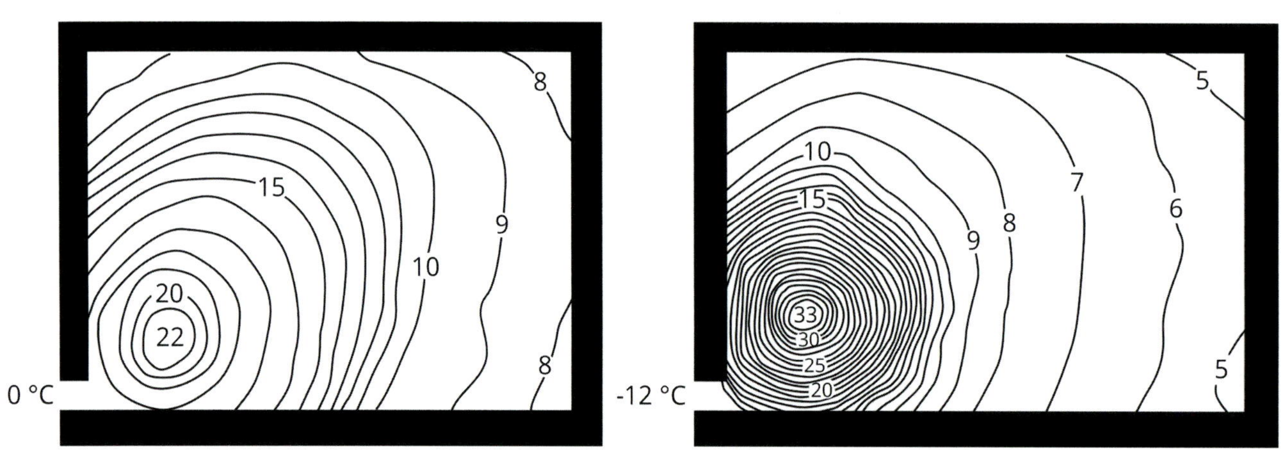

Abb. 141: Temperaturverteilung in einer Wabengasse während der Winterruhe an einem milden (links) und an einem kalten (rechts) Tag. (Büdel, 1953)[391] – aufbereitet

zusammen, dass die alte 10 °C Isotherme, also die Linie, die in etwa den vorherigen Rand der Bienentraube markierte, weit außerhalb des neuen Randbereiches liegt. Dort, wo sich zuvor Bienen aufgehalten und eventuell Futter aufgenommen haben, liegt nun eine Temperatur von 7–8 °C an, bei der Bienen erstarren. Sollten innerhalb der neuen 10 °C-Isotherme keine Futtervorräte vorhanden sein, kommt es zu einem Futterabriss, der das Erfrieren bzw. das Verhungern des Bienenvolks bedeuten kann. Es kann auch zu Futterabrissen kommen, weil die Bienen es aufgrund anhaltender Kälte nicht schaffen, die Wabe zu wechseln.

Der Hitzeschutz mit seiner Dämpfung der Temperaturausschläge kann einen solchen Futterabriss verhindern: Die Bienen sind nicht gezwungen, sich aufgrund plötzlicher Kälteeinbrüche zusammenzuziehen. Sie können sich langsam zusammenziehen und ihren Bienensitz den neuen Bedingungen in Ruhe anpassen. Ein vorhandener Wärmeschutz dürfte ebenfalls ausreichen, um einen solchen Schaden abzuwenden, die Temperaturen fallen innerhalb des Wabenbaus von der Bienentraube aus gesehen langsamer ab. Es gibt daher eine weniger scharfe Abgrenzung von Bereichen, die für die Honigbienen nicht erreichbar sind. Außerdem fällt es den Bienen leichter, eventuelle Kälteeinbrüche durch klimaregulierende Maßnahmen zu parieren.

Hitzeschäden bei ausgewachsenen Honigbienen

Das Sperma der Drohnen wird beschädigt, wenn die Drohnen großer Hitze ausgesetzt sind. Werden die männlichen Bienen beispielsweise über 2 h einer Temperatur von 42 °C ausgesetzt, so reduziert dies die Samenzellen im Ejakulat der Drohnen um ein Drittel. Die Fortpflanzungsfähigkeit der Drohnen wird so deutlich reduziert. Ebenso verhält es sich mit dem von Bienenköniginnen aufbewahrten Samenzellen, die sie einmalig beim Hochzeitsflug einsammeln. Auch dieser Vorrat an Samenzellen, von dem die Königin ihr Leben lang zehrt, wird durch hohe Temperaturen geschädigt. Wird die Bienenkönigin für 2 h einer Temperatur von 38 °C ausgesetzt, so reduziert sich ihre Legeleistung auf eine in Imkerkreisen unerwünscht schlechte Qualität. Werden männliche Honigbienen über 6 h einer Temperatur von 42 °C ausgesetzt, dann sterben 50 % der Drohnen.[87] Drohnen können diesen hohen Temperaturen nicht nur außerhalb der Bienenwohnung begegnen; das ist auch in dünnwandigen Beuten möglich: Normalerweise ist das Brutnest wärmer als die Außenluft und der umliegende Wabenbau weist Temperaturen dazwischen auf. Kommt es nun außen zu höheren Temperaturen als im Brutnest, so nehmen die Temperaturen in den umliegenden Waben wieder Zwischenwerte ein, diesmal liegen sie aber eben höher als im Brutnest. Die Königin ist innerhalb des Brutnestes gut geschützt, solange die Bienen die Kontrolle über die Klimaregulation behalten. Die Drohnen halten sich aber in den umliegenden Bereichen auf bzw. evakuieren bei großer Hitze sogar in Außenbereiche und können theoretisch so auch Schäden davontragen, obwohl die Klimaregulation der Bienen noch nicht versagt.

Temperaturschäden durch Kälteeinbruch im Frühjahr oder Herbst

Kälteeinbrüche und Temperaturrückschläge in Zeiten, in denen die Bienen schon/noch große Brutnester pflegen, stellen eine besondere Herausforderung dar. Ältere Studien zeigen, dass Honigbienen gezwungen sind, die Temperatur der Brut auf einem Niveau von 32–36 °C zu halten, um sie vor Schäden zu bewahren.[220][221] Neuere Studien lassen darauf schließen, dass die optimale Bruttemperatur eher bei 36 °C liegt: Die kognitiven Leistungen der Honigbienen (Orientierung, Bienentanz) sind am höchsten bei Bienen, die bei dieser Temperatur ausgebrütet wurden.[332][333] Gerade zu Zeiten großer Brutnester, wenn der Brutbereich bis an den Rand des Wabenbaus geht, kann die Kombination aus mangelhaftem Hitze- und Wärmeschutz die Bienen überfordern. So kann ein plötzlicher Kälteeinbruch die Bienen zwingen, sich auf weiter innen liegende Bereiche zurückzuziehen und äußere Brutbereiche aufzugeben. Büdel beschreibt in «Kleinklima-Katastrophen» solche Brutverluste, und berechnet überschläglich einen Schaden von 1000 Brutzellen durch einen einzigen Kälteeinbruch, wie er verhältnismäßig häufig bei mitteleuropäischem Klima auftritt. Solche Kälteeinbrüche können sogar noch im Mai auftreten (Eisheiligen). Die durch die Kälte abgestorbenen Nymphen werden von den Bienen ausgeräumt und sind im Frühjahr häufig auf dem Flugbrett zu finden. Büdel empfiehlt zur Vermeidung solcher Schäden eine gut isolierte Stirnwand, eine geschickte Stapelung der Kästen (Anmerkung: Wodurch die Beuten sich gegenseitig als Wärmeschutz dienen) und das unbedingte Vermeiden von Zugluft im Bienenstock.[392] Aus diesen Ratschlägen lässt sich für die Einzelaufstellung von Beuten eine allseitig gute Wärmedämmung und geschlossene Böden als notwendig schlussfolgern. Die von Büdel beschriebenen Schäden können ebenso im Herbst auftreten, wenn das Brutnest der Bienen noch groß ist und es zu ersten Kälteeinbrüchen kommt.

Auch Koosch beschreibt verlassene Brutbereiche infolge von Witterungsrückschlägen im Frühjahr bei Völkern in Magazinbeuten.[390] Bei in Baumhöhlen lebenden Völkern konnte er solche Schäden niemals feststellen. Empfindlicher gegenüber solchen Kälteschäden ist die ältere, bereits verdeckelte Brut.[90]

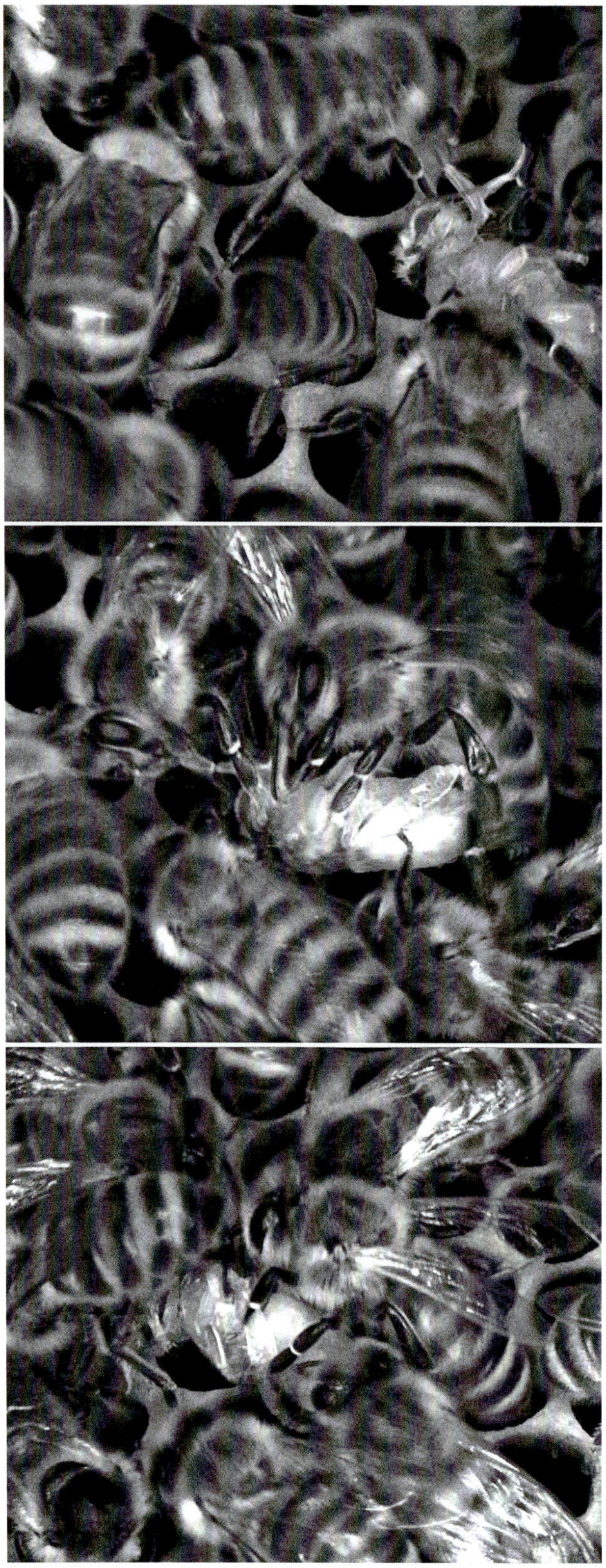

Abb. 142: Nach einem Kälterückschlag schleppen Arbeiterinnen eine tote Puppe zum Flugloch.

Wassermangel im Winter durch äußere Störungen

In der brutfreien Zeit der Bienenvölker im Winter kann es zu einem Wassermangel kommen. Berlepsch beschreibt bereits 1860 im Detail, wie Bienenvölker, ausgelöst durch äußere Störungen, einen Wassermangel erleiden: Störungen durch «Mäuse, Vögel, Gepolter oder auch Sonnenstrahlen durch das Flugloch» veranlassen Bienen, sich zu «enthäufen» und ihre Aktivitäten zu erhöhen. Es kommt zu einem verstärkten Honigverbrauch mit einhergehendem erhöhten Wasserbedarf. Das von den Bienen benötigte Wasser, um den Honig bekömmlich zu machen, wird über den Speichel der Bienen zugefügt: Kurzfristig können sie die Versorgung mithilfe ihrer Körperflüssigkeiten gewährleisten. Auf Dauer, bei regelmäßigen oder anhaltenden Störungen, drohen sie auszutrocknen und müssen zusätzlich Wasser aufnehmen. Da ihnen das Ausfliegen verwehrt bleibt, nehmen die Bienen in ihrer Not das Kondenswasser im Bienenstock auf und sammeln so «Unrat in ihren Eingeweiden an».[297]

Es ist physikalisch selbsterklärend, dass das Kondenswasser, welches aus der Anwesenheit und Tätigkeit der Honigbienen gespeist wird, den Wasserbedarf der Bienen nicht decken kann, da es ja erst in Folge ihrer Tätigkeiten anfällt: Nur ein Teil des von den Bienen ausgestoßenen Wasserdampfes fällt als Kondenswasser an, nämlich der Teil, den die Luft wegen ihrer Sättigung nicht mehr aufnehmen kann. Ein großer Teil des Wasserdampfes wird über das Flugloch abgetragen oder von der Bienenwohnung für die Bienen unerreichbar zwischengespeichert. Die Aufnahme des Kondenswassers kann den Wassermangel folglich nur abschwächen, nicht verhindern.

Neben diesem Wassermangel beschreibt Berlepsch Bienenverluste durch im Stock erfrorene Bienen als Folge der Störungen: Das Verlassen der wärmenden Bienentraube bei Störungen kann auch innerhalb der Bienenwohnung schnell zum Erstarren durch Kälte führen.

Ein guter Wärmeschutz und der Schutz vor Zugluft entschärfen die Problematik: Durch den Wärmeschutz fallen notwendige Aktivitäten der Honigbienen sparsamer aus, es wird weniger Honig verbraucht und folglich weniger Wasser benötigt. Außerhalb der Bienentraube stellt sich außerdem ein geringeres Temperaturgefälle ein,[379] die Bienen können lockerer stehen und einzelne Bienen können sich auch weiter von der Bienentraube entfernen, ohne zu erstarren. Der Schutz vor Zugluft verhindert ebenfalls unnötige Energieverluste und den einhergehenden Wasserbedarf.

Temperaturschwankungen stellen ebenfalls Störungen der Winterruhe dar und bringen die gleiche Problematik mit sich. In einer Studie aus Norwegen wird eine erhöhte Winterzehrung infolge von erhöhten Temperaturschwankungen in ungedämmten Beuten festgestellt. Der Autor führt die bei seinen Versuchsreihen festgestellte geringere Winterzehrung von gedämmten Beuten zu einem Drittel auf den Hitzeschutz und zu zwei Drittel, auf den Wärmeschutz zurück. Als Erklärung für den Einfluss der Temperaturschwankungen auf die Winterzehrung vermutet er das in den ungedämmten Beuten häufiger festgestellte Brausen der Bienen: Die Temperaturschwankungen stellen Störungen der Winterruhe dar, auf die die Honigbienen mit einem Brausen reagieren und wobei sie einen erhöhten Futterverbrauch haben.[(144)]

Wassermangel im Winter durch frühzeitiges Brutgeschäft

Honigbienen benötigen zur Versorgung der offenen Brut große Wassermengen. Diese werden benötigt, um den Futtersaft herzustellen, in dem die Larven in den ersten Tagen schwimmen, und um die Wasserdampftransporte aus den Brutzellen in die Wabengassen auszugleichen.[(186)] In den Brutzellen muss für die Entwicklung der Larven mindestens eine relative Luftfeuchte von 90 % anliegen und der Wassergehalt der Futtersaftlösung somit mindestens einen Wassergehalt von 60 % aufweisen.[(215)] Fällt der Wasseranteil unter diesen Wert, so sinkt auch die relative Luftfeuchte am Boden der Brutzelle unter 90 %, und schlechtere Entwicklung bis hin zu Brutschäden sind die Folge. Für die Herstellung des 60 %igen Futtersaftes benötigen die Bienen eine große Menge Wasser, da sie hierfür den verdeckelten Honig etwa im Verhältnis 1:1 mit Wasser mischen müssen. Zusätzlich kommt es zu laufenden Flüssigkeitsverlusten aus dem Futtersaft durch das große Dampfdruckgefälle zwischen dem Inneren der Brutzelle und der Wabengasse, welche von den Bienen ständig ersetzt werden müssen: Büdel und Grziwa berechnen überschläglich 18 g Wasser pro Tag, die aus einer Brutfläche von 1 dm^2 verdunsten. Je größer das Brutnest ist, desto größer ist der Wasserbedarf.[(136)]

Wenn die Bienen zu früh im Jahr mit dem Brutgeschäft beginnen, kann der resultierende Wassermangel das Verdursten des gesamten Bienenvolkes bedeuten: Berlepsch beschreibt das Einsetzen des Brutgeschäftes bei manchen Bienenvölkern zur Weihnachtszeit, und beobachtet einsetzenden Wassermangel im Bienenvolk teilweise bereits Mitte Januar. Als erste Anzeichen für den Wassermangel nennt er herabfallende verzuckerte Honigkörnchen oder starkes Schwitzen an den Sichtfenstern der Beuten. Er beschreibt einen beginnenden Teufelskreis: Die Bienen versuchen durch ein Erhöhen der Temperatur die Honigvorräte zu verflüssigen, teils setzt dabei ein Brausen ein. Die erhöhte Aktivität führt zu einem größeren Energie- und Honigverbrauch, welcher wiederum einen größeren Wasserbedarf mit sich bringt. Die Bienen beginnen förmlich auszutrocknen und beißen ganze Honigwaben Zelle für Zelle auf, um Wasserteilchen auszusaugen. Sie saugen die jüngere Brut aus und stoppen das Bebrüten der Eier, auch wenn die Königin mit der Eiablage noch eine Weile weitermacht. Berlepsch beschreibt ihre Verzweiflung und ein absatzweises Heulen, insbesondere bei den geringsten Erschütterungen. Wie bei der Weisellosigkeit zerstreuen sich die Bienen im ganzen Bienenstock, wenn die Kälte sie nicht daran hindert. Sie laufen suchend überall umher, besudeln sich gegenseitig, werden ruhrkrank und stürzen teilweise zum Flugloch hinaus. Er beschreibt handhohe Schichten toter Bienen auf dem Boden und das bevorstehende Ende der Völker, wenn nicht zügig milde Witterung Ausflüge zum Wasserholen gestattet, oder die Imker*innen ihnen Wasser reichen. Bei der Wassergabe fallen die Bienen begierig über das Wasser her und in höchstens zwei Stunden ist die Ruhe wiederhergestellt. Die zerstreut sitzenden Bienen ziehen sich wieder traubenförmig zusammen und das Sterben hat ein Ende.[(297)]

Ein Wärmeschutz schwächt die Folgen eines einsetzenden Wassermangels theoretisch ab, da die Honigbienen weniger Energie zum Erwärmen der Honigvorräte aufwenden müssen. Mit den Beobachtungen von Berlepschs lässt sich das Schadensbild von Wassermangel bzw. verdursteter Bienenvölker im Winter skizzieren:

- Die verendeten Völker haben noch Honigvorräte und es ist kein Futterabriss erkennbar.
- Viele Honigzellen sind geöffnet. Wenn das Verdursten erst vor kurzer Zeit erfolgt ist, dann ist der Honig in den Honigzellen zäh und wasserarm und auf dem Boden der Behausung befinden sich herabgefallene verzuckerte Honigkörnchen. Das Zeitfenster, um das Verdursten an diesen Zeichen zu erkennen, ist klein: Der unverdeckelte Honig und auch die Honigkörnchen ziehen schon bald Wasser aus der Luft und verwässern. Offene Honigzellen laufen bereits nach einigen Tagen über und die Honigkörnchen am Boden lösen sich auf.
- Ein deutliches Zeichen für den erlittenen Wassermangel eines Bienenvolkes ist ein starker Kondenswasseranfall und eine eventuelle Schimmelbildung. Es klingt paradox: Aber das Kondenswasser ist eben Folge des weiter oben beschriebenen Teufelskreises infolge des Wassermangels. Berlepsch formuliert diesen scheinbaren Widerspruch mit «Der nässende Stock hat Mangel an Nässe, der nicht nässende Nässe genug».
- Der Boden ist bedeckt mit toten Bienen. Die toten Bienen in den Wabengassen eines verdursteten Volkes sind verstreut und vermutlich nicht als Bienentraube vereint.

- Kotspritzer können in der Beute und am Flugloch zu finden sein, infolge des Wassermangels und der Aufnahme des Kondenswassers kann die Ruhr ausgebrochen sein.

Wassermangel bei Kälteeinbrüchen im Frühjahr oder Herbst

Kälteeinbrüche bergen im Frühjahr aus den gleichen wie zuvor beschriebenen Gründen ein Risiko. Wenn die Bienen bereits ein großes Brutnest pflegen, kann es zu einem Wassermangel, Brutschäden und Bienenverlusten kommen: Die Bienen können den Wasserbedarf nicht decken, da sie bei den Temperaturen nicht ausfliegen bzw. bei dem Versuch, es trotzdem zu tun, verenden. Martin Lindauer beschreibt diese Zusammenhänge und den Verlust von über 1000 Bienen am Bienenstand des Zoologischen Instituts der Universität München bei einem solchen Kälteeinbruch. Inwieweit hierbei auch die Brut durch den Wassermangel geschädigt wurde, hat er nicht untersucht.[186]

Eine hoher Hitzeschutz der Bienenwohnung durch eine hohe Wärmespeicherfähigkeit, wie er natürlicherweise in Baum-, Fels- und Erdhöhlen gegeben ist, lässt die Honigbienen erst bei stabileren Wetterlagen in die Brut gehen. Er bedeutet im Frühjahr einen Kältespeicher und verzögert den Bruteinschlag.[393] Einen solchen Kältespeicher können auch große Honigvorräte darstellen.[134][345] Für die Honigbienen sind die Honigvorräte als Kältespeicher bezüglich eventueller Kälteeinbrüche vorteilhaft, sie stellen dann einen Wärmespeicher dar und schwächen die einbrechende Kältewelle ab. Der Wärmeschutz der Bienenwohnung hilft den Bienen Energie/Honig zu sparen, es wird daher auch weniger Wasser benötigt.

Wabenabrisse im Hochsommer

Der Wabenbau aus Bienenwachs ist gegenüber Hitze sehr empfindlich, der Schmelzpunkt liegt bei 65 °C. Aber auch weit vor Erreichen dieses Schmelzpunktes verliert das Bienenwachs mit steigender Temperatur immer mehr an Festigkeit. Versuche über 20 °C zeigen von Beginn an eine steigende Verformbarkeit bei steigender Temperatur.[398] Es gibt also keine bestimmte Temperatur, bei der es plötzlich zu Wabenabrissen kommt, sondern ein wachsendes Risiko mit steigender Temperatur. Je schwerer die Waben sind und je schlechter sie befestigt sind, desto größer ist die Gefahr. Entsprechend gilt: Je besser Hitze- und Wärmeschutz sind, desto unwahrscheinlicher sind Wabenabrisse. Sie sind nicht nur für das Einsparen von Energie und die Gesundheit der Brut von Bedeutung, sondern auch für die Stabilität des Wabenbaus. Wabenabrisse können das Volk empfindlich schwächen und Räuberei durch benachbarte Völker und/oder Wespen auslösen.

Kalkbrut

Die Kalkbrut ist eine weltweit verbreitete Krankheit bei Bienenvölkern, die durch den Pilz *Ascosphaera apis* hervorgerufen wird und ausschließlich die Brut der Bienen befällt. Obwohl sie für einzelne Larven tödlich ist, vernichtet die Krankheit in der Regel nicht das ganze Bienenvolk. Sie kann jedoch zu erheblichen Verlusten an Bienen führen und eine stark verminderte Honigproduktion bedeuten.[399] Ein Ausbruch der Krankheit kann trotz vorhandenen Erregern bei einer konstanten Brutnesttemperatur von 35 °C verhindert werden. Ein Abkühlen der Bienenbrut für nur wenige Stunden auf bis zu 30 °C reicht dagegen für eine erfolgreiche Infektion.[400][401] Offensichtlich reagieren Honigbienen bei Erkennen der hitzeempfindlichen Kalkbrut-Erreger mit einer Erhöhung der Temperatur; es kommt zu einer Art Brutwaben-Fieber.[402][403] Neben der Unterkühlung als Hauptgrund für das Auftreten der Kalkbrut wird in der Literatur auch eine zu hohe relative Feuchtigkeit als ein begünstigender Faktor genannt.[404]

Aufgrund der genannten Zusammenhänge tritt die Krankheit vor allem im Frühling bei hoher Luftfeuchte und bei plötzlichen Temperaturwechseln in der Bienenwohnung auf.[399] Entscheidend sind dabei die Temperaturschwankungen innerhalb der Bienenwohnung, wodurch Hitze- und Wärmeschutz der Bienenwohnung eine entscheidende Rolle zufällt: Der Hitzeschutz dämpft die von außen ausgelösten Temperaturschwankungen und der Wärmeschutz macht das Heizen der Bienen effektiver. Hitze- und Wärmeschutz dürften folglich gute Werkzeuge zur Vermeidung eines Ausbruchs der Krankheit sein.

Auch der Standort der Bienenwohnung rückt einmal mehr in den Fokus: Je geringer die Temperaturschwankungen in unmittelbarer Umgebung ausfallen, desto geringer ist das Risiko einer Infektion. In der bodennahen Luftschicht kommt es zu den stärksten Temperaturschwankungen im Verlauf des Tages,[125] sie stellt eine kleinklimatologisch ungünstige Zone für Bienenbeuten dar.[123][119] Eine bodennahe Aufstellung begünstigt daher den Ausbruch der Krankheit und sollte vermieden werden.[401]

Die Kalkbrut ist eine «Gelegenheits- oder Faktorenkrankheit» und ist nicht zwingend auf ideale Umgebungsbedingungen für den Erreger angewiesen. Anfällig für die Krankheit werden Bienenvölker, die durch Stressfaktoren wie Parasitenbefall, Futtermangel, Pestizide oder Ähnliches verletzlich sind.[405][406] Der Grund dafür dürfte der Kontrollverlust geschwächter Völker über das Innenklima in den Brutbereichen mit folgender Unterkühlung (und erhöhter relativer Luftfeuchte) sein.

Nosema-Erkrankung

Die Mikrosporidien der Gattung *Nosema* werden zu den Pilzen gerechnet. Sie sind kleine, sporenbildende Parasiten, die sich im Darm als Sporen aufhalten. Nur unter geeigneten Bedingungen wird ein Polfaden aus der Spore herausgeschleudert, der sich dann in eine Darmwandzelle hineinbohrt. Durch den Polfaden wandert dann das von einer Membranhülle umgebene Sporoplasma in die Zelle hinein, infiziert diese und vermehrt sich dort. Verschlechtern sich die Ernährungsverhältnisse, bildet Nosema wieder eine Dauerform (Spore) aus. Man weiß bis heute noch nicht, welche Bedingungen im Milieu des Darms herrschen müssen, damit die Keimung der Spore ausgelöst wird.[(394)]

Unterschiedliche Veröffentlichungen verschiedener Autoren machen verschiedene Faktoren für den Ausbruch der Erkrankung verantwortlich:

Steche beschreibt einen Entwicklungsverlauf der Parasiten parallel zum Bruteinschlag der Völker, der ebenso eng an jahreszeitliche Witterungsfaktoren gekoppelt ist. Er benennt als entscheidenden Faktor für den Krankheitsverlauf den Eiweißhaushalt im Fettkörper der Honigbienen. Er macht darüber hinaus aber auch eine in der Nahrung der Brut vorhandene Stoffwechselkomponente und das Kleinklima innerhalb des Bienenstocks verantwortlich.[(1)]

Lotmar belegt einen Zusammenhang zwischen der Temperatur und der Entwicklung sowie der Heilung der durch *Nosema apis* ausgelösten Nosemose: Zwischen 30 °C und 35 °C hat das Mikrosporidium optimale Bedingungen für seine Entwicklung, weshalb es sich natürlich mit dem Brut- und Wabenbereich der Honigbiene um einen für Nosema vorteilhaften Lebensraum handelt. Bei 36 °C wird seine Entwicklung stark verlangsamt, ab 37 °C Umgebungstemperatur wird die Keimung und damit die Infektion von Zellen der Honigbiene unterbunden. Werden nosemakranke Bienen bei 37 ° gehalten, werden sie innerhalb von 10 Tagen völlig gesund.[(395)]

Schulze-Langner zeigt mit ihren Untersuchungen, dass der Hinterleib (im Darmbereich sitzen die Nosema-Erreger samt ihren Sporen) der Honigbienen während der Tätigkeiten des Fluges, des Sterzelns und des Fächelns eine Temperatur von weit über 37 °C aufweisen kann; Temperaturen, die das Auskeimen der Sporen nach den Ergebnissen von Lotmar verhindern. Erst während der Winterruhe liegen die Temperaturen im Hinterleib niedriger, was das Auskeimen ermöglichen kann. Sie sieht die klimatischen Bedingungen im Sommer und Herbst als entscheidend für den Ausbruch der Erkrankung im Winter an.[(103)] Wobei es aus unserer Sicht weniger die klimatischen Bedingungen außerhalb, als ihre Auswirkungen auf das Innenklima in der Bienenwohnung sein dürften, die den Verlauf der Nosema-Erkrankung beeinflussen.

Martin-Hernández und andere belegen in einer 2009 veröffentlichten Studie einen eindeutigen Zusammenhang zwischen der Temperatur und dem Ausbruch der Nosemose durch *Nosema apis* und *Nosema ceranae*. Sie bestätigen die Ergebnisse von Lotmar, wonach *Nosema apis* bei 25 °C in der lebenden Honigbiene schlechter keimt und Zellen infiziert sowie bei 37 °C Umgebungstemperatur nicht mehr keimt und auch keine Sporen ausbildet. *Nosema ceranae* hingegen keimt auch bei 25 °C besser aus als N. apis, schwächelt zwar bei 37 °C, infiziert aber noch Zellen.[(396)] Gontarski (1951) stellte auf dem Deutschen Imkertag 1951 eine Grafik von Morgenthaler vor, nach der erst das Zusammenwirken verschiedenster Umweltfaktoren wie der Wärmedämmung, dem Winterfutter und dem Einfluss der jeweiligen Imkerpraxis den Ausbruch von Krankheiten wie der Nosema bewirken kann (siehe Abb. 143). Er wies ebenfalls darauf hin, dass die reine Anwesenheit des Erregers noch nicht als Krankheit zu betrachten und die Ausbildung eines Gleichgewichtes zwischen Wirt und Erreger immer möglich sei, wenn dieses auch durch die Imkerpraxis stark gefährdet werden könnte.[(397)]

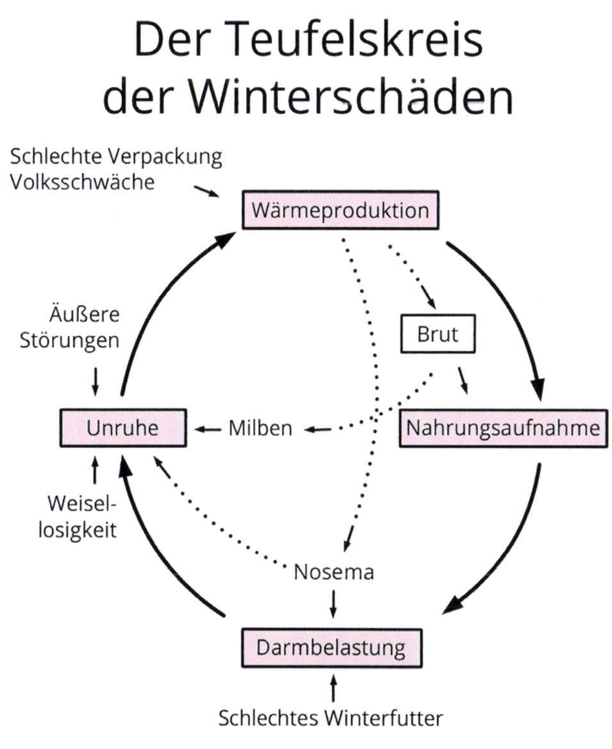

Abb. 143: «Der Teufelskreislauf der Winterschäden». Nach Morgenthaler, Imkerfreundkalender 1949. In: Imkerfreund 6 (10) 1951. (Herold, 1951)[(397)] – aufbereitet und koloriert

Die zitierten Autoren sehen also alle einen mehr oder weniger starken Einfluss der Temperatur auf das Infektionsgeschehen. Wir halten es daher für sehr wahrscheinlich, dass die Bienenwohnung mit ihrem Hitze- und Wärmeschutz einen Einfluss auf die Nosema-Erkrankung hat, weil sie die Temperaturverhältnisse im Bienenstock entscheidend mitbestimmt.

Varroa-Befall

Es gibt unseres Wissens keine Studien, die einen Zusammenhang zwischen Varroa-Befall und Hitze- oder Wärmeschutz der Bienenwohnungen untersuchen.

Bekannte und theoretische Zusammenhänge bezüglich der Fortpflanzung von Varroa-Milben

Die maximale Reproduktionsarte der Varroa-Milben findet bei einer Lufttemperatur von etwa 33 °C in den Wabengassen des Brutbereichs statt. Daher wird von den Milben auch die Drohnenbrut bevorzugt, welche in der Regel niedrigere Temperaturen in den anliegenden Wabengassen aufweist als die Arbeiterinnenbrut.[(233)(407)(408)] Der Temperaturunterschied zwischen Drohnenbrut und Arbeiterinnenbrut liegt aber nur in den Wabengassen an. Die in einer Studie aus dem Jahr 2016 gemessenen Temperaturen innerhalb der Brutzellen unterscheiden sich bei Drohnenbrut (34,8–35,5 °C) und Arbeiterinnenbrut (34,8–36,0 °C) kaum. Wobei die einzelnen Entwicklungsstadien offensichtlich unterschiedlich beheizt werden: Die Zellen mit Eiern weisen höhere Temperaturen auf als die mit Larven, und diese wiederum höhere Temperaturen als die mit Puppen.[(330)] Eine andere Studie aus dem Jahr 2019 zeigt ebenfalls die Gleichheit der Temperatur der Brut selbst, unabhängig von der Lage der Brutfläche. Innerhalb der Brutzellen werden Arbeiterinnen- und Drohnenbrut demnach gleichermaßen auf Temperaturen von 34,4 °C bis 35,4 °C bebrütet.[(409)] Ziel der Temperaturregulierung der Honigbienen ist die Temperatur der Brut selbst,[(336)] die Temperatur in den Wabengassen ist nur eine Folge dieser Temperaturregulierung.

Die Gegebenheit, dass in den Brutzellen von Arbeiterinnen und Drohnen etwa die gleichen Temperaturen, in den Wabengassen der Drohnenbrut aber niedrigere Temperaturen als in der Arbeiterinnenbrut anliegen, ist ein Hinweis darauf, dass die Wärmeproduktion in der Drohnenbrut höher ist als in der Arbeiterinnenbrut. Der Grund dafür könnte sein, dass der Stoffwechsel der Drohnenbrut höher ist, weil Lebewesen mit größerer Körpermasse bzw. mit größerer Körperoberfläche einen höheren Stoffwechsel haben.[(410)] Eine ausgewachsene Drohne hat etwa die doppelte Masse von einer Arbeiterin.[(197)]

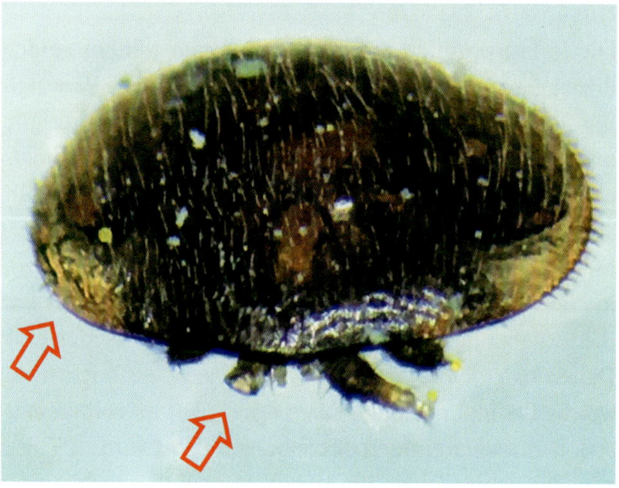

Abb. 144: Heruntergefallene Varroa-Milbe mit massiven Verletzungen, die ihr vermutlich von Bienen zugefügt wurde.

Die Maden und Puppen der Drohnen produzieren selbst aufgrund dieses vielleicht höheren Stoffwechsels mehr Wärme als die der Arbeiterinnen. Abgeschätzt über die Oberflächenregel, die besagt, dass der Stoffwechsel eines Tieres zu der ⅔-Potenz des Gewichts eines Tieres proportional ist bzw. nach Kleiber eher zu der ¾-Potenz,[(410)] könnte der Stoffwechsel von Drohnen um bis zu 68 % höher sein als der von Arbeiterinnen. Allerdings sind die Größenunterschiede erst kurz vor dem Schlupf der Bienen so groß, bei jüngeren Maden und Puppen fällt der Unterschied geringer aus. Es ist jedoch fraglich, ob sich die Oberflächenregel in der Form auch auf die Brut der Bienen übertragen lässt.

Ein anderer Erklärungsansatz für die unterschiedliche Wärmeproduktion in den Brutzellen könnten unterschiedliche starke Bewegungen von Arbeiterinnen- und Drohnenlarven sein. Gontarski schreibt, dass durch die lebhaften Bewegungen der wandernden und spinnenden Larven in der Brutzelle nachweisbare Wärmemengen frei werden, welche die Brutflächen im Bienenvolk zu einer Wärmequelle werden lassen.[(411)] Vielleicht ist der Bewegungsdrang von Drohnenlarven und die einhergehende Wärmeproduktion größer als die von Arbeiterinnenlarven.

Die Wärmeabgabe aus der einzelnen Brutzelle erfolgt lediglich über ihren Zelldeckel bzw. die unverdeckelte Öffnung der Zelle an die Luft in der Wabengasse. Zu allen anderen Seiten ist sie umgeben von gleichwarmen Brutzellen. Der Zelldeckel einer Drohnenzelle ist aber nur unwesentlich größer als der einer Arbeiterinnenzelle. Die Fläche der Wärmeabgabe und die Temperatur in den Brutzellen von Arbeiterinnen und Drohnen sind also überschläglich gleich groß. Die Wärmeproduktion ist in Zellen der Drohnenbrut aber vermutlich höher als in der Arbeiterinnenbrut. Deshalb müssen die Arbeiterinnen in den Wabengassen vermutlich weniger heizen, um die Drohnenbrut auf etwa 35 °C zu temperieren. Und das dürfte der Grund für die etwas niedrigere Lufttemperatur in der Wabengasse der Drohnenbrut sein, denn beim Beheizen der Wabenflächen durch die Arbeiterinnen wird immer auch viel Wärme an die umliegende Luft abgegeben. Würden die Arbeiterinnen in den Wabengassen der Drohnenbrut ebenso stark heizen wie in den Wabengassen der Arbeiterinnenbrut, dann würde die Drohnenbrut überhitzen.

Diese vermuteten Zusammenhänge stehen im Einklang mit den festgestellten Zusammenhängen bei Weiselzellen, welche bereits Mitte des letzten Jahrhunderts veröffentlicht wurden: Die in der Zelle heranwachsende Königin hat einen höheren Stoffwechsel und deshalb eine höhere Wärmeabgabe als die Arbeiterinnenbrut.(335) Die Weiselzelle kann daher nicht im Brutnest eingebettet liegen, da sie sonst überhitzen würde (siehe auch «Der Sonderfall des an der Weiselzelle anliegenden Mikroklimas»).

Unabhängig von der Richtigkeit dieser möglichen Begründung für die niedrigere Temperatur in den Wabengassen der Drohnenbrut hat die Bevorzugung der Varroa-Milben für Drohnenbrut offensichtlich nichts mit der Temperatur in den Brutzellen selbst zu tun, sondern mit der in den unmittelbar davor befindlichen Wabengassen. Eine Studie unter Laborbedingungen untersuchte 1990 die Fortpflanzung von Varroa-Milben in verdeckelten Brutwaben in klimatisierten Kammern:(233) Es wurden die Auswirkungen unterschiedlicher Temperaturen zwischen 26 °C und 39,5 °C bei jeweils einer Luftfeuchte von 40 % und 70 % auf den «Milbenzuwachs je fruchtbarem Weibchen» untersucht. Wir wollen anmerken, dass sich aus diesem Wert des Milbenzuwachses nicht auf den Populationszuwachs der Milben insgesamt unter natürlichen Bedingungen schließen lässt: Zum einen, weil wir nur eine grobe Vorstellung davon haben, wie oft eine fruchtbare Milbe unter natürlichen Bedingungen in eine Zelle absteigt und einen Vermehrungszyklus startet, nämlich etwa ein- bis dreimal.(412) Und zum anderen sind die aufgeführten Zahlen Durchschnittswerte, die große Standardabweichungen aufweisen. Die Werte, aus denen die Durchschnittswerte gebildet wurden, unterlagen also einer großen Schwankung. Dennoch halten wir den in dieser Studie ermittelten «Milbenzuwachs je fruchtbarem Weibchen» für einen guten Parameter, um die Qualität der Fortpflanzungsbedingungen in Abhängigkeit von den klimatischen Bedingungen zu vergleichen.

T [°C]	rF [%]	Dampfdruck [Pa]	Milbenzuwachs pro fruchtbarem Weibchen
32,5	70	3422	1,79
32	70	3326	1,16
34	70	3722	1,04
33	40	2011	1,00
36	70	4158	0,68
32	40	1901	0,64
36,5	70	4273	0,46
35	40	2248	0,32
37	70	4392	0,28
31	70	3143	0,13
28	70	2644	0,12
30,5	70	3054	0,08
30	40	1696	0,00
36,5	40	2442	0,00
37	40	2510	-
37,5	40	2579	-
38	40	2650	-
26	70	2352	-
38	70	4638	-
38,5	70	4765	-
39,5	70	5029	-

Tab. 7: Milbenzuwachs je fruchtbarem Weibchen in Abhängigkeit von Temperatur und relativer Luftfeuchte in der Luftschicht außerhalb der verdeckelten Brutzelle nach (Le Conte et al., 1990)(233) und der berechnete Wert des Wasserdampfdrucks dieser Luftschicht

In Tabelle 7 sind die Ergebnisse der Studie dargestellt. Grundsätzlich möglich ist den Milben die Fortpflanzung nur in einem Temperaturbereich der anliegenden Luftschicht von 28 °C bis 37 °C. Besonders gute Bedingungen finden sie offensichtlich nur im Temperaturbereich zwischen 32 °C bis 34 °C vor. Ein weiteres Ergebnis der Versuche in den Klimakammern ist, dass die Milben für ihre Fortpflanzung optimalerweise eher 70 % als 40 % relative Luftfeuchte in den anliegenden Luftschichten benötigen.

Wir haben für die jeweiligen Kombinationen aus Temperatur und Luftfeuchte den Wasserdampfdruck berechnet und den Ergebnissen der Studie in Tabelle 7 gegenübergestellt. Demnach lässt sich vermuten, dass den Varroa-Milben grundsätzlich eine Fortpflanzung zwischen 1900 Pa und 4400 Pa möglich ist. Die besten Bedingungen finden die Varroa-Milben in einem Dampfdruckbereich von 3300 Pa bis 3700 Pa vor.

In einem ähnlichen Versuchsaufbau wird die Fortpflanzung der Varroa-Milben in verdeckelten Brutzellen bei konstanter Temperatur (34 °C) und zwei unterschiedlichen Luftfeuchtebereichen (59-68 % und 79-85 %) außerhalb der Brutzellen in Versuchskammern untersucht.(234) Bei der niedrigeren Luftfeuchte produzieren mehr als die Hälfte der Varroa-Milben Nachwuchs. Bei der höheren Luftfeuchte kommt die Fortpflanzung der Milben fast vollständig zum Erliegen. Die Studie untermauert den Verdacht, dass es für die Varroa-Milben einen maximal verträglichen Wasserdampfdruck in den Wabengassen des Brutnests gibt. Ab etwa 4360 Pa (entspricht 34 °C und 82 % rF) ist die Fortpflanzung kaum noch möglich. Die niedrigere Luftfeuchte (59 % bis 68 %) dieser Untersuchung ähnelt der höheren Luftfeuchte (70 %) der zuvor zitierten Studie. Unter Betrachtung beider Studien lässt sich daher aussagen: Bei etwa 70 % rF ist die Fortpflanzung der Varroa-Milben besser als bei 40 % und auch besser als bei 80 %. Oberhalb von 80 % kommt die Fortpflanzung der Milben zum Erliegen. Die Tatsache, dass die Luftfeuchte in irgendeiner Form Einfluss auf die Fortpflanzung der Varroa hat, ist nebenbei bemerkt ein Beleg für die Diffusionsoffenheit der Brutzelldeckel. Andernfalls könnte sie sich nicht auf das Geschehen in den Brutzellen auswirken.

Wenn es sich also tatsächlich so verhält, dass es für Varroa-Milben im Brutnest eine Unter- und Obergrenze des Wasserdampfdrucks gibt, welche für die Milben gerade noch verträglich sind, dann müsste es auch entsprechende Anforderungen an die klimatischen Außenverhältnisse geben. Denn wie wir in vorherigen Kapiteln ausführlich dargelegt haben, folgt der Wasserdampfdruck im Bienensitz dem der Außenluft, aber um einen gewissen Betrag erhöht. Die Fortpflanzung der Varroa-Milben dürfte also nur innerhalb eines bestimmten Dampfdruckbereichs der Außenluft möglich sein. Varroa-Milben haben demnach eine Mindestanforderung an den Wasserdampfdruck der Außenluft und es gibt eine Obergrenze des Wasserdampfdrucks, ab dem die Fortpflanzung nicht mehr möglich ist.

Eine Studie aus Louisiana (USA) untermauert den Verdacht einer solchen Obergrenze des Wasserdampfdrucks: Die Studie stellt in einer Versuchsreihe über zehn Jahre eine signifikante Schwankung der Varroabelastung im Jahresvergleich in Abhängigkeit zu den klimatischen Außenverhältnissen fest.(413) Die Autoren vergleichen die jährlichen Wachstumsraten der Varroa-Milben und sehen eine Abhängigkeit zu den klimatischen Außenbedingungen. Sie erkennen eine geringere Vermehrung bei steigenden Außentemperaturen und sinkender relativer Luftfeuchte. Sie treffen die Aussage, dass die Vermehrung der Varroa-Milbe in den besonders trockenen (gemeint ist hier die relative Luftfeuchte) und heißen Jahren am niedrigsten war. Leider haben sie nicht versucht, den Wasserdampfdruck der Außenluft mit der Wachstumsrate der Varroa-Milbe in Zusammenhang zu bringen, was wir an dieser Stelle nachholen:

Jahr	durchschnittlicher **Dampfdruck** * [Pa] Mai bis August	**wöchentliche Wachstumsrate** **
1994	1727	15,0 %
1993	1900	21,4 %
1995	2200	10,5 %
1996	2417	13,9 %
2002	2692	11,5 %
2000	2731	1,1 %
1997	2788	15,0 %
1998	2793	-0,8 %
1999	2826	2,9 %
2001	2872	4,7 %

Tab. 8: Wöchentliche Wachstumsrate der Varroa-Milbe in Abhängigkeit vom Wasserdampfdruck. * Wetterdaten (www.wunderground.com)(414). Berechnung mit: (Schneider et al., 2018)(152) – ** Ergebnisse aus: (Harris et al., 2003)(413) in Prozent angegeben

Wir haben online(414) die Temperaturen und relativen Luftfeuchten in Baton Rouge, also dem Standort der Versuchsvölker der Studie aus Louisiana (USA),(413) für die drei Monate Juni bis August jeweils aus den Jahren 1993 bis 2003 (Zeitraum der Studie) recherchiert und darüber den durchschnittlichen Wasserdampfdruck der Außenluft in diesen drei Monaten berechnet. In Tabelle 8 sind die Ergebnisse aufgeführt, sortiert von oben nach unten nach steigendem Wasserdampfdruck. Ebenfalls dargestellt sind die in der Studie ermittelten Varroa-Wachstumsraten(413) der jeweiligen Jahre, also dem prozentualen Populationszuwachs der Milben in einer Woche. Die Daten zeigen, dass es einen Wasserdampfdruck in der Außenluft gibt, ab dem die Wachstumsrate der Varroapopulation zusammenbricht. Die Grenze scheint etwa zwischen 2700 Pa und 2800 Pa zu liegen. Unterhalb von etwa 2700 Pa ist der Populationszuwachs um ein Vielfaches höher als oberhalb von 2800 Pa. Bei den Jahren, die einen durchschnittlichen Wasserdampfdruck zwischen 2700–2800 Pa haben, scheint der Fortpflanzungserfolg der Varroa-Milbe auf Messers Schneide gestanden zu haben: 1997 konnten sie sich trotz eines Wasserdampfdrucks der Außenluft von 2788 Pa erfolgreich vermehren. Im Jahr 2000 dagegen war ihnen die Fortpflanzung bei einem Wasserdampfdruck von 2731 Pa bereits kaum noch möglich. Entscheidend für den offensichtlich unterschiedlichen Grenzwert in diesen Jahren dürfte sein, dass die Varroa-Milbe nicht wirklich das Klima der Außenluft interessiert. Ihre Fortpflanzung wird ausschließlich durch das Kleinklima im Bienenstock beeinflusst, welches aber eben zu einem erheblichen Teil vom Außenklima bestimmt wird. Es gibt aber auch zusätzliche äußere Einflussfaktoren, die das Kleinklima im Bienenstock beeinflussen, wie beispielsweise die Trachtsituation: Je besser die Tracht ist, desto mehr Nektar wird im Bienenstock verarbeitet und desto größer ist die Differenz des Wasserdampfdrucks zwischen Innen- und Außenluft. Es ist daher gut vorstellbar, dass den Milben im Jahr 2000 die Fortpflanzung bereits bei einem niedrigeren Grenzwert in der Außenluft nicht mehr möglich war, weil durch eine größere Nektarverarbeitung der Anfall von Wasserdampf in den Bienenstöcken größer war.

Zwischen dem Grenzwert von etwa 2800 Pa in der Außenluft und dem zuvor aus den Studien geschlossenen maximal verträglichen Wasserdampfdruck in den Wabengassen des Brutnests von etwa 4400 Pa liegen etwa 1600 Pa. Dieser Wert ist als Betrag, um den der Wasserdampfdruck innen gegenüber dem außen in der Brutzeit erhöht ist, realistisch. Der aufgrund zweier Studien[(233)(234)] von uns vermutete, maximal verträgliche Wasserdampfdruck der Außenluft für eine Fortpflanzung der Milben wird also durch Untersuchungen[(413)] unter natürlichen Bedingungen untermauert. Unter Berücksichtigung, dass der Wasserdampfdruck im Bienenstock immer um einen gewissen Betrag dem der Außenluft gegenüber erhöht ist,[(117)(305)(308)] weisen die Ergebnisse aller drei Studien auf eine solche Obergrenze hin. Der maximal verträgliche Wasserdampfdruck für die Fortpflanzung der Milben in den Wabengassen scheint bei etwa 4400 Pa zu liegen. In Abhängigkeit von der Trachtsituation, der Volksstärke und den Eigenschaften der Bienenwohnung vermuten wir einen maximal zulässigen Wasserdampfdruck der Außenluft von 2800 ± 200 Pa. Bei starker Tracht, großer Volkstärke und/oder gering belüfteten Bienenwohnungen ist die Differenz zwischen dem Wasserdampfdruck innen und außen größer und folglich der maximal für die Fortpflanzung der Varroa-Milbe zulässige Wasserdampfdruck der Außenluft geringer und an der unteren Grenze dieses Bereichs. Bei geringer Tracht, schwachen Völkern und/oder stark belüfteten Bienenwohnungen ist die Wasserdampfstauung am Flugloch geringer, der Wasserdampfdruck der Außenluft kann also höher sein, ohne die Fortpflanzung der Varroa-Milbe einzuschränken. Der für die Milben zulässige Maximalwert von 2800 ± 200 Pa in der Außenluft ergibt sich beispielsweise bei 30 °C und einer relativen Luftfeuchte von

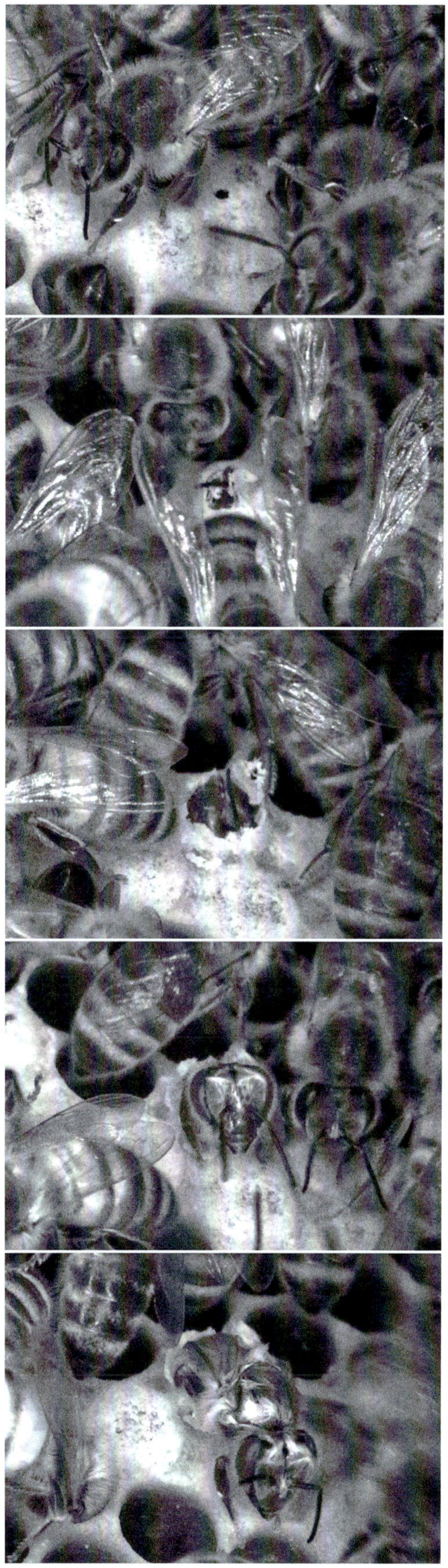

Abb. 145: Die fertig entwickelte Biene öffnet von innen den Zelldeckel und schlüpft.

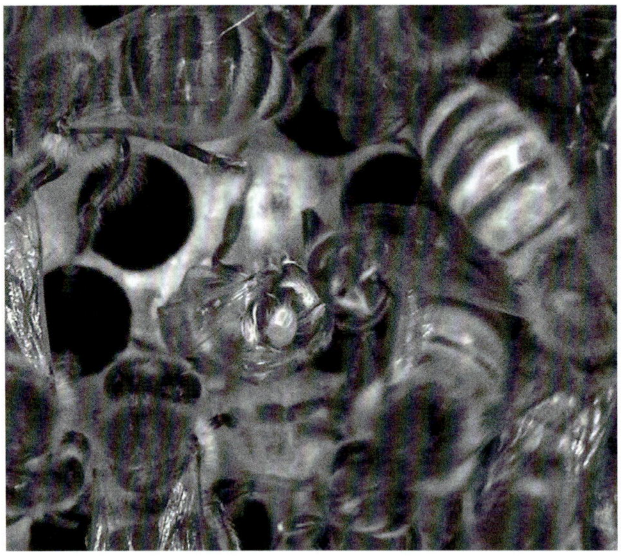

Abb. 146: Infrarotaufnahme einer schlüpfenden Biene mit Varroa-Milbe auf dem Rücken

66 % ± 4 %. Die Ergebnisse und Zusammenhänge decken sich mit der Erkenntnis, dass Honigbienen im tropischen Klima Asiens, Afrikas und Südamerikas weniger Probleme mit Varroa-Milben haben.[415][416][417] In diesen Regionen dürfte der für die Milben zulässige Wasserdampfdruck der Außenluft häufig überschritten werden.

Nun wollen wir uns auch noch der Frage widmen, ob es tatsächlich einen Mindestwert des Wasserdampfdrucks der Außenluft für die Fortpflanzung der Varroa-Milben gibt. Nach bereits besprochenen Zusammenhängen gibt es vermutlich eine Mindestanforderung der Milben an den Wasserdampfdruck in den Wabengassen des Brutnests von etwa 1900 Pa. Wenn wir die Differenz von 1600 Pa Wasserdampfdruck zwischen Innen- und Außenbereich annehmen, dann würde dies einen mindestens erforderlichen Wasserdampfdruck der Außenluft von 300 Pa bedeuten, welcher bereits bei Temperaturen um den Gefrierpunkt anliegt. Die 1600 Pa sind aber eine Differenz, die erst durch das große Brutnest und die Honigverarbeitung zustande kommt: Je mehr Wasserdampf im Bienenstock an die Luft abgegeben wird (Brut, Honigverarbeitung), desto größer wird der Wasserdampfdruckunterschied zwischen Innen- und Außenluft. Mitten in der Brutsaison der Honigbienen dürfte dieser Wert daher keinerlei Einschränkung für die Milben bedeuten, ein so starker Wasserdampfdruckabfall in der Außenluft ist in der Brutzeit nicht zu erwarten.

Die Frage ist, ab welchen klimatischen Bedingungen der Außenluft im Frühjahr den Varroa-Milben eine Fortpflanzung möglich ist. Zur Zeit des Frühjahrsbruteinschlags, also etwa zur Zeit der ersten Reinigungsflüge, [381][382] ist die Differenz des Wasserdampfdrucks zwischen Innen- und Außenluft geringer, schätzungsweise beträgt sie nur 500–1000 Pa. Die Mindestanforderung der Milben an die Außenluft wäre dann also eher 900–1400 Pa. Und für einen solchen Wasserdampfdruck sind bereits mindestens Temperaturen der Außenluft von etwa 10–15 °C erforderlich. Nach diesen Überlegungen würde der Startschuss für die Fortpflanzung der Varroa-Milben also etwas später im Jahr fallen als dies für die Honigbienen der Fall ist. In der Phase zwischen dem Beginn der Frühjahrsbrutentwicklung der Honigbienen und dem Erreichen milder Temperaturen in der Außenluft hätten die Bienen weitestgehend Ruhe vor den Parasiten.

Dieser angenommene Zusammenhang findet seine Bestätigung in einer Studie aus Polen:[418] Es gibt keinen Zusammenhang zwischen der Dauer der Brutzeit der Honigbienen im Bienenjahr, welche etwa markiert wird durch die ersten Reinigungsflüge und die letzten Herbstflüge,[381][382] und dem Varroa-Befall der Völker im Herbst. Höhere Temperaturen im Frühjahr und Herbst (Oktober) führen dagegen zu einem erhöhten Varroa-Befall im Herbst. Dieser Zusammenhang belegt, dass Varroa-Milben nicht nur Anforderungen an die Brutnesttemperatur haben, denn diese ist bereits mit den ersten Bruttätigkeiten der Bienen im späten Winter und im Frühjahr bzw. auch im Herbst gegeben. Die Verhältnisse sind aber zu diesen Zeiten offensichtlich noch ungünstig für die Milben, ihre Fortpflanzung ist gering oder sogar gänzlich unterbunden. Und das dürfte an dem geringen Wasserdampfdruck der Außenluft liegen: Ein geringer Wasserdampfdruck auf der Außenseite bedeutet auch einen geringen Wasserdampfdruck im Bienensitz. Und an diesen haben die Varroa-Milben offensichtlich eine Mindestanforderung.

Vielleicht ist die Mindestanforderung der Varroa-Milben an den Wasserdampfdruck auch ein Grund, warum in Wales erfolgreich auf eine Varroabehandlung verzichtet werden kann,[419] und es in Deutschland keine vergleichbaren Erfolgsgeschichten gibt: Der Abschnitt des Jahres, in dem die Anforderungen der Varroa-Milben an den Wasserdampfdruck erfüllt sind, könnte in Wales deutlich kürzer ausfallen als in Deutschland.

Wir vermuten den Grund für die beschriebenen Anforderungen der Varroa-Milben an den Wasserdampfdruck in dem sich einstellenden Wasserdampfdruckgefälle am Brutzelldeckel von innen nach außen. Dieses Dampfdruckgefälle ist verantwortlich für die Wasserdampftransporte aus der Brutzelle in die Wabengasse. Je größer es ist, desto schneller verliert das Innenleben der Brutzelle Flüssigkeit. Ein zu hohes Dampfdruckgefälle bedeutet eine zu hohe Trockenheit, und ein zu geringes Dampfdruckgefälle eine zu hohe Feuchtigkeit in der verdeckelten Zelle. Inwiefern die Feuchtigkeit in der Brutzelle Einfluss auf die

Fortpflanzung der Varroa-Milbe hat, ist allerdings aktuell noch Spekulation. Wir können uns die Zusammenhänge wie folgt vorstellen: Eine Studie aus der Schweiz sieht eine physische Ursache für die Sterblichkeit männlicher Nachkommen in den Brutzellen, indem sie bei der Verpuppung der Bienen zerquetscht oder abgedrängt werden, sodass sie die von der Mutter eingerichtete Futterstelle nicht erreichen.(420) Die höhere Feuchte in der Brutzelle könnte dieses Risiko reduzieren, da die Flüssigkeit zwischen Puppe und Zellwand wie ein Schmierfilm wirkt, der Reibungskräfte reduziert. Dieser Zusammenhang würde erklären, warum die Milben einen Mindestdampfdruck in den Wabengassen des Brutnests benötigen. Und die Erklärung für einen maximal verträglichen Wasserdampfdruck für die Milben könnte sein, dass sie beim Überschreiten dieser Grenze regelrecht ertrinken: Die Larve/Puppe der Bienen in der Zelle stößt konstant Atmungswasser in Form von Wasserdampf aus, welches entweder durch den Zelldeckel in die Wabengassen abgetragen wird oder als Kondenswasser in der Zelle anfällt. Wenn das Dampfdruckgefälle zu gering ist, geht der Abtransport nicht schnell genug vonstatten.

Temperatur	rel. Feuchte	Dampfdruck	Dampfhunger
35,5 °C	39,0 %	2250 Pa	3525 Pa
35,0 °C	40,0 %	2250 Pa	3370 Pa
34,5 °C	41,2 %	2250 Pa	3214 Pa
34,0 °C	42,5 %	2250 Pa	3057 Pa
33,5 °C	43,5 %	2250 Pa	2920 Pa
33,0 °C	45,0 %	2250 Pa	2765 Pa

Tab. 9: Dampfhunger der Luft bei unterschiedlichen Temperaturen und gleichem Dampfdruck

Über die grundsätzlich erforderlichen klimatischen Bedingungen innerhalb und außerhalb des Bienenstocks hinaus stellt sich die Frage, aus welchem Grund Varroa-Milben Drohnenbrut bevorzugen.(412) Die Temperatur innerhalb der Brut kann es nicht sein, sie ist in Arbeiterinnen- und Drohnenbrut etwa gleich hoch. Die relative Luftfeuchte in den Wabengassen kann auch nicht allein der Grund sein, sie unterscheidet sich in den verschiedenen Brutbereichen lediglich um etwa 5 %. Und der Wasserdampfdruck in den Wabengassen des Brutnests ist in Arbeiterinnen- und Drohnenbrut überschläglich gleich hoch, er scheidet ebenfalls aus. Nun sind nahezu alle klimatischen Parameter als Entscheidungsgrundlage für eine Bevorzugung der offenen Drohnenbrut ausgeschlossen. Lediglich die Temperatur in den Wabengassen unterscheidet sich deutlich. Aber wie soll sie einen Einfluss auf die Fortpflanzung der Milben in den Brutzellen haben, in denen gleich hohe Temperaturen anliegen? Die Antwort ist unserer Meinung nach das Wasserdampfsättigungsdefizit in den Wabengassen, auch Dampfhunger der Luft genannt. Der Dampfhunger der Luft in den Wabengassen der Drohnenbrut ist deutlich geringer als in den Wabengassen der Arbeiterinnenbrut. In Tabelle 9 sind die Kombinationsmöglichkeiten von Temperatur und relativer Luftfeuchte für den jeweils gleichen (beispielhaft gewählten) Wasserdampfdruck abgebildet. Liegen im Brutnest der Arbeiterinnen 35 °C und 40 % rF an, dann muss im Brutnest der Drohnen wegen der Gleichheit des Wasserdampfdrucks in allen Bereichen der mit Bienen besetzten Bienenwohnung bei 33 °C eine leicht erhöhte relative Luftfeuchte von 45 % anliegen. Die um 2 °C geringere Temperatur, in Kombination mit der um 5 % höheren relativen Luftfeuchte, lässt den Dampfhunger der Luft um 605 Pa sinken. Der Dampfhunger ist im Brutnest der Drohnen um 18 % niedriger als im Brutnest der Arbeiterinnen. Zur Erinnerung: Der Dampfhunger (siehe auch «Sättigung und Dampfhunger der Luft») der Luft ist als eine Kraft zu verstehen, die das Verdunsten von anliegenden Flüssigkeitsoberflächen im gleichen Raum antreibt, da die Luft immer den Zustand der Wasserdampfsättigung anstrebt. Je größer der Dampfhunger der Luft ist, desto vehementer entzieht die Luft ihrer Umgebung Wassermoleküle. Der Dampfhunger der Luft in den Wabengassen spielt beim verdeckelten Zustand der Brutzellen keine Rolle für das Innenleben der Brutzellen: Hier handelt es sich um zwei getrennte Räume (Wabengasse und Brutzelle) und es kommt zu Wasserdampftransporten aus der Brutzelle in die Wabengasse infolge des Wasserdampfdruckgefälles. Entscheidend ist in diesem Zustand also der Wasserdampfdruck innerhalb und außerhalb der Brutzelle. Und deshalb sind im verdeckelten Zustand der Brut die Flüssigkeitsverluste der Brutzellen in den Bereichen der Drohnenbrut ebenso hoch/niedrig wie in den Bereichen der Arbeiterinnenbrut. Im unverdeckelten Zustand der Brutzellen hat der Dampfhunger der Luft der Wabengassen aber auch Einfluss auf die oberen freiliegenden Bereiche der Brutzellen. Die Räume «Wabengasse» und «Brutzelle» gehen ineinander über. Es ist wahrscheinlich, dass aufgrund des geringeren Dampfhungers der Luft die freiliegenden Oberflächen der Zellwände und auch die zur Wabengasse gewandte Oberfläche der Drohnenlarven feuchter sind als in der Arbeiterinnenbrut. Wir vermuten daher als einen Grund für die Bevorzugung der Varroa-Milben für die offene Drohnenbrut eine höhere Feuchtigkeit der mit der Luft der Wabengasse in Kontakt stehenden Oberflächen (Zellwände und Brut). Über die notwendigen Sensoren für Feuchtigkeit verfügen Varroa-Milben offensichtlich.[421] Ein geringeres Verletzungsrisiko und eine allgemein erhöhte Beweglichkeit der Milben in der Zelle durch geringere Reibungskräfte infolge der als Schmierfilm wirkenden Feuchtigkeit halten wir für eine mögliche Erklärung. Außerdem könnten die unterschiedlichen Feuchtigkeitsverhältnisse verantwortlich sein für eine unterschiedlich schnelle Verflüchtigung oder unterschiedlich gute Verbreitung von Botenstoffen: Eine Studie aus Deutschland zeigt, dass Honigbienenlarven Botenstoffe aussenden, die für die Fortpflanzung der Varroa-Milbe zwingend erforderlich sind. Drohnenlarven konnten noch 36 Stunden nach Verdeckelung Varroa-Milben zur Fortpflanzung stimulieren, Arbeiterinnenlarven konnten dies nur bis zu 18 Stunden nach der Verdeckelung.[422]

Und schließlich wollen wir noch einen letzten Punkt nennen, der die von uns beschriebenen Zusammenhänge bezüglich des Einflusses des Wasserdampfdrucks in den Wabengassen des Brutnests auf die Varroaentwicklung untermauert: Das «Recapping» genannte Verhalten der Honigbienen wird in der Wissenschaft als ein Baustein für die Varroaresistenz bzw. -toleranz von Bienenvölkern gehandelt.[423] Durch das Öffnen der Zelldeckel ist das Innenleben der Brutzellen dem Dampfhunger der Luft in den Wabengassen ausgesetzt. Es könnte hierdurch zu einer für die Milben unverträglichen Trockenheit in der Zelle kommen.

Für den Beutenbau eröffnen sich aus diesen Zusammenhängen theoretisch Möglichkeiten, die «lästigen Parasiten» durch kleinklimatische Veränderungen zu reduzieren. Die Studienergebnisse, die auf eine schlechtere Entwicklung der Varroa-Milbe bei 40 % und bei 80 % rF gegenüber Werten dazwischen hinweisen, könnten bei Beutenbauer*innen den Reflex auslösen, ein besonders trockenes oder ein besonders feuchtes Kleinklima in den Wabengassen erzeugen zu wollen. Wir raten aber davon ab: Die Zusammenhänge erweisen sich immer als komplexer, als es zunächst scheint. Den Honigbienen ein bestimmtes Kleinklima, eine bestimmte Gaskonzentration oder auch ein bestimmtes Verhalten (durch Zucht) aufzuzwingen, ist aus unserer Sicht der falsche Weg. Es wäre der Weg der letzten Jahrzehnte, der uns genau das eingebrockt hat, was wir heute sehen: Bienenvölker, die nicht in der Lage sind, Krankheiten und Parasiten aus eigener Kraft in Schach zu halten. Ihre Abwehrmechanismen versagen und sie gehen an Krankheitsbildern ein, welche wilde Bienenvölker in natürlichen Bienenwohnungen weitestgehend unbeschadet überstehen würden. Es muss das oberste Ziel des Beutenbaus sein, den Honigbienen die maximale Kontrolle über ihr Kleinklima zu geben. Wir wollen anhand dieses Beispiels bezüglich der Feuchteverhältnisse in Bienenwohnungen und ihres Einflusses auf die Varroaentwicklung potenzielle Nachteile eines vom Menschen diktierten Kleinklimas aufzeigen: Die hohe Luftfeuchte von 80 % wäre eine extreme Störung für das Bienenvolk: Die Honigbienen wären kaum noch in der Lage, das Klima zu regulieren und Honig einzudicken, für beides benötigen sie eine gewisse Trockenheit. Abgesehen davon wären bei dieser hohen Luftfeuchte im Brutnest einem Wachstum von Schimmel und pathogenen Keimen keine Grenzen gesetzt. Eine hohe Trockenheit von 40 % rF erscheint da auf den ersten Blick unproblematischer, weisen doch Veröffentlichungen bekannter Wissenschaftler darauf hin, dass die optimale relative Luftfeuchte im Bienenstock bei 40 % rF liegt. Diese Werte wurden aber allesamt in Messreihen mit ungedämmten Beuten ermittelt, deren Fluglöcher groß und deren Fluglochtunnel kurz waren. Solche Messreihen können uns keinen Überblick darüber geben, welche Luftfeuchte Honigbienen natürlicherweise im Brutnest bevorzugen und welche Luftfeuchte für ihre Entwicklung optimal ist. Allein die Tatsache, dass Honigbienen erst bei einer relativen Luftfeuchte von 55 % rF zu ventilieren beginnen, ist aus unserer Sicht ein mehr als deutlicher Hinweis, dass sie höhere Werte als die in der Literatur genannten bevorzugen. Wir würden also sehr wahrscheinlich mit dem Diktat eines trockenen Kleinklimas zur Bekämpfung der Varroa-Milbe auch eine Abweichung vom optimalen Kleinklima für die Honigbienen erzeugen.

Abb. 147: Arbeiterin mit deformierten Flügeln, einem Symptom, das dem Flügeldeformationsvirus zugeschrieben wird, häufig aber ein Zeichen eines Kälteschadens darstellt.

Möglicher Einfluss von Hitze- und Wärmeschutz auf die Fortpflanzung der Varroa-Milben

Wie bereits eingangs erwähnt, sind uns keine wissenschaftlichen Untersuchungen zu einem möglichen Zusammenhang zwischen Wärmedämmung und Varroa-Befall bekannt. Wir gehen aber davon aus, dass Hitze- und Wärmeschutz Einfluss auf die Fortpflanzungsbedingungen der Varroa-Milben nehmen. Insbesondere sehen wir zwei Möglichkeiten:

- Beide sorgen mindestens zeitweise für höhere Brutnesttemperaturen, wodurch die Varroa-Milbe weniger optimale Bedingungen vorfinden dürfte.
- Der Hitzeschutz der Bienenwohnung kann nach unserer Auffassung einen Einfluss auf den CO_2-Gashaushalt im Bienenstock haben, und somit theoretisch auch auf die Fortpflanzung der Varroa-Milben. Durch die Entfeuchtung der Stockluft über einen Kondenswasseranfall innerhalb der Bienenwohnung, so wie sie den Bienen durch den Hitzeschutz mindestens zeitweise ermöglicht wird (siehe «Die Begrenzung des Wasserdampfdrucks in mit Bienen besetzten Bienenwohnungen»), wird der CO_2-Gashaushalt geschont und kann höhere Werte annehmen.

Sehr wahrscheinlich keinen Einfluss auf die Varroabelastung hat dagegen die Wirkung von Hitze- und Wärmeschutz auf den Zeitpunkt des Frühjahrsbruteinschlags. Die Länge des Brutgeschäfts hat laut einer Studie von Smoliński keine Auswirkungen auf die Varroabelastung im Herbst.[418] Wir vermuten daher weder durch die verzögernde Wirkung des Hitzeschutzes noch durch die beschleunigende Wirkung des Wärmeschutzes pauschale Auswirkungen. Die Anwesenheit der Brut allein ist offensichtlich nicht entscheidend, Varroa-Milben haben eigene Anforderungen an die klimatischen Verhältnisse im Brutnest des Bienenstocks.

Kleiner Beutenkäfer

Der Kleine Beutenkäfer *(Aetina tumida)* legt seine Eier in die Randbereiche der Bienenwohnung.[424] Er kann seine Eier aber auch auf Pollen- und Brutwaben ablegen,[425] und manchmal kaut er sogar Löcher in verdeckelte Brutzellen zur Eiablage.[426][427] Die aus den Eiern geschlüpften Larven fressen sich durch Brut- und Vorratswaben, verlassen im Stadium als Wanderlarve die Bienenwohnung und starten die Verpuppung im Boden der Umgebung, manchmal bis zu 200 m von der Bienenwohnung entfernt.[427] Die Schlupfdauer der abgelegten Eier und Überlebensrate der geschlüpften Larven des Kleinen Beutenkäfers sind stark temperaturabhängig: Bei einer Temperatur von 35 °C, welche in etwa der Brutnesttemperatur entspricht, schlüpfen die Eier dreimal langsamer als bei 21 °C. Die Überlebensrate geschlüpfter Eier bei dieser hohen Temperatur ist nur 25 %. Die Überlebenschancen der Larven des Kleinen Beutenkäfers im Brutnestbereich eines gesunden Honigbienenvolkes sind daher vermutlich gering.[428]

Die ideale relative Luftfeuchte für den Kleinen Beutenkäfer liegt bei den üblichen Temperaturen am Rand von Bienenbeuten bei 60 % rF und höher. Unterhalb von 50 % rF können sich die Eier nicht entwickeln.[429] Fachleute schlagen daher eine Regulierung der relativen Luftfeuchte zur Bekämpfung des Kleinen Beutenkäfers vor.[427] Honigbienen bemühen sich, die relative Luftfeuchte im Brutnest unter etwa 60 % zu halten, was ihnen auch gelingt, sofern der Wasserdampfdruck der Außenluft nicht zu groß wird. Um das Brutnest herum fällt mit steigender Entfernung die Temperatur stetig ab und die relative Luftfeuchte steigt an. Eine kleine Bienenwohnung weist daher an den Innenseiten der Konstruktion eine niedrigere relative Luftfeuchte auf als eine große Bienenwohnung. In kleinen Bienenwohnungen findet der Kleine Beutenkäfer daher schlechtere Bedingungen vor als in großen. Darüber hinaus lässt sich das Temperaturgefälle und somit auch das Gefälle der relativen Luftfeuchte durch den Wärmeschutz der Bienenwohnung beeinflussen: Je besser der Wärmeschutz ist, desto langsamer fällt die Temperatur vom Rand des Brutbereichs zu den Außenwänden ab, und desto niedriger ist die relative Luftfeuchte an den Innenseiten der Konstruktion. Ein guter Wärmeschutz der Bienenwohnung kann die Fortpflanzung des Kleinen Beutenkäfers daher unserer Auffassung nach mindestens reduzieren.

Auch der Kleine Beutenkäfer wird eine Vorliebe für eine bestimmte CO_2-Konzentration im Bienenstock haben. Wir halten es für gut möglich, dass auch ihm eine höhere Konzentration, welche sich vermutlich durch die Entfeuchtung der Stockluft über eine kalte Stelle (ausgelöst durch den Hitzeschutz) in der Bienenwohnung ergibt, nicht genehm ist.

Wachsmotten

In Honigbienenvölkern finden sich unter bestimmten Bedingungen zwei Kleinschmetterlinge, die Große Wachsmotte *(Galleria mellonella)* und die Kleine Wachsmotte *(Achroia grisella)*. Die optimale Temperatur für die Entwicklung der Wachsmottenlarven liegt bei 29 –33 °C.[430] Bei relativen Luftfeuchten von 20–80 % können sich die Larven der Wachsmotten erfolgreich entwickeln.[431] Sie sind also weniger anspruchsvoll als der Kleine Beutenkäfer, ihre Fortpflanzung kann daher vermutlich nicht über eine Wärmedämmung unterbunden werden.

Die Entwicklungszeit ihrer Larven ist aber stark abhängig von der relativen Luftfeuchte: Eine hohe Luftfeuchte ist notwendig für eine schnelle Entwicklung der Larven in 22 Tagen. Bei hoher Trockenheit kann sie dagegen bis zu 39

Tage dauern.[431] Eine Wärmedämmung macht die Bedingungen für Wachsmotten im Bienenstock daher ungünstiger und kann helfen, den Befall und die Schäden zu minimieren. Die Wirkungsmechanismen sind die gleichen, wie zuvor unter «Kleiner Beutenkäfer» beschrieben.

Geringere Honigerträge

Büdel stellt 1950 fest, dass die brütenden Honigbienen höhere Ansprüche an den Wärmeschutz haben als das brutlose Volk, zumindest bezüglich der Energieverluste. Er erweitert eine alte Imkerweisheit zu «Halte im Winter die Völker warm und während der Brutentwicklung noch wärmer!».[432] In Vergleichsmessungen zwischen ungedämmten und durchschnittlich gut gedämmten Bienenbeuten stellt er in den Wintermonaten lediglich eine Differenz der Zehrung von etwa 100 g Honig pro Monat fest. Im Vorfrühling schnellt diese monatliche Differenz auf 2,3 kg Honig hinauf und auch im weiteren Verlauf des Sommers kommt es zu großen Unterschieden.[432][433][113] Wenn man diese Zahlen grob hochrechnet, dann spart bereits eine von Büdel als «durchschnittlich gut gedämmt» bezeichnete Beute eine Honigmenge von über 10 kg pro Jahr ein.

Eine Studie aus der Türkei zeigt ganzjährig höhere Honigerträge von Bienenvölkern in gedämmten Bienenwohnungen, die Werte liegen um 35 % höher als bei ungedämmten Beuten.[387] Eine Studie aus Norwegen zeigt allerdings ein anderes Bild: Sie stellt bei gedämmten Beuten einen höheren Honigertrag im Frühjahr und einen geringeren im Herbst fest. Unterm Strich gleichen die Unterschiede sich aus und der jährliche Honigertrag ist in gedämmten Beuten ebenso groß wie in ungedämmten.[144] Eine Erklärung für diesen scheinbar widersprüchlichen Zusammenhang liefert die Studie nicht. Wir können uns diese Abweichung zu anderen Studienergebnissen ebenfalls nicht erklären. Eine gesicherte Aussage zu gesteigerten Honigerträgen über das Jahr gesehen lässt sich aus unserer Sicht daher nicht treffen. Aber zumindest Imker*innen, die eine maximale Menge Honig ernten wollen und im Spätsommer mit Zuckerwasser füttern, werden mit gedämmten Beuten nach allen uns bekannten Studien höhere Erträge erzielen als mit ungedämmten.

Teil 5

VOM BIENENBAU ZUM BEUTENBAU

17 Der Beutenbau

Die Art *Apis mellifera* (Westliche Honigbiene) hat sich wahrscheinlich vor ca. 6–9 Millionen Jahren im Nahen Osten oder Nordostafrika gebildet.[(434)(435)] Vor ca. 1–1,3 Millionen Jahren machte sie sich auf den Weg und besiedelte ganz Afrika und von dort aus im Laufe der Zeit ganz Europa bis in den Ural in Form verschiedenster Unterarten.[(435)] Als zur Untergattung «Höhlenbrütende Honigbienen» gehörende Art ist sie optimal angepasst an das Überleben in Erd-, Fels- und Baumhöhlen.[(2)] Mithilfe der Menschen, die sie bereits früh imkerlich nutzten, fand sie ihren Weg nach Nord- und Südamerika, Asien, Australien und Neuseeland, wo ihr fortan auch die Verbreitung gelang. Die Tatsache, dass sie in nahezu allen klimatischen Regionen überleben und sich erfolgreich verbreiten bzw. nach ihrer Einschleppung durch den Menschen erhalten und ausbreiten konnte, weist auf eine extrem vitale und anpassungsfähige Honigbiene hin. Die natürliche Ausbreitung der Westlichen Honigbiene von Afrika über Europa bis in den Ural ist umso erstaunlicher, wenn man bedenkt, wie sensibel die Brut der Bienen auf Abweichungen von den für sie optimalen Verhältnissen reagiert und wie wichtig bestimmte klimatische Bedingungen für die Fertigung und Lagerung der Vorräte für das Bienenvolk sind. Sie benötigen für den jeweiligen Zweck bestimmte Gaskonzentrationen der in der Luft enthaltenen Teilgase und bestimmte Temperaturen.

Ermöglicht wurde ihnen die Ver- und Ausbreitung in nahezu alle Klimazonen der Erde einerseits durch ihre Fähigkeit, das Kleinklima im Bienenstock und die Gaskonzentrationen zu regulieren, und andererseits durch die Gemeinsamkeit aller natürlicher Bienenwohnungen, den Hitzeschutz. Wir halten den Hitzeschutz der Bienenwohnung für das zentrale Element, welches die Honigbienen von den klimatischen Gegebenheiten der Region unabhängig macht. Im Laufe ihrer Evolution haben sich die höhlenbewohnenden Honigbienen perfekt auf die Bedingungen in Höhlen eingestellt. Die Honigbiene hat gelernt, unter diesen Bedingungen ihr Kleinklima aktiv und präzise zu regulieren. Ihr gesamtes im Laufe von Millionen Jahren erlerntes Verhalten ist auf den Raum «Höhle» perfekt ausgerichtet. Innerhalb der natürlichen Bienenwohnung mit Hitzeschutz können sie sich mit ihrem wärmeschützenden Wabenbau einrichten und das Kleinklima im Bienenstock nach ihren Wünschen regulieren. Der Hitzeschutz bewahrt die Bienen einerseits vor Störungen und liefert konstante klimatische Verhältnisse und andererseits ermöglichen die Auswirkungen des Hitzeschutzes den Bienen, die Stockluft zu entfeuchten, ohne auf eine trockene Außenluft angewiesen zu sein. Von besonderem Wert könnte dabei der Erhalt des CO_2-Gashaushalts sein, welcher bei Luftwechseln mit der Außenluft gestört wird.

Die Natur präsentiert uns das perfekte Vorbild für unsere «künstliche» Bienenwohnung: Die natürliche Baum-, Erd- oder Felshöhle mit ihren entsprechenden Bedingungen ist der unübertroffene Maßstab. Innerhalb solcher Wohnungen können die Bienen problemlos die Temperaturen und den Gashaushalt nach ihren Bedürfnissen einstellen. Die Eigenschaften dieser Bienenwohnungen gilt es so gut wie möglich abzubilden.

Bei der Bewertung solcher natürlicher Bienenwohnungen sind wir allerdings eingeschränkt und müssen bedenken, dass wir keine wissenschaftlichen Untersuchungen aus frühen Zeiten haben, in denen Honigbienen wild im Wald und in der Flur gelebt haben. Wir wissen beispielsweise nicht, ob sie Faul- oder Spechthöhlen vorgezogen haben und welches Volumen solche Faulhöhlen hatten. Auch über die vorhandene Holzfeuchte in Baumhöhlen teils uralter Bäume können wir nur Vermutungen anstellen. Und wir können auch nicht mit Gewissheit sagen, welche Baumarten sie bevorzugten: Haben sie sich vielleicht besonders gerne entlang der Flüsse in Pappeln und Weiden ausgebreitet, welche zu Astabbrüchen und Faulhöhlen neigen? Die nahe Wasserquelle und der Einfluss der Wassermassen auf die Temperaturschwankungen in der Außenluft wären für Honigbienen vermutlich vorteilhaft gewesen. Wir können leider nicht von heute – mit gezüchteten und nicht einheimischen Honigbienen, die teils auch noch krank sind, und in einer von Menschenhand modellierten Umgebung leben müssen – auf ihre echten Bedürfnisse schließen.

Trotz dieser Einschränkung wissen wir, dass der gemeinsame Nenner aller natürlichen Bienenwohnungen in den verschiedensten Höhlen der Hitzeschutz ist. Honigbienen haben ihr Verhalten zur Regulation des Kleinklimas im Laufe der Evolution auf die Bedingungen in diesen Höhlen mit Hitzeschutz ausgerichtet. Aus diesem zentralen Baustein ergeben sich in Kombination mit dem Wabenbau und den klimaregulierenden Fähigkeiten der Honigbienen die für die Entwicklung der Brut und für die Fertigung und Lagerung der Futtervorräte so wichtigen konstanten klimatischen Bedingungen und Gaskonzentrationen frei von Störungen.

Ein Nachbau solcher natürlichen Bienenwohnungen ist allerdings kaum umsetzbar, ohne einen unwirtschaftlichen Materialaufwand zu betreiben. Selbst massive Klotzbeuten stellen nicht annähernd den Hitzeschutz, den eine natürliche Baumhöhle in einem lebenden Baum oder Erd- und Felshöhlen stellen. Es sei denn, die Beutenbauer*innen erzielen den Hitzeschutz der Bienenwohnung über den Zugriff auf den Wärmespeicher des Erdreichs, beispielsweise durch ein mindestens teilweises Versenken der Beute im Boden. Aber auch wenn die «perfekte Bienenwohnung» nicht wirklich gebaut werden kann und zwangsläufig nur ein Kompromiss abgebildet werden kann, so sollten wir doch im Sinne des Wohlbefindens unserer Honigbienen den Anspruch haben, den Bedingungen natürlicher Höhlen so nah wie möglich zu kommen.

Ziel des Beutenbaus sollte es sein, die Bienen vor den Wettereinflüssen der Region zu schützen, ihnen die Klimaregulation innerhalb der Beute zu erleichtern und sie vor allem vor einer Überforderung in diesen klimaregulierenden Tätigkeiten zu bewahren.[119] Der zentrale Baustein hierfür ist der Hitzeschutz der Bienenwohnung, idealerweise so stark ausgeprägt wie der von natürlichen Erd-, Fels- und Baumhöhlen. Aber auch die Geometrie, das Flugloch, die Belüftungssituation, der Wärmeschutz und die Standortwahl der Bienenwohnung bieten Stellschrauben, um dieses Ziel zu erreichen.

Die Anforderungen an die Eigenschaften der Bienenwohnung sind dabei abhängig von den regionalen klimatischen Gegebenheiten. Überschläglich lässt sich für den Hitzeschutz formulieren: Je stärker die Schwankungen von Temperatur und Luftfeuchte im Tagesverlauf und/oder im Verlauf der Jahreszeiten sind, desto wichtiger ist der Hitzeschutz. Ein «zuviel» in Sachen Hitzeschutz ist unserer Auffassung nach nicht möglich. Fällt der Hitzeschutz für die jeweiligen regionalen Verhältnisse nicht ausreichend gut aus, dann kann ein Wärmeschutz manchen Nachteil ausbügeln.

Bezüglich des Wärmeschutzes lässt sich daher überschläglich formulieren: Je unzureichender der Hitzeschutz ist, desto wichtiger wird der Wärmeschutz. Die bereits in diesem Buch vorgestellte und durch viele Studien belegte positive Wirkung eines Wärmeschutzes rührt unserer Meinung nach daher, dass der Wärmeschutz der Bienenwohnung einen mangelhaften Hitzeschutz zum Teil kompensieren kann. Honigbienen können ihre klimaregulierenden Maßnahmen bei vorhandenem Wärmeschutz der Bienenwohnung wirkungsvoller einsetzen. Der Wärmeschutz der Bienenwohnung lindert also manche negative Wirkung eines fehlenden Hitzeschutzes, er kann ihn dabei aber in der Regel nicht vollständig ersetzen. In einer Bienenwohnung mit ausreichendem Hitzeschutz benötigen Honigbienen keinen Wärmeschutz der Bienenwohnung, sie erschaffen ihn selbst mit ihrem Wabenbau und der Wahl der Lage und Ausdehnung ihrer Bienentraube innerhalb dieses Wabenbaus. Die Natur braucht den Honigbienen keinen Wärmeschutz zur Verfügung zu stellen, sie bringen ihn selbst mit. Im Gegensatz zum Hitzeschutz kann der Wärmeschutz offensichtlich auch zu stark ausfallen: Er kann unter Umständen die Feuchtigkeitsverhältnisse in Bienenwohnungen negativ beeinflussen und es zu trocken werden lassen.

BEISPIELE FÜR BIENENWOHNUNGEN UND IHREN HITZE- UND WÄRMESCHUTZ

Eine Felshöhle in meterdickem Gestein bietet einen sehr starken Hitzeschutz. Die täglichen Temperaturschwankungen der Außenluft kommen innen trotz der hohen Wärmeleitfähigkeit nicht an, weil aufgrund der hohen Dichte des Gesteins und der großen Abmessungen der Höhlenwände der Wärmespeicher der Bienenwohnung sehr groß ist. Ohne Anwesenheit von Honigbienen stellt sich daher in der Felshöhle eine stark gedämpfte Temperaturkurve oder gar eine konstante Temperatur in Höhe der Durchschnittstemperatur der Außenluft über mehrere Tage und Wochen ein. Das Bienenvolk ist hier besonders gut vor extremen Wetterlagen geschützt und muss die Ausdehnung seines Bienensitzes nicht an die täglichen Temperaturschwankungen der Außenluft anpassen, was eine Energieeinsparung bedeutet. Der Wärmeschutz der Bienenwohnung ist dagegen schlecht, weil die Wärmeleitfähigkeit des Gesteins hoch ist: Um die Innenwände auf eine abweichende Temperatur zu bringen, wäre ein großer Energieaufwand notwendig; die erzeugte Wärme würde aufgrund der hohen Wärmeleitfähigkeit des Gesteins schnell in die Wände der Felshöhle geleitet und wäre für die Bewohner verloren. Dennoch können die Bienen gut in solchen Höhlen wohnen, sofern das Volumen der Höhle groß genug ist: Die konstante Temperatur der Innenwände (wegen des starken Hitzeschutzes) bietet den Honigbienen konstante Bedingungen, innerhalb derer sie ihren Wabenbau errichten, der ihnen einen hohen Wärmeschutz bietet. Sie wählen mit dem Brutnest innerhalb des Wabenbaus einen Abstand zum Gestein, abhängig von dessen aktueller Temperatur. Der zwischenliegende Wabenbau, teils mit Bienen besetzt, bietet ihnen den notwendigen Wärmeschutz. Veränderungen der Außentemperatur führen innen nur zu langsamen oder keinen Veränderungen, sodass die Bienen in aller Ruhe reagieren können oder es gegebenenfalls auch gar nicht müssen. Durch die gedämpfte Temperatur kommt es auch zu gedämpften Schwankungen der relativen Luftfeuchte, was den Bienen die Verarbeitung und Einlagerung von Futtervorräten erleichtert. Einen besonderen Vorzug

Abb. 148: Auch Felswände in windgeschützten Schluchten wie hier in Frankreich in der Region Drôme bieten einen starken Hitzeschutz in den geschützten Felsspalten. Foto: © Bernard Bertrand

bildet der ausgeprägte Hitzeschutz durch den riesigen Wärmespeicher der Wände in Form der Schaffung einer kalten Stelle innerhalb der Bienenwohnung, wodurch die Bienen teils bis in den Sommer hinein nicht gezwungen sind, Luftwechsel mit der Außenluft herbeizuführen, um Wasserdampf aus dem Inneren abzuführen. Die Stockluft wird durch den Anfall von Kondenswasser entfeuchtet und es stellt sich ein hoher CO_2-Gehalt in ihr ein, weil die Bienen nicht zur Entfeuchtung Luftwechsel mit der Außenluft herbeiführen müssen.

Eine Baumhöhle in einem lebenden Baum bietet ebenso wie die Fels- oder Erdhöhle einen starken Hitzeschutz. Zwar bietet der Baum nicht die gleiche Masse wie Felsen und Erdreich, er greift aber durch seine Saftströme auf den Wärmespeicher des Erdreichs zu. Außerdem bietet das Holz des Baumes, selbst im nassen Zustand, eine geringere Wärmeleitfähigkeit als Stein und Erde. Und diese wirkt sich ebenfalls auf den Hitzeschutz aus. Die Baumhöhle kann folglich ebenso wie Erd- und Felshöhlen eine kalte Stelle bieten, sodass Honigbienen zumindest zeitweise keine Luftwechsel mit der Außenluft zwecks Entfeuchtung der Stockluft herbeiführen müssen. So kann eine Baumhöhle den Honigbienen eine perfekte Wohnung mit konstanten klimatischen Bedingungen bieten, in der sie vor Wettereinflüssen und Temperaturschwankungen geschützt sind, in der sie mit geringem Aufwand die erforderliche Brutnesttemperatur konstant einstellen können und in der sie die Stockluft entfeuchten können, ohne ihren CO_2-Gashaushalt zu belasten.

In einer Styroporbeute mit 5 cm Wandstärke ist das Gegenteil der Fall: der Hitzeschutz ist schlecht. Das leichte Material in Kombination mit den dünnen Wänden bietet keinen nennenswerten Wärmespeicher, um eine Wärmewelle abzubremsen. Ohne die Anwesenheit der Bienen stellt sich an den Innenseiten der Beute daher schnell und fast ungedämpft die Temperatur der Außenluft ein. Der Wärmeschutz ist dagegen gut, die Honigbienen können die Temperatur der Innenseiten gut regulieren. Mit einer geringen Kühl- oder Heizleistung können die Temperaturschwankungen in der Regel pariert werden. Die Honigbienen müssen hier also im Gegensatz zur Felshöhle ständig ihr Verhalten anpassen und die entsprechende Arbeitskraft

Abb. 149: Schwarzspecht mit Eingang zu einer Schwarzspechthöhle, welche auch Honigbienen als Wohnung dienen kann

dafür aufwenden. Dennoch haben sie in der Regel die Kontrolle über die Temperaturregulation, weil der notwendige Arbeitsaufwand zur Regulierung durch den Wärmeschutz gering ist. Es ist ihnen auch möglich, das Brutnest bis an die Seitenwände auszubauen. An dieser Stelle wollen wir noch anmerken, dass sich unserer Meinung nach Styropor allein aus Gründen der Nachhaltigkeit für den Beutenbau verbietet.

Eine dünnwandige Magazinbeute bietet weder Hitzeschutz noch Wärmeschutz. Bei den üblichen Wandstärken von 2–2,5 cm bieten auch die Wände mit den an sich guten Materialeigenschaften aus Holz keinen Schutz. Die klimatischen Verhältnisse in solchen Bienenwohnungen ändern sich infolge der ständigen Schwankungen von Temperatur und Luftfeuchte in der Außenluft auch im Bienenstock zu schnell und zu oft. Die Bienen müssen ständig ihr Verhalten anpassen und sich neu organisieren. Durch den fehlenden Hitzeschutz kommen die Temperaturwellen ungebremst und mit voller Wucht durch die Wände und es gibt keinen Wärmeschutz, der sie bei den teils überlebenswichtigen Gegenmaßnahmen entlastet. Die engen Abhängigkeiten von Temperaturschwankungen, Temperaturregulierung und Luftfeuchte bescheren den Bienen über die Störung der Temperaturverhältnisse auch Störungen der Feuchtigkeitsverhältnisse. So können beispielsweise Bereiche, die sich eben noch hervorragend für die Trocknung von Honig geeignet haben, plötzlich eine so hohe relative Luftfeuchte aufweisen, dass der Honig wieder Wasser aus der Luft aufnimmt. Die Bienen müssen entweder den Bereich beheizen oder den offenen Honig umlagern. Diese zeit- und energieaufwendigen Reaktionen der Honigbienen auf die klimatischen Schwankungen der Außenluft können im schlimmsten Fall zu einer Überforderung führen: So können beispielsweise milde Außentemperaturen mit geringen Tagesschwankungen die Honigbienen veranlassen, das Brutnest bis nah an die Beutenwände auszubauen. Mögliche Kälteeinbrüche bedeuten nun bei der Kombination aus schlechtem Hitze- und Wärmeschutz mindestens große Energieverluste, eventuell müssen Randbrutbereiche auch wieder aufgegeben werden. Starken Hitzeperioden sind sie ebenfalls schutzlos ausgesetzt, insbesondere bei Standorten mit direkter Sonnenbestrahlung. Prinzipiell lassen sich die wärmeschutztechnischen Eigenschaften der Holzbeuten geringfügig verbessern, indem man die dauerhafte Trockenheit des Holzes gewährleistet. Die Wärmeleitfähigkeit der Holzbeuten ist nämlich abhängig von der Holzfeuchte des Holzes.[181] Eine Lackierung (oder ein Anstrich mit Leinölfirnis) der Außenseite bewahrt das Holz davor, in Phasen hoher äußerer Luftfeuchte die Holzfeuchte zu erhöhen. Solche Bemühungen machen unserer Meinung nach aber erst bei großen Wandstärken Sinn, oder bei mehrwandigen Konstruktionen. Dünnwandige Holzbeuten können katastrophale Auswirkungen für die Bienen haben, auch im trockenen Zustand.

Klotzbeuten und stark gedämmte Holzbeuten bieten eine Kombination aus Hitze- und Wärmeschutz. Temperaturschwankungen der Außenluft kommen innen nur gedämpft und zeitlich verzögert an. Die Störungen für die Honigbienen durch die Schwankungen des Außenklimas sind begrenzt. Wegen der geringen Wärmeleitfähigkeit von Holz (im trockenen Zustand) ist es den Bienen darüber hinaus möglich, mit überschaubarem Aufwand gegenzusteuern. Aber selbst massive Klotzbeuten bieten nicht die gleichen Vorzüge wie natürliche Bienenwohnungen mit ihrem gewaltigen Hitzeschutz. So können beispielsweise die Vorteile bezüglich der Klimaregulierung durch eine kalte Stelle hier nur kurzzeitig auftreten.

Stroh- und Schilfbeuten bieten bei Wandstärken ab 4–5 cm einen passablen Wärmeschutz. Einen zumindest leichten Hitzeschutz bieten sie im einwandigen Aufbau erst ab Schichtdicken von etwa 8 cm. Grundsätzlich halten wir das Material Schilf im Beutenbau für sehr geeignet: Es ist ebenso wie Stroh ökologisch und nachhaltig verfüg-

Abb. 150: Junges Bienenvolk (2023, Overath) in einer im Boden versenkten Schilfbeute mit langem Fluglochtunnel, der im unteren Bereich der Beute mündet

bar, es ist ebenso günstig und bietet gegenüber Stroh den besonderen Vorteil, resistent gegen Schimmel zu sein. Im einwandigen Aufbau müssen aber bereits unhandliche Abmessungen konstruiert werden, um einen vernünftigen Hitzeschutz zu erzielen. In Kombination mit Holz, Stein, Ton oder ähnlichen Materialien sind aber auch handliche Abmessungen denkbar.

Der Hitzeschutz aller Bienenbeuten lässt sich massiv erhöhen, indem er Zugriff auf den Wärmespeicher des Erdreichs erhält, beispielsweise durch ein zumindest teilweises Versenken im Boden. Aber auch die Nähe zu massiven Gebäuden oder eine Aufstellung im Wald verschafft den Bienen bereits eine wertvolle Erleichterung.

DIE BEMESSUNG DES HITZE- UND WÄRMESCHUTZES

Die Stärke des erforderlichen Hitze- und Wärmeschutzes ist grundsätzlich abhängig vom überregionalen und regionalen Klima und den regionalen Standortbedingungen. Die Anforderungen innerhalb Europas steigen überregional betrachtet von West nach Ost und von Süd nach Nord: Der Einfluss des Ozeans auf das Klima wird Richtung Osten immer geringer, Temperaturschwankungen im Tages- und Jahresverlauf werden immer größer. Und Richtung Norden wird die Anzahl der Sonnenstunden immer geringer, wodurch sich geringere Durchschnittstemperaturen im Jahresverlauf ergeben. Diese Betrachtung darf aber nur als grobe Orientierung dienen, es kommt innerhalb der einzelnen Regionen zu starken Unterschieden. Selbst innerhalb einzelner Länder kann das Klima sehr unterschiedlich ausfallen: In Deutschland gibt es beispielsweise maritim beeinflusste Regionen (Nordwest-Deutschland) mit regenreichen Wintern und mäßig warmen Sommern und Regionen mit eindeutig kontinentalen Zügen (Ost- und Südost-Deutschland) mit großen Temperaturunterschieden zwischen heißen Sommern und kalten Wintern. Darüber hinaus hat die Höhenlage einen erheblichen Einfluss auf die Temperaturverhältnisse, mit ihrem Anstieg sinken die jährlichen Durchschnittstemperaturen. Und die Nähe zu Binnengewässern kann einen mildernden Einfluss auf das örtliche Klima haben, so ist beispielsweise das Klima in der Rheinebene milder als in ihrer Umgebung. Und nicht zuletzt spielen auch die Bebauung und Bewaldung des Standortes und seiner Umgebung eine entscheidende Rolle.

Bei der Dimensionierung von Hitze- und Wärmeschutz können all diese regionalen Einflüsse berücksichtigt werden, oder aber man wählt sicherheitshalber gleich eine Bienenwohnung, die allen klimatischen Bedingungen gewachsen ist.

> Je schwächer die Temperaturschwankungen der Außenluft unmittelbar an der Bienenwohnung ausfallen, je geringer der Wärmeeintrag infolge direkter Sonneneinstrahlung ist, je milder die jährlichen Durchschnittstemperaturen sind, je niedriger der durchschnittliche Wasserdampfdruck der Außenluft ist und je geringer die täglichen Schwankungen des Wasserdampfdrucks sind, desto geringer sind die Anforderungen an Hitze- und Wärmeschutz.

Als Grundlage für die Bemessung des Hitze- und Wärmeschutzes von Bienenwohnungen sehen wir zwei unterschiedliche Ansätze. Einerseits können wir die Beschaffenheit natürlicher Bienenwohnungen untersuchen, ihre Werte von Hitze- und Wärmeschutz ermitteln und als optimale Werte für den Beutenbau annehmen, denn schließlich hat sich die Westliche Honigbiene in den verschiedensten Klimaregionen der Erde in diesen Bienenwohnungen erfolgreich entwickelt und verbreitet. Honigbienen haben ihr Verhalten perfekt auf diese Bienenwohnungen angepasst. Und andererseits können wir anhand vorhandener Literatur und wissenschaftlicher Studien die positiven Effekte bestimmter Wandaufbauten bezüglich einzelner Kriterien erkennen und so Rückschlüsse auf den erforderlichen Hitze- und Wärmeschutz von Bienenwohnungen ziehen. Beide Varianten liefern uns heute aber leider kein vollständiges Bild:

- Für die Bewertung natürlicher Bienenwohnungen liegen uns keine wissenschaftlichen Untersuchungen vor, weder aus frühen Zeiten, in denen Honigbienen wild im Wald und in der Flur gelebt haben, noch aus heutigen Zeiten, in denen es kaum unberührte Urwälder mit alten Baumbeständen gibt. Es bleibt uns nichts anderes übrig, als den Hitze- und Wärmeschutz von Baumhöhlen über abgeschätzte Eigenschaften (Abmessungen von Höhle und Baum, Holzfeuchte, Art und Vitalität des Baums, Höhe der Baumhöhle über der Geländeoberfläche usw.) abzuschätzen.
- Die Wissenschaft hat sich bislang ausschließlich dünnwandiger Bienenbeuten mit einer äußeren Wärmedämmung angenommen, bei der sich ein teils guter Wärmeschutz in Kombination mit bestenfalls einem leichten Hitzeschutz ergibt. Zu natürlichen Bienenwohnungen, die auf den Wärmespeicher des Erdreichs zugreifen, oder zu künstlichen Konstruktionen mit starkem Hitzeschutz kennen wir keine wissenschaftlichen Untersuchungen. Der durch Studien belegte und in der Literatur dokumentierte vielseitige Nutzen einer zusätzlichen Wärmedämmung bei üblichen Bienenbeuten ist also weitestgehend auf den Wärmeschutz zurückzuführen. Der Wissensstand der Wissenschaft liefert uns nur wenige Hinweise und Erkenntnisse auf die von uns hergeleitete hohe Bedeutung des Hitzeschutzes.

Unter Berücksichtigung beider Ansätze vermuten wir, dass der Hitzeschutz der zentrale Baustein für eine artgerechte Bienenwohnung ist und dass der Wärmeschutz eine hilfreiche Ergänzung ist, die einen schwachen Hitzeschutz zum Teil auch ersetzen kann. Bei vorhandenem starken Hitzeschutz ist der Wärmeschutz nicht zwingend erforderlich: Sofern die Bienenwohnung groß genug ist, können die Honigbienen sich problemlos selbst den notwendigen Wärmeschutz in Form ihres Wabenbaus erstellen. Dennoch kann auch der Wärmeschutz der Bienenwohnung vorteilhaft sein, insbesondere bezüglich der Stockfeuchte. Einen mangelhaften Hitzeschutz kann der Wärmeschutz teilweise ersetzen bzw. die negativen Auswirkungen des fehlenden Hitzeschutzes abfedern: Die Honigbienen können mithilfe des Wärmeschutzes die durch die Wände strömenden Temperaturwellen, infolge des mangelhaften Hitzeschutzes, wirkungsvoller parieren. Der Wärmeschutz kann aber zum Beispiel nicht die Auswirkungen des Hitzeschutzes bezüglich der Gaskonzentrationen ersetzen.

In Abb. 151 ist der vielseitige Nutzen einer zusätzlichen Wärmedämmung von Bienenbeuten zusammenfassend dargestellt. In den gelben Zellen stehen belegte Zusammenhänge, wie sie sich aus wissenschaftlichen Studien ergeben, die in diesem Buch bereits besprochen wurden. Sie sind aufgrund der verwendeten Versuchsaufbauten in der Regel auf einen guten Wärmeschutz und einen teils leichten Hitzeschutz zurückzuführen. Wir gehen davon aus, dass diese positiven Auswirkungen auch ohne Wärmeschutz in Bienenwohnungen mit starkem Hitzeschutz auftreten. Wir sehen darüber hinaus Vorzüge des Hitzeschutzes, die der Wärmeschutz nicht leisten kann, insbesondere bezüglich des Gashaushalts im Bienenstock (CO_2 und Wasserdampf). In den grauen Zellen stehen theoretische Zusammenhänge, die noch einer wissenschaftlichen Bestätigung bedürfen. Sie sind von uns angenommene positive Auswirkungen eines starke Hitzeschutzes bzw. teils auch Folge des Wärmeschutzes.

Wir halten den Hitzeschutz für das zentrale Element einer artgerechten Bienenwohnung. Eine artgerechte Bienenbeute muss den Bienen ebenso wie ihre natürlichen Vorbilder ein konstantes und störungsfreies Kleinklima bieten, idealerweise durch einen Hitzeschutz, der auf den riesigen Wärmespeicher des Erdreichs zugreift. Eine Bienenwohnung ohne einen solchen Hitzeschutz kann je nach Region immer nur einen mehr oder weniger guten Kompromiss darstellen. Wobei ein vorhandener Wärmeschutz der Bienenwohnung teils die Schwächen durch den mangelhaften Hitzeschutz ausgleichen kann.

An dieser Stelle wollen wir erwähnen, dass es in der Literatur Bedenken gegenüber einem zu starken Hitzeschutz von Bienenwohnungen gibt. So gibt es die Beobachtung, dass Honigbienen in wärmegedämmten Beuten erst später bei stabileren Temperaturen ausfliegen, ebenso wie sie es an schattigen Standorten tun. Auch Dr. Anton Büdel formulierte aus diesem Grund die Forderung, dass Beuten nicht zu stark gedämmt werden dürfen. Durch ein späteres Ausfliegen der Bienen in den Morgenstunden oder nach Schlechtwetterphasen verlieren die Honigbienen seiner Meinung nach wertvolle Zeit zur Erfassung der oft

Abb. 151: Auswirkungen einer Wärmedämmung für die Honigbienen – gelb hinterlegt sind belegte Zusammenhänge, grau hinterlegt sind von uns vermutete theoretische Zusammenhänge

nur wenige Stunden dauernden Tracht.[201] Als weitere negative Auswirkung, nennt Büdel einen späteren Bruteinschlag und eine schlechtere Frühjahrsentwicklung.[201][393] Dagegen möchten wir zu bedenken geben, dass der von Büdel genannte vermeintliche Nachteil auch ein Vorteil sein kann: Fliegen die Bienen zu früh im Jahr aus, weil sie mit den ersten Anzeichen von eintretendem Flugwetter den schützenden Bienenstock verlassen, so können kurzfristige Witterungsrückschläge den Tod für die Sammlerinnen bedeuten. Darüber hinaus stellt sich die Frage, ab welchen Außentemperaturen das Eintragen von Nektar für Honigbienen überhaupt wirtschaftlich betrachtet Sinn ergibt: Bienen fliegen bis zu 13,7 km von der Beute entfernt, um Nektar oder Pollen zu sammeln. Wirtschaftlich sind für sie aber scheinbar nur etwa halb so große Entfernungen: Entfernungen von 8 km sorgen bereits für eine Gewichtsabnahme der Beuten, die Völker verbrauchen mehr Energie als sie eintragen.[372] Je niedriger die Außentemperaturen sind, desto höher ist der Energieverbrauch der Sammlerinnen beim Ausflug und desto geringer wird die Entfernung vom Bienenstand, bis zu der das Sammeln von Nektar wirtschaftlich ist. Zu niedrige Außentemperaturen könnten das Nektarsammeln auch schon auf kurze Entfernungen in ein Minusgeschäft verwandeln. Wir verweisen an dieser Stelle erneut auf die natürliche Bienenwohnung: Erd-, Fels- und Baumhöhlen mit ihrem starken Hitzeschutz (und ihrem teils auch guten Wärmeschutz) stellten in vielen Millionen Jahren die Bienenwohnungen. Unter den kleinklimatischen Bedingungen in diesen Bienenwohnungen hat sich die Evolution der Honigbienen vollzogen. Honigbienen haben unter diesen Bedingungen die optimale Ausflugzeit entwickelt, welche unter Berücksichtigung aller Einflüsse den höchsten Nutzen für sie hat.

Abb. 152: Attraktive Erdhöhle als Bienenwohnung unter einem morschen Baumstumpf. (Lindauer, 1955)[192] – Markierung des Höhleneingangs koloriert

Erdhöhlen scheinen für Honigbienen besonders attraktiv zu sein: Martin Lindauer beschrieb 1955 das erregte Ein- und Ausfliegen von Spurbienen an einer 30 l großen und trockenen Erdhöhle, die etwa 0,5 m unter der Erdoberfläche unterhalb eines morschen Baumstumpfs in dichtem Gestrüpp lag und ein Flugloch mit einem Durchmesser von etwa 3 cm aufwies. Aufgrund seiner Versuchsanordnung vermutete er, dass Spurbienen ein absolutes Einschätzungsvermögen für die Qualität von Bienenwohnungen haben. Die Spurbienen bewerteteten diese Bienenwohnung nach seinen Beobachtungen bereits beim ersten Besuch und ohne Vergleichsmöglichkeit als besonders wertvoll.[192]

Wir halten es für sinnvoll, den Honigbienen einen möglichst starken Hitzeschutz zu schaffen. Dieser lässt sich idealerweise mit trockenen Baumhöhlen in Zeidelbäumen umsetzen, welche aber leider nicht sonderlich praktikabel für die Imker*innen und auch nicht in großer Zahl verfügbar sind. Auch massive Klotzbeuten können gute Lösungen darstellen, sie sind aber ebenfalls sehr unhandlich. Theoretisch denkbar wären halbunterirdische «Bienenhäuser», in denen durch den Wärmespeicher des Erdreichs nur geringe Temperaturschwankungen anliegen. Allerdings sind Bienenhäuser im Sommerbetrieb ein großes Risiko für die schnelle Verbreitung von Krankheiten, weshalb wir grundsätzlich von solchen abraten. Als praktikable und gute Lösung erscheint uns das teilweise Versenken von Beuten im Boden, im Frühjahr und Sommer 2023 machten solche Konstruktionen auf uns einen ausgezeichneten Eindruck (siehe Abb. 105 und Abb. 150). Wir sind gespannt, was die Kreativität der Beutenbauer*innen in den nächsten Jahren zutage bringt.

Für die Dimensionierung des Wärmeschutzes können wir auf einige Studien und Veröffentlichungen zurückgreifen, im Gegensatz zum Hitzeschutz ist der Wärmeschutz seit über 100 Jahren immer wieder im Blick einzelner Bienenwissenschaftler. Besprochen wurde der Wärmeschutz immer unter dem Begriff Wärmedämmung. Aufgrund der genutzten Konstruktionen sind die Ergebnisse aber fast ausschließlich auf den Wärmeschutz zurückzuführen. Die dünnen Konstruktionen mit ihren zusätzlichen Wärmedämmungen verfügten über keinen nennenswerten Hitzeschutz.

Bereits 1922 kam ein Wissenschaftler aus den USA aufgrund seiner Messergebnisse zu der Erkenntnis, dass die Wärmedämmung an allen Seiten der Bienenbeute wichtig ist. Er nennt es einen verbreiteten Irrtum in der Imkerei, dass Wärme im Bienenstock nach oben aufsteigt und die Böden der Beuten daher keine Isolierung benötigen würden.[436] Dieser Irrglaube hat bis heute weltweit überdauert.

Abb. 153: Halbunterirdische Lagerräume zur Überwinterung von Bienenvölkern in Russland. Quelle: www.upchel.ru

Auch Anton Büdel lehrte uns bereits Mitte des letzten Jahrhunderts, dass bei einem annähernd quadratischen oder kugeligen Brutraum die Wärmedämmung zu allen Seiten gleichermaßen wichtig ist. Er stellt fest, dass die des Bodens manchmal sogar besonders wichtig, da sich der Wärmekern des Bienenstocks oft wochenlang am Boden der Bienenwohnung befindet.[134]

In der vorhandenen Bienen-Literatur wird der Verdacht geäußert, dass man es mit einem zusätzlichen Wärmeschutz übertreiben kann. So gibt es beispielsweise die Sorge einer Überhitzung aufgrund einer Überdimensionierung, welche wir nicht teilen (siehe «Wärmestau durch Wärmeschutz»). Wir vermuten aber ebenfalls, dass ein zu starker Wärmeschutz sich ungünstig auswirken kann, zumindest im Zusammenspiel mit einer zu kleinen Geometrie des Innenraums der Bienenwohnung: Durch den Wärmeschutz kann die Bienentraube sich schon im Winter so weit ausdehnen, dass sie dauerhaften Kontakt zum Flugloch und zur Außenluft hat. Bei niedrigen Außentemperaturen (und niedrigem Wasserdampfdruck der Außenluft) kommt es so zu einer hohen Trockenheit in der Bienentraube, wodurch es vermutlich zu einer Verzögerung des Bruteinschlags kommt, so wie eine Studie aus Polen es bei Buckfast-Bienen (bekannt für ihre große Volksstärke im Winter) in wärmegedämmten Beuten feststellt.[310]

Abgesehen von einer solchen potenziellen Überdimensionierung des Wärmeschutzes gibt es offensichtlich auch ab einem gewissen Punkt für die Bienen vermutlich keinen zusätzlichen Nutzen mehr durch eine zusätzliche Steigerung des Wärmeschutzes, wie die in den folgenden Absätzen behandelten Studien nahelegen. Es ist daher aus wirtschaftlicher Sicht der Beutenbauer*innen und mit Blick auf die Händelbarkeit der Beuten für die Imker*innen bezüglich des Wärmeschutzes sinnvoll, nicht über das Ziel hinauszuschießen.

Einen Hinweis auf ein sinnvolles Maß der Wärmedämmung bekommen wir durch eine Studie aus Skandinavien:[166][167] Der Autor vergleicht in einer fünfjährigen Versuchsreihe, vermutlich in Dänemark, unterschiedlich gut gedämmte Beuten miteinander bezüglich ihrer Auswirkungen auf den Futterverbrauch und die Wintersterblichkeit. Er vergleicht Beuten mit drei verschiedenen U-Werten: Schwach gedämmte Beuten mit $U = 1{,}2\ W/(m^2K)$, mittelgut gedämmte Beuten mit $U = 0{,}8\ W/(m^2K)$ und stark gedämmte Beuten mit $U = 0{,}4\ W/(m^2K)$. Die jeweiligen U-Werte wurden von uns anhand der Beschreibung der Versuchsbeuten berechnet. Bei den mittelgut gedämmten Beuten stellt er eine große Verbesserung gegenüber den schwach gedämmten Beuten in beiden Kategorien fest: Die schwach gedämmten haben einen um 40 % höheren Futterverbrauch und einen dreimal so hohen Totenfall an Bienen über den Winter. Bei den stark gedämmten Beuten stellt er keine Verbesserung bezüglich der untersuchten Kriterien gegenüber den mittelgut gedämmten Beuten fest. Die Beuten mit einem U-Wert von $0{,}8\ W/(m^2K)$ verfügen also offensichtlich bereits bezüglich der untersuchten Kriterien über eine optimale Wärmedämmung für das eher maritime Klima Dänemarks. Allerdings kann es auch sein, dass bereits ein geringerer U-Wert ebenfalls die optimale Wärmedämmung bedeutet. Zusätzlich kommt für unsere Überlegungen erschwerend hinzu, dass die untersuchten Beuten auch einen unterschiedlichen Hitzeschutz aufweisen: Die schwach gedämmten Beuten haben rechnerisch eine Amplitudendämpfung von 1,1, die mittelgut gedämmten eine von 1,3 und die stark gedämmten eine von 2,8. Dieser bessere Hitzeschutz hat vermutlich ebenfalls Einfluss auf den Honigverbrauch und die Wintersterblichkeit. Die erhöhte Amplitudendämpfung von 1,3 (anstelle von 1,1) mag auf den ersten Blick gering erscheinen, sie stellt aber bereits einen leichten Hitzeschutz dar und bedeutet eine Reduzierung der äußeren Temperaturschwankungen um etwa 25 % anstelle einer von 9 % bei der leicht gedämmten Beute. Die mittelgut gedämmten Beuten der Versuchsreihe reduzieren die Wärmewellen durch die Wände also fast dreimal so stark wie die leicht gedämmten Beuten. Wir können aus der Studie schlussfolgern, dass die

Beuten in der Versuchsreihe mit einem U-Wert von 0,8 W/(m^2K) in Kombination mit einer Amplitudendämpfung von 1,3 für die Bienen den bestmöglichen Nutzen im eher maritimen Klima Dänemarks bezüglich der untersuchten Kriterien Futterverbrauch und Wintersterblichkeit haben.

Eine Studie aus Norwegen vergleicht über 5 Jahre zwei Beutentypen mit unterschiedlicher Dämmung mit ungedämmten Beuten.(144) Die untersuchten Bienenvölker standen vermutlich an der Landwirtschaftlichen Hochschule in Ås, 30 km südlich von Oslo, denn hier war Villumstad wissenschaftlich tätig. Das Klima dürfte dem in Dänemark daher sehr ähnlich gewesen sein. Der Autor gibt den U-Wert der ungedämmten, einwandigen Holzbeuten mit 3,0 W/(m^2K) an, jener der mittelgut gedämmten, doppelwandigen Beuten mit 1,15 W/(m^2K) und jener der stark gedämmten, doppelwandigen Beuten mit 0,75 W/(m^2K). Die stark gedämmten Beuten seiner Versuchsreihe entsprechen in Sachen Wärmeschutz also etwa den mittelgut gedämmten Beuten der Versuchsreihe von Hallund. Der Autor ermittelt eine um 38 % höhere Winterzehrung der ungedämmten gegenüber den stark gedämmten Beuten, was ziemlich genau dem Wert der Studie von Hallund (40 % bei etwa gleichem U-Wert) entspricht. Die Studie zeigt darüber hinaus, dass die Verbesserung des Wärmeschutzes von U = 1,15 W/(m^2K) auf U=0,75 W/(m^2K) nochmal eine Reduzierung der Winterzehrung um 14 % bedeutet. Bei Betrachtung der Frühjahrsbrutentwicklung zeigt sich eine um bis zu 53 % größere Brutfläche bei den stark gedämmten Beuten gegenüber den ungedämmten. Die Ergebnisse der Studie von Villumstad zeigen unter Betrachtung der Kriterien «Winterzehrung» und «Frühjahrsentwicklung» das gleiche Bild wie die Untersuchungen der Studie von Hallund.

Die von Villumstad verwendeten gedämmten Beuten weisen ebenso wie die von Hallund einen Hitzeschutz auf: Es werden in den gedämmten Beuten geringere Temperaturschwankungen als in den ungedämmten festgestellt. Leider werden in der Veröffentlichung weder der genaue Wandaufbau der Beuten noch die Höhe der Temperaturschwankungen besprochen, weshalb es uns nicht möglich ist, den Hitzeschutz der Beuten zu beziffern. Der Autor erkennt aber die Bedeutung dieser Amplitudendämpfung für die Honigbienen und stellt anhand zusätzlicher (leider nicht näher beschriebener) Versuche eine direkte Abhängigkeit zwischen den höheren Temperaturschwankungen und der erhöhten Winterzehrung in den ungedämmten Beuten fest. Er führt die bei seinen Versuchsreihen festgestellte geringere Winterzehrung zu einem Drittel auf den Hitzeschutz und zu zwei Dritteln auf den Wärmeschutz zurück. Als Erklärung für den Einfluss der Temperaturschwankungen auf die Winterzehrung vermutet er das in den ungedämmten Beuten häufiger festgestellte Brausen der Bienen: Die Temperaturschwankungen stellen Störungen der Winterruhe dar, auf die die Honigbienen mit einem Brausen reagieren, was wiederum zu einem erhöhten Futterverbrauch führt.(144)

Eine andere Herangehensweise, um die Größenordnung eines erforderlichen Wärmeschutzes abzuschätzen, ist die Betrachtung der Stockfeuchte als Kriterium. Eine Versuchsreihe mit Strohbeuten unterschiedlicher Wandstärken zeigt, dass in Strohkörben ab einem U-Wert von etwa 1,0 W/(m^2K) kein Kondenswasser mehr anfällt. Der Autor empfiehlt mit dem Ziel der Vermeidung von Stockfeuchte für alle Beutenwände einen U-Wert von mindestens 0,93 W/(m^2K).(140) Dieser U-Wert hat etwa die gleiche Größenordnung wie der aus den skandinavischen Versuchsreihen, was die Frage aufwirft, ob der Einfluss des Wärmeschutzes auf die Wintersterblichkeit der Honigbienen vielleicht hauptsächlich in der Vermeidung der Stockfeuchte liegt.

Uns sind leider keine weiteren Untersuchungen bekannt, die unterschiedlich stark gedämmte Beuten miteinander vergleichen und in denen Rückschlüsse auf das Maß von Hitze- und Wärmschutz möglich sind. Wir orientieren uns daher an den genannten Veröffentlichungen und stellen für die Bienenhaltung im eher maritim beeinflussten Übergangsklima Europas einen U-Wert von 0,8 W/(m^2K) in Kombination mit einer Amplitudendämpfung von 1,3 als sinnvolle Werte fest, die mindestens erreicht werden sollten. Mit dieser Kombination werden nach heutigem Wissensstand optimale Auswirkungen bezüglich Stockfeuchte, Winterzehrung und Wintersterblichkeit erreicht. Vergleichende Untersuchungen von unterschiedlich gedämmten Beuten werden in Zukunft mit Berücksichtigung weiterer Kriterien (z. B. Gesundheit, Vitalität, Mikrobiom, Resilienz, Ausbildung von Resistenz gegen Erreger, Parasitenbefall, Wehrhaftigkeit, Langlebigkeit, Honigertrag etc.) diese Werte vermutlich in die Höhe treiben; wahrscheinlich so sehr, dass sich die Dimensionen und Abmessungen natürlicher Bienenwohnungen ergeben.

Der Hitzeschutz der Bienenwohnung schützt die Bienen vor den äußeren Temperaturschwankungen und sorgt für konstante kleinklimatische Verhältnisse im Bienenstock, wodurch die Bienen seltener regulierend eingreifen müssen (und der Gashaushalt geschont wird). Der Wärmeschutz der Bienenwohnung macht die Regulation des Kleinklimas durch die Honigbienen effektiver: Sie erzielen mit weniger Aufwand/Energie das gleiche Ergebnis. Beide führen zu einer Entlastung der Bienen und machen eine Überforderung in ihren klimaregulierenden Tätigkeiten unwahrscheinlicher. Der Wärmeschutz macht darüber hinaus die anliegenden Randbereiche des Bienenstocks trockener, was die Gefahr der Stockfeuchte in sensiblen Bereichen reduzieren kann. Der Hitzeschutz ist als Schutz vor Störungen in Form von Temperaturschwankungen und Schall insbesondere in der Winterruhe wertvoll.

Die genannten Mindestwerte für ein maritimes Klima werden beispielsweise mit Stroh- und Schilfbeuten jeweils mit einer Wandstärke von 8 cm erreicht. Das Material Stroh bietet im Bienenbau dabei den Vorteil der Nachhaltigkeit und des preisgünstigen Rohstoffs. Es bringt aber auch den Nachteil mit sich, anfällig für Schimmel zu sein. Strohbeuten benötigen daher zwingend eine äußere Schutzschicht oder einen Unterstand. Bienenbeuten aus Schilf halten wir für vorteilhafter als Bienenbeuten aus Stroh. Sie haben bei gleicher Wandstärke etwa den gleichen Hitze- und Wärmeschutz wie Strohbeuten. Das Material ist ebenfalls preisgünstig, im Gegensatz zu Stroh aber auf natürliche Weise resistent gegen Schimmel und kann problemlos Wind und Wetter ausgesetzt sein. Der schnell nachwachsende Rohstoff Schilf bietet ebenso wie Stroh eine ökologische und nachhaltige Möglichkeit im Beutenbau.

Beuten aus Styropor oder EPP (expandiertes Polypropylen) mit 4–5 cm dicken Wänden bieten keinerlei Hitzeschutz. Im einwandigen Aufbau wären Wandstärken von 20 cm notwendig, um den gleichen Hitzeschutz einer 8 cm dicken Stroh- oder Schilfbeute aufzuweisen. Der Wärmeschutz solcher Beuten ist aber gut. Aus Gründen der Nachhaltigkeit und Umweltverträglichkeit verbieten sich jedoch solche Beuten unserer Meinung nach.

Dünnwandige Holzbeuten (Magazinbeuten, Oberträger-Bienenkästen (Top-Bar-Hives), Bienenkisten usw.) mit Wandstärken von wenigen Zentimetern bieten weder einen nennenswerten Wärmeschutz noch einen Hitzeschutz. Hier werden die Honigbienen in allen europäischen Klimazonen in ihren klimaregulierenden Fähigkeiten schnell und oft überfordert, mit entsprechenden schädlichen Folgen für die Bienengesundheit. Selbst im mediterranen Klima Sardiniens sind solche ungedämmten Beuten für die Honigbienen von Nachteil.[(379)(380)]

Dünnwandige Holzbeuten, die nachträglich allseits mit einer äußeren Wärmedämmung versehen werden, können die genannten Mindestanforderungen für maritime Klimaregionen sehr gut erfüllen. Dies lässt sich beispielsweise über das Anbringen von expandierten Korkplatten bewerkstelligen. Bereits mit 3–4 cm starken Korkplatten können die so nachträglich gedämmten Wände die formulierten Wärmeschutz- und Hitzeschutzanforderungen erfüllen. Expandierte Korkplatten werden ohne Verwendung künstlicher Bindemittel hergestellt und stellen eine ökologische und nachhaltige Wärmedämmung dar. Es ist auf diese Weise möglich, mit geringem Aufwand vorhandene Beutensysteme umweltfreundlich und nachhaltig zu bienengenehmen Beuten umzubauen. Es gibt daher keine Notwendigkeit, alte Beuten auszurangieren und durch hochpreisige, «vielversprechende» Konstruktionen zu ersetzen.

Klotzbeuten aus Fichtenholz, also einwandige Wandaufbauten aus massivem Holz, benötigen Wandstärken

Abb. 154: Verschiedene Schilfbeuten. Foto: © David Junker

Abb. 155: Mit Korkplatten nachträglich isolierte Warré-Beute von David Junker

von etwa 10 cm, um den formulierten Anforderungen für ein eher maritimes Klima zu genügen. Ihr Wärmeschutz ist dabei deutlich schlechter als der von 8 cm dicken Stroh- und Schilfbeuten, dafür ist ihr Hitzeschutz deutlich besser. Für die Bienenhalter*innen sind solche Beuten durch die Abmessungen und das einhergehende Gewicht nicht sonderlich praktikabel. Klotzbeuten sollten mit einem großzügigen Regenschutz (z. B. überkragender Deckel) und/oder einer äußeren Beschichtung (z. B. Anstrich mit Leinölfirnis) versehen werden, um sie vor Wasser und Wasserdampf der Außenluft zu schützen: Im feuchten Zustand leitet Holz die Wärme besser, der Wärmeschutz wird durch den höheren Wassergehalt reduziert. Zwar erhöht der höhere Wassergehalt auch den Hitzeschutz und bringt somit einen Vorteil, der Hitzeschutz ist aber eh schon stark und seine Erhöhung wiegt unserer Ansicht nach in diesem Fall den Verlust des Wärmeschutzes nicht auf.

Es kann als sicher angenommen werden, dass sowohl Hitze- als auch Wärmeschutz im milderen Klima weniger wichtig sind bzw. dass sie im raueren Klima, in von heißen Sommern geprägten Klimaregionen (z. B. Südeuropa) und in Höhenlagen (z. B. Mittelgebirge) wichtiger sind. Im kontinentalen Klima sind daher bezüglich der untersuchten Kriterien sicherlich höhere Werte erforderlich. Im milderen ozeanischen Klima sind dagegen vermutlich auch geringere Werte ausreichend. Welche Werte bei welchem Klima genau erforderlich sind, lässt sich mit heutigem Wissenstand nicht aussagen. Dafür liegen zu wenige wissenschaftliche Untersuchungen vor.

Es gibt unzählige Möglichkeiten, Beuten zu konstruieren, die den genannten Mindestanforderungen gerecht werden. Als Beispiel für einen doppelwandigen Wandaufbau wollen wir die «Ramelli 18»-Beute erwähnen (siehe Abb. 156), welche die Mindestanforderungen deutlich übertrifft. Ihre Seitenwände haben einen U-Wert von

Abb. 156: Stephan Rameil und die Beute «Ramelli 18»

0,45 W/(m^{2}K) und bewirken eine Amplitudendämpfung von 5,7. Es handelt sich dabei um eine doppelwandige Beute, wobei die innere Wand im Grunde eine dünnwandige Klotzbeute (6 cm Wandstärke) darstellt. Umgeben ist diese mit einer Dämmschicht aus Schafwolle, welche ausgezeichnete Dämmwerte aufweist, feuchtigkeitsregulierend und schimmelresistent ist. Im Bienenbau ist bei Verwendung von Schafwolle allerdings Vorsicht geboten: Schafwolle aus dem Baustoffhandel ist oft mit Insektiziden behandelt. Nach außen wird die Dämmschicht durch eine dünne äußere Holzwand abgeschlossen.

Zum Schluss wollen wir noch kurz auf die Bemessung der Dämmung von Honigräumen eingehen: Aus Josef Grziwas Berechnungen lässt sich schlussfolgern, dass die Wärmeverluste eines aufgesetzten Honigraums bei ungedämmten Beuten je nach Außentemperatur 10–30 % der Wärmeverluste des Brutraums selbst betragen.[179] Abgesehen davon läuft die Eindickung von Honig mit Wärmedämmung effektiver ab und die Bienen produzieren mehr Honig.[388] Wir halten es für sinnvoll, einen separaten Honigraum im gleichen Maß zu dämmen wie den Brutraum.

SCHALLSCHUTZ VON BIENENWOHNUNGEN

Der Schallschutz von Bienenwohnungen ist bislang kein Thema in der Bienenwissenschaft. Weder in alter Literatur noch in aktuellen Studien finden sich Gedanken oder Untersuchungen zu dem Thema. Wir gehen aber davon aus, dass der Schallschutz insbesondere im Winter eine wichtige Rolle für die Bienengesundheit spielen kann. Unter «Störungen des Bienenvolks» haben wir bereits den Einfluss einer geringen akustischen Störung auf die Temperatur im Bienensitz der Wintertraube aufgezeigt: Bereits das knarrende Geräusch der Tür des Bienenhauses und eine leichte Erschütterung des Türrahmens zeigt in einer Messreihe der Temperatur von Anton Büdel ein starkes Aufheizen der Bienentraube und eine anschließend veränderte Position derselben in einer Versuchsbeute im Bienenhaus.[198] Solche Störungen im Winter stellen eine Beeinträchtigung der Bienengesundheit dar und können Krankheitsbilder auslösen oder verstärken (siehe auch «Krankheitsbilder und Schäden durch mangelhaften Hitze- und/oder Wärmeschutz»).

Der beste Schallschutz bei möglichst geringer Schichtdicke lässt sich durch einen mehrschichtigen Aufbau aus Dämmstoffen (z. B. Schafwolle, Hanfdämmwolle, Kork) und Stoffen hoher Dichte (z. B. Holz, Beton, Stein) erzielen. Ein auf diese Weise erzielter guter Schallschutz bietet daher auch einen guten Hitze- und Wärmeschutz. Oder umgekehrt: Eine Kombination aus gutem Hitze- und Wärmeschutz bedeutet in der Regel auch einen guten Schallschutz.

VOLUMEN UND GEOMETRIE DES BRUTRAUMS

Grundsätzlich muss die Bienenwohnung groß genug sein, um dem Bienenvolk zu jeder Jahreszeit ausreichend Platz für Brut und Vorräte zu bieten. Und die Abmessungen des Innenraums müssen grundsätzlich klein genug sein, damit es nicht zu Stabilitätsproblemen beim Wabenbau kommt. Insbesondere die schweren Honigwaben können bei zu großen Abmessungen abbrechen. Eine Gefahr, welche die Honigbienen, nebenbei bemerkt, in natürlichen Bienenwohnungen durch den «Wirrbau» deutlich reduzieren. Der Wirrbau ist also nicht nur aus Gründen des Wärmeschutzes sinnvoll (siehe «Konstruktive Maßnahmen der Bienen zum Wärmeschutz»), sondern auch aus Gründen der Stabilität.

Die Stabilität des Wabenbaus ist ein wichtiges Kriterium für die Größe der Bienenwohnung und wird maßgeblich durch den Hitze- und Wärmeschutz beeinflusst, weil das Baumaterial Wachs mit steigender Temperatur an Festigkeit verliert. Mit steigendem Hitze- und Wärmeschutz kann die Bienenwohnung daher theoretisch größer ausfallen, weil Hitzewellen innen nur gedämpft ankommen und die Bienen sie besser parieren können.

Aber auch unabhängig von den Stabilitätsbetrachtungen können das Volumen und die Geometrie der Bienenwohnung nicht losgelöst von Hitze- und Wärmeschutz betrachtet werden: Beide entscheiden maßgeblich darüber, wieviel Raum die Honigbienen für ihren Wabenbau haben, wie groß der Abstand vom Bienensitz zu den Außenwänden maximal sein kann und wieviel Bewegungsfreiheit die Bienen haben. Diese Punkte entscheiden mit, wie groß der Wärmeschutz der Bienentraube insgesamt ist und wieviel Platz die Bienen für die Ausdehnung ihrer Bienentraube haben, was eine wichtige Rolle bezüglich ihrer Klimaregulation spielen kann. Ein starker Hitzeschutz erspart ihnen die Anpassung der Ausdehnung der Bienentraube als Reaktion auf die Temperaturwellen durch die Wände im Laufe des Tages, weil es an den Innenseiten derselben zu keinen Temperaturschwankungen kommt. Eine Bienenwohnung mit starkem Hitzeschutz kann daher theoretisch kleiner ausfallen als eine ohne. Und der Winterpelz der Honigbienen, der unbesetzte Wabenbau um den Bienensitz herum, ist den Bienen insbesondere im Winter ein wertvoller Wärmeschutz. Theoretisch muss aus diesem Grund die Bienenwohnung umso größer sein, je schwächer der Wärmeschutz der Bienenwohnung ist. Und je besser der Wärmeschutz der Bienenwohnung ist, desto kleiner kann das Innenvolumen theoretisch ausfallen. Von diesen theoretischen Zusammenhängen lassen sich noch etliche mehr in den Raum stellen, die sich teils auch widersprechen. So bewirkt ein starker Wärmeschutz der Bienenwohnung beispielsweise eine große Ausdehnung des Bienensitzes, weil die Bienen lockerer stehen. Ein dauerhafter Kontakt des Bienensitzes zum Flugloch als Folge dessen bedeutet daher eine erhöhte Trockenheit im Bienensitz und kann vor allem im Frühjahr problematisch sein. Die Schlussfolgerung aus diesem Zusammenhang ist, dass das Volumen der Bienenwohnung mit steigendem Wärmeschutz steigen muss. Es ist wie so oft in der Bienenwissenschaft: Die Zusammenhänge sind so komplex, dass die Auswirkungen sich nicht mit Gewissheit vorhersagen lassen. Seriöse Hinweise erhalten wir erst durch wissenschaftliche Studien zu den Auswirkungen unterschiedlicher Volumen und Geometrien bei unterschiedlichem Hitze- und Wärmeschutz und durch die Betrachtung natürlicher Bienenwohnungen.

Honigbienen haben, abgesehen von den letzten 100 Jahren, in den zurückliegenden Millionen von Jahren ihrer Evolution immer Bienenwohnungen mit starkem Hitzeschutz (Erd-, Fels- und Baumhöhlen) und im Falle von trockenen Baumhöhlen auch zusätzlich mit einem leichten Wärmeschutz zur Verfügung gehabt. Sie haben im Laufe der Zeit daher gelernt, Höhlen mit solchen Volumen zu bevorzugen, die ihnen in Kombination mit dem starken Hitzeschutz und einem eventuell leichten Wärmeschutz die besten Voraussetzungen bieten. Wissenschaftliche Studien, die das von Honigbienen bevorzugte Volumen untersuchen, müssen immer vor diesem Hintergrund betrachtet werden.

Honigbienen ziehen gemäß einer Studie von Seeley natürlicherweise Bienenwohnungen mit einem 40 l Volumen solchen mit 10 l oder 100 l vor.[(226)] Unter natürlichen Baumhöhlen mit enthaltenen Bienenstöcken sind Baumhöhlen mit einem Volumen von 30 bis 40 l am häufigsten vertreten.[(437)(162)] Allerdings ist die Datenlage mit zwei Studien zu dünn, um mit Sicherheit eine Aussage zum bevorzugten Volumen der Honigbienen zu treffen. In einer jüngeren Quelle wird das übliche Volumen von natürlichen Baumhöhlen mit Bienenstöcken mit 30–60 l angegeben bzw. mit durchschnittlich 45 l.[(145)] Die alten Zeidler hatten diese Größenordnung der üblichen Abmessungen natürlicher Bienenwohnungen offensichtlich auch erkannt und wählten als Ersatz für ihre Zeidelbäume Strohkörbe mit Volumen von etwa 40 l.[(438)]

In ungedämmten Beuten kommt es zu dem scheinbar paradoxen Effekt, dass ein noch kleineres Volumen für die Honigbienen vorteilhaft ist: Eine Studie von 2015 untersucht unter anderem den Einfluss unterschiedlicher Innenraumvolumen auf die Frühjahrsentwicklung der Bienenvölker. Verglichen wurden drei unterschiedliche Brutraum-Volumen ungedämmter Beuten von 24, 31 und 38 l. Die Auswirkungen sind bezüglich Pollen-, Honig- und Brutflächen jeweils etwa gleich: Je kleiner das Volumen ist, desto größer sind die jeweiligen Wabenflächen. Wobei die Unterschiede zwischen 24 l und 31 l Volumen deutlich geringer sind als die zwischen 31 l und 38 l. Mit dem kleinsten Volumen von 24 l waren Honig- und Pollenvorräte Ende März um 50–60 % größer als bei dem größten Volumen von 38 l. Die Brutfläche war zum gleichen Zeitpunkt um etwa 10 % größer.[(385)] Es scheint paradox: Ein kleineres Beutenvolumen bewirkt deutlich geringere Energieverluste, sodass den Bienen trotz größerem Brutnest mehr Futtervorräte bleiben. Und dass, obwohl sie in dem kleineren Volumen wegen des geringeren Winterpelzes (dem unbesetzten Wabenbau) einen schlechteren Wärmeschutz um sich herum zur Verfügung haben.

Der Hintergrund ist vermutlich folgender: Das erste Mittel der Wahl der Honigbienen zur Temperaturregulierung ist das Zusammenziehen und Ausdehnen der Bienentraube (siehe auch «Die aktive Regulation des Kleinklimas durch die Honigbienen»). Äußere Temperaturschwankungen parieren sie umgehend auf diese Weise. In ungedämmten Beuten gibt es keinen nennenswerten Hitzeschutz, die nächtlichen Kältewellen erreichen ungebremst und mit Wucht den Wabenbau und die Bienentraube. Das Brutnest wird mit aller Kraft verteidigt, angrenzende Bereiche müssen aber immer wieder aufgegeben werden. Mit den steigenden Tagestemperaturen erkämpfen die Bienen sich um das Brutnest anliegende Bereiche zurück, mit großem Energieaufwand müssen die abgekühlten Wabenbereiche erneut auf Temperatur gebracht werden. Dies ist besonders energieintensiv im Falle von Honigwaben, sie stellen aufgrund ihrer Masse einen besonders großen «Kältespeicher» dar.[(345)] Bei dem erneuten Temperaturabfall der kommenden Nacht geht das Spiel von vorne los. Das eingeengte Bienenvolk, sei es durch das kleine Beutenvolumen oder das Arbeiten mit Trennschieden (siehe «Trennschiede, Einengen von Völkern») unterbindet dieses Prozedere: Die Bienen werden daran gehindert, bei Tag einen größeren Raum in Beschlag zu nehmen, den sie in der Nacht wieder aufgeben müssen. Das kleine Beutenvolumen ist also ebenso wie das Einengen eine rabiate Methode, den Honigbienen die durch den Beutenbau eingebrockten Nachteile zu lindern: Ein hoher Hitzeschutz ließe die äußeren Temperaturwellen nicht an die Bienentraube heran und ein guter Wärmeschutz würde im Falle von Temperaturschwankungen die notwendigen Gegenmaßnahmen der Bienen reduzieren.

Auch Untersuchungen an Strohkörben zeigen, dass eine ganzjährige «Einengung» in Form kleiner Volumen die gleichen Vorteile mit sich bringt wie eine gezielt zur Überwinterung angewendete Einengung von Kastenvölkern:[(439)] Wie in den vorherigen Absätzen erläutert, gehen wir davon aus, dass eine solche Einengung nur «Vorteile» in Bienenwohnungen ohne Hitze- und Wärmeschutz bringt. Der Vorteil besteht also genaugenommen «nur» in einer Linderung der Nachteile, bedingt durch den mangelhaften Hitze- und Wärmeschutz der Bienenwohnung.

Eine Studie aus dem Jahr 2016 unter Beteiligung von Thomas Seeley legt nahe, dass Honigbienen in kleinen Bienenwohnungen besser mit dem Bienenparasiten Varroa-Milbe zurechtkommen:[(440)] Versuchsvölker, gehalten ohne Schwarmkontrolle in 42 l Bienenwohnungen, entwickelten sich gegenüber Völkern in 168 l Bienenwohnungen mit Schwarmverhinderung günstiger. Nach zwei Jahren Versuchsdauer betrug die Varroa-Befallsrate in den kleinen Beuten nur ein Drittel der Befallsrate in den großen Beuten. In den kleinen Beuten waren keine Völker mit dem Flügeldeformationsvirus (DWV) befallen, welcher in Zusammenhang mit hohen Varroa-Befallsraten steht. In den großen Beuten waren sieben von zwölf Völkern mit dem Virus befallen. Die Überlebensrate der Ursprungsvölker nach zwei Jahren in kleinen Beuten war mit 67 % besser

Abb. 157: Tausende Bienen schwärmen und sammeln sich als Traube am Ast eines jungen Obstbaums.

gegenüber der in großen Beuten mit 42 %. Die Hintergründe für diese Zusammenhänge sind nicht geklärt. Die Untersuchungen wurden in dünnwandigen Magazinbeuten mit einer Wandstärke von 19 mm ohne zusätzliche Wärmedämmung durchgeführt (Thomas Seeley, persönliche Mail vom 20.8.2023).

Eine entscheidende Rolle für die Ergebnisse könnte die Nähe des Randes des Bienensitzes zum Flugloch spielen. Messreihen zeigen einen höheren Wasserdampfdruck in der Bienenwohnung, sobald die Verbindung des Bienensitzes zum Flugloch abreißt (siehe auch «Der Einfluss der Geometrie»). In der Folge steigt die relative Luftfeuchte im Brutnest auf Werte oberhalb von 50 %. Solange die Bienen mit dem Flugloch in Kontakt stehen, kommt es durch die Bewegungen der Bienen zu einem deutlich schnelleren Gasaustausch mit der Außenluft. Der Unterschied zwischen dem Wasserdampfdruck innen und außen ist geringer. Bei kühlen Außentemperaturen (Nächte, Frühjahr, Herbst) ist der Wasserdampfdruck der Außenluft gering und auch der in der Bienenwohnung ist nicht viel größer. Die relative Luftfeuchte im Brutnest ist oft unterhalb von 40 %, was Bienen und Brut scheinbar genehm ist, für die Varroa-Milbe aber eine starke Einschränkung der Fortpflanzung bedeuten könnte. Kleine Brutvolumen könnten also theoretisch vorteilhaft sein, weil der Bienensitz sich nicht vom Flugloch entfernen kann und die Luftfeuchte im Brutnest in der Folge geringer ist.

Die Größe des Volumens hat einen Einfluss auf die relative Luftfeuchte in den Randbereichen der Bienenwohnungen: Je größer der Raum ist, desto niedriger sind die Temperaturen an den Innenseiten der Bienenwohnung, die Temperatur fällt mit der Entfernung vom Brutnest stetig ab. Und die relative Luftfeuchte steigt somit gleichermaßen mit der Entfernung vom Brutnest, da der Wasserdampfdruck innerhalb der vollständig besetzten Bienenwohnung überall gleich groß ist. Je größer die Bienenwohnung ist, desto höher ist also die relative Luftfeuchte an den Randbereichen des Bienenstocks und desto größer ist die Wahrscheinlichkeit eines Kondenswasseranfalls innerhalb der Bienenwohnung. Dieser Zusammenhang gilt für gedämmte und ungedämmte Beuten gleichermaßen, bei gedämmten Beuten fällt die Temperatur aber langsamer ab als in ungedämmten. Bereits Mitte des letzten Jahrhunderts findet sich die Warnung in der Literatur: «Mit Rücksicht auf die Feuchtigkeit den Bienen ja nicht einen zu großen Raum geben.»[294] Die Gefahr der Stockfeuchte beschränkt sich aber auf die Randbereiche des Bienenstocks, der Bienensitz selbst wird nicht beeinträchtigt.[190]

Wir halten uns auch bei der Empfehlung zur Wahl des Volumens an die natürliche Bienenwohnung bzw. die Vorlieben der Honigbienen: Das Volumen von Beuten mit Hitze- und Wärmeschutz sollte idealerweise 40–45 l betragen. Es sollten nicht kleiner als 30 oder größer als 60 l gewählt werden. Die Datenlage ist allerdings so dünn, dass künftige Studien auch abweichende Ergebnisse bringen können. Inwieweit Abweichungen davon für Bienenbeuten ohne Hitze- und Wärmeschutz sinnvoll sind, wollen wir nicht bewerten, weil wir solche Beuten für nicht artgerecht halten.

STANDORT UND AUSRICHTUNG DER BIENENBEUTEN

Zu dem in diesem Buch bereits ausführlich beschriebenen Nutzen für die Honigbienen durch eine Dämpfung der Temperaturschwankungen im Bienenstock kann bereits die Wahl des Standortes einen Teil beitragen. Ein schattiger und windgeschützter Standort, idealerweise im Wald und/oder in unmittelbarer Nähe eines Oberflächengewässers, reduziert bereits die täglichen Temperaturschwankungen des regionalen Klimas.

Bienenbeuten sollten möglichst einzeln stehen, damit sich Krankheiten nicht so schnell oder im besten Fall überhaupt nicht verbreiten. Seeley & Smith haben in einer 2015 durchgeführten Studie gezeigt, dass der Verflug zwischen zwei Imkervölkern, die 20–30 m voneinander entfernt stehen, um 80 % reduziert ist und bei 70 m Abstand kein Verflug mehr stattfindet.(441) Auch für Imker*innen, die gezielt Schwärme zulassen, ist ein solcher Abstand von Bedeutung: «Ein Schwarm zur Zeit des Vorspiels reißt eine beachtliche Anzahl von Bienen der Nachbarvölker mit sich. Dadurch kann auch das Ernteergebnis dieses Tages bei allen Völkern eines Standes geschmälert werden.»(442)

Ein windgeschützter Standort ist nicht nur wichtig, um das Eindringen des Windes in die Beute durch das Flugloch zu vermeiden: Starker Wind am Standort der Bienenwohnung, auch wenn er das Flugloch nicht trifft, bedeutet eine Störung und veranlasst die Bienen, die Temperatur in ihrer Wohnung zu steigern.(443)(172) Dieser Zusammenhang dürfte aber überwiegend für Beuten ohne Hitze- und Wärmeschutz gelten. In Beuten mit Hitze- und Wärmeschutz kann der Wind vermutlich keine Störungen durch Temperaturschwankungen oder durch Schall verursachen.

Bienenwohnungen sollten am Hang oder leicht erhöht in der Ebene stehen. Dabei sollten sie nicht luftumspült, sondern auf einer massiven Unterkonstruktion stehen (z. B. Steinplatten, Erdhügel), wodurch sich der Hitzeschutz der Bienenwohnung erhöht. In den Ausstrahlungsnächten (trockene und klare Luft, wolkenloser Himmel) anfallende bodennahe Kaltluft soll die Möglichkeit haben abzufließen.(123) Auch diesen Hinweis aus der Literatur halten wir nur für Bienenwohnungen ohne Hitze- und Wärmeschutz für richtig. Bienenwohnungen mit starkem Hitzeschutz, idealerweise durch den Zugriff auf den Wärmespeicher des Erdreichs, sind gegen die Temperatur- und Luftfeuchteschwankungen in der bodennahen Luftschicht unempfindlich.

Das Flugloch sollte nicht zur üblichen Windrichtung der örtlichen Gegebenheiten ausgerichtet sein.(123) Wobei sich dieser Zusammenhang bei einer windgeschützten Aufstellung erübrigt. Und eine Südausrichtung des Fluglochs führt offensichtlich zu einer besseren Frühjahrsbrutentwicklung.(385) Dieser Zusammenhang dürfte allerdings nur für sonnige Standorte gelten, von denen wir abraten.

DAS FLUGLOCH

Bei der Form des Fluglochs scheinen die Bienen keine Vorliebe zu haben. Ein langer Schlitz oder ein kreisrundes Flugloch werden gleichermaßen gut angenommen.(226) Die Form des Fluglochs ist nebensächlich, das Ausmaß des Austausches hängt von den physikalischen Gegensätzen und der Größe des Fluglochs ab.(113)

Eine Aufhängung von Bienenbeuten in großen Höhen halten wir nicht für notwendig, dafür sehen wir keine wärme- oder feuchtetechnischen Gründe. Es sprechen aber auch keine dagegen. Natürlicherweise bevorzugen Honigbienen höhere Lagen, sie bevorzugen Fluglöcher in 5 m Höhe gegenüber Fluglöchern in 1 m Höhe.(444) Dies liegt vermutlich in der schlechteren Erreichbarkeit der Höhenlage für Räuber begründet. Auch Tom Seeley nennt als Grund für eine erhöhte Lage des Fluglochs lediglich den Schutz vor Räubern.(328) Den können die Bienenhalter*innen aber auch auf anderen Wegen sicherstellen.

Die Bienen besiedeln grundsätzlich auch Baumhöhlen mit mehreren Fluglöchern,(162) entstehende Zugluft/Querlüftungen werden von den Bienen aber unterbunden, indem sie überflüssige Öffnungen verschließen.(193)(194) Insbesondere Oberfluglöcher werden verschlossen, Bienenvölker finden sich nur notgedrungen mit ihnen ab.(175)

Für die Bekämpfung der Stockfeuchte sind zusätzliche Belüftungen bedeutungslos und für den Wärmehaushalt eine nicht zu verantwortende Störung (siehe auch «Zusätzliche Belüftung»).(190)(114)(191)(316) Abgesehen davon sollte das bereits genannte Bestreben der Bienen, zusätzliche Öffnungen zu verschließen, Grund genug sein, auf solche zu verzichten.

Die Fluglochgröße spielt für Honigbienen eine entscheidende Rolle bei der Wahl der Bienenwohnung: Baumhöhlen mit Öffnungsflächen von etwa 20 cm^2 sind offensichtlich besonders attraktiv.(445) Die Suchbienen eines Bienenschwarms bevorzugen 15 cm^2 Öffnungen (entspricht einem runden Loch mit 4,4 cm Durchmesser) deutlich gegenüber 30 cm^2 (Durchmesser 6,2 cm) oder 60 cm^2 (Durchmesser 8,7 cm) Öffnungen.(444) Diese Vorliebe könnte auch die Erklärung für die Größenverteilung der Fluglöcher von mit Honigbienen besiedelten natürlichen Baumhöhlen sein, die in der Studie «The nest of the honeybee»(162) veröffentlicht wurde: Fluglöcher von 10–20 cm^2 treten am häufigsten auf.

Es gibt unseres Wissens keine Untersuchungen, ob Honigbienen bestimmte Tunnellängen des Fluglochs bevorzugen. Wir vermuten, dass diese ebenso wichtig wie die Fluglochgröße ist. Beziehungsweise, wir nehmen an, dass Kriterien bei der Wahl der Bienenwohnung eine Rolle spielen, die sich aus dem Verhältnis von Fluglochgröße zu Tunnellänge ergeben: Die Belüftungssituation der Bienenwohnung und die Widerstände am Flugloch gegenüber Diffusionsprozessen sind entscheidend von diesem Verhältnis abhängig und von großer Bedeutung für das Bienenvolk. Es sind vermutlich diese Auswirkungen, die von den Suchbienen als Maß für die Güte des Fluglochs beurteilt werden. Zumindest sind sie für eine solche Beurteilung bestens ausgerüstet: Sie können Luftströmungen, Gaskonzentrationen (Wasserdampf und CO_2), Temperatur und Lichtstärke in sehr feinen Abstufungen wahrnehmen. Das Abschätzen von Entfernungen, das Zählen oder gar Rechnen dürften eher keine Fähigkeiten der Honigbienen sein.

Büdel rät zu einer großzügigen Bemessung des Fluglochs ohne Hindernisse, nennt aber leider keine Zahlen. Er sieht in der ungünstigen Anlage eines Fluglochs die Gefahr, dass die Bienen die unmittelbare Verbindung mit der Außenwelt zeitweise mehr oder weniger verlieren. Bei seiner Empfehlung großzügiger Fluglöcher hat er also offensichtlich die Frühjahrsentwicklung der Völker im Sinn. Bezüglich der Überwinterung hat er sich zuvor immer für kleine Fluglöcher mit Windschutz ausgesprochen. Wir sehen eine solche Gefahr nicht, im Gegenteil: Wir sehen eher eine Gefahr darin, dass Bienen dauerhaft zum Kontakt mit der Außenluft gezwungen werden (z. B. durch zu kleines Volumen, zu starken Wärmeschutz, zu großes Flugloch etc.), wodurch die Gastransporte zwischen Innen- und Außenluft zu stark beschleunigt werden. Selbst in Erdbeuten mit einem knapp 50 cm langen Fluglochtunnel und einer Querschnittsfläche des Fluglochtunnels von 25 cm^2 können die Honigbienen ohne große Anstrengung die Gaskonzentrationen nach ihren Bedürfnissen regulieren. In solchen Beuten mit gleichzeitig starkem Hitzeschutz kommt es zu weniger oder keinen störenden Einflüssen durch Temperatur- und Wasserdampfdruckschwankungen der Außenluft.

Insbesondere in der Winterruhe sollte nach Anton Büdel das Flugloch windgeschützt sein, auch ein schwacher Wind beeinflusst das Kleinklima in der Bienenwohnung ungünstig. Dieser Einfluss des Windes kann nicht durch eine besondere Wabenstellung zum Flugloch ausgeschaltet werden.(170) Elf Jahre später kommt derselbe Autor, Anton Büdel, dagegen zu dem Schluss, dass das Flugloch im Winter keinen Wetterschutz benötigt, womit er auch explizit den Windschutz meint.(172) Es ist nicht klar, weshalb er seine Meinung diesbezüglich geändert hat. Offensichtlich bewertet er aber 1962 seine früheren Versuche von 1951 anders, vermutlich, weil damals gezielt Luftströmungen auf das Flugloch gerichtet wurden, die nicht einer realistischen Windlast entsprachen (siehe auch «Konstruktive Maßnahmen der Bienen zum Wärmeschutz»). Wir halten einen windgeschützten Standort für sinnvoll und vertreten darüber hinaus die zuletzt von Büdel veröffentlichte Ansicht, dass das Flugloch keinen besonderen Wind- oder Wetterschutz benötigt, zumindest bei langen Fluglochtunneln und kleinen Fluglöchern.

Da Honigbienen selbst oft ihr Flugloch im Herbst verengen (siehe «Konstruktive Maßnahmen der Bienen zum Wärmeschutz»), halten wir die in der Bienenhaltung übliche Verengung des Fluglochs als Mäuseschutz für den Winter für sinnvoll. Allerdings wollen wir anmerken, dass diese Umstellung der Fluglochgröße für die Bienen auch eine Störung darstellen kann: Anton Büdel schreibt, dass Honigbienen ihren Wintersitz schon weit zuvor planen. Sie sind bestrebt, die verdeckelten Honigvorräte in diesem Bereich zu schonen, damit im Frühjahr Futter dort vorhanden ist, wo es gebraucht wird. Und die Wahl des zukünftigen Wintersitzes wird von der Lage des Fluglochs beeinflusst,(290) vielleicht auch von der Größe. Eine Änderung der Lage des Fluglochs im Laufe des Bienenjahrs bedeutet daher eine Störung und ist zu vermeiden.(290) Für eine Änderung der Größe des Fluglochs könnte das Gleiche gelten. Aus diesem Grund sollte die Verengung bereits im zeitigen Herbst erfolgen. So haben die Bienen im Zweifelsfall noch genügend Zeit, sich auf die neuen Bedingungen einzustellen. An den ersten Tagen mit gutem Flugwetter im Frühjahr sollte die Begrenzung des Fluglochs wieder entfernt werden.

Die Höhe des Fluglochs oberhalb des Bodens sollte mindestens 50 cm betragen, damit es sich nicht in der für die Bienen ungünstigen bodennahen Luftschicht mit seinen starken Temperaturwechseln befindet.(123)(119)(124) Bei gleichzeitiger Empfehlung eines Fluglochs im unteren Bereich der Bienenwohnung bedeutet dies, dass die Bienenwohnung in irgendeiner Weise eine Unterkonstruktion benötigt. Problematisch an den Temperaturschwankungen in Bodennähe sind, zumindest bei vorhandener Wärmedämmung der Bienenwohnungen, weniger die Temperaturschwankungen selbst, als vielmehr die Schwankungen des Wasserdampfdrucks (siehe Abb. 24), die durch das Flugloch nahezu zeitgleich zu Schwankungen der relativen Luftfeuchte im Brutnest führten. Diese treffen einen wunden Punkt des heutzutage üblichen Beutenbaus: In den schlecht gedämmten Beuten ohne Hitzeschutz kann der

Wasserdampfdruck der Innenluft durch den der Außenluft auf für die Bienen unverträgliche Werte in die Höhe getrieben werden. Die Bienen können dagegen nichts unternehmen, für eine echte «Entfeuchtung» der Stockluft haben sie keine Mittel. Bienenwohnungen in lebenden Bäumen, mit einem starken Hitzeschutz oder mit einem Wassermagneten (siehe «Die Begrenzung des Wasserdampfdrucks in mit Bienen besetzten Bienenwohnungen») bewahren sie davor und deckeln die relative Luftfeuchte im Brutnest. Solche Bienenwohnungen können ihr Flugloch auch unmittelbar über der Geländeoberkante haben.

Nach Anton Büdel hat ein oben gelegenes Flugloch in einer Bienenwohnung nicht den gleichen Effekt wie ein oben liegendes geöffnetes Fenster in einer Menschenwohnung.[(446)] Im Bienenstock gibt es keine Schichtung der Wärme nach der Höhe und es kommen kaum gleichgerichtete Luftströmungen zum Tragen.[(135)(113)(136)] Daher dürfte es theoretisch auch nicht zu größeren Wärmeverlusten bei einem oberen Flugloch gegenüber einem unteren kommen. Doch genau das ist der Fall: Ein auf sechs Waben sitzendes Volk weist bei 10 °C Außentemperatur bei einem oberen Flugloch um 33 % erhöhte Wärmeverluste auf.[(113)(199)] Eine Erklärung zu diesem offensichtlichen Widerspruch liefert Büdel nicht. In einer anderen Arbeit beschreibt er sogar das Entstehen von Kaltluftgassen in einem Lüneburger Stülper mit oben liegendem Flugloch bei einer Außentemperatur von 13 °C. Trotz Windstille zeigen die Temperaturaufzeichnungen eine ungleichmäßigere und ungünstigere Temperaturverteilung im Brutnest und in einer das Brutnest teilenden Kaltluftgasse.[(301)] Eine solche Temperaturverteilung belegt das zumindest zeitweise Auftreten von gleichgerichteten Luftströmungen im Wabenbau, wie Ludwig Armbruster unserer Meinung nach richtig feststellt.[(159)]

Die ruhenden Luftschichten in den Wabengassen sind eine Folge der großen Reibungskräfte zwischen den Luftschichten und dem Wabenbau. Die Unterschiede von Temperaturen und Gaskonzentrationen innerhalb des Wabenbaus, welche Gewichtsunterschiede der verschiedenen Lufteinheiten bedeuten und theoretisch Luftströmungen auslösen können, sind normalerweise im Bienenstock nicht groß genug, um die Reibungskräfte zu überwinden. Ein oberes Flugloch scheint die Verhältnisse nun aber zumindest zeitweise zugunsten der auslösenden Kräfte verschieben zu können: Die Außenluft ist die meiste Zeit im Jahr kälter und trockener als die Innenluft des Bienenstocks. Die Luft im Fluglochbereich nimmt eine Mittlerrolle zwischen den Außen- und Innenverhältnissen an und ist daher ebenfalls in der Regel kälter und trockener als die Innenluft. Je kälter und je trockener Luft ist, desto schwerer ist sie. Die kühlere und trockenere Luft im Fluglochbereich eines oberen Fluglochs übt daher eine zusätzliche Kraft auf die wärmeren und feuchteren Luftschichten im Wabenbau aus; sie möchte nach unten abfallen. Die Summe der antreibenden Kräfte könnte durch diese zusätzlichen Kräfte zeitweise groß genug werden und Luftschichten im Bienenstock in Bewegung setzen. Bei einem unten liegenden Flugloch wirkt die kühlere und trockenere Luft im Fluglochbereich dagegen bremsend auf potenzielle Luftbewegungen in den Wabengassen. Die schwerste Luft ist gleich dort, wo sie sein möchte: ganz unten.

Neben den bereits genannten Aspekten richtet im Fluglochbereich anfallendes Kondenswasser weniger Schaden an, wenn es bodennah ist und nicht erst die Wände und Randwaben herabläuft. Es bildet in unmittelbarer Nähe zum Flugloch Pfützen auf dem Boden und kann bei günstigeren Außenbedingungen schnell wieder abtrocknen.

Der Fluglochbereich stellt die Mischungszone zwischen den klimatischen Bedingungen der Außen- und der Innenluft dar. Eine zu große Öffnung in Kombination mit einem zu kurzen Tunnel oder gar offene Böden und Zusatzbelüftungen verschieben diese Mischungszone weit in die Beute und teils in die Wabengassen. Der Massenaustausch der einzelnen Teilgase kann über das Flugloch dann zu schnell ablaufen und es können sich für das Bienenvolk unvorteilhafte Gaskonzentrationen einstellen. So kann es beispielsweise in kühlen Tages- und Jahreszeiten im Bienenstock zu trocken werden. Die Bienen werden durch den verstärkten Einfluss des Außenklimas in der Regulation des Kleinklimas im Bienenstock verstärkt gefordert und im Falle ihrer Überforderung werden Bereiche der Bienenwohnung für sensible Aufgaben ungeeignet.

Ein zu kleines Flugloch in Kombination mit einem zu langen Tunnel kann theoretisch den Massenaustausch der in der Luft enthaltenen Teilgase (Wasserdampf, Sauerstoff, Kohlendioxid) behindern und sich so unvorteilhaft auf die Bienen auswirken. Je kleiner das Flugloch ist, je weniger zusätzliche Belüftungen vorhanden sind und je länger der Fluglochtunnel ist, desto größer werden die Widerstände für den Massenaustausch am Flugloch durch Diffusion und Turbulenz. Und je größer diese Widerstände sind, desto eher müssen Honigbienen eine Luftzirkulation im Bienenstock erzeugen, um den notwendigen Gasaustausch herzustellen. Für die Überwinterung der Völker scheint ein kleines Flugloch aber keine Beeinträchtigung zu sein: Es finden sich etliche Beispiele in der Literatur über erfolgreiche Überwinterung sogar bei verschlossenen Fluglöchern.[(291)(292)] Die Bienenvölker zeigen eine hohe Toleranz gegenüber extremen Gaskonzentrationen: Selbst bei einer CO_2-Konzentration von 9 % können Honigbienen erfolgreich überwintern.[(291)] Zum Vergleich: Der CO_2-Gehalt der

Außenluft beträgt etwa 0,05 %. Auch Ludwig Armbruster stellt, schon 1923 fest, dass selbst das Verstopfen von Fluglöchern mit Watte, Moos etc. im Winter atemtechnisch unbedenklich ist.(155)

Nach Grziwa gibt es einen Zusammenhang zwischen der Größe/Geometrie der Bienenwohnung und dem Durchmesser des Fluglochs im Winter: Je weiter entfernt der Bienensitz vom Flugloch ist, desto größer muss das Flugloch sein, damit die notwendige Lufterneuerung im Winter gewährleistet ist.(312) Wir sind aufgrund der zuvor genannten Studien von diesem Zusammenhang nicht überzeugt.

Wir halten zusätzliche Belüftungen und offene Böden aus oben genannten Gründen für schädlich. Die optimale Geometrie des Fluglochs dürfte derart sein, dass die Lufterneuerung im Bienenstock gerade noch ohne das Bilden von Belüftungsketten sichergestellt ist. Da die Gastransporte aber stark abhängig von verschiedensten Faktoren sind (klimatische Bedingungen in der Außenluft, Trachtsituation, Volksstärke etc.), lässt sich eine optimale Abmessung des Fluglochs nicht pauschal benennen.

Jordan stellt einen geringeren Totenfall innerhalb der Beute fest, wenn im Winter Licht durch das Flugloch einfällt. Das hat, wie er selbst feststellt, nicht mit einer geringeren Sterblichkeit zu tun, sondern damit, dass kranke Bienen zum Sterben den Weg nach draußen finden.(447)

Das Flugloch sollte unserer Einschätzung nach etwa eine Querschnittsfläche von 15–20 cm² aufweisen, die Querschnittsform ist dabei gleichgültig. Bei einem runden Flugloch entspricht die Fläche etwa einem Durchmesser von 4–5 cm, bei einem als Schlitz ausgeführten beispielsweise einer Fläche von 3x6 cm. Das Flugloch sollte als «unteres Flugloch» nahe dem Boden der Bienenwohnung angelegt sein und sich zumindest in Bienenwohnungen ohne starken Hitzeschutz 50 cm oberhalb des Außengeländes befinden. Im zeitigen Herbst sollte das Flugloch mäusesicher verengt werden. Zusätzliche Belüftungslöcher oder ein offener Boden sind zu vermeiden.

WARM- ODER KALTBAU

Wie unter «Konstruktive Massnahmen der Bienen zum Wärmeschutz» ausführlich beschrieben, haben die Bienen keine eindeutige Vorliebe für die Wabenstellung. Dennoch dürften die kleinklimatischen Verhältnisse vor Ort die Form und Ausrichtung des Wabenbaus beeinflussen, weshalb wir es grundsätzlich für am besten halten, wenn die Honigbienen frei bauen können, insbesondere im Fluglochbereich.

Abb. 158: Gerade in Wäldern fehlen heute aufgrund der intensiven Forstwirtschaft Trachtbäume und Trachtsträucher wie Wildkirsche, Ahorn, Linde, Kastanie, Schlehe und Weide, auf die alle Insekten angewiesen sind.

RÄHMCHEN, OBERTRÄGER ODER NATURWABENBAU

Für die Honigbienen ist es sicherlich am besten, frei bauen zu können, weil sie so perfekt die klimatischen Bedingungen in der Bienenwohnung und ihre eigenen Bedürfnisse berücksichtigen können. Das Zulassen des Naturwabenbaus bedeutet fast immer auch ungleichmäßigere und gekrümmte Wabengassen, mit den einhergehenden Vorteilen für die Bienen bezüglich der Wärmetransporte und den einhergehenden Nachteilen für die Imker*innen durch die erschwerte Möglichkeit des Zugriffs. Der Naturwabenbau entspricht somit nicht den Bedürfnissen der Imker*innen, die jederzeit Waben ziehen und auswechseln können wollen. Es stellt sich die Frage, ob der Beutenbau vielleicht in Zukunft einen alltagstauglichen Kompromiss findet. Vielleicht derart, dass den Bienen in einem Teil des Bienenstocks der Naturwabenbau ermöglicht wird, idealerweise fluglochnah.

Im Naturwabenbau befestigen die Bienen die Waben seitlich und oben fest an den Wänden, es gibt den in Magazinbeuten üblichen Beespace zwischen Rähmchen und Wand nicht. Anton Büdel erwähnt in einer Veröffentlichung, dass der Naturwabenbau durchschnittlich im Sommer zu um 0,4 °C höheren Temperaturen an den Rändern der Waben führt. Leider stellt er weder die Messreihen noch den Versuchsaufbau näher vor.[199] Demnach kommt es beim Naturwabenbau zu einer etwas gleichmäßigeren und somit vorteilhafteren Temperaturverteilung über die Wabe im Sommer. Wir vermuten, dass die vorteilhafteren Eigenschaften des Naturbaus bezüglich der Wärmetransporte auch auf anderem Wege erzielt werden können. Die Dimensionierung des Brutraums und der Wärmedämmung sind hierfür entscheidend. Der Mobilbau muss daher bezüglich der Wärmetransporte nicht zwingend von Nachteil für die Honigbienen sein. Allerdings sind die Vorgänge im Bienenstock so komplex und unerforscht, dass wir davon ausgehen müssen, im Laufe der Zeit noch weitere Vorzüge des Naturwabenbaus zu entdecken, beispielsweise bezüglich der Gastransporte und der Kommunikation der Bienen. Die Aussage von Dr. Anton Büdel «Nur die Handhabung des Mobilbaus durch den Imker kann bienenwidrig sein, muss es aber nicht.»[123] halten wir daher nach heutigem Wissensstand für richtig, sofern die Nachteile des fehlenden Naturwabenbaus von der Bienenwohnung kompensiert werden, beispielsweise durch eine Wärmedämmung. Es bleibt aber abzuwarten, ob sich tatsächlich alle in Zukunft zutage tretenden Vorteile des Naturwabenbaus auch durch konstruktive Maßnahmen an der Bienenwohnung ausgleichen lassen.

TRENNSCHIEDE, EINENGEN VON VÖLKERN

Der Nutzen des Einengens bei ungedämmten Beuten mit einfachen Trennschieden liegt hauptsächlich im Vermeiden der Stockfeuchte, vor allem zu Beginn des Bruteinschlags.[448] Und weil die Völker im Winter und Vorfrühling möglichst nicht gestört werden sollten, wird das Einengen in der Regel bereits im Herbst durchgeführt.[449]

In nicht eingeengten Völkern kommt es in ungedämmten Beuten oft zu einem Kondenswasseranfall an den Randwaben und zu einer erhöhten Schimmelgefahr. Beim Einengen des Brutnests mit Trennschieden werden außen an die Schiede anliegend in der Regel noch Futterwaben gelassen und die weiter entfernten Rähmchen entnommen. In den am weitesten vom Brutnest entfernten Bereichen, in denen die niedrigste Temperatur und die höchste relative Luftfeuchte anliegt, gibt es nun keine Waben mehr, an denen Kondenswasser anfallen und Schimmelwachstum auftreten kann. In den großen Freiräumen fällt das Kondenswasser direkt am Boden an. Das Vermeiden der Stockfeuchte auf diesem Weg hat somit weniger mit dem Anbringen der Trennschiede selbst zu tun als eher mit der Entnahme der Randwaben.

Das Einengen hat aber auch einen geringeren Energieverlust des Bienenvolkes im Frühjahr zur Folge, was auf den ersten Blick paradox erscheint: Schließlich stellen die dünnen Trennschiede selbst keinen nennenswerten Wärmeschutz dar und dem Volk wird sogar ein Teil seines wertvollen Winterpelzes in Form der Randwaben genommen. Die zurückbleibenden Leerräume sind zu groß, um einen Wärmeschutz darzustellen; es kommt hier zu Wärmetransporten durch Luftströmungen. Die Bienen haben daher in der eingeengten Beute einen geringeren Wärmeschutz als zuvor. Das Anbringen der Trennschiede bedeutet aber nicht nur eine Veränderung des Wärmeschutzes, es stellt auch eine Barriere für die Honigbienen dar. Die Bienen werden so daran gehindert, auf die täglichen Temperaturschwankungen mit einem Zusammenziehen und Ausdehnen der Bienentraube zu reagieren, was ein regelmäßiges und energieaufwendiges Prozedere ist (siehe auch «Volumen und Geometrie des Brutraums»). Die Bienen bleiben innerhalb des eingeengten Bereiches und ersparen sich somit Arbeit und Energie, um den Wabenbau und seine Zellfüllungen immer wieder auf ein Neues zu temperieren.

Das Einengen der Bienenvölker ist also eine sinnvolle Maßnahme in ungedämmten Beuten. Seinen Sinn hat es aber nur aufgrund solcher unzureichend gedämmten Beuten. Bienenwohnungen mit ausreichend dicker äußerer Wärmedämmung machen das Einengen überflüssig: Es kann zu keinem Kondenswasseranfall kommen und die Energieverluste sind zu jeder Jahreszeit geringer als in eingeengten Völkern in ungedämmten Beuten. Auf das Einengen verzichten zu können, bedeutet für die Imker*innen eine Arbeitserleichterung, eine Zeitersparnis und nicht zuletzt einen Platzgewinn: Es fällt keine Lagerung entnommener Waben an. Für die Honigbienen bedeutet der Verzicht des Einengens deutlich weniger Störungen.

ZUM GUTEN SCHLUSS

Gedanken zum Schluss

Unser Buch «Bienenbau und Bienenbeute» zeichnet ein umfangreiches Bild der physikalischen Vorgänge in der Bienenwohnung. Wir haben zu Beginn die allgemeinen Transportmechanismen von Wärme und Gas besprochen sowie die Berechnungsgrundlagen aus dem Häuserbau bezüglich Wärme- und Feuchteschutz erklärt. Mithilfe dieses Wissens und der zahlreichen in der Literatur beschriebenen Zusammenhänge und Messungen aus dem Bienenstock haben wir dann den Einfluss äußerer klimatischer Verhältnisse auf das Innere der Bienenwohnung und die Rolle der Bienenwohnung selbst als Bindeglied zwischen dem Außenklima und dem Kleinklima im Bienenstock beleuchtet. Darüber hinaus haben wir detailliert die klimaregulierenden Maßnahmen der Honigbienen und deren Grenzen beschrieben und aufgezeigt, wie stark sie bei diesen Tätigkeiten durch die Eigenschaften der Bienenwohnung entlastet werden können.

Die Grundlage dieses Buches ist die uns zur Verfügung stehende umfangreiche Literatur, die wir in jahrelanger Arbeit analysiert und ausgewertet haben. An dieser Stelle wollen wir noch einmal ausdrücklich die Arbeit von Dr. Anton Büdel und seinem Mitarbeiter Josef Grziwa würdigen, die mit einem unglaublichen Aufwand das Kleinklima im Bienenstock erforscht haben. Aber auch andere frühere Bienenwissenschaftler wie Prof. Dr. Ludwig Armbruster, August Baron von Berlepsch, Dr. h. c. Ferdinand Gerstung, Maria Paschke, Julius Paschke, Dr. Anton Himmer, Prof. Dr. Walter Rudolf Hess, Prof. Dr. Dr. h. c. Martin Lindauer und Prof. Dr. Edward E. Southwick haben uns mit ihrer Arbeit wertvolle Puzzleteile für die kleinklimatischen Zusammenhänge im Bienenstock geliefert. Aus neuerer Zeit lieferten uns vor allem die Veröffentlichungen von Prof. Dr. Anton Stabentheiner, Dr. Helmut Kovac, Prof. Dr. Thomas D. Seeley, Prof. Dr. Jürgen Tautz und Michael B. Ellis wichtige Hinweise und Erkenntnisse für ein vollständiges Bild der physikalischen Vorgänge in der Bienenwohnung.

Viele weitere Wissenschaftler weltweit haben uns mit ihren großartigen Arbeiten bewiesen, welch hohe Bedeutung Temperatur und Gaskonzentrationen im Bienenstock für die Bienengesundheit haben. Auf Grundlage dieser und der zuvor genannten Erkenntnisse sowie aus den im Sonderteil «Das große Ganze» erklärten Zusammenhängen ergibt sich die Notwendigkeit, den Bienenstock vor den regional üblichen Schwankungen von Temperatur und Luftfeuchte zu schützen und/oder dem Bienenvolk die erforderlichen Gegenmaßnahmen auf solche Schwankungen zu erleichtern. Die Bienenvölker danken es ihren Halter*innen mit einer besseren Gesundheit und höheren Erträgen.

Wir haben in diesem Buch auf konkrete Bauanleitungen für Bienenbeuten verzichtet. Zum einen, weil wir sicher sind die optimalen Abmessungen noch nicht zu kennen. Und zum anderen, weil wir es für sinnvoll und nachhaltig halten, mit den vorhandenen, bereits im Betrieb erprobten Beuten weiterzuarbeiten. Wir sind überzeugt, dass nahezu alle Imker*innen in der Lage sind, die Situation für ihre Bienenvölker entscheidend zu verbessern: Vorhandene Bienenbeuten können mit einer zusätzlichen Wärmedämmung versehen werden, und sei es nur an einzelnen Seiten, sodass Hitze- und Wärmeschutz sich verbessern. Offene Böden und zusätzliche Belüftungen können verschlossen und die Geometrie des Fluglochs kann angepasst werden, sodass es nicht zu unnötigen Wärmeverlusten und zu geringeren Störungen durch Temperatur- und Luftfeuchteschwankungen kommt. Der Aufstellort kann an einen windgeschützten Schattenplatz verlegt werden, sodass es in der Bienenwohnung zu keinen Schwankungen des Kleinklimas infolge von Wind und Sonneneinstrahlung kommt. Und im besten Falle greift die Bienenwohnung auf den Hitzeschutz ihrer Umgebung zu (Wald, Erdreich, Gebäude), sodass sich in ihrem Inneren ein konstantes Kleinklima unabhängig von den Schwankungen des Außenklimas einstellt.

Eine artgerechte Bienenwohnung ist, neben den Imkerpraktiken und den Haltungsbedingungen, ein zentraler Schlüssel für eine bessere Bienengesundheit. Sie ermöglicht den Honigbienen das eigenständige Einstellen von Kleinklima und Gaskonzentrationen im Bienenstock nach ihren Bedürfnissen.

Die verbesserte Bienengesundheit befreit allerdings nicht zwangsläufig von einer Behandlung gegen Varroa-Milben. Wir sehen aber in der Gestaltung von Geometrie und Wärmedämmung der Bienenwohnung auch Stellschrauben, um Varroa-Milben die Fortpflanzung zu erschweren. Das Kunststück besteht darin, in Abhängigkeit von den regionalen klimatischen Verhältnissen die Bienenwohnung so zu konstruieren, dass sie Honigbienen geeignete Verhältnisse ermöglicht und gleichzeitig Varroa-Milben ungünstige Verhältnisse aufzwingt. Wir gehen davon aus, dass Varroa-Milben gegenüber den Wasserdampfdruckverhältnissen weniger tolerant sind als Honigbienen. So könnten sich beispielsweise in Regionen mit geringem Wasserdampfdruck kleine Bruträume mit kurzen Fluglochtunneln als hilfreich erweisen, in Regionen mit hohem Wasserdampfdruck könnten dagegen größere

Volumen mit langen Fluglochtunneln sinnvoll sein. Solche Überlegungen sind zurzeit aber spekulativ und es bedarf umfangreicher Forschung, um belastbare Aussagen treffen zu können. Die in diesem Buch erarbeiteten Zusammenhänge könnten auch dazu verleiten, die Regulation von Temperatur und Gaskonzentrationen im Bienenstock ganz oder teilweise mittels Imkertechnik zu steuern. Von solchen Maßnahmen raten wir unbedingt ab. CO_2-Begasung, Stockheizung, Luftentfeuchtung, aufgezwungene Luftwechsel etc. werden den hochkomplexen Anforderungen der Honigbienen in den verschiedenen Bereichen des Bienenstocks und zu den verschiedenen Jahreszeiten nicht gerecht. Der Weg muss sein, Honigbienen eine Bienenwohnung zu stellen, in der sie sich selbst nach ihren Bedürfnissen einrichten können. Der Beutenbau sollte den Honigbienen Hilfe zur Selbsthilfe leisten! Wir wünschen Ihnen dabei viel Erfolg!

Und ganz zum Schluss noch ein herzliches Dankeschön unseren beiden Imkervätern Kurt Pankratius (Fürth) und Markus Bollen (Bensberg), die uns in Sachen Bienenforschung immer begleitet, ermutigt und unterstützt haben!

Sigrun Mittl & Roland Sachs

Die Autoren

Roland Sachs, Jg. 1971, studierte Bauingenieurwesen an der RWTH Aachen und schloss das Studium 2002 mit Diplom ab. Beruflich kehrte er dem Ingenieurwesen den Rücken und eröffnete und betrieb Gastronomieobjekte in Köln. Heute betreibt der gebürtige Kölner mit seiner Frau ein Hostel in Köln Ehrenfeld. 2013 entflammte die Liebe zu den Bienen und einhergehend die zum ursprünglich erlernten Beruf: Die Erforschung der physikalischen Prozesse im Bienenstock ist seitdem seine große Leidenschaft.

Sigrun Mittl, Jg. 1962, studierte Pharmazeutische Biologie, organische und anorganische Chemie, Mikrobiologie, Genetik, Geologie, Zoologe und Botanik. Das Studium schloss sie 1989 mit dem Diplom in Biologie ab und arbeitet seit 1986 im Natur- und Artenschutz. Seit 2012 erforscht sie verschiedene Themen rund um die einheimische Dunkle Biene und die Honigbiene im Spannungsfeld zwischen Naturschutz und Nutztierhaltung. Ihr Schwerpunkt liegt dabei auf der Erarbeitung und Vermittlung von wissenschaftlich fundiertem Wissen zur nachhaltigen Bienenhaltung, zu gesunden Honigbienen, zur einheimischen Dunklen Biene, artgerechten Bienenwohnungen samt ihrem Kleinklima und dem Schutz der wild lebenden Honigbienen. Darüber berichtet sie auf *https://bienen-dialoge.de*

Verweise

1. **Steche, W.** *Der Eiweißhaushalt des Bienenvolkes und die Nosematose der Honigbiene. Zeitschrift für Bienenforschung 5 (6). 1961, pp. 145-176.*

2. **Mittl, Sigrun.** *Nachhaltig Imkern mit gesunden Honigbienen – Aus Vergangenheit und Gegenwart für die Zukunft lernen. s.l.: Haupt Verlag, 2021. ISBN 978-3-258-08250-9.*

3. **Latham, Jonathan.** *The failure of the genome. The Guardian. https://www.theguardian.com/commentisfree/2011/apr/17/human-genome-genetics-twin-studies 2011.*

4. **Sheldrake, Rupert.** *Der Wissenschaftswahn – Warum der Materialismus ausgedient hat. München: Knaur Verlag, 2021.*

5. **Burr, H. F.** *Blue print for immortality: The electric patterns of life. London: Neville Spearman Limited, 1972.*

6. **Levin, Michael.** *Endogenous bioelectrical networks store non-genetic patterning information during development and regeneration. Journal of Physiology 592 (11). 2014, pp. 2295-2305.*

7. *—. Bioelectric networks: the cognitive glue enabling evolutionary scaling from physiology to mind . Animal Cognition . 2023, https://doi.org/10.1007/s10071-023-01780-3.*

8. **Opitz, J.M.** *The developmental field concept. American Journal of Medical Genetics 21. 1985, pp. 1-11.*

9. **Gilbert, S.F.** *Developmental Biology – Chapter 3: «Re-discovery» of Morphogenetic Fields. Basingstoke, Hampshire, England: Palgrave Macmillan – 8. Auflage, 2006.*

10. **Sheldrake, Rupert.** *Das Gedächtnis der Natur – Das Geheimnis der Entstehung der Formen in der Natur. Bern, München, Wien: Scherz Verlag – 4. Auflage, 1991.*

11. **Borchert, A.** *Die seuchenhaften Krankheiten der Honigbiene. Berlin: Verlagsbuchhandlung Richard Schoetz, 1930.*

12. **Fischer, F.** *Sind hohle Bäume Faulbrutherde? Die Bienenpflege 60. Jg. 12. Heft. März 1938, pp. 344 – 345.*

13. **Fries, Ingemar, Imdorf, Anton and Rosenkranz, Peter.** *Survival of mite infested (Varroa destructor) honey bee (Apis mellifera) colonies in a Nordic climate. Apidologie 37 (5). 2006, pp. 564-570.*

14. **Hornitzky, M., Oldroyd, B. P. and Somerville, D.** *Bacillus larvae carrier status of swarms and feral colonies of honeybees (Apis mellifera) in Australia. Australian Veterinary Journal 73 (3). 1996, pp. 116-117.*

15. **Goodwin, R. M., Ten Houten, A. T. and Perry, H.** *Incidence of American foulbrood infections in feral honey bee colonies in New Zealand. New Zealand Journal of Zoology Vol. 21. 1994, pp. 285-287.*

16. **Le Conte, Yves et al.** *Honey bee colonies that have survived Varroa destructor. Apidologie 38. 2007, pp. 566-572.*

17. **Kohl, P.L. et al.** *Reduced parasite burden in feral honeybee colonies. Ecological solutions and Evidence 4 (3). 2023, p. 14.*

18. **Bruder Adam, Herr Kehrle.** *Bienenzüchtung – Vortrag am 29.3.1953 in Hannover. Deutsche Bienenwirtschaft 4.Jg. Nr. 5, Nr. 7, Nr. 8. 1953.*

19. **Margulis, Lynn.** *Der symbiontische Planet oder wie die Evolution wirklich verlief. Frankfurt/Main: Westend Verlag, 2017.*

20. **Harris, H.M.B. and Hill, C.** *A place for viruses on the tree of life. Frontiers in Microbiology 11:604048. 2021.*

21. **Goldenfeld, N. and Woese, C.** *Biology's next revolution. Nature 445 (7126):369. 2007.*

22. **Claverie, J.-M. and Abergel, C.** *Giant viruses: The difficult breaking of multiple epistemological barriers. Studies in History and Philosophy of Biological and Biomedical Sciences 59. 2016, pp. 89-99.*

23. **Visscher, P. Kirk and Seeley, Thomas D.** *Foraging strategy of honeybee colonies in a temperate deciduous forest. Ecology 63 (6). 1982, pp. 1790-1801.*

24. **Bosch, T. C. G. and McFall-Ngai, M. J.** *Metaorganisms as the new frontier. Zoology 114 (4). 2011, pp. 185-190.*

25. **Bosch, T. C. G.** *Der Mensch als Holobiont. Kiel: Ludwig Verlag, 2017.*

26. **Gevers, D., et al.** *The Human Microbiome Project: a community resource for the healthy human microbiome. PLoS Biol 10 (8) : e1001377. 2012.*

27. **Bosch, T.C.G., Guillemin, K. and McFall-Ngai, M.** *Evolutionary «experiments» in symbiosis: the study of model animals provides insights into the mechanisms underlying diversity of host-microbe interactions. Bioessays 41 (10) : e1800256. 2019.*

28. **Leska, A., Nowak, A. and Motyl, I.** *Isolation and some basic characteristics of Lactic Acid Bacteria from honeybee (Apis mellifera L.) environment—A preliminary study. Agriculture 12, 1562. 2022.*

29. **Rosshart, S. P. et al.** *Wild mouse gut microbiota promotes host fitness and improves disease resistance. Cell 171 (5). 2017, pp. 1015-1028.*

30. **Gazzaniga, F. S. and Kasper, D. L.** *Wild gut microbiota protects from disease. Cell Research 28. 2018, pp. 135-136.*

31. **Dinan, T. G. et al.** *Collective unconscious: How gut microbes shape human behavior. Journal of Psychiatric Research 63. 2015, pp. 1-9.*

32. **Yong, Ed.** *I contain Multitudes – The microbes within us and a grander view of live. New York: Harper-Collins Publisher, 2016.*

33. **Rusch, H.P.** *Bodenfruchtbarkeit Eine Studie biologischen Den kens. Kevelaer: Organischer Landbau Verlag – 8. Auflage, 2014.*

34. **Buchner, P.** *Studien an intrazellularen Symbionten VIII. Die symbiontischen Einrichtungen der Bostrychiden (Apatiden). Zeitschrift für Morphologie und Ökologie der Tiere 42. 1954, pp. 550-633.*

35. **Koch, A.** *Die Symbiose von Oryzaephilus surinamensis L. (Cucujidae, Coleoptera). Zeitschrift für Morphologie und Ökologie der Tiere 23. 1931, pp. 389-424.*

36. **Kwong, W. K., Mancenido, A. L. and Moran, N. A.** *Immune system stimulation by the native gut microbiota of honey bees. The Royal Society open Science 4: 170003. 2017.*

37. **Kesnerová, L. et al.** *Disentangling metabolic functions of bacteria in the honey bee gut. PLoS Biol 15(12): e2003467. 2017.*

38. **Anderson, K. E. et al.** *An emerging paradigm of colony health: microbial balance of the honey bee and hive (Apis mellifera). Insectes Sociaux 58. 2011, pp. 431-444.*

39. **Gilliam, M.** *Identification and roles of non-pathogenic microflora associated with honey bees. FEMS Microbiology Letters 155. 1997, pp. 1-10.*

40. **Raymann, K. and Moran, N. A.** *The role of the gut microbiome in health and disease of adult honey bee workers. Current Opinion in Insect Science 26. 2018, pp. 97-104.*

41. **Kwong, W. K. and Moran, N. A.** *Gut microbial communities of social bees. Nature reviews. Microbiology 14 (6). 2016, pp. 374-384.*

42. **Saccà, M. L. and Lodesani, M.** *Isolation of bacterial microbiota associated to honey bees and evaluation of potential biocontrol agents of Varroa destructor. Beneficial Mibrobes 11 (7). 2020, pp. 641-654.*

43. **Saccà, M. L., Bianchi, G. and Lo Scalzo, R.** *Biosynthesis of 2-Heptanone, a volatile organic compound with a protective role against honey bee pathogens, by hive associated bacteria. Microorganisms 9 (11) : 2218. 2021.*

44. **Kluge, R.** *Untersuchungen über die Darmflora der Honigbiene Apis mellifica. Zeitschrift für Bienenforschung 6 (8). 1963, pp. 141-169.*

45. **Anderson, K.E. and Maes, P.** *Social microbiota and social gland gene expression of worker honey bees by age and climate. Scientific Reports 12:10690. 2022.*

46. **Iorizzo, M. et al.** *Functional properties and antimicrobial activity from Lactic Acid Bacteria as resources to improve the health and welfare of honey bees. Insects 13 308. 2022.*

47. **Maggi, M. et al.** *Effects of the organic acids produced by a lactic acid bacterium in Apis mellifera colony development, Nosema ceranae control and fumagillin efficiency. Veterinary Microbiology 167 (3-4). 2013, pp. 474-483.*

48. **Rokop, Z. P., Horton, M. A. and Newton, I. L. G.** *Interactions between cooccurring lactic acid bacteria in honey bee hives. Applied and Environmental Microbiology 81 (20). 2015, pp. 7261–7270.*

49. **Corby-Harris, V. et al.** *Parasaccharibacter apium , gen. nov., sp. nov., improves honey bee (Hymenoptera: Apidae) resistance to Nosema. Journal of Economic Entomology 109 (2). 2016, pp. 537–543.*

50. **Maes, P. W. et al.** *Diet-related gut bacterial dysbiosis correlates with impaired development, increased mortality and Nosema disease in the honeybee (Apis mellifera). Molecular Ecology 25 (21). 2016, pp. 5439-5450.*

51. **Forsgren, E. et al.** *Novel lactic acid bacteria inhibiting Paenibacillus larvae in honey bee larvae. Apidologie 41. 2010, pp. 99-108.*

52. **Vásquez, A. et al.** *Symbionts as major modulators of insect health: lactic acid bacteria and honeybees. PLoS One 7 (3) : e33188. 2012.*

53. **Daisley, B. A. et al.** *Novel probiotic approach to counter Paenibacillus larvae infection in honey bees. The ISME Journal 14. 2020, pp. 476-491.*

54. **Killer, J. et al.** *Lactobacillus apis sp. nov., from the stomach of honeybees (Apis mellifera), having an in vitro inhibitory effect on the causative agents of American and European foulbrood. International Journal of Systematic and Evolutionary Microbiology 64 (1). 2014, pp. 152-157.*

55. **Iorizzo, M. et al.** *Antagonistic activity against Ascosphaera apis and functional properties of Lactobacillus kunkeei strains. Antibiotics 9 (5) 262. 2020.*

56. **Tejerina, M. R., Cabana, M. J. and Benitez-Ahrendts, M. R.** *Strains of Lactobacillus spp. reduce chalkbrood in Apis mellifera. Journal of Invertebrate Pathology 178 107521. 2021.*

57. **Khan, S. et al.** *Environmental gut bacteria in European honey bees (Apis mellifera) from Australia and their relationship to the chalkbrood disease. PLoS One15 (8) : e0238252. 2020.*

58. **Dosch, C. et al.** *The gut microbiota can provide viral tolerance in the honey bee. Microorganisms 9 (4): 871. 2021.*

59. **Yun, B.-R. et al.** *Comparison of the gut microbiome of sacbrood virus-resistant and -susceptible Apis cerana from South Korea. Scientific Report 12, 10010. 2022.*

60. **Ritter, Wolfgang.** *Vortrag: «30 Jahre Varroa-Milbe». Bienenkonferenz 2014. Wien: s.n., April 2014.*

61. **Carrier, T. C. and Reitzel, A. M.** *The hologenome across environments and the implications of a host-associated microbial repertoire. Frontiers in Microbiology 8:802. 2017.*

62. **Chandler, J. A. et al.** *Bacterial communities of diverse Drosophila species: ecological context of a host-microbe model system. PLoS Genetics 7 (9):e1002272. 2011.*

63. **Har, J.Y. et al.** *Microbial diversity and activity in the Nematostella vectensis holobiont: insights from 16S rRNA gene sequencing, isolate genomes, and a pilot-scale survey of gene expression. Frontiers in Microbiology 6:818.*

64. **Mirjanic et al.** *Impact of different feed on intestine health of honey bees. http://www.apimondia.com/congresses/2013/Biology/Symposia/Impact%20Of%20Different%20Feed%20On%20Intestine%20Health%20Of%20Honey%20Bees%20-%20Goran%20Mirjanic.pdf. [Online] 2013. Kyiv, Ukraine.*

65. **Royce, A. et al.** *Reduction of tracheal mite parasitism of honey bee by swarming. Philosophical Transactions of the Royal Society of London. Series B, Biological Sciences 331. 1991, p. 123.129.*

66. **Klink** *Auslands-Rundschau mit dem Thema «Wildbienen und Krankheiten». Südwestdeutscher Imker 6. Jg. Nr. 10. Oktober 1954, p. S. 311.*

67. **Wedmore, E.** *Wildlebende Bienenvölker und Krankheiten. Die Bienenzucht 7 (5). 1954, p. 139.*

68. **Landesverband Bayerischer Imker.** *Wilde Völker. Der Imkerfreund 7 (12). 1952, pp. 386-387.*

69. **Locke, Barbara.** *Natural Varroa mite-surviving Apis mellifera honeybee populations. Apidologie 47. 2015, pp. 467-482.*

70. **Rinderer, E. Thomas et al.** *Resistance to the parasitic mite Varroa destructor in honey bees from far-eastern Russia. Apidologie 32. 2001, pp. 381-394.*

71. **Seeley, Thomas D.** *Honey bees of the Arnot Forest: a population of feral colonies persisting with Varroa destructor in the northeastern United States. Apidologie 38 (1). 2007, pp. 19-29.*

72. **Seeley, Thomas D. et al.** *A survivor population of wild colonies of European honeybees in the northeastern United States: investigating its genetic structure. Apidologie 46 (5). 2015, pp. 654-666.*

73. **Rangel, J. et al.** *Prevalence of Nosema species in a feral honey bee population: a 20-year survey. Apidologie 47. 2016, pp. 561-571.*

74. **Skúlason, S. et al.** *A way forward with eco evo devo: an extended theory of resource polymorphism with postglacial fishes as model systems. Biological Reviews 94 (5). 2019, pp. 1786-1808.*

75. **Gilbert, S. W., Bosch, T. C. G. and Ledóng-Rettig, C.** *Eco-Evo-Devo: developmental symbiosis and developmental plasticity as evolutionary agents. Nature Reviews Genetics 16 (10). 2015, pp. 611-622.*

76. **Ralston, A. and Shaw, K.** *Environment controls gene expression: Sex determination and the onset of genetic disorders. Nature Education 1 (1) : 203. 2008.*

77. **Ma, W. et al.** *Transcriptomic analysis reveals Apis mellifera adaptations to high temperature and high humidity. Ecotoxicology and Environmental Safety 184 109599. 2019.*

78. **Niño, E. L., Tarpy, D. R. and Grozinger, C.** *Genome-wide analysis of brain transcriptional changes in honey bee (Apis mellifera L.) queens exposed to carbon dioxide and physical manipulation. Insect Molecular Biology 20 (3). 2011, pp. 387-398.*

79. **Ribbands, C.** *Changes in the behaviour of honeybees following their recovery from anaesthesia. Journal of Experimental Biology 27. 1950, pp. 302-310.*

80. **Mardan, M. and Rinderer, T. M.** *Effects of Carbon Dioxide and Cold Anaesthesia on the Hoarding Behaviour of the Honeybee. Journal of Apicultural Research 19 (3). 1980, pp. 149-153.*

81. **Bühler, A., Lanzrein, B. and Wille, H.** *Influence of temperature and carbon dioxide concentration on juvenile hormone titre and dependent parameters of adult worker honey bees (Apis mellifera L.). Journal of Insect Physiology 29. 1983, pp. 885-893.*

82. **Koywiwattrakul, P. et al.** *Effects of carbon dioxide narcosis on ovary activation and gene expression in worker honeybees, Apis mellifera. Journal of Insect Science 5:36. 2005, p. 10.*

83. **Czekońska, K.** *The effect of different concentrations of carbon dioxide (CO2) in a mixture with air or nitrogen upon the survival of the honey bee (Apis mellifera). Journal of Apicultural Research 48 (1). 2009, pp. 67-71.*

84. **Harbo, J.R. and Bolten, A.B.** *Development times of male and female eggs of the honey bee. ANNALS OF THE ENTOMOLOGICAL SOCIETY OF AMERICA 74 (5). 1981, pp. 504-506.*

85. **Abou-Shaara, H. et al.** *A review of impacts of temperature and relative humidity on various activities of honey bees. Insectes Sociaux 64. 2017, pp. 455-463.*

86. **Becher, M. A., Scharpenberg, H. and Moritz, R. F. A.** *Pupal developmental temperature and behavioral specialization of honeybee workers (Apis mellifera L.). Journal of Comparative Physiology A 195. 2009, pp. 673–679.*

87. **McAfee, A.** *Extreme heat waves threaten honeybee fertility and trigger sudden death. [Online] 26 April 2022. [Cited: 5 Oktober 2022.] https://theconversation.com/extreme-heat-waves-threaten-honeybee-fertility-and-trigger-sudden-death-178504.*

88. **Paschke, Julius.** *Die selbsttätige Lüftung der Bienenbeute. Deutscher Imkerführer 16 (1). 1942, pp. 5-6.*

89. **Woodrow, A. W.** *Some effects of relative humidity on the length of live and food consumption of honeybees. Journal of Economic Entomology 28 (3). 1935, pp.)565–568.*

90. **Wang, Qing et al.** *Low-temperature stress during capped brood stage increases pupal mortality, misorientation and adult mortality in honey bees. PLoS ONE 11 (5) : e0154547. 2016.*

91. **Matuka, S.** *Die wichtige Rolle des Futtersaftes in der Ätiologie der bösartigen Faulbrut – Referat. XVII. Internationaler Bienenzüchter Kongress. Rom, 1958, Vol. 2, pp. 53-54.*

92. **Taranov, G. F. and Mikhailov, K. I.** *Konzentration von Kohlendioxid in der Wintertraube. Pchelovodstvo 10. 1960, pp. 5-10. (russischer Originaltitel: КОНЦЕНТРАЦИЯ УГЛЕКИСЛОГО ГАЗА В ЗИМНЕМ КЛУБЕ ПЧЕЛ).*

93. **Bahreini, R. and Currie, R. W.** *The potential of bee-generated carbon dioxide for control of varroa mite (Mesostigmata: Varroidae) in indoor overwintering honey bee (Hymenoptera: Apidae) colonies. Journal of Economic Entomology 108 (5). 2015, pp. 2153-2167.*

94. **Kozak, P. R. and Currie, R. W.** *Laboratory study on the effects of temperature and three ventilation rates on infestations of Varroa destructor in clusters of honey bees (Hymenoptera: Apidae). Journal of Economic Entomology 104 (6). 2011, pp. 1774-1782.*

95. **Onayemi, S. O., Hopkins, B. K. and Sheppard, W. S.** *Elevated CO2 increases overwintering mortality of Varroa destructor (Mesostigmata: Varroidae) in honey bee (Hymenoptera: Apidae) colonies. Journal of Economic Entomology 115 (4). 2022, pp. 1054-1058.*

96. **Engelbrecht, T. and Köhnlein, C.** *Virus-Wahn – Corona/COVID-19, Masern, Schweinegrippe, Vogelgrippe, SARS, BSE, Hepatitis C, AIDS, Polio. Lahnstein: Emu-Verlag – 9. Auflage, 2020.*

97. **Blaser, M. J.** *Antibiotika Overkill. Freiburg im Breisgau: Herder Verlag, 2017.*

98. **Zander, Enoch.** *Krankheiten und Schädlinge der erwachsenen Bienen – Handbuch der Bienenkunde in Einzeldarstellungen Band II – 5. Auflage. Stuttgart: Ulmer Verlag, 1947.*

99. **Jordan, R.** *Imker, lasse Deine Bienen sich «gesund fliegen»! Deutsche Bienenwirtschaft 15 (6). 1964, pp. 121-123.*

100. **Morgenthaler, Otto.** *Ein Jahrzehnt Milbenkrankheit der Honigbiene – Entdeckung, Erforschung und Bekämpfung eines Seuchen-Erregers. Zeitschrift für angewandte Entomologie 19 (3). 1932, pp. 449-489.*

101. **Borchert, A.** *Das Bienenvolk als Organismus und seine Beeinflussung durch äußere und innere Schadumstände. Tierärztliche Wochenschrift 15. 1940, p. 196.*

102. **Schulz-Langner, Elisabeth.** *Die Rolle des Ventiltrichters (Proventriculus) bei der Resistenz der Honigbiene gegen die bösartige Faulbrut. Zeitschrift für Bienenforschung 3 (10). 1957, pp. 234-237.*

103. *—. Über das Vorkommen hoher Körpertemperaturen bei der Honigbiene mit entwicklungshemmender Wirkung auf den Parasiten Nosema apis (Zander). Zeitschrift für Bienenforschung 4 (4). 1958, pp. 67-86.*

104. **Alber, M.** *Milbenseuche – woher und wohin? Die Bienenzucht im Spiegel der Wissenschaft und der Praxis 5 (3). 1953, pp. 75-77.*

105. **Bailey, L.** *Honey bee pathology. Annual Review of Entomology 13. 1968, pp. 191-212.*

106. **Bailey, L.** *The «Isle of Wight Disease»: The origin and significance of the myth. Bee World 45 (1). 1964, pp. 32-37.*

107. **Datnoff, L. E., Elmer, W. H. and Huber, D. M.** *Mineral Nutrition and Plant Disease. s.l.: American Phytopathological Society, 2007.*

108. **Kempf, John.** *Advancing Eco Agriculture. [Online] 24 9 2015. [Cited: 20 8 2021.] https://www.youtube.com/watch?v=PVkaJmc2SKk.*

109. **Rolle, M. and Mayr, A.** *Medizinische Mikrobiologie, Infektions- und Seuchenlehre – 8. überarbeitete Auflage. Stuttgart: Enke-Verlag, 2006.*

110. **Bährmann, R. et al.** *Imkerliche Fachkunde. Berlin: VEB Deutscher Landwirtschaftsverlag – 2. Auflage, 1968.*

111. **Gontarski, H.** *Biologische Erkenntnisse als Grundlage der Betriebsweise. Südwestdeutscher Imker 4 (11). 1952, pp. 342-347.*

112. **Büdel, Anton.** *Bienenphysikalische Begriffsbestimmungen. Zeitschrift für Bienenforschung 5 (8). 1961, pp. 279-280.*

113. **Büdel, Anton et al.** *Biene und Bienenzucht. München: Ehrenwirth Verlag, 1960.*

114. **Büdel, Anton.** *Grundsätzliches zur Einwinterung. Der Imkerfreund 9 (9). 1954, pp. 307-310.*

115. *—. Der Wärmetransport in dem von den Bienen während des Winters nicht besetzten Innenraum der Beute. Zeitschrift für Bienenforschung 2 (3). 1953, pp. 67-84.*

116. **Lindauer, Martin.** *Bienentänze in der Schwarmtraube (II). Der Imkerfreund 9 (4). 1954, pp. 115-116.*

117. **Büdel, Anton.** *Der Wasserdampfhaushalt im Bienenstock. Zeitschrift für vergleichende Physiologie 31. 1948, pp. 249-273.*

118. *—. Der Einfluss des Wetters auf das Kleinklima in der Bienenwohnung. Südwestdeutscher Imker 6 (11). 1954, pp. 333-335.*

119. —. *Die Betriebsweise und das Großklima. Südwestdeutscher Imker 4 (5). 1952, pp. 144-146.*

120. **Vogt, Joachim.** *Spektrum.de. [Online] 2021. [Cited:] https://www.spektrum.de/lexikon/geographie/waldklima/8788.*

121. **Knohl, Alexander.** *Messdaten der Messstation Hainich Nationalpark in Thüringen. s.l.: Georg-August-Universität Göttingen, 2020.*

122. **Dietz, Markus and Simon, Olaf.** *Fledermäuse im Nationalpark Kellerwald-Edersee. Forschungsberichte des Nationalparks Kellerwald-Edersee Band 1. 2008.*

123. **Büdel, Anton.** *Die Bienenphysik legt Rechenschaft ab. Der Imkerfreund 12 (2). 1957, pp. 35-40.*

124. **Grziwa, Josef.** *Das Kleinklima vor dem Bienenhaus im Sommer. Die Bienenzucht im Spiegel der Wissenschaft und Praxis 4 (9). 1951, pp. 273-276.*

125. **Sigmund, Armin.** *Bachelorarbeit «Untersuchung der bodennahen Temperaturgradienten bei Kaltluftentstehung an einem schwach geneigten Hang mithilfe der Distributed Temperature Sensing – Methode». s.l.: Universität Bayreuth, 2015.*

126. **Zürcher, Christoph and Frank, Thomas.** *Bauphysik: Bau & Energie. s.l.: vdf Hochschulverlag AG, 2018.*

127. **Willems, Wolfgang M.** *Lehrbuch der Bauphysik: Schall – Wärme – Feuchte – Licht – Brand – Klima. s.l.: Springer-Verlag, 2017.*

128. **von Böckh, Peter.** *Wärmeübertragung – Grundlagen und Praxis. 2. s.l.: Springer Verlag, 2006.*

129. **Stephan, Peter et al.** *VDI-Wärmeatlas . 12. s.l.: Springer Vieweg, 2018.*

130. **Niemz, Peter.** *Physik des Holzes. s.l.: ETH Zürich – Institut für Baustoffe, 2005.*

131. **Pitt, Walter.** *bwd – boden wand decke. Holzpflaster: Alles, was Sie wissen müssen. [Online] 2018. www.boden-wand-decke.de.*

132. **Büdel, Anton and Grziwa, J.** *Physikalische Austauschvorgänge am Flugloch (Wintersituation). Zeitschrift für Bienenforschung 3 (6). April 1956, pp. 139-144.*

133. **Roedel, Walter and Wagner, Thomas.** *Physik unserer Umwelt: Die Atmosphäre. Berlin: Springer Spektrum, 2017.*

134. **Büdel, Anton.** *Die Bienenphysik bringt Beweise. Der Imkerfreund 8 (1). 1953, pp. 3-4. (Thema: Temperaturverteilung, Kastenisolation, Aufsteigen warmer Luft).*

135. —. *Der Jahresablauf im Leben eines Bienenvolkes. Leipziger Bienenzeitung 64 (2). 1950, pp. 23-27.*

136. **Büdel, Anton and Grziwa, J.** *Diffusionsvorgänge in der Stockatmosphäre. Zeitschrift für Bienenforschung 5 (7). 1961, pp. 230-233.*

137. **Tipler, P. A. and Mosca, G.** *Physik – für Wissenschaftler und Ingenieure. [ed.] P Kersten and Wagner J. 7. s.l.: Springer Spektrum, 2019.*

138. **Stephan, Peter.** *Grundlagen der Wärmeübertragung. [book auth.] P. Stephan, et al. VDI- Wärmeatlas. Berlin: Springer Vieweg, 2019.*

139. **Fouad, Nabil A. and Richter, Torsten.** *Thermografie im Bauwesen. 4. s.l.: Fraunhofer IRB Verlag, 2012. ISBN 978-3-8167-8456-2.*

140. **Paschke, Maria Edzardina.** *Der neue Baurahmenimker. [ed.] Liedloff, Loth and Michaelis. s.l.: Verlag der Leipziger Bienenzeitung, 1953. p. 253.*

141. **Paschke, Julius.** *Der Baurahmenimker. [ed.] Liedloff, Loth and Michaelis. s.l.: Verlag der Leipziger Bienenzeitung, 1937.*

142. **Büdel, Anton and Grziwa, Josef.** *Die Lebensgeschichte einer Brutwabe. Der Imkerfreund 7 (10). 1952, pp. 310-313.*

143. **Büdel, Anton.** *Die Sommerhitze und die Temperatur in der Beute. Leipziger Bienenzeitung 63 (6). 1949, pp. 91-92.*

144. **Villumstad, E.** *Importance of hive insulation for wintering, development and honey yield in Norway. Apiacta 9. 1974, pp. 277–281.*

145. **Radcliffe, Robin W. and Seeley, Thomas D.** *Looking to Nature to Solve the Health Crisis of Honey Bees. [book auth.] Robin W. Radcliffe. Honey Bee Medicine for the Veterinary Practitioner. s.l.: John Wiley & Sons, Inc., 2021.*

146. **Ubakus.** *Aufgerufen am 1. Juni 2021. [Online] 2021. www.ubakus.de.*

147. **Niemz, Peter.** *Untersuchungen zur Wärmeleitfähigkeit ausgewählter einheimischer und fremdländischer Holzarten. Bauphysik 29 (4). 2007, pp. 311-312.*

148. **Lohman, Ulf.** *Holz Lexikon 4. Auflage. Stuttgart: DRW Verlag, 2003.*

149. **Miles, Patrick D. and Smith, W. Brad .** *Specific gravity and other properties of wood and bark for 156 tree species found in North America. [ed.] U.S. FOREST SERVICE. s.l.: USDA – United States Department of Agriculture, 2009.*

150. **Brudi & Partner – Treeconsult.** *Richtwerte für das Gewicht grünen Holzes. Kletterblatt – Kurszeitschrift der Münchner Baumkletterschule. April 2004.*

151. **Gesamtverband Deutscher Holzhandel e.V.** *Holz vom Fach. [Online] 2021. https://www.holzvomfach.de/fachwissen-holz/holz-abc/.*

152. **Schneider, Klaus-Jürgen, Goris, Alfons and Albert, Andrej.** *Schneider Bautabellen für Ingenieure. [ed.] Albert. 23. Auflage. s.l.: Bundesanzeiger Verlag, 2018.*

153. **Sixl, Wolf.** *Studien an Baumhöhlen in der Steiermark. [ed.] Zoologisches Institut der Universität Graz. s.l.: Mitt. Naturwiss. Ver. Steiermark, 1969. pp. 130-142. Vol. 99.*

154. **Coombs, Andrea, Bowman, Jeff and Garroway, Colin.** *Thermal properties of tree cavities during winter in a northern hardwood forest. Journal of Wildlife Management 74 (8). Dezember 2010, pp. 1875-1881.*

155. **Armbruster, Ludwig.** *Der Wärmehaushalt im Bienenvolk. Berlin: F. Pfenningstorff, 1923. p. 120.*

156. **Gerstung, Ferdinand.** *Grundlagen für die rationelle Ein- und Durchwinterung der Bienen. 3. s.l.: Paul Waetzel, 1902. p. 50.*

157. **Southwick, Edward E.** *Thermal conductivity of wax comb and its effect on heat balance in colonial honey bees (Apis mellifera L.). Experientia 41. 1985, pp. 1486–1487.*

158. **Büdel, Anton.** *Die Bienenphysik bringt Beweise (VII). Der Imkerfreund 7 (7). 1952, pp. 210-211. (Thema: Thermoelemente zur Temperaturmessung).*

159. **Armbruster, Ludwig.** *Flugloch und Stockklima. Archiv für Bienenkunde 40. 1963, pp. 77-94.*

160. **Kammer, Ann E. and Heinrich, Bernd.** *Insect flight metabolism. Advances in Insect Physiology 13. 1978, pp. 133-228.*

161. **Jebsen, Wilhelm.** *Das Bienenleben in Zahlen. Archiv für Bienenkunde 29. 1952, pp. 17-30.*

162. **Seeley, Thomas D. and Morse, Roger A.** *The nest of the honey bee (Apis mellifera L.). Insectes Sociaux 23 (4). 1976, pp. 495-512.*

163. **Bruder Adam.** *Abdruck Vortrag «Bienenzüchtung» von Bruder Adam am 29.03.1953 anläßlich der Reinzüchtertagung in Hannover. Deutsche Bienenwirtschaft 4 (7). 1953, pp. 151-156.*

164. **Werner-Meyer, Waltraud.** *Wachs und Wachsbau – Kittharz. [book auth.] Anton Büdel and Edmund Herold. Biene und Bienenzucht. München: Ehrenwirth, 1960, pp. 202-232.*

165. **Büdel, Anton.** *Die Abhängigkeit des Wärmehaushalts einer Bienenwohnung von der Wabenstellung. Zeitschrift für Bienenforschung 2 (8). 1954, pp. 224-224.*

166. **Hallund, V.** *Insulation of the hive wall and wintering of the bees. Bitidningen 47. Mai 1948, pp. 151-156.*

167. **Büdel, Anton.** *Isolierung der Beutenwände. Der Imkerfreund 5 (10). 1950, pp. 187-188.*

168. *—. Die Bienenphysik bringt Beweise (VIII). Der Imkerfreund 7 (9). 1952, pp. 282-283. (Thema: Einfluss von Wind im Kaltbau).*

169. **Grziwa, Josef.** *Die Grundlagen der Bienenphysik: Wind und Bienenvolk. Die Bienenpflege 74 (7). 1952, pp. 129-132.*

170. **Büdel, Anton.** *Die Bienenphysik bringt Beweise (IV). Der Imkerfreund 6 (11). 1951, pp. 369-370. (Thema: Einfluss von Wind auf die Temperaturverteilung in der Winterruhe).*

171. *—. Der Wind und die Oberüberwinterung. Die Bienenzucht 5 (2). 1952, pp. 36-39.*

172. *—. Winterschutz am Flugloch. Deutsche Bienenwirtschaft 13 (10). 1962, pp. 295-297.*

173. *—. Der Zwischenboden und das Kleinklima in der Beute. Der Imkerfreund 4 (8). 1949, pp. 151-153.*

174. **Grout, Roy A.** *The hive and the honeybee. [ed.] Dadant & Sons. 1963. p. 31.*

175. **Alber, M.** *Was sagen die Bienen zu Fluglöchern und Lüftungen? Deutsche Bienenwirtschaft 6 (10). 1955, pp. 215-218.*

176. **Paschke, Julius.** *Die wärmegeschützte Bienenbeute im Sommer. Die deutsche Bienenwirtschaft 15. 1941, pp. 121-123.*

177. **Tribe, Geoff et al.** *Firewalls in bee nests—survival value of propolis walls of wild Cape honeybee (Apis mellifera capensis). The Science of Nature 104 (3-4) : 29. 2017.*

178. **Büdel, Anton.** *Die Grundlagen der Bienenphysik: Der Wärmehaushalt der Bienenwohnung. Die Bienenpflege 74 (6). 1952, pp. 107-109.*

179. **Grziwa, Josef.** *Wärmetechnik und Beutenbau (1. Folge). Deutsche Bienenwirtschaft 7 (5). 1956, pp. 103-105.*

180. *—. Wärmetechnik und Beutenbau (2. Folge). Deutsche Bienenwirtschaft 7 (7). 1956, pp. 168-170.*

181. *—. Wärmetechnik und Beutenbau (3. Folge). Deutsche Bienenwirtschaft 7 (11). 1956, pp. 280-282.*

182. **Büdel, Anton.** *Die Bienenphysik bringt Beweise. Der Imkerfreund 9 (8). 1954, pp. 271-272. (Thema: Arbeitswärme).*

183. *—. Nicht heizen, sondern füttern! Deutsche Bienenwirtschaft 9 (3). 1958, pp. 41-47.*

184. *—. Was geschieht wenn es den Bienen im Brutnest zu kalt oder zu warm wird? Die Bienenzucht im Spiegel der Wissenschaft und der Praxis 9 (12). Dezember 1956, pp. 357-361.*

185. **Lindauer, Martin.** *Die Temperaturregulierung der Bienen bei Stocküberhitzung. Naturwissenschaften 38. 1951, pp. 308-309.*

186. *—. Temperaturregulierung und Wasserhaushalt im Bienenstaat. Zeitschrift für vergleichende Physiologie 36. 1954, pp. 391-432.*

187. **Büdel, Anton.** *Die Bienenphysik bringt Beweise. Der Imkerfreund 6 (4). 1951, p. 112. (Thema: Einfluss des Fluglochs an Wärmeverlusten).*

188. *—. Die Bewertung einer Bienenwohnung. Deutsche Bienenzeitung 4 (10). 1949, pp. 146-148.*

189. **Stabentheiner, Anton et al.** *Coping with the cold and fighting the heat: thermal homeostasis of a superorganism, the honeybee colony. Journal of Comparative Physiology A 217. 2021, pp. 337–351.*

190. **Büdel, Anton.** *Die Verwirrung um die Stocknässe. Südwestdeutscher Imker 6 (2). 1954, pp. 40-43.*

191. *—. Lüftungslöcher in der Bienenwohnung. Leipziger Bienenzeitung 65 (1). 1951, pp. 3-4.*

192. **Lindauer, Martin.** *Schwarmbienen auf Wohnungssuche. Zeitschrift für vergleichende Physiologie 37 (4). 1955, pp. 263-324.*

193. **Seeley, Thomas D.** *Bienendemokratie – Wie Bienen kollektiv entscheiden und was wir davon lernen können. s.l.: Fischer Verlag, 2018.*

194. **Southwick, Edward E. and Moritz, Robin F. A.** *Social control of air ventilation in colonies of honey bees, Apis mellifera. Journal of Insect Physiology 33 (9). 1987, pp. 623-626.*

195. **Büdel, Anton.** *Die Temperatur in der Beute. Der Imkerfreund 3 (10). 1948, pp. 89-91.*

196. **Schmaranzer, Sigurd and Stabentheiner, Anton.** *Berührungslose Körpertemperaturmessung bei Insekten. Biologie in unserer Zeit 21 (5). 1991, pp. 261-262.*

197. **Heinrich, Bernd.** *The Hot-Blooded Insects – Strategies and mechanisms of thermoregulation. Berlin: Springer-Verlag, 1993. ISBN 978-3-662-10342-5.*

198. **Büdel, Anton.** *Die Bienenphysik bringt Beweise (IX). Der Imkerfreund 7 (12). 1952, p. 374. (Thema: Verhalten bei Ruhestörung im Winter).*

199. *—. Die Bienenphysik im Dienste der praktischen Imkerei. Der Imkerfreund 4 (9). 1949, pp. 171-171.*

200. *—. Die Bienenphysik bringt Beweise (V). Der Imkerfreund 7 (2). 1952, pp. 36-37. (Thema: Rähmchenmaß und Kastenisolation im Sommer).*

201. *—. Neue Gesichtspunkte der Imkertechnik. Südwestdeutscher Imker 2 (9). 1950, pp. 265-267.*

202. *—. Das Mikroklima in einer Blüte. Zeitschrift für Bienenforschung 3 (8). 1956, pp. 185-190.*

203. *—. Das Temperaturfeld im Wurzelbereich der Trachtpflanzen. Zeitschrift für Bienenforschung 4 (10). 1959, pp. 212-214.*

204. *—. Die Luftfeuchtigkeit im Bienenstock. Leipziger Bienenzeitung 62 (4). 1948, pp. 54-55.*

205. **Fischer, Heinz Martin et al.** *Lehrbuch der Bauphysik. [ed.] Heinz Martin Fischer. Wiesbaden: Vieweg+Teubner Verlag, 1997. ISBN 978-3-322-94082-7.*

206. **Berg, Jeremy M., Tymoczko, John L. and Stryer, Lubert.** *Stryer Biochemie. 6. s.l.: Elsevier Spektrum Akademischer Verlag, 2007.*

207. **Benedix, Roland.** *Bauchemie. s.l.: Springer Vieweg, 2020. 978-3-658-26441-3.*

208. **Mortimer, Charles E. and Müller, Ulrich.** *Chemie. 11. s.l.: Thieme, 2014.*

209. **Büdel, Anton.** *Die Grundlagen der Bienenphysik: Die Feuchtigkeit im Bienenkasten. Die Bienenpflege 74 (10). 1952, pp. 190-193.*

210. **Häupl, Peter et al.** *Lehrbuch der Bauphysik. [ed.] Wolfgang M. Willems. 2017.*

211. **Thess, A. and Kaiser, R.** *Wärmeübertragung bei freier Konvektion: Innenströmungen. [book auth.] P. Stephan, et al. VDI-Wärmeatlas. Berlin: Springer Vieweg, 2019.*

212. **Popper, Rudolf and Niemz, Peter.** *Wasserdampfsorptionsverhalten ausgewählter heimischer und überseeischer Holzarten. Bauphysik 31 (2). April 2009, pp. 117-121.*

213. **Keylwerth, R. and Noack, D.** *Die Kammertrocknung von Schnittholz, Betriebsblatt 1. Holz als Roh- und Werkstoff: European journal of wood and wood products 22 (1). Januar 1964, pp. 29-36.*

214. **Nicolson, Susan W.** *Water homeostasis in bees, with the emphasis on sociality. The Journal of Experimental Biology 212. 2008, pp. 429-434.*

215. **Doull, Keith M. and Mew, P.** *The hygroscopic properties of different dilutions of honey. Apidologie 8 (1). 1977, pp. 19-24.*

216. **Pérez, A. et al.** *Literature review on linear regression equations for relating water activity to moisture content in floral honeys: development of a weighted average equation. Food Bioprocess Technology 2. 2009, pp. 437-440.*

217. **Ellis, Michael. B., Nicolson, S.W. and Crewe, R.M.** *Brood comb as a humidity buffer in honeybee nests. Naturwissenschaften 97. 2010, pp. 429-433.*

218. **Büdel, Anton.** *Der Irrtum der Stockwaage. Die Bienenzucht 4 (12). Dezember 1951, pp. 349-351.*

219. **Jakovlev, Vladimir and Krüger, Friedrich.** *Untersuchungen zur Transpiration der Hausgrille (Gryllus Domesticus L.). Zeitschrift für vergleichende Physiologie 37. 1954, pp. 57-77.*

220. **Himmer, A.** *Ein Beitrag zur Kenntnis des Wärmehaushalts im Nestbau sozialer Hautflügler. Zeitschrift für vergleichende Physiologie 5. 1927, pp. 375–389.*

221. **Hess, W. R.** *Die Temperaturregulierung im Bienenvolk. Zeitschrift für vergleichende Physiologie 4. 1926, pp. 465-487.*

222. **Doull, Keith M.** *The effects of different humidities on the hatching of the eggs of honeybees. Apidologie 7 (1). 1976, pp. 61-66.*

223. **Hanumanthaswamy, B. C., Rajagopal, D. and Basavaraju, B. S.** *Influence of temperature and relative humidity on development of greater wax moth Galleria mellonella L. (Pyralidae: Lepidoptera). Current Biotica 7 (3). 2013, pp. 202-208.*

224. **Hood, William Michael.** *The small hive beetle, Aethina tumida: a review. Bee World 85 (3). 2004, pp. 51-59.*

225. **Bütler, R. et al.** *Taschenführer der Baummikrohabitate – Beschreibung und Schwellenwerte für Feldaufnahmen. s.l.: Eidg. Forschungsanstalt für Wald, Schnee und Landschaft WSL, 2020.*

226. **Seeley, Thomas D. and Morse, Roger A.** *Nest site selection by the honey bee, Apis mellifera. Insectes Sociaux 25 (2). 1978, pp. 323-337.*

227. **Gütschow, Hans.** *Etwas für Beutenerfinder. Deutsche Bienenzeitung 7 (4). 1952, pp. 117-117.*

228. **Büdel, Anton and Grziwa, J.** *Wasser in der Bienenwohnung. Südwestdeutscher Imker 13 (9). 1961, pp. 268-271.*

229. **Welker, Kurt.** *Noch etwas für Beutenerfinder. Deutsche Bienenzeitung 7 (6). 1952, pp. 181-182.*

230. **McComb, Willam C. and Noble, Robert E.** *Microclimates of nest boxes and natural cavities in bottomland hardwoods. [ed.] Wiley on behalf of the Wildlife Society. The Journal of Wildlife Management 45 (1). Januar 1981, pp. 284-289.*

231. **Louw, Gideon N. and Hadley, Neil F.** *Water economy of the honeybee: A stoichiometric accounting. The Journal of Experimental Zoology 235 (1). 1985, pp. 147-150.*

232. **Meyer, Waltraud and Ulrich, Werner.** *Zur Analyse der Bauinstinkte unserer Honigbiene. Untersuchungen über die «Kleinbauarbeiten». Die Naturwissenschaften 39. 1952, p. 264.*

233. **Le Conte, Y., Arnold, G. and Desenfant, P.** *Influence of brood temperature and hygrometry variations on the development of the honey bee ectoparasite Varroa jacobsoni. Environmental Entomology 19 (6). 1990, pp. 1780-1785.*

234. **Kraus, B. and Velthuis, H. H. W.** *High humidity in the honey bee (Apis mellifera L.) brood nest limits reproduction of the parasitic mite Varroa jacobsoni Oud. Naturwissenschaften 84. 1997, pp. 217-218.*

235. **Büdel, Anton.** *Die Bienenphysik bringt Beweise. Der Imkerfreund 8 (7). 1953, pp. 244-245. (Thema: Das Eindicken des Honigs).*

236. **Nicolson, Susan W. and Human, Hannelie.** *Bees get a head start on honey production. Biology Letters 4. 2008, pp. 299–301.*

237. **Nicolson, Susan W., Human, Hannelie and Pirk, Christian W. W.** *Honey bees save energy in honey processing by dehydrating nectar before returning to the nest. Scientific Reports 12 : 16224. 2022.*

238. **Park, O. Wallace.** *The storing and ripening of honey by honeybees. Journal of Economic Entomology 18. 1925, pp. 405-410.*

239. **Park, O. W.** *Studies on the changes in nectar concentration produced by the honeybee, Apis mellifera – Part 1: Changes which occur between the flower and the hive. [ed.] Agricultural Experiment Station Iowa State College of Agriculture and Mechanic Arts. Research Bulletin No. 151. 1932.*

240. **Pasedach-Poeverlein, Katharina.** *Über das «Spritzen» der Bienen und über die Konzentrationsänderung ihres Honigblaseninhalts. Zeitschrift für vergleichende Physiologie 28 (3). 1940, pp. 197-210.*

241. **Altmann, G.** *Die Regulation des Wasserhaushaltes der Honigbiene. Insectes Sociaux 3. 1956, pp. 33-40.*

242. **Herold, Edmund.** *Wasserhaushalt der Winterbienen. Der Imkerfreund 17 (1). 1962, pp. 25-25.*

243. **Park, O. Wallace.** *IV. Activities of Honey Bees. [book auth.] Roy A. Grout. The Hive and the Honey Bee. s.l.: Dadant & Sons Hamilton, 1949, pp. 79-152.*

244. **Herold, Edmund.** *Aus Nektar wird Honig. Der Imkerfreund 4 (9). 1949, pp. 181-185.*

245. **Forest Products Laboratory (U.S.).** *Wood Handbook: Wood as an Engineering Material. 1999.*

246. **Kießl, K. and Möller, U.** *Zur Berechnung des Feuchteverhaltens von Bauteilen aus Holz und Holzwerkstoffen. Holz als Roh- und Werkstoff 47. 1989, pp. 317-322.*

247. **Wagh, Vijay D.** *Propolis: A wonder bees product and its pharmacological potentials. Advances in Pharmacological Sciences 2013 : 308249. 2013, pp. 1-11.*

248. **Anjum, Syed Ishtiaq et al.** *Composition and functional properties of propolis (bee glue): A review. Saudi Journal of Biological Sciences 26 (7). 2018, pp. 1695-1703.*

249. **Greenaway, W., Scaysbrook, T. and Whatley, F. R.** *Composition of propolis in Oxfordshire, U.K. and its relation to poplar bud exudate. Zeitschrift für Naturforschung C 43 (3-4). 1988, pp. 301-305.*

250. **Ghisalberti, E. L.** *Propolis: a review. Bee World 60 (2). 1979, pp. 59-84.*

251. **Simone-Finstrom, Michael and Spivak, Marla.** *Propolis and bee health: the natural history and significance of resin use by honey bees. Apidologie 41. 2010, pp. 295–311.*

252. **Simone, Michael, Evans, Jay D. and Spivak, Marla.** *Resin collection and social immunity in honey bees. Evolution 63 (11). 2009, pp. 3016-3022.*

253. **Simone-Finstrom, Michael et al.** *Propolis counteracts some threats to honey bee health. Insects 8 (2) : 46. 2017.*

254. **Wilson, A. et al.** *Metabolomics reveals the origins of antimicrobial plant resins collected by honey bees. PLoS ONE 8 (10). 2013, p. 13.*

255. **Bachmair, Felix.** *Antimikrobielle Wirkung ausgewählter Harze auf luftgetragene Keime. s.l.: Universität Wien, 2013.*

256. **Banovac, Daniel.** *Diplomarbeit «Antimikrobielle Wirkung ausgewählter flüchtiger Verbindungen und ätherischer Öle auf luftgetragene Keime». s.l.: Universität Wien, 2012.*

257. **El Batnigi , Rodaina.** *Diplomarbeit «Medizinisch relevante Wirkungen ausgewählter Harze und Balsame von K-Z sowie neue Aspekte ausgewählter Harze und Balsame von A-Z». s.l.: Universität Wien, 2016.*

258. **Strehle, Marion A.** *Dissertation «Mikroskopische und spektroskopische Charakterisierung biologisch relevanter Oberflächen». s.l.: Julius Maximilians Universität Würzburg, 2003.*

259. **Hepburn, H. R. and Radloff, S. E.** *Honeybees of Africa. 1998. ISBN: 978-3-662-03604-4.*

260. **Meyer, Waltraud.** *Die Kittharzbienen und ihre Tätigkeiten. Zeitschrift für Bienenforschung 2 (7). Juli 1954, pp. 185-200.*

261. **Sandemann, D. C., Tautz, J. and Lindauer, M.** *Transmission of vibration across honeycombs. The Journal of Experimental Biology 199 (Pt 12). 1996, pp. 2585–2594.*

262. **Meyer, Waltraud and Ulrich, W.** *'Propolis bees' and their activities. Bee World 37 (2). 1956, pp. 25-36.*

263. **Donhowe, G. and Fennema, O.** *Water vapor and oxygen permeability of wax films. Journal of the American Oil Chemists' Society 70. September 1993, pp. 867–873.*

264. **Sedlbauer, K. and Krus, M.** *Schimmelpilze aus der Sicht der Bauphysik: Wachstumsvoraussetzungen, Ursachen und Vermeidung. [book auth.] R. Oswald. Aachener Bausachverständigentage 2003. s.l.: Vieweg+Teubner Verlag, 2003.*

265. **Sedlbauer, Klaus.** *Dissertation «Vorhersage von Schimmelpilzbildung auf und in Bauteilen». s.l.: Fakultät Bauingenieur- und Vermessungswesen der Universität Stuttgart, 2001.*

266. **Block, S. S.** *Humidity requirements for mold growth. Applied microbiology 1 (6). 1953, pp. 287–293.*

267. **Smith, Sharron L. and S.T.Hill.** *Influence of temperature and water activity on germination and growth of Aspergillus restrictus and A. versicolor. Transactions of the British Mycological Society 79 (3). 1982, pp. 558-560.*

268. **Hodges, Cynthia R. L., Delaplane, Keith S. and Brosi, Berry J.** *Textured hive interiors increase honey bee (Hymenoptera: Apidae) propolis-hoarding behavior. Journal of Economic Entomology 112 (2). 2019, pp. 986-990.*

269. **Ruttner, F., Pourasghar, D. and Kauhausen, D.** *Die Honigbienen des Iran 2. Apis mellifera meda skorikow, die persische Biene. Apidologie 16 (3). 1985, pp. 241-264.*

270. **Ruttner, Friedrich, Milner, Eric and Dews, John E.** *The Dark European Honey Bee – Apis mellifera mellifera Linnaeus 1758. s.l.: British Isles Bee Breeders Association, 1990.*

271. **Kekecoglu, Meral et al.** *The relationships between propolis collecting capability and morphometric features of some honey bee races and ecotypes in Anatolia. Journal of Agricultural Sciences 26 (1). 2020, pp. 71-77.*

272. **Ruttner, Friedrich.** *Biogeography and Taxonomy of Honeybees. 1988.*

273. *—. Apis Mellifera Adami (n.ssp.), Die Kretische Biene. Apidologie 11 (4). 1980, pp. 385-400.*

274. **Schneider, S. and Blyther, R.** *The habitat and nesting biology of the African honey bee Apis mellifera scutellata in the Okavango River Delta, Botswana, Africa. Insectes Sociaux 35. 1988, pp. 167-181.*

275. **University of Florida.** *Entomology and Nematology Department. Apis cerana. [Online] 2022. https://entnemdept.ufl.edu/creatures/misc/bees/Apis_cerana.htm.*

276. **Habermehl, A. and Ridder, H.-W.** *Computer-Tomographie in der Forstwirtschaft und Baumpflege (Teil 2). DGZfP-Zeitung 56. 1997.*

277. **Lachat, T. et al.** *Totholz im Wald. Entstehung, Bedeutung und Förderung. Merkblatt für die Praxis 52. 2019, p. 12.*

278. **Kristo, E. and Biliaderis, C.G., Zampraka, A.** *Water vapour barrier and tensile properties of composite caseinate-pullulan films: Biopolymer composition effects and impact of beeswax lamination. Food Chemistry 101 (2). 2007, pp. 753–764.*

279. **Büdel, Anton.** *Honig und Luftfeuchtigkeit. Der Imkerfreund 3 (9). 1948, pp. 73-74.*

280. *—. Wie kommt das Wasser in den Honig? Der Imkerfreund 15 (9). 1960, pp. 292-293.*

281. *—. Vorgänge beim Eindicken des Honigs. Südwestdeutscher Imker 3 (3). 1951, pp. 60-62.*

282. **Vásquez, Alejandra and Olofsson, Tobias.** *The honey crop – the Holy Grail when antibiotics fail? Microbiology today (38). 2011, pp. 226–229.*

283. **Berry, Jennifer A. and Delaplane, Keith S.** *Effects of comb age on honey bee colony growth and brood survivorship. Journal of Apicultural Research 40 (1). 2001, pp. 3-8.*

284. **Piccirillo, Giancarlo A. and de Jong, David.** *Old brood combs are more infested by the mite varroa jacobsoni than new brood combs. Apiacta 1. 2002, p. 2.*

285. *—. Old honey bee brood combs are more infested by the mite Varroa destructor than are new brood combs. Apidologie 35 (4). 2004, pp. 359 – 364.*

286. **Von der Ohe, Werner.** *Reinigungsflug. Celle: LAVES – Institut für Bienenkunde, 2004.*

287. **Altmann, G.** *Hormonale Regelung des Wasserhaushaltes der Honigbiene. Zeitschrift für Bienenforschung 2 (1). 1953, pp. 11-16.*

288. **Zander, Enoch.** *Der Bau der Biene. Stuttgart: Eugen Ulmer, 1951.*

289. **Wigglesworth, V. B.** *On the Function of the so-called 'Rectal Glands' of Insects. Journal of Cell Science 75. 1932, pp. 131-150.*

290. **Büdel, Anton.** *Die Forderungen der Bienenphysik bei der Einwinterung der Bienenvölker. Südwestdeutscher Imker 1 (11). 1949, pp. 278-279.*

291. **Böttcher, F. K.** *Überwinterung unter Luftabschluss. Der Imkerfreund 5 (4). 1950, p. 60.*

292. **Leitner, Johann.** *Erfahrungen bei der Überwinterung mit geschlossenem Flugloch. Der Imkerfreund 3 (9). 1948, pp. 82-82.*

293. **Büdel, Anton.** *Der Frühjahrs-Bruteinschlag und der Wasserdampfhaushalt im Stock. Archiv für Bienenkunde 26. 1949, pp. 11-14.*

294. *—. Der Imker kann die Feuchtigkeit in der Beute regulieren. Leipziger Bienenzeitung 62 (10). 1948, pp. 156-158.*

295. *—. Wann wird der Winter den Bienen gefährlich? Der Imkerfreund 4 (2). 1949, pp. 20-21.*

296. *—. Das Nebelwetter und die Stockfeuchte. Die Bienenzucht im Spiegel der Wissenschaft und der Praxis 6 (1). 1953, pp. 9-12.*

297. **Berlepsch, August von.** *Biene und die Bienenzucht in honigarmen Gegenden nach dem gegenwärtigen Standpunct der Theorie und Praxis. Mühlhausen in Thüringen: Verlag der Friedrich Heinrichshofenschen Buchhandlung, 1860.*

298. **Armbruster, Ludwig.** *Ein Wassermagnet im Stock. Archiv für Bienenkunde 36. 1959, pp. 10-13.*

299. *—. Temperatur am Stockboden und Wassermagnet. Archiv für Bienenkunde 40. 1963, pp. 74-77.*

300. **Büdel, Anton.** *Schwankungen der Lufttemperatur in der Wabengasse eines brütenden Volkes. Zeitschrift für Bienenforschung 3 (4). 1955, pp. 88-92.*

301. *—. Oberes oder unteres Flugloch? Der Imkerfreund 3 (11). 1948, pp. 107-108.*

302. **Ellis, Michael B. et al.** *Hygropreference and brood care in the honeybee (Apis mellifera). [ed.] Elsevier Ltd. Journal of Insect Physiology 54 (12). 2008.*

303. **Büdel, Anton.** *Die Bienenphysik bringt Beweise (XVI). Der Imkerfreund 10 (12). 1955, pp. 379-380. (Thema: Richtung des Fächelns).*

304. **Schricker, Burkhard.** *Die Orientierung der Honigbiene in der Dämmerung. Zeitschrift für vergleichende Physiologie 49. 1965, pp. 420-458.*

305. **Wohlgemuth, Richard.** *Die Temperaturregulation des Bienenvolkes unter regeltheoretischen Gesichtspunkten. Zeitschrift für vergleichende Physiologie 40. 1957, pp. 119-161.*

306. **Neuhaus, Walter and Wohlgemuth, Richard.** *Über das Fächeln der Bienen und dessen Verhältnis zum Fliegen. Zeitschrift für vergleichende Physiologie 43. 1960, pp. 615-641.*

307. **Büdel, Anton.** *Die Feuchtigkeit im Bienenstock. Deutsche Bienenzeitung 3 (11). 1948, pp. 163-165.*

308. **van Praagh, J. P.** *Die Feuchtigkeit der Stockluft und die Bruttätigkeit der Bienen (Apis Mellifica L.) in einem Flugraum. Apidologie 6 (3). 1975, pp. 283-293.*

309. **Human, Hannelie, Nicolson, Sue W. and Dietemann, Vincent.** *Do honeybees, Apis mellifera scutellata, regulate humidity in their nest? Naturwissenschaften 93 (8). 2006, pp. 397–401.*

310. **Olszewski, K.** *Winter-hardiness of buckfast bees under specific weather conditions of areas with alternating influences of maritime and continental climate. Journal of Apicultural Science 51 (1). 2007, pp. 73-82.*

311. **Büdel, Anton.** *Physikalische Austauschvorgänge im Flugloch (Situation während der Brutzeit). Zeitschrift für Bienenforschung 3 (10). April 1957, pp. 221-233.*

312. **Grziwa, Josef.** *Was geht im Winter im Flugloch vor sich? Deutsche Bienenwirtschaft 7 (10). 1956, pp. 229-232.*

313. **Büdel, Anton.** *Soll eine Bienenwohnung luftdurchlässig sein? Archiv für Bienenkunde 27. 1950, pp. 29-32.*

314. **Simpson, J.** *Humidity in the winter cluster of a colony of honeybees. Bee World 31 (6). 1950, pp. 41-44.*

315. **Büdel, Anton.** *Irrlehren. Der Imkerfreund 3 (10). 1948, pp. 91-91.*

316. *—. Was erreicht man durch die Lüftung der Beuten? Deutsche Bienenzeitung 4 (2). 1949, pp. 18-20.*

317. **Lacher, Veit.** *Verhaltensreaktionen der Bienenarbeiterin bei Dressur auf Kohlendioxid. Zeitschrift für vergleichende Physiologie 54. 1967, pp. 75-84.*

318. **Altner, H. and Loftus, R.** *Ultrastructure and function of insect thermo- and hygroreceptors. Annual Review of Entomology 30 (1). 1985, pp. 273-295.*

319. **Hazelhoff, E. H.** *Ventilation in a bee-hive during summer. Physiologia Comparata et Cecologia 3 (4). 1954, pp. 343-364.*

320. **Seeley, Thomas D.** *Atmospheric carbon dioxide regulation in honey-bee (Apis mellifera) colonies. Journal of Insect Physiology 20 (11). 1974, pp. 2301-2305.*

321. **Newton, Michael I. et al.** *A monitoring system for carbon dioxide and humidity in honeybee hives. Engineering Proceedings 27 (1). 2022.*

322. **Meikle, William G., Barg, Aidan and Weiss, Milagra.** *Honey bee colonies maintain CO2 and temperature regimes in spite of change in hive ventilation characteristics. Apidologie 53 : 51. 2022.*

323. **Büdel, Anton.** *Ende eines Unfugs, der Ventilation der Bienenkästen. Deutsche Bienenwirtschaft 11 (11). 1960, pp. 279-280.*

324. **Kozak, P. R. and Currie, R. W.** *Laboratory study of the effects of temperature and three ventilation rates on infestations of Varroa destructor in clusters of honey bees (Hymenoptera: Apidae). Journal of Economic Entomology 104 (6). 2011, pp. 1774-1782.*

325. **Bienkowska, M., Panasiuk, B. and Węgrzynowicz, P.** *Effect of different carbon dioxide gas concentrations used during the insemination of honey bee queens on starting oviposition. Journal of Apicultural Science 56 (1). 2012, pp. 125-134.*

326. **Seeley, Thomas D.** *The Wisdom of the Hive – The social Physiology of Honey Bee Colonies. s.l.: Harvard University Press, 1995.*

327. *—. When is self-organization used in biological systems? The Biological Bulletin 202 (3). 2002, pp. 314-318.*

328. *—. Honigbienen – Im Mikrokosmos des Bienenstocks. s.l.: Springer Basel AG, 1997. ISBN 978-3-0348-7834-0.*

329. **Stabentheiner, Anton.** *Individuelle und soziale Thermoregulation der Honigbiene. Entomologies Austriaca 12. 2005, pp. 13-22.*

330. **Li, Zhiyong et al.** *Drone and worker brood microclimates are regulated differentially in honey bees, Apis mellifera. PLoS ONE 11 (2). 2016.*

331. **Levin, C. G. and Collison, C. H.** *Broodnest temperature differences and their possible effect on drone brood production and distribution in honeybee colonies. Journal of Apicultural Research 29 (1). 1990, pp. 35–44.*

332. **Tautz, Jürgen et al.** *Behavioral performance in adult honey bees is influenced by the temperature experienced during their pupal development. PNAS – Proceedings of the National Academy of Science of the USA 100 (12). 2003, pp. 7343-7347.*

333. **Groh, Claudia, Tautz, Jürgen and Rössler, Wolfgang.** *Synaptic organization in the adult honey bee brain is influenced by brood-temperature control during pupal development. PNAS – Proceedings of the National Academy of Science of the USA 101 (12). 2004, pp. 4268-4273.*

334. **Southwick, Edward E.** *Cooperative metabolism in honey bees: An alternative to antifreeze and hibernation. Journal of Thermal Biology 12 (2). 1987, pp. 155-158.*

335. **Lokoschus, Fritz.** *Stoffwechselvorgänge während der Entwicklung von Königin und Arbeiterin und ihre mögliche Bedeutung für die künstliche Aufzucht von Königinnen. Zeitschrift für Bienenforschung 3 (2). 1955, pp. 40-45.*

336. **Stabentheiner, Anton and Helmut Kovac, Robert Brodschneider.** *Honeybee colony thermoregulation – Regulatory mechanisms and contribution of individuals in dependence on age, location and termal stress. PLoS ONE 5 (1) : e8967. 2010.*

337. **Ellis, Michael B.** *Dissertation «Homeostasis: Humidity and water relations in honeybee colonies (Apis mellifera)». s.l.: University of Pretoria, 2008.*

338. **Büdel, Anton.** *Im Brutnest und im Winterknäuel ist die Luft trocken. Leipziger Bienenzeitung 63 (4). 1949, pp. 55-57.*

339. **Bamberger, G.** *Die Bienen regulieren das Kleinklima ihrer Beuten. Der Imkerfreund 3 (4). April 1948, pp. 25-27.*

340. **LWG – Fachzentrum Bienen.** *Bienen im Mathematikunterricht. Veitshöchheim: Bayerische Landesanstalt für Weinbau und Gartenbau, 2011.*

341. **Fahrenholz, L., Lamprech, I. and Schricker, B.** *Thermal investigations of a honey bee colony thermoregulation of the hive during summer and winter and heat production of members of different bee castes. Journal of Comperative Physiology B 159. 1989, pp. 551-560.*

342. **Bujok, Brigitte.** *Dissertation «Thermoregulation im Brutbereich der Honigbiene Apis mellifera carnica». s.l.: Julius-Maximilians-Universität Würzburg, 2005.*

343. **Herter, Konrad.** *Untersuchungen über den Temperatursinn einiger Insekten. Zeitschrift für vergleichende Physiologie 1. 1924, pp. 221-228.*

344. **Hernan, H.** *Untersuchungen über den Temperatursinn der Honigbiene (Apis Mellifica) unter besonderer Berücksichtigung strahlender Wärme. Zeitschrift für vergleichende Physiologie 34. 1952, pp. 179-206.*

345. **Büdel, Anton.** *Der Honig als Kältespeicher. Deutsche Bienenzeitung 4 (12). 1949, p. 50.*

346. **Phillips, Everett F. and Demuth, George S.** *The temperature of the honeybee cluster in winter. Bulletin of the U.S. Department of Agriculture 93. April 1914, p. 16.*

347. **Ritter, Wolfgang.** *Experimenteller Beitrag zur Thermoregulation des Bienenvolks (Apis Mellifera L.). Apidologie 13 (2). 1982, pp. 169-195.*

348. **Southwick, Edward E. and Mugaas, John N.** *A hypothetical homeotherm: The honey bee hive. Comparative Biochemistry and Physiology Part A: Physiology 40 (4). 1971, pp. 935-944.*

349. **Southwick, Edward E. and Heldmaier, Gerhard.** *Temperature control in honey bee colonies – Precise social cooperation permits adaptation to temperate climates. BioScience 37 (6). 1987, pp. 395-399.*

350. **Southwick, Edward E.** *The honey bee cluster as a homeothermic superorganism. Comparative Biochemistry and Physiology Part A: Physiology 75 (4). 1983, pp. 641–645.*

351. **Kovac, Helmut, Stabentheiner, Anton and Brotschneider, Robert.** *Contribution of honeybee drones of different age to colonial thermoregulation. Apidologie 40 (1). 2009, pp. 82-95.*

352. **Kleinhenz, Marco.** *Dissertation «Wärmeübertragung im Brutbereich der Honigbiene». Würzburg: Julius-Maximilians-Universität Würzburg, 2008.*

353. **Esch, H. and Goller, F.** *How do bees shiver? The Science of Nature 78 (7). 1991, pp. 325-328.*

354. **Vollmann, Jutta, Stabentheiner, Anton and Kovac, Helmut.** *Die Entwicklung der Endothermie bei Honigbienen (Apis mellifera carnica Pollm.). Mitteilungen der Deutschen Gesellschaft für Allgemeine und Angewandte Entomologie 14. 2004, pp. 467-470.*

355. **Kovac, Helmut, Stabentheiner, Anton and Brodschneider, Robert.** *Der Beitrag unterschiedlich alter Drohnen zur Thermoregulation im Bienenvolk. Entomologica Austriaca 16. 2009, pp. 147-149.*

356. **Bujok, Brigitte et al.** *Hot spots in the bee hive. Naturwissenschaften 89 (7). 2002, pp. 299-301.*

357. **Humphrey, J. A. C. and Dykes, E. S.** *Thermal energy conduction in a honey bee comb due to cell-heating bees. Journal of Theoretical Biology 250. 2008, pp. 194–208.*

358. **Kleinhenz, Marco et al.** *Hot bees in empty broodnest cells: heating from within. The Journal of Experimental Biology 206. 2003, pp. 4217-4231.*

359. **Petz, Markus, Stabentheiner, Anton and Crailsheim, Karl.** *Respiration of individual honeybee larvae in relation to age and ambient temperature. Journal of Comperative Physiology B 174. 2004, pp. 511-518.*

360. **Schmolz, E. and Lamprecht, I.** *Calorimetric investigations on activity states and development of holometabolous insects. Thermochimica Acta 349. 2000, pp. 61-68.*

361. **Stabentheiner, Anton et al.** *Oxygen consumption and body temperature of active and resting honeybees. Journal of Insect Physiology 49. 2003, pp. 881–889.*

362. **Kovac, Helmut et al.** *Respiration of resting honeybees. Journal of Insect Physiology 53. 2007, pp. 1250–1261.*

363. **Harrison, Jon M.** *Roles of individual honeybee workers and drones in colonial thermogenesis. Journal of Experimental Biology 129 (1). 1987, pp. 53-61.*

364. **Büdel, Anton.** *Die Wirkung der Einfütterung auf die Temperatur im Stock. Der Imkerfreund 4 (11). 1949, pp. 211-212.*

365. **Stabentheiner, Anton and Schmaranzer, Sigurd.** *Thermographic determination of body temperatures in honey bees and hornets: calibration and applications. Thermology 4 (2). 1987, pp. 563-572.*

366. **Ostwald, Madeleine M., Smith, Michael L. and Seeley, Thomas D.** *The behavioral regulation of thirst, water collection and water storage in honey bee colonies. Journal of Experimental Biology 219 (14). 2016, pp. 2156-2165.*

367. **Siefert, Paul, Buling, Nastasya and Grünewald, Bernd.** *Honey bee behaviours within the hive: Insights from long-term video analysis. PLoS ONE 16 (3) : e0247323. 2021.*

368. **Lindauer, Martin.** *The water economy and temperature regulation of the honeybee colony. Bee World 36 (5). 1955, pp. 81-92.*

369. **Starks, P. T. and & Gilley, D. C.** *Heat shielding: A novel method of colonial thermoregulation in honey bees. Naturwissenschaften 86 (9). 1999, pp. 438–440.*

370. **Büdel, Anton.** *Vortrag Landesvereinsversammlung Offenburg «Das Kleinklima einer Bienenwohnung im Wandel des Jahres». Südwestdeutscher Imker 3. 1951, pp. 222-225. gehalten am 6. Mai.*

371. **Grziwa, Josef.** *Diskontinuitäten im Ablauf der Feuchtigkeitsänderungen im Kleinklima einer Wabengasse. Zeitschrift für Bienenforschung 4 (2). 1957, pp. 46-46.*

372. **Visscher, P. Kirk, Crailsheim, Karl and Sherman, Gavin.** *How do honey bees (Apis mellifera) fuel their water foraging flights? Journal of Insect Physiology 42 (11-12). 1996, pp. 1089-1094.*

373. **Li, Xinyu et al.** *Tolerance and response of two honeybee species Apis cerana and Apis mellifera to high temperature and relative humidity. PLoS ONE 14 (6). 2019.*

374. **Herold, E.** *Hitzeschutz. Der Imkerfreund 20 (3). 1965, pp. 95-95.*

375. **Von Berlepsch, August.** *Die Biene und die Bienenzucht in honigarmen Gegenden und dem gegenwärtigen Standpunct der Theorie und Praxis. Mühlhausen in Thüringen: Verlag der Friedrich Heinrichshofenschen Buchhandlung, 1860.*

376. **Zander, Enoch.** *Immen und Imkerei – 2. Auflage. Stuttgart: Ulmer Verlag, 1950 .*

377. **Thür, Johann.** *Bienenzucht – Naturgerecht, einfach und erfolgssicher. Wien: Selbstverlag, 1946.*

378. **Wohlgemuth, E.** *Mehrzweckbeute. Deutsche Bienenwirtschaft 8 (4). 1957, pp. 61-63.*

379. **Floris, Ignazio et al.** *The use of cork in the thermoregulation of the hive: an innovation attempt to enhance non-wood products and beekeeping in Mediterranean forests. Annals of Silvicultural Research 45 (1). 2020, pp. 99-104.*

380. **Satta, Alberto and Floris, Ignazio.** *Effetti del sughero sull'isolamento termico e sulla termoregolazione. Apoidea – Rivista Italiana di Apicoltura (Italy) 1. 2004, pp. 80-87.*

381. **Sparks, Tim H. et al.** *Advances in the timing of spring cleaning by the honeybee Apis mellifera in Poland. Ecological Entomology 35 (6). 2010, pp. 788-791.*

382. **Langowska, Aleksandra et al.** *Long-term effect of temperature on honey yield and honeybee phenology. International Journal of Biometeorology 61 (6). 2016, pp. 1125-1132.*

383. **Büdel, Anton.** *Die Warmhaltung der Bienenvölker im Frühjahr und Vorsommer fördert den Bruteinschlag. Deutsche Bienenwirtschaft 9 (2). 1958, pp. 32-32.*

384. **Haydak, Mykola H.** *Wintering bees in Minnesota. Journal of Economic Entomology 51 (3). 1958, pp. 332-334.*

385. **Abd-Elmawgood, B. H., Al-Rajhi, M. A and El-Ashhab, A. O.** *Effect of the internal size and thermal insulation of the hive on bee colonies strength and productivity. Egyptian Journal of Agricultural Research 93 (1). 2015, pp. 185-196.*

386. **St. Clair, Ashley L., Beach, Nathanael J. and Dolezal, Adam G.** *Honey bee hive covers reduce food consumption and colony mortality during overwintering. PLoS ONE 17 (4) : e0266219. 2022.*

387. **Erdogan, Yasar.** *Comparison of colony performances of honeybee (Apis Mellifera L.) housed in hives made of different materials. Italian Journal of Animal Science 18 (1). 2019, pp. 934–940.*

388. **Sheridan, Eoin.** *Dissertation «-HIVE- Hive Insulation Valuation Experiment: Assessing the impacts of thermally improved beehives during the active season in a sub-arctic climate». s.l.: University College Dublin, 2020.*

389. **Zhelyazkova, I. and Lazarov, S.** *Food consumption and winter mortality in bee colonies wintering in hives made from different materials with lattice and solid bottom. Agricultural Science and Technology 13 (3). 2021, pp. 272-275.*

390. **Koosch, Robert A.** *Erfahrungen mit wilden Völkern. Der Imkerfreund 15 (1). 1960, pp. 5-6.*

391. **Büdel, Anton.** *Zwei Maschinen. Nordwestdeutsche Imkerzeitung 5 (3). 1953, pp. 72-75.*

392. *—. Kleinklima-Katastrophen! Tote Brut im Frühling – muß es sein? Die Bienenzucht im Spiegel der Wissenschaft und der Praxis 7 (4). März 1954, pp. 91-94.*

393. *—. Wärmeapostel oder Kneippimker. Imkerfreund 9 (3). 1954, pp. 84, 101-104.*

394. **Wiedemann, M.** *Untersuchungen zum Spektrum immunogener Proteine bei Encephalitozoon cuniculi . München: Dissertation – Medizinische Fakultät der Ludwig-Maximilians-Universität, 2006.*

395. **Lotmar, R.** *Über den Einfluß der Temperatur auf den Parasiten Nosema apis. Beiheft zur Schweizerischen Bienenzeitung Band 1 Heft 6. 1943.*

396. **Martín-Hernández, R. et al.** *Effect of temperature on the biotic potential of honeybee microsporidia. Applied and Environmental Microbiology 75 (8). 2009, pp. 2554–2557.*

397. **Herold, E.** *Deutscher Imkertag 1951 in Hannover – Stand der Nosemaforschung. Der Imkerfreund 6 (10). 1951, pp. 333-335.*

398. **Freiherr von Rosenberg, G,.** *Das plastische Verhalten der Wachse in Abhängigkeit von der Temperatur. Fette und Seifen 54 (1). 1952, pp. 17-21.*

399. **Aronstein, K. A. and Murray, K. D.** *Chalkbrood disease in honey bees. Journal of Invertebrate Pathology 103. 2010, pp. 20-29.*

400. **Maurizio, Anna.** *Über die Kalkbrut (Perisystis-Mykose) der Bienen. Archiv für Bienenkunde 15. 1934, pp. 165-193.*

401. **Castagnino, Guido Laércio Bragança et al.** *Etiology, symptoms and prevention of chalkbrood disease: a literature review. Revista Brasileira de Saúde e Produção Animal 21. 2020, pp. 1-16.*

402. **Starks, Philip T., Blackie, Caroline E. and Seeley, Thomas D.** *Fever in honeybee colonies. Naturwissenschaften 87 (5). 2000, pp. 229-231.*

403. **Seeley, Thomas D.** *Das Leben wilder Bienen – Wie Honigbienen in der Natur überleben. s.l.: Ulmer, 2021.*

404. **Flores, J. M. et al.** *Effect of temperature and humidity of sealed brood on chalkbrood development under controlled conditions. Apidologie 27 (4). 1996, pp. 185-192.*

405. **Cavigli, Ian et al.** *Pathogen prevalence and abundance in honey bee colonies involved in almond pollination. Apidologie 47. 2016, pp. 251–266.*

406. **Simone-Finstrom, Michael et al.** *Migratory management and environmental conditions affect lifespan and oxidative stress in honey bees. Scientific Reports 6, 32023. 2016.*

407. **Steen, Jozef van der and Vejsnæs, Flemming.** *Varroa control: A brief overview of available methods. Bee World 98 (2). 2021, pp. 50-56.*

408. **Martin, S. J.** *Ontogenesis of the mite Varroa jacobsoni Oud. in worker brood of the honeybee Apis mellifera L. under natural conditions. Experimental & Applied Acarology 18. 1994.*

409. **Olszewski, Krzysztof et al.** *Drone and worker brood was unexpectedly well heated both in standard-cell and small-cell comb colonies. Journal of Apicultural Science 63 (1). 2019, pp. 157-164.*

410. **Kleiber, Max.** *Body Size and Metabolism. [ed.] California Agricultural Experiment Station. Hilgardia – A Journal of Agricultural Science. 1932.*

411. **Gontarski, H.** *Die Orientierung der Larve von Apis mellifica in der geschlossenen Zelle. Zeitschrift für Bienenforschung 3 (9). 1957, pp. 216-220.*

412. **Martin, S. J.** *Ontogenesis of the mite Varroa jacobsoni Oud. in drone brood of the honeybee Apis mellifera L. under natural conditions. Experimental & Applied Acarology 19. 1995, pp. 199-210.*

413. **Harris, J. et al.** *Variable population growth of Varroa destructor (Mesostigmata: Varroidae) in colonies of honey bees (Hymenoptera: Apidae) during a 10-year period. Environmental Entomology 32 (6). 2003, pp. 1305-1312.*

414. **«Weather Underground».** *[Online] TWC Product and Technology, 2023. https://www.wunderground.com/.*

415. **Moretto, G., et al.** *The effects of climate and bee race on Varroa jacobsoni Oud infestations in Brazil. Apidologie 22. 1991, pp. 197-203.*

416. **Ritter, Wolfgang and De Jong, David.** *Reproduction of Varroa jacobsoni O. in Europe, the Middle East and tropical South America. Zeitschrift für Angewandte Entomologie 98. 1984, pp. 55-57.*

417. **de Jong, David, Gonçalves, Lionel S. and Morse, Roger A.** *Dependence on climate of the virulence of Varroa jacobsoni. Bee world 65 (3). 1984, pp. 117-121.*

418. **Smoliński, Szymon, Langowska, Aleksandra and Glazaczow, Adam.** *Raised seasonal temperatures reinforce autumn Varroa destructor infestation in honey bee colonies. Scientific Reports 11, 22256. 2021.*

419. **Heaf, David.** *Treatment-Free Beekeeping. s.l.: Northern Bee Books & IBRA, 2021. ISBN: 978-1-913811-00-6.*

420. **Donzé, Gérard and Guerin, Patrick M.** *Behavioral attributes and parental care of Varroa mites parasitizing honeybee brood. Behavioral Ecology and Sociobiology 34. 1994, pp. 305-319.*

421. **Lei, Jing, Liu, Qiushi and Kadowaki, Tatsuhiko.** *Honey bee parasitic mite contains the sensilla-rich sensory organ on the foreleg tarsus expressing ionotropic receptors with conserved functions. Frontiers in Physiology 10 : 556. 2019.*

422. **Frey, Eva et al.** *Activation and interruption of the reproduction of Varroa destructor is triggered by host signals (Apis mellifera). Journal of Invertebrate Pathology 113 (1). 2013.*

423. **Oddie, Melissa A. Y. et al.** *Reproductive success of the parasitic mite (Varroa destructor) is lower in honeybee colonies that target infested cells with recapping. Scientific Reports 11, 9133. 2021.*

424. **Neumann, Peter and Härtel, Stephan.** *Removal of small hive beetle (Aethina tumida) eggs and larvae by African honeybee colonies (Apis mellifera scutellata). Apidologie 35. 2004, pp. 31–36.*

425. **Cuthbertson, Andrew G. S. et al.** *The small hive beetle Aethina tumida: A review of its biology and control measures. Current Zoology 59 (5). 2013, pp. 644-653.*

426. **Ellis, James D., Delaplane, Keith S. and Randall, Cameron S.** *Hygienic behavior of Cape and European Apis mellifera (Hymenoptera: Apidae) toward Aethina tumida (Coleoptera: Nitidulidae) eggs oviposited in sealed bee brood. Annals of the Entomological Society of America 97 (4). 2004, pp. 860-864.*

427. **Roth, Morgan A., Wilson, James M. and Gross, Aaron D.** *Biology and management of Small Hive Beetles (Coleoptera: Nitidulidae): A pest of European Honey Bee (Hymenoptera: Apidae) colonies. Journal of Integrated Pest Management 13 (1) : 7. 2022, pp. 1-9.*

428. **Meikle, William G. and Patt, Joseph M.** *The effects of temperature, diet, and other factors on development, survivorship, and oviposition of Aethina tumida (Coleoptera: Nitidulidae). Journal of Economic Entomology 104 (3). 2011, pp. 753-763.*

429. **Somerville, Doug.** *Study of the small hive beetle in the USA – A report for the Rural Industries Research and Development Corporation. 2003. RIRDC Publication No 03/050.*

430. **Kwadha, Charles A. et al.** *The biology and control of the Greater Wax Moth, Galleria mellonella. Insects 8 (2). 2017.*

431. **Chauvin, Georges and Chauvin, Jeanne.** *The influence of relative humidity on larval development and energy content of Galleria mellonella (L.) (Lepidoptera: Pyralidae). Journal of Stored Products Research 21 (2). 1985, pp. 79-82.*

432. **Büdel, Anton.** *Die Bienenphysik bringt Beweise. Der Imkerfreund 6 (3). 1951, pp. 87-89. (Thema: Zu welcher Zeit ist Wärmeschutz wichtig).*

433. *—. Die vorläufigen Zuckerzahlen. Südwestdeutscher Imker 2 (10). 1950, pp. 296-298.*

434. **Han, F., Wallberg, A. and Webster, M.** *From where did the Western honeybee (Apis mellifera) originate? Ecology and Evolution 2 (8). 2012, pp. 1949-1957.*

435. **Gridland, J.M., Tsutsui, N.D. and Ramirez, S.R.** *The complex demographic history and evolutionary origin of the Western honey bee, Apis mellifera. Genome Biology and Evolution 49 (2). 2017, pp. 457-472.*

436. **Phillips, Everett F.** *The insulating value of commercial double-walled beehives. s.l.: U.S. Dept. of Agriculture, 1922.*

437. **Seeley, Thomas D.** *Measurement of nest cavity volume by the honey bee (Apis mellifera). Behavioral Ecology and Sociobiology 2. 1977, pp. 201-227.*

438. **Büdel, Anton.** *Die Lebensbedingungen im Korb – im Kasten. Deutsche Bienenwirtschaft 13 (5). 1962, pp. 133-139.*

439. **Büdel, Anton and Grziwa, Josef.** *Im Bienenkorb wird ja auch nicht eingeengt. Die Bienenzucht im Spiegel der Wissenschaft und der Praxis 4 (5). 1951, pp. 136-139.*

440. **Loftus, J. Carter, Smith, Michael L and Seeley, Thomas D.** *How honey bee colonies survive in the wild: testing the importance of small nests and frequent swarming. PLoS ONE 11 (3). März 2016.*

441. **Seeley, T.D. and Smith, M.** *Crowding honeybee colonies in apiaries can increase their vulnerability to the deadly ectoparasite varroa destructor. Apidologie 46 (6). 2015, pp. 716-727.*

442. **Büdel, Anton.** *Die Bienenphysik bringt Beweise. Der Imkerfreund 9 (5). 1954, pp. 159-160. (Thema: Stockfremde Bienen im Schwarm).*

443. *—. Die Bienenphysik bringt Beweise. Der Imkerfreund 8 (2). 1953, pp. 41-42. (Thema: Einfluss von Wind über die Seitenwände auf das Kleinklima).*

444. **Seeley, Thomas D. and Buhrman, Susannah C.** *Nest-site selection in honey bees: how well do swarms implement the «best-of-N» decision rule? Behavioral Ecology and Sociobiology 49 (5). 2001, pp. 416-427.*

445. **Seeley, Thomas D.** *Bienen halten ohne Varroabehandlung. Deutsches Bienen Journal. Februar 2020.*

446. **Büdel, Anton.** *Bienenwohnung Menschenwohnung. Südwestdeutscher Imker 2 (1). 1950, pp. 10-12.*

447. **Jordan, R.** *Das Flugloch im Winter. Deutsche Bienenwirtschaft 4 (1). 1953, pp. 2-4.*

448. **Büdel, Anton.** *Die Bienenphysik bringt Beweise. Der Imkerfreund 6 (2). 1951, pp. 50-51. (Thema: Kleinklima bei Einengung).*

449. *—. Die Bienenphysik bringt Beweise. Der Imkerfreund 6 (1). 1951, pp. 5-6. (Thema: Winterlicher Wärmehaushalt bei Einengung).*

Register

Z

1. Auflage: 2024

ISBN 978-3-258-08300-1

Umschlaggestaltung: Tanja Frey, CH-Bern
Gestaltung und Satz: Die Werkstatt Medien-Produktion GmbH, D-Göttingen

Wir verwenden FSC®-zertifiziertes Papier. FSC® sichert die Nutzung der Wälder gemäß sozialen, ökonomischen und ökologischen Kriterien.
Gedruckt in Deutschland

FSC www.fsc.org MIX Papier | Fördert gute Waldnutzung FSC® C043106

Diese Publikation ist in der Deutschen Nationalbibliografie verzeichnet.
Mehr Informationen dazu finden Sie unter http://dnb.dnb.de.

Der Haupt Verlag wird vom Bundesamt für Kultur für die Jahre 2021–2024 unterstützt.

Wir verlegen mit Freude und großem Engagement unsere Bücher. Daher freuen wir uns immer über Anregungen zum Programm und schätzen Hinweise auf Fehler im Buch, sollten uns welche unterlaufen sein. Falls Sie regelmäßig Informationen über die aktuellen Titel im Bereich Natur & Garten erhalten möchten, folgen Sie uns über Social Media oder bleiben Sie via Newsletter auf dem neuesten Stand.

www.haupt.ch